**... und Action!
Digitale Filmproduktion von A bis Z**

Ulrich Stöckle

… und Action!
Digitale Filmproduktion von A bis Z

Bibliografische Information Der Deutschen Bibliothek
Die Deutsche Bibliothek verzeichnet diese Publikation in
der Deutschen Nationalbibliografie; detaillierte bibliografische
Daten sind im Internet über http://dnb.ddb.de abrufbar.

ISBN 3-8266-1558-1
1. Auflage 2006

Alle Rechte, auch die der Übersetzung, vorbehalten. Kein Teil des Werkes darf in irgendeiner Form (Druck, Kopie, Mikrofilm oder einem anderen Verfahren) ohne schriftliche Genehmigung des Verlages reproduziert oder unter Verwendung elektronischer Systeme verarbeitet, vervielfältigt oder verbreitet werden. Der Verlag übernimmt keine Gewähr für die Funktion einzelner Programme oder von Teilen derselben. Insbesondere übernimmt er keinerlei Haftung für eventuelle, aus dem Gebrauch resultierende Folgeschäden.

Die Wiedergabe von Gebrauchsnamen, Handelsnamen, Warenbezeichnungen usw. in diesem Werk berechtigt auch ohne besondere Kennzeichnung nicht zu der Annahme, dass solche Namen im Sinne der Warenzeichen- und Markenschutz-Gesetzgebung als frei zu betrachten wären und daher von jedermann benutzt werden dürften.

© Copyright 2006 by mitp, REDLINE GMBH, Heidelberg

www.vmi-Buch.de

Lektorat: Katja Schrey
Korrektorat: Petra Heubach-Erdmann
Satz: DREI-SATZ, Husby, www.drei-satz.de
Druck: Media-Print, Paderborn

Printed in Germany

Inhalt

EINFÜHRUNG 13

Kapitel 1 KAMERA 17
- 1.1 Aufbau einer Kamera 18
- 1.2 Ausstattungsmerkmale von Objektiven, Kameraköpfen und Camcordern 24
- 1.3 Aufzeichnungsformate 44
- 1.4 Band, DVD oder Festplatte 59
- 1.5 Akkuwartung – Akkuprobleme 61
- 1.6 16:9-Aufzeichnung 64
- 1.7 Für das Kino drehen 70
- 1.8 Zukunft und Rückschau Kameraentwicklung 72

Kapitel 2 DV-KAMERA UND DREHTECHNIK IM DETAIL 73
- 2.1 Klassische DV-Probleme 74
- 2.2 Steadycam & Co 76
- 2.3 Weißabgleich – Farbtreue von Videoaufzeichnungen 78
- 2.4 Automatikfunktionen 83
- 2.5 Kneeing und Kontrastumfang 84
- 2.6 Schärfentiefe bei DV 86
- 2.7 Der Shutter 87
- 2.8 Stative und Stativköpfe 89
- 2.9 Kran, Dolly und Flugaufnahmen 91
- 2.10 Unterwassergehäuse 93

Kapitel 3 KAMERATON UND ORIGINALTON 95
- 3.1 Mikrofone 96
- 3.2 Mischpulte 106

3.3	Typische Tonprobleme bei unsymmetrischem Anschluss und Kabellängen	111
3.4	Phantomspeisung	117
3.5	Pegel	117
3.6	Angel	118
3.7	Tonformate der Kamera – Stereo oder nicht Stereo	119
3.8	Zeitstabile Tonaufnahme	120

Kapitel 4 TON 123

4.1	Externe Mikrofone	124
4.2	Tonaufnahme am Set und Nebengeräusche	128
4.3	Mikrofonaufstellung	129
4.4	Tonangeln, aber wie?	131
4.5	Musikaufzeichnung	131
4.6	Aufnahmepegel/Nachvertonungspegel	135
4.7	Mischung	138
4.8	Off-Text-Aufnahme	140
4.9	Musikproduktion für Film	145
4.10	Mischpultaufbau	149
4.11	Sinnvolle Effekte	153
4.12	Dynamik und Kompression	154

Kapitel 5 VIDEO 157

5.1	Grundlagen und Aufzeichnungsformate: DV, MPEG2, MPEG4, HDTV DV (MPEG2)	158
5.2	Tonnachsynchronisation	166
5.3	Technisch mechanische Grundlagen	168
5.4	Kompressionsverfahren (nur für digitales Video)	173
5.5	Kaskadierung und Kopierverluste	176
5.6	Formatwandlung	178
5.7	Digitalisierung von analogem Material	180
5.8	Digitalisierung von Filmmaterial	182

5.9	Normvorspann	183
5.10	Unterschied Video – Film	184
5.11	Flirren von Texturen und Moirémuster	185
5.12	DVCAM, DVPRO und DV	186
5.13	Umgang mit Fernsehanstalten	187
5.14	Fazen, was ist das?	192
5.15	Typische digitale Probleme	193
5.16	Haltbarkeit	194
5.17	DVD-Formate (+R/-R/+RW/-RW/RAM)	194
5.18	Datenvolumen	196
5.19	Videoschnitt am Rechner	196
5.20	Firewire	198

Kapitel 6 DVD 201

6.1	Video für DVD vorbereiten	202
6.2	Einschränkungen durch die Kompression	205
6.3	DVD für Computerbildschirmwiedergabe oder TV?	207
6.4	DVD-Mastering	208
6.5	DVD-Menüerstellung	210
6.6	DVD-typische Probleme	212
6.7	Tonpegel bei DVD/Tonpegel bei Dolby Digital 5.1	213
6.8	Dolby-Surround-Produktion	213
6.9	Muxen	214
6.10	Datenraten und Halbbildreihenfolgen	216
6.11	Stand-alone-Player und die Kompatibilität	216
6.12	16:9 oder 4:3?	218
6.13	DVD oder nicht DVD, aber MPEG2?	218
6.14	Unterschiede und Kompatibilität von VCD, SVCD und DVD	220
6.15	Stand-alone-Brenner	220
6.16	Die Endlos-DVD	220
6.17	Rohlinge	221

Kapitel 7 VIDEO FÜRS KINO **223**

    7.1 Grundlagen der Technik: Was muss beachtet werden? 224
    7.2 Kopierwerke und Fazdienstleistungen 228
    7.3 Abnahme der Nullkopie 229
    7.4 Ton fürs Kino 229
    7.5 Minutenpreise und Werbung im Kino 230
    7.6 Verleiher, Kinolandschaft und Kinobesitzer 231
    7.7 Digitale Projektion HDTV und Kino 232
    7.8 1:1,85 oder was anderes? 232

Kapitel 8 VIDEO FÜR COMPUTER **233**

    8.1 Codecs, Formate und Voraussetzungen 234
    8.2 Datenübertragung 235
    8.3 Wenn der Laptop am Beamer statt Video Grün oder Rosa zeigt 237
    8.4 Einbindung von Videofilmen in Präsentationen .. 238
    8.5 Das Farbproblem 238
    8.6 Wie viel Bilder pro Sekunde braucht der Mensch? 239
    8.7 Klassisch: Der Ton ist nicht synchron 239
    8.8 Problemlösungen 240

Kapitel 9 LICHT **243**

    9.1 Strahler & Co. – Grundlagen 244
    9.2 Wie viel Scheinwerfer müssen sein? 249
    9.3 Mischlicht gibt Mischhaut 251
    9.4 Farbtemperaturen und Farbfilter für die Scheinwerfer 252
    9.5 Lichtstative oder Traversen? 252
    9.6 Ersatzbirnen 253

9.7	Bluescreen und Greenscreen	253
9.8	Typische Fehlerquellen: Tonstörungen durch Licht	256

Kapitel 10 ZUBEHÖR 257

10.1	Gaffertape	258
10.2	Batterien und Akkus	258
10.3	Stromgenerator	259
10.4	Kabel & Umstecker	259
10.5	Kopfhörer	260
10.6	Funkübertragung Bild und Ton	261
10.7	Kontrollmonitore	261
10.8	Der mobile Schnittplatz	261
10.9	DAT-Rekorder oder Minidisc?	262
10.10	DI-Boxen	264
10.11	Farbfolien woher?	264
10.12	Standfotos mit digitalem Fotoapparat	265

Kapitel 11 SCHNITT UND POSTPRODUKTION 267

11.1	Videoschnittsoftware NLE	268
11.2	Einspielung	274
11.3	Schnittlisten	277
11.4	Wunschliste für die Schnittsoftware	280
11.5	Sicherung und Platzbedarf von Videoprojekten	286
11.6	Der Schnitt als solches	287
11.7	Kontrollmonitor oder Kontrolle am Rechnerbildschirm	287
11.8	Audiounterstützung und Tonpegelfehler	288
11.9	Gescannte Bilder in das Video einbauen	289
11.10	Animationen und Untertitelung	290
11.11	Titel, Vor- und Abspann	293

11.12	Farbraum PAL	294
11.13	Viele verschiedene Videoformate verderben den Brei	295
11.14	Möglichkeiten der Farbkorrektur	295
11.15	Helligkeits- und Kontrastanpassungen	296
11.16	Tonkorrekturen und -produktionen	296
11.17	Toneffekte und Geräusche	297
11.18	Sprechertexte, wie sehen die aus?	298
11.19	Special Effects, was ist sinnvoll?	301
11.20	3D-Animation und Video	304
11.21	Entflechten von Halbbildern	306
11.22	Zeitlupe und Zeitraffer	307

Kapitel 12 PRODUKTIONSVORBEREITUNG 309

12.1	Das Exposé, Genre und Stil	310
12.2	Das Treatment	314
12.3	Das Drehbuch und/oder das Storyboard	319
12.4	Dramaturgie und Geschichte	327
12.5	Drehorte und Drehgenehmigungen	335
12.6	Rechtliche Absicherung	335
12.7	Logistik	339
12.8	Drehplan	340
12.9	Continuity	341
12.10	Equipment-Checkliste	341
12.11	Das Team	342
12.12	Filmförderung der Bundesländer	344
12.13	Den Ausfall planen	348
12.14	Gerätezustand	349

Kapitel 13 DIE PRODUKTION ODER DER KÜNSTLERISCHE TEIL 351

- 13.1 Das Drehbuch 352
- 13.2 Sprache 353
- 13.3 Dramaturgie und Spannung 354
- 13.4 Schauspieler und Acting 356
- 13.5 Kameraeinstellungen und Wirkung 357
- 13.6 Licht und Ausdruck 362
- 13.7 Schnittart und Schnittgeschwindigkeit 367
- 13.8 Form und Inhalt 369
- 13.9 Kiss, keep it simple (and) stupid 373
- 13.10 Tabus und wie man sie bricht und was ist Trash? . 377
- 13.11 Infotainment und Edutainment 378
- 13.12 Welche Rolle spielen Geräusche und Musik? 378
- 13.13 Schminken für die Kamera 379
- 13.14 Sprecher und ihre Art zu sprechen 379
- 13.15 Die andere Idee 380
- 13.16 Jeder kocht mit Wasser 380

Kapitel 14 GRUNDLAGEN 383

- 14.1 Kameraeinstellungen bebildert mit Erläuterungen 384
- 14.2 Lichtsituationen und Lichtanordnung 393
- 14.3 Mikrofoncharakteristika 398
- 14.4 Mikrofonaufstellung 401
- 14.5 Belegung von Audiosteckern 404
- 14.6 Vergleichslisten Codecs 405
- 14.7 Entwicklung der Videoformate – Übersicht 410
- 14.8 Datenträgervergleichsliste Bänder/DVD/Festplatten 417
- 14.9 Zeitformate 423

- A GLOSSAR..........................425
- B ADRESSENLISTE 453
- C DVD-INHALT 457
  - INDEX..................................459

Einführung

Dieses Buch zur digitalen Filmproduktion in der Praxis ist als Nachschlagewerk und Produktionshandbuch gedacht. In den letzten Jahren zeigt sich immer deutlicher, dass Filmproduktionen auf Zelluloid, ob nun Super 16 mm, 16 mm oder 35 mm, für viele »kleinere« Produzentinnen, Produzenten, Filmemacherinnen und Filmemacher unbezahlbar geworden sind. Arbeitsabläufe und Postproduktion sind bei konsequenter digitaler Produktion häufig einfacher und schneller. Hinzu kommt, dass selbst Hobbykameras und einfachste Videoschnittlösungen für den PC oder Mac heute bereits einen Qualitätsstandard erreichen, der theoretisch die Vorgaben der Fernsehanstalten zur Ausstrahlung von Videomaterial erfüllt oder übertrifft. Theoretisch deshalb, weil, wie so oft, der Teufel im Detail steckt. Theoretisch kann heute jeder, der einen PC, eine DV-Videokamera und eine PC-Schnittsoftware besitzt, TV-Filme drehen. In der Praxis scheitern aber viele angehende Produzenten oder Filmemacher an »Kleinigkeiten«. Die Idee des Buches ist, dieses Detailwissen nachschlagefreundlich und praxisorientiert zur Verfügung zu stellen und zusätzlich Grundlagen und Basiswissen zu vermitteln.

Entscheidend ist nicht die Technik, entscheidend ist, »was funktioniert«. Technische Geräte, seien es nun Kameras, Computer und Software, sind Hilfsmittel zur kreativen Gestaltung und nicht Selbstzweck. Viele ähnliche Bücher vermitteln den Eindruck, dass am Anfang eines Filmemacherlebens die technische Ausrüstung steht und der Erfolg sich mit dem Erwerb einer »professionellen Ausstattung« fast von selbst einstellt. Jeder, der in der Praxis Erfahrung gesammelt hat, weiß, dass das nicht der Realität entspricht. Auch Glaubenskriege werden da gerne geführt, frei nach dem Motto: »Dieses oder jenes Videosystem ist besser, diese oder jene Schnittsoftware muss es sein« oder »Ohne Mac läuft da nichts.« Über die Jahre ist geradezu ein Dschungel von Allgemeinplätzen und Behauptungen entstanden. Bei genauerer Betrachtung stellt sich leider oft heraus, dass solche »Empfehlungen« oder Dogmen mehr mit dem Schutz von Pfründen oder wirtschaftlichen Interessen zu tun haben als mit wirklichen technischen Gegebenheiten. Soweit es möglich ist, will dieses Buch »neutrale« Hinweise und Empfehlungen geben und auf Soft- und Hardware-Empfehlungen verzichten, nicht zuletzt auch auf Grund der schnellen technischen Entwicklung. Gerade wirtschaftliche Interessen der großen professionellen Videorekorder- und Kamerahersteller haben in den vergangenen Jahren so manche Filmemacherin und so manchen Filmemacher schier zum Wahnsinn getrieben. Einige Videoformate und Videostandards im professionellen Bereich, aber auch im Highend-Bereich der Consumer, sind scheinbar nur entstanden, um eine Vorherrschaft auf dem Markt zu zementieren. Der Käufer dieser Geräte war und ist häufig der »Dumme«. Irgendein Gerät passt immer nicht zu den restlichen Geräten, irgendeine Software »kann« immer nicht mit der restlichen Software, das ist Alltag in der digitalen Produktion. Auch hier will dieses Buch Abhilfe schaffen, Hintergründe und

EINFÜHRUNG

Möglichkeiten beleuchten. Die erste, möglicherweise sogar kommerzielle, digitale Filmproduktion ist oft die schwierigste. In einer Zeit, in der Arbeitsberater gerne zur Selbstständigkeit raten, ist die Konkurrenz inzwischen unüberschaubar: Da bieten »Ein-Mann«- oder »Eine-Frau«-Unternehmen Videoproduktionen für 800 Euro an, »professionelle« Kamerateams sind schon für 350 Euro am Tag zu bekommen und DVDs werden »professionell« von VHS-Videokassetten für ein Butterbrot erstellt. Wer da neu einsteigt, wer da versucht, Fuß zu fassen, hat es unglaublich schwer. Ganz abgesehen vom TV-Markt: Fernsehanstalten nehmen nur noch ungern »Fremdanbieter«. Wer sich also vornimmt, einen Film fürs Fernsehen zu drehen, muss mit dem Schlimmsten rechnen. Unverschämtheiten sind im TV-Business an der Tagesordnung und der Fernsehtraum hat bei vielen schon zum Nervenzusammenbruch geführt. Jeder »Sender« hat »seine Hausphilosophie« und damit eigene Vorstellungen, wie Produktionen auszusehen haben oder durchzuführen sind.

Dennoch gibt es ein paar Dinge, die grundsätzlich Bestand haben und die in diesem Buch aufgelistet werden, um den ersten Schritt zur eigenen Produktion oder den Produktionsalltag zu vereinfachen. Das beginnt mit Hinweisen zur Kalkulation und zum Markt und endet mit speziellen Produktionstechniken, wie dem Fazen, der Übertragung von digitalen Videofilmen auf Zelluloid. Gerade das Fazen ermöglicht relativ kostengünstig, Kinofilme oder Kinowerbespots zu erstellen. Über die Jahre wurden eine ganze Reihe von Spielfilmen auf semiprofessionellen DV-Kameras gedreht und dann mit dieser Technik »aufgeblasen«. Vor allem in der Independent-Szene in den USA, also bei den eher »künstlerischen« und »nichtkommerziellen« Filmemachern, hat sich dieses Verfahren durchgesetzt.

Natürlich darf ein Kapitel über die DVD-Produktion nicht fehlen. Immer mehr Unternehmen wollen von einer Videoproduktionsfirma »ihren« Imagefilm auf DVD zur Präsentation auf Messen oder auch zur Vervielfältigung. Auch im Kino setzt sich das »DVD-Format« langsam durch, viele Kinos bieten ihren Werbekunden inzwischen eine digitale Plattform auf MPEG2-Basis. Gerade MPEG2 mit einer fast unübersichtlichen Vielfalt an Einstellmöglichkeiten ist ein »Frustklassiker« und soll mit diesem Buch durchsichtig werden.

Ein weiterer Schwerpunkt des Buches ist die Gestaltung. Gestaltung steht hier für Drehbuch, Dramaturgie und Umsetzung, auch in der Nachproduktion. Dabei geht es nicht um ausschließende, endgültige Weisheiten, sondern um mögliche Wege. Der russische Filmemacher Andreij Tarkowskij (»Solaris«) formulierte sinngemäß: »Drehbücher sind Hilfsmittel für Leute, die nichts vom Film verstehen, aber Geld für eine Filmproduktion lockermachen und etwas zum Festhalten brauchen.« Damit meinte Tarkowskij aber nicht, dass Drehbücher überflüssig wären, sondern nur, dass auch Drehbücher – ähnlich wie die technische Ausrüstung – ein Hilfsmittel sind und sich letztlich das jeweilige Drehbuch den tatsächlichen Gegebenheiten anpassen muss, nicht umgekehrt. Angesichts des Überflusses in amerikanischen Großproduktionen möchte so mancher an dieser Aussage zweifeln, aber neben den knapp 300 »großen« Produktionen, die pro Jahr über deutsche Leinwände gejagt werden, gibt es tausende »kleinerer« Produktionen und »kleiner« Werbespots, die tatsächlich getreu dieses Tarkowskij-Satzes realisiert werden. Würde der russische Filmemacher nicht als echter Filmkünstler gelten, könnte man meinen, seine These wäre extra für die deutsche Fernsehlandschaft geschaffen worden: In jeder Soap oder Dokusoap werden heute lieber »Originalschauplätze« oder »echte Laienschauspieler« eingesetzt. Das heißt, in den jeweiligen Drehbüchern werden Schlafzimmer, Kneipen oder Drehorte grob skizziert, die vorhandene Location wird dann so weit wie möglich angepasst, aber im Zweifelsfall muss das Drehbuch sich nach den Gegebenheiten richten.

Vor lauter »Technik« und im wilden »Machbarkeitswahn« der Nachproduktion lassen viele Produktionshandbücher dramaturgische Elemente außen vor. Das ist insofern bedauerlich, weil ein Film eben nicht nur aus technischen Geräten und Elementen besteht. Technik meint in der ursprünglichen Übersetzung aus dem Griechischen »Handwerk«, ja im weitesten Sinn sogar Kunst, und wenn man in diesem Sinne von »Filmtechnik« spricht, gehört zur Technik auch die Dramaturgie, Sprache und Ausgestaltung. Wie wichtig dieser Teil ist, lässt sich daran ablesen, dass ein signaltechnisch schlechter Film von einem Publikum trotz der miserablen Bildqualität gerne angeschaut wird, wenn die Dramaturgie stimmt. Ein Beispiel sind hier die Stummfilme aus der Frühzeit des vergangenen Jahrhunderts, deren Bildflackern einen nicht daran hinderte, sich gut zu amüsieren. Im Gegensatz dazu kann ein von der Bildqualität her hervorragender Urlaubsfilm der Gegenwart tiefste Langeweile und völliges Desinteresse auslösen, egal, wie viel Special Effects über die Mattscheibe flimmern. Ein Hotel bleibt ein Hotel, ein Urlaubsort ein Urlaubsort, unabhängig davon, wie viele Einstellungen ein Filmemacher der Neuzeit zeigt und wie viel Zeit er darauf verwendet. Spannung entsteht nicht durch technische Effekte oder technische Tricks, Spannung wird vor allem durch den Aufbau eines Filmes erzeugt. Der Ton als unterstützendes Element kann Situationen unterstreichen, aber auch ins Absurde abgleiten lassen.

Letztlich möchte dieses Buch auch motivieren und anregen: Alle Filmemacherinnen und Filmemacher haben mal »klein« angefangen und manche »große« Filmemacher werden bis heute nur von Kritikern verstanden. Andere »mittelmäßige« Regisseure produzieren einen Kassenknüller nach dem anderen. Festzuhalten bleibt: Kommerzieller Erfolg ist nicht immer der Maßstab der Dinge und auch etablierte Filmemacher hadern oft mit sich und ihren Werken und »kochen dabei nur mit Wasser«. Alles in allem versucht dieses Buch das schier Unmögliche: Einen Bogen zu spannen zwischen der reinen Technik, den wirtschaftlichen Bedingungen und Vorbereitungen für einen Film und natürlich der Gestaltung. Dabei war der Anspruch beim Schreiben, möglichst umfassend, aktuell und gleichzeitig so zeitlos wie möglich zu bleiben, um die Haltbarkeit des Werkes zu verlängern. Deshalb sind konkrete Produkthinweise so weit wie möglich vermieden worden und sind, so weit sie dennoch stattfinden, stellvertretend zu verstehen. Das bedeutet, dass genannte Produkte, Firmen oder Software nicht automatisch als besonders »gut« oder besonders »schlecht« zu werten sind, nur weil sie hier auftauchen.

EINFÜHRUNG

Auf der beiliegenden DVD finden Sie als Ergänzung Materialien, um TV-»gerechte« Produktionen zu gestalten, Produktionshilfsmittel und Testbeispiele. Viele Sachverhalte erschließen sich erst im praktischen Versuch, dazu soll unter anderem die DVD dienen. Sie finden Beispiele für computerwiedergabeoptimierte-, TV-bildschirmoptimierte und für das Fazen vorbereitete Filme. Im Bereich Ton sind Beispiele für dynamisch (Lautstärke) komprimierte, dynamisch angepasste und nicht dynamisch komprimierte Dateien vorhanden. Daneben sind Masken und Zuschnittsformen hinterlegt, um Filme zum Beispiel ins 16:9-Bildformat zu »überführen«.

Noch ein paar Worte über mich, Ihren Autor: Den ersten, zugegebenermaßen qualitativ sehr enttäuschenden Kontakt mit dem Thema Video hatte ich 1978 in einem Jugendhaus in der oberschwäbischen Provinz. Seit diesem ersten Schwarz-Weiß-Videosystem in meinen Händen hat sich zum Glück technisch viel verändert und verbessert. Konsequenterweise durfte ich auch gleich zu Beginn meiner »Videokarriere« erfahren, was es heißt, aufs »falsche Pferd gesetzt zu haben«, denn schon zwei Jahre später gab es dieses eigenwillige Videoformat eines kleinen japanischen Herstellers nicht mehr und sämtliche Videoversuche der Frühzeit waren verloren. In der Folge beschäftigte ich mich bis 1990 mit dem VHS-Format, drehte und schnitt eine Reihe von experimentellen Spielfilmen und geriet 1991 an einen »professionellen« S-VHS-Schnittplatz, wechselte dann zu prof Hi-8, fazte das erste Mal 1994, produzierte 1996 für einen Radiosender mit der Bavaria einen der ersten rein digitalen Kinospots, wurde 1998 als Video-Lehrbeauftragter von der Landesbildstelle Württemberg für ein Pilotprojekt und als Dozent für neue Medien und Video an einer Hochschule verpflichtet. Seit Ende 1998 quäle ich Studenten ab dem siebten Semester mit Grundlagen der Videotechnik und Gestaltungsformen. Die Hauptqual besteht darin, irgendwelche technischen Daten parat zu haben oder Tipps und Kniffe jedes Mal aufs Neue entdecken zu müssen, weil man sie vergessen oder verlegt hat. Damit zumindest Sie dieses Problem nicht mehr haben und auch ich endlich nicht mehr in einem Stapel von Notizblättern wühlen muss, habe ich dieses Buch geschrieben. Letztlich ist Technik im mechanischen Sinn immer nur Mittel zum Zweck, und ich bin mir sicher, dass dieses Buch hilft, eine Menge technischen Ballast über Bord zu werfen, um künstlerisch freier arbeiten zu können.

In diesem Sinne: »Nichts ist unmöglich«, behauptet ein japanischer Automobilkonzern – stimmt. Aber das haben andere schon viel früher behauptet, nämlich Matthäus (17, 20) und Lukas (1, 37). Tja, das ist fast schon 2000 Jahre her. Was nur noch ein Mal mehr beweist: Alle kochen mit Wasser und man muss nur wissen, wo was steht.

Kapitel 1

1 KAMERA

1.1	Aufbau einer Kamera	18
1.2	Ausstattungsmerkmale von Objektiven, Kameraköpfen und Camcordern	24
1.3	Aufzeichnungsformate	44
1.4	Band, DVD oder Festplatte	59
1.5	Akkuwartung – Akkuprobleme	61
1.6	16:9-Aufzeichnung	64
1.7	Für das Kino drehen	70
1.8	Zukunft und Rückschau Kameraentwicklung	72

1.1 Aufbau einer Kamera

Wenn heute das Wort Videokamera fällt, denken die meisten automatisch an *Camcorder*. Das ist insofern nicht ganz richtig, weil die eigentliche Videokamera, oder besser der Kamerakopf, kein Aufzeichnungsmedium enthält und eine Videokamera als solches zunächst nichts anderes macht, als Bilder in elektronische Signale umzusetzen. Wie gut oder schlecht ein Kamerakopf Bilder in Signale umsetzen kann, hängt von mehreren Faktoren ab.

Abbildung 1.1
Moderner 3-Chip-Camcorder

Aufzeichnungschip

Zentral ist zunächst der Aufzeichnungschip oder (besser) die Aufzeichnungschips. Generell ist ein Kamerakopf mit drei Chips einem Kamerakopf mit einem Chip vorzuziehen.

Diese Chips erzeugen bei Lichteinfall elektronische Signale. Üblich sind heute so genannte *CCD-Chips*. In der Frühzeit der Videoaufzeichnung wurden stattdessen lichtempfindliche Röhren eingesetzt. Diese Röhren hatten im Vergleich zur heutigen Technologie eine Reihe von Nachteilen, so meist einen Grünstich (vor allem so genannte *Vidicon-Röhren*) und einen *Nachzieheffekt*. Dieser Nachzieheffekt bedeutete, dass bei Kameraschwenks helle Lichter eine Art Kometenschweif hinter sich herzogen. Das lag an der Trägheit der Elektronik. Auch die Lebensdauer der Kameraaufnahmeröhren war beschränkt, genauso wie die Beständigkeit gegenüber hellem Licht: Schon wenige Sekunden einer Gegenlichtaufnahme bei Sonnenuntergang konnten bei *Röhrenkameras* zu *Einbrenneffekten* führen. Dabei entstand ein blinder Punkt auf der Röhre, die Oberfläche wurde irreparabel zerstört, weil das Licht die lichtempfindliche Oberfläche verbrannte.

1.1 Aufbau einer Kamera

Abbildung 1.2
1-Röhrenkamera ohne Aufzeichnungsgerät

Letztlich entscheidend für die Durchsetzung der CCD-Technologie war aber, dass die menschliche Hautfarbe durch die Chips natürlicher aufgezeichnet und elektronisch dargestellt werden kann als durch Röhren.

Bei einer 1-Chip-Kamera werden die Farben eines Bildes über so genannte *Farbdifferenzsignale* errechnet. Die Folge ist häufig, dass die errechneten Farben nicht besonders realistisch wirken und viele *1-Chip-Kameraköpfe* farbstichige Bilder liefern. Oft sind vor allem die Rottöne nicht sehr überzeugend. Bei einem *3-Chip-Kamerakopf* ist für jede der drei Videogrundfarben Rot, Grün und Blau ein Chip für die Umwandlung der jeweiligen Farbe in elektronische Signale zuständig. Die Konsequenz ist eine deutlich höhere natürlichere Farbumsetzung der Motive.

Ein Nebeneffekt bei einem 3-Chip-Kamerakopf ist der bessere *Geräuschspannungsabstand*, das bedeutet, das Bildrauschen ist geringer als bei 1-Chip-Köpfen. Bildrauschen macht sich vor allem bei geringer Beleuchtung der Motive bemerkbar und ist vorwiegend bei dunklem Rot oder dunklem Blau als Grieseln im Bild zu sehen.

Ein weiteres Qualitätskriterium bei Kameraköpfen ist die Größe der Chips. Je größer die Chips sind, umso eher entspricht ihr Verhalten in der Kamera einem herkömmlich zu belichtenden Film, doch dazu später mehr. In der Konsequenz ist hier festzuhalten, dass nur große Chips ein ähnliches *Schärfentiefe- oder Tiefenschärfeverhalten* bei Teleaufnahmen zeigen. Kleine Chips bilden auch bei Teleaufnahmen Motive mit zu großem Schärfenbereich ab. Hier leidet vor allem die gestalterische Freiheit, wichtige Bildelemente zu fokussieren und damit durch Schärfe im Bild Schwerpunkte im Bild zu setzen. Ein klassisches Videoproblem.

Abbildung 1.3
Größenverhältnis zwischen 35-mm-Kleinbildfilm und CCD-Chips in Videokameraköpfen

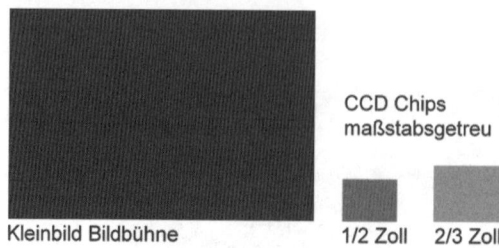

Pixelzahl

Neben der Größe der Chips ist auch noch die Anzahl der Abtastpixel ein Kriterium. Viele Pixel bedeutet aber nicht automatisch ein schärferes Bild, auch wenn die Industrie das immer wieder suggeriert. Bei Video spielen hier noch andere Gesichtspunkte eine Rolle, nämlich wie scharf oder unscharf Kanten dargestellt werden. Grundsätzlich sollte ein Videokamerakopf für »klassische« Produktionen mindestens 720 x 576 Pixel, also 414.720 Pixel effektiv verarbeiten. Bei einem 3-Chip-Kopf also 3 x 414.720 Pixel. Wesentlich ist hier die Aussage »effektiv«, denn viele Kameras, gerade im Amateurbereich, haben zwar deutlich mehr Pixel auf ihren Chips, nutzen davon allerdings dann nur einen Bruchteil, weil der Rest für »Antiverwacklungsbereiche« oder aber digitale Zooms vorgesehen ist. Definitiv ist der Bereich von PAL, dem europäischen Fernsehsystem, mit 625 Zeilen Auflösung abgedeckt. Zeilen und Pixelauflösungen sind zwar nicht direkt vergleichbar, dennoch kann man pauschal in einem pragmatischen Sinne behaupten, dass ein Kamerakopf, der Einzelbilder im Format 720 x 576 Pixel auflöst, die maximal mögliche Bildauflösung von PAL nutzt, was im elektronischen Sinne einer analogen Auflösung von 5,5 Megahertz (=576 Linien) entspricht. Bei PAL werden nicht alle 625 Zeilen zur Bildaufzeichnung eingesetzt. Darüber hinausgehende Auflösungen sind mit normalen Fernsehmonitoren nicht mehr darstellbar. Lediglich so genannte *HDTV(High Definition Television)-Bildschirme* oder *Beamer* können höhere Auflösungen zeigen.

Abbildung 1.4
Wechselobjektiv

Objektive

Der Kamerakopf wird durch ein Objektiv ergänzt und beides zusammen bildet eine Videokamera. Bei Amateur- oder semiprofessionellen Kameras sind Kamerakopf und Objektiv häufig eine Einheit. Das hat eine ganze Reihe von Nachteilen:

- Eine nachträgliche Erweiterung/Reduzierung der Brennweite ist nur mit Qualitätseinbußen möglich.
- Die Lichtstärke eines Objektivs ist durch einen Objektivwechsel nicht zu ändern.
- Defekte am Objektiv führen in der Regel zu einem Totalcrash des Gerätes, weil sich Reparaturen am Objektiv im Verhältnis zum Gesamtwert kaum rechnen.
- Spezielle Aufnahmeverfahren, wie *anamorphe* 16:9-Aufzeichnungen mit optischen Vorsätzen sind nicht möglich.
- Der Einsatz bereits vorhandener alter Objektive (auch Film- und Fotoobjektive) am neuen Gerät ist unmöglich.

Grundsätzlich wird von Herstellern argumentiert, dass die fest verbundenen Objektive am Kamerakopf optimal auf die eingebauten Chips abgestimmt seien und deshalb ein Objektivwechsel nicht nötig sei. Ad absurdum wird diese Behauptung spätestens dann geführt, wenn Sie als Filmemacher ein wirklich gutes Weitwinkel benötigen und feststellen, dass das fest installierte Objektiv diese Funktion nur unzureichend unterstützt. Gerade gute und schlechte Weitwinkelobjektive lassen sich sehr schnell und deutlich unterscheiden.

Gutes Weitwinkelobjektiv

- Hohe Lichtstärke
- Geringe »Verzeichnung«, das bedeutet, dass senkrechte Linien im Bild auch als senkrechte Linien erscheinen und nicht als gebogene Linien (Fischaugeneffekt)
- Kein Schärfeverlust

Minderes Weitwinkelobjektiv

- Lichtstärke entspricht »normalem« Objektiv
- Senkrechte Linien werden deutlich als gebogene Linien auf dem Bildschirm sichtbar
- Schärfeverlust

Klassisch sind dem Kamerakopf und dem Objektiv verschiedene Aufgaben zuzuordnen:

Das Objektiv dient vor allem dazu, Bilder unverzerrt und mit möglichst geringem Qualitätsverlust auf die elektronischen Bildwandler (CCD- Chips) zu projizieren, dabei beinhaltet es auch die Blende, Zoomfunktionen (Zoommotor, Zoomsteuerung) und Schärfesteuerung. Objektive bestehen aus einer Zusammenstellung verschiedener Linsen. Hochwertige Objektive können aus mehr als zehn hintereinander gestaffelten Linsen bestehen, je nach Zoom, Lichtfaktor und Güte, und dementsprechend teuer sein. Ein Objektiv mit Zoomfunktion wird häufig als *Gummilinse* bezeichnet. Erste Gummilinsen oder Objektive mit Zoomfunktion wurden Anfang der sechziger Jahre zum ersten Mal in größerer Serie gefertigt. Vorher mussten Filmmacher mit festen Brennweiten zurechtkommen und je nach Kameraeinstellung jedes Mal das Objektiv wechseln.

Innen- und außenfokussierte Objektive

Grundsätzlich unterschieden werden *innenfokussierte* und *außenfokussierte* Objektive.

Abbildung 1.5
Zoomreißhebel und Schärfering bei einem außenfokussierten fest am Kamerakopf befestigten Objektiv

Bei einem innenfokussierten Objektiv ist die Linse, die für die Scharfstellung des Bildes entscheidend ist, im Innern des Objektivs und damit nicht direkt über einen Scharfstellungsring zugänglich. Solch ein innenfokussiertes Objektiv ist in der Produktion billiger, weil es insgesamt mit weniger Linsen auskommt und damit praktisch auch den Vorteil hat, bei gleicher Leistung im Vergleich zu einem außenfokussierten Objektiv lichtstärker zu sein. In der Bedienung hat solch ein innenfokussiertes Objektiv aber einen deutlichen Nachteil: Der Schärfering steuert einen kleinen elektrischen Motor, der wiederum die Linse im Innern des Objektivs verschiebt. So manche Kamerafrau und so mancher Kameramann empfindet diese Bedienung als zu indirekt: Ein *Schärfereißen*, also ein plötzliches Scharfstellen einer Szene ist oft nicht möglich. Auch ein *Schärfeanschlag* fehlt, denn solche indirekten Scharfstellungsringe sind unendlich zu drehen.

1.1 Aufbau einer Kamera

Wenn also in der Praxis ein Objekt in unendlicher Entfernung scharf abgebildet werden soll und der Schärfering wird entsprechend nach links gedreht, reguliert der Motor die Schärfelinse bis zur entsprechenden Maximaleinstellung und setzt dann die Linse plötzlich wieder zurück. Das bedeutet, dass der Schärfebereich auf den kleinsten möglichen Abstand umspringt, in der Regel etwa 1,5 Meter. Der Kameramann wird letztlich in der Bedienung der Kamera nie eine echte mechanisch verlässliche Instanz finden, die eine routinierte Bedienung des Gerätes garantiert.

In der Konsequenz sind innenfokussierte Linsen oft auch in der Bedienung des Zooms reduziert: Ein *Reißzoom* ist in der Regel genauso wenig möglich, wie ein »Schärfereißen«, denn der Zoom wird über einen Elektromotor gesteuert, wie die Schärferegelung. Praxisorientiert bedeutet das, dass ein Hebel zum »Reißen« des Zooms fehlt, denn auch hier steuert der Elektromotor die Bewegung der Linsen.

Abbildung 1.6
Außenfokussiertes Objektiv, fest mit Kamerakopf verbunden

Abbildung 1.7
Innenfokussiertes Objektiv

KAMERA

Abbildung 1.8
Objektivanschluss mit lichtempfindlichem CCD-Chip

Letztlich werden Kamerakopf und Objektiv noch durch einen Rekorder bzw. ein Aufnahmegerät ergänzt und bilden zusammen einen heute gängigen Camcorder.

Professionelle Kameraköpfe sind an eine Vielzahl von Rekorderformaten *anflanschbar*. Semiprofessionelle und Amateur-Geräte bilden hier, wie oft auch beim Objektiv und Kamerakopf, eine untrennbare Einheit.

1.2 Ausstattungsmerkmale von Objektiven, Kameraköpfen und Camcordern

Objektive

Autofocus

Ursprünglich wurde der *Autofocus* für den Amateurbereich entwickelt und sollte auch ungeübten Filmern garantieren, gute Aufnahmen zu machen. Problematisch bei Autofocus-Funktionen ist immer die Abhängigkeit von guten Beleuchtungsverhältnissen. Die Funktion reagiert auf Kanten im Bild, genauer: auf Kontrastunterschiede. Die Automatikfunktion versucht Kontrastkanten (also zwischen hell und dunkel, Weiß und Schwarz) möglichst klein zu machen, regelt also die Schärfe so lange nach, bis der Übergang zwischen den unterschiedlichen Helligkeitsbereichen im Bild möglichst schmal geworden ist. Die Funktion ist meist auf die Bildmitte beschränkt und tastet etwa ein Drittel des Gesamtbildes ab. Der Nachteil liegt auf der Hand: Will der Filmemacher eben nicht auf die Bildmitte scharf gestellt haben, ist solch eine Autofocus-Funktion praktisch unbrauchbar. Lediglich bei extrem dynamischen Szenen, zum Beispiel beim Dreh von Fußballspielen oder anderen Sportevents kann der Autofocus wirklich hilf-

1.2 Objektive, Kameraköpfe und Camcorder

reich sein. In den achtziger Jahren war noch eine zweite Autofocus-Methode im Umlauf: *Schärfeautomatik per Ultraschall*. Das hat sich insofern nicht bewährt, weil Kameraaufnahmen durch Gitter oder Glas eine richtige Funktion des Autofocus unmöglich machten: Dank Ultraschall stellte die Kamera bei der Umgebungsabtastung immer auf das nächstgelegene Hindernis scharf – also zum Beispiel die Glasscheibe. Ultraschall-Autofocus wird heutzutage nicht mehr angeboten. Grundsätzlich lässt sich festhalten, dass moderne Autofocus-Funktionen auf Kontrastbasis nur dann funktionieren, wenn die Ausleuchtung der Szenen gut ist. Kontrastschwache oder »Low Level«-Szenen eignen sich für Autofocus nicht.

Brennweite

Hier geht es wohlgemerkt um die *optische Brennweite* des Objektivs und nicht um *digitale Zoomfunktionen*. Der digitale Zoom ist eine Funktion des Kamerakopfes und nicht des Objektivs. Brennweiten von Objektiven haben immer etwas mit der Größe der Filmbühne oder bei Videokameras der Bildfeldgröße zu tun, also mit der Größe der im Kamerakopf verwendeten Chips. Die Bildfeldgröße ist der Bereich eines Bildsensors (CCD-Chip), auf den das Bild tatsächlich abgebildet wird. Zur Orientierung hat sich durchgesetzt, Brennweiten ins Verhältnis zum Foto-Kleinbildformat zu setzen.

Ein Beispiel: Ein Objektiv mit der Brennweite 50 mm an einem Kleinbildformatgehäuse entspricht einem Objektiv mit 12,8 mm Brennweite an einem Videokamerakopf mit 2/3˝ CCD, oder einem 6,94-mm-Objektiv an einem Videokamerakopf mit 1/3˝ CCD.

Umrechnungsfaktoren auf Kleinbildbrennweite:

Videokamera 1/3˝ CCD: Brennweite x 7,2

Videokamera 1/2˝ CCD: Brennweite x 5,4

Videokamera 2/3˝ CCD: Brennweite x 3,9

Filmkamera Super 8: Brennweite x 6,2

Filmkamera 16 mm: Brennweite x 3,4

Filmkamera 35 mm: Brennweite x 1,59

Bildwinkel diagonal	Kleinbild-Format mm	2/3-Zoll-Bildsensor mm	1/2-Zoll-Bildsensor mm	1/3-Zoll-Bildsensor mm
1,2°	2 000	500	365	280
2,1°	1 200	300	220	170
3,0°	800	210	150	110
4,2°	600	150	110	80
5,6°	450	110	80	60
8,4°	300	72	53	42

Tabelle 1.1
Vergleichstabelle Brennweiten

KAMERA

Bildwinkel diagonal	Kleinbild-Format mm	2/3-Zoll-Bildsensor mm	1/2-Zoll-Bildsensor mm	1/3-Zoll-Bildsensor mm
12,5°	200	50	36	28
25,0°	100	25	18	14
50,0°	50	12	9	7
60,0°	40	9	7	5,5
70,0°	30	7	5	4
80,0°	25	6	4	3,5
90,0°	20	5	3,5	2,8

Vernünftige Zoomobjektive im Kleinbildfotobereich decken Brennweiten von 50 bis 200 mm ab, das entspricht bei Videokameras mit 1/3˝-CCD-Chips einem Objektiv mit einem Brennweitenbereich von rund 7 bis 28 mm. Ein Hauptproblem beim Drehen in Innenräumen ist der Weitwinkelbereich. Um auch in kleinen Räumen vernünftig drehen zu können, sind Objektive nötig, die, im Kleinbildfotoformat ausgedrückt, Brennweiten von etwa 35 mm unterstützen, für Videokameras (1/3˝-Chip) entspricht das rund 5 mm. Das ist insbesondere bei der Auswahl von semiprofessionellen Kameras wichtig, denn bei fest mit dem Kamerakopf verbundenen Objektiven ist eine nachträgliche Brennweitenverkürzung nur mit *Weitwinkelkonvertern* möglich.

Abbildung 1.9
Weitwinkelkonverter Faktor 0,5 mit Filtergewinde

Diese Konverter werden als Aufsätze für den Filterring angeboten, sind oft qualitativ wenig überzeugend und führen zu Farbsäumen.

Auch Konverter zur Brennweitenverlängerung sind mit Vorsicht zu genießen, denn häufig führen solche Aufsätze zu *Vignettierungen*, also Abschattungen im Bild: Es kommt zu einer Art Tunnelblick durch die Linsen und die Bildränder sind deutlich dunkler als der Bildmittelpunkt.

1.2 Objektive, Kameraköpfe und Camcorder

Abbildung 1.10
Konverter zur Verlängerung der Brennweite um den Faktor 5,5 mit Filtergewinde. Hier besteht die Gefahr von Gewindeschäden durch das Gewicht des Konverters

Abbildung 1.11
Macrokonverter mit Filtergewinde

Blende

Wichtig ist hier die maximale Öffnung der Blende und die Stufigkeit der Einstellmöglichkeiten. Amateurcamcorder lassen heute oft keine manuelle Blendensteuerung mehr zu, für die professionelle Produktion ist aber gerade das wesentlich. Durch Öffnen und Schließen der Blende wird nicht nur die Tiefenschärfe als Gestaltungselement gesteuert, sondern auch die Psychologie der Aufnahmen bestimmt: *High Key*, also leicht überbelichtete Aufnahmen, vermitteln eine positive Grundstimmung, während *Low-Key-Einstellungen* eher bedrohlich oder negativ wirken. Vor allem bei Gegenlichtaufnahmen sollte eine manuelle Blendensteuerung möglich sein. Ein relativ guter Wert für eine maximale Blendenöffnung ist 1,6. Für Gummilinsen, also Zoomobjektive, ist es normal, dass sich bei größeren Brennweiten der Blendenwert verschlechtert. So kann dasselbe Objektiv im Weitwinkelbereich eine maximale Blendenöffnung von 1,6 unterstützen, im Telebereich aber nur 2,2. Je nach Objektivgüte schwankt dieser Bereich beträchtlich. Bei der Produktion kann eine zu starke Rasterung der Blendenstufen Schwierigkeiten mit sich bringen: Folgt zum Beispiel nach Blende 16 sofort die Schwarzblende (Blende geschlossen), kann bei lichtintensiven Verhältnissen eine vernünftige Belichtung der Aufnahmen unmöglich werden. Letztlich können dann nur *Neutral-Density-Filter*, also Graufilter, die Helligkeit wegnehmen, die Aufnahmesituation retten. Das Handling und der notwendige Filterwechsel können aber in solchen Drehsituationen zum Nervfaktor werden. Gerade weil Video nur einen, im Vergleich zum Film beschränkten, Kontrastumfang bietet, gilt, je feinstufiger die Blendensteuerung, umso besser. Professionelle außenfokussierte Objektive bieten zur Bedienung stufenlose Steuerung über einen Blendenring. Semiprofessionelle Kameras steuern innenfokussierte Objektive häufig vom Kamerakopf aus über einen »Blendenmotor«, der die Steuerung über Stufen regelt.

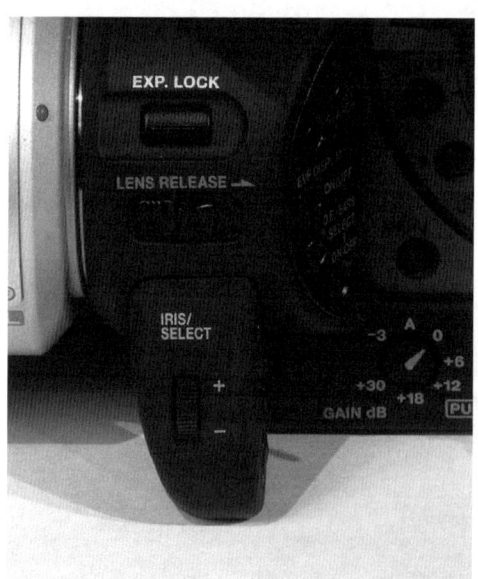

Abbildung 1.12
Blendensteuerung

ND-Filter

> **Hinweis**
>
> Neutral-Density(ND)-Filter sind für eine farbechte Aufzeichnung mit Videokameras unverzichtbar.

Neutral-Density-Filter, oder zu Deutsch Graufilter, sind bei Video ein wichtiges Ausstattungsmerkmal. ND-Filter lassen sich natürlich tatsächlich als externe Filter auf ein Objektiv schrauben und müssen nicht zwangsweise in ein Objektiv integriert sein. In der Praxis haben aber hochwertige Objektive zuschaltbare ND-Filter häufig bereits eingebaut. Das ermöglicht beim News-, also Nachrichten-Einsatz der Camcorder schnelle Anpassung an extreme Situationen: Gerade bei Interviewsituationen mit Bewegung, von Innenräumen ins Freie oder umgekehrt, bewähren sich solche zuschaltbaren ND-Filter. Das Fummeln am Filteradapter entfällt. Grundsätzlich sind ND-Filter unverzichtbar, das liegt daran, dass CCD-Chips nur in einem beschränkten Belichtungsbereich optimale Ergebnisse

1.2 Objektive, Kameraköpfe und Camcorder

erzielen können. Übersteigt die Helligkeit gewisse Werte, ist eine Farbtreue der Bildumsetzung nicht mehr gegeben und auch die Regelbereiche der Blendensteuerung reichen oft nicht mehr aus, um die Lichtsituation in den Griff zu bekommen. Klassische Beispiele für solche Situationen sind Drehs im Schnee, in der Wüste oder im Hochsommer mit vielen Weißanteilen in der Szenerie. Vor allem der automatische *Weißabgleich*, auf den noch einzugehen ist, setzt voraus, dass sich die Grundhelligkeit in einem gewissen Rahmen bewegt. *Farbtemperatur* und Helligkeit lassen sich in *Kelvin* ausdrücken. Videokameras sind in der Regel für Farbtemperaturen zwischen 3200 und 5600 Grad Kelvin optimiert, wobei 3200 Kelvin für Kunstlicht und 5600 Kelvin für Tageslicht steht. Wenn man weiß, dass die Farbtemperatur im gleißenden Sonnenschein im Sommer unter strahlend blauem Himmel aber bis zu 15000 Kelvin erreichen kann, wundern schreiend grüne Rasenflächen und knallige Farbtöne nicht mehr: Ohne vorgeschalteten ND-Filter kann der automatische Weißabgleich im Kamerakopf meist in solchen Situationen keine realistischen Farbaufnahmen mehr garantieren. Sinnvolle ND-Filterstufen mit hohem praktischen Nutzen sind ND 4-fach und ND 8-fach.

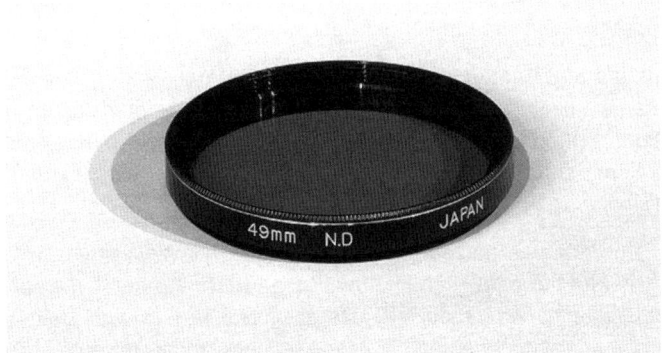

Abbildung 1.13
1-fach ND-Filter

Abbildung 1.14
ND-Verlaufsfilter, Tönung nur im markierten Bereich, um z.B. Himmel abzudunkeln

Optische bzw. elektronische Stabilisierung

> **Tipp**
> Bei Stativaufnahmen immer Bildstabilisatoren ausschalten

Mit der Verkleinerung der Amateurcamcorder haben sich fast alle Hersteller auch mit Antiverwacklungstechniken beschäftigt. Prinzipbedingt neigen Minikameras dazu, beim Dreh aus der Hand oder von der Schulter verwackeltere Bilder zu liefern als schwerere Schultergeräte. Entsprechend wurden Funktionen wie *steady shot* oder *stabilizer* in eine Reihe von Objektiven integriert. Auf dem Markt finden sich zwei verschiedene Prinzipien oder Funktionsweisen. Zum einen werden die Bildstabilisierungstechniken elektronisch realisiert, zum anderen optisch. Nur die optischen *Bildstabilisatoren* sind tatsächlich im Objektiv eingebaut, elektronische »Antiverwacklungstechniken« werden über die Chips im Kamerakopf verwirklicht. Zur Funktionsweise optischer Bildstabilisatoren: Ein im Objektiv aufgehängtes Prisma oder ein im Objektiv aufgehängter Spiegel versuchen, plötzlichen Bewegungen entgegenzuwirken. Realisiert wird dies oft durch kleine Motoren, deren Steuerung versucht, gewollte oder ungewollte Bewegungen zu differenzieren. In der Praxis zeigt sich schnell, welche Konsequenzen das hat: Versucht man mit eingeschaltetem Stabilisator einen Schwenk vom Stativ aus, bemüht sich die Elektronik, diesen Schwenk zunächst zu verhindern. Dann, wenn die Maximalkorrektur überschritten wird, springt das Bild in den Schwenk, anschließend verläuft der Schwenk normal.

Der Vorteil optischer Stabilisatoren besteht darin, dass sie nur geringfügig die Auflösung der Kamera beeinträchtigen, in der Regel weicher reagieren und auch diagonale Bewegungen ausgleichen können. Der Nachteil besteht darin, dass sie in der Produktion teurer und empfindlicher als vergleichbare rein elektronische Verfahren sind.

Die elektronischen Verfahren nutzen den CCD-Chip als »Antiverwacklungseinheit«. In der Praxis wird die genutzte Bildfeldgröße reduziert, das heißt, die Auflösung des Kamerakopfes wird reduziert, das ausgelesene Bild wird kleiner. Links, rechts, oben und unten werden die entstehenden Ränder auf dem CCD-Chip zur Bildkorrektur verwendet. Die Elektronik verschiebt entgegen der Bewegung den genutzten Bildbereich, um das Bild stabil zu halten. Die Effekte bei eingeschaltetem Stabilisator auf dem Stativ bei einem Schwenk sind ähnlich, wobei die Elektronik hier oft sprunghafter reagiert als bei optischen Lösungen. Ein weiterer Nachteil liegt in der Kompensierung diagonaler Bewegungen: Nur senkrechte beziehungsweise waagerechte »Wackler« werden von der rein elektronischen Korrektur wirklich sauber korrigiert. Schräglagen der Kamera reduzieren die Effektivität dieser Stabilisierer. Um die Auflösung im sichtbaren Bereich nicht zu reduzieren, werden Kameraköpfe mit elektronischen Antiverwacklungstechniken heute oft mit überdimensionierten Chips hergestellt, das heißt, dass grundsätzlich nur ein Bruchteil des oder der CCD-Chips für die wirkliche Bildfeldgröße genutzt wird und von vorneherein ein Bereich für die Stabilisierung reserviert wird.

1.2 Objektive, Kameraköpfe und Camcorder

Abbildung 1.15
Optische Bildstabilisierung

Kameraköpfe

CCD-Chip

Wie bereits erwähnt, spielt die Größe des oder der CCD-Chips eine wesentliche Rolle. 3-Chip-Kameraköpfe bieten eine bessere Bildqualität. In letzter Zeit werden aus Kostengründen immer mehr Kameraköpfe mit kleinen Chips angeboten. Neben der größeren Tiefenschärfe und damit dem Verlust an gestalterischem Freiraum für den Kameramann hat diese Entwicklung noch einen weiteren gravierenden Nachteil: Kleinere Chips neigen zu stärkeren *Smear-Effekten*. Smear-Effekte treten auf, wenn helle überbelichtete Lichtpunkte im Bild sind. Aus den Lichtpunkten werden plötzlich Sterne: Senkrechte und waagerechte Linien führen bis zum Bildrand. Der Effekt entsteht durch eine Lichtübersättigung eines Chipbereiches. Je kleiner ein Chip, desto eher kippen daneben liegende Bildpunkte auf dem Chip ebenfalls in die Übersättigung, die Folge sind solche Sterneffekte. Die Lichtempfindlichkeit der Chips steht nicht immer in einem direkten Zusammenhang mit deren Größe. Angaben zur Lichtempfindlichkeit sind immer mit Vorsicht zu genießen, denn häufig geben Hersteller keine vergleichbaren Werte an, Werbeaussagen wie »Liefert bei 2 *Lux* schon kontrastreiche Bilder« sind schlichtweg unbrauchbar.

Entscheidend ist nicht, ab welcher Helligkeit irgendein Bild aufgezeichnet werden kann, sondern ab wann der Kamerakopf mit den Chips im optimalen Bereich arbeitet. Für die meisten Videokameraköpfe gilt, dass sie erst ab 2.000 Lux tatsächlich gute Bilder liefern, davor werden eine Reihe von Tricks und Techniken eingesetzt, um die Bilder elektronisch aufzufrischen. In Bilddetails führt das oft zu Rauschen (Flimmern) oder Unschärfen.

Vollmond, wolkenloser Himmel	0,5–2
Dämmerung	5
Kerzenlicht	10–15
Gut beleuchtete Hauptverkehrsstraße	10–30
Wohnzimmer, mittlere Helligkeit	50

Tabelle 1.2
Beleuchtungssituationen und ihre Werte in Lux (Näherungswerte)

Gut beleuchtetes Treppenhaus	100
100-Watt-Glühbirne in 1 m Abstand	150
Gute Lesebeleuchtung	200–300
Büro mit Leuchtstoffröhren	400–500
Theke im Warenhaus	500–700
Gut beleuchteter Arbeitsplatz	800–1.000
Normal helles Zimmer, mittags	1.000–2.500
Sonniger Sommernachmittag, außen, im Schatten	2.000–5.000
Sonniger, wolkenloser Wintertag, außen	10.000
Bewölkter Sommernachmittag, außen	30.000–35.000
Wolkenloser Mittag, Sommer, Landschaft	40.000–100.000
Wolkenloser Himmel, Hochgebirge	100.000–150.000

Chip-Ausleseformate

Klassisch unterstützen Kameraköpfe in Europa vor allem das *PAL-TV-System*. Das bedeutet, dass die Chips 50 Mal pro Sekunde ausgelesen werden und dabei jeweils ein Halbbild ausgegeben wird: Das erste, auch untere oder A genannte Halbbild wird durch die ungeraden Abtastzeilen gebildet, also Zeile 1, 3, 5 etc., das zweite Halbbild, das obere, oder auch B genannte durch die geraden Abtastzeilen. Insgesamt werden bei PAL rund 576 Zeilen ausgelesen. Solange lediglich reine Videoproduktionen mit einer Kamera aufgezeichnet werden sollen, reicht diese Art des Chip-Auslesens völlig aus, sollen allerdings die Filme auch auf Computern oder im Kino gezeigt werden, ist es dringend zu empfehlen, dass der Kamerakopf auch das »progressive« Auslesen der Chips unterstützt. *Progressive Mode* bedeutet, dass das gesamte Bild ausgelesen wird und keine Aufteilung in Halbbilder erfolgt. Voraussetzung für die Funktion ist allerdings auch, dass die Auslesegeschwindigkeit der Chips dabei reduziert wird, das bedeutet, dass eine *Shutterfunktion* 1/25 unterstützt werden muss. Der progressive Mode ist sehr filmlike und bringt als Nebeneffekt eine erhöhte Lichtempfindlichkeit der Kamera durch die längere Belichtungszeit der Chips. Manche semiprofessionellen Kameras bieten eine ähnliche Funktion unter dem Oberbegriff *Frame Mode*. Oft verbirgt sich dahinter, dass der Kamerakopf nicht wirklich ein Vollbild ausliest, sondern zwei identische (zur gleichen Zeit gemachte) Halbbilder. Letztlich ist auch dieses Verfahren brauchbar und führt zu besseren Ergebnissen als eine langwierige Nachbereitung des Videomaterials, die nötig ist, wenn nur der Halbbildmodus unterstützt wird, um Videomaterial für die Übertragung auf Zelluloid (Kino) vorzubereiten.

Objektivanschluss

Gängig sind hier *Bajonett-Anschlüsse*. Je nachdem, welcher Kamerakopf mit welchem Objektiv verbunden wird, ist vor allem im semiprofessionellen Bereich nicht immer gewährleistet, dass eine Steuerung des Objektivs vom Kamerakopf vollständig möglich ist. So finden sich bei mehreren semiprofessionellen Kame-

1.2 Objektive, Kameraköpfe und Camcorder

ras die Blendensteuerung und Zoomwippen am Kamerakopf. Professionelle Objektive sind ohnehin so ausgerüstet, dass eine Fernsteuerung der Funktionen vom Stativ erfolgt und nicht vom Kamerakopf aus. Besonders vorteilhaft ist, wenn ein Expander eingesetzt werden kann, so dass sich die Brennweite des Objektivs verdoppelt oder vervierfacht. Nicht zu unterschätzen sind die Gewichtsverteilungen im Zusammenspiel von Objektiv und Kamerakopf, denn leichte Kameraköpfe kombiniert mit schweren Zoomobjektiven neigen zum Nach-vorne-Überkippen, gerade im harten *ENG (Electronic News Gathering)*, also *Nachrichtenbeitragsgeschäft* kann das den Kameramann zur Verzweiflung bringen.

Gain

Gain umschreibt die Eingangsempfindlichkeit oder Eingangssignalverstärkung des Kamerakopfes. Vereinfacht kann man von einem Lichtverstärker sprechen. Das bedeutet, dass die Signale der CCD-Chips elektronisch verstärkt werden mit allen negativen Konsequenzen:

- Ist das Bild zu dunkel, also zu wenig Licht vorhanden, dann wird durch die Verstärkung auch das Grundrauschen der Chips sichtbar.
- Oft wird parallel der Kontrast verstärkt, was zwar subjektiv den Schärfeeindruck verbessert, aber das Bild nicht wirklich scharf macht und zudem zu Doppelkanten an Objekten führen kann.
- Die Farben bleiben unrealistisch, denn solange die Kamera unterhalb ihres optimalen Einsatzbereiches arbeitet, ist ein Weißabgleich nur begrenzt realisierbar.

Im Amateurbereich ist die Gainregelung häufig weder abschalt- noch regelbar. Daraus ergibt sich das Problem, dass der Kameramann nie sicher sein kann, ob die Kamera im Moment in ihrem optimalen Belichtungsspielraum betrieben wird oder nicht. Sobald etwas zu wenig Licht vorhanden ist, regelt die Automatik nach und schaltet den Lichtverstärker dazu. Eine Blendenregelung am Objektiv ohne abschaltbaren Lichtverstärker im Kamerakopf kann man praktisch als nutzlos bezeichnen, denn beide Funktionen arbeiten gegeneinander. Professionelles Arbeiten ist nur dann gegeben, wenn Lichtverstärker abschalt- und (oft in Stufen) regelbar sind. Im Profisektor bieten Kameraköpfe Gainanhebungen von bis zu 68 dB (Dezibel). Um solch einen Wert verständlich zu machen, folgendes Beispiel:

- Gain +3dB entspricht einer Verdoppelung des Nutzsignals.
- Gain +6dB entspricht einer Vervierfachung.
- Gain +9dB Verachtfachung usw.

Ein sinnvoller bewusster Einsatz ist nur in wenigen Extremsituation gegeben: bei ENG-Interviews in der Nacht mit mangelhafter Beleuchtung oder bei Reportagen in Höhlen oder in Bergwerken. Grundsätzlich ist die resultierende Bildqualität mit Lichtverstärkern schlechter, die Kamera wird untersteuert.

Abbildung 1.16
Bedienelemente für Gain und Weißabgleich, White Balance

Weißabgleich

> **Tipp**
> Der automatische Weißabgleich versagt in Szenen mit deutlicher Farbtönung.

Eine absolut unverzichtbare Grundfunktion ist der manuelle Weißabgleich (White Balance). Automatischer Weißabgleich, wie er bei Amateurkameras üblich ist, führt in einer Reihe von Situationen zu unbefriedigenden Farbergebnissen: Da die Kamera laufend die Bilder analysiert, können Grundfarbwechsel in großen Bildausschnitten die Automatik dazu verführen, den Weißabgleich während einer laufenden Aufnahme nachzuregeln. Die Folge: Die Farbstimmung ändert sich mitten in einer Szene.

Der automatische Weißabgleich ermittelt ein Farbmittel des aufzunehmenden Bildes und korrigiert den Mittelwert, bis ein neutrales Grau entsteht. Logischerweise kann solch eine Automatik nur funktionieren, solange die aufzunehmende Szenerie nicht grundsätzlich einen Farbstich hat. In der Praxis kann also ein automatischer Weißabgleich zum Beispiel in einem sehr rot eingerichteten Wohnzimmer, mit einem deutlichen Überhang an Rot, keine vernünftigen Ergebnisse erzielen. Es ist zu erwarten, dass die Farbwiedergabe in Richtung Blau verändert wird, da die Automatik versuchen wird, den zu hohen Rotanteil zu kompensieren. Als Minimalanforderung für professionell einsetzbare Kameraköpfe sind folgende Grundeinstellungen zu erwarten:

- Festwert Kunstlicht (oft mit einer Glühbirne als Symbol versehen) = 3200 Kelvin
- Festwert Tageslicht (oft mit einer Sonne als Symbol versehen) = 5600 Kelvin
- Manueller Weißabgleich (mit zusätzlichem Auslöserknopf)
- Automatischer Weißabgleich

Darüber hinaus bieten viele professionelle Geräte Speichertasten für verschiedene Lichtsituationen an. Das bedeutet, dass ein Weißabgleich abgespeichert und sofort wieder abgerufen werden kann – sehr praktisch in wechselnden Lichtsituationen wie zum Beispiel Dreh einer Szene im Schatten und im Sonnenlicht. Der Weißabgleich kann entweder mit einem wirklich weißen Blatt Papier (formatfüllend im Sucher zu sehen) in der Szene durchgeführt werden oder aber mit halbdurchsichtig weißen Objektivdeckeln.

1.2 Objektive, Kameraköpfe und Camcorder

Shutter

Der *Shutter* steuert die Auslesegeschwindigkeit der Chips. In der Regel bieten hochwertige Kameras Einstellungen von etwa 1/8 bis 1/20.000 sec. Das PAL-Format ist zwar grundsätzlich auf 50 Halbbilder/sec definiert und damit geht eine Auslesegeschwindigkeit von 1/50 sec einher, dennoch ist ein regelbarer Shutter sinnvoll.

Wie bereits schon erwähnt, setzen besondere Anwendungen wie die Produktion für Kino oder Computeranwendungen Vollbildaufnahmen voraus. Hier sollte der Shutter in jedem Fall 1/25 Belichtungszeit bzw. Auslesezeit der Chips unterstützen, die entstehende Bewegungsunschärfe ist für einen flüssigen Film absolut notwendig. Ist hier der Shutter falsch eingestellt, wirken Bewegungen abgehackt, stroboskopartig. Auch für Dreharbeiten mit Computermonitoren ist der Shutter wichtig: Die Bildwiederholfrequenzen von Computerbildschirmen führen bei Kameraaufzeichnungen zu Flackereffekten. Sie sind nur zu beseitigen, wenn der Shutter stufenlos im Bereich von 1/60 bis 1/125 regelbar ist, denn wenn Shutter und Bildwiederholungsfrequenz des Monitors übereinstimmen, entfällt der Flackereffekt (ist bei LCD-Monitoren hinfällig). Ebenfalls sinnvoll ist der Einsatz höherer Shutterstufen, etwa ab 1/1000, für Sportaufnahmen, wenn diese zur Analyse des Sportlerverhaltens eingesetzt werden sollen. Ab etwa 1/1000 sind Standbilder gestochen scharf und beinhalten nur noch geringe Bewegungsunschärfen. Nachteil ist, dass der laufende Film nicht mehr glatt wirkt. Da die Kamera dann nur 50 Halbbilder pro Sekunde mit jeweils einer Einzeldauer einer Tausendstel Sekunde aufzeichnet, fehlen im laufenden Film die restlichen Bewegungsinformationen, die ansonsten als Bewegungsunschärfe sichtbar werden, es kommt zum Stroboskopeffekt. Bei einem Springbrunnen sind beispielsweise bei 1/1000 in Standbildern einzelne Wassertropfen auszumachen.

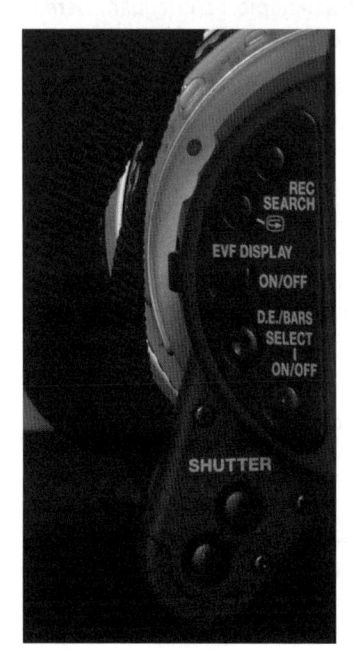

Abbildung 1.17
Shutter-Bedienungselement

Zebra

Die *Zebrafunktion* ist eine Erweiterung der Belichtungsanzeige im Sucher bzw. auf dem Kontrollmonitor: Je nach Einstellung werden Bildbereiche ab 80 bis 95% Belichtung mit einem Zebramuster überzogen. Für den Kameramann ist sofort ersichtlich, ob das Bild eher über- oder unterbelichtet ist und welche Bildbereiche davon betroffen sind. Vor allem für Videoproduktionen, die später auf Zelluloid übertragen werden sollen, ist es wichtig, dass die Bilder eher leicht unterbelichtet als überbelichtet sind. Überbelichtete Bereiche enthalten bei Video keinerlei Detailinformationen mehr und werden beim *Fazen* (übertragen auf Zelluloid) nur noch weiß (hell) dargestellt. Gerade bei Gesichtsaufnahmen sind Lichtspiegelflächen mit 100% Ausleuchtung unbedingt zu vermeiden, hier bietet sich an, aus Gründen der Sicherheit, den Zebralevel auf 85 bis 90% Ausleuchtung einzustellen, um gewisse Sicherheitsreserven zu haben und entsprechend zu »belichten«. Geringfügige Unterbelichtungen lassen sich im Gegensatz zur Überbelichtung beim Fazen korrigieren und eine leichte Gammaanhebung kann Details im Schattenbereich für die Kinoproduktion sichtbar machen. Professionelle Kameraköpfe bieten Zebralevel-Einstellungen von mindestens 80 bis 95%.

Bildkorrekturmöglichkeiten

Je professioneller der Kamerakopf, desto umfangreicher die Einstellmöglichkeiten schon während der Aufzeichnung. Veränderungen in den *Presets* sind mit Vorsicht vorzunehmen, denn die gemachten Aufnahmen lassen sich nicht mehr zurücksetzen. Im Zweifelsfall sind viele Veränderungen auch noch in der Postproduktion möglich. Ein wichtiger Punkt ist auch die Zugänglichkeit der Einstellungen. Leider sind die Menüs der Kameraköpfe nicht immer besonders praxistauglich und das Hangeln durch einzelne Ebenen kann zum Geduldsspiel werden. Praktisch, wenn frei zu belegende Presetknöpfe es erlauben, bereits einmal gemachte Voreinstellungen gezielt abzurufen.

- **Kneeing**: Hier kann die Gammakurve des Bildes korrigiert werden. Schattenbereiche und dunkle Bildpartien können aufgehellt werden. Vor allem Details und Durchzeichnung profitieren. Bei Gegenlichtaufnahmen wirkt der Kontrast zwischen hell und dunkel nicht mehr »videotypisch« hart, sondern nähert sich klassischem Zelluloid. Die Funktion ist ausgesprochen sinnvoll und empfehlenswert. Je nach Gerät stehen verschiedene feste oder aber auch selbst gestaltbare Kneeing-Kurven zur Verfügung. Kneeing ist die einzige Funktion, die in der Postproduktion schlechtere Ergebnisse mit sich bringt, alle anderen Anpassungen sind auch mit vergleichbarem Ergebnis nach der Aufzeichnung möglich.

- **Schwarzwertanpassung**: Eine Möglichkeit, den Schwarzwert eher in Richtung Grau bei den Aufnahmen zu verschieben. Praktischer Nutzen gering.

- **Farbanpassung**: Rot-, Grün- und Blauteil der Aufzeichnungen lassen sich dem eigenen Geschmack anpassen: Filmemacher aus dem Bereich 16- und 35-mm-Film bemängeln neben dem geringeren Kontrast und Schärfeumfang bei Video die harten Farben. Rot wirkt nicht selten zu rot, Haut zu rötlich.

1.2 Objektive, Kameraköpfe und Camcorder

Profi-Kameraköpfe bieten mit der Farbanpassung die Möglichkeit, die Videoaufnahmen dem Look klassischer Fuji-Filme (mehr blau/orange) oder Kodak-Filme (rot/aber geringere Sättigung) anzupassen. Die Funktion ist dennoch mit Vorsicht zu genießen. Je nach Aufzeichnungsmedium und Aufzeichnungsformat darf die Maximalsättigung einzelner Farben nicht überschritten werden.

- **Helligkeit und Kontrast**: Hier gilt Ähnliches wie bei der Farbanpassung, zu hohe Werte können Bandmaterial und Aufzeichnungsmedium überfordern.
- **Schärfe**: Der subjektive Schärfeeindruck hängt oft mit dem Kontrast zusammen und kann deshalb nicht für sich allein betrachtet werden. Eine zu große Kantenaufsteilung (mehr Kontrast an Objektkanten) kann zu Doppellinien oder Geisterkanten führen. Für Videoaufzeichnungen, die später gefazt werden sollen, empfiehlt sich eher ein »unschärferes« Bild. Kantenaufsteilungen werden beim Übertragen auf Zelluloid problematisch.

Effekte

Gerade Amateurkameras halten hier eine große Palette bereit: Mehrfach-Bild im Bild, Einblenden und Ausblenden, Mosaikmuster und allerlei Schnickschnack. Von sämtlichen Effekten ist eigentlich nur abzuraten, weil die gemachten Aufnahmen irreparabel mit diesen Effekten überzogen sind. Sollte dem Filmer nachträglich einfallen, dass irgendein Effekt nicht passte, ist es zu spät. Vielleicht noch der Hinweis, dass diese Amateurkameras keine Effekte anbieten, die nicht auch nachträglich durch ein digitales Videoschnittprogramm zu realisieren wären. Insofern der Tipp: Effektkiste beim Filmen zulassen und wenn, dann erst bei der *Postproduktion* (Nachbearbeitung) hinzufügen. Effekte haben in der Kamera an sich nichts zu suchen.

> **Tipp**
> Keine Effekte beim Drehen aufzeichnen. Effekte werden in der Nachbearbeitung hinzugefügt.

Sucher

Professionelle *Sucher* sind Schwarz-Weiß-Sucher. Der Grund: Farbdisplays im Sucher bieten gegenüber Schwarz-Weiß-Suchern nur maximal die halbe Auflösung, entsprechend der halben Schärfe. Der Vorteil vieler Amateur- und semiprofessionellen Kameras, sofort überprüfen zu können, ob die Farbstimmung in Ordnung ist beziehungsweise der Weißabgleich richtig gemacht wurde, wird durch ein unschärferes Sucherbild erkauft. Professionelle Kameraleute lehnen kleine LCD-Farbdisplays kategorisch ab. Allenfalls ein separater größerer Farbmonitor zur Kontrolle, zusätzlich zum S/W-Sucher, wird akzeptiert. Bereits kleine Schwarz-Weiß-Sucher haben eine Auflösung von 350 Zeilen und mehr und können dementsprechend Bilder scharf darstellen. Vergleichbare Farbdisplays auf LCD-Basis erreichen meist nur 150 bis 250 Zeilen. Erst ein Farbfernseher/Monitor mit mindestens 14 Zoll erreicht eine Auflösung von rund 350 Zeilen und damit die Schärfe eines S/W-Suchers.

Es sollte die Möglichkeit bestehen, die anzuzeigenden Parameter im Sucher auszuwählen und auch auszublenden. Mit vielen Parametern voll gepfropfte Sucher (Blende, Timecode, Aufnahmemodus, Shutter etc.) können den Kameramann vom Bildaufbau zu sehr ablenken und bei der Bildkomposition hinderlich werden.

Abbildung 1.18
Sucheransicht mit Belichtungsbalken, Verschlusszeit, Blende, Timecode, Restlaufzeit

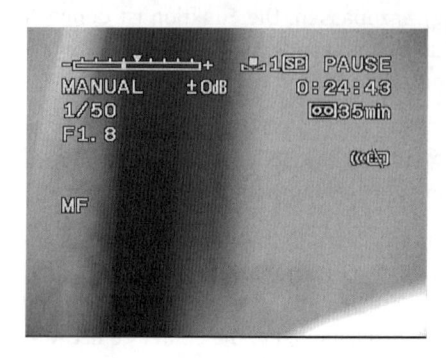

Fernbedienung

Der Kamerakopf sollte den Anschluss einer Kabelfernbedienung unterstützen. Gerade beim Einsatz im Regen ist es von unschätzbarem Wert, wenn die Grundfunktionen des Gerätes durch die Schutzhülle hindurch ohne Probleme erreichbar sind. Infrarotfernbedienungen fallen in die Kategorie: grundsätzlich sinnvoll, aber sinnlos, denn solche Infrarotbedienungen sind weder wirklich zuverlässig noch mit Regenschutzhüllen brauchbar.

Rekorderanschluss

Viele Kameraköpfe sind als *Dockinggeräte* ausgestattet, sofern sie nicht ausdrücklich als Camcorder (mit integriertem Laufwerk) oder Studiokameras ausgewiesen sind. Klassisch funktioniert das Docking verschiedener Kameraköpfe mit entsprechenden Rekordern häufig nur innerhalb einer Herstellergruppe. In der Praxis ist also beispielsweise die Kombination von Sony-Kameraköpfen mit Panasonic-Laufwerken und umgekehrt nicht möglich. Allgemein geht der Trend hin zum Camcorder, also zum bereits fest integrierten Laufwerk im Kamerakopf. Ein deutliches Signal für die zukunftsorientierte Auslegung eines Kamerakopfes ist ein *Firewire-Anschluss* nach IEEE 1394. Solche Firewire-Anschlüsse gestatten den Anschluss externer Festplatten, um direkt auf diesen Datenträger aufzuzeichnen. Der große Vorteil solcher Firewire-Lösungen ist, , dass eine Festplattenaufzeichnung grundsätzlich unterschiedliche Speicher- bzw. Kompressionsformate unterstützen kann und nicht auf ein Videobandformat beschränkt ist.

Abbildung 1.19
Firewire-Anschluss einer Kamera

1.2 Objektive, Kameraköpfe und Camcorder

Videoanschlüsse

Ein Kamerakopf sollte zumindest den Anschluss eines Kontrollmonitors erlauben. Durchaus gängig sind hier noch so genannte *BNC-Anschlüsse mit Bajonettarretierung* im Profibereich, zum Teil auch als Komponenten-Ausgang ausgeführt, der verschiedene Ausgabeformen unterstützt, zum Beispiel die Auswahl von Y/R-Y/B-Y und R/G/B, wobei Y für die Hell/Dunkel-Information steht (Schwarz-Weiß) und R für Rot, G für Grün und B für Blau. Zunehmend zu finden ist ein Y/C-Anschluss (C steht hier für Chroma), auch S-VHS-Anschluss genannt, wie er im Consumerbereich üblich ist. Ein *Cinch-Anschluss* für einen Kontrollmonitor ist gerade noch brauchbar, da die erzielbare Qualität am Kontrollbildschirm bei dieser Art von Anschluss deutlich unter den Möglichkeiten des Systems liegt. Das heißt, der Kontrollmonitor wird bei einer Ansteuerung über eine Cinch-Verbindung nicht die »wirkliche« Schärfe der Aufzeichnung zeigen können.

Üblich bei professionellen Camcordern sind noch *CCZ-A-Multicore-Anschlüsse*, die dazu dienen, mehrere Kameras über ein zentrales Misch- und Kontrollpult zu koordinieren und zu steuern. Spezielle Videoanschlüsse über *Mini-Klinken-Adapter* sind nur im Amateursektor zu finden und für professionelle Produktionen vor allem aus Stabilitätsgründen unbrauchbar. Auch *Scart-Anschlüsse* haben sich in professionellen Produktionsumgebungen nicht durchgesetzt. Das liegt zum einen an der von außen nicht sofort erkennbaren Beschaltung der Kabel und Buchsen (es gibt reine Scart-Wiedergabekabel, die nur teilweise belegt sind) und zum anderen an Beschaffenheit und Größe der Stecker, die professionellen Bedürfnissen nicht gerecht werden.

Abbildung 1.20
Anschlüsse für Kopfhörer, Monitor und Ton

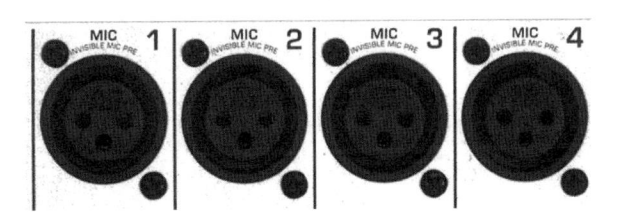

Abbildung 1.21
XLR-oder Canon-Anschluss symmetrisch

Kapitel 1

KAMERA

Mikrofon

Mit Profi-Kameraköpfen ausgelieferte Mikrofone können allenfalls als nette Deko betrachtet werden. Grundsätzlich werden Mikrofone, die am Kamerakopf befestigt sind, nicht zur professionellen Produktion genutzt. Die Gründe sind einleuchtend und schnell erläutert: In der Regel ist der Abstand zwischen Bildmotiv und montiertem Mikro deutlich zu groß, so dass die erzielbare Tonqualität nicht ausreichend ist. Des Weiteren überträgt sich das Laufgeräusch des Bandlaufwerks auf das Mikrofon, auch Zoommotoren- und Gehäusegeräusche werden aufgezeichnet. Da dieser Ton allenfalls als Notton eingesetzt wird, wenn aus technischen Gründen eine echte Tonaufzeichnung schief gegangen ist, haben die Kamerahersteller zu Recht den mitgelieferten Mikrofonen den letzten Stellenwert zugeordnet. So mancher Amateurcamcorder bietet mit seinem eingebauten Mikrofon eine bessere Tonqualität als ein Proficamcorder.

Abbildung 1.22
Typisches Dekomikrofon, Zubehör Camcorder

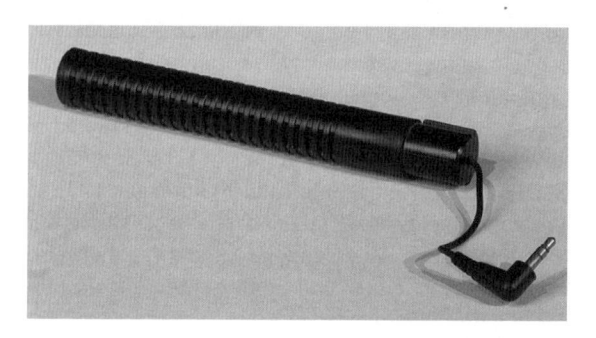

Wichtig bei Profigeräten ist die Unterstützung von *Phantomspeisung*: Der Kamerakopf sollte für eingesetzte Kondensatormikrofone an den professionellen *XLR-Anschlüssen* eine Speisespannung (Stromversorgung) zur Verfügung stellen. Gerichtete *Supernierenmikrofone* sind oft *Kondensatormikrofone* und werden zum Tonangeln bei TV-Produktionen eingesetzt.

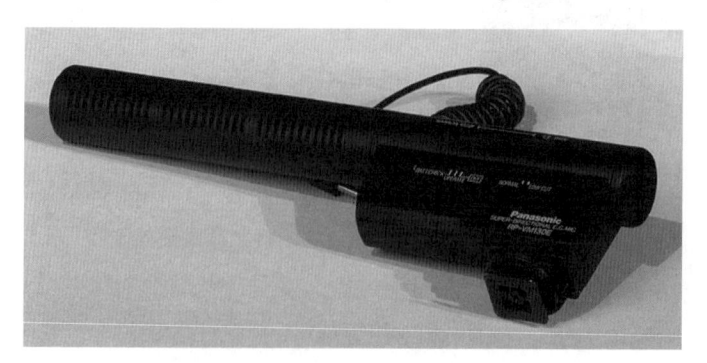

Abbildung 1.23
Richtmikrofon zur Montage auf dem Blitzschuh der Kamera

1.2 Objektive, Kameraköpfe und Camcorder

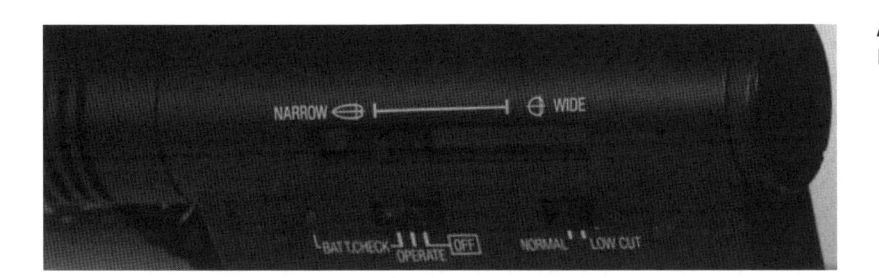

Abbildung 1.24
Richtmikro, Detail

Audiofunktionen

Je nach eingesetztem Videoformat (DV, DVCAM, DVCPRO, Digibeta etc.) werden mehrere unabhängige Tonkanäle aufgezeichnet. Der Digitalvideostandard unterstützt im 16-Bit-Modus (höhere Qualität) zwei Audiokanäle mit einer *Samplingfrequenz* von 48 kHz. Dies entspricht einer höheren Tonqualität als sie eine Audio-CD bieten kann. Im 12-Bit-Modus zeichnet DV vier Audiokanäle mit 32 kHz Samplingfrequenz auf. Um Kompatibilitätsprobleme mit Videoschnittprogrammen zu vermeiden, ist es sinnvoll, sich auf den 16bit/48kHz-Modus zu beschränken. Der Kamerakopf sollte jedoch in jedem Fall (sofern es sich um einen Camcorder handelt) eine manuelle Tonaussteuerung und hinreichend genaue Aussteuerungsanzeigen bieten. Automatische Aufnahmeaussteuerungen sind nicht zu empfehlen, weil sie oft in der Tendenz zu hohe Pegel liefern. Es versteht sich von selbst, dass die Kanäle einzeln regelbar sein sollten und die Einstellungen möglichst über Regler und nicht über komplizierte Menüführungen gesteuert werden können.

Aussteuerungsanzeigen

Mit dem Einzug der digitalen Technik in die Video- und Tonaufzeichnung haben analoge Aussteuerungsanzeigen ihre Berechtigung verloren. Hübsche wackelnde Aussteuerungsinstrumente waren auf typische analoge Aussteuerungssituationen angepasst: So war es normal, analog bis auf +3 dB auszusteuern, und die Instrumente hatten einen internen Vorlauf von bis zu 6 dB, das heißt, sie zeigten bis zu 6 dB mehr an, als sie tatsächlich verarbeiteten. Analoge Tonaufzeichnung war gegenüber Übersteuerung relativ unempfindlich. Erst bei der Anzeige von +12 dB und mehr wurden wirklich Verzerrungen hörbar. Digitaltechnik verhält sich hier völlig anders: Der erzielbare Maximalpegel ist mit 0 dB definiert. Direkt darüber sind sofort deutliche Kratzgeräusche und Übersteuerungssymptome wahrnehmbar. Digitalton verzeiht keinerlei Übersteuerung der Signale. Als guter Richtwert hat sich ein durchschnittlicher Aufnahmepegel von -12 dB etabliert. Das bietet genügend Reserven nach oben und unten. Ernst zu nehmende Aussteuerungsanzeigen sind als Lichtbalken oder LCD-Ketten ausgelegt und bieten eine Kontrollmöglichkeit von -40 bis 0 dB.

Kapitel 1

KAMERA

Abbildung 1.25
Klassische VU-Meter, Aussteuerungsanzeige analog, trotz Digitalton

Abbildung 1.26
Digitale Aussteuerungsanzeige, max. Pegel 0 dB

Audioanschlüsse

Standardisiert sind XLR- oder auch Canon- genannte Mikrofonanschlüsse. Der große Vorteil dieser symmetrischen Audioanschlüsse gegenüber Klinke, Miniklinke oder Cinch ist ihre Unempfindlichkeit gegenüber Funkeinstrahlung.

Abbildung 1.27
XLR-Kabelanschluss (Mutter) für Mikrofon

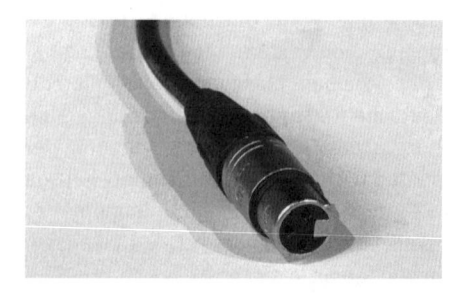

Bei unsymmetrischen Mikrofonanschlüssen muss ab einer Kabellänge von fünf Metern mit Kurzwellen-, Mittelwellen- und Langwellenempfang über das Mikro-

1.2 Objektive, Kameraköpfe und Camcorder

fonkabel gerechnet werden. Dabei können die Störsignale so laut werden, dass die Tonaufnahmen unbrauchbar werden.

Unsymmetrische Kabel haben die unangenehme Eigenschaft, als Antenne zu funktionieren. Je länger das Kabel, desto heftiger dieser Effekt.

Semiprofessionelle Kameraköpfe bieten zwar häufig gute Audioeigenschaften, der Mikrofonanschluss ist aber unsymmetrisch ausgelegt, dann hilft nur eine so genannte *DI-Box*, dabei handelt es sich um einen salopp ausgedrückt, Trenntrafo, der unsymmetrische in symmetrische Signale wandelt. Solche DI-Boxen gibt es in unterschiedlichen Qualitäten und Ausführungen und sie sind im Musikalienhandel erhältlich. Sie eliminieren auch Brummschleifen, wie sie oft bei der Koppelung von Studiogeräten und Amateurgeräten im Tonbereich auftreten. Alternativ und oft professionell eingesetzt, kann ein zusätzlicher Audiomischer zwischen Kameraaudioeingängen und Mikrofonen Wunder wirken. Normalerweise bieten Audiomixer symmetrische Mikrofoneingänge mit Phantomspeisung und unsymmetrische Ausgänge, um hochpegelige Audiosignale an eine Kamera weiterzuleiten. Gerade bei größeren Kamerateams mit eigenem Tonmann bietet so eine Kombination dem Toningenieur gute Monitormöglichkeiten, weil solche Mischpulte gute Kopfhörerverstärker bieten und ein ungestörtes *Monitoring* des Tons erlauben. Sinnvoll ist in jedem Fall auch ein Kopfhöreranschluss am Camcorder, um die Tonaufnahme vor Ort kontrollieren zu können.

Abbildung 1.28
DI-Box passiv Mono

Abbildung 1.29
Zwei aktive DI-Boxen mit jeweils vier Kanälen

Standbilder

Vor allem im Amateursegment hat sich der Unsinn durchgesetzt, DV-Kameras auch als digitale Fotoapparate auszurüsten. Oft gibt es einen zusätzlichen

KAMERA

Menüpunkt am Camcorder, der, mit Foto bezeichnet, die Aufzeichnung von etwas höher aufgelösten Standbildern erlaubt. Unsinn deshalb, weil selbst in diesem Fotomodus die Aufzeichnungsqualität bei weitem nicht die eines digitalen Fotoapparates erreicht und die Speicherung von Fotos auf einer Videokassette denkbar ungünstig ist: Der Zugriff auf die Dateien bedingt Hin- und Herspulen, das heißt, das Auswählen einzelner Bilder wird zum Zeit fressenden Spulabenteuer.

1.3 Aufzeichnungsformate

Hier vollzieht sich eine Entwicklung, die letztlich die klassische Bandaufzeichnung durch Festplattenaufzeichnung und Speicherchipaufzeichnung ersetzen wird. Der große Vorteil solcher Firewire-Lösungen ist, dass Fertigungsschwankungen bei der Magnetbandproduktion nicht mehr zu Dropouts oder beschädigten Mitschnitten führen. Nicht zuletzt bei mehrfach bespielten DV-Mini-Kassetten aus der Standardproduktion, wie sie in jedem Supermarkt zu bekommen sind, sind Dropouts (Klötzchenbildung) häufig. Sowohl Bandzug (tracking) als auch Bandführungs- und Beschichtungsfehler sind bei Amateurbändern oft anzutreffen. Professionelle DV-Kassetten sind deutlich teurer und nur über das Internet oder den Fachhandel zu beziehen. Kassetten mit Masterbandqualitäten sind besonders geprüft und dropoutsicher. Ein weiterer Vorteil einer direkten Festplattenaufzeichnung ist die deutlich schnellere Zugriffsmöglichkeit: Spulen entfällt und eine direkte Postproduktion oder der Schnitt sind möglich.

Abbildung 1.30
Toneinstellungen an einem stationären DV-Masterrekorder, wahlweise 12 Bit oder 16 Bit

Gerade das Aufzeichnungsformat ist wichtig für die letztendlich erreichbare Qualität. Speziell die digitalen Aufzeichnungsformate unterscheiden sich zum Teil drastisch in ihren Möglichkeiten der Weiterverarbeitung der Bildschärfe und Farbtreue.

1.3 Aufzeichnungsformate

Komprimierung

Entscheidend für die zu erreichende Aufzeichnungsqualität ist die Art der Datenkomprimierung. Bei DV-Mini und DV werden die Daten im Verhältnis 1:5 komprimiert.

Abbildung 1.31
DV-Normalkassette

Abbildung 1.32
DV-Mini-Kassette

Ein typisches Videobild mit 720 x 576 Pixel hat ein Datenvolumen von rund 1,2 Megabyte. Pro Sekunde ergibt das ein Datenaufkommen von:

1,2 Megabyte x 25 Bilder/sec (entspricht 50 Halbbildern/sec) = rund 30 Megabyte/sec

Hinzu kommen noch die Audio- und Steuerdaten. Pauschal kann man davon ausgehen, dass unkomprimierte Videoaufzeichnung im PAL-Verfahren rund 32 Megabyte/sec Daten benötigt. Durch die fernsehtypische Beschränkung des Farbraumes (ein Fernseher kann weniger Farben im PAL-System zeigen als ein Computerbildschirm mit 24 Bit Farbtiefe), erreicht der Datenstrom in der Praxis einen realen Wert von rund 22 Megabyte/sec.

Um die Datenmenge zu reduzieren und eine digitale Aufzeichnung zu realisieren, werden Kompressionsverfahren eingesetzt. Die dazu genutzten Rechenoperationen und Programme werden als *Codec* bezeichnet. DV nutzt den DV-Codec. Das Wort Codec selbst kommt von *co*dieren und *dec*odieren. Jeder Codec hat seine Eigenarten und kann Bilder unterschiedlich gut in ihrem Datenvolumen reduzieren.

Grundsätzlich kann man sich vorstellen, dass während eines Kompressionsvorganges ein Bild auf überflüssige, unsichtbare oder einfarbige Bereiche untersucht wird. Bereiche, die sich zusammenfassen lassen oder überflüssig sind, werden entsprechend eingedampft.

Ein konkretes Beispiel:

Ein Bild (720 x 576 Pixel), das aus reinem Schwarz besteht, benötigt einen Speicherplatz von 1,2 Megabyte. Das liegt daran, dass jeder Bildpunkt einzeln gespeichert werden muss. Ein Kompressionsverfahren, wie ein so genannter MJPEG-Codec, untersucht nun solch ein schwarzes Bild. Im Ergebnis speichert dieser Codec dann nur noch einen Datensatz, der folgende Informationen enthält: »Erzeuge ein Bild mit 720 x 576 Pixel, alles Schwarz«. Diese Information benötigt nur einen Bruchteil des Speicherplatzes wie die unkomprimierte Komplettinformation. Je nach MJPEG-Codec benötigt solch ein komprimiertes Bild unter Umständen nur rund 50 Kilobyte Speicherplatz.

Der *M(Motion)-JPEG-Codec* ist eine Weiterentwicklung der bekannten *JPEG-Kompression* von Bilddateien, die für bewegte Bilder (also Film) optimiert wurde, und er wird in zwei Formen eingesetzt:

1. feste Kompressionsrate

2. variable, dynamisch angepasste Kompressionsrate

Bei der festen Kompressionsrate werden die Bilder eines Filmes immer im gleichen Verhältnis komprimiert, unabhängig vom Bildinhalt. Die dynamische Komprimierung untersucht den Bildinhalt des zu komprimierenden Bildes und passt sie an.

Auch hier ein Beispiel:

Das bereits erwähnte Schwarzbild enthält keinerlei Details und nur schwarze Fläche. Dieses Bild kann fast beliebig von einem dynamischen MJPEG-Codec komprimiert werden, ohne dass ein Qualitätsverlust auftritt. Ein mit einer konstanten (festen) Kompressionsrate arbeitender Codec komprimiert das Schwarzbild immer im eingestellten Verhältnis. Das heißt zum Beispiel beim DV-Codec 1:5. Obwohl das Einzelbild deutlich stärker zu komprimieren wäre, ohne dass ein Qualitätsverlust sichtbar werden würde, werden die Möglichkeiten nicht voll ausgeschöpft. Rein technisch gesehen ist der DV-Codec kein reiner MJPEG-Codec, kommt ihm aber sehr nahe. Vereinfachend wird das hier gleichgesetzt.

1.3 Aufzeichnungsformate

Exkurs Komprimierung

Kompression kann verlustfrei oder verlustbehaftet durchgeführt werden. Das heißt, beim Speichern einer Information können bei der verlustbehafteten Kompression Daten verloren gehen. Verlustfrei bedeutet, dass auch nach der Kompression in den gespeicherten Daten alle Informationen enthalten sind, um die ursprüngliche Datei (das Bild) wieder vollständig herzustellen. Bei der JPEG-Kompression bzw. der MJPEG-Kompression gilt, dass eine Kompression bis zum Verhältnis 1:4 als verlustfrei anzusehen ist. Eine höhere Kompression, wie zum Beispiel 1:5 (wie beim DV-Codec), ist verlustbehaftet. Für die Praxis bedeutet das, dass eine DV-Aufzeichnung nie die tatsächlich vorhandene Bildqualität eines Kamerasignals konservieren kann. Noch wichtiger ist allerdings ein anderer Gesichtspunkt, der hier erwähnt werden muss: die *Kaskadierung*.

Kaskadierung bezeichnet den Effekt, der auftritt, wenn man bereits komprimierte Bilder erneut komprimiert. Das Wort stammt von Kaskade und beschreibt die stufenweise Verschlechterung der Qualität. Der Ablauf stellt sich folgendermaßen dar:

Ein Filmbild wird beispielsweise im DV-Codec abgespeichert. Dabei werden geringfügig Informationen unterschlagen. Beim Öffnen des Filmbildes stellt der DV-Codec die Informationen nur beschränkt wieder her. Wird dieses Bild erneut über den DV-Codec komprimiert, werden erneut Informationen weggelassen. Bei jedem Schritt wird das Bild also schlechter. Logischerweise wird der Qualitätsverlust umso sichtbarer, je detaillierter ein Einzelbild ist. Reine Farbflächen ohne Farbverläufe sind relativ unempfindlich. Feine Muster mit Farbverläufen sind extrem anfällig. Wie stellt sich das in der Praxis dar?

Zunächst muss man festhalten, dass Qualitätsverluste bei Videokopien oder Videoaufzeichnung an sich schon immer gegeben waren. Hier hat sich über Jahrzehnte der Begriff *Generationenverlust* eingebürgert. Auch bei analogen Studiovideoformaten wie Betacam SP ist jede Kopie schlechter als das Original. Digital Video verhält sich hier im Vergleich deutlich besser: DV-Videocamcorder oder DV-Studiorekorder bieten zwei Möglichkeiten, Material zu kopieren oder zu bearbeiten. Möglichkeit Nummer eins besteht darin, eine digitale Verbindung zwischen zwei DV-Geräten herzustellen, in der Regel über so genannte Firewire-Kabel. Dann ist eine Kopie als digitale Kopie nicht im Geringsten schlechter als das Original. Hier wird das Material nicht decodiert, das heißt, nicht ausgepackt und nicht wiederhergestellt, um es erneut zu verpacken, sondern die verpackten Daten werden verpackt kopiert. Ganz anders verhält es sich bei Möglichkeit Nummer zwei, wenn zwischen zwei DV-Geräten eine analoge Verbindung, wie zum Beispiel über S-VHS-Verbindungskabel und Cinch-Kabel hergestellt wird: Hier packt das Abspielgerät die Daten aus und stellt sie wieder her (spielt sie sichtbar aus), das Aufzeichnungsgerät verpackt die Informationen neu in dasselbe Format. Ein typischer Fall von Kaskadierung. In der Regel werden die Qualitätsverluste bei einer analogen Kopie von DV-Material spätestens in der fünften

Kapitel 1

KAMERA

Generation, also nach dem fünften Kopiervorgang in Folge (Kopie der Kopie der Kopie usw.) deutlich sichtbar. Vor allem an Farbverläufen, harten Kontrastkanten und bei Details sind im Video dann Verluste zu sehen. Beispiele für Kaskadierung sehen Sie in den Ausgangsqualität und Zweite Generation bei 75% Qualität. :

Abbildung 1.33
Ausgangsqualität

Abbildung 1.34
Zweite Generation bei 75% Qualität

Abbildung 1.35
Vierte Generation bei 50% Qualität

1.3 Aufzeichnungsformate

Eine Detailansicht zeigen die Detail: Originalqualität bis Detail: Vierte Generation bei 50% Qualität, JPEG-Kompression.

Abbildung 1.36
Detail: Originalqualität

Abbildung 1.37
Detail: Vierte Generation bei 50% Qualität, JPEG-Kompression

Abbildung 1.38
Detail: Originalqualität

Abbildung 1.39
Detail: Vierte Generation bei 50% Qualität, JPEG-Kompression

Dynamische MJPEG-Komprimierung

Dynamische MJPEG-Komprimierung hat den Vorteil, dass sie sich den Bedürfnissen des Bildmaterials anpasst: Detaillierte Bilder werden weniger komprimiert als zum Beispiel Farbtafeln. Der Nachteil besteht darin, dass nicht alle Aufzeichnungsmedien mit wechselnden Datenraten zurechtkommen: Bei der Bandaufzeichnung, wie bei DV, war es lange Zeit sinnvoll, konstante Datenraten zu nutzen, weil das Medium nur eine konstante Menge an Daten aufzeichnen konnte: Das Band bewegt sich mit einer konstanten Geschwindigkeit im Camcorder. Außerdem waren die elektronischen Bauteile, die für die Umwandlung der Bilder in digitale Daten verantwortlich sind, für konstante Datenraten einfacher und wesentlich preisgünstiger herzustellen. Inzwischen hat sich das relativiert und auch dynamische Kompressionen werden zur Bandaufzeichnung eingesetzt, dazu später mehr.

Ein wesentlicher Unterschied der Codierung beziehungsweise Kompression besteht zwischen den so genannten *MJPEG- und MPEG-Verfahren:*

MJPEG ist ein dynamisches oder konstantes Kompressionsverfahren, das einzelbildbezogen arbeitet.

MPEG ist ein dynamisches oder konstantes Kompressionsverfahren, das über mehrere Bilder hinweg arbeitet.

Das MPEG-Verfahren untersucht zunächst ein Einzelbild, dann werden diese Informationen in einem Zwischenspeicher abgelegt. Im weiteren Verlauf werden die darauf folgenden Einzelbilder ebenfalls untersucht. Nun werden die Unterschiede der einzelnen Bilder im Zwischenspeicher geprüft und Differenzsignale gebildet. Diese Arbeitsweise führt dazu, dass die MPEG-Kompression hohe Anforderungen an die Rechnerleistung der Wandlerbauteile in Camcordern und Videorekordern stellt. Tatsächlich aufgezeichnet werden dann so genannte *Schlüsselbilder*, die vollständig für ein Bild die Informationen enthalten, danach folgen für rund zwölf Bilder nur noch so genannte *Differenzsignale*, also Daten, die nur noch die Information enthalten, was sich im Vergleich zum Schlüsselbild verändert hat.

Ein Beispiel:

Geht man vom Schwarzbild aus (Beispiel MJPEG-Kompression) würde die MJPEG-Kompression zwar jedes Bild in der Datenmenge reduzieren, aber auch jedes Bild komplett abspeichern. Im Gegensatz dazu kann man vereinfacht sagen: Bei der MPEG-Codierung bzw. Kompression wird nur ein Bild wirklich abgespeichert und anschließend nur noch hinterlegt, dass dieses eine Bild unverändert für eine beliebige Zeit dargestellt werden soll. Die Vorteile liegen auf der Hand.

Der Nachteil der MPEG-Codierung ist allerdings, dass dramatische Änderungen des Bildinhaltes in einem Film innerhalb von zwölf Bildern Probleme verursachen können. Außerdem ist das Format recht empfindlich gegenüber Datenver-

1.3 Aufzeichnungsformate

lusten. Geht man zum Beispiel davon aus, dass bei einer Speicherung ausgerechnet ein Schlüsselbild beschädigt oder zerstört wird, hat das zur Folge, dass die folgenden Bilder mit Differenzsignalen auf keine Basis zurückgreifen können und ebenfalls unbrauchbar werden. Auch beim Videoschnitt führt das zu Schwierigkeiten, denn die Differenzbilder benötigen ja ein Schlüsselbild (auch Referenzbild genannt), auf das sie sich beziehen. Ketzerisch könnte man oberflächlich behaupten: Videoschnitt mit MPEG-codiertem Material ist nur in einem Raster von rund zwölf Bildern möglich, das ist zwar übertrieben, trifft aber ein Grundproblem.

Unterschieden werden muss innerhalb der MPEG-Kompression beziehungsweise Komprimierung zwischen *variablen und konstanten Bitraten*. Variable Bitraten entsprechen einer dynamischen Komprimierung und Schlüsselbilder werden dabei teilweise nach Bedarf gesetzt. Gerade bei variablen Bitraten hängt es extrem davon ab, ob die Schlüsselbilder an der richtigen Stelle gesetzt werden, nämlich dann, wenn sich der Bildinhalt im Film plötzlich ändert.

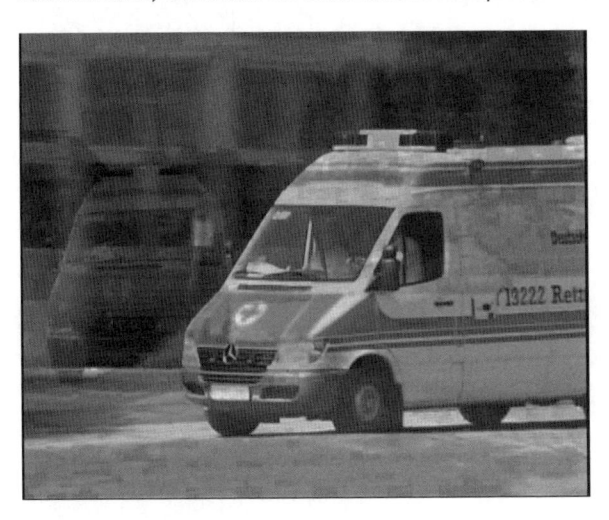

Abbildung 1.40
Beispiel für fehlerhaften VBR–Encoder, MPEG2-Artefakte bei variabler Bitrate im one-pass-Verfahren. Dabei werden Schlüsselbilder falsch gesetzt.

Abbildung 1.41
Detailansicht, deutlich sind Klötzchen zu sehen

Zusammenfassung der Aufzeichnungsformate

Zusammenfassend lassen sich folgende Aufzeichnungsformate unterscheiden:

Tabelle 1.3
Analoge Aufzeichnungsformate

Name	Qualität
VHS	Amateur
S-VHS	Semiprofessionell
U-Matic Low Resolution Band (nicht mehr gebräuchlich)	Semiprofessionell
U-Matic High Resolution Band (nicht mehr gebräuchlich)	Professionell
Video 2000 (nicht mehr gebräuchlich)	Amateur
Video 8	Amateur
Hi 8	Semiprofessionell
M II	Professionell
Betacam (praktisch durch SP ersetzt)	Professionell
Betacam SP	Professionell

Tabelle 1.4
Digitale Aufzeichnungsformate, Standards und verwendeter Codec

Name	Codec	Format
Digitale Fotoapparate	MPEG	MPEG1
	QuickTime	Sörensen
Digital 8	DV Codec	MJPEG ähnlich
DV	DV Codec	MJPEG ähnlich
DVCAM	DV Codec (Sony)	MJPEG ähnlich
DVCPRO	DV Codec (Panasonic)	MJPEG ähnlich
HDV (High Definition für DV-Kameras)	MPEG	MPEG2
Betacam SX	MPEG	MPEG2

Innerhalb digitaler Aufzeichnungsformate spielen eine Reihe von Einstellungen eine ganz wesentliche Rolle. Wie schon erläutert, ist MJPEG und MJPEG oder MPEG und MPEG im Einzelfall sehr unterschiedlich. Allein die Aussage, dass eine Kamera (ein Camcorder) im MPEG-Format aufzeichnet, sagt noch nichts über die tatsächlichen Qualitäten aus. Je nach Hersteller sind hier die Spezifikationen sehr unterschiedlich. Bei MPEG spielt der so genannte *Encoder-Baustein* (das ist das elektronische Bauteil oder die Software, das oder die die Kompression vornimmt) die entscheidende Rolle.

1.3 Aufzeichnungsformate

Name	Pixel-fomat	Datenrate auf Medium	Kompression	Qualität	Analog vergleichbar
DV	720 x 576	3,5 MB/sec	1:5	gut	Betacam SP
DVCAM	720 x 576	3,5 MB/sec	1:5	gut	Betacam SP
DVCPRO (25)	720 x 576	3,5 MB/sec	1:5	gut	Betacam SP
DVCPRO 50	720 x 576	ca. 6 MB/sec	1:3,3	sehr gut	---> Beta
DVCPRO 100	1280 x 720	--->10 MB/sec	1:2	hervorragend	--->---> Beta
DVCHD	1920 x 1080				

Tabelle 1.5
Kompressionsschemen der Aufzeichnungsformate bei DV, Digital Video

Digital Video (DV) wurde als allgemeiner Standard ab 1998 auf dem Markt eingeführt. DVCAM ist eine Sonderform des DV-Standards, der von Sony für professionelle Anwender entwickelt wurde, sich aber nicht grundlegend von DV unterscheidet. DVCPRO basiert auf dem DV-Codec, ist aber eine eigenständige Weiterentwicklung von Panasonic. DVCPRO-Aufzeichnungen sind auf Standard-DV-Geräten nicht abspielbar. Umgekehrt können DVCPRO-Geräte in der Regel Standard-DV-Aufnahmen über Adapter wiedergeben. In der Praxis unterscheiden sich DV, DVCAM und DVCPRO 25 qualitativ nicht wesentlich, messtechnisch hat jedes der Formate in einzelnen Bereichen geringfügige Vorteile. Anders sieht es bei den »aufgebohrten« Formaten DVCPRO 50 und 100 aus. Sie sind qualitativ deutlich besser.

Name	Pixelformat	Datenrate auf Medium	Kompression	Qualität	Analog vergleichbar
MPEG1	352 x 288	bis 250 KB/sec	unterschiedlich	minder	S-VHS
MPEG2 (SVCD bis DVD)	480 x 576 720 x 576	289 KB bis 1,3 MB/sec	unterschiedlich	minder bis sehr gut	S-VHS bis BETACAM SP
MPEG2 (DVD) Anamorph	720 x 576	400 KB bis 1,3 MB/sec	unterschiedlich	minder bis sehr gut	S-VHS bis BETACAM SP
MPEG2 HD nicht DVD-kompatibel	1280 x 720 1980 x 1080	ca. 9 MB/sec	1:2	hervorragend	Kinofilm
HDV (DV-Variante)	1280 x 720 1440 x 1080	bis 3,5 MB/sec	unterschiedlich	sehr gut bis hervorragend	---> Betacam SP

Tabelle 1.6
Kompressionsschemen der Aufzeichnungsformate bei MPEG

KAMERA

MPEG2 HD steht hier praktisch stellvertretend für HDCAM von Sony. HDCAM und DVC-PRO 100 (HD) schenken sich letztlich nicht viel. Beide Systeme sind qualitativ auf höchstem Niveau und sind herstellerspezifisch zu sehen. Die konkurrierenden Unternehmen Sony und Panasonic kämpfen hier seit Jahren um Marktanteile. Entsprechende Camcorder liegen preislich in Regionen, die für kleinere und mittlere Industriefilmanbieter bereits unerschwinglich sind. Wie es heißt, werden pro Jahr und jeweiligem Hersteller nicht mehr als zehn solcher Camcorder in Deutschland bzw. Westeuropa verkauft.

Herauszustellen ist, dass HDV (High Definition DV) im Gegensatz zu Standard-DV mit MPEG2-Codec arbeitet. Auch wenn normale DV-Kassetten genutzt werden, ist das Aufzeichnungsformat nicht kompatibel mit Standard-DV-Camcordern. Entsprechend aufgezeichnete Kassetten können auf solchen Geräten nicht abgespielt werden.

Immer wieder kommt es zu Irritationen wegen unterschiedlicher Datenratenangaben. Das liegt daran, dass unterschieden werden muss zwischen der Datenrate, die auf das Medium geschrieben wird (Festplatte, Band oder Speicherkarte) und der Datenrate in Megabit (Datenstrom), die das Medium hat. Gerade bei DVDs und der damit verbundenen MPEG2-Codierung ist das irritierend. Auf dem Markt gibt es bereits eine Reihe von Camcordern, die direkt wiederbeschreibbare DVDs bespielen. Es ist gang und gäbe, die Datenrate in Megabit anzugeben und nicht den DVD-Datendurchsatz in Megabyte (1 Byte = 8 Bit).

Tabelle 1.7 Gegenüberstellung Filmdatenrate und Speicherdatenrate

Codec	Datenrate Bildmaterial in Bit	Datenrate Speichermedium inklusive Ton in Byte
DV	25 Mbit/sec	3,5 MB/sec
MPEG1 (VCD)	1,15 Mbit/sec	166 KB/sec
MPEG2 (SVCD)	2,375 Mbit/sec	316 KB/sec
MPEG2 (DVD low Quality) Audio MPEG 2 Kanal	4 Mbit/sec konstant	535 KB/sec
MPEG2 (DVD low Quality) Audio LPCM 2 Kanal	4 Mbit/sec konstant	675 KB/sec
MPEG2 (DVD mid Quality) Audio MPEG 2 Kanal	6 Mbit/sec konstant	779 KB/sec
MPEG2 (DVD mid Quality) Audio LPCM 2 Kanal	6 Mbit/sec konstant	919 KB/sec
MPEG2 (DVD high Quality) Audio MPEG 2 Kanal	8 Mbit/sec konstant	1.023 MByte/sec

1.3 Aufzeichnungsformate

Codec	Datenrate Bildmaterial in Bit	Datenrate Speichermedium inklusive Ton in Byte
MPEG2 (DVD high Quality) Audio LPCM 2 Kanal	8 Mbit/sec konstant	1.164 MByte/sec
MPEG2 (DVD max Quality) Audio MPEG 2 Kanal	9,66 Mbit/sec konstant	1.225 MByte/sec
MPEG2 (DVD max Quality) Audio LPCM 2 Kanal	8,324 Mbit/sec konstant	1.196 MByte/sec

Der MPEG2-Codec ist für den Einsatz auf DVDs auf eine maximale Gesamtdatenrate von rund 10 Mbit/sec und eine maximale Bildgröße von 720 x 576 Pixel beschränkt. Auch 16:9-Filme werden in diesem Format abgespeichert. Dazu werden die Bildhälften links und rechts gestaucht. Bei diesem anamorphen (gestauchten) Format muss der Monitor bzw. Beamer das Bild bei der Wiedergabe entzerren. Einen echten Standard für High-Definition-DVD auf MPEG2-Basis gibt es bislang nicht.

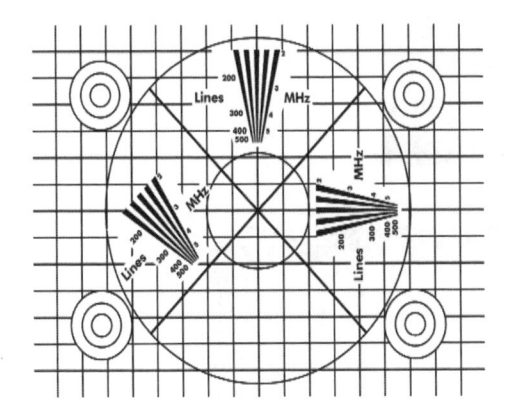

Abbildung 1.42
4:3-Testbild

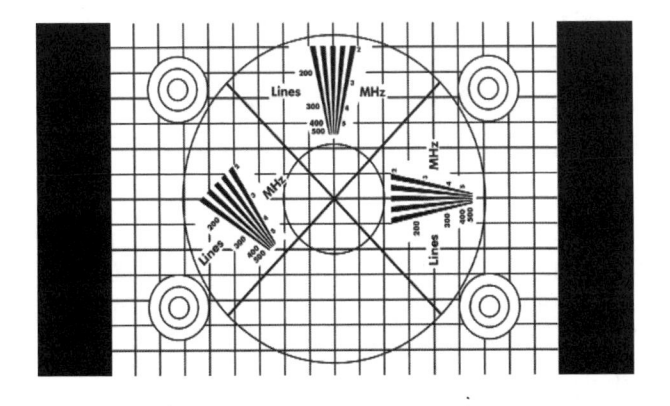

Abbildung 1.43
4:3-Testbild in 16:9-Bildformat

Kapitel 1

KAMERA

Abbildung 1.44
4:3-Testbild auf 16:9 gezerrt

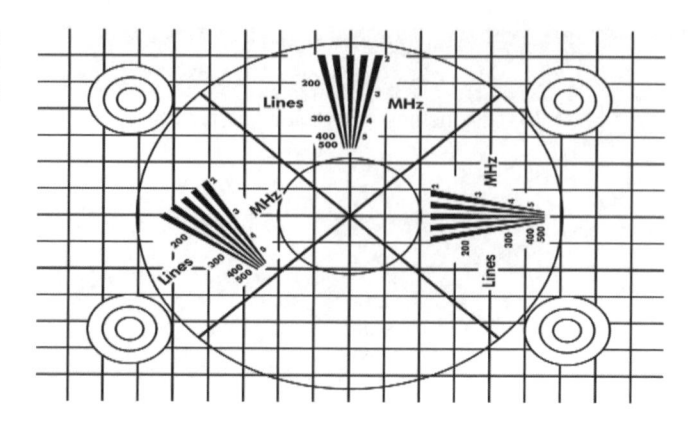

Abbildung 1.45
4:3-Bild in 16:9 anamorph gespeichert und als 4:3 (falsch) wiedergegeben

Abbildung 1.46
4:3-Bild in 16:9 richtig entzerrt

Datenrate

Jenseits der DVD-Spezifikationen und der damit verbundenen Kompatibilität kann die Datenrate bei MPEG2 frei gewählt werden. Bei der MPEG2-Codierung von High Definition Digitalvideo (HDV) gibt es bislang zwei Bildformate:

- 1280 x 720, auch als 720i oder 720p bezeichnet
- 1440 x 1080, auch als 1080i oder 1080p bezeichnet

1.3 Aufzeichnungsformate

Abbildung 1.47
720 x 576 Pixel

Abbildung 1.48
1280 x 720 Pixel

Abbildung 1.49
1440 x 1080 Pixel

Das kleine i und das kleine p stehen für *interlaced* bzw. *progressive*. Interlaced bedeutet halbbildorientiert und gilt als Standard für Fernsehproduktionen. Hier zeichnet der Camcorder 50 Halbbilder pro Sekunde auf. Zunehmend werden aber auch Videofilme für das Kino und Großprojektionen produziert. Dann ist es sinnvoll, im progressive Mode drehen zu können. In diesem Modus werden Vollbilder aufgezeichnet, statt 50 Halbbildern speichert der Camcorder dann 25 Vollbilder pro Sekunde, das kommt dem eigentlichen Kinoformat mit 24 (Voll-)Bildern pro Sekunde sehr nahe. Der Transfer ins Kino wird dadurch wesentlich leichter. Nicht alle Camcorder unterstützen den progressive Mode. Wer Kinoproduktionen, in welcher Form auch immer, erwägt oder für Computeranwendungen Filme drehen möchte, sollte bei der Auswahl des Camcorders darauf achten, dass der progressive Mode möglich ist. Auch Computerbildschirme zeigen keine Halbbilder, sondern Vollbilder. Manche Camcorderhersteller haben ihre eigenen Bezeichnungen oder Abwandlungen des progressive Mode entwickelt. So bezeichnet der *Frame-Modus* bei Canon ein dem progressive Mode angelehntes Aufzeichnungsverfahren, das im Ergebnis der Vorgabe gleichkommt. Wesentlich ist, dass der Kamerakopf auch entsprechende Verschlusszeiten unterstützt. Bei einer Aufzeichnung von 50 Halbbildern ist der so genannte Shutter (Blendenverschlusszeit) auf eine 50stel Sekunde eingestellt. Bei 25 Vollbildern pro Sekunde muss diese Zeit auf ein 25stel eingestellt sein. Das führt zu mehr Bewegungsunschärfe im einzelnen Bild. Dies ist notwendig, um einen glatten Bewegungsverlauf im Film zu gewährleisten. Bleibt die Verschlusszeit bei einem 50stel, wirken Bewegungen im Film stroboskopartig und etwas abgehackt.

Übersicht der Standarddatenraten

Tabelle 1.8

Format	max. Nutzdatenrate	Standardwert
Video DVD MPEG-2	9,8 Mbit/sec	4 Mbit/sec – 8 Mbit/sec
MPEG-1 Video	1,8 Mbit/sec	1,15 Mbit/sec
PCM (DVD-Video)	6,1 Mbit/sec	1,536 Mbit/sec
MLP/PCM (DVD-Audio)	9,6 Mbit/sec	6,9 Mbit/sec
Dolby Digital	448 Kbit/sec	384 Kbit/sec
MPEG-1 Audio	384 Kbit/sec	192 Kbit/sec
MPEG-2 Audio	912 Kbit/sec	384 Kbit/sec
DTS	1,536 Mbit/sec	768 Kbit/sec
Subpictures	3,36 Mbit/sec	10 Kbit/sec

Kompressionsraten Bilddaten und Tondaten

Bild PAL MPEG-2 720 x 576 25 fps bei 3,5 MBit/sec: 34:1

Bild PAL MPEG-2 720 x 576 25 fps bei 6 MBit/sec: 20:1

Bild PAL MPEG-1 352 x 288 25 fps bei 1,15 MBit/sec: 25:1

Ton Dolby Digital 2.0 bei 192 KBit/sec: 8:1

Ton Dolby Digital 5.1 bei 384 KBit/sec: 12:1

Ton Dolby Digital 5.1 bei 448 KBit/sec: 10:1

Ton DTS 5.1 bei 768 KBit/sec: 6:1

Ton DTS 5.1 bei 1,536 MBit/sec: 3:1

1.4 Band, DVD oder Festplatte

Wie bereits im vorherigen Unterkapitel erwähnt, geht der Trend weiter in Richtung Speicherkarten- und Festplattenaufzeichnung.

Bandaufzeichnungen

Die Bandaufzeichnung hat neben der Dropout-Gefahr (kurzzeitige Aufzeichnungsfehler durch Schmutz oder Bandbeschichtungsfehler) weitere Handicaps: Das Videorohmaterial muss zur weiteren Bearbeitung in den Rechner eingespielt werden und häufig geschieht dies in Echtzeit. Das bedeutet einen nicht zu vernachlässigenden Zeitaufwand. Geht man davon aus, dass beispielsweise drei Stunden Rohmaterial zur Bearbeitung vorliegen und tatsächlich dieses Material zum Schnitt zur Verfügung stehen soll, dann dauert die Einspielung in den Rechner eben auch drei Stunden. Ein weiterer Nachteil von Bändern ist der lineare Zugriff. So banal die Aussage klingt, die Folgen sind, wenn man einmal darüber nachgedacht hat, dramatisch. Gerade das Hin- und Herspulen zu bestimmten Szenen kostet Zeit, führt zu mechanischer Abnutzung der Zuspielgeräte und belastet die Kassettenmechanik. Auch bei den Dreharbeiten kann dieser Gesichtspunkt zum Nervfaktor werden: Schließt die neue Szene an die alte direkt an? Ist die Videokassette zum richtigen Punkt hingespult? usw.

Im Fernsehreportageeinsatz gibt es Situationen, in denen sich Kameramänner wünschen würden, nie die Kassetten wechseln zu müssen, zum Beispiel wenn ein Ereignis gefilmt werden soll, von dem man nicht genau weiß, wann es stattfindet und die Kamera durchläuft. Meistens tritt das Ereignis gerade dann ein, wenn ein Kassettenwechsel ansteht, und ausgerechnet zum entscheidenden Zeitpunkt läuft der Camcorder nicht.

Gegen die Bandaufzeichnung spricht auch die Empfindlichkeit gegenüber Staub, Feuchtigkeit und allgemein die beschränkte Haltbarkeit. Bänder sollten kühl, trocken und staubfrei gelagert werden, fernab von möglichen Magnetfeldern, wie Fernsehern, Lautsprecherboxen und Stromleitungen. Dennoch muss spätestens nach fünf Jahren mit einer zunehmenden Dropout- und Fehlerzahl gerechnet werden. Bandbeschichtungen und Trägermaterial haben die unangenehme Eigenschaft, mit der Zeit brüchig und porös zu werden, der Bandabrieb erhöht sich und kann Videoköpfe und Mechanik verdrecken und zerstören.

Kapitel 1

KAMERA

Ein ganz besonderes Risiko der Bandaufzeichnung besteht bei großen Temperaturunterschieden, denen der Camcorder ausgesetzt ist, oder bei großer Luftfeuchtigkeit. Plötzliche Temperaturschwankungen, wie sie zum Beispiel auftreten können, wenn man mit der Kamera im Winter einen Außendreh durchgeführt hat und anschließend ein Hallenbad betritt, um dort weiterzudrehen (hohe Luftfeuchtigkeit), können zu Kondenswasser im Gerät führen. Das kann zum Totalschaden führen: Normalerweise berühren sich Bandoberfläche und Videokopf nicht, ein minimales Luftpolster liegt zwischen Videoköpfen und Band. Bildet sich Kondenswasser, können die Videoköpfe mit der Bandoberfläche verkleben. Im schlimmsten Fall reißen die Videoköpfe auf der Kopftrommel ab und das Gerät gibt den Geist auf. Zwar melden Camcorder häufig diese Gefahr über Feuchtigkeitssensoren und das Gerät schaltet automatisch ab, aber in ungünstigen Situationen kann es bereits zu spät sein. Außerdem muss man damit rechnen, dass das Gerät etwa 60 Minuten nicht mehr nutzbar ist, bis sich auch das letzte Kondenswasser verflüchtigt hat. Beachten sie bitte, dass Tipps wie: »Das kann man auch trockenföhnen« mehr als gefährlich für den Camcorder sind, denn abgesehen von Wassertropfenrändern, die dabei entstehen, bläst man auch Riesenmengen an Staub ins Gerät, was letztlich kontraproduktiv ist.

> **Tipp**
> Camcorder bei Sicherheitsabschaltung wegen Feuchtigkeit in Ruhe austrocknen lassen, keinesfalls trockenföhnen oder künstlich erwärmen.

DVD-Aufzeichnungen

Immer wieder zu sehen sind Camcorder, die auf DVD-Rohlingen aufzeichnen. Was im ersten Augenblick sehr vernünftig erscheint, hat dennoch gravierende Nachteile. Eine einfache DVD mit einer beschreibbaren Schicht (one layer) hat eine Aufzeichnungskapazität zwischen 60 Minuten und maximal zwei Stunden. Bieten Camcorder hier eine längere Aufzeichnungsdauer, geht das deutlich zu Lasten der Qualität. Von professionellen Ergebnissen kann dann keine Rede mehr sein.

Die Medien selbst sind nicht unproblematisch. Bei DVD-Rohlingen ist zu unterscheiden zwischen +- und ---Medien. Nicht alle DVD-Spieler spielen alle Plus- und Minus-Formate ab, und je nach Camcorder ist zu prüfen, welche Rohlingsart dieser überhaupt akzeptiert. Das heißt, will man das Rohmaterial weiter bearbeiten, kann es böse Überraschungen geben. Selbst DVD-Player in Computern verweigern gelegentlich entweder Plus- oder Minus-Medien. Wirklich sinnvoll sind, wenn überhaupt, RW-Rohlinge, die ebenfalls in plus- und Minus-Varianten verfügbar sind. ReWriteable Medien, also wiederbeschreibbare Rohlinge, haben ihre Tücken: Aufgrund der physikalischen Eigenschaften reflektiert ihre Oberfläche weniger Laserlicht, sie sind gegenüber einfach beschreibbaren Rohlingen deutlich empfindlicher, was mechanische Beschädigungen wie Kratzer angeht. Je nach Güte des Rohlings ist auch dessen Haltbarkeit und Beschreibbarkeit beschränkt. Hersteller werben gern damit, dass ihre RW-Rohlinge bis zu 1000 Mal wiederbeschreibbar sind. In der Praxis ist schon ein Wert von 20- bis 40-maligem Wiederbespielen ein guter Wert. Unter Umständen verabschieden sich Billigrohlinge minderer Güte nach einem halben Jahr und die Daten sind verloren.

Unter die Lupe zu nehmen ist auch, in welchem Datenformat solch ein Camcorder die DVDs brennt. Handelt es sich um reine MPEG2-Dateien, ist an sich nichts einzuwenden, denn diese können mit einem entsprechenden Schnittprogramm am Rechner sofort weiterbearbeitet werden. Der Nachteil dieses Verfahrens ist allerdings, dass Stand-alone-DVD-Player (also »Wohnzimmergeräte«), die nicht im Rechner oder Laptop arbeiten, mit solchen »Daten«-DVDs nichts anfangen können und eine Wiedergabe darauf nicht möglich ist. Legt der Camcorder allerdings eine echte DVD an, finden sich auf dem Medium so genannte *VOB-Dateien*. Diese müssen erst decodiert werden, bevor eine weitere Bearbeitung möglich ist. Das erschwert wiederum die Weiterbearbeitung des Rohmaterials. Andererseits können solche echten Video-DVDs von Stand-alone-Playern wiedergegeben werden.

Aufzeichnungen auf Festplatte oder Speicherkarte

Definitiv kann man die Aufzeichnung auf Festplatte oder Speicherkarte als beste Alternative sehen. Zum einen bietet eine Festplatte, so sie als Wechselplatte vorgesehen ist, die Möglichkeit, sofort nach Drehschluss mit der Nachbearbeitung zu beginnen, Kopiervorgänge entfallen, und zum anderen ist die Aufnahmekapazität z.B. einer 250-GB-Platte phänomenal. Der DV-Codec benötigt für rund 18 Minuten Video etwa 4 Gigabyte Speicherplatz. Auf eine 250-GB-Platte passen also knapp 19 Stunden Rohmaterial. Je nach Camcordertyp ist es möglich, einen Endlosbetrieb zu fahren, das heißt, man kann einstellen, dass die Kamera zum Beispiel eine Stunde aufzeichnet und nach einer Stunde die Aufzeichnung automatisch von vorne wieder überschreibt, so dass immer eine Stunde Videoaufzeichnung auf der Platte bleibt.

Festplatten sind, da sie hermetisch verschlossen sind, unempfindlicher gegenüber Kondenswasser und Staub. Mechanische Abnutzung findet hier natürlich auch statt, aber dadurch, dass Festplatten relativ günstig und beständig sind, steht das in keinerlei Verhältnis zu den anderen mechanischen Möglichkeiten. So entfällt die Abnutzung des Videokopfes und der Videokopftrommel, die regelmäßige Reinigung des Bandlaufwerkes, der dauernde Nachkauf von Rohlingen usw. Als einziger Nachteil ist eventuell zu sehen, dass Festplatten auf harte Stöße und Fall empfindlich reagieren. Es ist in jedem Fall sinnvoll, mit zwei Festplatten zu operieren, da dann ein fliegender Wechsel möglich ist: Die eine Festplatte von der Kamera in den Rechner zur Nachbearbeitung und gleichzeitig Weiterdrehen mit der zweiten Festplatte. Speicherkarten bieten erst dann vernünftige Möglichkeiten, wenn ihr Speichervolumen für DV-Video deutlich über 16 Gigabyte liegt (entspricht etwa 80 Minuten Aufzeichnung bei DV oder knapp 4,4 Stunden mit MPEG2 bei DVD high Quality).

1.5 Akkuwartung – Akkuprobleme

Akkus haben keine unbegrenzte Lebensdauer. Das sollte zwar bekannt sein, dennoch gibt es immer wieder ein paar Missverständnisse. Grundsätzlich geben Hersteller an, dass Akkus etwa 1.000 Ladezyklen halten, was aber nicht bedeutet, dass sie auch bis zum eintausendsten Ladevorgang die ursprüngliche Leistung bzw. Kapazität behalten. Bereits nach rund 50 Ladezyklen verliert ein Akku geringfügig an Leistungsfähigkeit. Nach spätestens 500 Ladezyklen liegt die

KAMERA

Leistungsfähigkeit noch maximal bei etwa 60 Prozent. Das ist zwar je nach Akkutechnologie etwas unterschiedlich, aber sowohl Alter wie auch Häufigkeit der Ladezyklen nagen deutlich an der Kapazität eines Akkus. Auch die Einsatztemperatur spielt eine wesentliche Rolle: Bei Umgebungstemperaturen unter zehn Grad kann ein Akku nur noch zwischen zwei und einem Drittel seiner Leistungsfähigkeit entfalten. Das bedeutet in der Praxis, wenn ein Akku im Sommer bei einem Außendreh bis zu zwei Stunden hält, kann der gleiche Akku im Winter je nach Temperatur bei einem Außendreh nur 40 Minuten bis 1 Stunde 20 Minuten halten.

Verschiedene Akkutechnologien im Überblick

- Bleiakku
- Nickel-Cadmium-Akku
- Lithium-Ionen-Akku
- Nickel-Metall-Hydrid-Akku

Der Nickel-Cadmium-Akku

Hinweis
Ni-Cd-Akkus merken sich, wie weit sie entleert wurden. Der so genannte Memory-Effekt beschränkt die Kapazität der Ni-Cd-Akkus.

Zur Kameraversorgung bzw. Camcorderspeisung werden vor allem Nickel-Cadmium-Akkus und Lithium-Ionen-Akkus eingesetzt. Der Nickel-Cadmium-Akku, kurz Ni-Cd-Akku, ist schon länger auf dem Markt und hat einige gravierende Nachteile. Ni-Cd-Akkus neigen zum *Memory-Effekt*. Der Memory-Effekt beschreibt, dass sich ein Ni-Cd-Akku sehr störrisch anstellen kann, weil er sich »merkt«, wie stark er entladen wurde. Wenn ein Ni-Cd-Akku nur bis zur Hälfte genutzt wurde, also halbleer wieder aufgeladen wird, lässt er sich beim nächsten Mal auch wieder nur bis zur Hälfte nutzen, dann behauptet er, er wäre leer. In der Praxis tritt dieses Phänomen nicht sofort auf, erst nach mehreren solchen Vorgängen, aber es schränkt die Nutzbarkeit von Ni-Cd-Akkus deutlich ein. Grundsätzlich sollten Ni-Cd-Akkus immer ganz entladen sein, bevor man sie wieder auflädt. Allerdings sollte man beim Entladen immer darauf achten, dass der Akku nicht zu tief entladen wird (gilt für alle Akkusorten), denn dabei können einzelne Akkuzellen ihre Polarität wechseln (+-Pol wird plötzlich zu --Pol und umgekehrt) und der Akku wird dadurch zerstört. Ein weiterer Nachteil ist die relativ niedrige Kapazität, die Ni-Cd-Akkus haben.

Abbildung 1.50
Verschiedene Akkus, von links nach rechts: Lithium-Ionen-Akku Videokamera, Schutzdeckel, Lithium-Ionen-Akku Digitale Fotokamera, Ni-Cd-Akku Videokamera

1.5 Akkuwartung – Akkuprobleme

Der Lithium-Ionen-Akku

Lithium-Ionen-Akkus sind zwar theoretisch schon länger verfügbar, sie wurden allerdings erst in den letzten fünf Jahren wirklich im großen Maßstab im Markt eingeführt. Der Grund dafür wird gerne unterschlagen: Ein größeres Problem stellte bei der Massenproduktion der Lithium-Ionen-Akkus die Sicherheit dar. Sie neigen nämlich bei Kurzschluss zur Explosion. Entsprechende Hinweise finden sich in allen Bedienungsanleitungen, dennoch ist dieser Sachverhalt 80 Prozent der Benutzer unbekannt. Lithium-Ionen-Akkus haben heute NiCd-Akkus fast komplett vom Markt verdrängt und finden sich in Handys, Camcordern und digitalen Fotoapparaten. Vor der Explosion schützen nur so genannte Sicherheitswiderstände, die beim Kurzschluss eine sofortige Entladung verhindern sollen. Dennoch erreicht ein Lithium-Ionen-Akku in einer Kurzschlusssituation innerhalb weniger Sekunden Temperaturen von mehreren hundert Grad. Das sollte man sich vergegenwärtigen, wenn man Handys mit entsprechenden Akkus in der Hosentasche trägt. Pro Jahr fliegen in Deutschland trotz Sicherungsmaßnahmen vier bis fünf solcher Akkus den Benutzern um die Ohren. Kurzschlüsse entstehen durch Kondenswasser, Feuchtigkeit und Nässe. Es ist alles andere als lustig, wenn ein Lithium-Ionen-Akku aufgeladen ins Wasser fällt, oder man selbst mit Handy und Akku ins Wasser fällt. Deshalb hier die grundsätzliche Warnung beim Umgang mit Lithium-Ionen-Akkus, vorsichtig zu sein und jeglichen Feuchtigkeitskontakt zu vermeiden.

> **Hinweis**
> Lithium-Ionen-Akkus können bei Kurzschluss durch Feuchtigkeit explodieren!

Der Vorteil der Lithium-Ionen-Akkus ist unbestritten: Er kennt keinen Memory-Effekt und seine Kapazität ist bei gleichem Gewicht und Ausmaß deutlich höher als bei Ni-Cd-Akkus.

Akkuwartung

Sowohl Lithium-Ionen- als auch Nickel-Cadmium-Akkus neigen, wie alle Akkus, zur Selbstentladung. Das bedeutet in der Praxis, dass Akkus, die ein halbes Jahr voll aufgeladen im Schrank gelegen haben, mit Sicherheit am Einsatztag nicht mehr voll sind. Bei Ni-Cd-Akkus heißt das, sie sollten zunächst entladen werden und anschließend kurz vor dem Einsatz wieder geladen. Bei Lithium-Akkus reicht ein Refresh, also ein Nachladen.

> **Tipp**
> Akkus nach längerer Lagerung auf Ladezustand prüfen. Akkus entladen sich bei längerer Lagerung selbst.

Akkutyp	Wartung	Gefahr
Ni-Cd	immer ganz entladen, bevor wieder aufgeladen wird	Erhitzung bei Kurzschluss
Li-Io	Nachladen möglich und sinnvoll	Explosion bei Kurzschluss

Tabelle 1.9

Zeigt ein Ni-Cd-Akku den Memory-Effekt, können Spezialisten über eine kontrollierte Tiefentladung den Akku wieder »herstellen«. Vom Selbstversuch ist abzuraten, außer es stehen entsprechende Messgeräte zur Verfügung. Ein Ni-Cd-Akku sollte nie unter 0,8 Volt Restspannung entladen werden.

1.6 16:9-Aufzeichnung

Eine Reihe von DV-Kameras unterstützt die *16:9-Aufzeichnung*.

16:9 falsch oder echt?

16:9 beschreibt das Seitenverhältnis der aufgezeichneten Bilder und suggeriert, dass die Aufnahmen für das Kino gemacht wurden, denn Fernsehen (PAL) wurde klassisch im Bildverhältnis 4:3 gedreht. Erst mit der Diskussion um HDTV (High Definition Television) wurden auch 16:9-Fernseher in Erwägung gezogen und schließlich produziert. Kameras, die den 16:9-Modus unterstützen, sind als DV-Kameras keine HDTV-Geräte. Bei 16:9-DV gibt es deutliche Unterschiede, denn oft ist es eine Mogelpackung, die dahinter steckt. Das Standard-Bildformat 4:3 wird nämlich immer intern zur Aufzeichnung genutzt. Es gibt zwei Möglichkeiten, ein 4:3-Bild auf ein 16:9-Bild aufzublasen. Die billige und einfache Methode besteht darin, ein 4:3-Bild einfach zu beschneiden, indem oben und unten einfach schwarze Balken gesetzt werden (Letterbox). Diese Methode kann man getrost als Mogelpackung bezeichnen, denn das Bild hat zwar dann ein 16:9-Format, allerdings ist es deutlich kleiner und damit in der Auflösung deutlich schlechter als die alternative Methode. Die Alternative besteht darin, das Bild links und rechts elektronisch zu stauchen. Damit wird die maximal mögliche Auflösung genutzt. Das Stauchen (anamorphe Aufzeichnung) wird dann bei der Nachbearbeitung und Wiedergabe wieder rückgängig gemacht, das Bild wird entsprechend entzerrt. Die anamorphe Methode ist die einzig sinnvolle 16:9-Aufzeichnung unter DV, die bereits erwähnte Billigmethode ist unter »Blödsinn« abzuhaken. Eine reine Beschneidung der Bilder auf ein 16:9-Format über Abdecker und Schwarzbalken ist in der Nachbearbeitung sinnvoller als bei der Aufzeichnung in der Kamera.

Für Kameras, die die anamorphe Aufzeichnung im 16:9-Format nicht unterstützen, gibt es spezielle Vorsatzlinsen, die das Bild optisch auf das Format stauchen. Solche Linsen sind allerdings recht teuer.

Tabelle 1.10

Format	genutzte sichtbare Bildauflösung
4:3	720 x 576 Pixel
16:9 beschnitten	720 x 406 Pixel
16:9 anamorph	720 x 576 Pixel (wird bei Wiedergabe gestreckt, auf ca. 1028 x 576 Pixel)

Anamorphe Aufzeichnung

Anamorph beschreibt, dass ein Bild bei der Aufzeichnung an den linken und rechten Bildrändern gestaucht und bei der Wiedergabe entsprechend entzerrt wird. Das Verfahren hat in der Filmgeschichte eine lange Tradition, denn auch beim Kinofilm wird bei Cinemascope zum Beispiel anamorph gearbeitet. Ursprünglich wurde die anamorphe Aufzeichnung und Wiedergabe ausschließlich über Objektive und Linsen realisiert. Seit Einführung der Computertechnik wird das Verfahren auch über rein elektronische Verfahren umgesetzt. Ein Problem der anamorphen Aufzeichnung mit entsprechenden Objektiven oder Vorsatzlinsen ist, dass das Bild links und rechts (horizontal) eine geringere Auflösung hat, also leicht unschärfer wirkt und dass es zu Abschattungen kommen kann, weil die Lichtempfindlichkeit zum Rand leicht abnimmt. Eine Aufzeichnung mit 720 x 576 Pixel hat auch im entzerrten Zustand (vergleichbar in der Größe etwa 1028 x 576 Pixel) nur die Auflösung 720 x 576.

Anamorphe Aufzeichnung im 16:9-Format (1:1,77) entspricht in etwa einem Bildseitenverhältnis von 1:1,85 im Kino. In diesem Format werden im Kino die meisten Filme gezeigt.

HDTV DV (HDV)

Seit Jahren ringt die Industrie um die Einführung des so genannten hoch auflösenden Fernsehstandards (HDTV) in Europa. Dabei geht es um viel Geld, denn eine Umstellung auf HDTV würde den Absatz von Videogeräten entsprechen ankurbeln. Bislang konnte sich aber HDTV nicht richtig durchsetzen, auch weil der Standard noch kein echter Standard ist. Zumindest bei der Camcorderaufzeichnung sind mehrere HDTV-Formate gängig. Für DVD gibt es bislang noch keinen HDTV-Standard. Unterschieden werden muss ganz klar zwischen 16:9 und HDTV. Ein 16:9-Bild ist nicht automatisch HDTV. Wie in der obigen Tabelle beschrieben, kann die Auflösung von beschnittenen 16:9-Bildern nur 720 x 406 Pixel betragen, das hat mit hoch auflösendem Fernsehen nichts zu tun.

Aktuell sind auf dem DV-Markt zwei Varianten von hoch auflösendem Video verfügbar. Unter dem Begriff HDV zeichnen die entsprechenden Camcorder im MPEG2-Verfahren auf DV-Kassetten auf (nicht im DV-Codec):

- Variante a: 1280 x 720 Pixel
- Variante b: 1440 x 1080 Pixel

Echtes HDTV bietet (teilweise ebenfalls im MPEG2-Verfahren codiert) eigentlich eine Auflösung von 1980 x 1080 Pixel. Diese Auflösung wird allerdings nicht einmal von den meisten Monitoren und Beamern unterstützt.

Noch ein Hinweis auf die Bildwiederholraten. Wie bereits erwähnt, ist der derzeitige PAL-Fernsehstandard auf 50 Halbbilder/sec definiert. Im Rahmen der HDTV Technik könnte die Bildrate auf 100 Halbbilder/sec erhöht werden. Das ist aber im Moment eher Zukunftsmusik. Dennoch werden bereits Fernseher mit 100-Hz-Technik angeboten. Warum? Manche TV-Nutzer beklagen sich über Kopfschmerzen, verursacht durch das Flimmern von Fernsehgeräten. Tatsächlich können zu niedrige Bildraten empfindliche Zuschauer stören, aus diesem Grund beklagen sich auch manchmal Kinobesucher über Kopfweh (24 Bilder/sec). Je höher die Bildrate, desto geringer das Flimmern oder Flackern. Computernutzer kennen das Phänomen zur Genüge und freuen sich über Bildwiederholraten von 125 Hz. 100-Hz-Fernseher flackern wegen der höheren Bildwiederholrate ebenfalls weniger und sind besser, so die Werbung. Das ist nur bedingt richtig. Tatsächlich flimmert so eine »Flimmerkiste« weniger, aber da nur 50 Halbbilder/sec vorhanden

Kapitel 1

KAMERA

sind (definiert über die Ausstrahlungstechnik und Aufzeichnungstechnik der Videogeräte, die Bildrate), können auch nur 50 Halbbilder gezeigt werden. Da nun zwei direkt aufeinander folgende Halbbilder zusammen ein Bild ergeben und zusammengehören, ist die Frage, was eigentlich ein 100-Hz-Fernseher zeigt. Da er 100 Halbbilder/sec benötigen würde, um eine vernünftige Darstellung zu bringen, muss er das Fernsehsignal in dieses Format übertragen. Dazu gibt es zwei technische Alternativen:

Abbildung 1.51
Normaler 50 Hertz Fernseher zeigt einmal Halbbild A und dann Halbbild B.

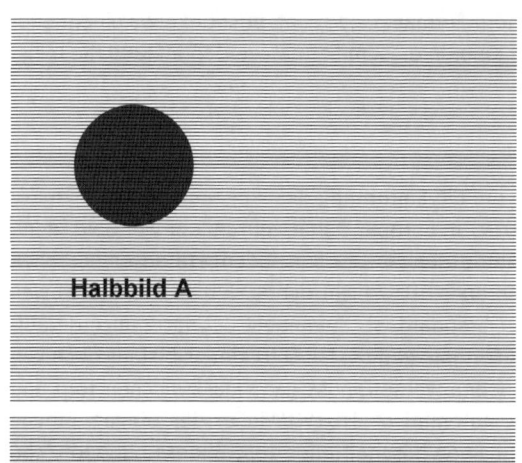

Abbildung 1.52
Ergebnis beim 50 Hertz Fernseher, es entsteht ein Eindruck beim Betrachter aus beiden Halbbildern, der Kreis bewegt sich von links nach rechts.

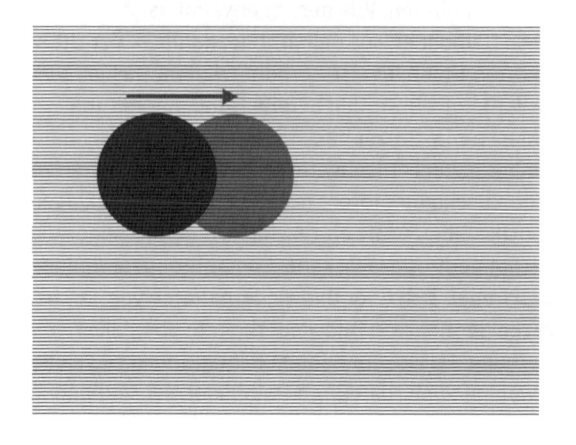

1.6 16:9-Aufzeichnung

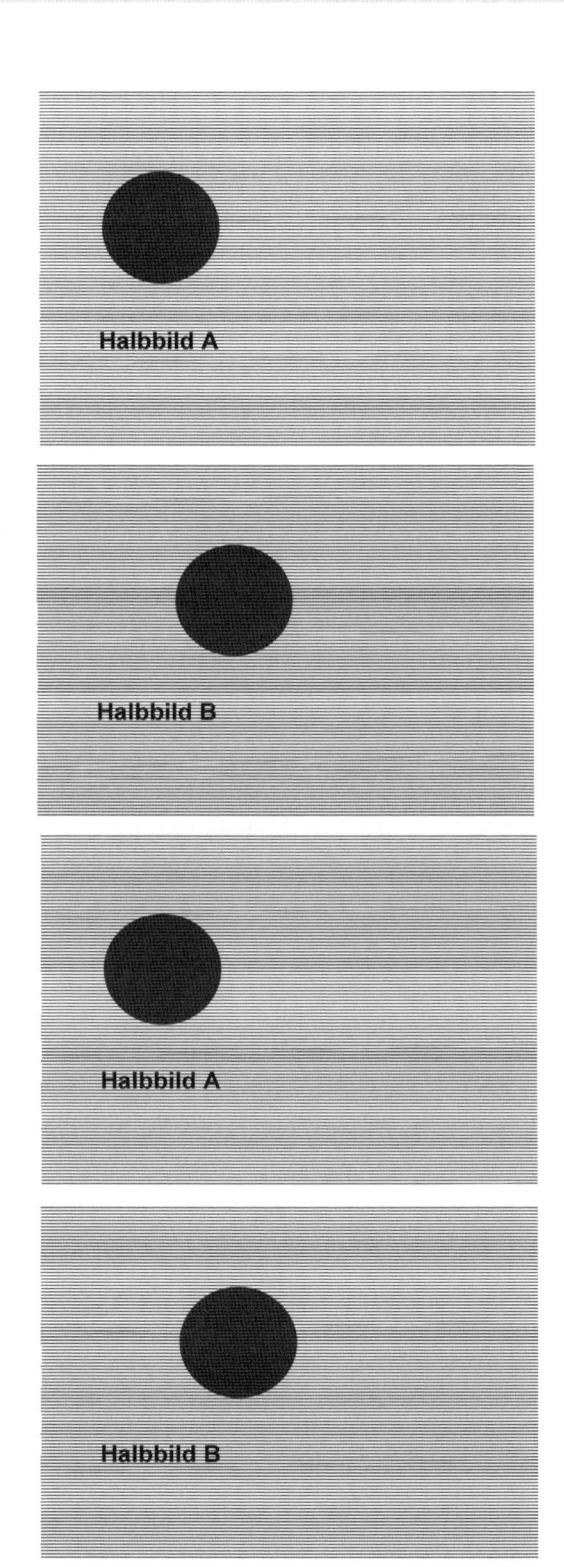

Abbildung 1.53
Variante 1 beim 100 Hertz Fernseher: Es wird zwei Mal hintereinander dieselbe Halbbildsequenz gezeigt: AB und AB

Halbbild A

Halbbild B

Halbbild A

Halbbild B

Kapitel 1

KAMERA

Abbildung 1.54
Ergebnis beim 100 Hertz Fernseher: Es entsteht ein Eindruck aus zwei mal zwei Halbbildern, dadurch scheint es so, als ob der Kreis zurückspringen würde. AB + AB.

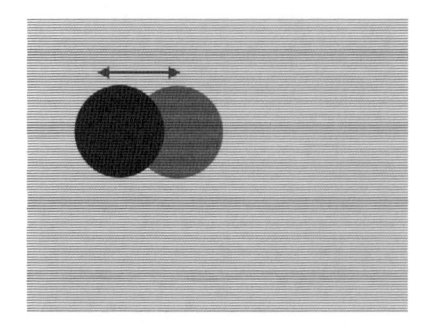

Abbildung 1.55
Variante 2 beim 100 Hertz Fernseher: Die Halbbilder werden voneinander getrennt und unabhängig hintereinander wiederholt, also AA und dann BB.

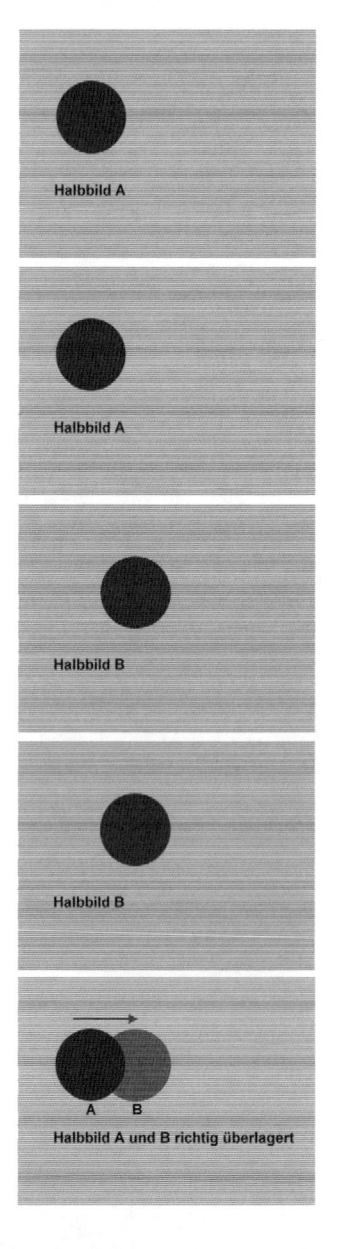

Halbbild A

Halbbild A

Halbbild B

Halbbild B

A B
Halbbild A und B richtig überlagert

1.6 16:9-Aufzeichnung

Variante 1 dieser Umsetzung war lange Zeit die einzige Methode, die in der Praxis der 100-Hz-Fernseher eingesetzt wurde. Variante 2 war technisch zu aufwändig und zu teuer in der Produktion, denn dazu muss das Sendersignal im TV-Gerät zwischengespeichert, analysiert, getrennt und neu gemischt werden. Um es kurz und knapp auf den Punkt zu bringen: Variante 1 ist absolut unbrauchbar. Warum ist das so? Die Antwort ist simpel: Halbbilder beinhalten Bewegungsinformationen und die Wiederholung von zwei Halbbildern bedeutet, dass es zu Bewegungsrücksprüngen kommt. Ein Beispiel: Fliegt bei einer Fußballübertragung ein Ball von links nach rechts über ein Spielfeld, ist der Ball im ersten Halbbild weiter links als im zweiten. Werden nun die Halbbilder in ihrer Reihenfolge einfach wiederholt, fliegt der Ball in der ersten Halbbildanordnung von links nach rechts, dann springt er wieder zurück und fliegt wieder das Stück von links nach rechts. Besonders drastisch macht sich das bei so genannten Lauftexten (oft am unteren Bildschirmrand oder im Filmabspann von unten nach oben) bemerkbar. Die Texte werden unleserlich, weil die Schrift hin und her springt.

Fernseher oder Monitore, die den 100-Hz-Modus unterstützen, müssen die Umsetzungsvariante 2 beherrschen, ansonsten ist die 100-Hz-Technik für das gegenwärtige Fernseh- und Videosystem absolut unbrauchbar.

HDTV oder auch HDV eignet sich auf Grund der höheren Bildauflösung besonders gut für die Videoproduktion von Kinospots.

Abbildung 1.56
2 Halbbilder, deutlich ist die Linienauflösung zu sehen.

Abbildung 1.57
Nur ein Halbbild durch Entflechten. Folge: Bildauflösung halbiert, halbe Schärfe

Abbildung 1.58
2 Halbbilder zu Vollbild gewandelt. Linien werden durch Unschärfe ersetzt.

1.7 Für das Kino drehen

Wer mit Video für das Kino drehen möchte, muss eine ganze Reihe von Dingen beachten.

Tabelle 1.11
Technische Vergleichsliste

Wert	Video	Kinofilm
Bildrate	50 Halbbilder/sec	24 Vollbilder/sec
Bildformate	4:3 = 1:1,33	1:1,375 Academy
	16:9 = 1:1,78	1:1,66 Breitwand Europa
		1:1,85 Breitwand USA (heute auch in Europa)
		1:2,35 Cinemascope (bis 1:2,66)
Ton	2 Kanal/Stereo	Dolby SR Mono
		Dolby SR Stereo
		Dolby Digital 5.1
		Dolby Digital 7.1
		DTS
		THX
Auflösung	720 x 576 Pixel	Näherungswert Auflösung über 4k, also
	1280 x 720 Pixel	4096 x 2732 Pixel
	1440 x 1080 Pixel	
Kontrastumfang	1:500	1:1.500

1.7 Für das Kino drehen

Checkliste für den Videodreh

- Arbeiten Sie möglichst im *Vollbildmodus* (Progressive/Frame Mode – mit 25 Vollbildern/sec).
- Vermeiden Sie starke Kontraste und hohe Farbsättigung, stellen Sie die DCC (Dynamic Contrast Control – verringert Kontrasthärte) ein, oder nutzen sie Kneeing.
- Vermindern Sie die Detailanhebung (Schärfen, Bildkantenaufsteilung).
- Schnelle Bewegungen führen zu Shutter-Effekten (Stroboskop).
- Vermeiden Sie die Verwendung des elektronischen Zooms (nur optisches Zoom nutzen).
- Erhöhen Sie den Shutterspeed Ihrer Videokamera nicht über 1/50, weil die schärferen Halbbilder beim Transfer eine schlechtere Interpolation zwischen den Feldern ergeben. Am besten nutzen Sie 1/25.
- Optische Bildstabilisatoren sind in jedem Fall elektronischen vorzuziehen.
- Überprüfen Sie den Sucherausschnitt Ihrer Kamera mit Hilfe eines *Underscan*-Monitors (zeigt wirklich das gesamte Bild), der Sucher könnte das Bild zu stark beschneiden.

Das größte Problem stellen die unterschiedlichen Bildgeschwindigkeiten und Bildgrößen dar. Beim Drehen ist darauf zu achten, dass das Videobild für das *Fazen* (Übertragen von Video auf Zelluloid) beschnitten oder verzerrt werden muss, um ins Kinobild zu passen. Dreht man zum Beispiel im Bildformat 4:3 mit 720 x 576 Pixel, so bleiben nachher beim Verhältnis 1:1,85 nur noch 720 x 390 Pixel sichtbar. 1:1,85 ist das gängigste Kinowerbungsformat. In kleineren Kinos werden Spots auch manchmal im Verhältnis 1:1,66 gezeigt, dann muss in diesem Verhältnis gefazt werden. Bei 1:1,66 bleiben 720 x 433 Pixel theroetisch im Kinosaal sichtbar. Die Betonung liegt auf theoretisch, denn in der Praxis müssen zusätzlich noch einmal zwischen 5 und 10 Prozent Kaschierung berücksichtigt (abgezogen) werden. Die Kaschierung findet im Kinosaal statt (im Projektor) und blendet die Ränder und Unregelmäßigkeiten des Zelluloidfilms aus.

> **Hinweis**
> Bei Projektionen im Kino oder auf dem TV-Monitor werden nie die ganzen Bilder gezeigt. Bis zu 20% des Bildes werden vom Projektor oder Monitor unterschlagen.

Das *Academy-Format* ist in deutschen Kinos nicht mehr üblich. Das Ausgangsmaterial im Kino ist übrigens immer 35 mm, die unterschiedlichen Seitenverhältnisse werden im Kino nur durch anamorphe Linsenvorsätze des Projektors erzielt. Es wird dringend empfohlen, bereits vor Drehbeginn abzuklären, in welchem Bildseitenverhältnis (Bildformat) nachher gefazt werden soll, denn danach richtet sich sich der Bildausschnitt. Auf Cinemascope-Seitenverhältnisse zu fazen, ist bei DV nicht zu empfehlen, durch die Beschneidung bleibt zu wenig Auflösung übrig, um wirklich halbwegs scharfe Bilder zu erzielen.

1.8 Zukunft und Rückschau Kameraentwicklung

Abgesehen von bereits erörterten Entwicklungen, wie Aufzeichnung auf Festplatte und/oder Speicherchips (siehe Aufzeichnungsformate) geht der Trend hin zu immer höheren Auflösungen. Auf längere Sicht wird die Videotechnik aus Kostengründen mit Sicherheit das klassische Filmmaterial ersetzen. Noch haben Projektions- und Aufzeichnungstechnik das Niveau von Kinofilm nicht ganz erreicht, aber entsprechende Codierungsverfahren stehen in den Startlöchern: Mit MPEG4 (noch nicht standardisiert, im Moment liegen drei Varianten vor) ist absehbar, dass Bildschärfe und Bildgrößen bei akzeptablen Datenraten das Kinoniveau erreichen können. Auch in der Projektionstechnik gibt es bereits erste Beamer, die zumindest Formate von 1980 x 1080 Pixel darstellen können.

Ob und inwieweit sich dabei die DVD-Videostandards (MPEG2) halten, bleibt abzuwarten, da MPEG4 hier neue Maßstäbe setzen könnte.

Insgesamt hat sich auf dem Videocamcordermarkt in den letzten 15 Jahren extrem viel verändert: Videokameras der achtziger Jahre waren noch röhrenbasiert (statt CCD-Chip) und hatten je nach Röhrentyp (Vidicon zum Beispiel) deutliche Farbschwächen (oft grünstichig) und waren extrem einbrennempfindlich. Typische Effekte bei schnellen Bewegungen waren »Trägheitsfahnen« oder »Nachzieheffekte«. All das ist inzwischen mehr oder weniger vom Tisch. Die Schärfe und Farbechtheit haben sich drastisch verbessert. Ein ungebrochener Trend geht hin zur Miniaturisierung. Auch Profikameras werden immer leichter und kleiner, mit all den damit verbundenen Vor- und Nachteilen (siehe Stative und Steadycam). Inwieweit die Verkleinerung der Bildsensoren (CCD-Chips) und damit verbunden der Verlust der Tiefenunschärfe auch ästhetische Grundprinzipien verändern wird, kann nur spekuliert werden.

Vor allem auch im Tonbereich hat sich sehr viel verändert. Heute ist es Standard, Stereoton parallel zum Bild aufzeichnen zu können und das in höchster Qualität. MPEG4, so sieht es zurzeit aus, wird acht unabhängige Stereotonspuren zur Tonaufzeichnung bieten. Ob das notwendig ist, sei dahingestellt. Aber auch hier ist zumindest ein Trend erkennbar.

Kapitel 2

DV-KAMERA UND DREHTECHNIK IM DETAIL

2.1 Klassische DV-Probleme 74

2.2 Steadycam & Co. 76

2.3 Weißabgleich – Farbtreue von Videoaufzeichnungen 78

2.4 Automatikfunktionen 83

2.5 Kneeing und Kontrastumfang 84

2.6 Schärfentiefe bei DV 86

2.7 Der Shutter 87

2.8 Stative und Stativköpfe 89

2.9 Kran, Dolly und Flugaufnahmen 91

2.10 Unterwassergehäuse 93

2.1 Klassische DV-Probleme

Digitalvideo und der DV-Codec haben – trotz unbestreitbarer Qualität – eine Reihe von Nachteilen oder »Problemzonen«.

Klötzchenbildung

Trotz gegenteiliger Behauptungen der Hersteller kommt es immer wieder zu dropouts, zu Klötzchenbildung. Ursachen sind nicht nur mangelhafte Beschichtungen der Bänder, sondern auch häufig Bandführungsunregelmäßigkeiten. Speziell Camcorderlaufwerke sind da sehr empfindlich. DV-Bänder, die von anderen Geräten aufgezeichnet wurden, zeigen mitunter in Camcorderlaufwerken starke Klötzchenbildung. Auch mehrfach bespielte DV-Bänder können plötzlich Schwierigkeiten machen, weil sich die Bandführung verändert hat.

Kassettenmarken

Manche DV-Nutzer berichten von Problemen beim Wechsel der Kassettenmarke. In der Tat kann das Unregelmäßigkeiten verursachen: Beschichtung und Bandträgermaterial sind je nach Hersteller nach unterschiedlichen Rezepturen hergestellt, und auch die Bandführung, bis hin zu den Kassettenmaßen, unterliegt einer gewissen Streuung. Es ist günstiger, von vornherein bei einer Kassettenmarke zu bleiben, da sich die Bandführung bzw. die Videoköpfe den Oberflächeneigenschaften zu einem gewissen Grad anpassen bzw. abschleifen.

In der Regel geben die Camcorderhersteller in ihren Serviceunterlagen Hinweise darauf, welche DV-Bänder für das jeweilige Gerät besonders gut geeignet sind.

Reinigung

> **Tipp**
>
> Empfohlene Leerkassetten des Camcorderherstellers benutzen, sie bieten die beste Bildqualität. Kassettenmarke nicht wechseln, da Bandbeschichtungen unterschiedlich: Kann Videoköpfe verdrecken.

Zur Reinigung von Camcordern und DV-Rekordern werden im Fachhandel Reinigungskassetten angeboten. Sie sollten nicht zu häufig eingesetzt werden, da sie eine relativ raue Oberfläche besitzen und die Videoköpfe beschädigen können. Die Wirksamkeit der Reinigungsbänder ist unterschiedlich. So erzielte ein Reinigungsband von Panasonic auf einem Canon-Camcorder deutlich bessere Reinigungseffekte als ein Sony-Band. Führt der Einsatz solcher Reinigungsbänder zu keiner Verbesserung der Bildwiedergabe, bleibt kein anderer Weg, als den betroffenen Camcorder einer Servicefirma zu übergeben. In der Regel versuchen solche Servicefirmen unter anderem, durch ein Ultraschallbad die Kopftrommel zu reinigen. Klappt das nicht, kann es teuer werden. Der Austausch von Videokopftrommeln bei Camcordern ist nicht billig und kann schnell über 1.000 Euro kosten.

DV Komprimierungsprobleme

Ein weiteres Problem von Digital Video sind Komprimierungsschwächen des Codec. DV zeichnet einzelne Bilder im Sampleformat 4:2:0 (PAL) auf. Dieses Format beschreibt, in welchen Bereichen das Bild komprimiert wird, beziehungsweise in welchem Verhältnis und auf welche Art und Weise das Fernsehsignal

YUV abgespeichert wird. Als Referenz kann man dazu das Sampleformat von Digi-Beta vergleichen, Digi-Beta zeichnet das Signal im Verhältnis 4:2:2 auf. Was bedeutet das nun in der Praxis? Die Vier am Anfang steht für die Helligkeitsinformationen eines Bildes, salopp gesagt, damit auch für die Schärfe. Die folgenden Ziffern stehen für die Farbinformationen. Vergleicht man nun hier Digi-Beta mit DV, stellt man fest, dass DV nicht in der Lage ist, Farbinformationen so detailliert zu speichern wie Digi-Beta. Im Rahmen der Farbunterscheidung, die ein TV-Monitor bringen könnte, bleibt DV Video hinter diesen Möglichkeiten zurück. Böse Zungen behaupten deshalb bis heute, dass eine gute Betacam-SP(Analog)-Aufzeichnung farblich deutlich besser sei als eine DV-Aufzeichnung. Tatsächlich begegnet aber einem niemand, der sofort und ohne zu zögern auf Anhieb eine DV-Aufzeichnung von einer Betacam-Aufzeichnung unterscheiden könnte. Dennoch ist zu erwähnen, dass diese Farbschwäche in der Praxis Konsequenzen hat: Kopiert man DV-Material über drei Generationen analog (nicht über Firewire) von Gerät zu Gerät, sind erste Verluste deutlich zum Beispiel an Himmelsverläufen zu sehen. Verläufe werden immer stufiger. Bei der Nachbereitung von Videomaterial schränkt diese reduzierte Farbtreue etwas ein: *Bluebox- oder Greenscreen-Verfahren* gestalten sich schwierig, weil der Codec hier wenig Differenzierungen innerhalb eines Farbbereiches wie grün oder blau gestattet.

Ebenfalls zu berücksichtigen sind Effekte des DV-Codec an Kontrastkanten. Harte Kontraste (schwarze Schrift vor Weiß zum Beispiel) werden nicht besonders glatt dargestellt. Der Codec neigt dazu, die Kanten etwas auszufransen bzw. zu übersteilen. In der Postproduktion (Nachbearbeitung) von Videomaterial ist das beim Einfügen von Untertiteln und Texttafeln zu berücksichtigen. Auch die Integration von 3D-Animationen ist dadurch nicht unproblematisch. Ist das Material zu kontrastreich, kommt der DV-Codec schnell an seine Grenzen. Gerade bei Animationen ist auch auf die beschränkte Farbdifferenzierung des Codec Rücksicht zu nehmen. Sinnvoll kann sein, sowohl den Kontrastumfang als auch die Sättigung solcher Elemente zu reduzieren. Bei Texttafeln bietet es sich an, statt reinem Weiß leichtes Grau als Hintergrundfarbe für schwarzen Text zu nehmen, bei Animationen ist eine Entsättigung der Farben um etwa 10 bis 20 Prozent hilfreich.

Tonaufzeichnungen

Letztlich eher ein Gewöhnungsproblem ist der Einsatz der mit DV verbundenen digitalen Tonaufzeichnung. Dadurch, dass digitale Tonaufzeichnung im Übersteuerungsbereich keine Reserven bietet, können hier kleine Unachtsamkeiten böse Folgen haben. Ist die Tonaufzeichnung übersteuert, ist sie eigentlich nicht mehr zu retten. Während bei analogen Aufzeichnungen wie zum Beispiel bei Betacam SP eine grundsätzlich »höhere« Tonaussteuerung wünschenswert und sinnvoll war, um Bandrauschen zu verhindern, gilt bei DV eher das Gegenteil: Hier soll und muss die Aussteuerung niedriger ausfallen. Während Betacam-Rekorder Pegel anzeigen und Aussteuerungen bis zu +12 dB erlaubten, ohne dass der Ton darunter merklich litt, ist eine Aussteuerung bei digitalen Formaten über 0 dB nicht möglich. Der Ton ist sofort massiv verzerrt und gestört. Die aufgezeichneten Audiodaten sind beschädigt und praktisch nicht zu »retten«. DV-

Ton sollte bis maximal -6 dB ausgesteuert werden, im Gegensatz zu analogen Geräten, die in der Regel +3 dB als Referenz hatten. Berücksichtigt man das, kann man feststellen, dass die Audiomöglichkeiten bzw. die mögliche Tonqualität von DV deutlich die des analogen Betacam SP übersteigen.

2.2 Steadycam & Co

Steadycam bezeichnet eine spezielle Art von Stativ. Dieses Stativ wird an den Körper des Kameramanns geschnallt und besteht aus einer komplizierten Anordnung von Kardanlagern, Gewichten und Federn, deren einziges Ziel ist, Bewegungen des Kameramanns weich abzufedern bzw. auszugleichen. Ursprünglich wurde Steadycam für den Kinofilm entwickelt, weil das Kamerawackeln gerade auf großen Leinwänden sehr unästhetisch und störend wirken kann. Der Legende nach wurde Steadycam das erste Mal beim Stanley-Kubrick-Film »Shining« mit Jack Nicholson eingesetzt, als der kleine Junge auf dem Dreirad durch das Hotel rast und Zwillingsmädchen begegnet. Wie dem auch sei und wer nun letztlich zum ersten Mal Steadycam eingesetzt oder entwickelt hat, das Drehen mit einer Steadycam ist alles andere als einfach und setzt körperliche Höchstleistung voraus. Im Kinofilmbereich wiegt allein das Steadycam-Korsett, das sich der Kameramann anlegen muss, um die 20 Kilo. Je nach eingesetzter Kamera kommen noch entsprechende Gegengewichte dazu und natürlich das Gewicht der Kamera selbst.

Abbildung 2.1
Steadycam,
Bild: Tiffen Company

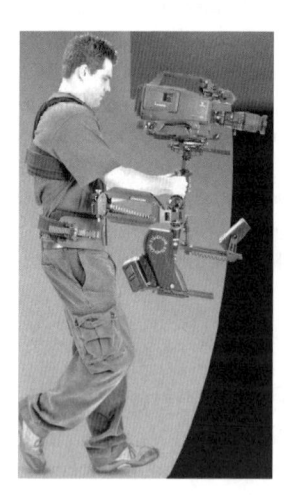

Es ist nicht die Ausnahme, wenn ein Kinokameramann bei Steadycam bis zu 50 Kilo am Körper trägt. Ein weiteres Problem entsteht durch die vom Körper abgekoppelte Kamera, sie schwebt praktisch frei vor dem Kameramann in Brusthöhe. Ein Blick durch den Sucher ist nicht mehr möglich, so dass ein Zusatzmonitor angebracht werden muss, häufig heute als LCD-Flachbildschirm mit Sonnenblende. Nur wenige Kinokameramänner beherrschen Steadycam wirklich.

Dreharbeiten, Stativ und besonders ausgebildete Kameraleute machen Steadycam-Produktionen für das Kino sehr teuer. In der Praxis greifen deshalb auch Spielfilmproduzenten manchmal zu ausgefallenen Ersatzlösungen: So wurde beim Dreh eines relativ bekannten *B-Movies* (B-Movie: Begriff für »Billigfilme« im Gegensatz zu *A-Movie*. Stammt aus den 50er Jahren, als Filmproduktionsfirmen in Hollywood durch diese Kategorisierung Kostenrahmen und Werbeaufwand festlegten) des Horrorgenres eine Verfolgungsjagd durch den Wald aus Kostengründen nicht mit Steadycam, sondern mit »Brett« gedreht. Die Kamera wurde auf einem schwingenden Brett montiert und zwei Kameraassistenten rannten mit diesem Brett zwischen sich durch den Wald. Der Effekt kann sich sehen lassen, die Kamera auf dem Brett, gehalten von den zwei Assistenten, lieferte tatsächlich den subjektiven Eindruck einer Wolfperspektive, der durch den Wald hetzt und Menschen jagt.

Steadycam für Video- und Digitalproduktionen

Welche Bedeutung hat nun Steadycam für Video und Digitalproduktionen? Nun, lange Zeit waren Videokameras relativ schwer und eine schwere Kamera liegt stabil auf der Schulter, die Verwacklungsgefahr ist bei Handkameraeinsatz dadurch relativ klein. Hinzu kommt, dass die Brennweiten der so genannten Gummilinsen (Zoomobjektive) relativ beschränkt waren, ein 10-fach-Zoom galt als außergewöhnlich. Hier ist anzumerken: Je weitwinkliger das Objektiv, umso geringer der q, je mehr Zoom, desto größer die Wackelwirkung. Im Lauf der Zeit sind die Kameras immer leichter und kleiner geworden, die Brennweiten der Gummilinsen betragen heute bis zu 20-fach und mehr und das Filmen aus der Hand hat das Filmen von der Schulter im Amateurbereich ersetzt. Mit einer semiprofessionellen Kamera von 500 Gramm und weniger Einsatzgewicht sind verwacklungsfreie Bilder aus der Hand so gut wie nicht möglich, außer der Kameramann ist Yogaprofi oder steht unter Baldrianeinwirkung. Die Konsequenzen der Camcorderhersteller waren abzusehen: Zum einen versprechen kleine Kameras eine höhere Akzeptanz auf dem Markt und werden gern gekauft, zum anderen sind die Ergebnisse für professionelle Nutzer nicht haltbar oder besser ansehnlich. Letztlich führten fast alle Videokamerahersteller ab Mitte der neunziger Jahre ihre jeweils eigene elektronische Version der Steadycam für Video ein: Die optische oder elektronische Stabilisierung.

Handstativlösungen

Besser als beide Einbauvarianten sind weiterhin Handstativlösungen, auch wenn sie nicht billig und in der Anwendung komplizierter sind. Mittlerweile gibt es Bauanleitungen für Steadycam-Stative für den versierten Heimwerker genauso wie relativ günstige fertige Steadycam-Stative für die neuen leichten Profi- und Amateurkameras. Auch günstigere Alternativen stehen zur Auswahl: Kardanaufhängungen mit Gegengewicht, die ebenfalls gute Ergebnisse liefern.

Beim Einsatz solcher Hilfsmittel ist zu beachten, dass die Aufnahmen besser gelingen, je weitwinkliger das Objektiv eingestellt ist. Elektronische, optische und mechanische Antiverwacklungseinstellungen dürfen nicht kombiniert werden, weil sie sich gegenseitig beeinflussen. Ein drastisches, aber deutliches Beispiel:

Wird ein Camcorder mit aktivierter Antiverwacklungseinstellung auf ein Stativ montiert und anschließend soll ein Panoramaschwenk durchgeführt werden, wird dieser Schwenk durch die Stabilisierungsmaßnahmen gestört. Was passiert? Die Antiverwacklungsoptik oder -elektronik steuert dem Schwenk entgegen. Das bedeutet, dass der Schwenk im ersten Moment kompensiert wird und die Stabilisierung versucht, das Ausgangsbild des Schwenks festzuhalten. Das wiederum führt zu einem Ruckeln beim Schwenkbeginn: Denn erst wenn die optischen und elektronischen Ausgleichsgrenzen überschritten werden, gibt die Kamera nach und springt auf die inzwischen aktuelle Schwenkansicht.

Sämtliche Stabilisierungstechniken des Camcorders sollten bei Stativaufnahmen deaktiviert sein.

2.3 Weißabgleich – Farbtreue von Videoaufzeichnungen

Wer klassisch fotografiert hat oder noch fotografiert, kennt solche Schwierigkeiten: Fotos vom Familientreffen unterm Weihnachtsbaum sind meist rotstichig, dasselbe gilt für Geburtstagspartybilder und Ähnliches. Die Ursache dafür ist, dass Filme auf eine Art der Belichtung geeicht sind: entweder Kunstlicht oder Tageslicht. Je nach Licht ist die Farbwirkung unterschiedlich. Unsere Augen korrigieren solche Effekte im täglichen Leben. Obwohl auch unsere Farbwahrnehmung auf Tageslicht geeicht ist, bemerken wir nicht, dass weiße Flächen mit Glühlampen beleuchtet in Wirklichkeit eher leicht rosa sind. Wir gewöhnen uns nach kurzer Zeit an geänderte Farbtemperaturen (das ist der Fachbegriff) und akzeptieren leichtes Rosa als Weiß.

Farbtemperatur

Abbildung 2.2 auf DVD
Falscher Weißabgleich: Aufnahme bei Tageslicht mit Einstellung Kunstlicht

Die Farbtemperatur einer Lichtquelle ist die Temperatur, die ein schwarzer Körper haben müsste, damit dessen Licht denselben Farbeindruck erweckt wie die tatsächliche Lichtquelle. Die Farbtemperatur wird in der Einheit *Kelvin (K)* angegeben.

Abbildung 2.3 auf DVD
Richtiger Weißabgleich: Aufnahme bei Tageslicht mit Einstellung Tageslicht

Ein Beispiel aus der Filmgeschichte ist die Verfilmung von »Amadeus« durch Milos Forman. Der Film wurde bewusst rotstichig gedreht, Forman wollte dadurch transportieren, dass zur Zeit von Mozart nur Kerzenlicht als künstliche Lichtquelle verfügbar war, und dementsprechend sollte der Zuschauer durch die rötliche Anmutung der Bilder dieses Gefühl nachvollziehen können. Wer diesen Film anschaut, wird auch hier nach wenigen Minuten feststellen, dass sich unsere Wahrnehmung anpasst: Innerhalb des rötlichen Bildes können wir andere Farben ganz normal auseinander halten. Nur im direkten Vergleich mit

2.3 Weißabgleich – Farbtreue von Videoaufzeichnungen

Tageslicht wird uns die grob unterschiedliche Anmutung der Farben bewusst. Im täglichen Leben kennen viele Boutiquenbesucher das Problem. Viele wählen ein Kleidungsstück aus und gehen damit dann vor die Tür ins Freie, bevor sie ein Stück kaufen. Denn bei Tageslicht wirkt die Farbe völlig anders.

Farbspektrum des Sonnenlichts (idealisierte Werte)

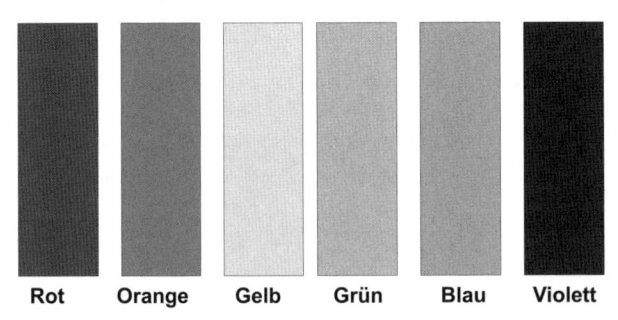

Rot   Orange   Gelb   Grün   Blau   Violett

Abbildung 2.4
Spektrum Tageslicht

Farbspektrum des Glühlampenlichts

Rot   Orange   Gelb   Grün   Blau   Violett

Abbildung 2.5
Spektrum Glühlampe

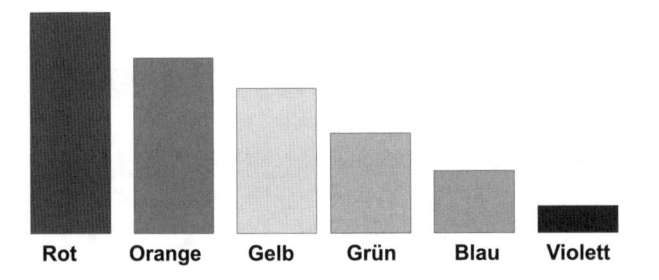

Filter

Bei der klassischen Fotografie und beim klassischen Film werden die Schwierigkeiten der unterschiedlichen Farbtemperaturen bei unterschiedlichem Licht durch verschiedene Arten des Rohmaterials und der Weiterverarbeitung gelöst: So gibt es Tages- und Kunstlichtfilme und bei der Entwicklung von belichtetem Material gibt es mehrere Filtermöglichkeiten, um Farbverfälschungen zu korrigieren. Eine Reihe von Filtern kann auch schon bei der Aufnahme auf das Kameraobjektiv geschraubt werden, um bereits im Vorfeld die Farbtemperatur zu korrigieren. Solche Filter heißen *Konversionsfilter*.

Korrektur	Filterbezeichnung
des Gelb-Tons von Glühlampen-Kunstlicht bei der Verwendung von Tageslicht-Filmen	80A Mired – 131
	80B Mired – 112
	80C Mired – 81
	80D Mired – 56

Tabelle 2.1
Filter zur Korrektur von Farbstichen für Tageslichtfilme

79

Korrektur	Filterbezeichnung
des Grün-Tons von Leuchtstoff-Lampen-Licht	FLW
	FLD
des Blau-Tons bei Tageslicht bei der Verwendung von Kunstlicht-Filmen; des Blau-Tons bei Aufnahmen im Hochgebirge oder zur Mittagszeit	81A
	81B
	81C
	81D
des Rot-Tons bei Aufnahmen am Morgen oder am Abend	82A
	82B
	82C

Die internationale Norm für mittleres Sonnenlicht (ca. 10 Uhr vormittags bzw. 16 Uhr nachmittags im Sommer in Mitteleuropa) beträgt 5.500 Kelvin; Tageslichtfilme sind so sensibilisiert, dass sie bei Farbtemperaturen um 5.500 K eine für das menschliche Auge korrekte Farbwiedergabe erzielen, Kunstlichtfilme entsprechend bei etwa 3.300 bis 3.400 K.

Tabelle 2.2
Einige Werte für typische Lichtquellen (Richtwerte)

Lichtquelle	Farbtemperatur
Kerze	1.500 K
Glühlampe (40 W)	2.680 K
Glühlampe (100 W)	2.800 K
Glühlampe (200 W)	3.000 K
Halogenlampe, Leuchtstoffröhre (Warmweiß)	3.000 K
Fotolampe, Halogenglühlampe	3.400 K
Eine Stunde vor Dämmerung	3.400 K
Leuchtstoffröhre (Kaltweiß)	4.000 K
Morgen-/Abendsonne	5.000 K
Xenon-Lampe, Lichtbogen	4.500–5.000 K
Vormittags-/Nachmittagssonne	5.500 K
Elektronenblitzgerät	5.500–5.600 K
Bedeckter Himmel	6.500–7.500 K
Strahlender Sonnenschein mittags, blauer Himmel	9.000–100.000 K

Weißabgleich in der Digitaltechnik

Seit Einführung der Digitaltechnik hat sich hier einiges getan. Videokameras und Camcorder haben keine Tageslicht- oder Kunstlichtfilme zu belichten. Videokassetten zeichnen das Signal bzw. Bild so auf, wie es die Kamera auswertet. Die Videokamera oder besser der Bildchip ist auf Farbtemperaturen einstellbar. In

2.3 Weißabgleich – Farbtreue von Videoaufzeichnungen

der Praxis haben sich damit Konversionsfilter und Ähnliches erledigt. Per Weißabgleich können Videokameras heute auf fast jede Lichtsituation geeicht werden. Wesentlich dabei ist allerdings, dass die Kamera bzw. der Kamerakopf eine manuelle Weißabgleichsfunktion bietet. Das ist vor allem bei günstigen Amateurgeräten nicht mehr gegeben. Der Weißabgleich ermittelt die Farbtemperatur am aufzunehmenden Set und justiert den Bildchip so, dass Weiß wirklich als Weiß aufgezeichnet wird, ohne jeden Farbstich. Wie aus der Liste oben zu entnehmen ist, sind die Farbtemperaturen im Alltag je nach Beleuchtung und Tageszeit sehr unterschiedlich.

In Mode gekommen sind so genannte automatische Weißabgleichsfunktionen, die nicht mit speicherbaren Presets zu verwechseln sind. Presets sind vom Kameramann abspeicherbare Einstellungen des Weißabgleichs für bestimmte Lichtsituationen, die per Knopfdruck wieder abrufbar sind. So kann der Kameramann vor Drehbeginn einen Weißabgleich im Schatten eines Gebäudes vornehmen, die Einstellung speichern und während des Drehens per Knopfdruck wieder aufrufen. Das ist vor allem dann sinnvoll, wenn Dreharbeiten zum Beispiel vor einem Gebäude im Sonnenlicht und im Schatten stattfinden. Beide Lichtsituationen erfordern einen eigenen Weißabgleich. Da sind solche Speicherplätze im Kameramenü praktisch.

Manueller Weißabgleich

Wie wird ein manueller Weißabgleich durchgeführt? In der Regel nutzt der Kameramann dazu ein weißes Stück Papier oder Pappe. Dieses wird am Set (Drehort) an die Stelle gehalten, wo später gedreht wird, zum Beispiel in Höhe des Gesichts des Schauspielers. Der Bildausschnitt der Kamera sollte mindestens zu 80% aus diesem weißen Stück Papier bestehen (einzoomen) und der Lichtsituation entsprechen, also Schattenwurf beachten: Wenn das Gesicht im Licht liegt, sollte das Papier so gehalten werden, dass der Lichteinfall entsprechend ist. Wenn die Kamera im manuellen Weißabgleichsmodus ist, die Abgleichstaste kurz drücken und im Sucher blinkt das Abgleichssymbol. Nach ca. zwei Sekunden ist der Weißabgleich abgeschlossen und die Farbtemperatur angepasst. Es bleibt zu beachten, dass solch ein Weißabgleich nur für kurze Zeit stimmt, denn sollten plötzlich Wolken aufziehen oder sich gegen Abend die Sonne schnell dem Horizont nähern, muss der Weißabgleich erneut durchgeführt werden – wenn nicht die typische Sonnenaufgangs- oder Sonnenuntergangsstimmung eingefangen werden soll. Denn wird ein Weißabgleich zum Beispiel beim Sonnenuntergang durchgeführt, verliert das Bild die typische Rotstimmung. Um einen Sonnenuntergang in Szene zu setzen, sollte die Kamera auf einen festen Weißabgleichswert »Tageslicht« eingestellt sein. In der Regel ist dieser Wert mit einem Sonnensymbol gekennzeichnet und fest einstellbar. Der Wert beläuft sich auf 5.600 Kelvin. Dann wird der Sonnenuntergang auch tatsächlich in der typischen Farbgebung aufgezeichnet. Analog gilt das natürlich für einen Sonnenaufgang.

Statt den Weißabgleich mit einem weißen Stück Papier durchzuführen, bieten manche Kameras oder Camcorder auch halbdurchsichtige weiße Objektivschutzdeckel. Hier wird der Schutzdeckel aufgesetzt und dann der manuelle Weißabgleich durchgeführt. Der Vorteil der Methode liegt auf der Hand: Weiße Papiere sind nicht immer wirklich weiß. Ein vergilbtes Blatt Papier ist für den Weißabgleich unbrauchbar.

Abbildung 2.6
Weißer Objektivschutz für Weißabgleich

Automatischer Weißabgleich

Wie steht es mit dem automatischen Weißabgleich, den heute fast alle Kameras anbieten? Grundsätzlich ist die Funktion eine gewisse Erleichterung, sie hat allerdings ihre Macken. Dazu muss zunächst die Funktionsweise verstanden werden. Der automatische Weißabgleich funktioniert folgendermaßen: Im Vordergrund steht zunächst die Annahme, dass in einer Szene grundsätzlich alle Farben des Spektrums zu etwa gleichen Anteilen vorkommen; mischt man diese Farben optisch zusammen, ergibt das ein mittleres Grau bzw. Weiß. Die Elektronik der Kamera überprüft also das aufzunehmende Bild und steuert die Anteile von Rot, Grün und Blau (aus diesen Grundfarben besteht jedes Bild) so, dass zusammen ein Weiß im Durchschnitt herauskommt.

Die Schwierigkeiten dieses Prinzips sind einleuchtend: Bereits die Voraussetzung, die Annahme, auf der die Funktionsweise beruht, beinhaltet die Fehlerquelle. Nicht in jeder Szene kommen tatsächlich alle Grundfarben zu gleichen Anteilen vor. Ein praktisches Beispiel: Stellen Sie sich eine Szene vor, die in einem mit rosa Wänden ausgestatteten Café gedreht werden soll. Der Grundeindruck oder besser das Gesamtfarbverhältnis ist stark rotlastig. Der Camcorder wird also beim automatischen Weißabgleich versuchen, das Bild durch eine Verschiebung und Zumischung von mehr Blau und Grün zu korrigieren. Das Ergebnis wird entsprechend minderwertig sein. Der automatische Weißabgleich kann also in gewissen Situationen schon aus Prinzip nicht funktionieren. Als weiterer Faktor ist zu bedenken, dass automatische Weißabgleiche nicht unbedingt zeitkonstant sind, das sollen sie auch nicht. Das heißt, die Kamera regelt permanent die Farbwerte nach. Besonders tragisch ist das beim so genannten Bluescreen- oder Greenscreen-Verfahren. Hier ist es absolut notwendig, dass der zu filternde Blau- oder Grünwert einigermaßen konstant ist, sonst ist eine spätere Freistellung von Objekten und Menschen in der *Postproduktion* (Nachbearbeitung) nicht mehr möglich, aber dazu später mehr.

Festzuhalten ist, dass ein Camcorder einen manuellen Weißabgleich unterstützen muss, um mit ihm professionell zu arbeiten. Hinzu kommen zwei einstellbare Festwerte für Kunstlicht (3.200 Kelvin/Filmhalogenscheinwerfer) und Tageslicht (5.600 Kelvin/mittleres Tageslicht) und eine Automatikfunktion (nicht notwendig, aber für den Reportageeinsatz manchmal praktisch). Schön, wenn das Gerät noch so genannte Presets unterstützt.

Ausnahmesituationen

Wie bereits in der Tabelle zu sehen, gibt es Lichtsituationen, die deutlich den Rahmen sprengen: Zum einen stark unterbelichtete Szenen, wie bei Kerzenlicht, oder stark überbelichtete Situationen, wie etwa auf Schneefeldern, in der Wüste oder bei völlig blauem Himmel im Sommer zur Mittagszeit. In solchen Extremsituationen funktionieren weder der manuelle Weißabgleich noch automatische Regelelektroniken. In Low-Light-Situationen (unterbelichtete Szene, Kerzenlicht) hilft dann nur noch die Festwerteinstellung Kunstlicht und eine Korrektur in der Nachbearbeitung des Videomaterials. Ist die Szene überlichtet, müssen so genannte Graufilter eingesetzt werden. Im Fachjargon heißen diese Filter ND-Filter, das steht für »neutral density« und ihre Funktion besteht nur darin, das in das Objektiv einfallende Licht abzuschwächen. Diese ND-Filter können auf das Objektiv aufgeschraubt werden und werden in verschiedenen Stärken angeboten. Brauchbare und sinnvolle ND-Filterstärken sind: 2, 4, 6 und 8. Eine Reihe von Kameraobjektiven bieten eingebaute ND-Filter. Diese Filter sind praktisch und sinnvoll, solange die Werte mit der Blendenöffnung der Kamera harmonieren. Durch den Einsatz von ND-Filtern eröffnet sich auch in der Bildgestaltung ein neues Feld. Denn auch bei normalen Lichtverhältnissen können durch die Kombination von ND-Filtern und Blendenöffnung Schärfentiefe bzw. Tiefenschärfe der Aufnahme gesteuert werden.

Wichtig ist, dass sowohl manueller Weißabgleich als auch automatischer Weißabgleich nur in einem Bereich von etwa 2.000 bis maximal 10.000 Kelvin vernünftig funktionieren. Ab Lichtsituationen von etwa 8.000 Kelvin empfiehlt sich dringend der Einsatz von ND-Filtern, um eine anständige Farbaufzeichnung zu erreichen. Jeder hat schon Videoaufzeichnungen gesehen, in denen grüne Rasenflächen »vor Grün schreien« und knallbunte Farben dem Bild eher die Anmutung von Popart geben, eine typische Konsequenz von Übersteuerung der Regelelektronik des Weißabgleichs.

2.4 Automatikfunktionen

Der Autor – so viel gleich vorneweg in diesem Unterkapitel – hält absolut nichts vom Automatisierungswahn der Camcorderhersteller. Sicher haben in manchen Situationen manche Automatiken ihren Sinn, aber eben nur manchmal und nicht in der Regel. Wer professionell filmt, freut sich zwar sicher, wenn Automatiken, so sie denn funktionieren, zur Verfügung stehen und bei Bedarf zugeschaltet werden können, aber sie müssen in jedem Fall abschaltbar sein und die entsprechenden Einstellungen müssen auch praktisch zugänglich sein, um sie manuell regeln zu können. Gängig sind bei Camcordern folgende Automatiken:

- Autofocus
- Blendenautomatik
- automatischer Weißabgleich
- automatische Tonaussteuerung
- automatische Bildstabilisierung
- programmgesteuerte Automatiken, wie Porträt, Gegenlicht, Landschaft usw.

Zumindest muss ein Camcorder Automatikeinstellungen fixieren können. Das bedeutet, dass zum Beispiel eine Blendeneinstellung zwar automatisch vom Camcorder ermittelt wird, dann aber eine Feststelltaste es ermöglicht, diesen Wert zu halten und der Wert nicht andauernd nachgeregelt wird. Gerade bei der Blendenautomatik ist dies besonders wichtig, sonst kann es beim Schwenk von Sonnen- in Schattenbereiche zum *Pumpen* kommen; obwohl in einen dunklen Szenenbereich geschwenkt wird, wird das Bild automatisch heller. Das kann ausgesprochen unästhetisch und unprofessionell wirken. Sinnvoll sind Automatiken eigentlich nur in ganz besonderen Aufzeichnungssituationen, in denen ein Kameramann kaum Zeit hat, sich auf die Situation einzustellen:

- Reportage (Katastrophen, Unfälle, unvorhersehbare Abläufe)
- Sportaufzeichnung (z.B. Fußball)

Ein besonderes Augenmerk möchte ich hier noch einmal dem Autofocus widmen. Die automatische *Schärfeziehung* des Objektivs muss abschaltbar sein, um überhaupt kreativ in der Bildgestaltung sein zu können. Welche Bildebene scharf zu sein hat, kann keine Automatik beurteilen. Lediglich bei Sportaufnahmen und ausreichendem Licht oder bei der Reportage macht der Autofocus Sinn.

2.5 Kneeing und Kontrastumfang

Klassische Filmemacher hassen seit Beginn der Videoära den typischen Videolook. Gemeint ist damit der harte Bildeindruck des aufgezeichneten Materials. Besonders deutlich wird das bei Szenen, die im prallen Sonnenlicht mit Video gedreht werden. Zunächst kann man feststellen, dass klassisches Filmmaterial, auch Normal 8 mm, Super 8 mm, Normal 16 mm, Super 16 mm und auch 35 mm im Kontrastumfang wesentlich größere Bereiche abdecken, aber zusätzlich noch

2.5 Kneeing und Kontrastumfang

innerhalb des Kontrastes eine feinere Differenzierung bieten. Das bedeutet, das auch kleine Helligkeitsunterschiede deutlich aufgelöst und im fertigen Film dargestellt werden können. So ist Zelluloid bzw. Filmmaterial in der Lage, Helligkeitsunterschiede von 1:1.500 darzustellen. Video differenziert hier nicht in diesem Umfang. Kontraste von 1:1.000 sind hier das höchste der Gefühle, in der Regel erreicht Video eine *Kontrastdarstellung* von 1:400 – abhängig nicht nur von der Aufzeichnung, sondern auch vom Projektor bzw. TV-Monitor. Böse Zungen gehen dabei von maximal 256 verschiedenen Helligkeitsstufen im Videobild aus, die über die Graustufen bei 8-Bit-Graustufen-Digitalbildmaterial definiert werden. Je nach eingesetztem Filmmaterial bietet Zelluloid dagegen spezielle Empfindlichkeiten für besondere Lichtsituationen, entsprechend gibt es keine besonderen Videokassetten für besondere Szenen.

Der Kontrast selbst definiert grundsätzlich nur den Helligkeitsunterschied zwischen der größtmöglichen Helligkeit und der größtmöglichen Dunkelheit im Bild und sagt zunächst nichts über die Differenzierung innerhalb dieses Umfanges aus. Selbst unter den optimalen Bedingungen und großzügig ausgelegt, kann Videomaterial nicht dieselbe Helligkeitsunterscheidung aufzeichnen wie Filmmaterial. Besonders im Schattenbereich bzw. in dunklen Bildbereichen macht sich das bemerkbar. Wer den Filmklassiker »Alien« von Ridley Scott im Kino gesehen hat (insbesondere die ersten zehn Minuten) und denselben Film auf DVD, weiß, worum es geht. Während man im Kino in den ersten zehn Minuten durchaus einen Eindruck eines düsteren Planeten bekommen kann, sieht man auf einem TV-Monitor eher schwarz.

Zurück zum Beispiel mit den Videoaufnahmen im prallen Sonnenlicht: In der Praxis sieht man auf dem Fernseher entweder gut belichtete Gesichter und der *Schlagschatten* im Gesicht ist einfach nur schwarz, oder aber im Schatten sieht man Gesichtszüge, dafür ist das Gesicht im Sonnenlicht völlig überbelichtet – ein Videoklassiker. Um dieses Problem zu beheben, wurde das Kneeing entwickelt. Nur hochwertige Kameras bieten diese Funktion. Mittels Kneeing werden die dunklen Bereiche des Bildes elektronisch aufgehellt und in der Differenzierung verstärkt. In der Praxis wird aus dem Schlagschatten unseres Beispiels eine Art Halbschatten und die Gesichtszüge werden sichtbar. Das Ergebnis entspricht weit eher dem klassischen Filmlook als vorher. Gute Kneeing-Funktionen sind in ihrer *Gammakurve* einstellbar. Gamma entspricht hier der Grauwertanhebung und Differenzierung. Je nach Form dieser Gammaentzerrungskurve wirkt das Licht insgesamt härter oder weicher. Wohlgemerkt: Das Kneeing wird vom Kamerakopf durchgeführt und ist damit Bestandteil der Aufnahme, es kann theoretisch auch bei der Nachbearbeitung des Materials durchgeführt werden. Nachteil dabei ist allerdings, dass Rauschanteile, die durch die Aufzeichnung hinzugefügt wurden, auch sichtbar werden können, hier ist ein Kneeing durch die Kamera von Vorteil.

Abbildung 2.7
Ohne Kneeing

Abbildung 2.8
Mit Kneeing

2.6 Schärfentiefe bei DV

Ein entscheidendes Bildgestaltungselement beim Film ist die Schärfentiefe oder auch Tiefenschärfe: Welche Elemente im Bild werden scharf dargestellt, welche verschwimmen und sind unscharf? Durch die Schärfeebenen wird der Blick des Betrachters gelenkt, weniger wichtige Elemente werden dadurch von wichtigen abgegrenzt. Im Vergleich zu Kinofilmen fällt bei Videoproduktionen sofort – oft unbewusst – auf, dass die Schärfeebenen sehr unterschiedlich ausfallen. Typisch für Video ist, dass es oft keinen Unschärfebereich gibt. Häufig sind Vordergrund, Mittelgrund und Hintergrund scharf. Das liegt nicht am Unvermögen des Kameramanns oder Regisseurs, sondern in der Natur des Kameraaufbaus begründet.

Im Zusammenspiel von Objektiv und Bildbühne entscheidet sich, wie groß bei bestimmten Brennweiten die Schärfentiefe oder Tiefenschärfe ist. Die Bildbühne ist bei klassischen Filmkameras identisch mit der Größe des zu belichtenden Negativs und beschreibt die Fläche, auf der das aufzunehmende Bild vom Objektiv projiziert wird. Bei einer Videokamera entspricht die Bildbühne der Größe des Bildsensors oder Bildchips, also der Größe des CCD-Chips. Aus Kostengründen werden bei Videokameras gerne möglichst kleine CCD-Chips eingebaut. Je kleiner aber der CCD-Chip, desto größer die Tiefenschärfe bzw. Schärfentiefe. Beide Begriffe bezeichnen hier dasselbe, aus Bequemlichkeit benutze ich im weiteren Verlauf nur den Begriff Tiefenschärfe, der an sich aus der Fotografie stammt, aber denselben Sachverhalt beschreibt. Vergleicht man zum Beispiel ein Zoomobjektiv (auch Varioobjektiv genannt) aus der Kleinbildfotografie mit Brennweiten zwischen 35 und 200 mm mit einem Videozoomobjektiv für 1/3-Zoll-Chips und Brennweiten zwischen 8 und 40 mm, so stellt man schnell fest, dass bei der Kleinbildfotografie erste Unschärfebereiche bereits ab 100 mm deutlich festzustellen sind, während das in etwa vergleichbare Zoomobjektiv bei Video erst kurz vor dem maximalen Zoomfaktor bei etwa 35 mm Brennweite denselben Effekt liefert. Für die Praxis hat das zweierlei Auswirkungen: Zum einen gilt, dass nur Videokameras mit größeren CCD-Chips ähnliche Gestaltungsmöglichkeiten wie beim Film bieten. Alternativ muss der Abstand zwischen Szene und Kamera mindestens verdoppelt werden, um ähnliche Schärfeebenen zu erzielen, oder aber es müssen so genannte Kompendien zwischen Objektiv und Bildbühne aufgeschraubt werden. Diese Kompendien erhöhen künstlich sowohl Brennweite der Objektive als auch den Unschärfebereich.

Zum anderen ändern sich die Sehgewohnheiten, denn was hier im Rahmen des Videofilmens angemerkt wird, gilt eins zu eins auch für die digitale Fotografie: Auch hier ist eine Bildgestaltung mit Hilfe von Unschärfebereichen auf Grund der auch dort eingesetzten miniaturisierten Chips kaum mehr praktisch möglich. Insofern kann es durchaus sein, dass diese grundsätzliche Art der Bildgestaltung durch Schärfe und Unschärfe in den nächsten Jahren an Bedeutung verliert.

Abbildung 2.9
Beispiel Schärfentiefe: Vordergrund unscharf, Hintergrund scharf

2.7 Der Shutter

Der Shutter steuert sozusagen die Verschlusszeit der Videokamera. Nun könnte man sagen, das ist albern, denn das klassische Prinzip der Belichtung und Belichtungszeitsteuerung eines Negatives zählt bei der Videokamera nicht. Das ist zwar richtig, aber die Shuttersteuerung bestimmt, wie schnell der Bildchip der Kamera ausgelesen wird bzw. wie lange dieser sich Zeit nimmt, um ein Halbbild oder Vollbild aufzunehmen. Natürlich zeichnet der angeschlossene Videorekorder im PAL-Format trotzdem nur 50 Halbbilder pro Sekunde oder 25 Vollbilder pro Sekunde auf, aber die einzelnen Bilder werden kürzer belichtet, oder besser ausgedrückt, in einer kürzeren Zeit ausgelesen, oder auch in einer längeren Zeit. Wie bei der normalen klassischen Fotografie bedeutet das, dass einzelne Bilder mehr oder weniger Bewegungsunschärfe enthalten. Ein Bild, das zum Beispiel in einer 12tel-Sekunde aufgezeichnet wird, ist sehr unscharf, und obwohl der Videorekorder 25 Vollbilder aufzeichnet, werden dann tatsächlich nur 12 wirklich verschiedene Bilder pro Sekunde aufgenommen, denn der Kamerakopf liefert nur 12 unterschiedliche Bilder pro Sekunde vom Bildchip. Umgekehrt gilt: Ist der Shutter auf eine tausendstel Sekunde eingestellt, wird zwar der Bildchip 1000 Mal pro Sekunde ausgelesen, aber von den tausend Bildern wird der Videorekorder nur 25 Vollbilder aufzeichnen. Alle anderen Bilder landen sozusagen im Nirwana.

Ein Nebeneffekt der Shuttereinstellung »eintausendstel Sekunde« ist, dass die Lichtempfindlichkeit des Bildchips geringer wird. Logisch, denn in einer tausendstel Sekunde fällt weniger Licht auf den Bildchip als zum Beispiel in einer fünfzigstel Sekunde (Standardeinstellung bei PAL für 50 Halbbilder/Sekunde). Allerdings ist dringend davon abzuraten, den Shutter als Ersatz für ND-Filter einzusetzen, denn durch die Verkürzung der *Auslesezeit des Chips* gehen, wie hier bereits erwähnt, Bilder verloren, dies resultiert in einer stroboskopähnlichen Anmutung des Videofilmes.

Wann macht die Shutterfunktion überhaupt Sinn? Zunächst ganz klar bei der Analyse von Sportarten und Bewegungsverläufen. Durch die kurze Auslesezeit des Bildchips sind gestochen scharfe Standbilder im Video möglich. Gerade bei der Analyse von Bewegungen eines Stabhochspringers oder Ähnlichem ist diese Art der Aufzeichnung sinnvoll. In einem Video mit einer »Belichtungszeit« von einem Fünfzigstel können weder Fuß- noch Handhaltungen exakt im Standbild erkannt werden, zu groß ist die Bewegungsunschärfe, ab etwa einem Tausendstel sind diese Haltungen wie eingefroren sichtbar. Ein besonderer Reiz kann auch beim Drehen von Springbrunnen oder Wasserfällen mit Shuttereinstellungen ab etwa einem 250stel erreicht werden, denn das fließende Wasser entpuppt sich dann als ein Schwall von Wassertropfen, die einzeln sichtbar werden.

Besonders praktisch ist ein variabler Shutter, der es erlaubt, die Auslesezeit des Chips stufenlos einzustellen, dies macht vor allem dann Sinn, wenn Computerbildschirme abgefilmt werden sollen. Computerbildschirme haben (außer LCD-Bildschirmen oder Beamern) sehr unterschiedliche *Bildwiederholraten*. Heute ist es üblich, dass ein Computerbildschirm bis zu 120 Mal pro Sekunde ein frisches Bild aufbaut. Im Vergleich dazu bietet PAL mit 50 Halbbildern/Sekunde ein flackerndes Bild. Zeichnet man nun einen Computermonitor mit einer Bildwiederholrate von 120 Bildern/Sekunde mit einer Videokamera auf, die 50 Halbbilder/Sekunde schießt, gibt es merkwürdige Überlagerungen, der gefilmte Computermonitor flackert extrem, manchmal laufen dunklere Balken durchs

Bild. Das liegt daran, dass sich Aufzeichnungsrhythmus und Darstellungsrhythmus nicht vertragen. Ein stufenlos einstellbarer Shutter kann die Auslesegeschwindigkeit des Bildchips der Kamera nun der Bildwiederholrate des Computermonitors so anpassen, dass weder Flackern noch Bildbalken auftreten.

2.8 Stative und Stativköpfe

Vernünftige Stative haben ihren Preis. Grundsätzlich werden von einem Stativ sich widersprechende Eigenschaften verlangt: Es soll möglichst leicht und dabei möglichst verdrehungssteif und standsicher sein. Am besten, der Stativkopf ist dabei möglichst massiv, denn je mehr Masse er hat, desto gleichmäßiger werden die Schwenks. Damit sind wir schon beim Kern der Sache, denn Masse und Gewicht hängen nun mal – zumindest im Bereich der Erdanziehung – eng zusammen. So kann jedes Stativ nur einen Kompromiss verschiedener Anforderungen darstellen.

Zwei Hersteller, die ich Ihnen ans Herz legen will, haben sich auf den Bereich Stative spezialisiert und bieten entsprechende professionelle Lösungen an: *Sachtler* und *Manfrotto*. Sachtler-Stative gelten als die Rolls-Royce-Produkte im Stativbereich, Manfrotto (ein italienischer Hersteller) bedient das mittlere und untere Preissegment.

Entscheidend bei der Auswahl eines Stativs sind das Kameragewicht, der Stativkopf und der geplante Einsatz bzw. das Gewicht und das erhältliche Zubehör. Gibt es zum Beispiel einen *Rollwagenuntersatz*? Ist geplant, das Stativ auch für einen mobilen *Kamerakran* als Stand einzusetzen? Der Stativkopf muss beim Schwenken unterschiedliche Widerstände einstellen lassen, von leichtgängig bis schwer und dabei einen konstanten Gegendruck erzeugen, ohne dass sich das Stativ in sich verzieht (Verdrehungssteifheit). Auch die Standfestigkeit (Empfehlung: eine *Bodenspinne*) an sich spielt eine Rolle. Als Material bieten die Hersteller Aluminium oder Karbon an.

Letztlich ist nur zu empfehlen, das Stativ der Wahl praktisch mit der Kamera der Wahl zu testen. Stative aus dem Amateurbereich wie etwa von HAMA sind für den professionellen Einsatz schlichtweg nicht zu empfehlen, die Ausführung (oft Plastik) und die Stativköpfe entsprechen in keiner Weise den Ansprüchen. Wiegt eine Kamera zum Beispiel rund vier Kilo (Canon XLS1 bis XL2), ist zu erwägen, hier etwas »oversized« (also zu groß) einzukaufen, so dass das Stativ zum Beispiel Kameras bis zwölf oder 16 Kilo verträgt. Dann besteht die Möglichkeit, hier später eventuell einen Kran auf das Stativ zu montieren und eben das Stativ als Stand dafür zu nutzen.

Klassisch wurden Stative übrigens bis in die 50er Jahre aus Holz hergestellt und der Stativkopf aus Gusseisen mit einem mechanischen Zahnradwerk mit Gegengewicht, um einwandfreie Schwenks zu ermöglichen. Das Gewicht solcher mobilen Stative betrug gern mal um die 20 Kilogramm. Heute werden Stativköpfe häufig auf Adhäsionsbasis oder auch Fluidbasis angeboten: Im Stativkopf befinden sich unterschiedliche Flüssigkeiten, die sich gegeneinander Reibungswiderstand leisten und dementsprechend einen Gegendruck zur Schwenkbewegung aufbauen.

Abbildung 2.10
Stativ,
Bild: Sachtler

Abbildung 2.11
Stativ Fluidkopf.
Bild: Sachtler

Abbildung 2.12
Kran.
Bild: Sachtler

2.9 Kran, Dolly und Flugaufnahmen

Außergewöhnliche Perspektiven erfordern außergewöhnliche Mittel. Spektakulär im Film sind immer Ansichten (Perspektiven), die ungewöhnlich sind: Das können Aufnahmen von extrem weit oben, unten oder auch *Kamerafahrten* sein. Zunächst sei darauf hingewiesen, dass es zumindest im Einzugsbereich von Großstädten meist sinnvoll ist, sich das entsprechende Ausrüstungsmaterial nur auszuleihen, denn gerade bei Industrieproduktionen oder *Low-Budget-Filmen* sind die Kunden nicht oft bereit, für solche künstlerisch ambitionierten Geschichten Geld auszugeben.

Der Kamerakran

Der Kamerakran ist noch die einfachste Variante, mit relativ bescheidenem Aufwand spektakulär zu arbeiten. Unterschieden werden muss zwischen einem *Kranaufsatz für Stative*, die relativ günstig für relativ kleine professionelle Kameras bzw. Camcorder zu bekommen sind (DV) und kompletten Kranlösungen. Der Kranaufsatz fürs Stativ, der eine realisierbare Kamerahöhe von bis zu fünf Metern erlaubt, ist ab etwa 600 Euro (Kaufpreis) im Internet erhältlich, in der Regel verkraftet solch ein Aufsatz Kameras bis zu vier Kilo. Integriert ist in der Regel eine *Kameraschaukel mit Drahtseilzug*, die es erlaubt, den Kamerawinkel zum Objekt unabhängig von der Höhe fest einzustellen. Das ist ein wesentlicher Aspekt, denn nur dann macht ein Kran überhaupt Sinn: Sonst verliert die Kamera nämlich schon bei der kleinsten Kranbewegung das Objekt aus dem Aufnahmebildfeld. Voraussetzung für den Einsatz solcher Kranaufbauten ist eine komplette Fernbedienbarkeit der Kamera und ein Kontrollmonitor am Boden.

Komplette Kranlösungen sind deutlich teurer und oft etwas schwerer, denn sie beinhalten einen extra Kranstand, erlauben aber auch andere Höhen. Hier sind ohne weiteres Höhen von bis zu zehn Meter realisierbar. Ein weiterer Schritt – allerdings auch in ganz andere Preisregionen – ist der Kamerakran mit Kameramannsitz. Hier wird nicht nur die Kamera am Kranausleger befestigt, sondern der Kameramann geht mit in die Höhe. Solche Lösungen sind logischerweise teuer, setzen Stromversorgung oder benzinmotorgestützte Hydraulik voraus und sind unhandlich. Entsprechende Kranlösungen entsprechen eher den klassischen Autokränen, wie sie für den Fassadenbau oder von Straßenbauämtern zur Reparatur von Straßenbeleuchtungen eingesetzt werden. Auch das kann übrigens eine zu erwägende Alternative sein, solche Kräne sind relativ günstig auszuleihen. Zu bedenken ist lediglich, dass die bei Autokränen eingesetzte Hydraulik fast nie ruckelfrei arbeitet. In der Praxis müssen also oft Kranfahrtstart und Kranfahrtende beschnitten werden. Dringend zu empfehlen ist auch ein Kranoperator, der die Bedienung des Kranes übernimmt und Erfahrung hat.

Auf eine gefährliche Variante des Ersatzkranes sei noch hingewiesen: So mancher Kunde schlägt vor, einen Gabelstapler als Ersatzkran einzusetzen. Kameramann mitsamt Stativ und Gerät werden vom Gabelstaplerfahrer in die Höhe gehievt. Abgesehen mal vom Risiko, sind die Ergebnisse nicht besonders prickelnd, denn der Gabelstapler bietet – auch mit Palettenplattform – zu wenig

Bewegungsfreiheit, um mit Stativ und Kamera einen vernünftigen Schwenk durchzuführen.

Der Dolly

Fast genauso weit gefächert ist der Bereich *Dolly*. Der Dolly bezeichnet einen Kamerawagen, also ein Gefährt für die Kamera. Die einfachste Variante ist der so genannte Rollwagen für das Stativ. Dahinter verbirgt sich eine Art Untersatzspinne, die unter das Stativ gespannt oder geschraubt wird.

Qualitativ sind hier Rollwagen mit Luftbereifung Rollwagen mit Hartgummibereifung vorzuziehen. Die luftgefüllten Reifen dämpfen Bodenunebenheiten wesentlich besser als Hartgummirollen. Häufig ist es günstig, die Reifen nicht voll aufzupumpen, denn das erhöht die Federwirkung.

Ein echter Dolly ist ein Kamerawagen, auf dem die Kamera unter Umständen sogar auf einem Kranausleger montiert ist. Der Kameramann hat auf dem Wagen Platz und bedient von dort die Kamera. Solche Wagen sind bei Produktionsfirmen leihbar, beanspruchen aber eine gewisse Zeit zum Aufbau und sind relativ schwer. Je nach Modell fährt der Dolly auf Rädern oder Schienen. Der Schienendolly bietet deutlich ruhigere Kamerafahrten als der Raddolly, beansprucht aber noch mehr Vorbereitungszeit und Aufwand.

In der Regel werden Dollys geschoben, das bedeutet, bereits bei der Produktionsplanung sind entsprechende Hilfskräfte einzuplanen. Ästhetisch gesehen bietet die Kamerafahrt ganz wesentliche Merkmale, es ist nämlich das einzige filmische Mittel, das den gefilmten Raum wirklich räumlich erfahrbar macht. Durch die bewegte Kamera sind Größenverhältnisse, räumliche Staffelung und Tiefe plötzlich nachvollziehbar. Ein Zoom kann eine Kamerafahrt nicht ersetzen, denn bei der Kamerafahrt kommt es während der Kamerabewegung zu einer ständigen Änderung der Perspektive, beim Zoom verändert sich nicht die Perspektive, sondern nur der Bildausschnitt bzw. die Größe einzelner Bildelemente.

Eine mögliche Alternative zu Kamerafahrten mit Dollys können in manchen Situationen Fahrtaufnahmen aus dem Auto sein, wichtig dabei ist, dass die Vibrationen des Fahrzeugs möglichst gering sein sollten und dass die Kamera möglichst fest auf dem Fahrzeug oder am Fahrzeug befestigt wird (am besten mit einem Schwingungsdämpfer aus Gummi oder Ähnliches). Das Fahrzeug selbst wackelt nämlich weniger als der Kameramann, der in ihm sitzt. Je weitwinkliger die Einstellung, umso besser das Ergebnis.

Flugaufnahmen

Flugaufnahmen sind nicht so einfach, wie sie scheinen. Das größte Problem stellen auch hier Vibrationen und Wackler dar. Hinzu kommt, dass die Flugzeugscheiben oft polarisiert sind, das heißt, sie schirmen ein Teil des Lichts ab, färben die Umgebung und sind entspiegelt. Flugaufnahmen aus einem Motorflugzeug sind oft unbrauchbar. Zu empfehlen ist der Einsatz eines Hubschraubers und der Einsatz entsprechender Spezialstative. Der Hubschrauber ist mit Abstand die teuerste, aber auch die qualitativ hochwertigste Lösung, denn mit dem Helikopter ist sowohl das Objekt vernünftig anzufliegen als auch die Höhe steuerbar. Beides ist auf Grund von Mindestflughöhen und Mindestgeschwindigkeiten von Motorflugzeugen ansonsten häufig ein echtes Problem.

In Frage kommen auch Heißluftballons und Segelflugzeuge, wobei beide Vehikel ihre Nachteile haben. Heißluftballons sind logischerweise der Willkür von Windrichtungen ausgesetzt, Segelflugzeuge sind hier ebenfalls etwas eingeschränkt. Für beides sprechen Flugruhe und Stabilität der Aufnahmen. Geeignet sind natürlich auch Zeppeline, deren Verfügbarkeit ist allerdings etwas beschränkt. Alternativ zu bedenken ist unter Umständen der Einsatz von Flugmodellen und Miniaturkameras über Funkstrecken. Je nach Thema kann dies durchaus eine Lösung darstellen: Das Videosignal wird per Funk vom Modell übertragen und am Boden aufgezeichnet, Modell und Kamera werden per Fernsteuerung dirigiert. Qualitativ müssen unter Umständen leichte Abstriche gemacht werden, da Videofunkstrecken Qualitätseinbußen mit sich bringen.

2.10 Unterwassergehäuse

Unterwassergehäuse sind zum größten Teil kameratypabhängig und nur bis zu gewissen Wassertiefen nutzbar. Wenn ein Gehäuse bis zehn Meter Wassertiefe zugelassen ist, dann entspricht das dem semiprofessionellen Standard. Wesentlich ist, dass – vor allem flexible Gehäuse aus Plastikfahnen und Glas – eine Bedienung der absolut notwendigen Funktionen von außen zulassen. Als absolut notwendige Funktionen sind hier allerdings nicht unbedingt Schärfe und Zoomobjektiv zu sehen, denn Zoomen unter Wasser gehört mit Sicherheit, auch wegen Trübheit des Wassers, nicht zu den notwendigsten Funktionen. Empfehlenswert ist auch hier eher eine Weitwinkeleinstellung, die in der Regel mehr als genug Tiefenschärfe garantiert, ohne dass eine Schärfenregelung notwendig werden würde. Problematisch dagegen und damit notwendig für den Zugriff sind eher *Standby- und Stromsparfunktionen*, Aufnahme, Start und Stopp und günstig eine Blendensteuerung, denn je nachdem, wie viel Licht wirklich vorhanden ist, muss hier korrigiert werden. Das Gewicht solcher Kameragehäuse spielt in der Regel eine untergeordnete Rolle, da das Gehäuse Luft enthält und damit selbst Auftrieb erzeugt. Die Handlichkeit spielt hier eine größere Rolle. Optimal ist es, wenn die Kamera im Unterwassergehäuse praktisch im Wasser schwebt, also Auftrieb und Gewicht sich die Waage halten. Manche Gehäuse bieten hier eine Trimmung (Justierung) über Gewichte an.

Kapitel 3

KAMERATON UND ORIGINALTON

3.1 Mikrofone 96

3.2 Mischpulte 106

3.3 Typische Tonprobleme bei unsymmetrischem Anschluss und Kabellängen 111

3.4 Phantomspeisung 117

3.5 Pegel. 117

3.6 Angel. 118

3.7 Tonformate der Kamera – Stereo oder nicht Stereo 119

3.8 Zeitstabile Tonaufnahme. 120

3.1 Mikrofone

> **Tipp**
>
> Am besten zur Videoproduktion geeignet sind Mikrofone mit Supernieren-Charakteristik

Um gleich alle Illusionen wegzunehmen: Eingebaute oder am Kameragehäuse montierte Mikrofone sind allenfalls Legalisierungsmikrofone, im Sinne von »Seht her, diese Kamera zeichnet wirklich auch Ton auf«. Aus mehreren Gründen sind eingebaute Mikros unbrauchbar. Zum einen ist der Abstand zum Geschehen in der Regel zu groß, um vernünftigen Ton zu ziehen, zum anderen überträgt sich das Laufgeräusch bandbasierter Camcorder und von Zoomobjektiven auf die Mikrofone. Beide Störgeräusche können im Zusammenspiel mit der Entfernung zum Szenengeschehen den Ton völlig zerstören. Wie bereits in diesem Buch erwähnt, muss ein halbwegs professioneller Camcorder den Anschluss externer Mikrofone anbieten.

Mikrofone sind eine eigene Gerätekategorie und es gibt eine Reihe von unterschiedlichen Typen, die nicht alle für Dreharbeiten geeignet sind. Grundsätzlich gibt es drei Mikrofontypen:

- Kugelmikrofon
- Nierenmikrofon
- Supernierenmikrofon und Richtmikrofon

Soweit die Unterscheidung der Charakteristiken, auf die ich gleich detaillierter eingehen werde. Außerdem sind Mikrofone klanglich zu unterscheiden: Es gibt neutrale Mikrofone, die für alle Klangquellen geeignet sind, und Spezialmikrofone, wie zum Beispiel Gesangsmikros. Solche Mikrofone sind besonders zur Aufzeichnung von Gesang oder Stimmen geeignet, nicht zur Aufzeichnung von Geräuschen oder der Raumatmosphäre. Auch der elektrisch-mechanische Aufbau von Mikrofonen spielt eine Rolle. So gibt es *dynamische* oder aber *Kondensatormikrofone. Elektret-Kondensatormikrofone* sind eine weitere Kategorie, sie benötigen eine geringere Speisespannung als Kondensatormikrofone.

Die Charakteristik eines Mikrofons beschreibt, wie richtungsempfindlich ein Mikrofon ist. Ein Mikrofon besteht zunächst aus einer Membran, die in einem Magnetfeld aufgehängt ist. Bewegt sich die Membran, entsteht Strom. Das Prinzip entspricht dem eines Lautsprechers und jeder Lautsprecher kann theoretisch auch als Mikrofon benutzt werden. Die Umwandlung von Schall in elektronische Impulse setzt möglichst leichte Membranen voraus, deshalb sind in der Praxis Versuche, Lautsprecher tatsächlich als Mikros einzusetzen, sehr unbefriedigend.

Kugelmikrofon

Klassisch gesehen ist jedes Mikrofon zunächst ein Mikrofon mit Kugelcharakteristik, denn eine Membran in einem Magnetfeld reagiert auf jede Schallwelle, egal aus welcher Richtung sie kommt. Ein Mikrofon mit Kugelcharakteristik zeichnet also Schall von vorne, hinten, oben oder unten, links oder rechts mit der gleichen Empfindlichkeit auf, dabei spielt es tatsächlich keine Rolle, wie das Mikrofon gehalten wird oder in welche Richtung es zeigt. Der Vorteil von Kugelmikrofonen ist, dass sie einen ausgesprochen angenehmen Klang haben und sehr realistisch klingen. Durch die elektronische Kombination von zwei Kugelmikrofonen kann man nun die Richtungsempfindlichkeit verändern, es entsteht ein Mikrofon mit Nierencharakteristik. Ein Nierenmikrofon besteht also in Wirklichkeit aus zwei kombinierten Mikrofonkapseln in einem Gehäuse.

Nierenmikrofon

Bei einem Nierenmikrofon wird Schall, der von hinten kommt, deutlich leiser aufgenommen. Als Richtwert kann man sagen, dass Geräusche von der Rückseite nur etwa halb so laut aufgezeichnet werden wie Geräusche von vorn. Je nach Mikrofon kann dieser Dämpfungsfaktor auch etwas höher oder niedriger liegen. Nierenmikrofone sind besonders bei Livekonzerten im Einsatz, sie werden auch als Reportagemikrofone vor allem beim Radio eingesetzt. Der Nachteil des Nierenmikrofons ist, dass es etwas aggressiver klingt als das Kugelmikrofon, deshalb werden in Studios auch für Gesangsaufnahmen häufig Mikrofone mit Kugelcharakteristik eingesetzt.

Die Superniere

Die »Superniere« ist praktisch die Fortsetzung des bereits erwähnten Prinzips der Parallelschaltung mehrerer Kugelmikrofone. Hier werden zwischen vier und acht Kugelmikrofone in einem Gehäuse hintereinander geschaltet, um die Richtwirkung zu verbessern. Damit können extreme Richtwirkungen erzielt werden. Das Prinzip funktioniert in der Regel aus technischen Gründen vor allem mit Kondensatormikrofonen, was wiederum eine extra Stromversorgung des Mikros bedingt (mehr dazu unter Phantomspannung und Phantomspeisung). Supernieren sind für Filmaufnahmen besonders gut geeignet und werden auch für Fernsehreportagen eingesetzt. Beim Tonangeln werden sehr häufig Supernieren benutzt. Ähnlich wie bei Nierenmikrofonen ist der Klang eher leicht aggressiv und vor allem für Sprachaufnahmen geeignet.

Mindestabstände

Je nach Charakteristik des Mikrofons sind unterschiedliche Mindestabstände für die Aufnahme einzuhalten und die Grundempfindlichkeit des Mikros variiert stark.

Vergleich der Mindestabstände (Richtwerte) je nach Mikrocharakteristik

Kugelmikrofon	3 cm
Niere	5 cm
Superniere	20 cm

Tabelle 3.1
Mindestabstände der Mikrofontypen

Werden diese Mindestabstände, vor allem bei der Superniere, unterschritten, kann es je nach Lautstärke der Schallquelle sehr schnell zu Verzerrungen kommen. Die Superniere ist allgemein für sehr hohe Schallpegel ungeeignet, deshalb wird sie zum Beispiel bei Livekonzerten nicht eingesetzt. Zu beachten ist auch, dass Supernieren bei zu geringem Abstand zum Sprecher stark zu so genannten Zischlauten (»hiss«) bei s- und t-Lauten neigen und es zu starken Plopp-(»pop«)Geräuschen bei b- und p-Lauten kommen kann.

Frequenzgang

Ein wesentlicher Gesichtspunkt bei der Auswahl und Güte eines Mikrofons ist der *Frequenzgang*. Der Frequenzgang beschreibt, in welchem Tonhöhenumfang das Mikro das Geschehen aufzeichnen kann. Dabei ist zu beachten, dass zwei Werte wichtig sind: Einmal die so genannten Grenzfrequenzen, die beschreiben, welchen tiefsten Ton und welchen höchsten Ton ein Mikrofon wahrnimmt, und zum Zweiten, wie glatt der Frequenzgang ist. Gesangsmikrofone zum Beispiel zeichnen den Ton nicht glatt auf, sondern sind besonders im Sprachbereich sehr empfindlich.

Abbildung 3.1
Supernierenmikro

Abbildung 3.2
XLR-Anschluss an Supernierenmikro

Abbildung 3.3
Detail Superniere: Ein/Aus-Schalter und Batterietest

3.1 Mikrofone

Abbildung 3.4
Gesangsmikrofon: Nierencharakteristik

Abbildung 3.5
Messmikrofon mit Kugelcharakteristik

Abbildung 3.6
Messmikrofon Detail

Abbildung 3.7
Stereomikrofon für Reportagegerät

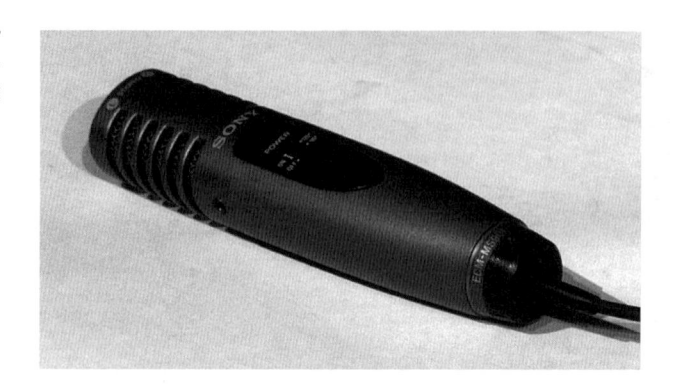

Abbildung 3.8
Reportagemikro Detail mit Winkelumschalter 90 Grad oder 120 Grad

Exkurs Hörverhalten und Hörkurve

Menschen verlieren im Alter Hörvermögen. Die Rede ist hier nicht von Schwerhörigkeit, sondern vom normalen Verlust von Hörempfindlichkeiten, vor allem im Hochtonbereich. Töne werden technisch als Schwingung pro Sekunde definiert. Eine Schallwelle besteht aus verdichteter und verdünnter Luft, die hin und her schwingt. Als bildlicher Vergleich kann man sich Wellen auf einer Wasseroberfläche vorstellen. Ein extrem tiefer Ton schwingt zum Beispiel mit 20 Hertz, also 20 Mal pro Sekunde. Dieser Ton ist in der Praxis bereits nicht mehr hörbar, allenfalls körperlich spürbar und gehört schon eher zum Infraschallbereich. Ein extrem hoher Ton schwingt mit 20.000 Hertz, also 20.000 Mal pro Sekunde. Auch dieser Ton ist für Otto Normalverbraucher nicht mehr wahrnehmbar, er befindet sich bereits im Ultraschallbereich. Je älter ein Mensch wird, desto unelastischer wird das Trommelfell und desto weniger Hörzellen sind aktiv. Die Folge ist, dass der Mensch ab spätestens 30 das Hörvermögen für sehr hohe Töne verliert, der hörbare Frequenzgang wird kleiner. Angesichts der Verbreitung mobiler Musikgeräte, Discos und Rave-Veranstaltungen kann man in der Praxis davon ausgehen, dass heute bereits 20-Jährige hier deutliche Einbußen im Hörvermögen haben.

Tabelle 3.2
Wahrnehmungsumfang ohne Vorschädigung (Richtwerte) von Tonhöhen

Baby:	30–20.000 Hertz (Hz)
Erwachsener:	30–15.000 Hertz
ab 50:	30–12.500 Hertz

3.1 Mikrofone

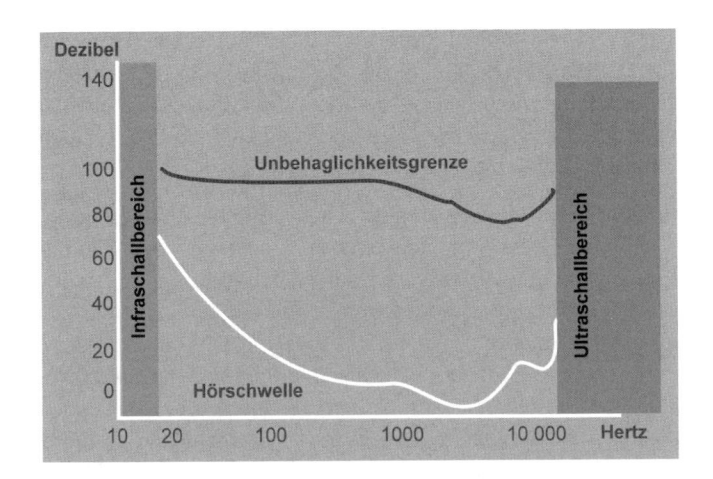

Abbildung 3.9
Hörkurve: Empfindlichkeit des menschlichen Ohres bei unterschiedlichen Frequenzen

Das sind lediglich Richtwerte und sie können individuell sehr unterschiedlich ausfallen. Der Zusammenhang zwischen Tonfrequenz und musikalischem Ton stellt sich so dar:

Eingestrichenes a: ca. 440 Hz

Zweigestrichenes a: ca. 880 Hz

Das bedeutet, eine Verdopplung der Frequenz entspricht einer Oktave. Auch in der Musik verändern sich im Lauf der Jahre Richtlinien, so wird das eingestrichene a heute eher auf 438 Hz gestimmt, also geringfügig niedriger. Dennoch kann man als groben Anhaltspunkt festhalten, dass etwa 440 Hz diesem a entsprechen. Das entspricht übrigens dem Telefonton für eine freie Leitung, dem Freizeichen. In der Technik werden sonst gern 1.000 Hz als Testton genutzt, um Aufzeichnungspegel und Ähnliches abzugleichen.

Das menschliche Gehör hat sich dem Tongeschehen über die Jahrtausende angepasst. So ist das Ohr von Natur aus schon nicht für alle Frequenzen gleich empfindlich. Das empfindlichste Gebiet des Ohres liegt im Bereich der menschlichen Sprache. Verschiedene Frequenzbereiche sind typisch für verschiedene Geräuschquellen.

Bassdrum (Kick)	60–200 Hz
Bass	125–800 Hz
Snaredrum	250–1.500 Hz
Stimmen/Gesang	400–4.500 Hz
Saxofon/E-Gitarre	250–4.500 Hz
Klavier (Flügel)	80–12.000 Hz
Orgel	40–16.000 Hz
Becken (Schlagzeug)	4.000–14.000 Hz
Triangel	8.000–14.000 Hz

Tabelle 3.3
Übersicht von zentralen Frequenzbereichen diverser Schallquellen (grobe Richtwerte ohne Obertöne etc.)

Dies entspricht nur einer sehr groben Rasterung und erhebt keinen Anspruch auf Detailtreue. Im Einzelfall erzeugen Musikinstrumente und Schallquellen auch so genannte Obertöne, die hier nicht berücksichtigt sind. Obertöne sind Nebenschwingungen, die für den Klangeindruck wichtig sein können, ob zum Beispiel ein Instrument eher weich oder aggressiv klingt.

Das Ohr ist nicht nur für verschiedene Frequenzbereiche unterschiedlich empfänglich, sondern verändert diese Empfindlichkeit auch noch abhängig von der Lautstärke eines Tonsignals. Das bedeutet, dass bei niedrigen Lautstärken das Ohr besonders empfänglich für Sprachfrequenzen ist und sehr unempfindlich für sehr hohe und sehr tiefe Frequenzen. Je lauter das Tonsignal wird, um so ausgeglichener wird die Hörempfindlichkeit für verschiedene Tonfrequenzen. Aus diesem Grund wurde früher in Stereoanlagen eine so genannte »Loudnesstaste« eingebaut, sie glich den Wiedergabefrequenzgang der Stereoanlage an diese Hörkurve des Ohres an: Tiefe Frequenzen und hohe Frequenzen wurden künstlich verstärkt, um einen ausgeglichenen Höreindruck auch bei niedrigen Lautstärken zu gewährleisten. Lautstärke wird in *Dezibel* angegeben. Dezibel ist ein logarithmisches Maß und gibt Verhältnismäßigkeiten an. Angewendet auf das menschliche Hörvermögen kann man in etwa folgende Tabelle aufstellen:

Tabelle 3.4
Beispielsituationen für dB-Werte

Schallquelle, Tonsituation	Schalldruckpegel
Hörschwelle	0 dB
Sehr ruhiges Zimmer	20–30 dB
Gespräch 1 m entfernt	40–60 dB
Fernseher bei »Zimmerlautstärke« 1 m entfernt	ca. 60 dB
PKW 10 m entfernt	60–80 dB
Hauptverkehrsstraße 10 m entfernt	80–90 dB
Gehörschäden bei langfristiger Einwirkung	ab 90 dB
Presslufthammer 1 m entfernt/Disko	ca. 105 dB
Düsenflugzeug	120–140 dB
Gehörschäden bei kurzfristiger Einwirkung	ab 120 dB

Lautsprecher von Stereoanlagen erzeugen in der Regel bei einem Watt Verstärkerleistung in einem Meter Abstand (je nach Bauweise) einen Schalldruckpegel von 86–94 dB. Das Ohr erreicht eine in etwa ausgeglichene Empfindlichkeit (einen linearen Frequenzgang) ab ca. 80 bis 90 dB Schalldruckpegel (Lautstärke).

Ein Mikrofon soll nun Klanggeschehen ohne Verfärbungen (ohne Eigenklang) aufzeichnen.

Exkurs dynamische Mikrofone und Kondensatormikrofone

Ein dynamisches Mikrofon besteht, wie bereits zu Anfang dieses Unterkapitels beschrieben, aus einer Membran mit Schwingspule und einem Festmagneten, der ein Magnetfeld liefert. Solche Mikrofone sind sehr robust, unempfindlich für hohe Lautstärkepegel und von einer Stromversorgung unabhängig.

3.1 Mikrofone

Ein Kondensatormikrofon arbeitet nach einem anderen Prinzip: Zwei elektronisch unterschiedlich aufgeladene Membranen werden durch Schallwellen entweder zusammengedrückt oder auseinander gezogen. Dadurch ändert sich der Gesamtwiderstand des Mikros und eine Spannung, die vorhanden sein muss, wird dadurch stimuliert (Fachausdruck *getriggert*). Vereinfacht ausgedrückt, steuert ein Kondensatormikrofon einen bereits vorhandenen Strom. Der Vorteil dieses Prinzips besteht darin, dass Kondensatormikrofone deutlich empfindlicher auf kleine Schalldruckpegel reagieren als dynamische Mikrofone. Der Nachteil besteht darin, dass solch ein Kondensatormikrofon eine so genannte *Speisespannung* verlangt. Solch eine Speisespannung kann durch Batterien im Mikrofongehäuse oder durch den Camcorder oder durch Mischpulte zur Verfügung gestellt werden. Ist keine Speisespannung verfügbar, funktioniert das Mikrofon nicht. In der Regel können Kondensatormikrofone auf Grund ihrer Bauweise einen größeren Frequenzumfang aufzeichnen als dynamische Mikrofone, weil das Prinzip kleinere Membranen erlaubt. Allerdings haben Kondensatormikrofone einen Nachteil bei hohen Lautstärken: Wird der Schalldruck zu groß (Richtwert etwa 110 dB Schallpegel), verzerren sie sehr schnell, weil die Membranen nicht in der Lage sind, sehr weit in ihrer Aufhängung zu schwingen.

Tabelle 3.5 Einsatzbereiche von Mikrofonen

Typ	Charakteristik	Speisespannung	Einsatzart	Einsatzort/-zweck
Dynamisch	Kugel	-	Musik und Sprachaufnahme	Studio
Dynamisch	Niere	-	Musik und Sprachaufnahme	Livekonzert Radioreportage Filmreportage (Mikrofon im Bild)
Dynamisch	Superniere	-	Musik und Sprachaufnahme	Livekonzert Reportage
Kondensator	Kugel	1,5–48 V	Musik und Sprachaufnahme	Studio Athmo-Aufnahme Film am Drehort
Kondensator	Niere	1,5–48 V	Musik und Sprachaufnahme	Studio Radioreportage Filmreportage (Mikrofon im Bild)
Kondensator	Superniere	1,5–48 V	Musik und Sprachaufnahme	Angeln am Drehort (Mikrofon nicht im Bild)
Kondensator	Richtmikrofon	1,5–48 V	Tiergeräusche Abhören Spionage	Tierfilm Polizei Geheimdienst Detekteien

Ein Supernierenmikrofon zeichnet Gespräche und Dialoge optimal in einem Abstand von 0,5 bis 2,5 Meter auf. Trotz Richtwirkung sollten die Umgebungsgeräusche möglichst gering sein. Dieser Abstand ist für Dreharbeiten in der Regel ausreichend. Ein Windschutz ist für Aufnahmen im Freien dringend zu empfehlen. Solche Windschutzkörbe (nicht zu verwechseln mit den aufstülpbaren Schaumstoffkappen) sind in der Regel mit Fell oder Stoff bezogen und bieten einen deutlich besseren Windschutz als Schaumstoffüberzüge.

Professionelle Mikrofone haben immer einen professionellen XLR-Anschluss (auch Canon genannt), der drei Pole hat: +-Pol, --Pol und Masse. Häufig werden billige Mikrofone mit unsymmetrischen Kabeln ausgeliefert, diese haben auf der einen Seite einen XLR-Anschluss, auf der anderen einen Monoklinken-Anschluss von 6,3 mm. Diese Kabel sind nur bedingt zu empfehlen, dazu aber später mehr.

Empfehlungen

Ein vernünftiges Supernierenmikrofon, das professionellen Ansprüchen genügt, liegt in der Regel preislich über 500 Euro und beinhaltet ein Speisemodul, das mit Batterien bzw. Akkus bestückt werden kann. Namentlich sind zu empfehlen Mikrofone von *Sennheiser* (hochpreisig), *AKG* (hochpreisig) und *Neumann* (Rolls Royce unter den Mikrofonen). Der so genannte Innenwiderstand von professionellen Mikrofonen beträgt 600 Ohm und ist wesentlich, damit das Mikrofon an professionellen Mischpulten auch seine Tonqualitäten entfalten kann.

Als besonders klimafest gilt zum Beispiel das SENNHEISER MKH416-P48U3, was sich allerdings auch im Preis bemerkbar macht. Grundsätzlich bieten auch Bayer Dynamic, Audio Technica, Shure, Electrovoice und mehrere Billiganbieter brauchbare Mikrofone an. Im Billigsegment hat sich t-bone einen gewissen Namen gemacht, hier sind Kondensatormikrofone mit Supernierencharakteristik bereits ab knapp 100 Euro erhältlich. Allerdings ist der Klang deutlich schlechter als bei vergleichbaren Produkten von namhaften Herstellern.

Kultmikrofone und Zubehör

In der Geschichte der Tonaufzeichnung haben einige Mikrofone Kultstatus erhalten. Diese Mikrofone sind nicht unbedingt für Filmaufnahmen mit Angel geeignet, gelten aber seit teilweise über 40 Jahren als *die* Standardmikrofone für gewisse Einsatzbereiche:

SENNHEISER MD421 gilt als *das* dynamische Gesangs- und Sprachmikrofon für Reportagen.

NEUMANN U87 gilt als *das* Studiomikrofon für alle Einsatzbereiche mit einstellbarer Charakteristik.

ELECTROVOICE EV RE20 gilt als *das* Moderatorenmikrofon, Spitzname »Elefant«, und wird gern auch als Bassdrum-Mikrofon eingesetzt. Optimal für Nahbesprechung und Sprachaufnahmen.

NEUMANN KM183 gilt mit seiner Kugelcharakteristik als Standardstudiomikrofon für Hörspielproduktionen.

SENNHEISER MD441: Dynamisches Mikrofon für Reportage, Gesang und Sprache. Sehr beliebt als *Snare-Mikrofon* in der Musikproduktion. Ausgesprochen ausgeglichenes Klangbild. Seit etwa 1960 mehr oder weniger unverändert produziert.

SENNHEISER MZW60-1 Windschutzkorb für MKH60 und MKH416: Windschutzkorb zum Tonangeln.

Als günstiger Anbieter für Tonzubehör gilt das Musikhaus Thomann, das einen umfangreichen Onlineshop im Internet unterhält. Ein besonderer Hinweis noch in Bezug auf den Kauf von gebrauchten Mikrofonen: Grundsätzlich spricht nichts gegen den Kauf von gebrauchten Mikros, lediglich sollte überprüft werden, ob sich Rostspuren oder Ähnliches finden, denn das Einzige, was Mikrofonen tatsächlich etwas anhaben kann, ist Feuchtigkeit (auch bei der Lagerung) und extreme Hitze. Ansonsten gelten Mikrofone als verschleißfrei.

Lavaliermikrofone oder so genannte Ansteckmikrofone, wie sie häufig im Fernsehen zu sehen sind, sind mit Vorsicht zu genießen. Qualitativ vernünftige Ansteckmikrofone (wie zum Beispiel von AKG) haben ihren Preis. Zu beachten ist hier ebenso die Charakteristik, denn ein Ansteckmikrofon mit Kugelcharakteristik kann unter Umständen mehr Nebengeräusche aufzeichnen als eine Superniere in der Tonangel, ausgerichtet auf den Darsteller oder Interviewten. Typisch für billige Ansteckmikrofone ist der »muffelige« Klang und eine beschränkte Aufzeichnung hoher Frequenzen.

> **Tipp**
> Gebrauchte Mikrofone sind eine Kaufalternative. Mikrofone sind bei sachgemäßem Gebrauch und entsprechender Lagerung verschleißfrei.

Funkstrecken

Wer Ansteckmikrofone einsetzt, kommt mehr oder weniger zwangsweise sehr schnell zum Schluss, dass statt Kabeln eine Funkübertragung der Signale her muss. Das Tonsignal wird dann per Sender (am Darsteller) über Funk an ein Mischpult oder den Camcorder übertragen. Damit verbunden sind ein paar Hürden: Zunächst ist nicht zu vergessen, dass die Sender, so banal es auch klingt, natürlich eine Stromversorgung benötigen (meist Akkus), und jedes Mikrofon eine eigene Funkfrequenz braucht. Liegen zwischen Darsteller und Mischpult oder Camcorder größere Metallflächen oder Stahlbetonwände, kann es zu Störungen in der Tonübertragung kommen. Der Funkverkehr kann abreißen oder aber es ist ein permanentes Britzeln zu hören (Störstrahlung zum Beispiel durch Fön, Küchenmaschinen etc.) sein. Ein gewichtiger Faktor, der gegen Funkstrecken spricht, ist allerdings die Lizenzfrage. Sowohl Shure als auch Sennheiser bieten zwar Funksets mit Mikrofonen an, bei denen zwei Frequenzen aus dem öffentlichen Funkpool freigegeben sind (dieser Frequenzpool der Telekom ist sozusagen »lizenzfrei«), für diese Frequenzen gibt es aber keine Garantie oder ein echtes Nutzungsrecht. Das bedeutet, dass innerhalb des Spektrums zwar insgesamt zwischen acht und 16 Funkkanäle anwählbar sind, es aber dennoch nicht gewährleistet ist, dass am Drehort auch zwei Kanäle tatsächlich frei sind. Eine Nutzung von mehr als zwei oder drei Kanälen ist ohnehin meist bei lizenzfreien Geräten nicht zulässig. Wer tatsächlich auf Funkstrecken angewiesen ist, um Ton zu übertragen, muss ausdrücklich mit der Telekom einen Funkfrequenzmietvertrag abschließen. Pro Frequenz und Jahr kann solch ein Nutzungs- bzw. Bereitstellungsvertrag bis zu 1.000 Euro kosten. Erst wenn solch ein Vertrag abgeschlossen wurde, besteht tatsächlich ein Anrecht auf die entsprechenden Frequenzen und darauf, dass diese Frequenzen wirklich verfügbar sind.

3.2 Mischpulte

Tonmischpulte sind vor allem bei szenischer Filmgestaltung mit einer Reihe von Schauspielern und *Originalton* üblich. Auch bei TV-Reportagen werden sie vor allem in der Kombination mit Funkstrecken eingesetzt. Ein Mischpult setzt in der Regel einen extra Tonmann voraus. Handliche und durchaus brauchbare Mischpulte mit acht Mikrofonkanälen sind heute schon unter 140 Euro zu bekommen.

Abbildung 3.10
Studiotonmischpult

Abbildung 3.11
Mischpult für den mobilen Einsatz

Mischpultaufbau

Der typische Mischpultaufbau pro Eingangskanal besteht aus

- *Vorverstärker* (Gain), zuständig für die Anpassung an die Mikrofonempfindlichkeit

3.2 Mischpulte

Abbildung 3.12
Gain-Regler. Low Cut und Eingänge

- *Low Cut-Filter* (Rumpelfilter), vor allem für Außenaufnahmen sinnvoll, reduziert tieffrequente Störungen.
- *Equalizer* (Klangregelung), zur Korrektur von Höhen, Mitten und Tiefen

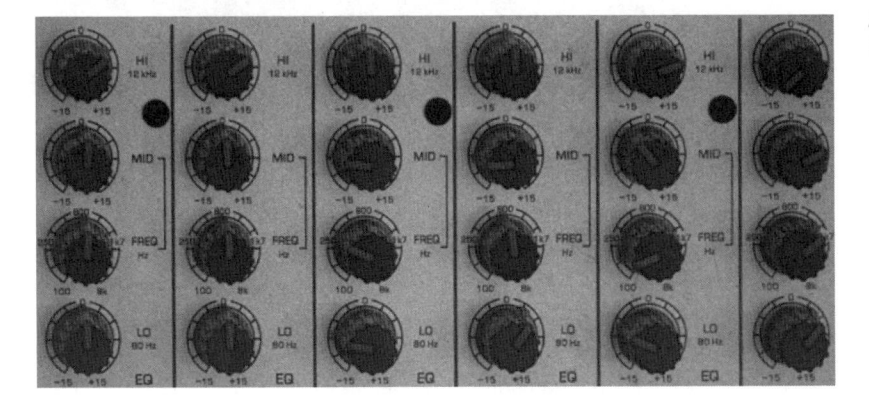

Abbildung 3.13
Klangregelung

- *AUX- und Monitorkanäle*, zur Abzweigung des Tonsignals für Effektgeräte und Monitoring (Kontrolle für einen Sprecher/Sänger)

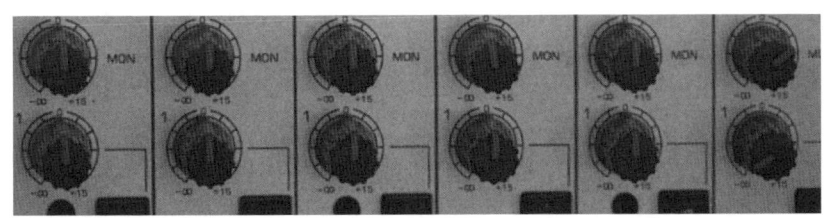

Abbildung 3.14
Monitor und AUX-Wege

Kapitel 3
KAMERATON UND ORIGINALTON

- *Pan-Regler* (Balance), zuständig für die Ortung im Stereobild, also links/rechts

- *Solo- und PFL-Taste*, für die Pegelanpassung mit Hilfe der Aussteuerungsinstrumente und um diesen Kanal einzeln abzuhören. PFL = Pre Fader Listening

Abbildung 3.15
Fader mit Solo- und Mutingtaste und Zuordnungstasten SUB bzw. MAIN

- *Mute-Taste*, um diesen Kanal stumm zu schalten

- *Fader* (Schieberegler zur Pegelanpassung), zuständig für Regelung der Kanallautstärke, kann auch für mobile Videotonmischpulte als Drehregler ausgelegt sein

- *Assign-Tasten* (Zuordnungstasten), nur bei Mischpulten mit so genannten Subgroups. Subgroups gestatten es, verschiedene Kanäle auf einem Regler zusammenzulegen, um dann den Pegel der so »gefassten« Kanäle mit einem Regler zu kontrollieren. Eher bei größeren Mischpulten ab zwölf Kanälen üblich, und vor allem zum Mix von Livekonzerten oder Musikaufführungen sinnvoll (Zusammenfassen von Schlagzeug, Streichern etc.).

Professionelle Mischpulte bieten darüber hinaus die Versorgung von Kondensatormikrofonen durch zuschaltbare Phantomspannung (in der Regel 48 Volt), Eingangswahlschalter Mikrofon/Line (Mikrofon oder Hochpegelsignal wie zum Beispiel CD-Spieler) und symmetrische Mikrofoneingänge auf XLR-Basis bzw. Line-in-Eingänge auf 6,3 mm Monoklinkenbasis.

Das Ausgangsmodul eines Mischpultes

Das Ausgangsmodul eines Mischpultes besteht in der Regel aus

- *Masterregler*, zuständig für den ausgegebenen Gesamtpegel aller Signale
- Aussteuerungs- bzw. Pegelanzeige bis + 18 dB, 0 dB = Standardaussteuerung mit Umschaltmöglichkeit für PFL-Pegel, AUX und Monitorpegel
- Regler für AUX und Monitorsummen bzw. Gesamtpegel

Abbildung 3.16
AUX und Monitor Ausgangspegel LEDs

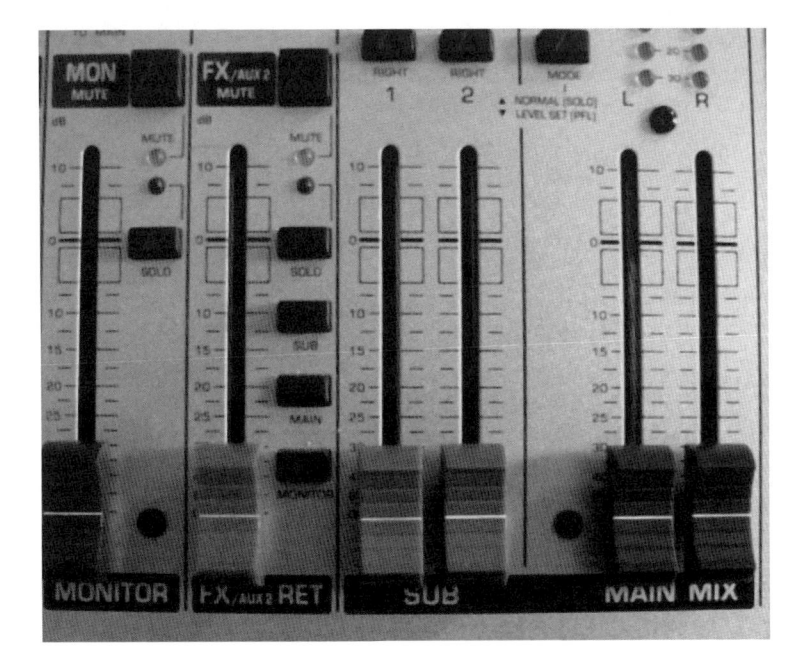

Abbildung 3.17
Masterregler und Subgruppenregler

Die Ausgangsanschlüsse sollten symmetrisch angelegt sein: XLR oder zumindest Klinke-symmetrisch.

Profi-Mischpulte sind grundsätzlich symmetrisch ausgelegt, das bedeutet, dass das Gehäuse eine extra Erdungsleitung voraussetzt und der Kontakt zur Steckdose nicht über Eurostecker (zwei Kontakte), sondern Schukostecker erfolgt (zwei Kontakte plus Erdungskontakt, wie beim Computer). Diese symmetrische Technik wird in der professionellen Audiotechnik durch alle Instanzen geführt und bedingt symmetrische Tonkabelverbindungen mit ebenfalls drei Kontakten. So genannte Cinchkabel, wie sie aus der HiFi-Technik und von Stereoanlagen bekannt sind, oder Miniklinkenkabel sind nur zweipolig, dort sind Minusphase und Masse zusammengelegt, die Folge können Brummschleifen sein. Achten Sie darauf, dass sämtliche Verbindungen symmetrisch geführt werden.

Justierung der Pegel

Entscheidend für die einwandfreie Funktion und das Zusammenspiel von Mikrofon, Mischpult und Camcorder ist die richtige Voreinstellung der Audiopegel. Optimal ist eine Justage mit Testton (z.B. 1.000 Hz = 1 kHz, 0 dB), um zunächst Mischpultausgang und Camcorder-Toneingang abzugleichen. Manche Pulte enthalten sogar Testtongeneratoren für diesen Zweck. Wichtig ist, dass Mischpulte vom Ausgang her deutlich Pegel über 0 dB unterstützen und bis zu +18 dB relativ verzerrungsfrei arbeiten, der Camcorder aber nur Aufzeichnungspegel bis maximal 0 dB verzerrungsfrei aufzeichnet. Das ist bei der Justierung zu berücksichtigen. Als Empfehlung justieren Sie Mischpultregler und Camcorder-Aussteuerungsregler so, dass 0 dB Mischpult gleich 0 dB Camcorder entspricht, und steuern am Mischpult dann den Ton in der Regel auf -6 dB aus. Bevor die Aufnahme beginnt, müssen noch die angeschlossenen Mikrofone und Tonquellen justiert werden.

Dazu wird die PFL- bzw. Solo-Funktion genutzt. Bei PFL/Solo zeigen die Aussteuerungsinstrumente den Eingangspegel direkt nach dem Empfindlichkeitsregler (Gain) an. Justierung der einzelnen Kanäle über PFL (Pre Fader Listening):

- Mikrofon ans Mischpult anschließen
- Geräusch oder Testsignal bzw. Sprache »anlegen«
- Am betreffenden Mischpultkanal Solo-Taste (PFL) drücken
- Gainregler des betreffenden Kanals so einstellen, dass beim lautesten Ton etwa 0 dB Ausschlag auf der Anzeige erreicht werden
- Solo/PFL-Taste dieses Kanals wieder ausschalten
- Nächsten Kanal justieren

Ist das Mischpult auf diese Art und Weise justiert, geben die Schieberegler (Fader) bei der Einstellung 0 dB das Signal eins zu eins auf den Masterregler und bieten genügend Spielraum nachzuregeln. Die Schieberegler (Fader) bzw. Kanalregler haben meist einen Bereich von minus unendlich bis +6 dB pro Kanal. Sinnvoll ist immer auch eine Tonkontrolle über Kopfhörer am Pult, um Störgeräusche zu entdecken. Mischpultaussteuerungsanzeigen sind gelegentlich Frequenzgang-beschnitten, so dass tiefe Brummtöne oder hohes »Zirpen« nicht unbedingt angezeigt werden.

Effektgeräte und Effektmodule, wie sie manche Mischpulte anbieten, sind für Vor-Ort-Tonmitschnitte beim Film in der Regel nicht notwendig und überflüssig. So genannte DJ-Pulte (Discjockey) sind nicht brauchbar, sie sind meistens mit zu wenig Mikrofoneingängen ausgestattet und unterstützen häufig keine Phantomspeisung. Auch die Güte der Mikrofonvorverstärker dieser DJ-Pulte ist oft minderer Qualität.

3.3 Typische Tonprobleme bei unsymmetrischem Anschluss und Kabellängen

Manche Kameras aus dem semiprofessionellen Lager haben keinen symmetrischen Tonanschluss. Der Mikrofoneingang ist entweder als Monoklinke 6,3 mm, Stereoklinke klein 3,5 mm oder Cinchanschluss ausgeführt. Das kann Schwierigkeiten verursachen.

Anschluss	Pole	Symmetrie
Cinch	2	nein
Monoklinke groß (meist 2 für Stereo) 6,3 mm	2	nein
Stereoklinke groß 6,3 mm	3 (1 x Masse, 2 Kanäle)	nein
Stereoklinke groß 6,3 mm (meist 2 für Stereo)	3 (1x Masse, +- und -- Phase)	ja
Monoklinke klein 3,5 mm	2	nein
Stereoklinke klein 3,5 mm	3 (1 x Masse, 2 Kanäle)	nein
5-Pol-DIN-Stecker (nicht mehr üblich)	5 (1 x Masse, 2 Kanäle Aufnahme, 2 Kanäle Wiedergabe)	nein
3-Pol-DIN-Stecker (nicht mehr üblich)	3 (1 x Masse, 1 Kanal Aufnahme, 1 Kanal Wiedergabe)	nein
XLR Canon	3 (1 x Masse, +- und -- Phase)	ja

Tabelle 3.6
Übersicht Kamera- bzw. Camcorderanschlüsse

Kapitel 3   KAMERATON UND ORIGINALTON

Abbildung 3.18
Cinchkabel männlich und weiblich

Abbildung 3.19
Stereoklinke 6,3 mm männlich und weiblich

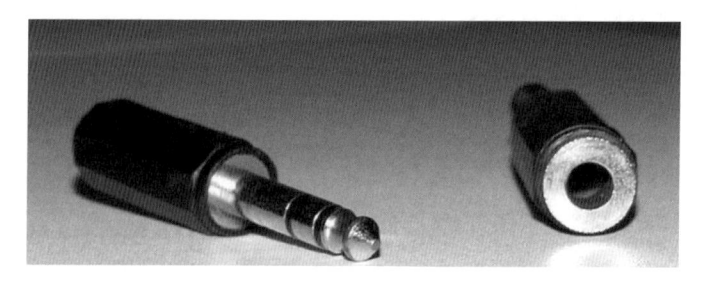

Abbildung 3.20
XLR, auch Canon genannt, männlich und weiblich. Symmetrischer Anschluss

3.3 Typische Tonprobleme

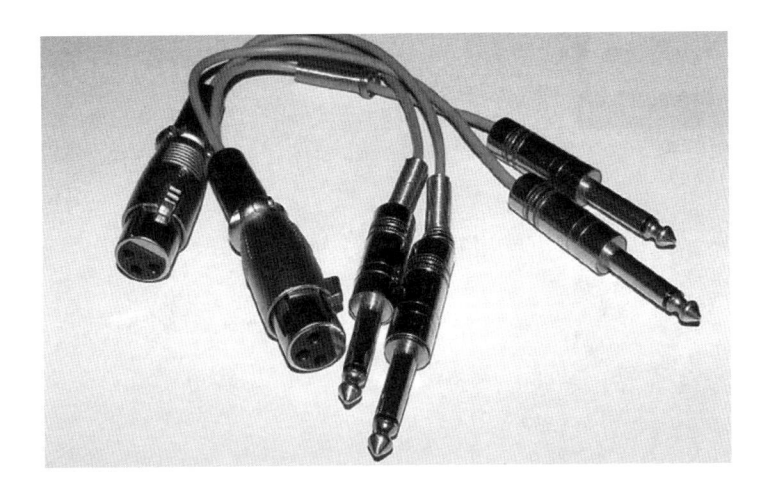

Abbildung 3.21
Umstecker XLR auf große Monoklinke

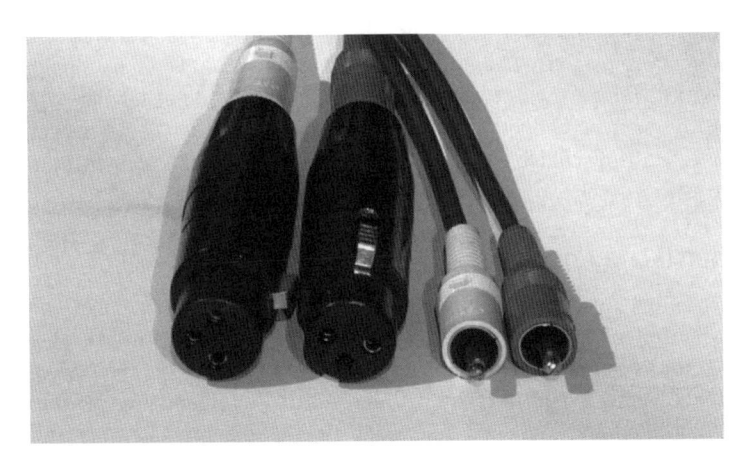

Abbildung 3.22
Umstecker XLR auf Cinch

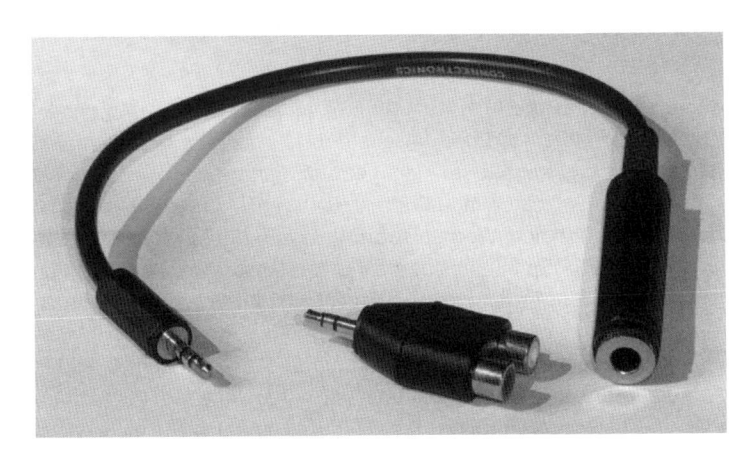

Abbildung 3.23
Umstecker Stereoklinke groß 6,3 mm auf Stereoklinke klein und Cinch auf Stereoklinke klein je 3,5 mm

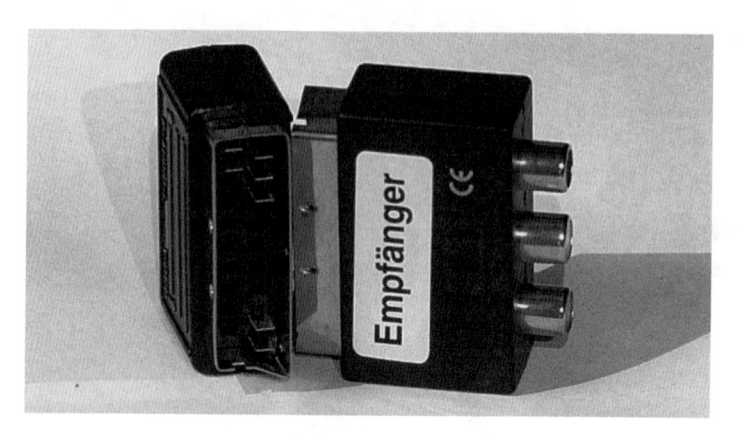

Abbildung 3.24
Umstecker Cinch auf Scart, nur Wiedergabe

Besondere Steckverbindungen:

Insbesondere im Amateurbereich gibt es über die in der Tabelle erwähnten Anschlüsse hinaus eine ganze Reihe von Sonderformen. Da werden dann *Umstecker* mitgeliefert, *Konverterkästchen* und und und. All das dient letztlich nur dazu, den Endkunden zu gängeln und abhängig zu machen. Auch der angeblich so praktische Scart-Anschluss ist im Profibereich absolut unüblich und unterstützt keine symmetrische Tonführung.

Unsymmetrische Anschlüsse

Welche Schwierigkeiten können nun beim unsymmetrischen Anschluss von Mikrofonen auftreten? Dazu muss man wissen, dass ein längeres Kabel, oder besser ausgedrückt, ein längerer Draht, grundsätzlich wie eine Antenne wirkt. Ein klassischer Versuch aus der Antennentechnik läuft folgendermaßen ab: Legen Sie ein zweiadriges Kabel mit einer Länge von rund zehn Metern im Garten aus. Schließen Sie nun einen handelsüblichen Walkmankopfhörer an das Kabel an. Je nach Länge und Lage des Kabels hören Sie einen Radiosender oder aber Radiostörgeräusche.

Kabelverbindungen ohne echte Abschirmung funktionieren also wie Antennen. Der Unterschied zwischen echten und falschen Abschirmungen besteht darin, dass Masse und --Phase getrennt oder nicht getrennt geführt werden. Zunächst besteht ein Tonsignal aus einer modulierten Sinuswelle, im weitesten Sinn könnte man von ganz normalem Wechselstrom sprechen. Dieser Wechselstrom hat positive und negative Spannungsmomente. Aus Kostengründen hat man sehr früh damit begonnen, in der Stereoanlagentechnik die negativen Spannungsmomente, hier einfach Minusphase genannt, mit der Gehäusemasse zusammenzulegen. Die Gehäusemasse (die Erdung) und die Minusphase bilden also bei Amateurgeräten eine Einheit, dadurch spart man eine Menge Verdrahtung im Gerät und eine echte Erdung des Gehäuses findet nicht mehr statt. Betrachtet man nun so ein Gerät antennentechnisch, bildet es zusammen mit

3.3 Typische Tonprobleme

den angeschlossenen Kabeln eine Art große Empfangsanlage. Das spielt so lange keine Rolle, wie über die langen Kabelverbindungen zwischen zwei Geräten keine niederpegligen Signale hin- und hergeschickt werden, denn die Einstrahlungssignale (Radioempfang) sind zum Beispiel im Vergleich zu den Nutzsignalen (Musik) von DVD- oder CD-Spielern so leise, dass sie nicht auffallen. Verbindet man allerdings Geräte mit sehr geringem Nutzsignal, also eine leise Tonquelle, wie zum Beispiel einen Plattenspieler oder ein Mikrofon über ein langes unsymmetrisches Kabel, dann kann das Nutzsignal deutlich von Radioempfangsgeräuschen gestört werden.

Eine Grundregel im Zusammenhang mit nicht symmetrischen Kabeln ist, dass solche Kabel eine Länge von fünf Metern nicht übersteigen dürfen. Dies gilt allgemein, in besonderen Situationen kann es bereits viel früher zu Problemen kommen, zum Beispiel bei Dreharbeiten in der Nähe von Sendeanlagen und Fernsehtürmen. Aber auch beim Dreh auf Bahnhöfen mit E-Loks reichen schon kürzere Kabellängen aus, um Störgeräusche zu empfangen.

Abbildung 3.25
Schematischer Vergleich symmetrischer und unsymmetrischer Kabel

Bei symmetrischer Audioverkabelung treten diese Probleme nicht auf. Sind +- und −-Phase und Masse getrennt geführt, beseitigen sich solche Störeinstrahlungen von selbst. Das Störsignal wird auf der Gesamtkabellänge zum Beispiel auf dem +-Phasenstrang auch hier sehr wohl empfangen, da es aber auch auf dem −-Phasenstrang empfangen wird und es »gegenphasig« (+/−) überlagert wird, löscht es sich selbst aus. Bei symmetrischen Kabeln gibt es theoretisch keine Kabellängenbegrenzung und auch in extremen Situationen, wie an Sendeanlagen, treten keine Störungen auf. In der Praxis sollten allerdings auch symmetrische Kabelverbindungen nicht länger als 100 Meter sein, weil der Innenwiderstand des Kabels das Nutzsignal schwächt. Symmetrische Kabel setzen aber auch symmetrische Geräte bzw. Toneingänge voraus.

Tipp
Sofern möglich, immer symmetrische Tontechnik benutzen.

Sonderfall symmetrische Geräte und unsymmetrische Verbindungen

Wie bereits erwähnt, werden preisgünstige Mikrofone häufig mit Kabeln ausgeliefert, die auf der einen Seite einen symmetrischen XLR/Canon-Anschluss haben (fürs Mikrofon) und auf der anderen Seite einen unsymmetrischen Monoklinkenstecker mit 6,3 mm. Es ist kein Problem, symmetrische Stecker unsymmetrisch zu belegen bzw. zu beschalten. Hier werden einfach --Phase und Masse zusammengelötet, die Phase bleibt +-Phase. Das funktioniert, allerdings wird dadurch die Verbindung natürlich unsymmetrisch. Solange ein Mikrofon auf diese Art und Weise verbunden wird, sind außer Störeinstrahlungsempfindlichkeit keine weiteren Einschränkungen zu erwarten. Schaltbild dazu im Grundlagenkapitel.

Exkurs Brummschleife

Sonderfall: Symmetrische Geräte werden mit unsymmetrischen Geräten (nicht Mikrofonen) verbunden. Hier lauert eine ganze Reihe von Abgründen. Das gängigste Problem kennen Computernutzer bereits: Schließt man die Soundkarte eines Rechners an die heimische Stereoanlage an, tritt in 90 Prozent der Fälle ein Brummen auf. Dieser Effekt nennt sich *Brummschleife*. Die Brummschleife entsteht dadurch, dass der Computer an sich zunächst ein symmetrisch angelegtes Gerät ist, das Gehäuse ist wirklich über einen Schukostecker geerdet. Die Stereoanlage besitzt in der Regel einen Eurostecker und ist nicht wirkly geerdet. Nun ist aber die Verbindung zwischen Soundkarte und Stereoanlage unsymmetrisch, es handelt sich meist um ein Kabel mit Stereo-Miniklinke (für den Rechner) und zwei Cinch-Steckern (für die Anlage). Wieso sollte nun das Probleme verursachen, wenn das Kabel und beide aktive Elemente, nämlich Soundkarte und Stereoanlage, unsymmetrisch sind? Die Problemursache liegt darin, dass im Rechner Gehäusemasse und Masse der Soundkarte verbunden sind, letztlich also sehr wohl ein symmetrisches Gerät wieder mit einem unsymmetrischen Gerät verbunden wird.

Solche Brummschleifen kennen auch Mixer von Livebands. Vor allem in den siebziger und achtziger Jahren griffen Tontechniker aus Kostengründen zu lebensgefährlichen Lösungen: Gerade beim Anschluss von Keyboards (Tasteninstrumenten) an ein PA-System (Public Adress System = Verstärkersystem) kam es zu solchen Brummschleifen, weil die Keyboards oft mit Eurostecker ausgeliefert wurden und unsymmetrisch aufgebaut waren. Viele Hobbymixer klebten dann einfach sämtliche Erdungskontakte an allen beteiligten Geräten ab, indem sie über die Schutzkontakte der Schukostecker Klebestreifen zogen. Die Konsequenzen sind lebensgefährlich: Kommt es in solch einer Anlage zu einem Kurzschluss, stehen alle Geräte unter Strom und es wird keine Sicherung ausgelöst. Ich hatte selbst als Jugendlicher das zweifelhafte Vergnügen, bei einem Konzert Ende der siebziger Jahre eine derartige Situation beobachten zu dürfen. Ein betroffener Gitarrist wälzte sich fünf Minuten unter Strom auf der Bühne, der Verursacher, der Tontechniker, konnte das Mischpult nicht mehr berühren und stand hilflos daneben, bis der Hausmeister endlich die Hauptsicherung auslöste.

Die einzige professionelle und sichere Lösung eines Brummschleifenproblems funktioniert über so genannte *Trennübertrager*. Im professionellen Bereich werden diese Trennübertrager oder Trennglieder *DI-Boxen* genannt. Sie sind im Musikalienhandel erhältlich und bestehen, vereinfacht gesagt, aus einem Transformator, der die Tonsignale von einer unsymmetrischen Quelle in ein symmetrisches Signal wandelt oder umgekehrt. Dabei kommt es allerdings bei diesem »passiv« genannten Prinzip zu geringen Qualitätsverlusten, wenn der Tontransformator nicht von allerhöchster Güte ist. Alternativ gibt es auch aktive DI-Boxen, sie sind deutlich teurer, allerdings sind hier keine Qualitätsverluste zu erwarten. Beim aktiven Prinzip wird auf Transformatoren weitgehend verzichtet und das Signal über Transistoren gewandelt. Man spricht bei der Trennung der Tonschaltkreise über einen Trenntrafo auch von einer *galvanischen Trennung*. Brauchbare DI-Boxen auf passiver Basis sind ab etwa 25 Euro pro Kanal erhältlich.

Schwierigkeiten bei der Kombination von Rechnern, Tonmischpulten und Videogeräten sind eher die Regel als die Ausnahme, denn wenn der Rechner eine Videoschnittkarte enthält, die das Videosignal über eine analoge S-VHS-Buchse empfängt, kann eine Brummschleife auch über die Masse des Videosignals entstehen. Hier bietet sich aber eine einfache Lösung an, sofern das angeschlossene Gerät ein Camcorder ist: Wird der Camcorder nämlich über Akkus betrieben, kann auch keine Brummschleife entstehen, sie tritt nur bei Netzbetrieb auf.

3.4 Phantomspeisung

Phantomspeisung ist für Kondensatormikrofone notwendig. Professionelle Kameras bieten an den Mikrofonanschlüssen eine Phantomspannung von bis zu 48 Volt, um Kondensatormikrofone benutzen zu können. Die Spannung ist absolut ungefährlich und liegt nur mikrofonintern an. Alternativ können Kondensatormikrofone auch über Mischpulte mit dieser Speisespannung versorgt werden oder aber über extra Speisemodule, die den Einsatz von Batterien und Akkus erlauben.

3.5 Pegel

Wie bereits schon ausgeführt, sind Aussteuerungspegel und Aufnahmepegel (Lautstärken bzw. Intensitäten) mit Einführung der Digitaltechnik wesentlich genauer einzustellen, um Störungen durch Übersteuerung zu vermeiden. Die DV-Standard-Aussteuerung (Richtwert) beträgt −6 dB. Der maximal mögliche Aufnahmepegel beträgt 0 dB, oberhalb kommt es zu Verzerrungen. Bei analogen Geräten waren Aussteuerungen von +3 dB üblich, dieser Wert entspricht nun etwa eben besagten –6 dB. Der Unterschied resultiert aus verschiedenen technischen Einschränkungen, verursacht auch durch die Anzeigeinstrumente. In der Praxis entsprechen sich beide Werte tatsächlich im Großen und Ganzen. Gravierend kann der Unterschied zwischen symmetrischen und unsymmetrischen Geräten sein:

- 0 dB entsprechen bei symmetrischer Geräten 1 Volt Ausgangsspannung
- 0 dB entsprechen bei unsymmetrischen Geräten 0,75 Volt Ausgangsspannung

Hinzu kommen unterschiedliche Innenwiderstände, je nachdem, welches Gerät mit welchem Gerät verbunden wird, kann es zu Spannungsabfällen kommen. So ist es problematisch, wenn ein unsymmetrisches Gerät mit einem symmetrischen verbunden wird, erstens liefert das unsymmetrische Gerät eine geringere Spannung und zweitens erwartet es einen hohen Innenwiderstand des Eingangs. Symmetrische Eingänge haben aber einen geringen Innenwiderstand zwischen etwa 600 Ohm und 2600 Ohm. Das empfindet ein unsymmetrisches Gerät fast schon als Kurzschluss, dadurch fällt die Spannung weiter ab, es kann zu Höhenverlusten (Klangverfärbungen) kommen. Auch hier hilft nur eine DI-Box wie unter *Tonprobleme* beschrieben.

Festzuhalten ist, dass Geräte mit hochohmigem Ausgang nicht mit niederohmigen Eingängen kombiniert werden sollten. Der umgekehrte Fall ist unproblematischer.

Tonpegel addieren sich auch elektronisch. Werden zwei Schallquellenkanäle über ein Mischpult zusammengeführt und auf einen Kanal abgemischt und ist jeder Kanal vorher auf –6 dB ausgesteuert worden, wird das Summensignal etwa einen Pegel von –3 dB aufweisen. Das gilt es bei jeder Form des Mischens zu beachten, um Übersteuerungen zu vermeiden.

3.6 Angel

Die Angel gehört zur Grundausstattung bei szenischen Dreharbeiten. Während es bei Reportagen oder Ähnlichem meist nicht stört, wenn ein Mikrofon im Bild zu sehen ist, wird bei Spielfilmen oft der Ton geangelt. Die Angel selbst besteht aus einem Hohlrohr von ungefähr zwei Meter Länge, meist aus Festplastik oder Alu, an dessen Spitze das Mikrofon angebracht ist. Der Tonassistent hält das Rohr außerhalb des Bildausschnitts über die Akteure und »angelt« den Ton so nah wie möglich.

3.7 Tonformate der Kamera – Stereo oder nicht Stereo

Digitale Videocamcorder unterstützen zwei definierte Tonformate:

1. 1 x Stereo 48.000 Hz (= 48 kHz) Samplingfrequenz Abtasttiefe 16 Bit
2. 2 x Stereo 32.000 Hz (= 32 kHz) Samplingfrequenz Abtasttiefe 12 Bit

Je nach Kamera können also bis zu vier Tonkanäle getrennt aufgezeichnet werden.

Samplingfrequenzen legen fest, wie groß der aufzeichenbare Frequenzumfang ist, die Abtasttiefe bestimmt, wie groß die Dynamik des Tonsignals ist, also wie groß der Abstand zwischen dem lautesten und leisesten Signal ist, bevor es im Rauschen untergeht oder verzerrt aufgezeichnet wird. Das heißt, die Abtasttiefe sagt etwas über den erzielbaren Geräuschspannungsabstand aus (bekannt auch aus der analogen Gerätetechnik): Das Verhältnis zwischen eigenem Störgeräusch und Nutzsignal.

> **Hinweis**
> Eine Mono-Tonaufzeichnung wird von DV-Video nicht unterstützt.

48 kHz/16 Bit: Frequenzgang 20–24.000 Hz Geräuschspannungsabstand ca. 96 dB

32 kHz/12 Bit: Frequenzgang 40–15.000 Hz Geräuschspannungsabstand ca. 70 dB

Beide Einstellungen liegen deutlich über den Vergleichswerten analoger Camcorder, unter anderem auch deshalb, weil die Frequenzgänge der digitalen Technik meist sehr linear, das heißt gleichmäßig sind. Analoge Tonaufzeichnung bedeutet auch immer nicht völlig lineare Frequenzgänge. Auch mit Rauschunterdrückungssystemen (wie bei analogen Camcordern teilweise üblich – bei der Längsspuraufzeichnung oder bei der analogen Schrägspuraufzeichnung) erreichen analoge Geräte oft nicht den Geräuschspannungsabstand bzw. die Dynamik digitaler Tonaufzeichnung.

Auch auf Grund der Reserven und des niedrigen Rauschpegels empfiehlt sich eher eine leichte Untersteuerung der Tonaufnahmen (vgl. Pegel).

Bereits am Anfang des Hauptkapitels *Kamera* hatte ich erwähnt, dass manche Computerschnittprogramme mit den vier Tonspuren des DV-Formats Probleme haben. Die Empfehlung also hier, das DV-Hauptformat mit nur einer Stereospur und 48 kHz/16Bit für Aufzeichnungen auszuwählen.

Die Haltung von Videoproduzenten und Redaktionen gegenüber der Stereotonaufzeichnung gehen weit auseinander.

Was spricht für Stereoton?

- TV wird heute grundsätzlich stereo ausgestrahlt.
- Wenn zwei Personen gleichzeitig sprechen, kann das differenziert werden.

- Der Film bekommt bei Großprojektionen mehr Räumlichkeit durch links und rechts.
- Eine Tonmischung mit Musik ist »luftiger«.
- Redundanz (Wiederholung, Sicherheitskopie) der Tonspur, fällt eine aus, ist Ersatz da.

Was spricht gegen Stereoton?

- Mehr Aufwand beim Dreh: Zwei Mikrofone, zwei Angeln, mehr Kabel etc.
- Auch wenn TV stereo ausgestrahlt wird, ist der Ton oft nur mono.
- Der Aufwand einer vernünftigen Stereomischung in der Nachbearbeitung steht in keinem Verhältnis zum Effekt.
- Musik kann dennoch stereo zugemischt werden, ein Stereoton in der Sprachspur ist deutlich schlechter zu verstehen als ein Monoton über Stereomusik.
- Beim Dreh kann es je nach Standort der Mikrofone (und ihrem Abstand zueinander) zu so genannten Phasendrehern kommen. Wird dann solch ein phasenverdrehtes Stereosignal mono wiedergegeben (auch auf einem Stereogerät), kann es zur totalen Auslöschung des Summensignals kommen.

Diese berühmt-berüchtigten *Phasendreher* haben so manchen Radioredakteur schon in die Verzweiflung getrieben, wenn so genannte O-Töne (*Originaltöne*) im Studio stereo prima klangen, aber Radiohörer direkt nach der Ausstrahlung erbost waren über Beiträge, die plötzlich unverständlich wurden. Phasendreher können nur über entsprechende Phasenmessgeräte entdeckt werden oder durch Testhören (Monoschaltung). Wird der Lautstärkepegel plötzlich deutlich leiser statt lauter, liegt ein Phasendreher vor. Phasendreher entstehen auch durch falsch gepolte Kabelverbindungen (Verwechslung von +- und −-Phase bei symmetrischen Verbindungen).

Ist der Aufwand bei den Dreharbeiten nicht zu hoch, empfehle ich *Stereomitschnitte*, die allerdings in der Nachproduktion auf Mono reduziert werden. Echtes Stereo wird zumindest von TV-Zuschauern wenig goutiert. Wenn schon, dann interessieren den Zuschauer *Surround-Effekte*.

DV-Kameras unterstützen zwar keine Monoaufzeichnung (natürlich kann man auch nur ein Mikro einstecken, das ist dann aber nur links oder rechts), es gibt aber einen einfachen Trick, das zu ändern: Durch einen simplen Umstecker wird ein Mikrofon an beide Toneingänge angeschlossen (Parallelschaltung), dadurch wird ein Monosignal auf beiden Tonkanälen aufgezeichnet.

3.8 Zeitstabile Tonaufnahme

In der Geschichte des Films ist es noch nicht besonders lange üblich, dass der Ton wirklich parallel zum Bild auf dem gleichen Medium aufgezeichnet wird. Auch heute noch wird bei Spielfilmproduktionen der Ton separat aufgezeichnet,

3.8 Zeitstabile Tonaufnahme

weil Zelluloidkameras kaum einen direkten Tonmitschnitt erlauben. Daraus ergaben sich über Jahre ganz besondere Schwierigkeiten, die auch heute teilweise noch Bestand haben – in ganz besonderen Situationen. Aber bevor ich darauf eingehe, ein klein wenig Geschichte.

Die Klappe im klassischen Film hatte und hat an sich nur eine Funktion: Sie dient zur Synchronisation von Ton und Bild. Schlägt die Klappe aufeinander, ertönt der Knall. Legt man nun die Tonspur am Film an und setzt Knall und Bild der gerade geschlossenen Klappe untereinander, ist der Film schon synchronisiert – im günstigsten Fall. Das Handicap an der Sache ist nämlich, dass Kameras und Tonbandgeräte bei der Aufnahme oft nicht zeitstabil waren. Über einen Zeitraum von etwa zehn bis 15 Minuten variierten Bandmaschine und Kamera ihre Geschwindigkeit, so dass spätestens nach ca. fünf bis zehn Minuten Ton und Bild nicht mehr synchron waren. Erst mit der Einführung hochpräziser Tonbandgeräte (zum Beispiel Nagra, eine Kulttonbandmaschine) und quarzgesteuerter Laufwerke für Filmkameras wurde das Problem behoben.

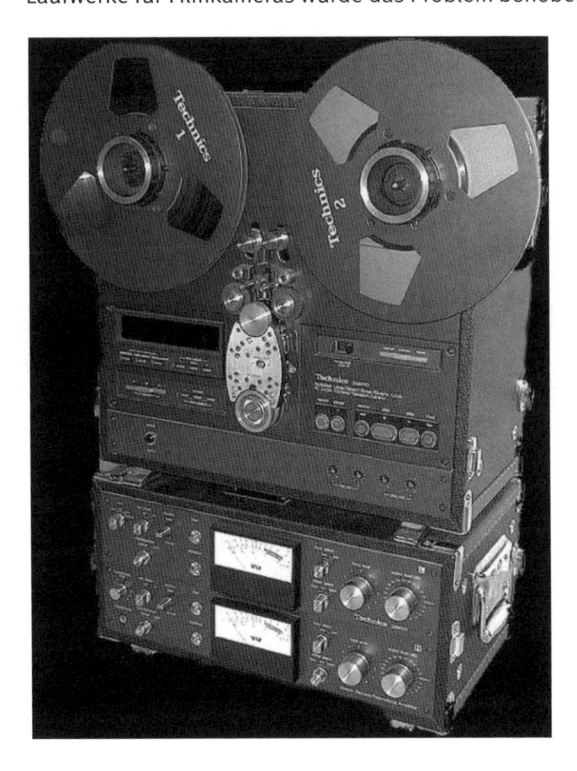

Abbildung 3.26
Quarzgesteuerte Bandmaschine,
Foto: Matsushita

Auch heute tritt dieses Problem in speziellen Situationen auf: bei der Trickfilmproduktion, insbesondere bei Puppenproduktionen. Hier wird in der Regel der Ton vorproduziert und die Puppen dann entsprechend der Dialoge bewegt. Dazu wird der Ton eingespielt, zum Beispiel von CD. Da der Ton bereits digital vorliegt, reicht es, die Videoaufnahmen ohne Ton bzw. mit einfachstem Ton durchzuführen, da ohnehin noch mal nachsynchronisiert wird. Dabei kann man interessante

Kapitel 3 — KAMERATON UND ORIGINALTON

Phänomene feststellen: Wer nämlich glaubt, dass die Wiedergabe von CD (da ja digital und quarzgesteuert) zeit- und geschwindigkeitsstabil ist, irrt. Bereits nach drei Minuten kann der Zeitversatz zwischen mitgeschnittenem Ton und den vorliegenden Originaldateien bis zu 14 Bilder betragen. Um hier Ärger und Probleme in der Nachbereitung zu vermeiden, kann ich nur empfehlen, in solchen Situationen die Originaldateien vom Rechner abzuspielen (beispielsweise Laptop), oder aber sich einen professionellen zeit- und geschwindigkeitsgeeichten stabilen CD-Spieler zu besorgen. Weder Standard-CD- noch DVD-Spieler sind hier geeignet.

Kapitel 4

TON

4.1	Externe Mikrofone	124
4.2	Tonaufnahme am Set und Nebengeräusche	128
4.3	Mikrofonaufstellung	129
4.4	Tonangeln, aber wie?	131
4.5	Musikaufzeichnung	131
4.6	Aufnahmepegel/Nachvertonungspegel	135
4.7	Mischung	138
4.8	Off-Text-Aufnahme	140
4.9	Musikproduktion für Film	145
4.10	Mischpultaufbau	149
4.11	Sinnvolle Effekte	153
4.12	Dynamik und Kompression	154

Kapitel 4

TON

4.1 Externe Mikrofone

Entscheidend ist zunächst die Analyse, welcher Mikrofontyp sinnvollerweise eingesetzt werden soll (Charakteristik vgl. Unterkapitel *Mikrofone* im Kapitel *Kameraton*).

Tabelle 4.1
Checkbox Mikrofontyp

Szene	Charakteristik	Ton
Reportage mit Interview oder Kommentar Mikrofon im Bild	Niere/Superniere	Dialog/Text
Objektdarstellung ohne Dialog Landschaft/Verkehr usw.	Kugel/Niere/Superniere	Atmosphäre Hintergrundgeräusche
Statement Mikrofon nicht im Bild	Superniere	Text des Sprechers
Dokumentation von Abläufen Verhalten von Menschen Mikrofon nicht im Bild	Superniere	Gespräche, Atmosphäre
Szenische fiktive Szenen Mikrofon nicht im Bild	Superniere	Gespräche
Musikaufnahmen Band/Konzert	Empfohlen: Anschluss des Camcorders an das PA-System, die Mischpultkonsole des Mixers	Musik
Musikaufnahme Soloinstrument, kleines Ensemble	Niere/Superniere	Instrument solo
Theater	Richtmikrofon	Dialog
Tieraufnahmen	Richtmikrofon	Tierstimmen
subjektive Kamera	Superniere	unterschiedlich nach Einstellung

Sollen Stereo-Originaltöne (O-Töne) aufgezeichnet werden, ist es wichtig, dass zwei identische Mikrofone (nicht nur von der Charakteristik her, sondern vom gleichen Hersteller) zum Einsatz kommen. Jedes Mikrofon bzw. jedes Modell eines Herstellers hat eine eigene *Klangfärbung*, deshalb müssen für ein ausgewogenes Stereoklangbild die gleichen Mikrofone eingesetzt werden.

Im Vorfeld ist es wichtig, die notwendigen Kabellängen und Umstecker bereitzustellen. Im weiteren Verlauf gehe ich davon aus, dass symmetrische Kabel vor-

4.1 Externe Mikrofone

handen bzw. eingesetzt werden, das heißt Kabel auf XLR-/Canon-Basis, außer es wird ausdrücklich darauf hingewiesen, dass andere Kabel zum Einsatz kommen.

In manchen Fällen kann es sich anbieten, so genannte *Multicore-Kabeltrommeln* einzusetzen. Ein Multicore ist ein Kabelstrang, der aus einer ganzen Reihe von einzelnen Mikrofonkabeln zusammengesetzt ist, in der Regel sind 12- oder 24-fach (Kanal) Multicoretrommeln verfügbar, in den Längen 25 oder 50 Meter. Solche Multicores werden oft bei Livekonzerten verlegt und sind sehr praktisch, wenn nicht nur zwei oder vier Mikrofone, sondern gleich acht oder mehr zum Einsatz kommen und eine Tonmischung »vor dem Camcorder« an einem Tonmischpult stattfindet.

Szene	Kabellängen
Reportage mit Interview oder Kommentar Mikrofon im Bild	5 Meter
Objektdarstellung ohne Dialog Landschaft/Verkehr usw.	5 Meter
Statement Mikrofon nicht im Bild	5 Meter
Dokumentation von Abläufen Verhalten von Menschen Mikrofon nicht im Bild	10 Meter
Szenische fiktive Szenen Mikrofon nicht im Bild	20 Meter
Musikaufnahmen Band/Konzert	20 Meter (Symmetrie beachten!)
Musikaufnahme Soloinstrument, kleines Ensemble	10 Meter
Theater	20 Meter
Tieraufnahmen	5 Meter
subjektive Kamera	5 Meter

Tabelle 4.2
Übersicht über notwendige oder sinnvolle Mikrofonkabellängen (Richtwerte)

Speziell am Camcorder muss der Mikrofoneingang – oder müssen die Mikroeingänge – in ihrer Empfindlichkeit umschaltbar sein. Es macht einen gravierenden Unterschied, ob am Camcorder Mikrofone oder Mischpulte angeschlossen werden. Ein Mikrofon erzeugt Ausgangspegel von mehreren *Millivolt*. Ein Mischpult erzeugt dagegen Ausgangspegel von einem Volt und mehr. Aus diesem Grund müssen die Eingänge von Camcordern von Mikrofoneingang auf *Line-Eingang* umzuschalten sein, ansonsten werden die Eingänge übersteuert und das Tonsignal kann nur verzerrt aufgezeichnet werden.

Kapitel 4   TON

Besonders zu betrachten sind zwei Situationen:

Situation 1: Es sind mehr als zwei Mikrofone im Einsatz und diese sind zunächst an ein Tonmischpult angeschlossen. Dort mischt ein Tontechniker den Ton ab, das gemischte Signal wird dann zum Camcorder geführt und dort zusammen mit dem Bild aufgezeichnet.

Situation 2: Bei der Aufzeichnung eines Livekonzerts wird der Ton direkt vom Mischpult des Mixers abgezweigt und parallel mit dem Camcorder aufgezeichnet.

Technisch unterscheiden sich beide Situationen nicht. Besonders zu beachten ist hier, dass der Anschluss des Camcorders an ein Mischpult (abgesehen von der Umschaltung der Eingangsempfindlichkeit) Schwierigkeiten bereiten kann. Das beginnt beim Auftreten möglicher Brummschleifen (vgl. typische Tonprobleme, Kapitel *Kamera*) und deren Beseitigung durch DI-Boxen und geht weiter über nicht passende Kabel bis hin zu Pegelanpassungsschwierigkeiten. Wichtig sind grundsätzlich passende Adapter bzw. Adapterkabel (Umstecker zwischen verschiedenen Anschlusstypen).

Abbildung 4.1
Große Klinke Tonausgang Mischpult

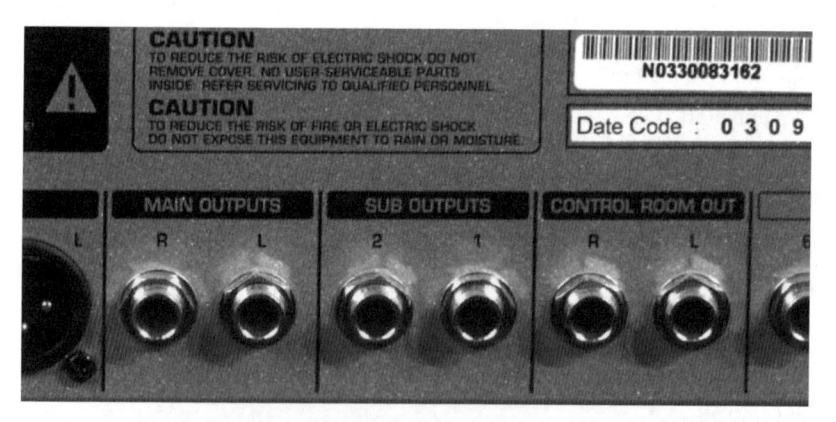

Abbildung 4.2
Cinch Tonausgang Mischpult

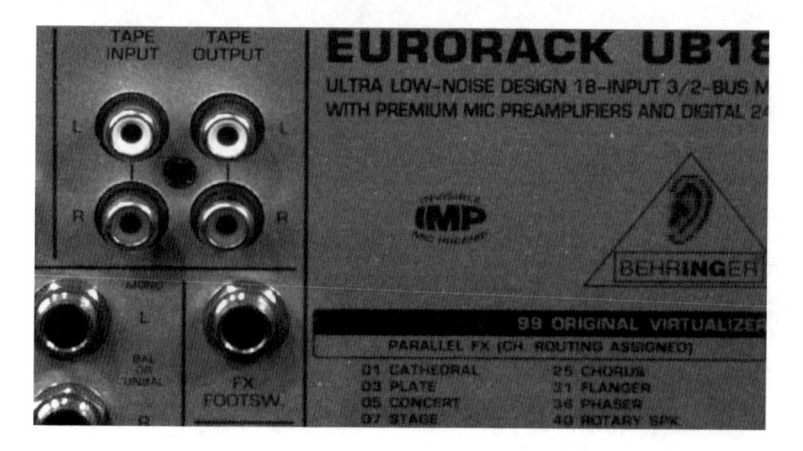

4.1 Externe Mikrofone

Übersicht sinnvoller Adapter (Umstecker)

Bitte beachten Sie: Von jedem Stecker gibt es Mutter und Vater, also Stecker und Buchsenvariante, entscheidend ist häufig, die richtige Kombination zu haben. Mit Hilfe der unten aufgeführten Varianten lösen Sie 90 Prozent aller Verbindungsprobleme.

Art des Adapters	Einsatz	symmetrisch	unsymmetrisch
XLR-Mutter auf Monoklinke 6,3 mm Vater	Mikrofone		x
	Mischpultausgänge		
	Mischpulteingänge		
XLR-Vater auf Monoklinke 6,3 mm Vater	Mischpultausgänge		x
	Mischpulteingänge		
XLR-Mutter auf zwei XLR-Väter	Mono auf zwei Kanäle	x	
XLR-Mutter auf Cinch-Vater	Mikrofoneingänge		x
	Mischpulteingänge		
	Mischpultausgänge		
XLR-Vater auf Cinch-Vater	Mischpulteingänge		x
	Mischpultausgänge		
XLR-Mutter auf Miniklinke Stereo 3,5 mm Vater	Mikrofoneingänge Mono auf zwei Kanäle		x
2 x XLR-Mütter auf Miniklinke Stereo 3,5 mm Vater	Mikrofoneingänge Stereo		x
Monoklinke 6,3 mm Vater auf Cinch-Vater	Mischpultausgänge		x
Miniklinke 3,5 mm Stereo Vater auf Stereoklinke groß 6,3 mm Mutter	Kopfhörer		x
Miniklinke Stereo 3,5 mm Vater auf Cinch links und rechts Vater	PC zu Camcorder oder Mischpult		x

Tabelle 4.3
Übersicht über sinnvollen Adaptereinsatz

4.2 Tonaufnahme am Set und Nebengeräusche

Absolut wichtig ist, dass so wenig Nebengeräusche wie möglich am Set zu hören sind. Das gilt für jegliche Filmaufnahmen, sofern der Originalton in irgendeiner Form genutzt werden soll.

Checkliste O-Ton (Originalton)

- Batterien der Mikrofone (sofern nötig) noch voll?
- Phantomspeisung vorhanden (sofern nötig)?
- Windschutz vorbereitet (Außendreh)?
- Kabel in Ordnung?
- Passender Mikrofontyp vorhanden?
- Verkabelung stolpersicher und unsichtbar?
- Aufnahmepegel justiert?
- Hintergrundmusik abgestellt (sofern möglich)?
- Fenster geschlossen (Verkehrslärm/Flugzeuge)?
- Telefon abgestellt/leise gestellt?
- Ladenglocke abgestellt?
- Umgebung informiert (z.B. Café: Keine Kaffeemaschine bedienen)?
- Set mit Plakaten gesichert (»Achtung! Filmaufnahmen, bitte Ruhe«)?
- Klimaanlage und Lüftungen abgeschaltet?

Um sämtliche Schnittmöglichkeiten des Rohmaterials zu nutzen und dabei eine durchgängige Raumatmosphäre zu haben, ist es sinnvoll, zusätzlich einen durchgängigen *Atmosphären-O-Ton* aufzuzeichnen. Dieser O-Ton sollte mindestens eine Länge haben, die der geschnittenen fertigen Szene entspricht, damit er in der Nachbearbeitung unter das gesprochene Wort/die Dialoge gelegt werden kann (z.B. Verkehrslärm im Hintergrund bei geöffneten Fenstern etc.). Der Ton kann mit beliebigem Bild und dem Camcorder aufgezeichnet werden, alternativ natürlich auch mit einem reinen Audioaufnahmegerät (z.B. Edirol R-1, Audiorekorder auf Speicherkartenbasis, sehr zu empfehlen).

Grundsätzlich sollten die Mikrofone so nah wie möglich am Schallerzeuger sein, ohne dass sie ins Bild kommen. In der Praxis bedeutet das oft, dass Mikrofone von oben (über dem Set) auf die Akteure gerichtet werden, es ist aber genauso möglich, von unten die Mikrofone auszurichten. Wenn möglich, ist der Einsatz eines eigenen Tonverantwortlichen oder Tontechnikers immer zu empfehlen. Zu seinen Aufgaben gehören Gerätecheck, Aufbau und Pegelüberwachung/Aussteuerung.

Sind Nebengeräusche nicht zu steuern, gibt es in der Nachbearbeitung mit entsprechender Software Möglichkeiten, Nebengeräusche zu dämpfen. Darauf sollte man sich allerdings nicht verlassen, sondern diesen Faktor als letzten Rettungsanker betrachten.

4.3 Mikrofonaufstellung

Ganz pauschal gilt zunächst: je näher, desto besser. Jenseits dieser Banalität gilt es noch weitere Kleinigkeiten zu berücksichtigen: Das Mikrofon (die Mikrofone) sollte(n) auf die *Schallquelle* gerichtet sein. Um Missverständnissen vorzubeugen: Die Schallquelle ist zum Beispiel bei einem Dialog nicht eine Person, sondern der Mund. Je gerichteter die Mikrofoncharakteristik, desto empfindlicher reagiert das Mikro auf eine falsche Ausrichtung. In der Regel ist es leichter, mit einem Mikrofon nahe an eine Schallquelle zu kommen, wenn man von oben oder unten den Ton abnimmt, das liegt allein schon am Bildformat: Dadurch, dass die Breite der Videobilder größer als die Höhe ist, gewinnt man einige Zentimeter Nähe. Ein weiterer Vorteil der Tonabnahme von oben oder unten ist der geringere Raumhall. Ein Mikrofon in mittlerer Raumhöhe in horizontaler Ausrichtung zeichnet mehr Raumhall auf, das liegt am Resonanzverhalten von rechteckigen Räumen. Je weniger zentriert und je näher an Decke oder Boden und je schräger gegenüber der Raumachse, desto geringer sind solche Halleffekte und Raumresonanzen in der Aufzeichnung. Wie groß der Raumhall ist, lässt sich relativ leicht testen: Klatschen Sie in die Hände und achten Sie auf den Nachhall. Je topfiger oder badezimmermäßiger es klingt, desto größer der Nachhall und umso schlechter die zu erreichende Qualität des Tons. Grundsätzlich sind »bedämpfte« Räume (viel Teppichboden/Möbel/Gardinen/Vorhänge) in ihren akustischen Eigenschaften für Tonmitschnitte besser geeignet als leere Hallen.

> **Tipp**
> Mikrofone immer so nah wie möglich an der Tonquelle platzieren

Werden zwei Mikrofone am Set für Stereoaufnahmen eingesetzt, gibt es drei mögliche Mikrofonaufstellungen, um einen realistischen Stereoeindruck zu erzeugen:

- Ein Mikrofon jeweils links und rechts der Schallquelle, dabei auf gleiche Höhe über dem Boden bzw. unter der Decke achten
- Beide Mikrofone zentral vor der Schallquelle in so genannter *XY-Stellung*. Die Mikros werden (z.B.) auf einem Stativ so befestigt, dass sie sich in der Mitte überkreuzen, das linke Mikrofon zeichnet den Schall von rechts auf und umgekehrt.

Abbildung 4.3
Mikrofone in XY-Aufstellung

Abbildung 4.4
XY-Aufstellung, Detail

- Beide Mikrofone zentral vor der Schallquelle in so genannter *AB-Stellung*. Die Mikros sind dabei zum Beispiel auf zwei Stativen vor dem Schallgeschehen und zeigen auseinander, das linke Mikrofon zeichnet das linke Schallgeschehen auf und das rechte das rechte. Der Abstand der Mikrofone untereinander sollte einen Meter nicht über- und 40 Zentimeter nicht unterschreiten. (Mikrofone mit Kugelcharakteristik)

Abbildung 4.5
Mikrofone in AB-Aufstellung

4.4 Tonangeln, aber wie?

Eine Tonangel setzt am Aufnahmeset (Drehort) einen Tonassistenten voraus. Denn die Tonangel muss nachgeführt werden, das bedeutet, wenn sich ein Darsteller bewegt, wird das Mikrofon (entweder über seinem Kopf oder direkt über dem Boden) hinterhergetragen. Der Tonassistent muss beim Führen der Tonangel darauf achten, dass das Mikrofon möglichst in Richtung der Münder zeigt, möglichst nahe am Geschehen ist und dabei nicht ins Bild kommt. Eine enge Absprache darüber, welche Einstellungen gerade gedreht werden (Bildausschnitt), setzt eine gute Zusammenarbeit mit dem Kameramann voraus. Dabei ist zu beachten, dass weder Fernsehmonitore noch Kamerasucher das gesamte Bild des aufgenommenen Materials zeigen. Nur so genannte *Underscan-Monitore* oder Computermonitore zeigen das gesamte Bild und geben dem Kameramann oder Regisseur die Chance, ins Bild hängende Mikrofone zu entdecken. Fernseher und Kamerasucher beschneiden das Bild in ihrer Darstellung um bis zu 16% an den Rändern, das sollte sowohl Kameramann als auch Tonassistent bewusst sein.

Da die Tonangel aus einem Hohlrohr besteht (oft Plastik oder Alu, Fiberglas), sollte sie während der Aufzeichnung möglichst nicht an etwas stoßen. Das Hohlrohr leitet das dadurch entstandene Geräusch sehr gut. Am günstigsten ist es, das Mikrofon durch eine so genannte Gummispinne, wie sie in Windschutzkörben bereits eingebaut ist, von der Tonangel zu entkoppeln, so dass eine mechanische Tonübertragung minimiert wird. In der Gummispinne hängt das Mikrofon an Gummizügen und kann nicht gegen die Aufhängung poltern. Tonangeln kann ausgesprochen anstrengend sein, bitte beachten Sie das sowohl bei der Auswahl der Hilfskräfte und Assistenten als auch bei den Dreharbeiten.

Wird stereo geangelt, ist es sinnvoll, auch zwei Tonangeln und damit zwei Tonassistenten einzusetzen. Zwei Mikrofone auf einer Angel sind auch möglich (meist XY-Aufstellung), allerdings setzt das ein perspektivisches Tonverständnis des Assistenten voraus, um blitzschnell klären zu können, ob links im Bild der Kamera auch links im Sinne der Perspektive des Assistenten auf der Tonbühne entspricht. Der Begriff Tonbühne stammt aus den Anfängen des Tonfilms, als es noch Bühnen ohne Tonaufzeichnung gab, und wird heute sowohl im Theater als auch im Film und vor allem in Fernsehstudios eingesetzt.

4.5 Musikaufzeichnung

Ganz zu Beginn dieses Kapitels wurde es bereits erwähnt: Wird ein Livekonzert einer Band aufgezeichnet, ist es oft sinnvoll, den Ton direkt beim Livemischer des Konzerts »abzuzweigen«. Oft ist dann die dadurch erzielbare Tonqualität deutlich besser, als wenn der Ton mit Mikrofonen mitgeschnitten wird, auch wenn dabei manchmal die Lautstärkeverhältnisse der einzelnen Instrumente nicht ganz stimmen. Die Ursache dafür liegt an der Monitoranlage der Musiker und dem Direktschall des Schlagzeugs bzw. der Instrumente. Ein Livekonzertmi-

Kapitel 4   TON

xer mischt den Ton so ab, dass es ausgewogen klingt, dabei ist aber das Mischpult quasi nur ein Hilfsmittel, denn der Gesamtkonzertklang setzt sich zusammen aus dem akustischen Klangbestandteil der Instrumente (z.B. akustisches Schlagzeug), dem Monitorsound (Klanganteil der Beschallung der Musiker, die sich ja selbst auch auf der Bühne hören müssen und der im Konzertsaal auch zu hören ist) und schließlich dem Klang der PA-Anlage (Verstärkeranlage), die vom Mixer gesteuert wird. Aus diesem Grund sind bei direkter Aufzeichnung über das PA und den Livemischer in der Regel Schlagzeug und Bass etwas zu leise. Ein weiterer Nachteil ist, dass das Klatschen und die Atmosphäre im Publikum über die PA-Anlage nicht aufzuzeichnen sind, da die Mikrofone auf der Bühne extrem nah an den Instrumenten stehen und Applaus dadurch nicht richtig hörbar ist.

Eine wirklich professionelle Aufnahme elektronischer Musik bei einem Konzert verlangt nach einer so genannten *Splitbox* und einem separaten Aufnahmetonleiter (Mischer). Bei dieser Technik handelt es sich eigentlich um eine Platten- oder CD-Produktion mit Bild. Die Splitbox greift direkt am Multicore (Verbindungskabelstrang zwischen Bühne und Mischpult) die Originalsignale der Mikrofone ab (teilt also die Signale) und führt sie zu einem Extramischpult, dort wird fast völlig unabhängig vom Saalmix und dem Livemischer eine eigene Tonmischung erstellt und für die Videoaufzeichnung bereitgestellt. Optimale Voraussetzungen herrschen, wenn dieser Tonmix für den Mitschnitt in einem schallisolierten Raum möglichst etwas entfernt vom Konzert durchgeführt werden kann (z.B. Übertragungswagen). Bei diesem Verfahren werden in der Regel zusätzliche Applausmikrofone Richtung Publikum aufgestellt, um die Reaktionen zumischen zu können. Probleme treten bei Rückkopplungen (feedback), verursacht durch den Livemixer auf, denn Rückkopplungen werden auch über die Splitbox zur Videotonmischung weitergegeben und sind deutlich hörbar.

Abbildung 4.6
Multicore 24 Kanäle und 6x Tonrückführung für Monitor etc.

4.5 Musikaufzeichnung

Abbildung 4.7
Multicore-Anschlüsse am Tonmischpult

Musikaufnahmen verlangen prinzipiell, mit Ausnahme klassischer Musik, ein Mischpult und eine Tonmischung, sobald mehrere Musikinstrumente beteiligt sind. Alternativ können die Musikinstrumente auch im Mehrspurverfahren aufgezeichnet werden (für jedes Musikinstrument mindestens eine eigene Tonspur, Aufzeichnung auf digitalem Mehrspurrekorder oder direkt mehrspurig auf Rechner) und eine Tonmischung erfolgt später im Tonstudio. Dabei ist zu beachten, dass je nach Situation spezielle Mikrofone einzusetzen sind und sich nicht jedes Mikro für jedes Instrument eignet. Das gilt insbesondere für Gesang, Blasinstrumente und Schlagzeug. Kondensatormikrofone können beim Einsatz am Schlagzeug Schwierigkeiten verursachen, weil sie den Schalldruckpegeln (Lautstärken) nicht gewachsen sind. (Vergleiche auch Unterkapitel *Mikrofone* im Kapitel *Kameraton*).

Grundsätzlich empfiehlt sich, am Schlagzeug eher dynamische Mikrofone einzusetzen. Bei der Anordnung an der *Snaredrum* und Bassdrum gibt es Besonderheiten: Die Snaredrum wird in der Regel bei Pop und Jazz extra abgenommen, genauso wie die Bassdrum. Die jeweiligen Mikrofone werden möglichst nah an den Fellen platziert. Bei der Snaredrum kommt auch eine Abnahme von unten in Frage. Bei der Bassdrum wird häufig das zweite Fell (Resonanzfell) entfernt und das Mikro in wenigen Millimetern Abstand vom Hauptfell von innen direkt auf den »Schlagpunkt« ausgerichtet. Oft reicht es dann, nur noch zusätzlich zwei so genannte *Overheadmikrofone* mit zwei Stativen über dem Schlagzeug zu platzieren, um den Gesamtklang dieses Instruments aufzuzeichnen. Die Overheads sind in der Regel Nierenmikrofone und hängen direkt über der »Schießbude« (spaßige Schlagzeugerbezeichnung für Schlagzeug).

Kapitel 4 TON

Für Flügel und Klaviere werden so genannte *Piezoresonanzmikrofone* angeboten, die auf das Holzgehäuse geklebt werden. Sie können unter Umständen klangliche Vorteile bringen, wenn der Raum einen hohen Hallanteil hat. Ansonsten werden ein oder zwei Mikrofone in den geöffneten Flügel oder das geöffnete Klavier gerichtet. Für Saxophon und Bläser gibt es *Klemmmikrofone*, die an der Schallöffnung angebracht (angeklemmt) werden. Für Akustikgitarren eignen sich möglichst neutral klingende Mikrofone, sie sind auf das Resonanzloch des Instrumentes auszurichten. E-Gitarren, Bässe und Keyboards (Tasteninstrumente) können direkt mit Mischpulten verbunden werden (Problem: Der Musiker muss natürlich auch sein Instrument hören, also wird dann eine Monitoranlage nötig oder Monitor über Kopfhörer). Es ist auch möglich, jeweils per Mikrofonabnahme vom jeweiligen Instrumentenverstärker diese drei Instrumente aufzuzeichnen (ersetzt Monitoranlage). Für solche Musikaufnahmen mit mittleren Bandgrößen von bis zu sechs Musikern sollte man mindestens zwölf Kanäle für Mischpult und Multicore kalkulieren, sprich auch zwölf Mikrofone vorhalten.

Tabelle 4.4
Übersicht Bedarf Mikrofone Musikaufzeichnung Pop/Rock und Jazz ca. sechs Musiker (Richtwert Mindestanzahl bzw. Empfehlung der Mikrofonanzahl)

Instrument	Mikrofonanzahl	Typ
Schlagzeug	4	dynamisch / neutral
		Bassdrummikro
		Snaredrummikro
		2 identische Overheads
Gesang	1	Gesangsmikrofon
Keyboards	2	neutral
Bass	1	Bassmikrofon
Gitarre	1	neutral
Soloinstrument, z.B. Saxofon	1	Bläsermikrofon

Zu berücksichtigen ist für das Mischpult, dass häufig *Effektgeräte* wie Hall oder Chorus noch zugemischt werden sollen; wenn dies stereo erfolgt, werden zwei weitere Mischpultkanäle dadurch belegt.

Abbildung 4.8
Effektgeräte: Kompressor und zwei Multieffektgeräte von Alesis und Yamaha

Empfehlenswerte Effektgeräte gibt es von Alesis, Yamaha oder Roland. Im Billigpreissegment steht Behringer zur Verfügung, wobei viele Profimusiker diese Firma ablehnen.

Bei Aufzeichnungen klassischer Musik ohne elektronische Verstärkeranlagen reichen zwei Nierenmikrofone (auch Supernieren), die zwischen zehn und 20 Meter vom Orchester oder Ensemble entfernt in XY-Stellung platziert werden. (Vergleiche Mikrofonaufstellung). Die Entfernung ist hier wichtig, um ein Stereopanorama und ausgewogenes Klangbild zu erhalten. Geeignet sind hier zwei identische, möglichst neutrale Mikrofone. Gesangsmikrofone sind unbrauchbar, weil sie zu starken Klangverfärbungen führen.

4.6 Aufnahmepegel/ Nachvertonungspegel

Unterschieden werden zwei Messmethoden:

- durchschnittliche Pegelwertmessung
- Spitzenwertmessung (Peaklevel)

Mit der Einführung digitaler Tontechnik hat die Spitzenwertmessung an Bedeutung für die Praxis gewonnen. Wie bereits an anderer Stelle erwähnt, waren bei der analogen Tonaufzeichnung Pegel von +3 dB normal. Vor allem die Zeigerinstrumente mit Nadeln waren zu träge, um Spitzenwerte überhaupt anzeigen zu können, deshalb zeigten diese Geräte immer durchschnittliche Pegelwerte und hatten oft einen Vorlauf von bis zu 6 dB. Dadurch, dass digitale Tonaufzeichnung extrem auf Übersteuerung reagiert, zeigen heute die meisten Aufzeichnungsgeräte Spitzenwerte an, und statt Nadelinstrumenten sind LED- oder andere optische Anzeigen im Einsatz.

Die Maximalaussteuerung digitaler Tonaufzeichnungen sollte bei −6 dB liegen (Spitzenwertmessung). Das bietet genügend Reserven. In speziellen Fällen und nach Absprache mit dem Endkunden (z.B. Kinowerbung) oder des Kinobetreibers kann die Maximalaussteuerung auch bei −3 dB liegen. Höhere Werte sind nicht üblich.

Kapitel 4 TON

Abbildung 4.9
Stereotondatei in so genannter Hüllkurvendarstellung. –6 dB Orientierungslinien verstärkt. Blaue Spitzen, die darüber hinausgehen, haben höhere Pegel

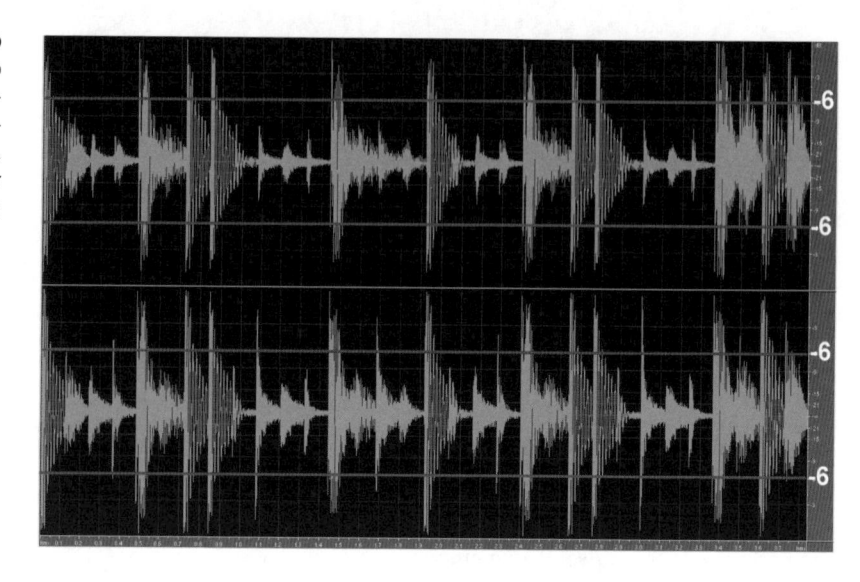

Das gilt vor allem für das so genannte *Mastering*, also die Erstellung von *Masterkassetten*, von denen später Kopien gezogen werden sollen, oder für Vorführkopien.

Es ist üblich, solche Masterkassetten (gilt nicht unbedingt für Vorführkopien) mit einem *Testton* und einem *Testbild* zu beginnen. Der Testton, der üblicherweise mindestens 30 Sekunden dauert, ist zehn Sekunden nur links zu hören, dann zehn Sekunden rechts und schließlich auf beiden Kanälen gleichzeitig. Klassischerweise handelt es sich beim Testton um ein 1.000 Hz (1 kHz) *Sinuston*, also einen reinen Pfeifton, mit einem Pegel von -3 dB. Zulässig sind auch -6 dB oder 0 dB, das sollte aber in jedem Fall auf dem Produktionspapier (gehört zu jeder Masterkassette) ausdrücklich vermerkt sein.

Abbildung 4.10
1.000 Hz (1 kHz) Testton, Hüllkurve in Audiosoftware

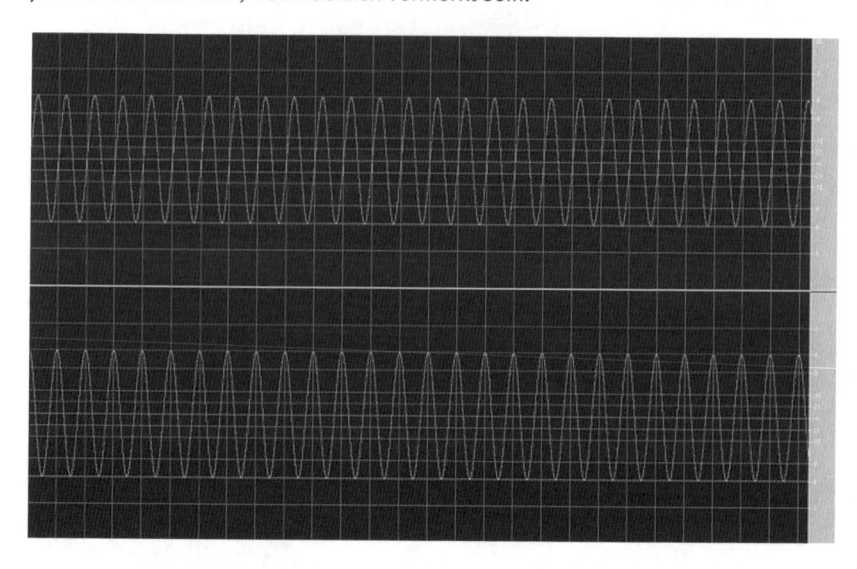

4.6 Aufnahmepegel/Nachvertonungspegel

Sinn und Zweck dieses Testtons ist es, Kopiergeräte zu »eichen«, also vor dem Kopiervorgang die Aufnahmepegel zu justieren.

Wie schon erwähnt, führt das Zusammenmischen mehrerer Tonsignale, die denselben Pegel besitzen, zu einer Addition im Summenpegel. Werden drei −3-dB-Signale zusammengemischt, führt das zu einem Gesamtpegel von etwa +3 dB. Hier ist angeraten, an einem Mischpult die jeweiligen Einzelkanäle auf −9 dB zu regeln, das führt in der Summe bei unserem Beispiel zu einem Gesamtwert von rund -3 dB und es kommt zu keiner Übersteuerung in der Summe. Gerade in der Nachvertonung ist auch bei digitalen Schnittsystemen besonders auf diesen Sachverhalt zu achten.

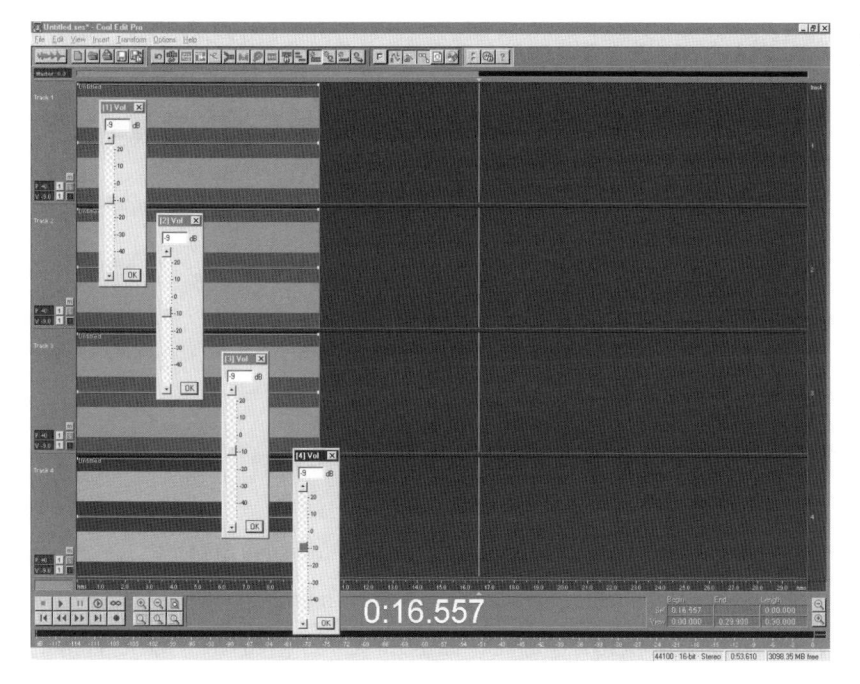

Abbildung 4.11
Justierung mehrerer Tonspurpegel in einem Audioschnittprogramm; −9-dB-Einstellung

Abbildung 4.12
Tonmischerfunktion in einem Videoschnittprogramm

4.7 Mischung

> **Tipp**
>
> Tonmischung immer auch auf billigen und schlecht klingenden Geräten testen.

Entscheidend für eine gute Tonmischung sind:

- Verständlichkeit von Sprachtexten
- Verhältnismäßigkeit der Pegel von Musik, Geräusch und Sprache
- Passen Musik und Bild, vor allem Rhythmus von Schnitt und Musik?
- Klangbild und »Durchsichtigkeit« auch auf schlechteren Wiedergabegeräten
- Rausch- und Störgeräuschpegel

Ohne Zweifel ist der wichtigste Faktor beim Filmton seine Zweckmäßigkeit. In der Praxis bedeutet das, dass der Zuschauer Ton als Begleitung wahrnimmt und deshalb unbewusst davon ausgeht, dass der Ton zu stimmen hat. Nichts wird als furchtbarer empfunden, als wenn Sprechertexte unverständlich sind. Film ist ein eindimensionales Medium, das heißt, auch wenn es natürlich theoretisch die Möglichkeit gibt, zurückzuspulen und etwas noch einmal anzuhören, wird davon nicht gerne Gebrauch gemacht. Der Grund ist einfach, dass es den dramaturgischen Fluss des Films und der Geschichte stört. Ein wichtiger Grundsatz bei der Abmischung eines Filmtons ist: Vermeiden Sie Irritationen, außer sie sind ganz bewusst gesetzt. Ist ein Kommentar, ein Sprechertext, zu schnell, zu nuschelig, zu unverständlich, verzichten Sie auf ihn, oder untertiteln Sie die Textstelle.

4.7 Mischung

Passt ein Geräusch nicht oder irritiert es, dann versuchen Sie, das Geräusch zu entfernen, außer Sie wollen diese Irritation auch wirklich hervorrufen.

Die Lautstärkeverhältnisse von Tonereignissen müssen zueinander passen. Ist das nicht der Fall, kann Ihr Film unbeabsichtigt komödiantische Züge bekommen. Ein krasses Beispiel: Sie produzieren einen typischen Detektivfilm im Stil der 70er Jahre und Ihr Hauptdarsteller erzählt im *Off-Text* (der Schauspieler ist nicht zu sehen und kommentiert die Bilder) etwa: »Leise schlich ich mich an ...« Nach dem nächsten Schnitt sind Füße in Großaufnahme zu sehen und lautstark dröhnen Schritte aus den Lautsprechern. Im schlimmsten Fall liegen Ihre Zuschauer vor Lachen auf dem Boden, vor dem Fernseher oder Beamer.

Musik und Schnittgeschwindigkeit bzw. Rhythmus müssen passen. Musik suggeriert Stimmung und transportiert Gefühl. Ist die Musik hektisch, das Bild aber ruhig, kann das irritierend wirken.

Das Klangbild trägt entscheidend zur Verständlichkeit von Sprachtexten bei. Ist der Klang dumpf und topfig, leidet die Verständlichkeit. Zum Mastering (zur Endmischung) sollten hochwertige Lautsprecher mit neutralem Klangbild in einer zumindest studioähnlichen Umgebung eingesetzt werden (so genannte Monitorboxen, erhältlich zum Beispiel von JBL, Yamaha etc.). Studioähnlich bedeutet, der Abhörraum sollte bedämpft sein und eher trocken klingen (kein Nachhall). Zum Vergleich sollte die Tonmischung dann auf billigen, minderwertigen Lautsprechern gegengehört werden, um zu sehen, wie die Mischung auf solchen Boxen klingt. Computerlautsprecher der billigen Sorte sind als Monitorboxen für das Mastering ungeeignet.

Rausch- und Störpegel (z.B. Brummen oder Zirpen) sollten in einem *Mastermix* nicht vorhanden sein. Manche digitale Audioschnittprogramme bieten besondere Filter, um solche Geräusche zu beseitigen (z.B. Audition von Adobe, früher Cool Edit).

Der zu empfehlende Pegelunterschied zwischen Hintergrundmusik und Sprache hängt stark davon ab, ob einzelne Tonspuren dynamisch komprimiert sind (dazu später mehr) oder nicht. Ein Richtwert zur Abmischung ist, dass die Musik, über die gesprochen werden soll, etwa in ihren Spitzen bei -18 dB liegen sollte, darübergesprochene Texte dagegen sollten in ihren Spitzen bis -6 dB ausgesteuert sein. Meist ist dann der Text verständlich und die Musik noch gut hörbar.

Funktionen wie »Normalisierung« oder »normalize« sollten auf den gemasterten Ton nur dann angewandt werden, wenn sie wirklich genau einstellbar sind. »Normalisieren« bedeutet, dass die Spitzenpegel der gesamten Tonspur auf einen festzulegenden Wert angehoben oder abgesenkt werden. Ein Beispiel: »Normalisiert« man eine Tonspur auf -3 dB, ist damit festgelegt, dass die Datei an den lautesten Stellen gerade -3 dB erreicht. Bei manchen Programmen ist der Normalisierungswert nicht einstellbar, dann wird automatisch auf 0 dB angehoben, das ist ausdrücklich nicht zu empfehlen, da dieser Wert zu hoch ist.

4.8 Off-Text-Aufnahme

Gerade im Industriefilm müssen Bilder oft kommentiert werden. Dieser gesprochene Kommentar wird als *Off-Text* bezeichnet, weil der Sprecher nicht zu sehen ist. Beim Off-Text gibt es zwei Aspekte zu berücksichtigen:

- den technischen Aspekt
- den inhaltlich formalen Aspekt

Technischer Aspekt

Beide Bereiche möchte ich hier kurz erläutern. Zunächst zum technischen Aspekt, zu dem ich auch die Qualität der Sprecherstimme zähle, denn auch gute Stimmen können, schlecht aufgenommen, furchtbar klingen. Die Klangfarbe der Stimme ist ein wesentlicher Beurteilungspunkt der Zuschauer, ob ein Film professionell oder unprofessionell wirkt. In der Regel sollte man ein *Stimmcasting* durchführen, bevor man sich für einen Sprecher entscheidet. Hauptfrage ist immer wieder: Woher bekomme ich gute Sprecher? In der Regel sind Hörfunksprecher und Radiomoderatoren sehr dankbar für Nebenjobs als Filmsprecher. Auch größere private Regionalsender haben oft einen Fundus an durchaus guten und geeigneten Sprechern und Sprecherinnen. Bevor man allerdings eine Anfrage startet, sollte man sich im Klaren darüber sein, welcher Art der Kommentar sein soll: Eher locker und moderativ oder eher hart und nachrichtlich? Denn Sprecher ist nicht gleich Sprecher. Nachrichtensprecher in Fernsehen und Hörfunk sind darauf spezialisiert, eher emotionslos und trocken Fakten zu präsentieren, Moderatoren erzählen eher Geschichten mit persönlichem emotionalen Touch. Wird nun ein Nachrichtensprecher dazu verdonnert, einen eher lockeren Werbespot zu vertonen, geht das häufig schief. Das Stimmcasting läuft so ab, dass kurze Sprechbeispiele bei den verfügbaren Sprechern angefordert werden und diese dann dem Kunden präsentiert werden. Die gesprochenen Texte müssen zu diesem Zeitpunkt nicht unbedingt mit den späteren Kommentartexten übereinstimmen. Zunächst geht es nur um die Stimmanmutung. Dazu kann auch ein Dialekt zählen, der erwünscht oder unerwünscht ist.

Tabelle 4.5
Kategorisierung von Sprecherinnen und Sprechern in ihrer Anmutung

alt	jung
seriös	unseriös
beruhigend	dynamisch/treibend
warm	kalt
sympathisch	unsympathisch
emotional	unemotional
intellektuell	unbedarft
hochdeutsch/neutral	mit Dialekt/regional
vertraut	fremd
verständlich	unverständlich

4.8 Off-Text-Aufnahme

gleichförmig/monoton	abwechslungsreich
unbetont	betont
individuell	durchschnittlich
spontan	überlegt
deutlich	nuschelig
leise/introvertiert	laut/extrovertiert
erklärend	unterhaltend
hart	weich
schnell	langsam
abgeklärt	frisch
wird mit etwas assoziiert	assoziationsfrei

Alle diese Punkte können sowohl auf Frauen als auch Männer angewandt werden und sind immer subjektiv in ihrer Auslegung. Dennoch können sie Anhaltspunkte liefern, wie ein Kommentator klingen soll.

Viele Sprecher haben heute ein eigenes Tonstudio und bieten an, Filmtexte geschnitten per MP3 über E-Mail zu schicken. Wichtig dabei ist, dass diese MP3-Dateien nicht zu stark komprimiert sind (sinnvoll: 192 KB/sec 44,1kHz/stereo) und der Sprecher ein gutes Mikrofon zur Aufnahme einsetzt.

Alternativ sollten Sprecheraufnahmen immer in einem Tonstudio Ihrer Wahl aufgezeichnet werden. Legen Sie Wert auf gute Mikrofone. Der volle, warme Klang von Hörfunksprechern entsteht oft durch den Einsatz so genannter *dynamischer Kompressoren*. Diese Geräte sind in jedem professionellen Studio verfügbar und reduzieren den Abstand zwischen lauten und leisen Sprechpassagen. Als Nebeneffekt werden oft Bass und Höhen leicht angehoben und die Stimme klingt runder als in Natur. Ein Kompressionsfaktor von 1:4 im Bereich von 0 bis -20 dB ist ein häufig anzutreffender Wert bei Sprachaufnahmen. Nahbesprechungsmikrofone, wie sie gerade in Radiostationen oft benutzt werden (in Nierencharakteristik), verstärken den Bassbereich, je näher der Sprecher am Mikrofon ist. Das wiederum kann zu so genannten *Plopp-Effekten* führen (bei der Aussprache von B oder P, ploppt es bei der Aufnahme). Diese Effekte können durch einen Ploppschutz reduziert werden. Entsprechende Vorsätze, die meist aus einem mit Nylon bespannten Kreis oder Rechteck bestehen, sind im Musikalienhandel erhältlich.

Professionelle Sprecher sind in der Lage, Sprechtempo und Betonung den Wünschen des Produzenten anzupassen. Ist man sich unsicher, ob ein Sprecher tatsächlich professionell ist, hilft ein einfacher Test: Um zu überprüfen, ob jemand zum Beispiel eine Sprecherausbildung hat, lassen Sie die betreffende Person einen Text mit dem Wort »ruhig« lesen. Die Endung »ig« wird als »ich« ausgesprochen, also »ruich«. Das entspricht der amtlichen Hochlautung. Demgegenüber wird aber das Wort »König« mit »ig« ausgesprochen (Ausnahmeregel). Beides muss einem Profisprecher bekannt sein, außer er hat sich auf einen Dialekt spezialisiert.

Inhaltlicher formaler Aspekt

Zum inhaltlich formalen Aspekt des Off-Textes: Dabei geht es darum, was eigentlich im Kommentar gesagt werden soll und muss und in welcher Sprachform. Das Schreiben von Off-Texten sollte gewissen Regeln folgen:

- Keine Text/Bildschere
- Keine Banalitäten
- Vermeidung von Imperfekt
- Einfache Satzstrukturen
- Redundanzen
- keine Fachbegriffe/Fremdwörter, wenn nicht nötig
- keine überflüssigen Füllwörter
- logischer Aufbau
- keine Informationsüberflutung
- keine Zahlenorgien
- keine Wortwiederholungen
- Weniger ist häufig mehr

Bild-Text-/Text-Bildschere und Banalitäten

Zunächst zur *Bild-Text- oder Text-Bildschere*: Das bezeichnet eine Situation, in der im Kommentar etwas erläutert wird, was nichts mit dem Bild zu tun hat. Ein solcher Fall liegt vor, wenn im Bild eine Fabrikhalle zu sehen ist und es im Kommentar parallel darum geht, dass das gezeigte Unternehmen auch eine Mitarbeiterkantine mit besonders leckeren Essensangeboten besitzt, gekocht von einem Spitzenkoch. Denn der Zuschauer wird im ersten Moment glauben, dass die gezeigte Fabrikhalle die Kantine darstellt. Das bedeutet, dass ein Kommentar in jedem Fall möglichst einen direkten Bezug zum Bild haben muss und erwähnte Dinge auch im Bild zu sehen sein sollten. Gleichzeitig darf ein Off-Text nicht Banalitäten transportieren. Was sich selbst erklärt, muss nicht kommentiert werden. Ein typisches Beispiel wäre, wenn im Video ein Personenwagen durchs Bild fährt und der Kommentar dazu lautet: »Es handelt sich um ein Auto« – das sieht jeder. Ein Kommentar oder Off-Text sollte zusätzliche Informationen zum Offensichtlichen liefern, also im konkreten Beispiel eher technische Informationen, wirtschaftliche Details oder Sicherheitsaspekte des Fahrzeugs.

Vermeidung von Imperfekt

Der *Imperfekt* steht für Vergangenheit in der Grammatik. In der Praxis lautet ein Satz im Imperfekt zum Beispiel: »Der Bundeskanzler flog in die Vereinigten Staaten« oder »Die Firma legte bei der Entwicklung des Fahrzeugs viel Wert auf den Umweltschutz«. Beide Sätze vermitteln durch den Imperfekt, dass beide Vorgänge endgültig abgeschlossen sind und kein Bezug mehr zur Gegenwart, zum Hier und Jetzt, besteht. Beide Aussagen sind durch ihre grammatikalische Form Geschichte. Das nimmt ein Zuschauer unterbewusst wahr. Der Imperfekt ist in der Sprache (trotz regionaler Unterschiede) weniger üblich. Wenn Sie Ihrem Arbeitskollegen erzählen, was Sie in der Mittagspause gegessen haben, werden Sie meist statt »Ich aß Schweineschnitzel« (Imperfekt) »Ich habe Schweineschnitzel gegessen« (Perfekt) sagen. Der Perfekt, die vollendete Gegenwart, beschreibt Vorgänge, die zwar abgeschlossen sind, aber Auswirkungen auf die unmittelbare Gegenwart haben. Damit wird eine gewisse Wichtigkeit für den Zuhörer signalisiert, weil die Information auch für ihn Auswirkungen im Hier und Jetzt haben kann. Viele Zuhörer und Zuschauer empfinden Imperfekt-Formen auch als gestelzt oder hochgestochen, wenn sie sprachlich eingesetzt werden. Wohlgemerkt dies alles hier bezieht sich auf das gesprochene Wort, nicht auf Literatur, Zeitung, Zeitschriften oder Bücher. Greifen wir noch mal den Beispielsatz von gerade eben auf: »Die Firma legte bei der Entwicklung des Fahrzeugs viel Wert auf den Umweltschutz«. In dieser (Imperfekt-)Form vermittelt die Aussage unterschwellig, dass das Fahrzeug aktuell nicht mehr weiterentwickelt wird und der Umweltschutz heute keine große Rolle mehr spielt. Möglicherweise ist es Jahre her, dass das Fahrzeug entwickelt wurde und die Technik kann auch schon veraltet sein. Im Perfekt würde der Satz lauten: »Die Firma hat bei der Entwicklung des Fahrzeugs viel Wert auf den Umweltschutz gelegt«. In dieser Form vermittelt die Aussage unterschwellig, dass die Entwicklung zwar abgeschlossen, aber gerade eben erst fertig wurde. Geht man nun noch einen Schritt weiter und formuliert die Aussage etwas allgemeiner und im Präsens, also in der Gegenwartsform, werden unterschwellig weitere positive Assoziationen geweckt: »Bei der Entwicklung neuer Fahrzeuge der Firma steht der Umweltschutz immer mit im Vordergrund«. Die Aussage in der Gegenwartsform transportiert unterschwellig, dass Entwicklungen immer stattfinden und es nicht dabei bleibt, einmal ein Fahrzeug zu entwickeln, und dann ist das Projekt abgeschlossen. Es entsteht beim Zuhörer das Gefühl, hier ist man immer am Ball und der Gesichtspunkt Umweltschutz wird grundsätzlich berücksichtigt.

In der Regel sollte dem Präsens (Gegenwart) oder dem Perfekt (vollendete Gegenwart) gegenüber dem Imperfekt (Vergangenheit) der Vorzug gegeben werden.

Einfache Satzstrukturen

Lange Sätze mit Nebensätzen oder Einschüben haben in Off-Texten nichts zu suchen. Satzgefüge sollten kurz und einfach sein. Im Hörfunk gibt es eine grobe Faustregel, die davon ausgeht, dass ein Satz nicht mehr als 16 bis 24 Wörter beinhalten soll. Das ist auch für gesprochene Kommentartexte gültig.

Redundanzen

Redundanzen bedeutet Wiederholungen, sie sind beim gesprochen Wort besonders wichtig, denn das akustische Gedächtnis ist zunächst ein Kurzzeitgedächtnis. Es reicht zum Beispiel nicht aus, in einem Off-Text einmal den Namen einer Person zu nennen und dann nur noch von ihm oder ihr zu sprechen. Bereits nach spätestens einer Minute weiß kaum ein Zuschauer mehr, von wem nun tatsächlich die Rede ist. Es ist durchaus üblich, nach zwei oder drei Sätzen zumindest den Nachnamen zu nennen, um ihn beim Zuhörer akustisch zu verankern. So etwas fällt unter Redundanz.

Fachbegriffe/Fremdwörter

Fremdwörter oder Fachausdrücke beeinträchtigen die Verständlichkeit von Sachverhalten. Vermeiden Sie Fachbegriffe oder Fremdwörter, so weit dies möglich ist. Müssen Fremdwörter oder Fachbegriffe eingesetzt werden, sollten sie mindestens einmal erklärt werden, möglicherweise auch zweimal. Entscheidend ist immer bei der Gestaltung der Off-Texte, wer sich den fertigen Film nachher anschauen soll (Zielgruppe) und inwieweit Fachbegriffe und Fremdwörter den Zuschauern bereits bekannt sind. Sinnvoll ist es, immer jemanden als Testperson mit möglichst geringen Fachkenntnissen einzusetzen, um die Verständlichkeit von Off-Texten zu überprüfen.

Füllwörter

Überflüssige Füllwörter können »also«, »sozusagen« oder »nämlich« sein. Nur um ein paar Beispiele zu nennen. Auch Begriffe wie »offensichtlich« oder »offenbar« werden manchmal als Füllwörter eingesetzt. Solche Füllwörter bremsen den Informationsfluss in einem Off-Text. Das kann manchmal auch sinnvoll sein, wenn die Informationsdichte des Films zu hoch wird, allerdings sollte dann der Einsatz solcher »*Füllsel*« kontrolliert und bewusst erfolgen. Manche Begriffe oder *Idiome* (feststehende Redewendungen) sollten überprüft werden, bevor sie eingesetzt werden: »Der Täter wurde auf offener Straße erschossen.« Hier sollte sich der Off-Text-Autor zum Beispiel nur kurz die Frage stellen, gibt es auch geschlossene Straßen?

Logischer Aufbau

Dass ein gesprochener Kommentar, ebenso wie der Film an sich, nachvollziehbar aufgebaut sein soll, versteht sich von selbst. Dabei kann ein logischer Aufbau (nicht zwingend) sinnvoll sein.

Informationsüberflutung

Unter dem Stichwort *Informationsüberflutung* ist nicht nur der Kommentar oder Off-Text zu berücksichtigen. Hier ist das Zusammenspiel der Elemente Bildinformation und Textinformation zu sehen. Ist im Bild ein spannender oder komplizierter Vorgang zu sehen, der viel Aufmerksamkeit bindet, geht ein Kommentar dazu leicht unter. Umgekehrt kann das ebenfalls passieren, auch wenn das deutlich seltener der Fall ist.

Zahlenorgien

Eine Aufzählung von Zahlen oder Zahlenreihen im Sprechertext sind überflüssig. Nach spätestens drei Zahlen hintereinander ist die Aufmerksamkeit des Zuhö-

Wortwiederholungen

»Keine Wortwiederholungen« scheint zunächst im Widerspruch zu Redundanzen zu stehen. Dem ist nicht so. »Redundanz« bezieht sich auf Schlüsselwörter, Schlüsselnamen oder absolut wichtige Fakten. »Wortwiederholungen« bezieht sich auf gleich lautende Satzanfänge oder Bezeichnungen, die sich dauernd wiederholen. So ist es wesentlich eleganter, wenn einmal von Auto und dann eventuell von Fahrzeug die Rede ist, als wenn immer nur von Auto gesprochen wird.

Weniger ist häufig mehr

»Weniger ist oft mehr« steht für den Appell, einen Film nicht zuzutexten. Wenn ein Off-Text nicht unbedingt nötig ist, sollte man darauf verzichten. Durch den Einsatz eines Kommentators oder Sprechers verändert sich die Wahrnehmungsperspektive des Zuschauers, weil eine dritte und unsichtbare Person ins Spiel kommt. Das erzeugt häufig Abstand zum Geschehen. Je nach Film ist das aber nicht erwünscht. Kommentierte Filme werden oft auch als *Feature* bezeichnet. Feature steht für eine Kombination von Aufnahmen von Objekten, Schauplätzen und Originaltönen (Ausschnitten aus Interviews etc.). Das Wort Feature kann als »kommentierter Bericht« übersetzt werden. Im Amerikanischen bezeichnet »*feature film*« allerdings allgemein einen Film von über 70 Minuten Länge (auch Spielfilme).

4.9 Musikproduktion für Film

Tatsächlich gibt es zwei Philosophien zur Filmmusik:

- Zuerst ist der Film fertig geschnitten und dann wird für den Film die Musik produziert oder ausgewählt, der Rhythmus der Musik richtet sich also nach dem Schnittrhythmus und den Bildern.

- Zuerst wird die Musik produziert oder ausgewählt und nach der Musik wird der Film geschnitten, der Schnittrhythmus richtet sich also nach dem Rhythmus der Musik.

Weder die eine noch die andere Methode ist richtig oder falsch, es obliegt der Gewichtung durch den Produzenten oder Regisseur, wie vorgegangen werden soll. Häufiger richtet sich in der Praxis die Musik nach dem Film, mit Ausnahme der Sparten Musikvideo, Trailer und Werbung.

Um Musik für den eigenen Film produzieren zu können, sind ein paar technische Voraussetzungen zu erfüllen:

- Filmwiedergabe und Tonaufzeichnung müssen gleichzeitig möglich sein, entweder durch Studiotechnik oder durch entsprechende Software-Lösungen.

- Eine hundertprozentige Synchronisation von Filmmaterial und Tonspuren, auch während der Produktion der Musik, sollte gewährleistet sein.

Kapitel 4   TON

- Für den Musiker/die Musiker muss ein Monitoring möglich sein (sie müssen sich »selbst« bzw. das, was sie spielen, hören können).

- Eine Wiedergabe der Originaltöne des Films sollte unabhängig von der Aufzeichnung während der Produktion verfügbar sein.

- Sämtliche Monitorpegel (Abhörpegel) sollten unabhängig von der Aufnahme regelbar sein.

- Notwendige Instrumente sollten bereitstehen.

- Die Aufzeichnung sollte auf einem Rechner erfolgen, um die Nachbearbeitung und Synchronisation bzw. Mischung zu vereinfachen. Sinnvolles Dateiformat bei Windows: Wave (*.wav) 48 kHz/Stereo/16 Bit

Filmmusik ist in der Regel instrumentale Musik ohne Gesang. Gesang schließt Off-Text praktisch aus, ebenso eine Mischung von Originalsprechtexten und Hintergrundmusik. Nur in Ausnahmefällen findet man wirklich Gesang bei Filmmusik, dann meist im Vor- oder Abspann.

Abbildung 4.13
Musikproduktion mit Musiksamples

Sehr praktisch und kostengünstig sind *Midi-Produktionen*. Das setzt allerdings ein Midi-fähiges Studio bzw. Midi-fähige Rechner voraus und entsprechende *Sampler*. Ein Sampler ist ein »Musikinstrument«, das fast alle anderen Instrumente nachbilden kann. Einfach erklärt sind in einem Sampler einzeln gespielte und aufgezeichnete Töne von Instrumenten hinterlegt und sie können per Keyboard (Tasteninstrument) gespielt (abgerufen) werden. Je nach Güte der Samples kann das ausgesprochen realistisch klingen.

4.9 Musikproduktion für Film

Midi steht für *musical instrument digital interface* und für notenbasierte Musikwiedergabe. Während bei herkömmlicher (wavebasierter) Musikwiedergabe aufgezeichnete Musik wiedergegeben wird, wird bei Midi der Computer, bzw. die Soundkarte, selbst zum Musikinstrument oder Sampler. Midi-Dateien und -Kompositionen, wie sie auch im Internet zum Download verfügbar sind, klingen je nach Qualität der Soundkarte oder des Samplers völlig unterschiedlich. Im weitesten Sinne sind Midi-Dateien am ehesten mit Musikboxen aus den 20er Jahren des vorigen Jahrhunderts vergleichbar, die durch Lochstreifen oder Walzen (Spieluhren) gespielt und gesteuert wurden.

Der Vorteil von Midi-Dateien ist, dass sie sehr klein sind. (Nur die Noten sind hinterlegt, nicht die Klänge.) Außerdem sind sie jederzeit zu verändern, zu transponieren oder umzukomponieren. Midi-Dateien müssen, bevor sie schließlich zur Filmvertonung benutzt werden, als Wave-Datei aufgezeichnet werden. Videoschnittprogramme unterstützen meist Midi nicht.

Abbildung 4.14
Midi-Musikproduktionssoftware

Hat man keinen Musiker zur Verfügung, gibt es kostengünstige Möglichkeiten, dennoch selbst Musik zu komponieren bzw. zu produzieren. Der *Magix Music Maker* (Software) bietet zum Beispiel die Möglichkeit, mit Taktsamples eigene Musikstücke in einer Art Baukastensystem zusammenzustellen. Mit ein wenig Gespür können die Ergebnisse durchaus überzeugen.

Alternativ gibt es auch *Soundpools* und fertige Filmmusik zum Beispiel von selected sound (eine Unterfirma größerer Plattenverlage). Beim Einsatz dieser

Musiken ist zu beachten, dass immer folgende Rechte erworben werden müssen:

- *Nutzungsrechte*
- *Aufführungsrechte (GEMA)*

Urheberrechte sind nicht übertragbar, sondern nur abzugelten, indem beide oben genannten Rechte erworben werden. Das gilt sowohl für Eigenproduktionen (also wirklich extra für den Film produzierte Musik) als auch für fertige Musikstücke. Vor allem die GEMA-Kosten können beträchtlich sein, je nach Auflage und Verbreitung eines Filmes. Lediglich beim Einsatz und bei der Ausstrahlung über Fernsehsender werden die GEMA-Kosten vom Sender übernommen und abgegolten. Dennoch müssen die Nutzungsrechte dabei vorliegen.

Allgemein kann es billiger kommen, Musik von einem der GEMA nicht verpflichteten Künstler komponieren und spielen zu lassen, als der Rückgriff auf fertige Produktionen.

Abbildung 4.15
GEMA-Webseite
www.gema.de

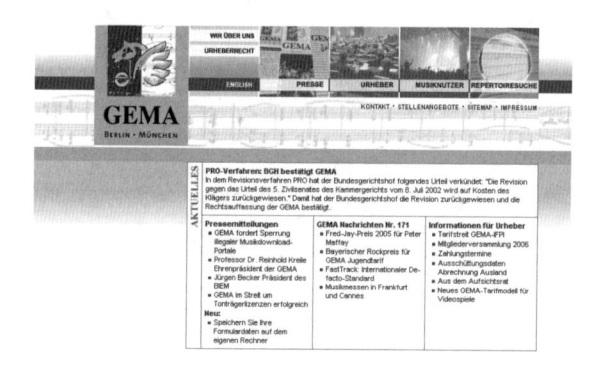

> **Hinweis**
>
> Immer GEMA-Rechte abklären. Mit der Institution ist nicht zu spaßen.

Die Abkürzung GEMA steht für *Gesellschaft für musikalische Aufführungs- und mechanische Vervielfältigungsrechte*. Sie vertritt ausschließlich Künstler, die Mitglied der GEMA sind, das bedeutet, dass nur Werke, die von GEMA-Mitgliedern komponiert wurden, auch GEMA-pflichtig sind und entsprechend angemeldet werden müssen. In jedem Fall muss ein Filmproduzent den schriftlichen Nachweis liefern, dass er im Besitz der Nutzungs- und Aufführungsrechte der Filmmusik ist. *DVD-Presswerke* (Kopierwerke) sind gesetzlich verpflichtet, vor der Pressung einer Auflage entsprechende Informationen von der Produktionsgesellschaft einzufordern.

Ein Hinweis in diesem Zusammenhang zum Drehbuch an sich: Auch dieses unterliegt einem Urheberschutz und genauso wie bei der Musik muss der Filmproduzent Nutzungsrechte einholen bzw. ablösen. Hier ist allerdings nicht die GEMA zuständig, sondern die GVL, *die Gesellschaft zur Verwertung von Leistungsschutzrechten* vertritt Autoren jeglicher Art.

So genannte »Royal free«-Musik oder GEMA-freie Musik ist auf dem Markt erhältlich. Kauft man solche CDs, ist im Kaufpreis bereits Nutzungsrecht und Aufführungsrecht enthalten. Eine GEMA-Meldung ist nicht nötig. Die entsprechende CD gilt als Nachweis, die Rechte erworben zu haben. Als GEMA-frei gelten außerdem klassische Musik und Volkslieder. Dabei ist aber zu berücksichtigen, dass spezielle Versionen oder Aufführungen von besonderen Künstlern in einer besonderen Interpretation sehr wohl GEMA-pflichtig sein können.

4.10 Mischpultaufbau

Ein Mischpult hat zweierlei Aufgaben: Zunächst verstärkt es schwache elektronische Tonsignale bis zu einem nutzbaren Pegel. Anschließend bietet es die Möglichkeit, unterschiedlichste Tonsignale zusammenzumischen.

Die Güte des Mischpults wird darüber definiert, wie klangneutral und sauber es diesen Funktionen gerecht wird.

Ein Mischpult setzt sich wie folgt zusammen:

- Eingang (line und Mikrofon)
- Eingangsverstärker (Vorverstärker)
- Tiefpassfilter
- Klangregelung
- AUX- und Monitorkanäle (Abzweigungen)
- Pan-(Balance-)Regler
- Solo/PFL-Taste
- Mutingtaste
- Pegelschieberegler (Fader) zwischen 6 und 10 cm
- Belegungstasten (subgroup assign)

Wichtig ist vor allem, vor Beginn der Mischarbeiten den Eingangsverstärker zu justieren (vgl. Kapitel *Kameraton*, *Mischpult*). Ein Mischpult liefert nicht genügend Ausgangsleistung, um damit passive Lautsprecherboxen zu betreiben, deshalb benötigt man für ein Studio entweder *aktive Lautsprecherboxen* (mit eingebautem Verstärker, eingebauter Endstufe), ein Mischpult mit eingebautem Verstärker oder aber eine separate Endstufe (Verstärker).

Ein wichtiges Merkmal eines Mischpultes ist außerdem das so genannte *Routing*. Routing bezeichnet den Weg, den ein Tonsignal im Mischpult nimmt, und welche Eingriffsmöglichkeiten gegeben sind. Gute Mischpulte haben eine Reihe von so genannten Effektwegen, Auxkanälen und Monitorkanälen und Insertbuchsen. Insertbuchsen geben die Möglichkeit, in den Weg des Tonsignales

Kapitel 4

TON

externe Geräte einzuschleifen (zwischenzuschalten). Das Routing lässt sich am besten über ein Blockschaltbild des Mischpultes beurteilen.

Abbildung 4.16
Blockdiagramm
24/48-Kanal-Mischpult

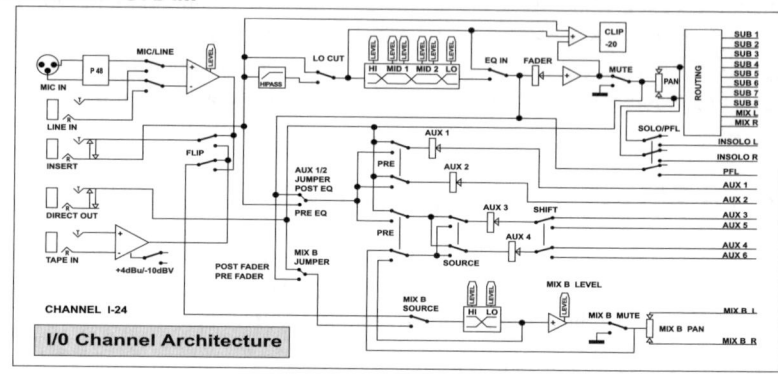

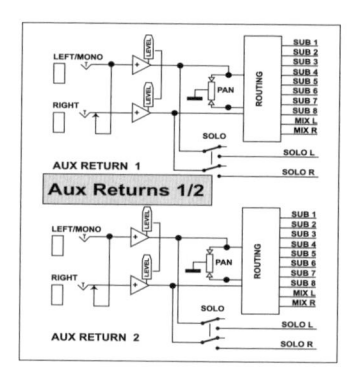

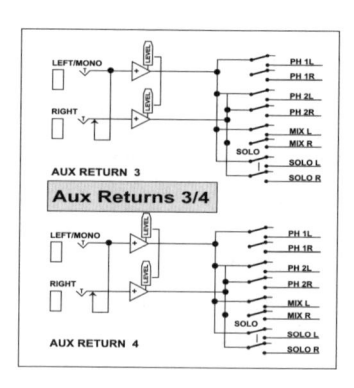

BLOCK DIAGRAM

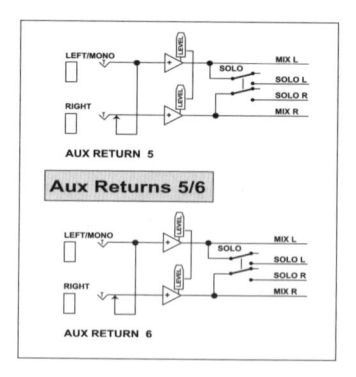

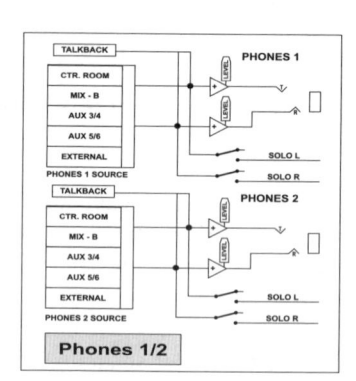

4.10 Mischpultaufbau

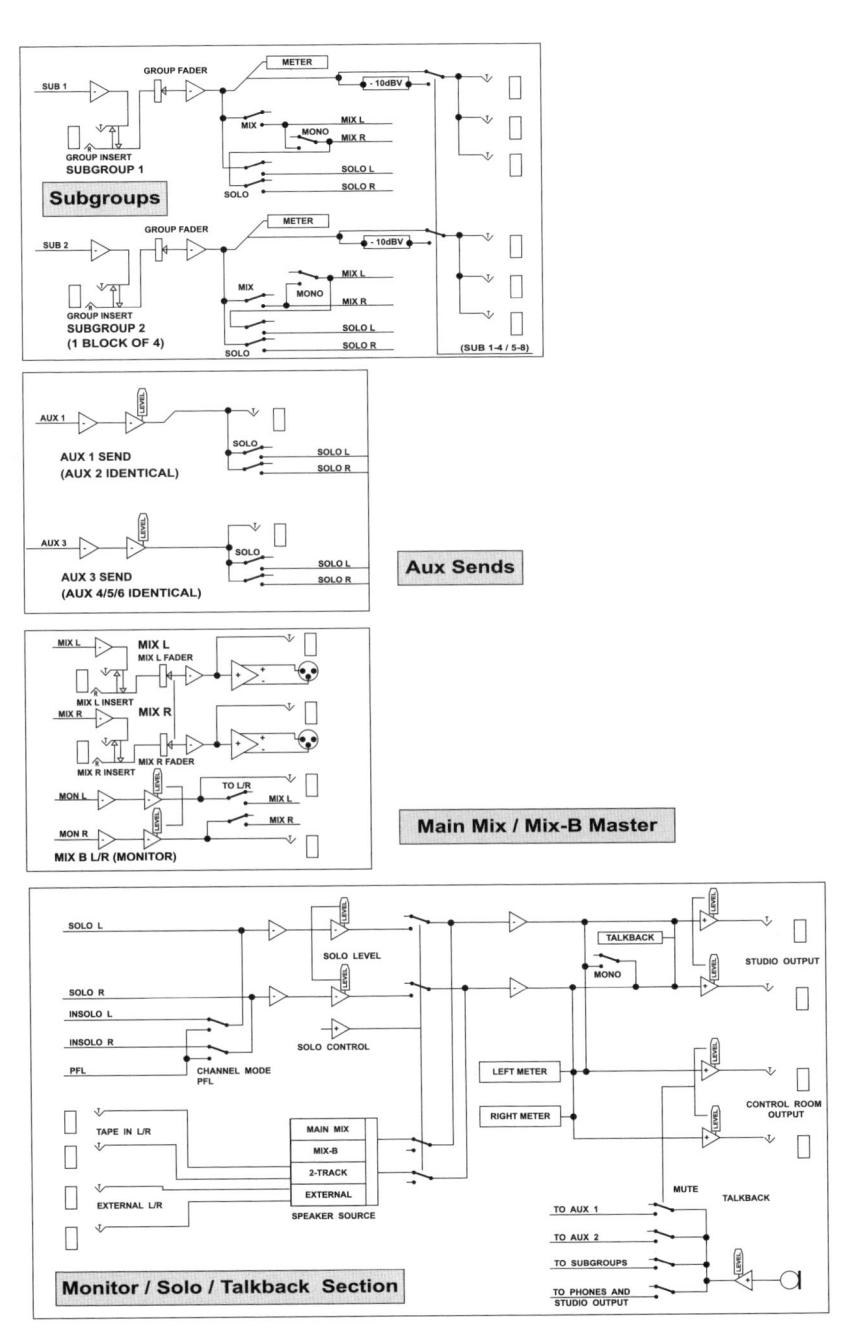

Abbildung 4.17
Blockschaltbild
Fortsetzung 24/48-Kanal-Tonmischpult

Abbildung 4.18
Blockschaltbild mobiles
Tonmischpult

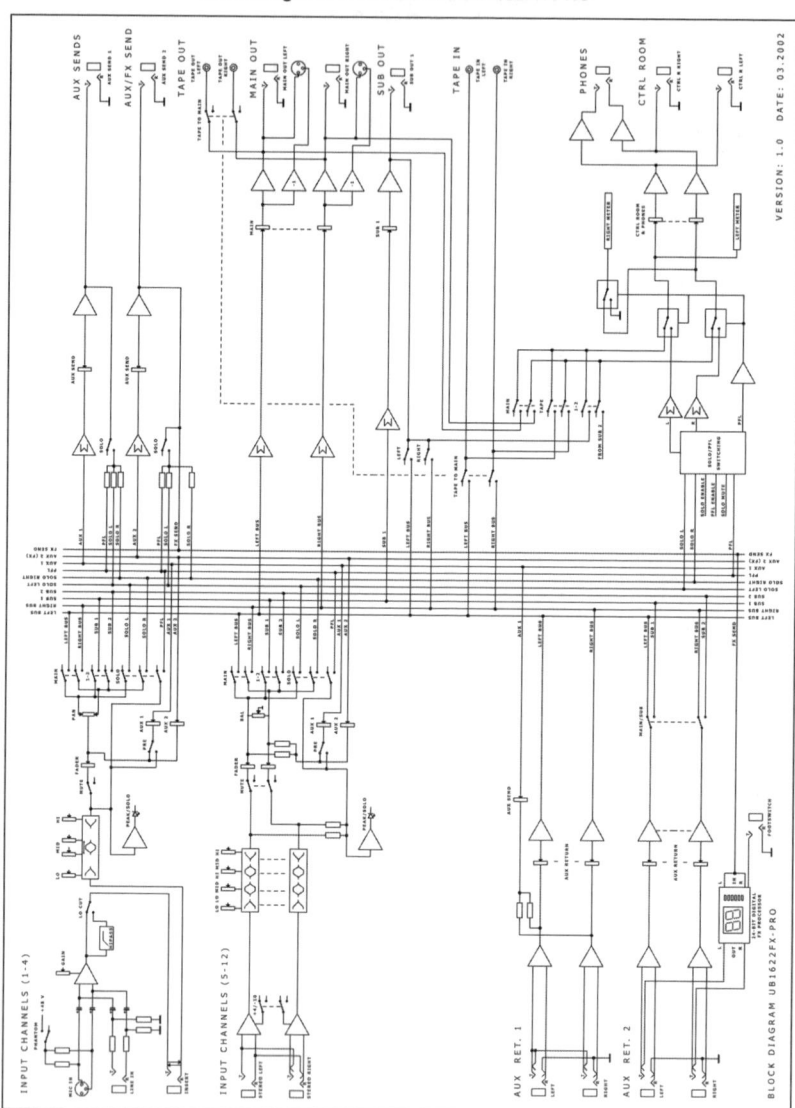

4.11 Sinnvolle Effekte

Klang- und Toneffekte werden über so genannte Effektgeräte erzeugt. Historisch gesehen haben *Echo- und Hallgeräte* die längste Tradition. Effektgeräte sind heute meist digital (Achtung: Übersteuerungsgrenze beachten!) und bieten weit mehr als nur Echo oder Hall. In der Regel gibt es heute darüber hinaus *Flanger* (Phasenverschiebung und Tonhöhenverschiebung), *Chorus* (Verdopplung, Phasenverschiebung und Überlagerung eines Signals), Verzerrung und *Pitch shift* (Pitch shift: Geschwindigkeitsanhebung und -senkung, klingt höher bzw. tiefer). Oft sind bei günstigen Mischpulten Effekte bereits ins Mischpult zuschaltbar eingebaut, diese integrierten Effektgeräte sind aber oft qualitativ nicht überzeugend.

Dank Computerschnittsystemen, die auch virtuelle Mischpulte (softwaregestützt im Rechner) anbieten, kann man heute oft auf ganze Studios verzichten, das gilt auch für Effektgeräte, denn alle Effekte sind als Software verfügbar.

Effekt	Wirkung	Einsatzhäufigkeit
Hall	gibt Tiefe (Kathedrale etc.)	häufig
Echo	Tiefe (Bergecho, Canyon)	selten
Flanger	Verfremdung	Musik, Gesang, Gitarre
Chorus	Fülle	Musik, Gesang, Gitarre
Verzerrung	Verfremdung	E-Gitarre
Pitch shift	Verfremdung	Comic
Equalizer	Klangregelung	sehr häufig/immer
Kompression	Lautstärkenanpassung	sehr häufig
Limiting	Übersteuerungsschutz	häufig
	Lautstärkenanpassung	

Tabelle 4.6
Wirkung und Einsatzhäufigkeit von Klangeffekten

Für Filmproduktionen sind vor allem *Hall*, *Equalizer*, *Kompression* und *Limiting* wichtig und sinnvoll. Der Hall kann für Sprachaufnahmen besonders wichtig sein, um eine gewisse Raumgröße zu vermitteln. Dank Hallgeräten lassen sich nicht nur Stadien oder Kathedralen klanglich nachbilden, sondern auch Badezimmer oder Abstellkammern.

Abbildung 4.19
Effekte in Audioschnittsoftware. Hier nur Hall (Reverb)

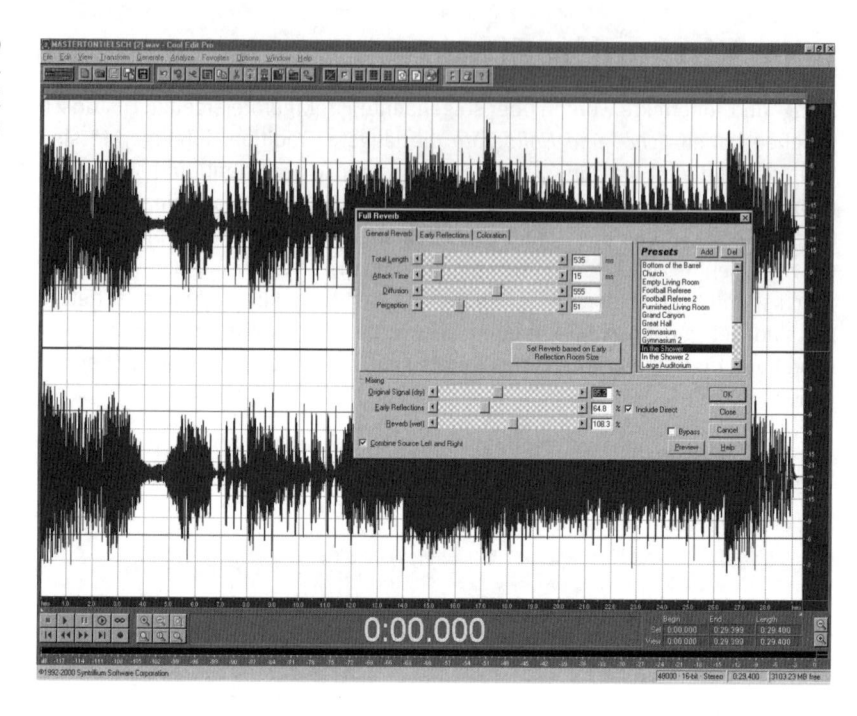

4.12 Dynamik und Kompression

Die Dynamik beschreibt, wie schon im Kamerateil erwähnt, den Abstand zwischen lautester Stelle und Stille im Tonsignal. Die Hörgewohnheiten haben sich in den letzten Jahren stark geändert. Dynamik wird heute oft als störend empfunden, also starke Lautstärkeunterschiede von leise zu laut und umgekehrt setzen voraus, dass die so genannte Abhörsituation ruhig ist, damit auch leise Passagen verständlich bleiben. Im Lauf der Jahre wurden, vor allem durch Werbespots, neue Maßstäbe gesetzt: Auch leise Passagen sind heute laut. Das heißt, Flüstern wird signaltechnisch oft angehoben, so dass es zwar weiterhin wie Flüstern klingt, aber vom Tonpegel her normale Lautstärke erreicht. Dies wird über eine Kompression des Tonsignals erreicht. Die Regel ist heute, dass fertige Audiomaster oder Filmmaster bis zum Verhältnis 1:4, ja manchmal in der Sprache sogar bis 1:8 komprimiert sind und fast keine Lautstärkepegelunterschiede im Verlauf eines Films festzustellen sind. Das liegt auch daran, dass Filme heute im Fernsehen oft nebenbei konsumiert werden und der Nebengeräuschpegel (z.B. Kneipe) dabei sehr hoch ist. Durch die Kompression entfällt der lästige Griff zur TV-Fernbedienung, um lauter oder leiser zu stellen. Tontechniker, Musiker und HiFi-Puristen bedauern zwar die Entwicklung, dennoch führt daran kein Weg vorbei. Werbespots müssen heute zumindest dynamisch komprimiert werden, und *Tonhüllkurven* müssen bei –3 dB wie ein »Brett« aussehen, dann entspricht das dem gängigen Produktionsstandard.

4.12 Dynamik und Kompression

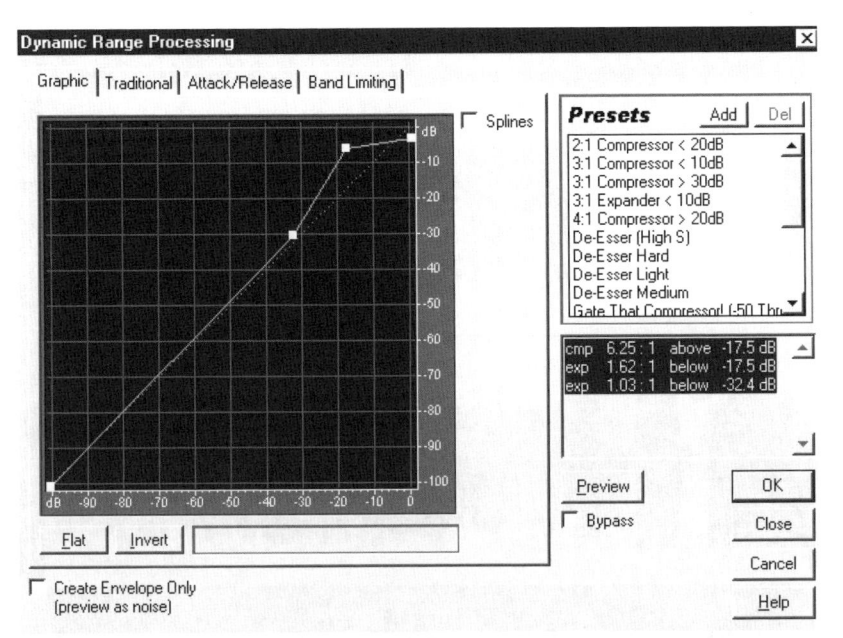

Abbildung 4.20
Kompression der Audiodynamik in Audioschnittsoftware. Bis −17 dB wird das Signal komprimiert, zwischen −17 und −32 dB wird das Signal expandiert, das heißt, Lautstärkeunterschiede werden in diesem Bereich vergrößert. Unterhalb von −32 dB bleibt das Signal unverändert

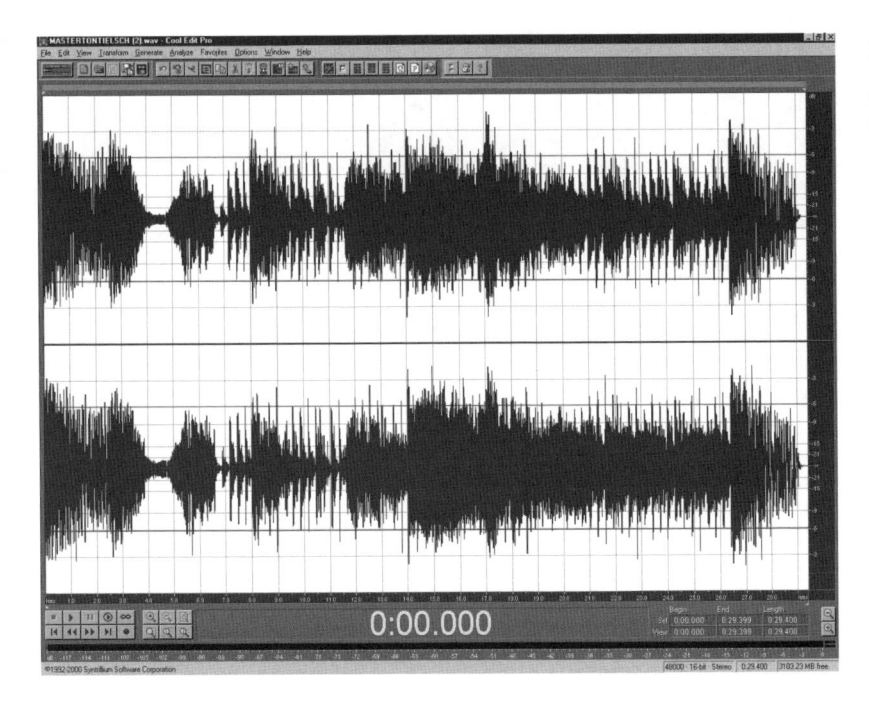

Abbildung 4.21
Tondatei ohne Kompression der Laustärkeunterschiede

Abbildung 4.22
Dieselbe Tondatei und Hüllkurve bearbeitet mit Kompression der Dynamik und Limiting auf −3 dB

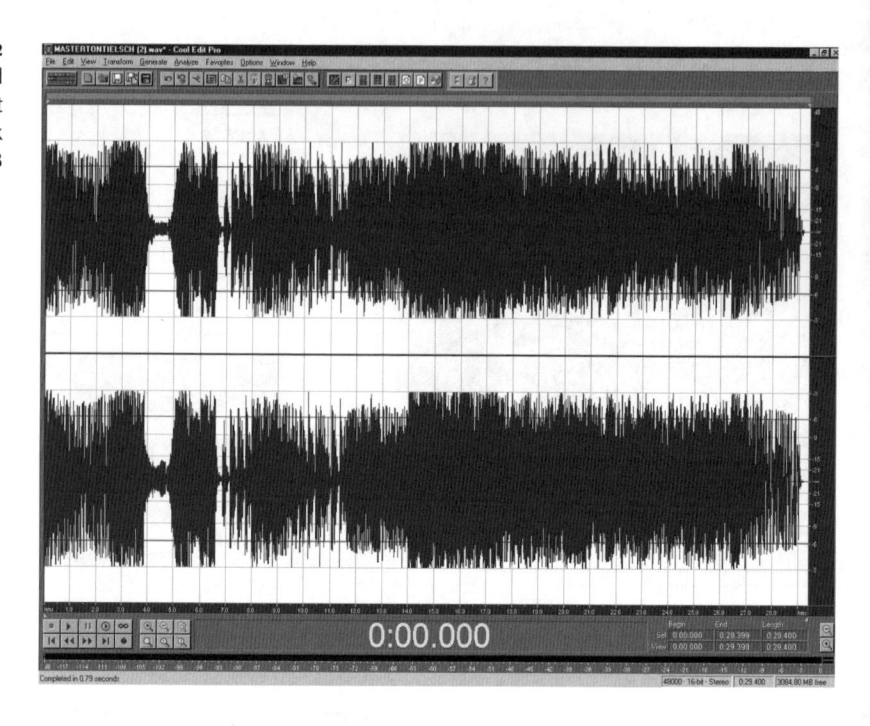

Kapitel 5

VIDEO

5.1 Grundlagen und Aufzeichnungsformate: DV, MPEG2, MPEG4, HDTV DV (MPEG2) 158
5.2 Tonnachsynchronisation 166
5.3 Technisch mechanische Grundlagen ... 168
5.4 Kompressionsverfahren (nur für digitales Video) 173
5.5 Kaskadierung und Kopierverluste 176
5.6 Formatwandlung 178
5.7 Digitalisierung von analogem Material . 180
5.8 Digitalisierung von Filmmaterial 182
5.9 Normvorspann 183
5.10 Unterschied Video – Film 184
5.11 Flirren von Texturen und Moirémuster .. 185
5.12 DVCAM, DVPRO und DV 186
5.13 Umgang mit Fernsehanstalten 187
5.14 Fazen, was ist das? 192
5.15 Typische digitale Probleme 193
5.16 Haltbarkeit 194
5.17 DVD-Formate (+R/-R/+RW/-RW/RAM) . 194
5.18 Datenvolumen 196
5.19 Videoschnitt am Rechner 196
5.20 Firewire.......................... 198

5.1 Grundlagen und Aufzeichnungsformate: DV, MPEG2, MPEG4, HDTV DV (MPEG2)

Übersichtstabelle der Formate

Aufgrund unterschiedlicher Darstellungssysteme unterscheidet sich Fernsehen massiv von Computerbildschirmwiedergabe oder Film. Beim Fernsehen werden beim PAL-System pro Sekunde 50 Halbbilder gezeigt (Vorteil: Bewegungen werden sehr harmonisch und flüssig dargestellt), ein Computermonitor ist grundsätzlich nicht in der Lage, Halbbilder zu zeigen und zeigt einen Videofilm statt mit 50 Halbbildern mit 25 Vollbildern pro Sekunde. Handelt es sich dabei um eine Aufnahme von einem Videoband, wird bei der Computerwiedergabe das Vollbild dadurch erzeugt, dass zwei Halbbilder übereinander in einem Bild dargestellt werden. Das führt zu hässlichen Querstreifen im Standbild, wenn es sich um ein bewegtes Bild handelt. Beim Fernsehen (PAL) wird die Auflösung in Bildzeilen (Halbbilder werden in Zeilen dargestellt) angegeben: PAL-Auflösung, Standard 625 Zeilen (davon 576 effektiv Bild, bei terrestrischer Ausstrahlung bleiben meist nur 400 Linien horizontaler Auflösung übrig). Professionelle Videosysteme wie Betacam (analog) erreichen 500 Linien.

Beim Film werden 24 Bilder pro Sekunde gezeigt. Diese Bilder sind Vollbilder (Nachteil: Im Kino werden auf der Großleinwand schnelle Bewegungen unter Umständen unangenehm dargestellt. Beispiel: Im Fernsehen ist ein sehr schneller Schwenk noch zu akzeptieren, im Kino kann solch ein Schwenk nicht gezeigt werden).

Seit Videofilme in Computern bearbeitet werden, hat sich ein grundsätzliches Problem herauskristallisiert. Computermonitore haben quadratische Pixel (Bildpunkte, aus denen ein Bild zusammengesetzt ist). Videos müssen bei der Digitalisierung vom Zeilenformat in dieses Pixelformat gewandelt werden. Dabei entsteht ein Problem: Wenn man versucht, eine Bildzeile in quadratische Pixel umzuwandeln, bleibt das Bildverhältnis unter Umständen nicht gewahrt. Aus diesem Grund hat man in der professionellen Videobearbeitung sehr früh zur Digitalisierung statt quadratischer Pixel rechteckige Pixel eingesetzt. Dieses Verfahren ist genormt und dahingehend optimiert, dass Videofilme digitalisiert werden, um sie anschließend wieder auf Videoband auszuspielen.

Auswirkungen in der Praxis

Ein Videoband mit 576 Zeilen Auflösung wird in einem Computer zu einer Bilderfolge von Einzelbildern mit dem Format 720 x 576 Pixel. Dieses Format ist optimiert für eine anschließende Ausgabe des fertigen Film auf Videoband (rechteckige Pixel). Videokarten, die es erlauben, analog Videofilme zu digitalisieren, digitalisieren häufig noch im Format 768 x 576 Pixel (quadratische Pixel). Dieses

5.1 Grundlagen und Aufzeichnungsformate

Format ist optimiert für die Computerbildschirmdarstellung. Wenn ein Digitalvideoband in einen Rechner übertragen wird (Firewire-Karte), wird es im Originalformat 720 x 576 Pixel abgespeichert. Soll dieser Film später nur auf Computerbildschirmen abgespielt werden, ist es sinnvoll,

1. das Bildformat in 768 x 576 Pixel zu verändern oder zumindest 720 x 576 Pixel im quadratischen Format berechnen zu lassen.
2. die Halbbilder in Vollbilder zu wandeln.

Abbildung 5.1
Format 720 x 576 Pixel

Abbildung 5.2
Dasselbe Bild im Format 768 x 576 Pixel

Erst dann ist sichergestellt, dass sowohl Bildverhältnis (4:3) als auch Flüssigkeit der Bewegungen auf dem Computermonitor gewährleistet sind.

FORMAT	AUFLÖSUNG	TON	ENTSPRICHT PIXEL (etwa)	FARB-PROBLEM
VHS	max. 240 Linien	mono/neuere Modelle hifi-stereo	240 x 576	Rot und Blau
Video 8	max. 240 Linien	stereo	240 x 576	Rot und Blau

Tabelle 5.1
Videosysteme in der Übersicht

VIDEO

FORMAT	AUFLÖSUNG	TON	ENTSPRICHT PIXEL (etwa)	FARB-PROBLEM
S-VHS	max. 400 Linien	mono/neuere Modelle hifi-stereo	352 x 576	vor allem Rot, Farbversatz
Hi8	max. 400 Linien	stereo	352 x 576	Rot/Problem hohe Drop-out-Rate, schlechte Haltbarkeit der Bänder
DV (allg. Formate)	500 Linien	bis 4-Kanal-Ton, hifi-stereo	720 x 576	Bei Farbverläufen kann es zu Farbtreppen kommen
DVCAM (Sony)	500 Linien	bis 4-Kanal-Ton, Bild/Ton verkoppelt	720 x 576	Bei Farbverläufen kann es zu Farbtreppen kommen
DVCPro (Panasonic)	500 Linien	bis 4-Kanal-Ton	720 x 576	Durch höhere Bandgeschwindigkeit und andere Codierung minimal verbesserte Farbwiedergabe gegenüber DV
Betacam (Sony und analog)	500 Linien	bis 4-Kanal-Ton analog	720 x 576	kein Farbproblem
Digibeta	500 Linien	4-Kanal-Ton	720 x 576	kein Farbproblem
HDCAM	über 750 Linien	4-Kanal-Ton	ca. 1980 x 1024	kein Farbproblem
DVD	500 Linien	Dolby Digital, (6 Kanäle) + 5 zusätzliche Sprachspuren LPCM und MPEG	720 x 576	Farbproblem bei Farbverläufen wie DV (je nach Datenreduktion auch Artefakte)

5.1 Grundlagen und Aufzeichnungsformate

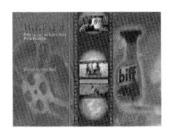

Abbildung 5.3
Auflösungsvergleich: VHS

Abbildung 5.4
Auflösungsvergleich: S-VHS

Abbildung 5.5
Auflösungsvergleich: DV

Computercodecs zur Videobearbeitung

Ein Codec ist dafür da, überflüssige Daten aus Bildern zu entfernen und die Datenmenge zu reduzieren (Kompression). MPEG (steht für Motion Pictures Experts Group) ist an sich keine eigentliche Kompression, sondern eine auf Datenreduktion basierende Technik.

Name	Baujahr	Kompressionsverhältnis	Kompatibilität	Ton	Subjektive Bildqualität
Cinepak	ca. 1996	variabel, aber sehr große Datenmenge	Windows/Mac	stereo	mäßig
Indeo 5.1	ca. 2000	sehr gut, variabel	Windows/Mac	stereo	sehr gut
frühere Indeo-Codecs: ab Version 3.2 bis Version 4.5	1996 bis 1999	gut, variabel	Windows / Mac	stereo	gut

Tabelle 5.2

Kapitel 5 — VIDEO

Name	Baujahr	Kompressionsverhältnis	Kompatibilität	Ton	Subjektive Bildqualität
DV-Codec	1999	5:1 festes Verhältnis	Windows / Mac	stereo	gut
MPEG1/ MPG1	ca. 1993	variabel, definiert bis max. 352 x 288 Pixel (VCD-Format)	alle	stereo	sehr gut
MPEG2	1994	variabel	DVD-Softwareplayer muss installiert sein	bis Dolby Digital (6 Kanäle)	sehr gut
MPEG4	bis 2001	variabel	Windows + neue DVD-Player	9 Kanäle	sehr gut, unterstützt HDTV

Abbildung 5.6
Codecauswirkungen:
Cinepak Klötzchenbildung
in Verläufen

5.1 Grundlagen und Aufzeichnungsformate

Abbildung 5.7
Codecauswirkungen:
Indeo 5.11 gut

Dateinamenendungen bei Videobearbeitung im Rechner

avi
Windows-Bezeichnung für Filmdatei, sagt nichts über den verwendeten Codec aus und damit nichts über die Bildqualität. Ein nicht komprimierter Film im avi-Format (also ohne Codec) erreicht eine Datenrate im Format 720 x 576 von 30 MByte pro Sekunde. Das bedeutet, dass ein Videofilm von 100 Sekunden Länge bereits 3 GByte groß wäre. Unter Windows sind Videodateien (avi) nur bis zu einer Größe von 2 GByte zulässig. Erst unter Windows XP/2000 mit NTFS wurde diese Beschränkung aufgehoben.

mov
Macintosh- bzw. Apple-Bezeichnung für Filmdateien, sagt nichts über den verwendeten Codec aus (hier sind praktisch sämtliche Codecs genauso verfügbar wie unter Windows, also Indeo etc.). Um mov-Dateien auf einem Windows-PC abspielen zu können, muss QuickTime installiert sein. Umgekehrt benötigt ein Mac-User den Windows Media-Player, um avi-Dateien abspielen zu können.

MPEG
Das MPEG-Format ist grundsätzlich betriebssystemunabhängig. Vor allem MPEG1-Dateien laufen nicht nur auf Mac- und Windows-Rechnern, sondern auch auf Linux-Maschinen.

MPEG bzw. MPG beinhaltet bereits die Information, dass der MPEG-Codec zur Datenreduzierung genutzt wird. MPEG2 ist als Format das eigentliche DVD-For-

Kapitel 5

VIDEO

mat. Auf einer DVD findet man *VOB-Dateien*. Dahinter verbergen sich MPEG2-Dateien, die allerdings andere Dateiheader beinhalten und deshalb erst wieder gewandelt werden müssen, wenn sie bearbeitet werden sollen. Zur MPEG2-Wiedergabe auf Rechnern ist zwangsweise eine DVD-Playersoftware oder ein entsprechendes Videoschnittprogramm notwendig.

Videofilme für möglichst breite Anwendungen

Das Ausgabeformat für Computernutzer sollte MPEG1 sein mit einer max. Bildgröße von 352 x 288 Pixel (VCD-Standard), Datenrate 1150 KB pro Sekunde, Ton zwischen 32 KHz mono und 48 KHz stereo. So erstellte Dateien sind sowohl als VCD (Video Compact Disc) auf jedem *Stand-alone-DVD-Spieler* als auch auf allen Rechnern als MPEG1-Dateien abspielbar.

Einziges Problem: Sollte der Endbenutzer ältere *DivX-Versionen* installiert haben, kann es zu Problemen beim Abspielen kommen. Das liegt an einer Inkompatibilität der zum freien Download im Internet verfügbaren älteren DivX-Software (vor 5.1). Sollte dieses Problem auftauchen, reicht die Deinstallation der DivX-Software und die MPEG1-Dateien sind wieder abspielfähig.

Internationale Fernsehsysteme

In Zentraleuropa hat sich PAL durchgesetzt. Wie bereits erwähnt, ist PAL definiert mit 25 Bildern pro Sekunde (entspricht 50 Halbbildern pro Sekunde) mit einem Bildverhältnis 4:3 und einer Computerumsetzung von 720 x 576 Pixel. Dieses System unterscheidet sich grundlegend vom amerikanischen Fernsehsystem *NTSC*. NTSC ist definiert mit 29,97 Bildern pro Sekunde bzw. 30 Bildern pro Sekunde, entsprechend 59 bzw. 60 Halbbildern pro Sekunde. Außerdem ist im amerikanischen Standard die Computerumsetzung definiert auf 720 x 480 Pixel. Massive Schwierigkeiten ergeben sich bei der Umwandlung von PAL in NTSC bzw. umgekehrt, weil es nicht reicht bzw. unmöglich ist, einen Film mit fünf Bildern zu schnell oder zu langsam laufen zu lassen. Der Film muss bei solch einer Umwandlung neu abgetastet werden. Auch Videoschnittprogramme bieten hier häufig nur unzureichende Möglichkeiten.

Farben im Video und auf dem Computer

> **Hinweis**
>
> Computerfarben und TV-Farben sind immer unterschiedlich.
>
> **Abbildung 5.8 auf DVD**
> Farbvergleich: Reines Rot im RGB-Farbraum

Das PAL-System hat nur einen beschränkten Farbumfang und einen geringeren Kontrastumfang als ein Computersystem. Farbwerte sind in einem Computer in einem *RGB-Raster* definiert. So wird Weiß dargestellt als R255 G255 B255.

Ein Fernseher im PAL-System kann vor allem im Rot- und Blaubereich kein reines Rot anzeigen, wie es der Computer generiert. Ein reines Rot im Rechner ist definiert als R255 G0 B0, ein Fernseher kann hier max. R219 G0 B0 anzeigen, das heißt, computergenerierte Farben müssen über einen PAL-Filter geschickt werden. Das wiederum bedeutet, dass die Farben auf einem Computermonitor *nicht* den Farben auf dem Fernseher entsprechen.

5.1 Grundlagen und Aufzeichnungsformate

Fernsehsender lehnen grundsätzlich Videomaterial zur Ausstrahlung ab, das übersättigte Farben enthält.

Computervoraussetzungen zur Videowiedergabe

Ein häufiges Problem ist, dass bei MPEG-Filmen nach einer Laufzeit von mehreren Minuten Bild und Ton nicht mehr synchron sind. Das liegt zum einen an Prozessoren, die unterdimensioniert sind, und zum anderen daran, dass die Datenrate zu hoch ist und die Daten nicht schnell genug von der CD oder DVD oder von der Festplatte gelesen werden können. Ein weiteres Problem ist die *Muxel-Rate*. Beim MPEG-Film sind Ton- und Bilddaten verschachtelt und wenn diese Struktur (GOP-Struktur, Group of Pictures) falsch gesetzt ist, verliert der Film die Synchronisation.

Datenrate, Qualität und Standards

Gekaufte DVDs haben in der Regel *Datenraten* von 4.500 bis 6.000 kBit pro Sekunde. Die erreichbare Qualität ist dabei besser als die von DV-Aufzeichnungen. Der MPEG2-Codec, der hier verwendet wird, liefert ab etwa 3.600 KBit pro Sekunde bei Bildgrößen von 720 x 576 Pixel sehr gute Ergebnisse. Unterhalb dieser Datenrate wird die Bildqualität sehr schnell sehr schlecht. Als max. Datenrate sind 9.800 KB pro Sekunde definiert (für DVDs).

Als ansprechender und qualitativ hochwertiger Richtwert für selbst erstellte DVDs kann man 6.000 KB pro Sekunde setzen. Wichtig dabei ist, dass manche MPEG-Codierer bei *variablen Bitraten (VBR)* Pumpeffekte erzeugen. Um bestmöglichste Bildqualität und Kompatibilität zu erreichen, nutzt man *konstante Bitraten (CBR)*. Diese verhindern Pumpen und stellen geringe Anforderungen an die Abspielgeräte.

MPEG1 ist ein offener Standard und obwohl er offiziell nur bis 352 x 288 Pixel definiert ist (VIDEO CD, VCD, Datenrate 1.150 kBit/sec), unterstützt er auch größere Bildgrößen bis über 720 x 576 Pixel. MPEG1 bietet dabei bei Datenraten ab 2.000 KB pro Sekunde ein ausgesprochen gutes Bild. Das bedeutet in der Praxis, dass der MPEG1-Codec bei kleinen Datenraten bessere Ergebnisse bringt als der MPEG2-Codec.

MPEG2 unterstützt ebenso wie MPEG4 Bildauflösungen, die HDTV (High Definition Television) entsprechen, also bis 1980 x 1024 Pixel. Diese Qualitäten werden allerdings nur von High-End-Videogeräten erreicht (HDCAM Sony, PANASONIC DVCPRO 100 etc.) und sind bislang weder kompatibel zu DVDs noch zu Wiedergabemonitoren. Für HDV, High Definition Digital Video, sind zurzeit zwei Varianten gängig: 1280 x 720 Pixel und 1440 x 1080 Pixel. Auch hier gibt es bislang nur sehr eingeschränkt passende Wiedergabemonitore, die tatsächlich diese Auflösungen zeigen können, und auch keinen entsprechenden DVD-Standard. Je nach Aufzeichnungscamcorder müssen für Videoschnittsysteme entsprechende MPEG2-*PlugIns* zugekauft werden, um die Videodateien bearbeiten zu können.

Abbildung 5.9 auf DVD
Farbvergleich: Dasselbe Rot im YUV(PAL)-Farbraum

Abbildung 5.10 auf DVD
Farbvergleich: Dasselbe Rot im NTSC-Farbraum

Tipp
Bei der DVD-Erstellung sind 6000 kBit/sec bei konstanter Bitrate ein guter Wert.

MPEG4 stellt sehr hohe Hardware-Anforderungen, ist allerdings im Ergebnis deutlich besser in der Komprimierung als MPEG1 und MPEG2. Ein echter Standard für MPEG4-Video-CDs oder -DVDs ist noch nicht verabschiedet.

DVD-Formate

Selbst erstellte DVDs sind bislang *DVDs der Kategorie 5 und 9*. Kategorie 5 bedeutet einfache Beschichtung, Kategorie 9 Zwei-Ebenen-Beschichtung. DVDs der Form Kategorie 5 unterscheiden sich von gekauften DVDs durch eine geringe Kapazität und weniger Spuren. Sie sind nur einfach beschichtet. Kauf-DVDs gehören fast immer der Kategorie 9 an und haben zwei Leseschichten.

Viele DVD-Player der älteren Generation können nur DVD– abspielen. Seit Mitte 2002 wurde das so genannte DVD+-System etabliert. Neuere DVD-Player spielen häufig DVD+ und keine DVD–. Selbst gebrannte DVDs waren ursprünglich von einem internationalen Konsortium (DVD–) definiert worden. Das neu eingeführte DVD+-System soll sich als endgültiger Standard durchsetzen.

Grundsätzlich empfiehlt sich ein DVD-Brenner, der beide Formate (+/–) unterstützt.

Eine DVD– kann als Master für eine normale DVD genutzt werden. Die entsprechenden DVDs aus dem Presswerk sind dann neutral von allen Geräten lesbar. Die meisten Presswerke bevorzugen DVD-Master der Kategorie 5 (einfache Layer = eine Abspielebene bzw. Schicht mit max. 4,7 GB Kapazität). Kategorie-9-Brennrohlinge (Doppellayer) werden von Presswerken als Master meist noch nicht akzeptiert, hier müssen die Daten auf Datenband (DLT) oder Festplatte angeliefert werden.

MPEG4

MPEG4 ist bislang keine echte Alternative, weil dieses Format in einem Wirrwarr von Eigenbrötlertum verschiedener Entwickler eigenwillige Blüten treibt. So gibt es MPEG4 in der Microsoft-Variante (Dateiendung: wmv) in der Apple-Variante (Dateiendung: mov) und als DivX-Variante (wird zumindest teilweise von DVD-Playern inzwischen unterstützt, aber ohne Garantie). Alle drei Varianten sind untereinander nicht kompatibel oder austauschbar und setzen jeweils unterschiedliche Software voraus. Insofern ist MPEG4 mit Vorsicht zu genießen.

5.2 Tonnachsynchronisation

Nachvertonung und *Nachsynchronisation* sind entweder direkt an einem Videomasterrekorder oder im Rechner möglich. Von einer Nachvertonung und Synchronisation am Videorekorder ist eigentlich abzuraten, dennoch kurz zum Verfahren:

Aufzeichnung des Rohmaterials mit dem Camcorder im Tonformat 32 kHz/12 Bit 2 Stereospuren (verpflichtend, wenn Originalton erhalten bleiben und die Rohmaterial-Videokassette nachvertont werden soll).

5.2 Tonnachsynchronisation

Ansonsten Schnitt von Camcorder zu Mastervideorekorder (Firewire und Schnittsteuerung), wobei auf dem Masterrekorder 32 kHz/12 Bit 2 Stereospuren als Tonformat gewählt werden muss, denn nur in diesem Modus ist eine der zwei Stereospuren für die Nachvertonung verfügbar. Die andere Stereospur bleibt erhalten und enthält den Originalton. Der Masterrekorder muss zur Nachsynchronisation die Funktion AUDIO DUB oder *Audio Dubbing* unterstützen, bei dieser Funktion bleiben Bildinformation und eine Stereotonspur erhalten, die zweite Stereotonspur wird mit beliebigem Tonmaterial überspielt. Wesentlich ist dabei aber eine Pegelanpassung der Nachvertonungsspur, weil bereits bei der Aufnahme das Lautstärkeverhältnis beider Spuren durch die Aussteuerung festgelegt wird. Nicht bei allen DV-Wiedergabegeräten kann das Verhältnis beider Stereospuren eingestellt werden, so dass zum Beispiel Hintergrundmusik bereits sehr leise aufgenommen werden muss, wenn Originalgeräusche oder Sprache noch verständlich bleiben soll.

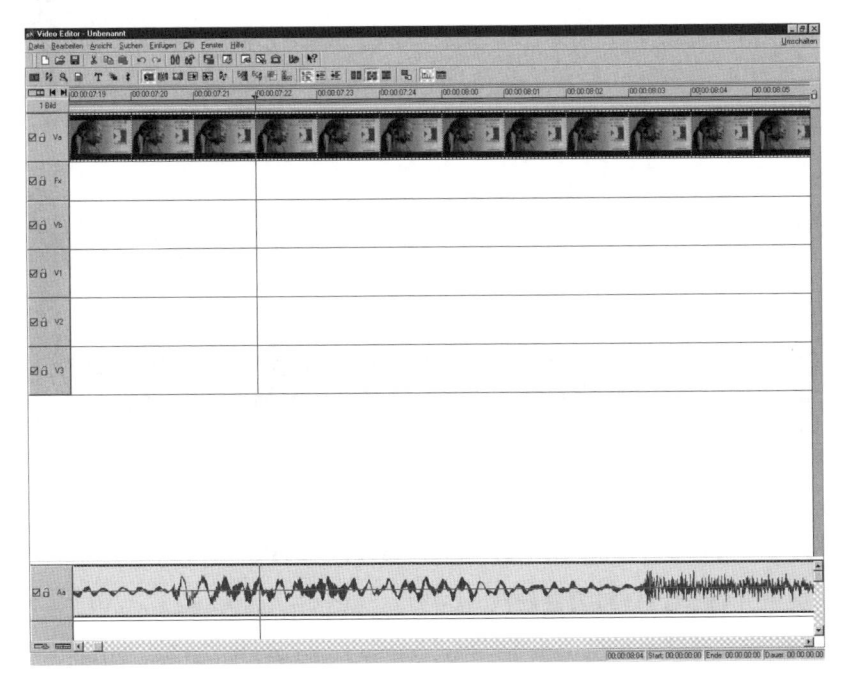

Abbildung 5.11
Auflösung der Tonspur im Videoschnitt-Programm
1 Bild = 1/25 sec

Zu empfehlen ist in jedem Fall eine Tonbearbeitung im Rechner. Nachvertonung und Synchronisation sind dort wesentlich einfacher und qualitativ besser umzusetzen. Hier ist im Gegensatz zur oben erwähnten Zuspielmethode das Tonformat 48 kHz/16 Bit/Stereo zu empfehlen (bereits bei der Aufnahme mit dem Camcorder). Professionelle Videoschnittsysteme und Software unterstützen in der Regel 99 Stereotonspuren, die willkürlich mischbar und steuerbar sind. Auf den Tonspuren wird der Ton in Form von *Hüllkurven* dargestellt. Hüllkurven zeigen die Lautstärke des Tonsignals in Wellenform und eignen sich hervorragend zur Synchronisation. Mit ein wenig Übung kann man einzelne Wörter oder Geräusche schon optisch zuordnen. Durch das Verschieben von Ton auf der Zeitlinie ist eine bildgenaue Synchronisation möglich. Viele Videoschnittsysteme erlauben nur eine Synchronisation auf das Bild (framegenau). Das ist beim Videoschnitt durchaus sinnvoll, musikalisch und tontechnisch kann es aber Schwierigkeiten machen: Eine 25stel Sekunde ist im Sinne von Musikschnitt eine lange Zeit und erlaubt keine Musikproduktion in einem Videoschnittprogramm, das sollte also in speziell dafür ausgelegter Audiosoftware erfolgen, diese erlauben Genauigkeiten bis zu einer 48.000stel Sekunde (Samplingfrequenz).

Abbildung 5.12
Auflösung der Tonspur in Audioschnitt-Programm bis auf 1/48000 sec

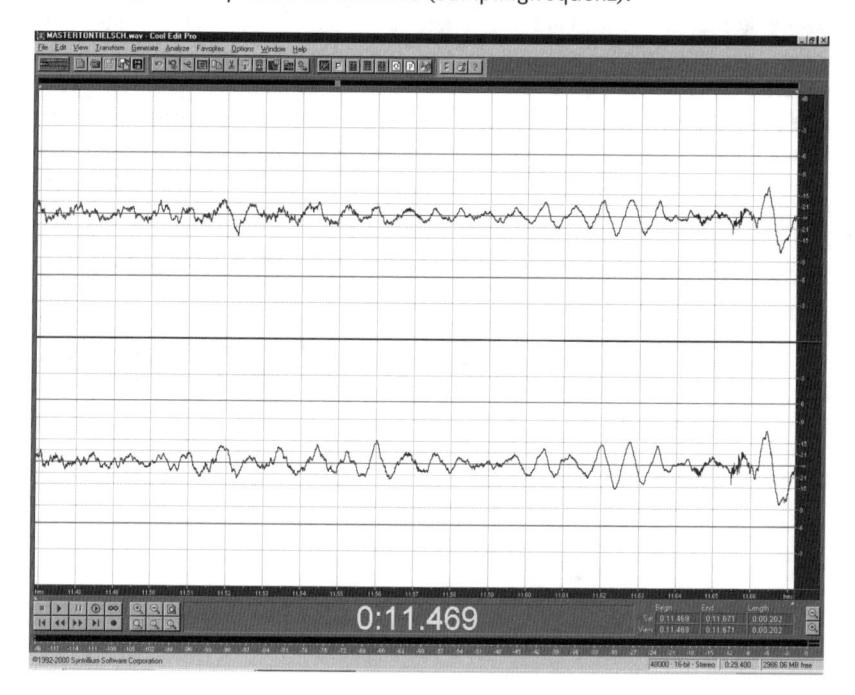

5.3 Technisch mechanische Grundlagen

Camcorder sind, mechanisch gesehen, relativ komplizierte Geräte. Besonders empfindlich sind Bandlaufwerk und Bildsensor. Ein Totalschaden der jeweiligen Baugruppe kann zum Totalschaden des Camcorders führen, weil ein Austausch der Teile teurer sein kann als ein Neukauf des Gerätes. Der Bildsensor darf bei entferntem Wechselobjektiv auf keinen Fall berührt werden: Fingerabdrücke, minimale mechanische Verschiebungen, Dreck oder Flecken zerstören den Chip.

5.3 Technisch mechanische Grundlagen

Technische Grundlage

Zur Technik des Bandlaufwerkes muss man ein wenig ausholen. Zunächst muss ein Camcorder verhältnismäßig viele Informationen aufzeichnen. Vergleicht man die Informationsmenge klassisch mit einem Kassettenrekorder, der nur Ton aufzeichnet, ist die Datenmenge, die auf das Band geschrieben werden muss, viel größer. Bei der Tonaufzeichnung werden Frequenzen von 20 Hz bis 20 kHz aufgezeichnet, bei Video von 30 Hz bis über 5,5 MHz. Das entspricht 17 Oktaven Umfang. Viele Informationen bedeutet eine hohe Bandgeschwindigkeit. Bei einem Kassettenrekorder beträgt die Bandgeschwindigkeit 4,76 cm in der Sekunde. Das heißt, jede Sekunde kann der Tonkopf auf dem Band eine Strecke von 4,76 Zentimetern beschreiben. Um nun die notwendige Menge an Daten von Bildern aufzuzeichnen, müssen bis zu neun Meter Band pro Sekunde zur Verfügung stehen. Das stellt ein Problem dar. Eine Audiokassette (oder Musikkassette) ist noch relativ handlich, eine Tonbandspule schon weniger (übliche Wiedergabe und Aufzeichnungsgeschwindigkeiten: 9,5 cm/sec, 19 cm/sec, 38 cm/sec und in speziellen Fällen (Studio) bis 76 cm/sec) und eine Videobandspule wäre angesichts der Bandgeschwindigkeit bei einer vernünftigen Aufzeichnungsdauer untragbar. Das gilt zumindest für eine *Längsaufzeichnung*. Längsaufzeichnung beschreibt die Art und Weise, wie der Tonkopf (der das Band magnetisiert) über das Band fährt: Beim Kassettenrekorder ist der Tonkopf fest mit dem Gehäuse verbunden und das Band wird an ihm vorbeigezogen.

Um tatsächlich eine Videoaufzeichnung auf Magnetbändern wirtschaftlich möglich zu machen, wurden bereits Ende der sechziger, Anfang der siebziger Jahre Tricks entwickelt.

Vereinfacht erklärt waren zwei Entwicklungen nötig, um die Videoaufzeichnung auf Band zu realisieren: Einerseits mussten sich die Ingenieure vom Konzept des fest verankerten Aufnahmekopfes lösen, andererseits musste die *Spurbreite* (das ist die Breite der durch den Aufnahmekopf magnetisierten Partikel auf dem Band) verkleinert werden.

Die Überlegung war folgende: Installiert man einen Aufnahmekopf auf einer rotierenden Trommel (einem Zylinder) und dieser dreht sich gegen das Band, das vorbeigezogen wird, ist eine relative Bandgeschwindigkeit von rund neun Metern/sec erreichbar. Schrägt man nun diese Kopftrommel oder noch besser Bildkopftrommel, in ihrer Achse ab, werden die Spuren nicht mehr längs, sondern diagonal auf das Band geschrieben. Je schmaler diese Tonspuren sind (also je kleiner die Spurbreite), umso mehr Spuren können diagonal auf ein Band geschrieben werden. Dieses Grundprinzip wird bis heute bei fast allen Videosystemen eingesetzt, die auf einer Bandaufzeichnung basieren.

Abbildung 5.13
Schematische Darstellung der Bandführung bei VHS und U-Matic-Videosystemen

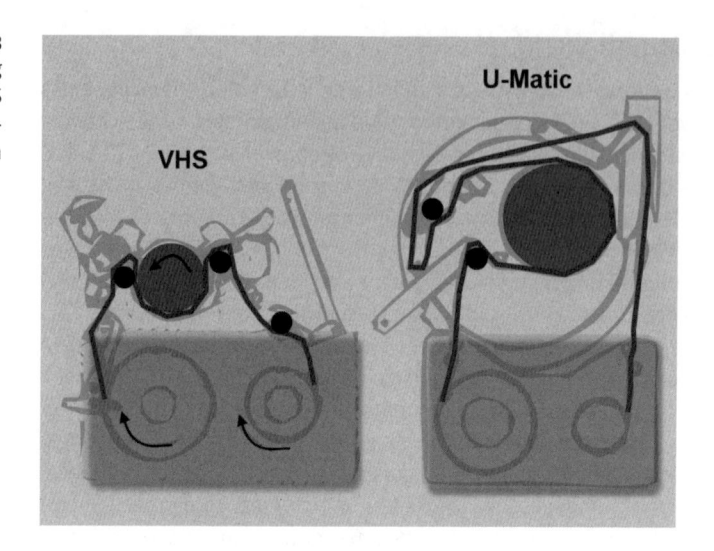

Die relative Bandgeschwindigkeit von rund neun Metern pro Sekunde (entspricht rund 32 km/h) wird zu einer Schwierigkeit in der Praxis, weil hohe Geschwindigkeiten auf Oberflächen (Polyester = Bandmaterial) durch Reibung zu Hitze führen. Je nach Videosystem (ob nun analog oder digital) sind die Relativgeschwindigkeiten unterschiedlich, aber das Problem tritt grundsätzlich überall auf.

Tabelle 5.3
Beispiel analoge Systeme

	Betacam PAL	VHS Standardplay	Video8 Standardplay
Relativgeschwindigkeit	5,75 m/sec	4,86 m/sec	3,1 m/sec
Kopftrommel-Umdrehungen/min	1500 u/min	1500 u/min	1500 u/min

Bei digitaler Aufzeichnung werden bis zu 9000 u/min bei der Kopftrommel erreicht. Normalerweise entsteht durch Rillen auf der Kopftrommel und die gegeneinander verschobene Bewegung ein Luftpolster zwischen Kopftrommel und Bandmaterial, es findet also nur eine geringe Reibung statt. Dieses Luftpolster beträgt nur wenige tausendstel Millimeter und fällt bei der Pausenfunktion (bei Wiedergabe und Aufnahme), wenn der Bandvorschub gestoppt wird, fast völlig in sich zusammen. Die Konsequenz ist eine stärkere Beanspruchung der Bandoberfläche (bis hin zum Durchschmelzen) und eine erhöhte Abnutzung der Videoköpfe, die auf der Kopftrommel befestigt sind. Die Kopftrommel dreht sich während der Pausenfunktion weiter, nur das Band wird nicht weiter vorbeigezogen. Fast alle Videorekorder und Camcorder besitzen deshalb eine Schutzfunktion: Nach rund drei Minuten Standzeit in der Pausenfunktion gehen diese Geräte in den Stoppmodus, um Band- und Kopfschäden zu vermeiden.

5.3 Technisch mechanische Grundlagen

Ist man grundsätzlich mit diesen mechanischen Grundlagen vertraut, wird einem schnell klar, warum Camcorder und Rekorder auf Staub und Zigarettenqualm (Feinstaub) schlecht reagieren. Staubkörner zwischen Band und Kopftrommel wirken wie Schmirgelpapier und rasieren unter Umständen die Videoköpfe auf der Kopftrommel weg. Dasselbe kann natürlich bei »Bandsalat« passieren. Defekte Videokassetten oder geklebte Bänder sind Gift für diese Geräte. Grundsätzlich ist das Kleben von defekten (gerissenen) Videobändern nicht möglich, ohne einen Totalschaden zu riskieren.

Neue Bänder

Vor einer Aufzeichnung sollten fabrikneue Kassetten einmal komplett vor- und zurückgespult werden, um einen gleichmäßigen Banddurchlauf zu gewährleisten. Das Spulen sorgt für gleichmäßige Wickel und beugt dem Klemmen des Bandlaufes vor. Sinnvoll kann auch das Bespielen der Leerkassette mit einem Testbild und Testsignal ein, denn das erzeugt einen durchgehenden Timecode. Dieser Timecode darf keine Zeitsprünge aufweisen, denn sonst kann es bei der Zuspielung zum Computer zu Störungen kommen. Normalerweise besitzt ein Timecode folgendes Format: 00 h 00 min 00 sec 00 Frames, 00:00:00:00. Die Frames (Bilder) gehen von 0 bis 24 (= 1 Sekunde, 25 Bilder). DV unterstützt Timecode. Amateurgeräte können ihn aber teilweise nicht oder nur beschränkt auslesen. Für bildgenaues Arbeiten ist er unerlässlich. Der Timecode zählt durchgehend die Bilder. Camcorder setzen ihn oft automatisch bei der Aufzeichnung und beginnen mit 00:00:00:00, ist er einstellbar, kann die Startzeit willkürlich gewählt werden. In professionellen Videostudios wird der Timecode oft am Anfang der Videokassetten auf 01:00:00:00 gesetzt.

Für DV werden unterschiedliche Bandqualitäten angeboten, sie unterscheiden sich oft in der Bandbeschichtung. Üblich sind *MD- oder ME-Bänder*. Mehr oder weniger haben sich ME-beschichtete Bänder durchgesetzt (ME = Metall evapored), von einem gemischten Einsatz verschiedener Bandtypen ist abzuraten. Setzt man nämlich MD- und ME-Bänder durcheinander auf einem Gerät ein, kann es dazu kommen, dass sich Rückstände der zwei unterschiedlichen Bandtypen auf den Videoköpfen absetzen und die Köpfe zuschmieren, dies beeinträchtigt die Aufnahmequalität und führt zu Aussetzern, die als Kästchen im Wiedergabebild sichtbar werden. Dann hilft nur eine Reinigungskassette.

Das PAL-System

Videoaufzeichnung im PAL-System wird in Zeilen definiert. PAL ist eine in Europa gebräuchliche (ursprünglich) analoge Fernsehnorm zur Farbübertragung. PAL wird auch in Varianten in Australien und überwiegend in afrikanischen und asiatischen Ländern verwendet. Die Norm wurde von Walter Bruch entwickelt und 1963 zum Patent angemeldet. Hauptziel der Entwicklung war, die bei NTSC vorkommenden deutlich zu verringern. Die grundlegenden Konzepte der Signalübertragung wurden dabei vom amerikanischen NTSC-System übernommen.

Kapitel 5

VIDEO

NTSC in den USA verwendet bei einem Bild 525 Zeilen und wird durch 59,94 Halbbilder pro Sekunde definiert. In Deutschland wird PAL B eingesetzt. In der Regel erreicht ein Fernsehsignal in der Praxis 400 Linien Auflösung bei 576 Zeilen. Laut Definition kann PAL bis zu 625 Zeilen auflösen. Allerdings werden nicht alle Zeilen zur Übertragung der Bildinformation genutzt. Im Unterschied zu analogen Fernsehnormen, bei denen die horizontale Auflösung in Linien angegeben wird, existiert bei digitalen Fernsehnormen als weiteres Merkmal die Anzahl Spalten eines Bildes. Zusammen mit der Anzahl Bildzeilen erhält man die Auflösung des Bildes in Bildpunkten (Pixel). PAL wird bei der Digitalisierung in der Regel mit 720 x 576 Pixel umgesetzt.

Schneiden

Schneiden bedeutet bei Video Überspielen, sofern nicht im Rechner nativ (Originalkopie) gearbeitet wird. Ein klassischer Schnittplatz besteht aus drei Videorekordern: zwei Zuspielern und einem Aufnahmerekorder. Hinzu kommt ein Video- und Tonmischpult. In der Regel sind so analoge *Betacam-Schnittplätze* in Fernsehstationen ausgerüstet. Gesteuert werden die Schnitte über eine bildgenaue Timecodesteuerung per *Jog/Shuttle-Rädern*. Jog/Shuttle erlaubt über Drehregler stufenloses Vor- und Zurückspulen mit Bild und Ton bis zur Zeitlupe, um Schnittpunkte festzulegen. Durch das Schneiden entstehen Qualitätsverluste, weil das geschnittene Band eine Kopie des Originalmaterials darstellt. Bei Betacam sind die Verluste bis zur 3. Generation vernachlässigbar.

Beim digitalen Schnitt bzw. auch beim rechnergestützten Videoschnitt treten keine Überspielverluste auf, solange keine Bildveränderungen durchgeführt werden (Kontraständerungen, Titeleinblendungen etc.).

Tracking und Jitter

Sowohl bei analogen wie auch bei digitalen Videosystemen spielt das *Tracking* eine wesentliche Rolle. Tracking bezeichnet die Spurlage. Das Videoband und damit die aufgezeichneten Videospuren und der Videokopf müssen möglichst genauso übereinander liegen wie bei der Aufnahme. Ältere analoge Geräte besitzen dazu Trackingregler und sie werden so lange nachgeregelt, bis das Bild die beste Wiedergabequalität hat. Moderne Geräte regeln das Tracking, genauso wie digitale Player, oft automatisch. Stimmt die Spurlage nicht, tritt bei analoger Technik »Schnee« oder »Grieseln« auf, bei digitaler kommt es zu Klötzchenbildung oder Bildausfall.

Bei analogen Videogeräten aus dem semiprofessionellen Bereich (S-VHS oder Hi8) kann es zu *Jitter* kommen. Jitter bezeichnet leicht zitternde senkrechte Linien im Bild, ausgelöst durch kleine Videokopftrommeln (wurden gerne als S-VHS C verkauft). Jitter kann durch Zusatzgeräte wie *Time Base Correctoren* (TBC) reduziert werden. TBC stabilisieren das Bild.

5.4 Kompressionsverfahren (nur für digitales Video)

Kompressionsverfahren sind üblich, um die Datenmenge von Videomaterial zu reduzieren: DV-Codec, MJPEG (Motion-JPEG) und MPEG. Beim *nonlinearen Schnitt* am Rechner werden oft MJPEG (für die S-VHS/Hi8-Digitalisierung) und DV-Codec (DV) eingesetzt. Bei beiden Verfahren sind einzelne Bilder verfügbar, im Gegensatz zur MPEG-Kodierung, bei der ganze Bildfolgen komprimiert vorliegen und erst wieder zum Schnitt vom Rechner rekonstruiert werden müssen. Sehr verbreitet ist inzwischen das MPEG-2-Verfahren (auch für HDTV und HDV). Details auch im Kapitel *Kamera* und dort im Unterkapitel *Aufzeichnungsformate*.

Die beschriebenen Methoden sind oft verlustbehaftete Kompressionsmethoden. Dies bedeutet, dass ein Video, ist es erst einmal komprimiert, nicht mehr ohne Verluste in den Originalzustand zurückgeführt werden kann. Details gehen verloren. Wird ein Video zu stark komprimiert, können so genannte *Artefakte* (Klötzchen) sichtbar werden.

Kompressionsverfahren bedingen so genannte Codecs (das Wort stammt von kodieren und dekodieren). Codecs müssen auf den Bearbeitungsrechnern installiert sein. Übersicht von Codecs:

- **Microsoft Video 1** zur Komprimierung von analogem Video. Er bietet eine verlustreiche Komprimierung, die Farbtiefen von 8 bis 16 Bit unterstützt.

Abbildung 5.14
Beispiel: Verluste bei Video 1 Codec 8 Bit Farbtiefe

Kapitel 5 VIDEO

> **Microsoft RLE** zur Komprimierung von Animationen und künstlichen Bildern.

Abbildung 5.15
Beispiel: Verluste bei RLE Codec 8 Bit

> **Cinepak** für die Komprimierung von 24-Bit-Video zur Wiedergabe von Daten-CDs. Er ist auf Windows- als auch auf Macintosh-Rechnern verfügbar. Die Komprimierungsrate kann durch den Anwender bestimmt werden.

> **INTEL Indeo Video R3.2** für die Komprimierung von 24-Bit-Video zur Wiedergabe von Daten-CDs.

> **MPEG:** Abkürzung für »Motion Pictures Experts Group«. Von der Expertengruppe werden Dateiformate und Verfahren zum Komprimieren und Speichern von Video- bzw. Tondaten in hoher Qualität festgelegt. Der MPEG-Standard unterteilt sich in MPEG1, MPEG2, MP3 (nur Audio) und MPEG4. MPEG basiert auf einem Prinzip, das zwischen Schlüsselbildern, die komplett abgespeichert werden, nur Differenzbilder aufgenommen werden. Diese Differenzbilder enthalten nicht die gesamte Information, sondern benötigen die Schlüsselbilder als Referenz. Wie die Verteilung von Schlüsselbildern in MPEG-Dateien ist, legt die *GOP-Struktur* fest.

> **MPEG1** wurde für die Video-Wiedergaben entworfen. Die MPEG1-Komprimierung bzw. -Dekomprimierung war ursprünglich ein hardwareabhängiges Verfahren. Die Spezifikationen:
>
> > 25 Frames (Vollbilder)
> >
> > Auflösung von 352 x 288 (Norm)
> >
> > 1,2 bis 3 MBits/s (1,2 MBits/s bei einer Video-CD)

5.4 Kompressionsverfahren (nur für digitales Video)

- **MPEG2:** Der wesentliche Unterschied zwischen MPEG1 und MPEG2 besteht darin, dass MPEG2 besser mit dem beim Fernsehen eingesetzten Zeilensprungverfahren Halbbildverfahren (Interlace) klarkommt. Mit MPEG2 kann Filmmaterial nahezu 1:1 in Studioqualität bearbeitet und editiert werden. Die Spezifikationen:
  - 50 Fields (Halbbilder)/25 Frames
  - High-Auflösung 1920 x 1152 bis zu 80 MBits/s (High Definition TV – HDTV)
  - High-Auflösung 1440 x 1440 bis zu 60 MBits/s (HDTV)
  - Main-Auflösung 720 x 576 bis zu 15 MBits/s (digitales TV und DVD-Video)
  - Low-Auflösung 352 x 288 bis zu 4 MBits/s (S-VHS, SIF)
- **MPEG4** ist eine Weiterentwicklung des MPEG2-Formats. Ab 600 Kilobits pro Sekunde erreicht MPEG4 eine gute Qualität.
- **DivX** basiert auf dem MPEG4-Video-Standard. Mit DivX steht ein gutes Kompressionsverfahren zur Verfügung, um einen kompletten MPEG-2-DVD-Film auf eine CD-R zu brennen und dabei einen Zwei-Stunden-Kinofilm in passabler Qualität auf normale CDs zu bringen. Durch DivX kann die Dateigröße eines DVD-Films um das Zehn- bis Zwölffache reduziert werden, so dass sich ein sechs Gigabyte großer Film auf etwa 700 Megabyte reduzieren lässt. Die Qualität ist dabei deutlich über der des VHS-Standards. DivX-Dateien müssen allerdings immer mit der Version abgespielt werden, mit der sie komprimiert wurden. DivX-Codecs sind nicht mit ihren älteren Versionen kompatibel.
- **Sorenson:** Ein Kompressionsformat, das nur in QuickTime von Apple verfügbar ist. Bei geringen Datenraten bietet es vergleichsweise sehr gute Qualität. Der Nachteil ist, dass in jedem Fall QuickTime installiert sein muss.
- **Huffyuv v2.1.1:** Dieser Codec ist ausgesprochen interessant, weil er eine verlustfreie Kompression bietet. Vor allem bei Videoproduktionen, bei denen viele Arbeitsschritte und Zwischenstufen in der Nachbearbeitung nötig sind, kann immer wieder ohne Verluste komprimiert werden. Kompression etwa 1:3.
- **M-JPEG** wird häufig von Videoschnittkarten älterer Bauart eingesetzt. Die Kompression ist einstellbar von 1:3 bis etwa 1:26 (schlecht). Die Kompression erfolgt durch das Anwenden mehrerer Verarbeitungsschritte:
  - Farbraumumrechnung vom (meist) RGB-Farbraum in den YUV (nach IEC 601)
  - Tiefpassfilterung und Unterabtastung der Farbdifferenzsignale U und V (verlustbehaftet)
  - Einteilung in 8 x 8 Blocks und diskrete Kosinustransformation dieser Blocks.
  - Quantisierung (verlustbehaftet)
  - Umsortierung

- Entropiekodierung
- In der Regel ist ein M-JPEG aufgenommenes analoges Videobild als 768-x-576-M-JPEG-Bild verfügbar (im Gegensatz zu DV mit 720 x 576). Das Verfahren speichert jedes Einzelbild komprimiert ab im Gegensatz zur MPEG-Kodierung.
- **DV-Codec** unterstützt die gängigen DV-Camcorder und -Rekorder. Kompression 1:5, Bildgröße 720 x 576 Pixel (rechteckig) zur Wiedergabe auf Fernsehgeräten.

5.5 Kaskadierung und Kopierverluste

Kaskadierung bedeutet als Wort die Hintereinanderschaltung verschiedener Arbeitsstufen oder Systeme. Im konkreten Fall wird das Wort eingesetzt, um zu beschreiben, was passiert, wenn komprimierte Videodateien bearbeitet werden, anschließend wieder komprimiert und danach erneut bearbeitet werden. Bei jedem Kompressionsvorgang gehen Daten verloren. Geschieht der Vorgang mehrmals hintereinander, summieren sich die Verluste und Fehler treten auf. Durch die Kaskadierung (Kompression, Dekompression, Kompression, Dekompression usw.) entstehen Kopierverluste. Besonders drastisch können sie ausfallen, wenn verschiedene Kompressionsverfahren abwechselnd genutzt werden, da einzelne Methoden besondere Schwächen haben und diese sich gegenseitig aufschaukeln können.

Abbildung 5.16
Originaltestbild

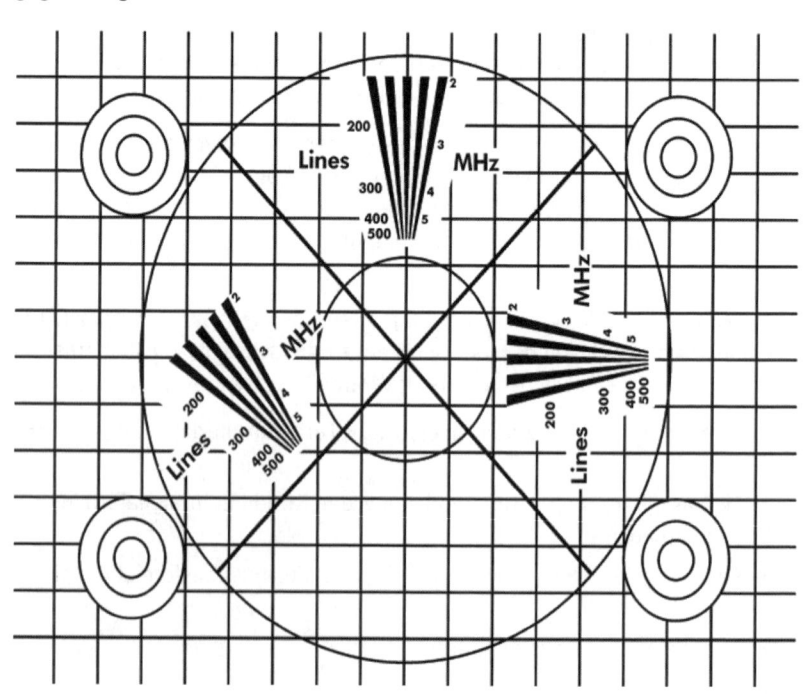

5.5 Kaskadierung und Kopierverluste

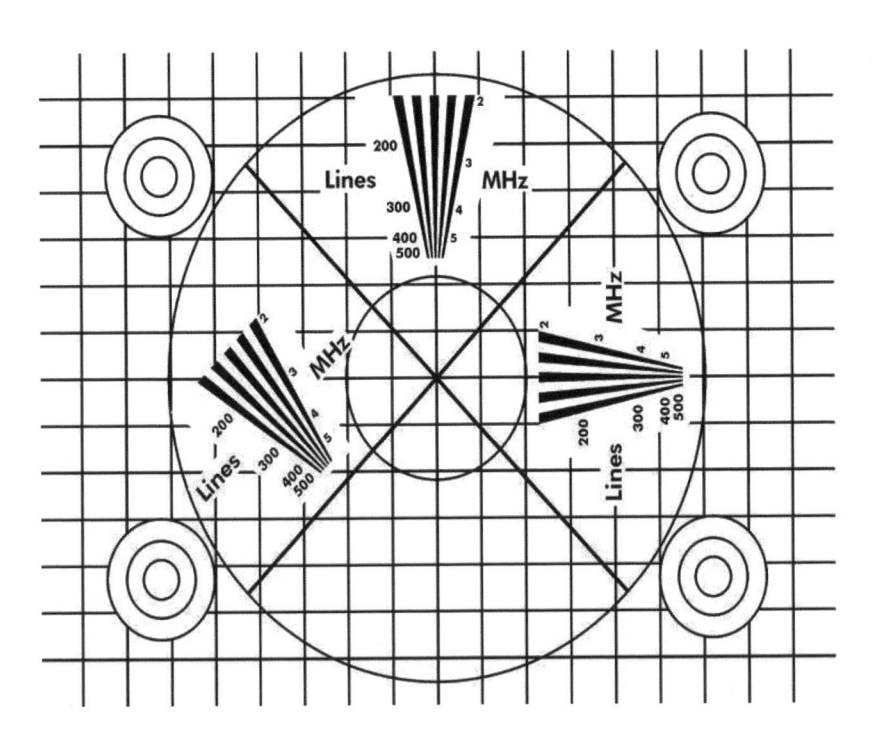

Abbildung 5.17
Testbild nach 10facher Kaskadierung

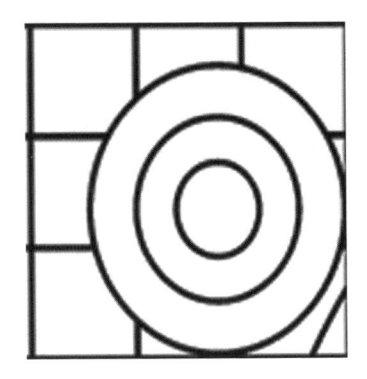

Abbildung 5.18
Originaldatei, Detail

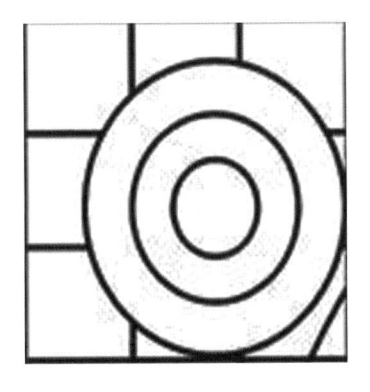

Abbildung 5.19
10fache Kaskadierung, Detail

5.6 Formatwandlung

Die Problemstellung ist nicht von Pappe. Wer amerikanisches Videomaterial im NTSC-Standard auf PAL wandeln möchte, steht vor einer Reihe von Problemen: Da ist zunächst die Bildrate mit 59,97 Halbbildern/sec. Damit aber nicht genug, auch das Bildformat (also die Bildgröße) ist anders.

Klassisch gab es eine Zeit lang auf dem Markt so genannte NTSC-Wandlervideorekorder, sie gestatteten die Aufnahme und Wiedergabe von Videokassetten im amerikanischen VHS-Format. Diese Rekorder sind inzwischen vom Markt praktisch vollständig verschwunden. Mechanisch unterscheiden sich PAL und NTSC deutlich. Je nach Standard sind Bandgeschwindigkeiten, Spurlage und Tonspuren sehr unterschiedlich. Am sinnvollsten ist es (falls keine rechnergestützte Formatwandlung möglich ist), einen amerikanischen NTSC-Rekorder an einen PAL-Rekorder anzuschließen und das gewünschte Videomaterial zu überspielen. Wichtig ist dabei, dass sowohl PAL- wie auch NTSC-Rekorder den jeweils anderen Standard akzeptieren und auswerten (also beim Aufnehmen umwandeln) können.

Abbildung 5.20
Einstellungen in einem Videoschnitt-Programm

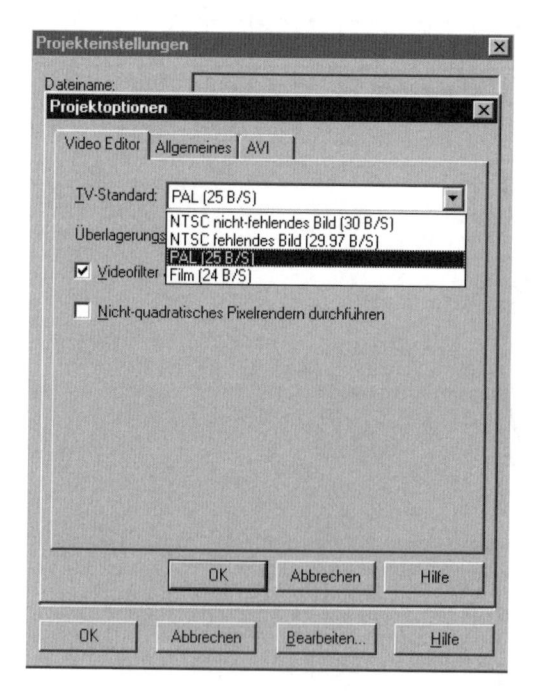

Arbeitet man rechnergestützt mit Software, gilt es zumindest zwei Punkte zu beachten:

- Videoschnittsoftware ist meist nicht wirklich zur Wandlung von NTSC nach PAL und umgekehrt geeignet.

- Bildgrößen bzw. Bildformate müssen angepasst werden.

5.6 Formatwandlung

Warum sind die meisten Videoschnittprogramme ungeeignet, um NTSC-Material in PAL zu wandeln? Videoschnittprogramme sind darauf ausgelegt, einen Film entweder im PAL- oder NTSC-Standard zu erstellen. Beim Start der Programme wird normalerweise festgelegt, in welchem Standard gearbeitet werden soll. Nehmen wir an, wir wollten einen NTSC-Film in einem PAL-Projekt einsetzen. Wird nun solch ein NTSC-Film ins Projekt importiert, passen die meisten Videoschnittprogramme die Bildrate nicht an: Von 59,97 Halbbildern werden nur 50 Halbbilder pro Sekunde gezeigt. Jedes fünfte Vollbild wird einfach ausgelassen. Die Folge sind Bildsprünge, weil Bewegungen nicht mehr flüssig dargestellt werden können.

Wird die Bildrate tatsächlich angepasst, läuft der Film deutlich zu langsam, Ton und Bild wirken ein wenig wie in Zeitlupe. Tatsächlich läuft dann der Film fast 20% zu langsam, dafür werden aber alle Bilder gezeigt. In den meisten Software-Programmen für den Videoschnitt sind das die zwei einzig möglichen Methoden, NTSC in PAL zu wandeln. Beide sind unbefriedigend.

Die einzige vernünftige Möglichkeit, Formatwandlungen zwischen NTSC und PAL durchzuführen, bietet Spezialsoftware wie zum Beispiel *Motion Perfect von Dynapel*.

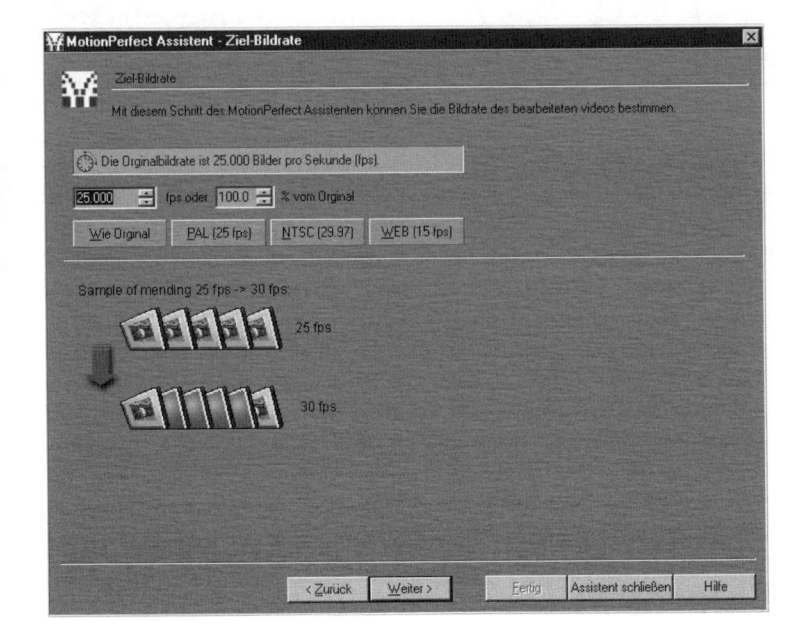

Abbildung 5.21
Motion Perfect von Dynapel

Diese Software tastet den Film neu ab. Das bedeutet vereinfacht, dass 59,97 Halbbilder so überblendet und übereinander gelegt werden, dass daraus 50 Halbbilder pro Sekunde entstehen, ohne dabei Bilder auszulassen. Umgekehrt werden bei der Wandlung von PAL zu NTSC künstlich Zwischenbilder errechnet und erstellt. Gleichzeitig wird die Tongeschwindigkeit angepasst, ohne dass ein *Mickey-Mouse-Effekt* oder Ähnliches eintritt.

Bei der Wandlung können Bildfehler entstehen, die allerdings meistens im gewandelten Film nicht auffallen.

Abbildung 5.22
Motion Perfect von Dynapel, Details

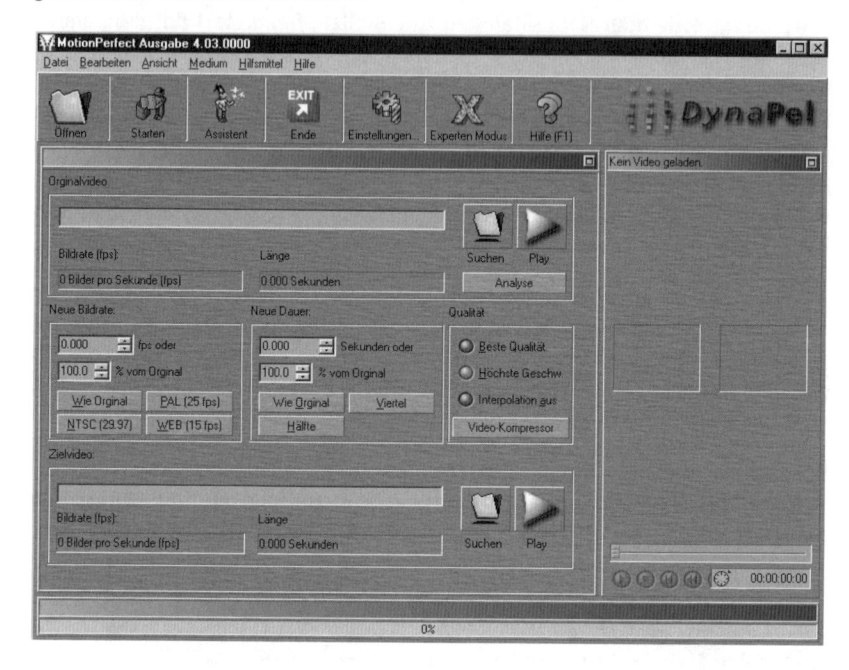

Ist ein Film grundsätzlich ins entsprechende Format gesetzt worden, was die Bildraten betrifft, muss in einem Videoschnittprogramm noch die Bildgröße korrigiert werden. Die meisten Videoschnittprogramme passen die Bildgröße automatisch so an, dass in ein Projekt eingefügte Filme den gesamten Bildschirm ausfüllen. Das ist hier nicht sinnvoll. NTSC-Filme haben ein Format von 720 x 480 Pixel, PAL 720 x 576 Pixel. In der Praxis wird also ein Film in der Höhe verzerrt wiedergegeben. Um das zu verhindern, muss der in das PAL-Projekt eingebaute ursprüngliche NTSC-Film in seiner Bildgröße entsprechend angepasst werden. Dadurch entstehen oben und unten schwarze Balken, aber das Bild selbst bleibt dann unverzerrt.

5.7 Digitalisierung von analogem Material

Nicht immer sind homogene (passende und aufeinander abgestimmte) Produktionsumgebungen vorhanden. Es passiert relativ häufig, dass in eine digitale Produktion analoges Videomaterial (Betacam SP, S-VHS, VHS, Hi 8 usw.) eingebaut werden muss. Um das realisieren zu können, benötigt der Rechner eine Videoschnittkarte, die analoges Videomaterial in ein digitales Format wandeln kann, am besten direkt in den entsprechenden Codec, der für das Filmprojekt vorgesehen ist. Einfache *Firewire-Karten* zum Anschluss von Camcordern an den Rechner sind nicht in der Lage, Material selbst zu digitalisieren. Entweder muss

5.7 Digitalisierung von analogem Material

dann das Video vorher auf DV-Kassette überspielt und anschließend eingespielt werden, oder aber der angeschlossene Camcorder/Rekorder unterstützt ein *Durchschleifen des Materials*. Durchschleifen bedeutet, dass die Firewire-Karte die Analog/Digital-Wandler des angeschlossenen Gerätes nutzen kann, um zu digitalisieren (ist selten der Fall). Aufwändigere Firewire- oder *USB-Digitalisierungskarten* besitzen eigene *A/D(Analog/Digital)-Wandler* und analoge Videorekorder können direkt über S-VHS-(Y/C)Kabel und Cinch-Audiokabel am Rechner angeschlossen werden. Wesentlich ist, dass Signale analoger Videorekorder zeitstabil sein müssen, sonst kann das Bild zittern. Es ist immer zu empfehlen (sofern vorhanden), einen TBC (Time Base Corrector) zwischen Videorekorder (nur analoge Geräte) und Digitalisierungskarte zu schalten, um das Bildsignal zu stabilisieren.

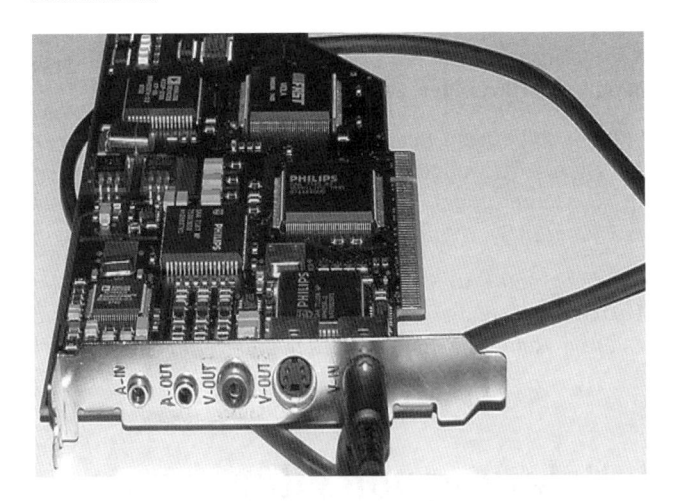

Abbildung 5.23
Digitalisierungskarte mit analogen Eingängen

Abbildung 5.24
Digitalisierungskarte für PC mit analoger Videokamera

Videoschnittkarten professionellerer Ansprüche gestatten es mit der dazugehörigen Software, das Videomaterial in fast beliebigem Format und Codec aufzuzeichnen. Bei der Aufnahme sollten bereits das Zielformat und der Codec feststehen und entsprechend gewählt werden.

Abbildung 5.25
Analog/Digital-Wandler
auf PC-Steckkarte

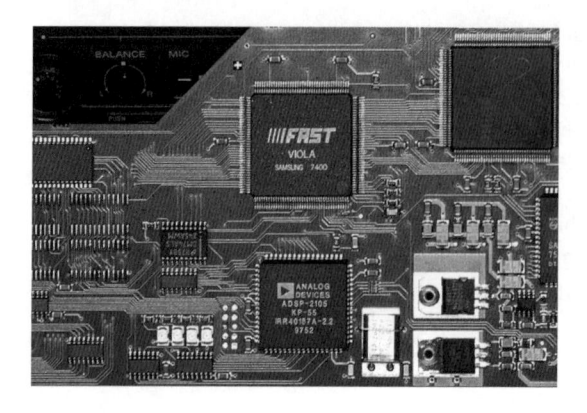

Für DV gelten: 720 x 576 Pixel, 25 Bilder in der Sekunde, Halbbilder, unteres (erstes) Halbbild zuerst (bei NTSC oberes, zweites, Halbbild zuerst).

Auf der Videoschnittkarte sollte nicht nur ein A/D-Bildwandler zur Verfügung stehen, sondern auch ein A/D-Tonwandler. Da Ton und Bild gleichzeitig gewandelt werden sollten (Synchronisation), ist das günstiger, als eine separate Soundkarte zu nützen (kann zu Synchronfehlern kommen).

Firewire-Kabelverbindungen und USB-Kabelverbindungen sind digitale Verbindungen, S-VHS-Kabel und Cinch-Kabel sind analoge Verbindungen. Aufgrund völlig anderer Signalarten kann es keine Umstecker und Verbindungen oder Ähnliches geben.

5.8 Digitalisierung von Filmmaterial

Der aufwändigste Weg und dabei aber auch der qualitativ hochwertigste ist, Filme (Zelluloid) elektronisch abtasten zu lassen und auf Video zu übertragen. Je nach Anbieter kann das allerdings recht teuer sein. Der Vorteil der Methode ist, dass das Material gleichmäßig ausgeleuchtet übertragen wird und *Hotspots* entfallen. Ein Hotspot entsteht durch den Filmprojektor und die Projektion auf eine Leinwand: Dabei ist die Mitte des Bildes deutlich heller als die Ränder.

Aufgrund der grundsätzlich unterschiedlichen Technik von Film und Video wird Filmmaterial am einfachsten digitalisiert, wenn man einen Film mit einer DV-Kamera von der Leinwand abfilmt. Checkliste:

- Raum abdunkeln, kein Streulicht im Projektionsraum
- Ton direkt am Tonausgang des Projektors abnehmen (Umstecker meist DIN auf Cinch)
- Kamera auf Stativ und Mittelachse der Leinwand ausrichten ohne seitlichen und mit möglichst geringem vertikalen Versatz und Winkel
- Kamera in Vollbildmodus (progressiv/frame) setzen

- Lichtverstärker der Kamera deaktivieren
- Shutter auf 25stel Sekunde einstellen
- Blende und Belichtung (Zebra) so setzen, dass das Bild auf 95% Maximal-Belichtung kommt
- Ton Aussteuerung max. −6 dB
- Weißabgleich auf Leinwand und weißes Objekt im Film durchführen
- Aufzeichnung auf DV-Kassette oder direkt auf Festplatte

Das Ergebnis ist durchaus brauchbar und für fast alle Filmformate zu nutzen (8 mm/Super 8 mm/16 mm/Super 16 mm/35 mm). Gegenüber DV sind die 8-mm-Formate in ihrer Schärfeanmutung schlechter. Ab 16 mm bietet ein Film höhere Auflösungen und mehr Details und Schärfe als DV.

5.9 Normvorspann

Normvorspänne werden grundsätzlich auf allen Masterbändern erwartet und dienen dem Einmessen und Justieren von Geräten bei der Vervielfältigung oder Ausstrahlung. Eine Mastervideokassette, die einen fertigen Film beinhaltet, muss also gewissen Kriterien entsprechen, um etwa von einem Kopierwerk oder von einem Fernsehsender angenommen zu werden. Verschiedene Fernsehsender und Kopierwerke (vor allem auch im europäischen Ausland) haben jeweils eigene Vorstellungen von solchen Vorspännen. Dennoch gibt es einen kleinsten gemeinsamen Nenner, der zu erfüllen ist.

Allgemein müssen Normvorspänne (unabhängig vom Videosystem) folgende Kriterien erfüllen:

Abbildung 5.26 auf DVD
Farbbalkenbild PAL korrigiert

- Die Masterkassette muss einen Timecode enthalten.
- Zu Beginn der Kassette muss eine PAL-Farbbalkentafel mit den Grundfarben mindestens 60 Sekunden zu sehen sein, um Farbwerte, Farbversatz, Farbsättigung, Schärfe, Kontrast und Tracking zu justieren. 60 Sekunden deshalb, weil Videokassetten gerne am Bandanfang besonders Dropout(Bildstörung)-anfällig sind. Manche Fernsehsender verlangen bis zu 150 Sekunden Vorspann.
- Während des Farbbalkens muss ein Testton (1-kHz-Ton) mindestens zehn Sekunden jeweils nur auf dem linken und rechten (Stereo-)Kanal aufgezeichnet sein. Schließlich noch auf beiden Kanälen gleichzeitig (ebenfalls zehn Sekunden). Der Pegel des Testtons sollte exakt −6 dB betragen. Der Ton dient zur Tonaussteuerung und Balanceregelung.
- Nach Ende des Farbbalkens beginnt ein Countdown von fünf Sekunden. Dabei wird exakt 125 Bilder vor dem ersten Bild des Filmes eine 5 auf einem Bild eingeblendet, (bildfüllend) 100 Bilder davor eine 4, 75 Bilder davor eine

3, und 50 Bilder davor eine 2. Die 1 bei 25 Bildern vor Filmstart kann (muss aber nicht) entfallen. Piepstöne auf den markierten Bildern (1 kHz/1 Bild (frame) –6 dB) sind bei Video nicht unbedingt nötig.

Abbildung 5.27
Normvorspann in Videoschnitt-Programm

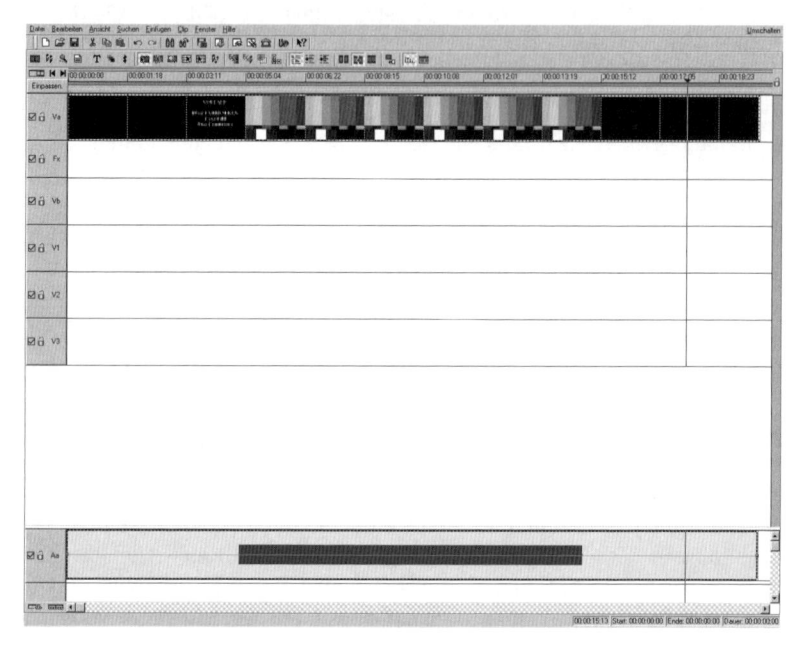

Nach Ende des Films sollten noch mindestens 60 Sekunden Schwarzbild und Stille folgen, um bei Kopiervorgängen genügend Luft nach Ende des Films zu lassen (Gerätestop etc.).

5.10 Unterschied Video – Film

Maßgeblich sind die Bildrate und die Bildtypen: Die Bildrate bei Filmen liegt zwischen 16 und 24 Bildern pro Sekunde. Bei PAL-Video sind es 50 Halbbilder/sec. Werden Filme von einer Leinwand abgefilmt, ohne den Shutter des Camcorders anzupassen, kommt es zu deutlichem Flackern der Bilder, wenn sie nachher auf einem TV-Monitor wiedergegeben werden.

Tabelle 5.4

Typ	Bildrate
Normal 8 mm	16, 18 oder 24 Bilder/sec
Super 8 mm	16, 18 oder 24 Bilder/sec
16 mm	16, 18 oder 24 Bilder/sec
Super 16 mm	16, 18 oder 24 Bilder/sec
35 mm	24 Bilder/sec
DV	25 Vollbilder oder 50 Halbbilder/sec

Je näher die Shutterzeit (Auslesezeit des Bildchips im Camcorder) an der Bildrate des Filmes liegt, umso flackerfreier die Bilder.

Ein weiterer Aspekt ist der unterschiedliche Kontrastumfang. Es kann sinnvoll sein, die Gammakurve (Grauwerthelligkeit) bei auf Video übertragenen Filmen anzupassen und Schattenbereiche aufzuhellen. Je nach Bildgröße müssen Anpassungen im Bildausschnitt vorgenommen werden. Videobilder haben entweder ein Format von 4:3 oder 16:9, Filme bieten Bildgrößen von 1:1,66 bis 1:2,35.

5.11 Flirren von Texturen und Moirémuster

Flirren tritt vor allem bei 3D-Animationen auf. Die Oberfläche von Körpern flimmert auf dem Bildschirm und wirkt nicht stabil. *Moiré* dagegen tritt beim Einbau von zu hoch aufgelösten Bildern in Filmprojekte und bei feinen Mustern auf (klein karierte Karomuster auf Jacketts z.B.). Die Ursache ist technisch bedingt: Videobilder sind sozusagen gerastert, das ergibt sich aus der Bildauflösung von 720 x 576 Pixel. Das Format bildet eine Art Gitter. Soll nun ein noch feineres Raster oder Gitter dargestellt werden, kommt es zu Überlagerungen, dem *Moirémuster*. Die Bezeichnung für den Fehler ist auch *Beugungsmuster*.

Bei 3D-Animationen kann das Flirren nur verhindert werden, wenn das 3D-Programm gezielt auf den Objekten Bewegungsunschärfen erzeugen kann, oder aber die Texturen unschärfer und deutlich gröber gestaltet werden.

Abbildung 5.28
Typisches Problembild aus 3D-Programm. Die gekennzeichneten Bereiche werden auf dem TV-Monitor flirren. Sie enthalten zu viel Details und führen zu Beugemustern

Beim Einbau von Bildern und Grafiken (2D) in Filmprojekte gibt es drei Möglichkeiten, den Effekt zu minimieren:

- Anpassen der Bildgröße auf 720 x 576 Pixel (zum Beispiel nicht 2000 x 3000 Pixel)
- Hinzufügen von Unschärfe (Gaußsche Unschärfe oder Weichzeichner)
- Entflechtung des Bildes (aus einem Vollbild – ist ein 2D-Bild immer – wird nur ein Halbbild genutzt)

Bei Dreharbeiten ist ein Moiréeffekt nur zu vermeiden, wenn die Darsteller keine klein karierten Muster tragen (deshalb tragen Nachrichtensprecher nie solche Jacketts).

Manche TV-Monitore haben eingebaute *Kammfilter*. Diese sollen Moirémuster verhindern, haben allerdings nur einen beschränkten Wirkungsgrad und machen an sich, vereinfacht dargestellt, auch nichts anderes, als das Bild mit einer leichten Unschärfe zu versehen.

5.12 DVCAM, DVPRO und DV

Der ursprüngliche DV-Standard von 1996 liegt inzwischen in einer Reihe von weiteren Formen vor, die teilweise untereinander nicht austauschbar oder kompatibel sind:

- **DV:** Standard von allen Herstellern unterstützt

- **MiniDV:** Standard (nur Kassette ist kleiner) von allen Herstellern unterstützt

- **DVCAM:** von Sony für den Profi entwickelt. DVCAM-Geräte spielen DV ab, aber nicht DVCPro.

- **Digital8**: DV-Aufzeichnung auf ursprünglich analogen Hi8-Videokassetten, Camcorder spielen analoge Hi8-Kassetten ab, aber keine DV-Kassetten, von Sony etabliert

- **DVCPRO:** DVCPRO basiert auf DV, ist aber eine eigenständige Weiterentwicklung durch Panasonic für den Profi. DVCPRO-Aufnahmen können auf keinem DV-Player wiedergegeben werden. DV-Kassetten können aber von DVCPRO-Playern fast immer wiedergegeben werden. DVCPRO ist auch in der 50Mbit/sec-Variante (DVCPRO-50) verfügbar, die eine verbesserte Bildqualität (Farbwiedergabe und Farbaufzeichnung) liefert, ansonsten aber dieselben Eigenschaften wie DVCPRO-25 besitzt. DVCPRO-50 tastet dabei aber mit 4:2:2 ab statt mit 4:1:1. Dabei ist DVCPRO deutlich besser als die analoge Beta-SP-Technik.

- **DVCPRO50:** Panasonic hat DVCPro in der Bildqualität weiterentwickelt, DV ist auf solchen Geräten abspielbar, umgekehrt besteht keine Möglichkeit.

- **DVCPRO HD:** High-Definition-Variante von Panasonic. Nicht kompatibel mit DV.

- **D9-Digital-S:** Digital-S zeichnet auf S-VHS-Kassetten auf und wurde von der Firma JVC entwickelt (kann analoges S-VHS auch abspielen). Ist heute faktisch so gut wie ausgestorben. Als Aufzeichnungsmethode verwendet es eine 4:2:2 8-Bit-Quantisierung und komprimiert die Daten ca. 3,3:1 (50 Mbit/sec).

- **Betacam IMX (D10):** Dieses Format wurde von Sony entwickelt und arbeitet mit MPEG2 4:2:2 bei einer 50-MBit/sec-Datenrate. Es gibt dabei IMX-Maschinen, die BETA-SP-, Digi-Beta- und SX-Bänder wiedergeben und als IMX MPEG2 codieren können. In Österreich wird dieses Format häufig angetroffen, da das ORF (Österreichisches Fernsehen) sich für dieses System entschieden hat.

- **Betacam SX:** Wurde ebenfalls von der Firma Sony ins Rennen geschickt und bietet bei einer Chromabandbreite von 4:2:2 eine 10:1-Videokompression, die im Gegensatz zu DV (DCT) mit MPEG2 komprimiert. Das Beta-SX-Format kann dabei BETA-SP-Bänder abspielen und aufnehmen.

- **Digital Betacam:** Dies ist der Standard von Sony im digitalen Bereich. Es wird in der 4:2:2-Komponententechnik bei 10-Bit-Quantisierung aufgezeichnet und Daten werden auf etwa 2:1 reduziert. Manche Geräte können Betacam-SP-Kassetten abspielen.

Schon seit Jahren herrschen Grabenkämpfe, welche Formate besser sind: DV, DVCAM oder DVCPRO. Zwar gibt es zwischen DV, DVCAM und DVCPRO (hier ist jetzt immer die Standard-DVCPRO-Version mit 25 Mbit/sec gemeint) geringe messtechnische Unterschiede, tatsächlich im Bild sichtbar sind diese Unterschiede nicht. Aus Sicht des Autors ist es letztlich irrelevant, ob DV und DVCAM mit 4:2:0 oder DVCPRO mit 4:1:1 die Bilder aufzeichnen. Der Unterschied ist marginal. Interessanter ist da eher, dass DVCPRO vier Audiospuren (2 x Stereo) mit 48 kHz/16 Bit unterstützt im Gegensatz zu DV, das nur vier Audiospuren mit 32kHz/12 Bit bietet.

5.13 Umgang mit Fernsehanstalten

Fernsehanstalten setzen gewisse Maßstäbe voraus. Dabei spielt es weniger eine Rolle, inwieweit etwas sinnvoll ist oder nicht, man hat sich als Zulieferer daran zu halten.

Um die Auseinandersetzungen mit Redakteuren von Fernsehsendern zu vereinfachen, eine Reihe von Hinweisen:

- Redakteure, vor allem öffentlich-rechtlicher Fernsehanstalten, haben mit Technik nichts am Hut und wollen sich auch nicht mit technischen Parametern beschäftigen müssen.
- Bei fast allen Fernsehsendern in Deutschland stehen zur Sichtung von Filmen noch analoge VHS-Videorekorder oder analoge Betacam-SP-Rekorder. DVD-Player sind nur begrenzt vorhanden und noch unüblich.
- Für viele Redakteure ist der Maßstab für eine sendefähige Produktion immer noch Betacam SP.
- Digital Video oder Mini DV hat für Fernsehredakteure den Touch von Amateurmaterial.
- Dass es sich bei DVCAM, DV und DVCPRO an sich um fast identische Formate handelt, ist Redakteuren nicht bewusst.
- Bei öffentlich-rechtlichen Sendern sind Technik und Redaktion noch fast vollständig getrennt, die technische Prüfung (technisch sendefähig) wird dort unabhängig von den Redakteuren vorgenommen.
- Das ZDF arbeitet inzwischen mit Panasonic DVCPRO. Redakteure sprechen in diesem Zusammenhang nur von DVC. DVC bedeutet Digital Video Cassette, und DVC-mini-Kassetten sind identisch mit DV-mini-Kassetten. Ohnehin spielen praktisch alle DVCPRO-Geräte DV-mini-Kassetten über Adapter ab.

- DVCAM ist nicht kompatibel und kann von DVCPRO-Geräten nicht abgespielt werden, weil DVCAM mit einer anderen Spurbreite und Bandgeschwindigkeit arbeitet.
- Die ARD setzt zum Teil DVCAM ein. DVCAM kann nur DV abspielen. DVCPRO-Aufnahmen sind nicht abspielbar.
- DVD-Formate werden gemeinhin als nicht sendefähig betrachtet, nicht aus technischen Gründen, sondern in Ermangelung entsprechender Überspielmöglichkeiten in den Sendern.
- Viele Redakteure sind nicht über Standleitungen (Zuspielleitungen) ihrer Sender informiert. Zuspielpunkte für private und öffentlich-rechtliche Sender finden sich in jeder Landeshauptstadt. Am besten, Sie nehmen Kontakt mit der technischen Abteilung des jeweiligen Senders auf.
- Bänder für Fernsehsender müssen immer mit Normvorspann ausgerüstet werden (siehe *Normvorspann*).
- Redakteure wollen ein Mitspracherecht vor der Produktion (soweit möglich) und legen Wert auf Schnittlisten und Produktionslaufzettel. Zu jeder Kassette gehört ein Blatt mit Szenenliste, Namensliste, Produktionsdaten und -namen, GEMA-Liste und Inhaltsangabe. Absolute formale Vorgaben gibt es dafür allerdings nicht, wichtig ist nur die Verfügbarkeit der Infos.
- Untertitelungen, speziell bei Reportagen und Berichten, wollen Fernsehsender selbst einfügen, um den speziellen Sendungslook zu erhalten.
- Fertig gestellte Filme werden nicht gern angekauft, Redakteure empfinden das häufig als »Katze im Sack kaufen«.
- Erstkontakte mit Redaktionen sind schwierig: Auf Grund schwindender Budgets und wegen Zeitmangels greifen Redakteure oft lieber zu bereits bekannten Zulieferern.

Tipps zur Kommunikation

- Vermitteln Sie einen kompetenten Eindruck und informieren Sie sich vorher so weit wie möglich darüber, wer und welche Redaktion sich für Ihren Film interessieren könnte.
- Bieten Sie im Zweifelsfall eine Betacam-SP- oder VHS-Sichtungskopie an. Geht es um eine Ausstrahlungskopie (Vorführkopie), kann es günstig sein, ebenfalls eine Betacam-SP-Kopie bereitzuhalten, um Diskussionen zu vermeiden.
- Stellen Sie Ihr Licht nicht unter den Scheffel. Alle haben mal angefangen. Lassen Sie sich nicht einschüchtern, aber tragen Sie nicht zu dick auf.
- Klären Sie unbedingt vor dem Drehen von so genanntem Footage-Material (ungeschnittenes Rohmaterial), was Redakteure von Ihnen erwarten und wollen.

5.13 Umgang mit Fernsehanstalten

Abbildung 5.29
Sendebegleitkarte für Videofilme.
Quelle: Offener Kanal Berlin

Auszüge aus den BBC-Qualitätsbestimmungen (international) für Zulieferer der BBC

Abbildung 5.30
Technisches Pflichtenheft BBC-Anforderungen Bildsignal

4.1 Video General Technical Requirements

Although the bulk of programming is now produced and delivered digitally, the signals must still be compliant with analogue standards. For example excessive (illegal) levels are likely to cause severe picture disturbances when copied to analogue tape formats such as Betacam SP or sound buzz on analogue transmission.

4.1.1 Video Standard

All signals and recordings supplied shall be of the 625/50 interlaced standard unless agreed otherwise beforehand.

Composite material shall meet PAL System I in all aspects of timing, frequency response and bandwidths.

When signals are delivered digitally they will be assessed according to the recommendation CCIR Rec. 601 or ITU-R BT601-5 Part A.

4.1.2 Video Levels and Gamut (illegal signals)

Video levels including any line-up shall be received within the specified limits so that the programme material can be used without adjustment.

Video levels are based on the PAL System I which specifies 0 to 100% RGB Limits. We require that signals meet the easier EBU Recommendation R103-2000:

    Luminance limits   -1% and 103%
    Chrominance   105% max - RGB values to not exceed limits -5% to +105%

Overshoots can be ignored by the use of a low pass IRE filter. Single lines with larger errors caused by vertical processing such as aperture correction and aspect ratio conversion are permitted if they do not exceed the -1% Luminance limit.

4.1.3 Line-Up

Line-up signals serve to identify individual signal channels and to provide reference levels to confirm that the programme transmitted is likely to be within the signal level limits and will be as the producer intended.

Preferred line-up signals are given under 4.2.3 for recordings and 9.1 for direct feeds.

Programme video and audio signal levels must be accurately related to their associated line-up signals but not exceed the limits set in 4.1.2. The maximum deviation of programme levels from that indicated by the line-up signals shall be:

    Video Luminance   3%
    Video Chrominance   5%

Line blanking level shall be used as a black reference for the programme.

Kapitel 5   VIDEO

Abbildung 5.31
BBC-Bildformat-Vorgaben

4.1.4 Video Signal Timings.

Digitally delivered pictures are considered to have a nominal active width of 702 pixels (52us) starting on the 10th pixel and ending on the 711th pixel in a standard REC 601 (720 sample) width. A minimum width of 699 pixels (51.75us) within these limits must be achieved. Additional active pixels outside the above limits must be an extension of the main picture.

Vertical Blanking must not exceed 26 lines per field unless the material is intentionally letterboxed.

Line 23 may contain a whole line of picture, be totally blanked, or the last half may contain picture relevant to programme. Line 23 must not contain any form of signalling as it is likely to appear in picture during letterbox style presentation.

Likewise picture content in line 623 is also optional, but if present it must be related to the programme.

4.1.5 Aspect Ratio.

Programmes will be commissioned either for 16:9 Widescreen or 4:3 Standard presentation.

16:9 Widescreen presentation is also known as "16:9 Full Height Anamorphic" (FHA).

Letterbox delivery of 16:9 programmes is not acceptable.

Format changes within the programme to maintain the 16:9 presentation should not be required.

Active picture width is 52us / 702 pixels. All aspect ratio calculations are based on this. Any processes based on 720 pixel width may introduce unwanted geometry or safe area errors.

4.1.6 Safe Areas for Action and Captions

Captions and action shall be within the safe areas specified for delivery.

There are four standard safe areas defined for UK transmission which are generally applied depending on the aspect ratio and type of programming. Currently (April 2002) it is Television's policy to commission programmes in 16:9 (protected for 14:9), except for Sport which is 16:9 Widescreen protected for 4:3 centre cut-out, and feature films which are in unprotected 16:9 Widescreen. In addition, certain types of programming such as Promotions, BBC Worldwide and BBC Sport frequently require full 4:3 protection - the details of which are shown in the table below as e.

In Transmission Review (see 6.1.1) programmes are assumed to be Widescreen and 14:9 Protected unless otherwise specified.

Note: For widescreen programmes protected for 14:9, captions taken to the very edge of 14:9 caption safe are likely to be clipped when viewed on a poorly set-up domestic 4:3 receiver / Set Top Box combination. For this reason, 14:9 caption safe is best regarded as the maximum allowable width. Productions preparing for Worldwide delivery should refer to the separate BBC Worldwide standards document, as 14:9 is currently a UK-only protection standard.

Abbildung 5.32
BBC-Vorgaben Ton

4.2.2 Audio Level, Reference Level and Measurement

Programme audio levels shall always be measured by Peak Programme Meters (PPM) to BS 5428.

The Maximum or Peak Programme Level shall be measured with a PPM and shall never exceed 8dBs above the programme's Reference Level.

Reference Level shall represent a level which is 8dB less than the maximum allowed during the programme as measured with a PPM. Within the BBC Reference Level is often referred to as "Zero Level" , "Line-up Level", "0dB", "0dBu" or PPM4.

5.13 Umgang mit Fernsehanstalten

Digital Audio Reference level is defined as 18dB below the maximum coding value (-18dBFS) as per EBU recommended practice R68.

Notes: BBC Type PPMs to BS 5428 are scaled in 4dB steps numbered from 1 to 7 with increasing signal level. They are calibrated so that line-up Level will read PPM 4 and thus Peak Programme Levels shall not read higher than PPM 6.

Digital "true" peak reading meters such as on VTRs and DAT recorders will typically read 4dB higher than a BS 5428 PPM on programme material though they should agree on steady tone. As it is unusual for digital level meters to match a BS 5428 PPM when measuring programme material, suppliers should never use "peak reading" meters to assess programme levels accurately unless they are known to meet BS 5428.

Mono derived from Stereo shall be to the M6 practice where the Mono signal is derived according to: "Mono = (L+R) - 6dB"

Requirements for M3 exist in the BBC but only in areas outside the scope of this document.

Abbildung 5.33
BBC-Vorgaben Digital-Ton

4.2.3 Line-up Tones
Line-up Tones serve to identify individual signal channels and to provide Reference Levels to indicate that without adjustment the programme transmitted will be within the signal level limits specified in 4.2.2 and will thus be broadcast as the producer intended.

All tones must have been sourced to a tolerance of +/- 0.1dB.

Mono Line-up Tone shall be at a frequency of 1kHz +/- 100Hz and represent 8dB less than the maximum allowable peak.

For Stereo sources, Stereo Line-up Tone shall be provided at a frequency of 1kHz +/- 100Hz and shall indicate the Left and Right programme legs: namely, EBU / ITC Stereo Tone at -8dB (PPM 4 / Zero Level) with only the left leg identified by breaks.

All tones must be sinusoidal, free of distortion and shall be phase coherent between channels.

Optionally, Step Tone sequences may be provided but if so then all tones must have been sourced at the same level and be phase coherent on Stereo feeds / tracks.

Abbildung 5.34
BBC-Vorgaben Testtöne

6.2.1 Line-up Test Signals, Clock and Leader
The start of programme and any subsequent part should be preceded by a countdown clock indicating programme I.D. number (with the appropriate suffix), programme title, subtitle, episode number, part number and contract number where known. And, if appropriate, pre/post watershed version.

The clock must provide a clear countdown of at least 20 seconds fading to black at three seconds prior to first programme pictures.

Abbildung 5.35
BBC-Vorgaben Vorspann

Abbildung 5.36
BBC-Vorgaben Timecode, Pegel etc.

Time-code	Picture	Audio 1	Audio 2
09.58.00.00 (or Earlier)	EBU Bars (100/0/75/0) or 100% (100/0/100/0) (NTSC converted bars are not acceptable)	Coherent tone (step tone optional) (100Hz, 900Hz and above 10kHz)	
09.59.30.00	Ident and Clock		
09.59.40.00	Ident and Clock	Stereo (EBU/ITC) Tone or Line up Tone (PPM4)	
09.59.50.00	Ident and Clock		
09.59.57.00	Black / early vision	Silence	Silence
10.00.00.00*	Programme	Audio Left	Audio Right

* If it is not possible to start the programme at 10:00:00:00 then the paperwork should clearly state the start of programme.

Mono derived from Stereo shall be to the M6 practice where the Mono signal is derived according to: "Mono = (L+R) - 6dB"

Please note : At the end of the programme, sound must end naturally or be faded to be out by the end of the programme. There should be a freeze or living hold for 10 seconds.

Abbildung 5.37
BBC-Vorgaben titelsicherer Bereich

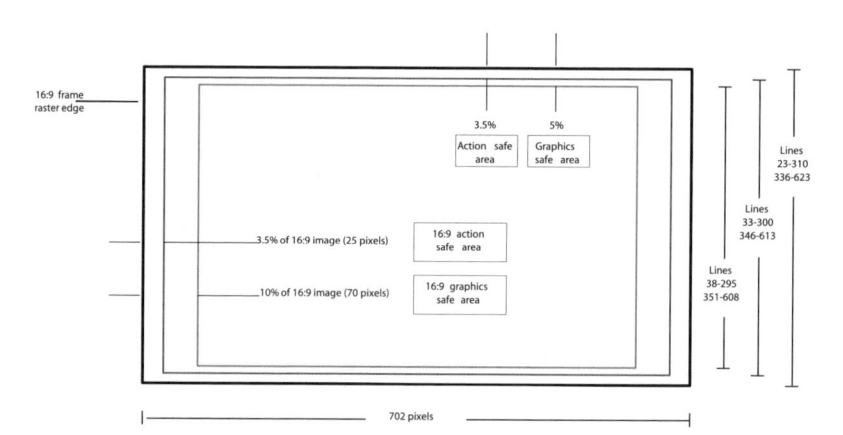

Diagram 1 - Widescreen shoot to protect the 16:9 full image

5.14 Fazen, was ist das?

Fazen bezeichnet die Übertragung von Video auf Zelluloid (Film). Zelluloid besteht heute nicht mehr aus Zelluloid, sondern aus einer transparenten Plastikmischung, dennoch benutze ich der Einfachheit halber das Wort im Sinne von Filmmaterial. Die Übertragung findet heute meistens durch eine Laserbelichtung von Filmmaterial durch Spezialgeräte statt. Die Qualität ist dabei erstaunlich gut. Früher wurden teilweise sehr einfache Methoden angewandt, um Videofilme ins Kino zu bekommen. Manchmal wurde dabei von einem TV-Monitor das Video mit einer Filmkamera abgefilmt. Im Kino waren dann allerdings häufig die Fernsehzeilen zu sehen. Das ist heute vorbei.

Eine Reihe von Firmen hat sich auf das Fazen spezialisiert. Bereits vor den Dreharbeiten sollte man sich bei diesen Firmen über die Voraussetzungen ausführlich informieren, die erfüllt werden müssen. Das gilt insbesondere für die geplante *Projektionsgröße im Kino* bzw. das geplante Bildformat. Die Übertragung von einer Sekunde Video auf Zelluloid kostet zwischen 20 und 120 Euro für Werbespots inklusive Ton. So kann eine *Kinonullkopie* (von der dann weitere Kopien gezogen werden können) von einem 30-Sekunden-Spot zwischen 600 und 3.600 Euro kosten. Im Zweifelsfall würde ich immer die qualitativ bessere und möglicherweise teurere Variante (Laserbelichtung) wählen, das zahlt sich spätestens im vollen Kinosaal wieder aus (siehe auch *Drehen fürs Kino* Kapitel Kamera).

Format	Seitenverhältnis	2k (2000) Auflösung Film	4k (4000) Auflösung
4:3-Video	1:1,33, nicht ohne Formatanpassung projizierbar im Kino		
35 mm	1:1,66	1828 x 1102 Pixel	3656 x 2202 Pixel
35 mm anamorph	1:1,85	1828 x 988 Pixel	3656 x 1976 Pixel
35 mm cimascope ungestaucht	1:2,35	1828 x 778 Pixel	3656 x 1556 Pixel

Tabelle 5.5
Übersicht über optimale Film-Auflösung für verschiedene Videoformate

5.15 Typische digitale Probleme

Die digitale Speicherung von Daten ist zwar relativ fehlertolerant, gibt es jedoch einen Defekt oder Ausfall, der die Fehlertoleranz übersteigt, kommt es sehr schnell zum Totalausfall. Ein Beispiel aus dem Audiobereich soll das verdeutlichen: Während eine analoge Schallplatte mit Kratzern noch lauffähig ist (wenn auch mit akustischen Kratzgeräuschen), ist eine CD mit einem Längskratzer von mehr als 7 cm Länge praktisch Plastikmüll.

Man kann sich die Fehlerkorrektur digitaler Technik ungefähr so vorstellen, dass bis zu einem Wert von rund 20% Fehler der Benutzer nichts von diesen Ausfällen bemerkt. Die Fehlerkorrektur stellt die Daten wieder her. Übersteigt die Fehlerquote diese Grenze, bricht das ganze System teilweise oder sogar insgesamt zusammen.

Bei DV machen sich solche Fehler als Artefakte (Klötzchen) im Bild bemerkbar, im Ton als typische *Klickgeräusche* wie bei defekten CDs. Dabei ist entweder die Beschichtung der Videokassette defekt (Materialfehler), das Band oder der Videokopf sind verschmutzt oder aber die Bandführung bzw. Spurregelung (Tracking) stimmt nicht. Letzteres passiert relativ häufig bei Camcordern, da die Trackingregelmöglichkeiten vor allem bei Mini-DV-Laufwerken sehr beschränkt sind. Tritt Klötzchenbildung auf, ist es immer sinnvoll, die DV-Kassette zunächst in einem zweiten DV-Player zu testen, inwieweit dort der Fehler reproduzierbar ist.

5.16 Haltbarkeit

Auch digitale Videobänder sind nicht unbegrenzt haltbar. Auch sie verlieren ihre Magnetisierung und das Bandmaterial wird spröde. Für lange Haltbarkeit sind folgende Richtlinien zu beachten:

- Kühl und trocken lagern (nicht über 20 Grad)
- Keine Magnetfelder (Stromleitungen, Lautsprecher) in unmittelbarer Nähe
- Regelmäßiges Umspulen (komplett vor und zurück) einmal pro Jahr
- Keine direkte Sonnenbestrahlung (auch kein UV-Licht)
- Kassetten immer zurückgespult und in der Schutzhülle lagern
- Kein Staub und Schmutz, kein Zigarettenrauch
- Nicht im Gerät lassen

Im günstigsten Fall kann man von einer Lagerung und Haltbarkeit von ca. zehn Jahren ausgehen, spätestens nach sechs Jahren würde ich eine Sicherung auf einem neuen Medium empfehlen.

5.17 DVD-Formate (+R/-R/+RW/-RW/RAM)

Gekaufte DVDs haben keine +- oder --Kategorisierung. Diese Unterscheidung nach +- und --Medium findet nur im Bereich der brennbaren DVD-Rohlinge statt. +-Medien sind vorformatiert und sollen mittelfristig die --Medien ablösen. Obwohl laut Hersteller das +-Format das kompatiblere sein soll, also auf fast allen DVD-Playern laufen sollte, stellt sich in der Praxis immer wieder genau das Gegenteil heraus. --DVD-Rohlinge sind auf rund 90 Prozent der Player spielbar, +-DVD Rohlinge meist nur auf 60 bis 70 Prozent. Zurzeit sind folgende Rohlingssorten erhältlich:

- DVD–R (einfach bespielbar) one layer 4,7 GB
- DVD+R (einfach bespielbar) one layer 4,7 GB
- DVD–RW (mehrfach bespielbar) one layer 4,7 GB
- DVD+RW (mehrfach bespielbar) one layer 4,7 GB
- DVD–R (einfach bespielbar) double layer 8,5 GB
- DVD+R (einfach bespielbar) double layer 8,5 GB
- DVD–RW (mehrfach bespielbar) double layer 8,5 GB
- DVD+RW (mehrfach bespielbar) double layer 8,5 GB

5.17 DVD-Formate (+R/-R/+RW/-RW/RAM)

- DVD-RAM nur Panasonic und Pioneer one side
- DVD-RAM nur Panasonic und Pioneer dual side

Die DVD-RAM nimmt eine Sonderstellung ein, sie wird nur von DVD-Spielern der Firmen Panasonic und Pioneer unterstützt und ist mit 90 Prozent aller Standalone-Geräte nicht kompatibel.

Selbst gebrannte *Dual-layer-Rohlinge* werden von vielen Wohnzimmergeräten nicht akzeptiert und sind deshalb mit Vorsicht einzusetzen. Auch für das DVD-Mastering werden sie bislang von vielen Presswerken nicht akzeptiert.

RW (Rewritable, überschreibbar, mehrfachbeschreibbar) DVDs reflektieren weniger Laserlicht durch ihre Oberfläche (laufen deshalb häufig schlechter) und sind weniger haltbar.

Wenn Sie die Möglichkeit haben, einen DVD-Brenner auszuwählen, entscheiden sie sich für ein Gerät, das möglichst sämtliche Formate unterstützt, und setzen Sie nur Markenrohlinge ein, um Datenverluste zu verhindern. Je nach Oberflächenbeschichtung, Typ und Lagerung liegt die Haltbarkeit von gebrannten DVDs etwa bei zehn bis 15 Jahren. Bei der Lagerung ist auf Folgendes zu achten:

- Kein Staub, keine mechanische Beschädigung
- Kühl und lichtgeschützt lagern (vor allem kein UV-Licht)

DVDs sind gegenüber Magnetfeldern unempfindlich, da es sich um ein optisches Speichermedium handelt.

Abbildung 5.38
Bunte DVD- und CD-Welt der Rohlinge

5.18 Datenvolumen

Um Videobearbeitung am Rechner durchführen zu können, müssen relativ umfangreiche Datenmengen gespeichert und verarbeitet werden. Vor allem, wenn aufwändige Nachbearbeitungsstufen mit unkomprimiertem Material vorgesehen sind, muss genügend Speicherplatz vorhanden sein. Geht man von einem Drehverhältnis von 1:10 (bei zehn Minuten Rohmaterial sind eine Minute brauchbar) und von einer Filmlänge von 90 Minuten aus, berechnet sich der notwendige Festplattenbedarf wie folgt, wenn man von einer Komplettdigitalisierung des Rohmaterials ausgeht:

- 1 sec DV = 3,6 Megabyte
- 1 min DV = 216 Megabyte
- 90 Minuten = 900 Minuten Rohmaterial = Platzbedarf: 194,4 Gigabyte

Um den fertigen Film berechnen lassen zu können (DV), benötigen wir nochmals rund 20 Gigabyte. Alles in allem ist also eine 256-Gigabyte-Festplatte für solch ein Projekt geeignet.

Zu beachten ist, dass Windows (je nach Version) *Beschränkungen für die Größe von AVI-Dateien* hat. Um sicher zu gehen, sollten unter Windows keine AVI-Dateien erzeugt oder aufgenommen werden, die größer als 4 GB sind (entspricht knapp 20 Minuten). Weder in der Wiedergabe (Ausspielung) noch in der Aufnahme macht das in der Praxis Probleme, weil moderne Rechner, ohne ein Bild zu verlieren, eine neue Datei aufrufen und anhängen oder anlegen und speichern.

MPEG-Dateien sind in ihrer Größe nicht beschränkt. Hier muss die Ausgabedatei (sie wird häufig in 1-Gigabyte-Blöcke unterteilt) nur letztendlich auf den DVD-Rohling passen, falls eine Video-DVD erstellt werden soll. Die maximale Datenrate bei MPEG2 (für DVD) beträgt rund 1,2 Megabyte/sec, das bedeutet, dass bei bester Qualität bei einer Arbeit unter MPEG2 nur rund ein Drittel des Festplattenspeichers einer DV-Produktion notwendig ist, um den Film zu produzieren.

5.19 Videoschnitt am Rechner

Um Video an einem Rechner bearbeiten zu können, sind folgende Minimalanforderungen zu stellen:

- Firewire-Anschluss/Firewire-Karte/Videoschnittkarte
- Soundkarte
- Grafikkarte ohne shared memory mit 128 MB eigenem Speicher
- Mindestens 200 GB unkomprimierte freie Festplattenkapazität (am besten auf eigener Partition und Wechselrahmenfestplatte)

5.19 Videoschnitt am Rechner

- Betriebssystem ab Windows 98 second edition aufwärts (XP empfohlen)
- 512 MB Arbeitsspeicher
- Prozessor ---> Pentium 1,8 GHz oder vergleichbarer Athlon
- DVD-Brenner mit Unterstützung aller Formate (+/–/RAM)
- Video und Audioschnittsoftware

Abbildung 5.39
Firewire-Anschlüsse groß, rechts im Bild. Toneingänge und Ausgänge rechts

Abbildung 5.40
USB-Anschlüsse für USB-Videoschnittboxen

Die Betriebssysteme ab Windows 2000 bieten eine deutlich höhere Stabilität und verarbeiten größere Videodateien im AVI-Format, insofern geht hier die Empfehlung in Richtung eines modernen Betriebssystems. Hardwaretechnisch sind heute keine Schwierigkeiten zu erwarten, aktuelle Festplatten können ohne Probleme Videodatenströme von DV ohne Ruckler aufzeichnen und die Bearbeitung geht recht unkompliziert und stabil von der Hand. Für die Leistungsfähigkeit des Videoschnittrechners ist der Prozessor nicht besonders wesentlich. Es kommt bei diesen Datenvolumen mehr auf die Geschwindigkeit der Festplatte(n) an, da dies im Vergleich zur Prozessorlast deutlich zeitintensiver ist.

5.20 Firewire

Firewire wird in verschiedenen Geschwindigkeitsstufen angeboten. Der Standard definiert drei Datenraten, und zwar exakt: 98.304, 196.608 und 393.216 Megabits pro Sekunde. Diese Raten werden in der Definition als S100, S200 und S400 bezeichnet. Acht Bit entsprechen einem Byte. Klassisch findet sich an *Firewire-Karten* ein S200-Anschluss, der also bis zu 24 Megabyte pro Sekunde verarbeiten kann. Das ist mehr als ausreichend (Videodatenrate liegt bei 3,6 Megabyte/Sekunde). Entscheidend sind allerdings die Kabel und zwar weniger wegen ihrer Länge (bis etwa 4,5 Meter zulässig) oder Kabelqualität, sondern wegen der Steckkontakte. Camcorder haben oft kleine *Firewire-Buchsen*, die nicht nur filigran aussehen, sondern durch schlechte Kabelstecker schnell ins Jenseits befördert werden können. Achten Sie beim Kauf von *Firewire-Verbindungskabeln* darauf, dass die Stecker keine scharfen Kanten haben und sauber verarbeitet sind. Ansonsten kann das Aus- und Einstecken der Verbindung Ihrem Camcorder »weh tun«.

Abbildung 5.41
PCI-Steckplätze auf einem Computermainboard, hier können Firewire-Karten nachträglich eingebaut werden.

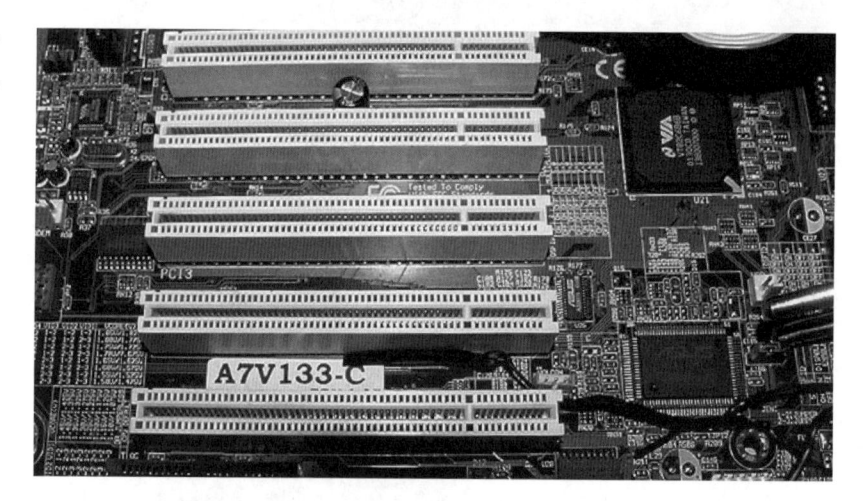

Manche Camcorder unterstützen alternativ einen Anschluss über USB. Solange Ihr Rechner USB 2.0 unterstützt, ist das kein Problem, denn USB ab Version 2 unterstützt praktisch dieselben Datenübertragungsraten wie Firewire S200. USB 1.1 ist allerdings ungeeignet.

Abbildung 5.42
Firewire-Anschluss Notebook bzw. Laptop

5.20 Firewire

Abbildung 5.43
Firewire-Kabel

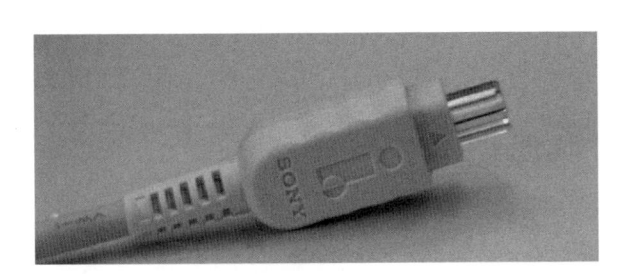

Abbildung 5.44
Firewire-Stecker klein

Kapitel 6

DVD

6.1 Video für DVD vorbereiten............202
6.2 Einschränkungen durch die Kompression......................205
6.3 DVD für Computerbildschirmwiedergabe oder TV?............................207
6.4 DVD-Mastering......................208
6.5 DVD-Menüerstellung................210
6.6 DVD-typische Probleme..............212
6.7 Tonpegel bei DVD/Tonpegel bei Dolby Digital 5.1...........................213
6.8 Dolby-Surround-Produktion..........213
6.9 Muxen............................214
6.10 Datenraten und Halbbildreihenfolgen..216
6.11 Stand-alone-Player und die Kompatibilität.....................216
6.11 Stand-alone-Player und die Kompatibilität.....................216
6.12 16:9 oder 4:3?......................218
6.13 DVD oder nicht DVD, aber MPEG2?....218
6.14 Unterschiede und Kompatibilität von VCD, SVCD und DVD.................220
6.15 Stand-alone-Brenner................220
6.16 Die Endlos-DVD....................220
6.17 Rohlinge..........................221

Kapitel 6 — DVD

6.1 Video für DVD vorbereiten

Videos für DVD sind MPEG2-codiert. Die *variable oder konstante Datenrate* bewegt sich zwischen 3.500 Kilobit/sec und rund 9.800 Kilobit/sec. Die Bildgröße liegt in der Regel bei 720 x 576 Pixel (entweder anamorph, also gestaucht, für 16:9-Wiedergabe oder nicht anamorph für 4:3-Bildformat). Zulässige Tonformate sind *MPEG layer 2, AC3 (Dolby Digital) oder LPCM (unkomprimiert)*.

Abbildung 6.1
Arbeitsoberfläche eines einfachen Autorenprogramms

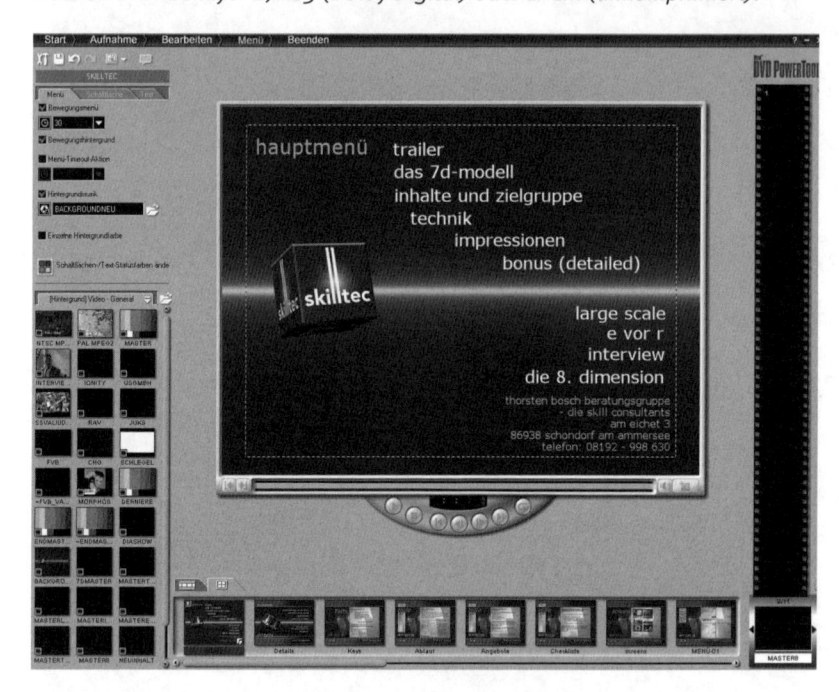

Liegt eine MPEG2-Datei im entsprechenden Format vor, können DVD-Autorenprogramme (Software zur Erstellung von Video-DVDs) diese relativ schnell in eine so genannte VOB-Datei wandeln. VOB steht für *Video Object Base* und bezeichnet ein eigenes Dateiformat oder besser noch Dateisystem, das einen MPEG2-Stream enthält. Gute DVD-Autorenprogramme überprüfen, ob vorbereitete MPEG2-Dateien den DVD-Vorgaben entsprechen, und codieren diese nicht neu, sondern übernehmen sie ohne neue Wandlung. Das ist wichtig, denn sonst kann es zur Kaskadierung und zu Verlusten kommen (siehe Kapitel *Video*). Unterstützt ein DVD-Autorenprogramm nicht dieses Verfahren, dass konforme MPEG2-Dateien übernommen werden können, ist es günstiger, fertige Filme als DV-AVI-Datei ins Autorenprogramm zu übernehmen und dort die Wandlung direkt in VOB vornehmen zu lassen. Dann findet nur eine Wandlung statt und eine MPEG2-Kaskadierung wird vermieden. MPEG2-Kaskadierung führt häufig zu Fehlern.

6.1 Video für DVD vorbereiten

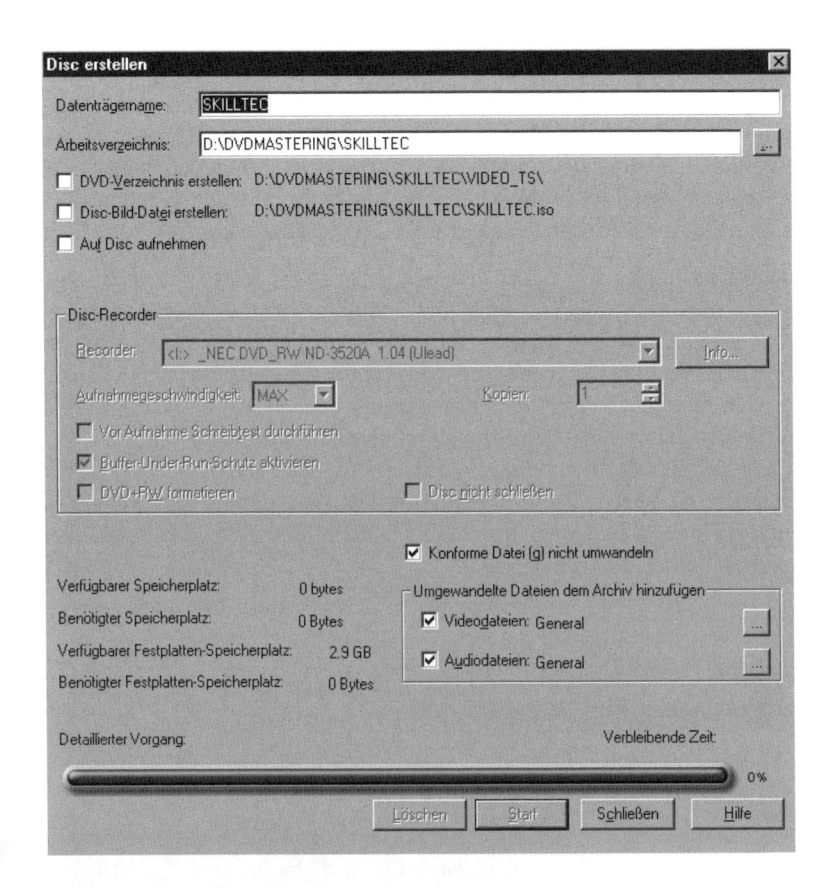

Abbildung 6.2
DVD-Erstellungsmenü in einem DVD-Autorenprogramm: Konforme Dateien nicht umwandeln, vermeidet Kaskadierung

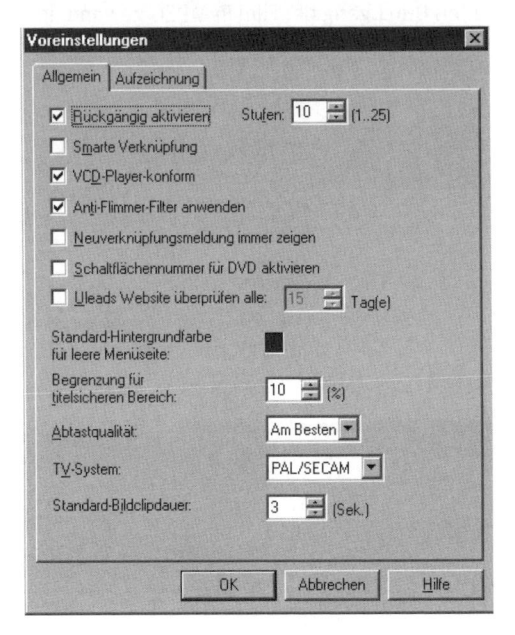

Abbildung 6.3
Voreinstellungen: PAL

Kapitel 6

DVD

VOB-Dateien sind in der Regel auf ein Gigabyte beschränkt und Filme größeren Volumens werden auf Video-DVDs in mehreren VOB-Dateien abgelegt.

Entscheidend für die erzielbare Qualität ist der MPEG-Encoder (er wandelt tatsächlich um), der vom Videoschnittsystem oder DVD-Autorenprogramm genutzt wird. Empfehlenswert ist der MainConcept Encoder (relativ schnell und qualitativ gut), allerdings nur in den neueren Versionen seit etwa 2004.

Besonders wichtig ist, dass der Encoder – wenn er so genannte variable Bitraten anbietet – mindestens ein *two pass encoding* unterstützt. Beim so genannten »two pass encoding« wird der Film auf starke Bildinhaltsänderungen in einem Testdurchlauf vor dem Umwandlungsprozess überprüft (zeitintensiv). An Stellen mit großen Änderungen werden Schlüsselbilder (i-*Frames*) gesetzt. Nur dieses Verfahren kann zu vernünftigen Ergebnissen führen. Encoder, die variable Bitraten unterstützen, aber nur ein *one pass encoding* vornehmen, sollten nur zur Erstellung von Dateien mit konstanten Bitraten genutzt werden, sonst kommt es zu Pumpeffekten im Bild (immer wieder kommt es zu Klötzchenbildungen, zum Beispiel bei Überblendungen im Film).

> **Tipp**
> Auf variable Bitraten verzichten, wenn kein two pass encoding vom Videoschnitt-Programm angeboten wird.

Kürzel:

- Konstante Bitraten: CBR (Constant bit rate)
- Variable Bitraten: VBR (Variable bit rate)
- One pass encoding: Film wird in einem Vorgang auf Bildinhaltsänderungen abgetastet und sofort im MPEG-Format gewandelt
- Two pass encoding: Der Film wird im ersten Vorgang auf Bildinhaltsänderungen abgetastet und es wird festgelegt, wo Schlüsselbilder (i-Frames) gesetzt werden. Anschließend wird im zweiten Durchgang der Film in MPEG gewandelt.

Abbildung 6.4
MPEG Encoder MainConcept in Videoschnitt-Programm. Hier one pass encoding

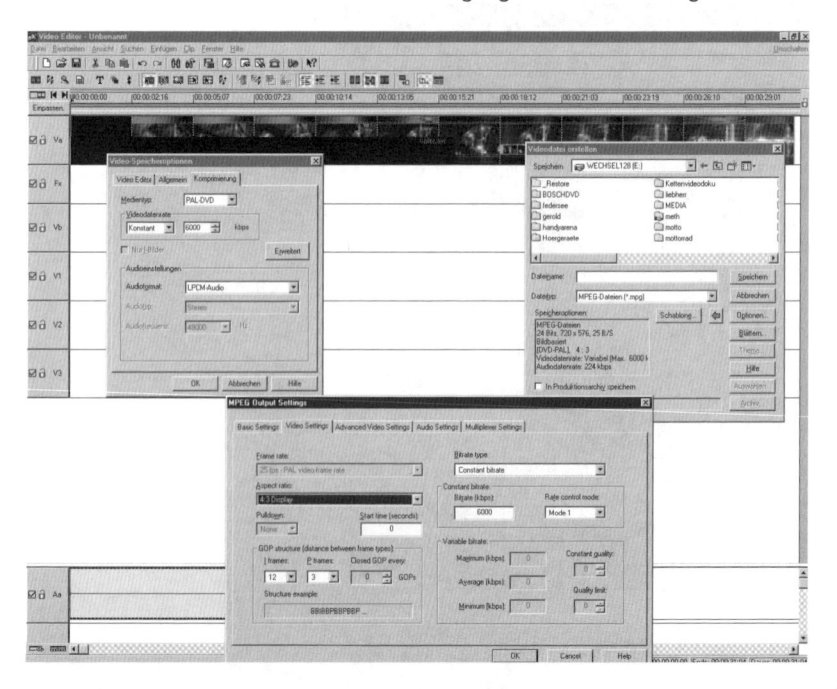

Der Unterschied zwischen VBR und CBR besteht maßgeblich in der Datenmenge des MPEG2-codierten Films. Vereinfacht dargestellt überprüft bei VBR der Encoder automatisch, wie weit er das Bildmaterial komprimieren kann, und verkleinert (je nach Bildinhalt) die Datenrate auf den kleinstmöglichen Wert. Bei großen Bildinhaltsänderungen wird die Datenrate automatisch erhöht und ein Schlüsselbild (so genannter i-Frame) gesetzt. Das bedingt aber eine ausführliche Analyse des Filmes, was wiederum Zeit kostet. VBR-Dateien erfordern auch bei der Wiedergabe eine höhere Leistung des Prozessors (ist auch in Wohnzimmerplayern enthalten), was zu ruckliger Wiedergabe oder nicht synchronem Ton führen kann.

6.2 Einschränkungen durch die Kompression

Die MPEG2-Codierung reagiert ausgesprochen ungünstig auf Bildrauschen. Rauschanteile im Bild werden bei der Codierung als bewegte Bilddetails interpretiert. Das bedeutet, dass schlechtes Ausgangsmaterial (z.B. VHS-Qualität) mit hohen Datenraten (= geringe Kompression) in MPEG2 gewandelt werden muss, um Klötzchenbildung zu vermeiden. Das Bildrauschen (leichtes Grieseln in dunklen Bildbereichen) ist der Hauptfeind der MPEG-Codierung. Um das Problem zu verringern, muss schlechtes Bildmaterial mit hohem Rauschanteil unbedingt vor der MPEG-Codierung entrauscht werden. Es gibt entsprechende Geräte und Software. Solche *Denoiser* oder Bildrauschunterdrückungsgeräte säubern das Bildsignal. Danach sind geringere Datenraten bei der Codierung möglich.

> **Tipp**
> Rauschendes Bildmaterial immer vor der MPEG2-Codierung entrauschen.

Abbildung 6.5
Stark verrauschtes VHS-
Material digitalisiert

Abbildung 6.6
Entrauschtes Bild

Abbildung 6.7
Bilddetail verrauscht

Abbildung 6.8
Bilddetail entrauscht

6.3 DVD für Computerbildschirmwiedergabe oder TV?

Video-DVDs für die Computerbildschirmwiedergabe und MPEG2-Videos zum Einbau in Präsentationen (zum Beispiel HTML oder PowerPoint) sollten immer im Vollbildmodus produziert werden, da in beiden Fällen die Wiedergabegeräte keinen Halbbildmodus unterstützen.

- Video-DVD zur überwiegenden Nutzung auf Rechnern, Laptops etc.:

    25 Bilder/sec Vollbildmodus

- Video-DVD zur überwiegenden Nutzung auf TV-Geräten und DVD-Playern:

    50 Halbbilder/sec Halbbildmodus, unteres (erstes) Halbbild zuerst

Liegt als Ausgangs- und Rohmaterial nur Halbbildmaterial vor (interlaced), und benötigt man Vollbilder, sollte man per Software ein *Deinterlacing* durchführen. Das Verfahren fügt zwei Halbbilder zu einem Vollbild zusammen und entfernt die Zeilensprünge durch Unschärfen.

Vollbild-produzierte DVDs laufen ohne Probleme auch auf TV-Monitoren und Stand-alone-DVD-Playern. Empfindliche Zuschauer registrieren unter Umständen ein leicht verstärktes Fernsehflimmern. Umgekehrt können bei Halbbildproduktionen die Zeilensprünge auf Computermonitoren sehr störend wirken.

Abbildung 6.9
Einstellungen
DVD-Produktion Vollbild

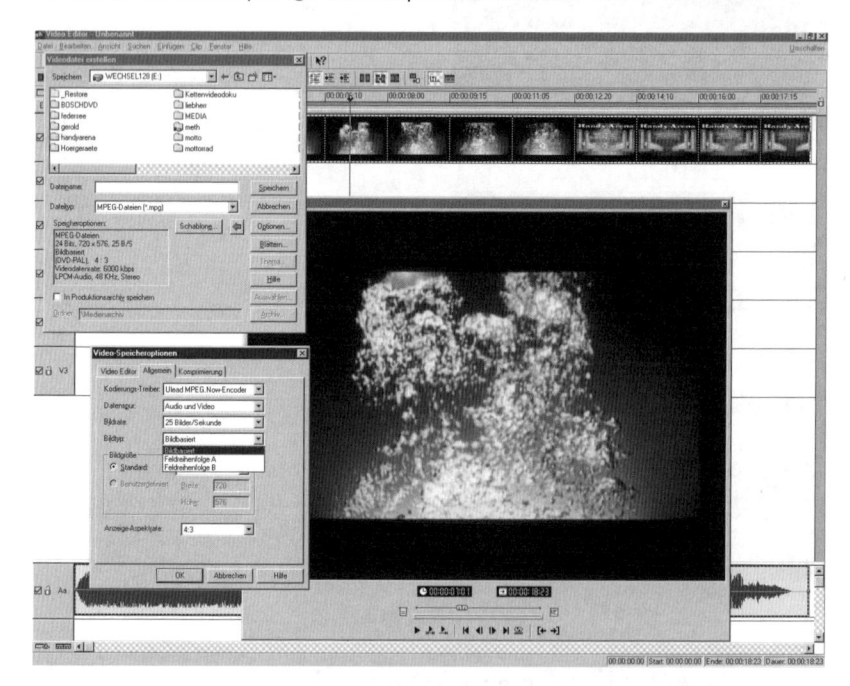

6.4 DVD-Mastering

Das Erstellen einer Mutter-Video-DVD (*Master-DVD*), von der man wiederum Kopien anfertigen lassen kann oder anfertigt, setzt ein Programm voraus, das sich an die genormten Vorgaben der DVD-Produktion hält. Dringend zu empfehlen sind dazu *DVD-Autorenprogramme*, die gleichzeitig ein Brennen auf DVD unterstützen, denn reine Brennprogramme erzeugen nicht immer konforme Video-DVDs.

Beim *DVD-Video-Mastering* werden auf dem Rohling eine Reihe von Ordnern und Dateien erzeugt: Das Unterverzeichnis *AUDIO_TS* (»TS« bedeutet Titelset) ist bei einer klassischen Video-DVD leer. Es ist für reine Audio-DVDs bestimmt. Alle Verzeichnisse müssen in GROSSBUCHSTABEN gespeichert werden und sollten nicht mehr als acht Zeichen haben.

6.4 DVD-Mastering

Das Titelset-Verzeichnis *VIDEO_TS* beinhaltet den *Video Manager (VMG)* und verschiedene *Video Titel Sets (VTS)* und *Video Objects (VOB)*. Da eine Video-DVD einen ganz bestimmten Aufbau und eine bestimmte Reihenfolge dieser Dateien auf der Oberfläche der Disc benötigt, ist es nicht damit getan, dass ein Brennprogramm solche Dateien erzeugt oder anlegt. Stimmt die physische Anordnung der Verzeichnisse und Dateien auf der Oberfläche nicht, ist die Disc unbrauchbar.

Soll eine Video-DVD für den Massenmarkt produziert werden. können die Daten je nach Presswerk in unterschiedlichen Formen angeliefert werden. In einem Presswerk wird eine so genannte Matrize hergestellt (eine mechanische Spritzform oder Pressform), mit ihr lassen sich in kürzester Zeit Tausende von Video-DVDs produzieren. Je nach Güte dieser Matrize (*Glasmaster oder Spritzform*) können bis zu 10.000 Kopien hergestellt werden, dann ist die Pressform abgenutzt. Um ein Glasmaster erstellen zu können, muss ein Presswerk ein so genanntes *Video-DVD-Image (ISO-Datei)* erhalten, das ist sozusagen ein elektronisches Datenabbild einer DVD-Oberfläche. Professionelle Autorenprogramme unterstützen grundsätzlich die Erstellung so genannter *Images*.

Images können per Datenband (DLT, Digital linear tape, Band), Festplatte oder DVD angeliefert werden. Als 1:1-Vorlage (also im Sinne von: Es wird eine gebrannte DVD abgeliefert und die zu pressende soll genauso sein) werden häufig nur DVD-R-Typen akzeptiert.

Wichtige Punkte für das DVD-Mastering:

- Der Audiopegel der Videofilme darf –6 dB nicht überschreiten (Verzerrungsgefahr auf Billigplayern).
- DVDs der Kategorie 5 (one layer) fassen maximal 4,3 Gigabyte Videodaten. Angaben auf Verpackungen suggerieren immer zu große Werte.
- DVDs der Kategorie 9 (double layer) fassen maximal rund 8 Gigabyte und sind gebrannt nur selten kompatibel zu Abspielgeräten.
- Das Masterimage (ISO-Datei) ist neutral und hat nichts mit R+/R- oder RW zu tun.
- Sind auf der Video-DVD mehrere Filme enthalten, müssen alle Filme mit derselben Datenrate und demselben Tonformat erstellt worden sein, sonst kann es zu Störungen kommen (Tonsynchronisation stimmt nicht).
- LPCM-Ton bietet in Stereo die beste Tonqualität.
- Vor dem Mastering sollte das Menü umfassend getestet worden sein, um Sackgassen im Menü zu vermeiden (kein Vor und Zurück mehr).
- Bedenken Sie, dass Menüs bei DVDs häufig nicht mit der Maus, sondern mit DVD-Fernbedienungen bedient werden (Anordnung der Menüpunkte).

- Videofilme sollten einen kurzen Vorspann von etwa zwei Sekunden Schwarzbild und Stille enthalten, weil es beim Aufruf zum verzögerten Freischalten des Tons kommen kann (je nach Player).

- Vermeiden Sie zu kleine Schriftgrößen im Menü, weil TV-Monitore Schriften unter zehn Punkt meist nicht sauber darstellen können.

- Achten Sie auf die richtige Auswahl des Fernsehstandards: PAL-Autorenprogramme unterstützen auch NTSC (dann ruckeln die Filme).

- Nutzen Sie zum Mastering (beim Brennen) nur Markenrohlinge.

6.5 DVD-Menüerstellung

Ein Video-DVD-Menü besteht aus Texten, Bildern und teilweise aus bewegten Hintergründen (Filmen) und Schaltflächen. Die einzelnen Elemente werden von einem Autorenprogramm zum Teil in die notwendigen Formate übertragen und gewandelt, oder aber bereits als Schablonen und Ähnliches zur Verfügung gestellt.

Richtlinien zur DVD-Menüerstellung

Da das Ausgabeformat der Video-DVD 720 x 576 Pixel im Vollbild- (progressive Mode) oder Halbbildmodus (interlaced Mode) groß ist, macht es keinerlei Sinn, Bilder in großen Auflösungen oder mit riesigen Pixelzahlen als Hintergründe usw. zu verwenden. Da Video-DVDs sich an rechteckigen Pixeln orientieren (TV-Monitor optimiert), ist es sinnvoll, Bildvorlagen im Format 768 x 576 Pixel zu nutzen, diese werden bei der Erstellung des Menüs von einer Reihe von DVD-Autorenprogrammen besser gewandelt (ohne Streckung) als Vorlagen mit 720 x 576 Pixel. Bilder haben in der Regel quadratische Pixel, diese werden sonst gedehnt.

Das maximale Anzeigeformat von 720 x 576 Pixel betrifft übrigens auch *Diashows*. Unabhängig von der eigentlichen Bildgröße (zum Beispiel 3000 x 2000 Pixel) wird ein DVD-Player immer nur 720 x 576 Pixel präsentieren können. Die Bilder werden, auch wenn sie in hohen Auflösungen auf der Video-DVD abgespeichert werden, nicht schärfer präsentiert. Lediglich bei Zoomfunktionen kann (je nach DVD-Player) eine höhere Auflösung Vorteile haben.

Was ist theoretisch möglich?

Die DVD bietet ein Menüsystem mit Stand- oder Bewegtbildern. Es ist dabei eine Tonuntermalung möglich. Das Menü kann bis zu 99 Titel beinhalten, die entweder direkt oder über das Menüsystem ausgewählt werden können. Jeder Titel kann dabei in bis zu 999 Kapitel unterteilt werden, die entweder direkt oder über das Menüsystem ausgewählt werden.

Es können bis zu acht Tonspuren für unterschiedliche Sprachfassungen/Kommentare vorhanden sein. Bis zu 32 Untertitel-Fassungen sind möglich. Das Bild

6.5 DVD-Menüerstellung

kann in bis zu neun Bildperspektiven vorhanden sein, so dass man sich z.B. eine Szene aus verschiedenen Blickwinkeln anschauen kann. Mit der Funktion *Unsichtbare Verzweigung* (*Seamless Branching*) ist es möglich, verschiedene Filmfassungen, z.B. Kinofassung und *Director´s Cut*, auf einer DVD unterzubringen. Optional ist eine *Alterssperre* (*Parental Lock*). Sie kann für die ganze DVD oder nur für einzelne Abschnitte gelten, die bei entsprechendem Mastering dann übersprungen werden, sofern keine Altersfreigabe dafür vorhanden ist.

In der Praxis unterstützen Autorenprogramme nicht immer alle dieser Möglichkeiten. Grundsätzlich ist zu erwarten, dass folgende Minimalanforderungen durch das Autorenprogramm erfüllt werden:

- Konforme MPEG-2-Dateien werden ohne zusätzliche Konvertierung übernommen.
- Eine Erstellung von selbst gestalteten Menüs mit eigenen Elementen und Hintergründen ist möglich.
- Eine Kombination von Standbildern und Filmen, Diashows und Filmen ist möglich.
- Es können Untermenüs und Erstwiedergabeelemente erstellt und definiert werden.
- Das Tonformat kann zwischen LPCM, MPEG und AC3 gewählt werden (mind. Stereo).
- Es kann bestimmt werden, was nach der Wiedergabe einzelner DVD-Abschnitte (Film oder Dia) passieren soll (Definition von Sprungfunktionen wie »zurück ins Menü« oder »nächstes Programmelement wiedergeben«).
- Bewegte Menühintergründe sollten möglich sein.
- Interaktive Schriften (*Mouse over* etc.) sollten deaktivierbar sein.
- Das Autorenprogramm sollte eine Plausibilitätsprüfung durchführen (Sind die Bild- und Filmelemente mit dem Menü verknüpft?) und eine Simulation der DVD sollte angeboten werden (Testbetrieb).
- Es sollte möglich sein, die Menüstandzeit zu definieren (nach 30 Sekunden beginnt z.B. automatisch die Hauptfilmwiedergabe) und Automatikfunktionen zu deaktivieren (kein Autostart).
- Eine Ausgabe direkt auf DVD (Brennmodul) wie auch als ISO-Datei (Image) sollten unterstützt werden.
- Eine Umschaltung zwischen PAL und NTSC muss möglich sein.
- Eine Unterstützung von Sonderformen ist sinnvoll und praktisch: VCD (Video-CD), SVCD (Super-Video-CD, nicht offiziell genormt).
- Bei der Menüerstellung sollte der so genannte titelsichere Bereich markiert sein (Fernseher zeigen bis zu 16% weniger des Bildes) und berücksichtigt werden.

Vorgaben zur Erstellung eigener Hintergrundbilder und Elemente

- Bilder in der Größe 768 x 576 vorbereiten
- 24 Bit Farbtiefe = RGB-Farbraum, am besten bereits PAL-angepasst
- Bilder in unkomprimierten Formaten bevorzugen, also z.B. BMP
- Elemente (*interaktive Buttons* etc.) werden oft als GIF-Dateien (Graphik Interchange Format) vom Autorenprogramm erwartet. GIF-Dateien unterstützen Transparenzen, sind allerdings in ihrer Farbtiefe reduziert: Maximal 256 Farben (in freier Farbpalette) kann eine GIF-Datei speichern.
- Texte können meist im Autorenprogramm eingegeben werden. Schrift wird bei der Erstellung der DVD in Bild umgewandelt, die Schrifttype wird also nicht auf der DVD hinterlegt. Nutzbar sind in der Regel alle *TTF-Schriften* (*True Type Fonts*), die auf dem betreffenden Rechner hinterlegt sind.

6.6 DVD-typische Probleme

Schwierigkeiten entstehen häufig bei selbst gebrannten und selbst erstellten DVDs. Die Ursachen können sein:

- Datenrate zu hoch, der Player (Stand-alone-Player) kommt beim Lesen nicht hinterher, das Bild ruckelt, springt oder Ton und Bild sind nicht synchron. **Lösung:** Datenrate reduzieren oder Rohling wechseln (Schicht reflektiert zu wenig Laserlicht, dadurch Lesefehler).
- Manche Filme sind tonsynchron, andere nicht. **Ursache:** Verschiedene Tonformate auf einer DVD. **Lösung:** Einheitliches Tonformat auf einer DVD.
- Gebrannter DVD-Typ ist auf dem Player nicht lesbar. Nicht alle Player können -R/+R/-RW/+RW lesen. **Lösung:** Typ dem Player anpassen.
- Ton ist nie synchron. Der genutzte MPEG-Encoder nutzt falsche Strukturen (GOP-Strukturen), das heißt, die Reihenfolge verschiedener Bildarten innerhalb einer MPEG-Datei entspricht nicht den Vorgaben. Innerhalb einer gewissen Zeit wechseln in einer MPEG-Datei so genannte i-Frames (Schlüsselbilder, die Komplettinformationen eines Bildes enthalten), p- und b-Frames (enthalten nur Änderungsinformationen). Stimmt die Struktur nicht, kann es zu Störungen in der Synchronisation kommen. **Lösung:** Autorenprogramm oder zumindest Encoder wechseln. Möglich auch: Statt Variablen konstante Bitraten (CBR) einsetzen.
- Bildqualität schlecht (Klötzchenbildung bei Überblendungen): Liegt am Einsatz von schlechten VBR-(Variablen-Bitraten-)Encodern. **Lösung:** stattdessen CBR (konstante Bitraten) nutzen.
- DVD wird nicht eingelesen, lief aber schon. **Ursache:** Einlaufrille beschädigt. Der Startsektor der DVD kann durch Kratzer und Dreck unbrauchbar werden.

Dort befindet sich der *TOC (Table of Content = Inhaltsverzeichnis)*. Eine weitere Ursache kann ein billiger Rohling sein, manche DVDs lösen sich auf (Beschichtungsfehler). Mögliche **Lösung:** Versuch der Datenrettung (Kopie) über einen DVD-Brenner (sind teilweise mit besserer Fehlerkorrektur ausgestattet).

- DVD bleibt hängen. **Ursache:** Kratzer, Beschichtungsfehler. Mögliche **Lösung:** Anderes Gerät testen und auf bessere Fehlerkorrektur hoffen.
- Film ruckelt. **Ursache:** Möglicherweise handelt es sich um eine im falschen Format (NTSC) erstellte DVD. **Lösung:** DVD-Projekt überprüfen, ob die Grundeinstellungen PAL sind.
- Texte unleserlich. **Ursache:** Schrifttype für die Auflösung des Wiedergabegerätes zu klein oder aber titelsicherer Bereich wurde nicht genutzt. **Lösung:** Schrift größer/titelsicheren Bereich nutzen.
- Bild flimmert, wirkt unruhig auf TV. **Ursache:** Vollbildmodus. **Lösung:** Halbbildmodus, wenn nicht bewusst gesetzt.
- Lauftexte, die von unten nach oben durchs Bild laufen, wirken unruhig, scheinen gelegentlich nach unten zurückzuspringen. **Ursache:** Es wurde NTSC-Material für PAL gewandelt und die unterschiedliche Halbbildreihenfolge nicht beachtet oder das Rohmaterial war Digital-VHS (ebenfalls teilweise andere Halbbildreihenfolge). Grundsätzlich ist die Halbbildreihenfolge bei NTSC oberes (zweites) Halbbild zuerst, bei PAL unteres (erstes) Halbbild zuerst. **Lösung:** DVD mit anderer Halbbildreihenfolge erstellen oder in Vollbildmodus wandeln.
- Bilder wirken verzerrt. **Ursache:** Entweder falsche Bildformate im Autorenprogramm genutzt oder Wiedergabegeräte unterstützen 16:9-Wiedergabe nicht (häufig). Lösung je nach Ursache: Richtige Formate wählen oder DVD nicht anamorph (16:9) produzieren.

6.7 Tonpegel bei DVD/Tonpegel bei Dolby Digital 5.1

Als Aussteuerungsrichtwert ist ein Pegel von -16 dB pro Kanal anzusetzen. Der Hintergrund ist relativ einfach: Die Tonkanäle werden auf zwei Tonspuren gespeichert bzw. codiert, so dass sich die Pegel der fünf Kanäle summieren. Hier muss darauf geachtet werden, dass keine Übersteuerung in der Summe auftritt. Gängige Dateiendung für Dolby 5.1 ist AC3.

6.8 Dolby-Surround-Produktion

Dolby-Surround-Produktionen setzen relativ kostenintensive Produktionsumgebungen voraus: Dolby-Surround-Tonsoftware oder -Videoschnittmodule, Dolby-

Kapitel 6 DVD

Surround-Monitoranlage und -Decoder. Die hinteren Kanäle werden in der Regel nur für Atmosphäre und Effekte genutzt. Sprache liegt meist auf dem Center-Kanal, um die Verständlichkeit zu garantieren.

6.9 Muxen

Muxen ist eine Wortverkürzung von Multiplexen und bezeichnet die Verknüpfung von Ton und Bildinformationen in einer MPEG-Datei. DVD-Autorenprogramme muxen Ton und Bilddaten automatisch beim DVD-Mastering. Beim *Multiplexen*, also Zusammenführen von Ton und Bildinformationen, wird die MPEG-Datei nicht komplett neu codiert, das bedeutet, das Muliplexen oder *Demultiplexen* (*Demuxen*) keine Kaskadierung mit sich bringt. Beim Muxen kann ein Zeitversatz festgelegt werden, das bedeutet, mit wie viel Millisekunden Verzögerung der Ton starten soll. Erhältliche Freeware zum Muxen und Demuxen von Dateien ist zum Beispiel TMPGenc von Hiroyuki Hori. Die Software des Japaners gilt daneben als einer der besten MPEG-Codierer bzw. Encoder. Nach dem Demultiplexen erhält man aus einer MPEG-Datei so genannte *Streaming-Dateien* mit einer Dateiendung wie *m1v*, *m2v*, *mpv* (Videostreams) und *mp1*, *mp2*, *mp3*, *mpa* (Audiostreams). Nicht alle Videoschnittprogramme kommen mit diesen Dateien klar.

Abbildung 6.10
TMPGenc

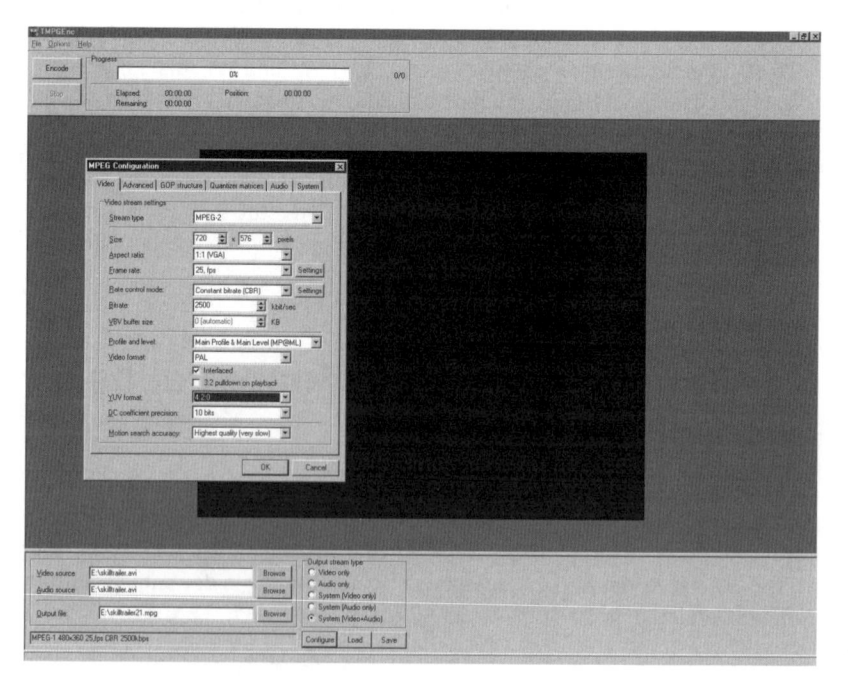

6.9 Muxen

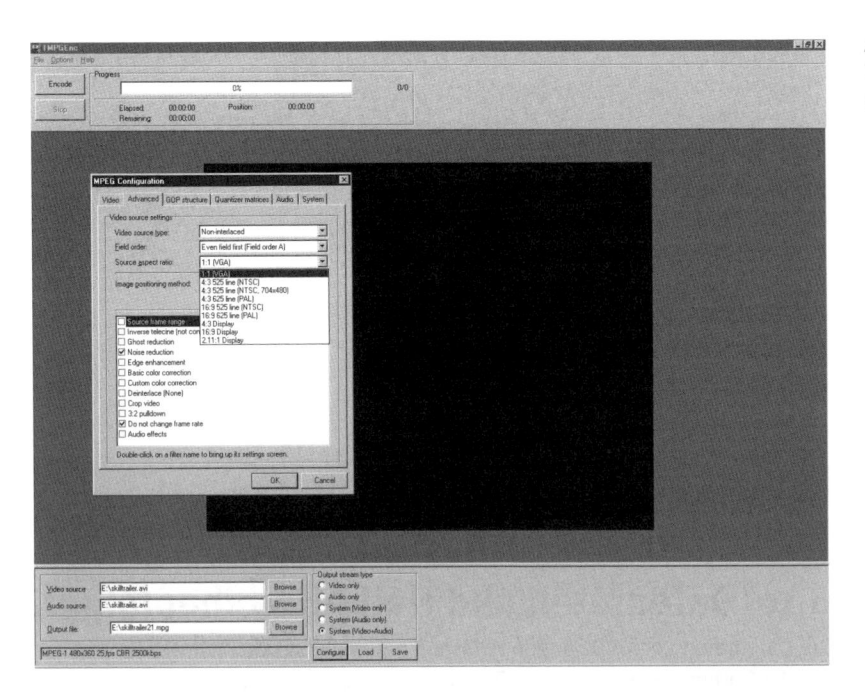

Abbildung 6.11
TMPGenc Erweiterte Einstellungen

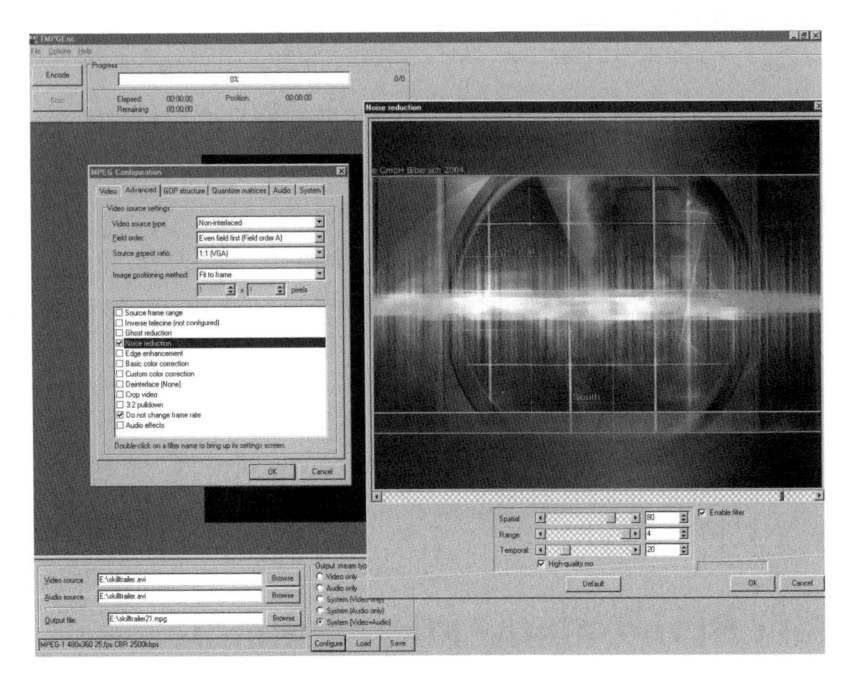

Abbildung 6.12
TMPGenc Denoise (Rauschfilter)

Abbildung 6.13
TMPGenc Tools zum Aufsplitten von Bild und Ton in MPEG-Dateien

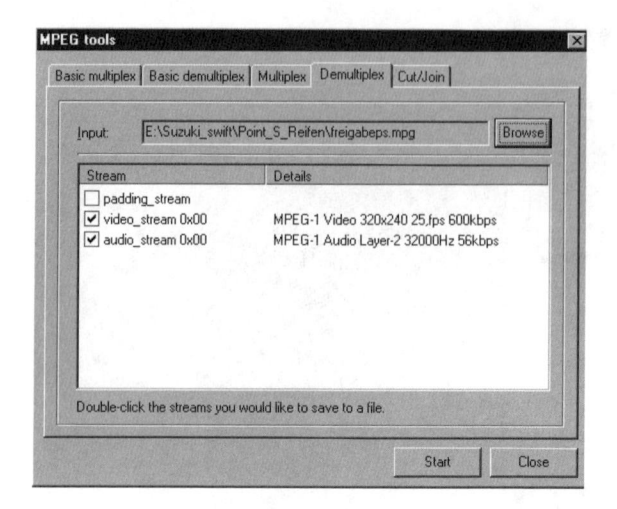

6.10 Datenraten und Halbbildreihenfolgen

Die Datenraten von DVDs liegen zwischen 3.500 und 9.800 Kilobit/sec. Je geringer die Datenrate, desto höher die Kompression und desto schlechter die Bildqualität. Richtlinien sind:

- 4000 Kilobit/sec = niedrige Qualität = 120 Minuten DVD Layer 5 (4,7 GB)
- 6000 Kilobit/sec = mittlere Qualität = 90 Minuten DVD Layer 5 (4,7 GB)
- 8000 Kilobit/sec = hohe Qualität = 60 Minuten DVD Layer 5 (4,7 GB)

Halbbildreihenfolgen

- Vollbildmodus für Computerdarstellung oder Beamer
- Halbbildmodus PAL, unteres (erstes, oder A) Halbbild zuerst für TV-Wiedergabe
- Halbbildmodus NTSC, oberes (zweites, oder B) Halbbild zuerst für TV-Wiedergabe

Manche DVD-Rekorder (Stand-alone-Geräte) und D-VHS-Rekorder zeichnen das zweite Halbbild zuerst auf. Entscheidend ist immer das Ausgangsmaterial und der vorgesehene Einsatz.

6.11 Stand-alone-Player und die Kompatibilität

Auf dem Markt gibt es inzwischen eine völlig unübersichtliche Menge an DVD-Spielern fürs Wohnzimmer und nicht zu jedem Modell eines Herstellers sind Informationen verfügbar, welche DVD-Arten abgespielt werden können, ob nun VCD, SVCD, Mini-DVD, DVD+R, DVD-R, DVD+RW, DVD-RW und gebrannte dual layer.

6.11 Stand-alone-Player und die Kompatibilität

Dennoch gibt es ein paar Anhaltspunkte:

- Billige DVD-Player spielen häufig alle Formate, da die dort eingesetzten Laufwerke oft eigentlich Computer-DVD-Laufwerke sind (Nachteil: häufig mechanisch instabil)

- Markenhersteller haben aus marktpolitischen Gründen oft kein Interesse daran, dass ihre DVD-Spieler selbst gebrannte DVDs wiedergeben können. Oft sind diese Geräte eingeschränkt.

- Ältere DVD-Spieler können häufig +-Formate nicht wiedergeben.

- Alle DVD Spieler können VCD (Video-CDs) wiedergeben.

- SVCD und Mini-DVD sind nicht genormte und inoffizielle Formate, die nicht unterstützt werden müssen.

- DivX-Wiedergabe wird immer extra ausgewiesen, da dazu spezielle Wandler notwendig sind.

- Viele ältere Player kommen mit hohen Datenraten (⋯▸ 6000 Kilobit/sec) nicht zurecht und die Wiedergabe ruckelt.

Im Internet gibt es eine sehr gute Webseite, die die Kompatibilität verschiedenster Herstellermodelle auflistet: *http://www.videohelp.com*. Besonders angenehm ist, dass die Empfehlungen und Erfahrungen, die dort geschildert werden, allesamt von Käufern der Produkte stammen und keine kommerziellen Interessen oder Hersteller damit verbunden sind.

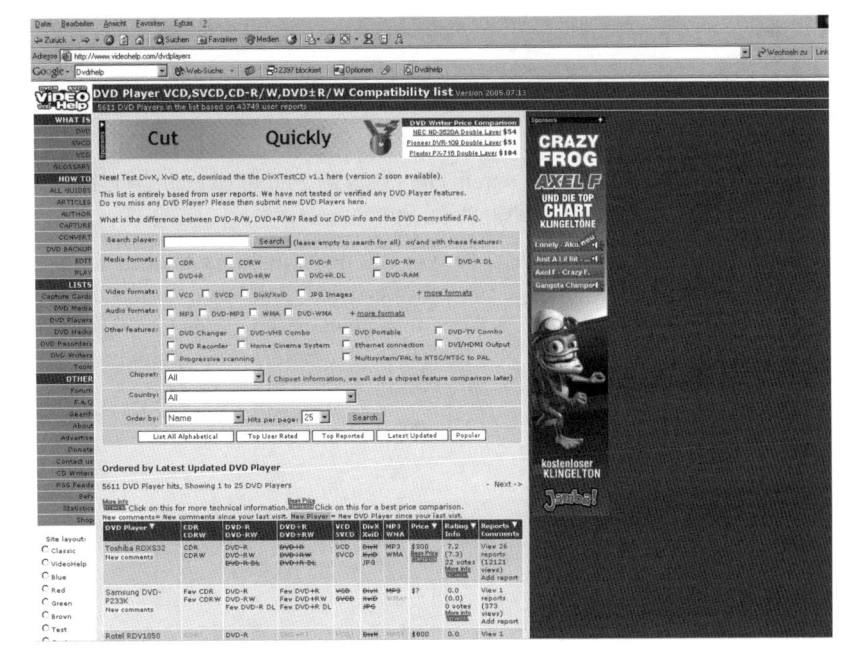

Abbildung 6.14
Empfehlenswerte Webseite mit Kompatibilitätslisten fast aller erhältlichen DVD-Spieler:
`www.videohelp.com/dvdplayers`

6.12 16:9 oder 4:3?

Bei der DVD-Produktion sollte man sich auch darüber vor Beginn bereits Gedanken machen, um sich Stress und Ärger zu sparen. DVD-Player unterstützen zwar grundsätzlich das anamorphe (gestauchte) *16:9-Format*, dennoch gibt es bei der Wiedergabe immer wieder Probleme vor allem im Zusammenspiel mit den Projektionsgeräten (Beamer/TV-Monitor). Ich würde eine echte, also anamorphe 16:9-Produktion nur dann empfehlen, wenn klar ist, dass die Projektionsgeräte diesen Modus auch tatsächlich unterstützen. Alternativ bietet sich (um die Ästhetik des Bildformates zu nutzen) an, ein falsches 16:9-Format (*Letterbox*) zu nutzen, das heißt ein *4:3-Bild* mit schwarzen Balken auf 16:9 zu beschneiden.

Ein 4:3-Format wird immer unterstützt und macht keine Probleme bei Wiedergabeprojektoren und Monitoren.

6.13 DVD oder nicht DVD, aber MPEG2?

Mit der MPEG2-Codierung lassen sich zwei Sonderformen der Video-CD erstellen:

Die *SVCD* (*Super Video Compact Disc*) ist vor allem im asiatischen Raum verbreitet, und obwohl es keine wirkliche Norm gibt, hat sich eine Art Standard herausgebildet:

- MPEG 2 CBR oder VBR mit 2.375 Kilobit/sec
- Bildformat: 480 x 576 Pixel
- MPEG-Ton 44,1 kHz/16 Bit 224 Kilobit/sec
- 50 Halbbilder pro Sekunde, unteres (erstes oder Feld A) Halbbild zuerst. Das Bild wird bei der Wandlung also in der Breite gestaucht.

Qualitativ liegt die SVCD deutlich über der VCD und unter der eigentlichen DVD. Die SVCD wird auf CD-Rohlingen erstellt und nicht auf DVDs. Viele Autorenprogramme unterstützen SVCD. Aufgrund mangelnder Standards gibt es keinerlei Garantie, dass Menüführungen (teilweise angeboten von Autorenprogrammen) tatsächlich auf DVD-Playern ansprechbar sind.

6.13 DVD oder nicht DVD, aber MPEG2?

Abbildung 6.15
SVCD – Orginalspeicherformat (gestaucht)

Abbildung 6.16
SVCD – Wiedergabeformat nach Entzerrung im Player

Eine andere Möglichkeit ist die Mini-DVD. Die Mini-DVD ist von ihrer Dateistruktur und vom Aufbau her nichts anderes als eine gewöhnliche DVD mit geringer Spielzeit, die statt auf einen DVD-Rohling auf einen CD-Rohling gebrannt wird. Auch dieses Format ist nicht genormt oder standardisiert und es gibt keine Garantie dafür, dass Mini-DVDs auf DVD-Playern wiedergegeben werden können. Die Chance dafür, dass die Wiedergabe klappt, ist relativ gering, denn die DVD-Player nutzen unterschiedliche Laser und Auslesegeschwindigkeiten, je nachdem welcher Art (ob CD oder DVD) das Medium ist. Meistens reicht die Auslesegeschwindigkeit des DVD-Spielers im CD-Betrieb nicht aus, um eine ruckelfreie Wiedergabe der Mini-DVD zu gewährleisten.

6.14 Unterschiede und Kompatibilität von VCD, SVCD und DVD

Tabelle 6.1

Typ	Bildformat	Qualität vergleichbar mit	Halbbildunterstützung	Kompatibel/genormt
VCD	352 x 288 Pixel	VHS	nein	ja
SVCD	480 x 576 Pixel	S-VHS	ja	bedingt/nein
DVD	720 x 576 Pixel	Betacam SP	ja	Rohlingabhängig/ja

6.15 Stand-alone-Brenner

Inzwischen werden relativ günstig DVD-Rekorder angeboten. Die Geräte werden als Ersatz für Videorekorder angepriesen und in der Tat spricht einiges dafür: Während der Aufzeichnung erlauben diese Rekorder (mit Festplatte und Brenner) oft, die Aufzeichnung parallel und dabei zeitversetzt anzuschauen. In der Tat ist das praktisch. Allerdings sollte man qualitativ nicht zu hohe Ansprüche an diese Geräte stellen. Für den Heimgebrauch sind sie brauchbar, professionellen Ansprüchen genügen sie oft nicht:

- Um möglichst viel Aufnahmekapazität zu bieten, reduzieren diese Rekorder die Auflösung und Bildgröße auf 352 x 288 Pixel, das entspricht S-VHS-Qualität.
- Menüführungen können nicht wirklich erstellt werden. Teilweise ist auch die Betitelung der Aufnahmen nur erschwert möglich.
- Die Aufnahmen sind nicht immer kompatibel.
- Häufig wird nur eine Sorte von Rohlingen unterstützt +R oder –R.

6.16 Die Endlos-DVD

Für Präsentationen sind manchmal besondere Menüformen sinnvoll:

Eine Endlosschleife (Film läuft durch und beginnt immer wieder von neuem) lässt sich in den meisten Autorenprogrammen ohne Schwierigkeiten programmieren:

- Menü erstellen und Film verlinken, also mit Titel oder Bildsymbol verknüpfen
- Unter den Filmeigenschaften festlegen: »nach Wiedergabe zurück zum letzten Menü«
- Autoplay unter Menüeigenschaften festlegen (je kürzer die Wartezeit bis zum Autostart, umso besser)

Natürlich lässt sich eine Endloswiedergabe auch mit der Repeat-Taste am DVD-Player einstellen, der Nachteil ist allerdings, dass das Wiederholungssymbol bei den meisten Playern auf dem Wiedergabebild angezeigt wird.

Manchmal ist erwünscht, dass überhaupt kein Menü auf dem Bildschirm erscheint und der Film erst beim Drücken der Wiedergabetaste beginnt, nach Ende des Films soll der Bildschirm wieder schwarz werden. Auch das lässt sich relativ einfach realisieren:

- Menü ohne Hintergrundbild erstellen. Hintergrundfarbe Schwarz.
- Titel oder Wort eingeben und mit dem Film verknüpfen.
- Schriftfarbe auf Schwarz einstellen und Leuchteffekte (mouseover) deaktivieren
- Autostart und Autoplay unter Menüeigenschaften deaktivieren.

6.17 Rohlinge

Wie schon bereits mehrfach erwähnt, spielen Rohlinge eine wesentliche Rolle dabei, wie lange gebrannte DVDs haltbar und ob sie auf Playern lesbar sind. Unter Umständen verlieren billige Rohlinge bereits nach sechs Monaten Daten. Die Ursache können neben mechanischen Beschädigungen Fehler in der Beschichtung sein. Prüfen Sie vor einer kommerziellen Produktion gebrannte Rohlinge auf ihre Beständigkeit. Manche Brenner verweigern sogar ihre Funktion, wenn die eingelegten Rohlinge zu sehr von den festgelegten Einstellungen des Brenners abweichen.

Kapitel 7

7 VIDEO FÜRS KINO

- 7.1 Grundlagen der Technik: Was muss beachtet werden? 224
- 7.2 Kopierwerke und Fazdienstleistungen.. 228
- 7.3 Abnahme der Nullkopie 229
- 7.4 Ton fürs Kino 229
- 7.5 Minutenpreise und Werbung im Kino .. 230
- 7.6 Verleiher, Kinolandschaft und Kinobesitzer....................... 231
- 7.7 Digitale Projektion HDTV und Kino 232
- 7.8 1:1,85 oder was anderes? 232

7.1 Grundlagen der Technik: Was muss beachtet werden?

Um Videomaterial auf Kinofilm zu übertragen, müssen folgende Vorgaben und Hinweise beachtet werden:

- Der Film muss im Vollbildmodus (progressive Mode) vorliegen. Halbbilder müssen im Zweifelsfall zu Vollbildern umgewandelt werden.

- Bei der Produktion müssen die unterschiedlichen Bildformate berücksichtigt worden sein. Vom 4:3-Bild bleibt nur ein Teil sichtbar.

- Die Länge des Kinofilms entspricht nicht der Länge des Videos. Statt 25 Vollbildern pro Sekunde (Video) werden 24 Bilder pro Sekunde (Film) gezeigt.

- Der Ton des Films sollte eindeutig anlegbar sein. Für das Kopierwerk ist es sinnvoll, Ton und Bild getrennt anzuliefern: Ton auf *DAT(Digital Audio Tape)* oder CD (wav-Datei oder Audio-CD), Bilder bzw. Film am besten unkomprimiert auf DVD oder Festplatte. Manche Kopierwerke akzeptieren auch *DV-Kassetten*, das erfordert aber letztlich im Werk Mehraufwand. Der Beginn des Tons muss bildgenau beschrieben und fixiert werden. Da auch der Ton im Kino langsamer wiedergeben wird, sollte er möglichst bereits entsprechend gestretcht sein *(time stretching*: Audiosignale werden ohne Veränderung der Tonhöhe in die Länge gezogen oder beschleunigt).

- Setzen Sie keine *Körnungseffekte* ein. Manche Videoschnittsysteme bieten das an, um einen Filmlook zu erzeugen. Da das Video aber auf Filmmaterial belichtet wird, erhält der fertige Film ohnehin eine Körnung. Zu viel des Guten kommt nicht gut.

- Überbelichtete Stellen im Video werden keinerlei Zeichnung enthalten. Insgesamt sollte das Material eher leicht unterbelichtet sein.

- Dunkle Grauwertbereiche können bereits bei den Dreharbeiten durch leichtes Kneeing oder bei der Nachbearbeitung durch eine leichte Gammakorrektur aufgehellt werden.

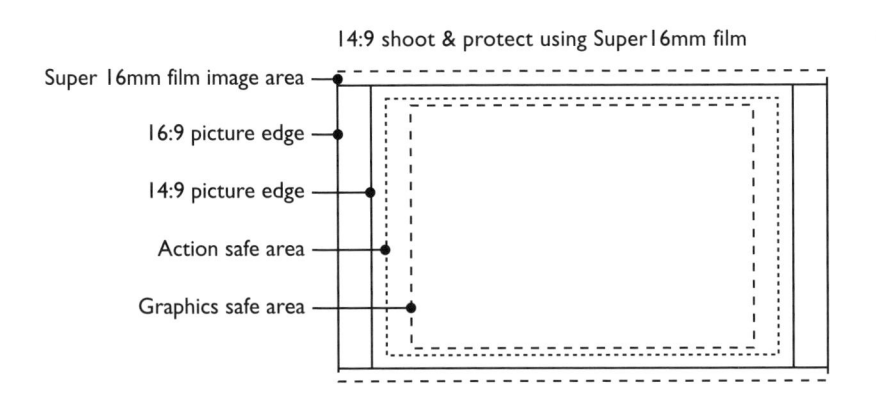

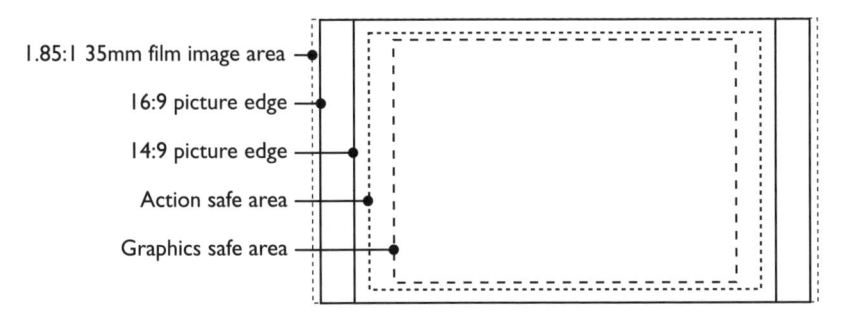

7.1 Grundlagen der Technik

14:9 shoot & protect using Super16mm film

- Super 16mm film image area
- 16:9 picture edge
- 14:9 picture edge
- Action safe area
- Graphics safe area

14:9 shoot & protect using 1.85:1 35mm film

- 1.85:1 35mm film image area
- 16:9 picture edge
- 14:9 picture edge
- Action safe area
- Graphics safe area

Abbildung 7.1
BBC-Infosheet zum Verhältnis der Bildausschnitte

In einem Kopierwerk wird ein Videofilm gefazt. Dabei wird Bild für Bild elektronisch auf den Kinofilm (in der Regel 35 mm) belichtet (z.B. *Arri-Laser*). Da das Verfahren voraussetzt, dass die Bilder einzeln vorliegen, erwarten viele Kopierwerke, dass auszubelichtende Filme nicht auf Videokassette, sondern als Einzelbildfolgen (fortlaufend nummeriert) in einer verlustfreien Komprimierung (*jpg-Qualität* 100%) oder unkomprimiert angeliefert werden. Dabei sollten die Bilder bereits entsprechend skaliert (in der Größe angepasst) sein.

Akzeptiert und gängig sind Auflösungen in 2k oder 4k:

2k Auflösung etwa 1828 x 988 Pixel (bis etwa 2048 x 1556 Pixel)

4k Auflösungetwa 3656 x 1976 Pixel

2k und 4k sind feste Fachbegriffe die die Auflösung der Bilder beschreiben. 2k steht für 2000 und 4k für 4000 Pixel Auflösung in der Horizontalen.

Kapitel 7

VIDEO FÜRS KINO

Abbildung 7.2
Beispiele für verschiedene Bildausschnitte und Projektionsformate im Kino nach dem Fazen

DATENBLATT ZUM TAPE TO FILM (FAZ) BILDFORMATE, VIDEOFORMATE IM KINO (4)

Original Format 1:1,33 (4:3)
Film Format cut out = 1:1,66

Original Format 1:1,33 (4:3)
Film Format 1:1,66 mit curtain

Original Format 1:1,77 (16:9)
Film Format cut out = 1:1,85

Original Format 1:1,77 (16:9)
Film Format 1:1,85 mit curtain

Original Format 1:1,77 (16:9)
Film Format cut out = 1:1,66

Images: Felix von Muralt

Tipp
Faz-Vorlagen beim Kopierwerk anfordern.

Je nach Kopierwerk ist hier etwas Spielraum gegeben. Fordern Sie in jedem Fall vorher die technischen Vorgaben an. Einige Kopierwerke bevorzugen es, Bilder im Überformat zu bekommen, also am Beispiel 2k, Bilder (4:3-Video linear und nicht beschnitten skaliert) im Format von 1828 x 1462 Pixel. Deshalb wird im Kino zwar dennoch nur der bereits oben erwähnte Bildausschnitt sichtbar (1828

7.1 Grundlagen der Technik

x 988 Pixel), aber es entfällt *Kantenflimmern*. Kantenflimmern tritt auf, wenn der untere oder obere Rand des Videobildes im Kino projiziert wird, weil das Bild einen Tick zu klein war oder der Bildstand des Projektors nicht sauber justiert ist. Dann flimmert die sichtbare Kante.

VORGABEN ZUM FAZEN VON DATEN AUF 35-mm-FILM

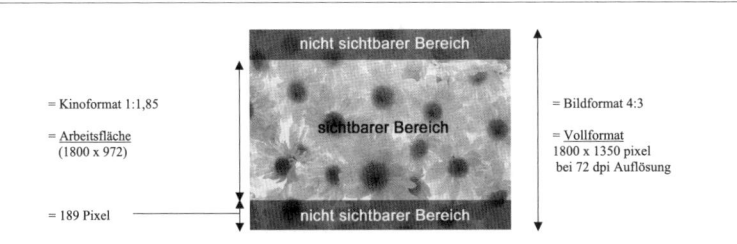

Abbildung 7.3
Fazen-Infosheet eines Kopierwerkes

= Kinoformat 1:1,85
= Arbeitsfläche (1800 x 972)
= 189 Pixel

nicht sichtbarer Bereich
sichtbarer Bereich
nicht sichtbarer Bereich

= Bildformat 4:3
= Vollformat
1800 x 1350 pixel
bei 72 dpi Auflösung

Bitte legen Sie jedes Einzelbild IMMER im Format 1800 x 1350 Pixel an. Der Hintergrund (auch der nicht sichtbare Bereich) muss mit der Hintergrundfarbe bzw. -struktur belegt sein!

Rechts und links - Rand ca. 1 cm nicht bearbeiten;
oben und unten (nicht sichtbarer Bereich) jeweils 189 Pixel nicht bearbeiten.

Abspeichern: als nummerierte tif, jpg, bmp –Dateien (1800 x 1350)
z.B.:   Ordner „Film"
        Dateien: „Film.00001"
                        „Film.00002" usw.
Markierung für Tonbeginn nicht vergessen!
24 Bilder pro Sekunde
Komprimierung: Keine   Audiodaten mit Pieper für Bild und Ton Synchronisation
Format: MAC / Apple   (32 Bit Stereo)
Datenanlieferung auf CD   Datenanlieferung auf CD oder DAT Band (Format: wav, ai, mp3)

Stand: Februar 2003/gae

Es macht relativ wenig Sinn, DV-Produktionen von 720 x 576 Pixel auf 4k zu skalieren (aufzuziehen). Das Bild wird durch den Vergrößerungsvorgang nicht schärfer. Lediglich Texteinblendungen profitieren davon (diese werden tatsächlich schärfer). In der Regel reichen 2k völlig aus. Professionelle Videoschnittprogramme unterstützen den Export von Filmen in beliebig große Einzelbilder und nummerieren diese automatisch fortlaufend. Aufgrund der Bildgröße können beachtliche Datenvolumen entstehen.

Kinofilm wird zum Teil mit Lichtton ausgeliefert. Üblich ist Dolby SR. SR steht hier nicht für Surround sondern für Spectral Recording, bei Dolby SR handelt es sich um ein Rauschunterdrückungssystem, das nichts über Mono oder Stereo aussagt. Der digitale Maximalpegel der Tondatei, die zum Vertonen (zur Erstellung der Dolby SR Spur) genutzt wird, sollte -3 dB nicht überschreiten.

Ist eine Nullkopie vom Kopierwerk erstellt worden, können davon wiederum Kopien hergestellt werden, wobei hier nur noch vergleichsweise geringe Kosten anfallen. Pro Vorführsaal ist eine Kopie zu rechnen und die Lebensdauer solcher Vorführkopien beträgt bei täglicher Projektion etwa ein halbes Jahr.

Manche Kinos bieten heute bereits die Projektion digitaler Spots und Filme. Hier sollte man Kontakt zur regionalen Kinowerbung aufnehmen und die gewünschten Formate erfragen. In der Regel handelt es sich dabei um MPEG2-Dateien im

Hinweis
Nullkopie nie zur Vorführung nutzen, nur als Kopiervorlage, um weitere Kopien zu ziehen.

Format 720 x 576 Pixel mit Schwarzbalken (sichtbarer Bereich etwa 700 x 408 Zeilen). Als Ton ist MPEG-Audio einzusetzen. LPCM- und AC3-Ton kann zu Problemen führen. Es sollten nur CBR (konstante) Bitraten bis max. 6000 Kilobit/sec eingesetzt werden.

7.2 Kopierwerke und Fazdienstleistungen

Der Markt ist relativ überschaubar und es gibt neben einer Reihe größerer Anbieter auch kleinere Firmen, die den Transfer von Video zu Film anbieten. Hier eine kleine Auswahl:

Deutschland:

CineByte GmbH
August-Bebel-Str. 26–53
D-14482 Potsdam
Telefon: +49 (331) 72 124 69
Fax: +49 (331) 72 124 70
http://www.cinebyte.de

ARRI
Türkenstr. 89
D-80799 München
Telefon: +49 (89) 3809-0
http://www.arri.com

CinePix GmbH München
Seeholzenstr. 7a
D-82166 München-Gräfelfing
Telefon: +49 (89) 52 31 46 60
Fax: +49 (89) 52 31 46 61
http://www.cinepix.de

Schweiz:

SWISS EFFECTS
Thurgauerstr. 40
CH-8050 Zürich
Telefon: +41 (1) 3 07 10 10
Fax: +41 (1) 3 07 10 19
http://www.swisseffects.ch

Polen:

Digital Lab
Cybernetyki 7
PL-02-677 Warszawa (Warschau)
Telefon: +48 (22) 3 21 05 21
Mobil: +48 (0) 5 02 68 37 10
http://www.dlab.pl

7.3 Abnahme der Nullkopie

Professionelle Anbieter des *Video to Film-Transfers* (Fazen) laden den Produzenten zur Abnahme der Nullkopie. Dazu wird der Film in einem Vorführkino gemeinsam gesichtet und darüber gesprochen, ob Farbgebung, Helligkeit und Ton den Vorstellungen entsprechen. Besonders zu beachten ist dabei, dass der Projektor die passenden Vorsatzlinsen trägt. Für jedes Kinoprojektionsformat gibt es entsprechende Vorsätze, die das Bildverhältnis festlegen, zum Beispiel 1:1,85 (am häufigsten) oder 1:2,35 (Cinemascope).

Stimmt der Vorsatz nicht, wird das Bild verzerrt dargestellt. Günstig ist es bei der Abnahme von Werbespots, wenn andere Spots im Vergleich laufen – auch um die Lautstärke der Tonspur im Verhältnis zu anderen Spots vergleichen zu können. Letztlich ist noch darauf zu achten, ob das Bild wirklich zentriert wurde, also in der Mitte der Leinwand steht. Bei der digitalen Belichtung kann es nämlich passieren, dass beim Transfer die Bilder nicht mittig belichtet werden.

Ist die Nullkopie abgenommen, können davon im herkömmlichen Verfahren Kopien gemacht werden.

7.4 Ton fürs Kino

Tonmischung für das Kino heißt Lautstärkepegel berücksichtigen. Da der Vorführer im Kino nicht ständig die Lautstärke nachregeln kann, bedeutet das, dass sich insbesondere Werbespots in ihrem Aufnahmepegel nicht zu stark unterscheiden dürfen. In der Regel liegt die Maximalaussteuerung bei -6 bis -3 dB. Aber nicht nur der Maximalpegel ist entscheidend, auch der Kompressionsgrad der Lautstärkedynamik ist wichtig. Bei Werbespots für das Kino ist eine Kompression von 1:4 der Sprache und 1:2 der Musik zu empfehlen. Durch die Kompression wird Sprache verständlicher und subjektiv als lauter empfunden, weil leise und laute Stellen vom Pegel her angeglichen werden.

Verfahrenshilfe:

- Aufnahme der Musik
- Mischung der Musik

- Kompression der Musik 1:2
- Aufnahme der Sprecher
- Kompression der Sprache 1:4
- Mischung der Musik und Sprachspuren
- Eventuell erneute Kompression des Mastermixes im Bereich -20 bis -6 dB mit dem Faktor 1:2
- *Limiting* (Abschneiden) von Lautstärkespitzen (maximal 3 dB limiten)
- Normalisieren des Mastermixes auf -6 oder -3 dB

7.5 Minutenpreise und Werbung im Kino

Minutenpreise sind hier im doppelten Sinn zu verstehen: Was kostet die Produktion des fertigen Films pro Minute und was kostet die Schaltung (also die Aufführung) eines Werbespots pro Minute bzw. pro Sekunde?

Filmproduktionspreise werden gern pro Minute berechnet, wobei das gerade bei Werbespots nicht immer sinnvoll ist. Es ist heute ohne weiteres möglich, einen Kinowerbespot von 30 Sekunden, der anschließend auf Film übertragen wird, für unter 2.000 Euro Gesamtbudget zu produzieren. Geht man davon aus, dass Idee, Entwurf und Dreh des Spots etwa 1.200 Euro ausmachen, kostet das Fazen noch rund 800 Euro. Das soll nur zur Orientierung nach unten dienen, denn je nach Drehbuch können Spots auch Millionen kosten, da gibt es keine Obergrenze. Einen Kinospot von 30 Sekunden für unter 2.000 Euro produzieren zu wollen (inklusiv Fazen) ist eher unseriös. Ist nur eine digitale Präsentation im Kino vorgesehen, entfallen die Fazkosten und entsprechende Vorbereitungsarbeiten. Einfachste Spots können hier sicher ab 600 Euro produziert werden. Dokumentarfilme oder Industriefilme werden durchschnittlich für rund 500 Euro pro fertiger Filmminute angeboten.

An sich stammt das Wort Minutenpreise aus dem Fernsehmetier. Fernsehsender zahlen pro Minute eines ausgestrahlten Filmes. In den letzten Jahren sind die Preise ständig gefallen und Budgets wurden gekürzt. Eine Vergütung von 300 Euro pro Ausstrahlungsminute (bei Dokumentarfilmen) ist heute ein üblicher Satz. Andererseits bieten Fernsehsender Werbeminuten zum Kauf an. Je nach Uhrzeit und Zuschauerzahlen gibt es hier drastische Unterschiede. So genannte *Primetime-Werbung* (mit den meisten Fernsehzuschauern) liegt oft in der Zeit zwischen 18 und 22 Uhr und diese Sendezeit ist besonders teuer.

Im Kino wird die Schaltung des Werbespots pauschal pro Monat und Saal berechnet. Je nach Stadt, Kino und Besucherzahlen sind hier die Tarife unterschiedlich. Zuständig sind Kinowerbeagenturen wie zum Beispiel die UDIA oder ARKONA-Kinowerbung in Süddeutschland. Gängige Werbespotlängen im Kino sind zwölf Sekunden, 20 Sekunden und 30 Sekunden. Betrachtet man die Gesamtkosten eines Kinowerbespots (Produktion und Schaltung), ist diese Werbungsform verhältnismäßig günstig im Vergleich zu Zeitungs-, Zeitschriften-, Radio- und Fernsehwerbung.

7.6 Verleiher, Kinolandschaft und Kinobesitzer

Kino steht für Monopole. Eine kleine Anzahl wirklich großer Verleiher wie UIP (United International Pictures) oder Buena Vista International bestimmen zu über 80 Prozent, was wann und wie im Kino läuft. In einzelnen Fällen schreiben Verleiher sogar die Eintrittspreise vor. Spielfilme werden Kinobesitzern nicht einzeln zur Aufführung angeboten, sondern paketweise. Dabei bestimmt der Verleiher auch die Laufzeit. Kinobesitzer müssen sich bereits bis zu einem Jahr im Voraus festlegen, ob sie ein Paket zeigen oder nicht. Es kommt nicht selten vor, dass solche Pakete aus einem potenziellen Kassenschlager (oder auch *Blockbuster* genannt) besteht und drei minderen Filmen, bei denen der Verleiher eher einen geringeren Erfolg erwartet. Es ist also für Kinobesitzer kaum möglich, wirklich ein freies Kinoprogramm zu erstellen. Filme ohne Verleih haben praktisch keine Chance, ins Kino zu kommen. Als ein besonderes Beispiel soll hier der Film »Lena« von Leo Hiemer dienen. Hiemer war beteiligt am Film »Daheim sterben die Leut«. Die Satire über das Leben und Sterben im Allgäu und in Oberschwaben war ein Überraschungserfolg und Hiemer versuchte daran anzuknüpfen. Für die Produktion »Lena« fand er allerdings keinen Verleiher, kurzerhand versuchte er sich selbst als Verleiher, musste allerdings feststellen, dass er fast nie in das bereits festgelegte Programm der Kinos vordringen konnte. Letztlich tingelte der Filmproduzent und Regisseur selbst mit Projektoren und Film quer durch Deutschland und zeigte seinen Film in Gemeindehallen und Dorfgaststätten. Erfolgreich. Dennoch ein praktisches Beispiel für die Schwierigkeiten, die entstehen, wenn kein Verleiher gefunden wird. In den letzten Jahren versuchten sich einige Verleihfirmen auch als Kinobetreiber und der Markt wurde systematisch mit Kinopalästen bestückt, allerdings war das nicht immer mit finanziellem Erfolg verbunden. Der Markt ist auch angesichts des wachsenden Heimkinomarktes relativ gesättigt. Auch die Werbung im Kino wird von ganz wenigen Kinowerbungsfirmen kontrolliert. Kinowerbung wird großflächig von Schaltungsagenturen geplant und bestückt. Ausspielformate sind oft sehr unterschiedlich und die technischen Philosophien der dabei eingesetzten digitalen Projektion sind verschieden.

Kinoeintrittspreise werden prozentual zwischen Kinobesitzer und Verleiher aufgeteilt. Kommt ein großer neuer Spielfilm ins Kino, bekommt der Verleiher pro Eintrittskarte in der ersten Woche über 60 Prozent der Einnahmen. In den folgenden Wochen sinkt dieser Anteil bis auf rund 40 Prozent. Wer einen bekannten Film öffentlich aufführen möchte, das gilt auch für nichtkommerzielle Veranstaltungen, muss die entsprechenden Aufführungsrechte beim Verleiher einholen.

Dieser wiederum wird den örtlichen Kinobesitzer informieren und dessen Genehmigung verlangen. Über den Erfolg eines Filmes bestimmen die Verleiher maßgeblich dadurch, dass sie festlegen, mit wie viel Kinokopien Filme in Deutschland in die Kinos kommen. Startet ein Film etwa mit zehn Vorführkopien, kann er nur in zehn Städten bundesweit in der ersten Woche gesehen werden, entsprechend gering sind die möglichen Zuschauerzahlen.

Für Dokumentarfilmproduzenten noch der Hinweis, dass die Chancen, einen Verleiher zu finden, größer sind, wenn man »kleine, aber feine« Verleihfirmen anfragt. Besonders herauszuheben ist dabei Arthaus in Berlin.

7.7 Digitale Projektion HDTV und Kino

Wie bereits erwähnt, verfolgen verschiedene Kinowerbungsagenturen verschiedene technische Philosophien. So nutzt beispielsweise die UDIA (Hauptsitz Ulm) für den süddeutschen Raum bis Lörrach bei digitalen Projektionen im baden-württembergischen Raum MPEG2 mit 720 x 576 Pixel, Vollbild, kaschiert (mit Farbbalken beschnitten) auf ein Bild mit 720 x 408 Pixel mit 25 Bildern pro Sekunde und MPEG-Tonspur (Stereo). Dabei liegt die Datenraten bei maximal 6.000 Kilobit/Sekunde. Dagegen setzt die Ankora Kinowerbung auf ein eigenes MPEG2-Format in 2k-Auflösung. Videos zur Digitalprojektion müssen als unkomprimierte Einzelbilder mit separater wav-Tondatei angeliefert werden. Echte HDTV-Projektionen im Kino sind zurzeit eher noch die Ausnahme, weil ein Wiedergabestandard für Projektionsgeräte nicht endgültig verabschiedet ist.

HDTV mit 16:9-Bild entspricht einer Kinoprojektion von 1:1,77. Da aber im Kino entweder mit 1:1,66 oder aber mit 1:1,85 projiziert wird, wird ein 16:9-Video zumindest beim Fazen entweder leicht links und rechts beschnitten (1:1,66), oder aber es bleiben links und rechts kleine schwarze Ränder (1:1,85).

7.8 1:1,85 oder was anderes?

Das gängigste Kinoprojektionsformat für Werbung ist 1:1,85. Lediglich in Ballungsräumen setzen Kinobetreiber mehr auf 1:2,35 (*Cinemascope*). Dagegen gibt es im ländlichen Raum noch Kinos, die 1:1,66 projizieren. Die meisten Spielfilme sind für das Format 1:1,85 produziert. Cinemascope ist auch bei der Filmproduktion ein starker Kostenfaktor und wird oft nur bei Edelproduktionen mit hohem Budget eingesetzt. Insofern geht hier die Empfehlung ganz klar zum 1:1,85-Bild. Letztlich sollte aber der Verleih oder die Schaltungsagentur für Kinowerbung definieren, wie das Bildverhältnis für die Zielkinos aussehen soll.

Kapitel 8

VIDEO FÜR COMPUTER

8.1 Codecs, Formate und Voraussetzungen . 234

8.2 Datenübertragung 235

8.3 Wenn der Laptop am Beamer statt Video Grün oder Rosa zeigt 237

8.4 Einbindung von Videofilmen in Präsentationen 238

8.5 Das Farbproblem 238

8.6 Wie viel Bilder pro Sekunde braucht der Mensch? 239

8.7 Klassisch: Der Ton ist nicht synchron .. 239

8.8 Problemlösungen 240

Kapitel 8

VIDEO FÜR COMPUTER

8.1 Codecs, Formate und Voraussetzungen

Im Kapitel *Video* und dort im Unterkapitel *Aufzeichnungsformate* wurden bereits die wesentlichen Grundlagen erläutert, hier noch mal ein kurzer Überblick.

Computervoraussetzungen (Minimum)

- Prozessor ⟶1,8 GHz oder vergleichbarer Athlon
- 512 MB Arbeitsspeicher
- Grafikkarte mit eigenem Arbeitsspeicher (z.B. 128 MB)
- Betriebssystem Windows 2000 oder XP (wegen Dateigrößenbeschränkung AVI)
- Firewire oder Videoschnittkarte – alternativ USB (je nach Kamera)
- Soundkarte
- Festplatte Video (Empfehlung ab 256 Gigabyte)
- Gute aktive Abhörmonitore
- Monitor/Bildschirm mit mindestens 1280 x 1024 Pixel Auflösung
- eventuell Kontroll-TV-Monitor
- DVD Brenner +/−
- Audioschnittsoftware
- Videoschnittsoftware
- Kabel/Adapter

Notwendige Codecs (Auswahl)

- DV-1 (PAL) notwendig für DV-Produktion
- DV-2 (NTSC)
- Huffyuv sinnvoll für verlustfreie Bearbeitung mit Special Effects
- Indeo für Multimedia-CDs (Integration von Videoclips) und Spiele-CDs
- MPEG1 notwendig für VCD und Multimedia CDs

- MPEG2 notwendig für DVD-Produktion
- Realvideo für Realvideofilme (Internet)
- Windows MPEG4 (Internet)
- Sorensen (QuickTime) für Internet
- spezielle Videoschnittkarten-Codecs – werden mit der Karte ausgeliefert

Typische Bildformate und Bildraten

- 240 x 180 Pixel Internet 12, 15 oder 25 Bilder/sec
- 320 x 240 Pixel Multimedia-CD mit Videos im Fenster 15 oder 25 Bilder/sec
- 352 x 288 Pixel VCD MPEG1 25 Bilder/sec
- 480 x 576 Pixel SVCD PAL 25 Bilder/sec
- 720 x 480 Pixel NTSC DVD 29,97 Bilder/sec
- 720 x 576 Pixel PAL DVD 25 Bilder/sec

Auf die Problematik Vollbild/Halbbild wurde hier schon mehrfach hingewiesen.

Vollbild (bildbasierte, progressive): Für Darstellung auf Computermonitoren, Kino

Halbbild (halbbildbasiert, Field A, interlaced): Für die Darstellung auf TV-Monitoren

Das Pixelformat ist für Videoproduktionen in der Regel rechteckig. Quadratische Pixel werden nur für Computerwiedergabe eingesetzt.

8.2 Datenübertragung

Die Videodaten werden über ein Firewire-Kabel 1394 in den Rechner normalerweise in Echtzeit übertragen (1 Stunde Video = 1 Stunde Zuspiel). Nur wenige Geräte erlauben Zuspielung in bis zu vierfacher Geschwindigkeit. Ton und Bild werden über das Kabel kopiert und dabei nicht ausgepackt (keine Kaskadierung bzw. Qualitätsminderung). Das Verfahren nennt sich auch *nativ* (englisch: ursprünglich). Probleme entstehen manchmal bei der Steuerung der Camcorder, weil über das Firewire-Kabel die Funktionen des Camcorders oder Rekorders vom Rechner gesteuert werden. Nicht alle Steuerbefehle werden von allen Geräten unterstützt. Problematisch sind gelegentlich ältere Panasonic-Camcorder.

Kapitel 8 — VIDEO FÜR COMPUTER

Abbildung 8.1
Gerätemanager unter Windows XP zeigt IEEE-1394-Firewire-Karte

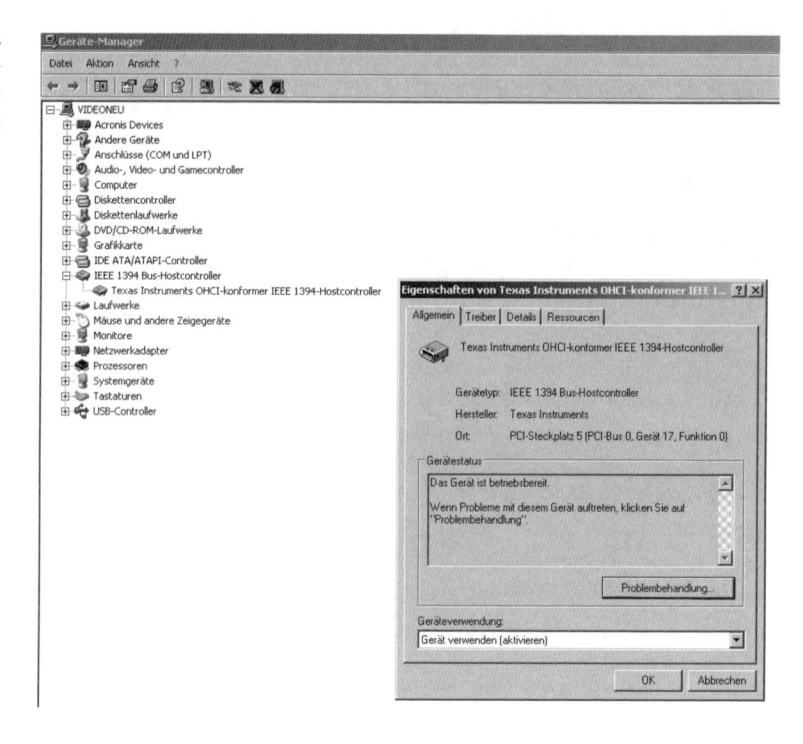

Das Bild, das manche *Videocapture*(Aufnahme)-*Programme* (Bestandteil der Videoschnittsoftware oder der Videoschnittkarte) während der Aufzeichnung zeigen, wird dem Videodatenstrom entnommen und kann qualitativ schlechter wirken, als die tatsächliche Videoqualität ist.

Abbildung 8.2
Capture-Modul eines Videoschnitt-Programmes

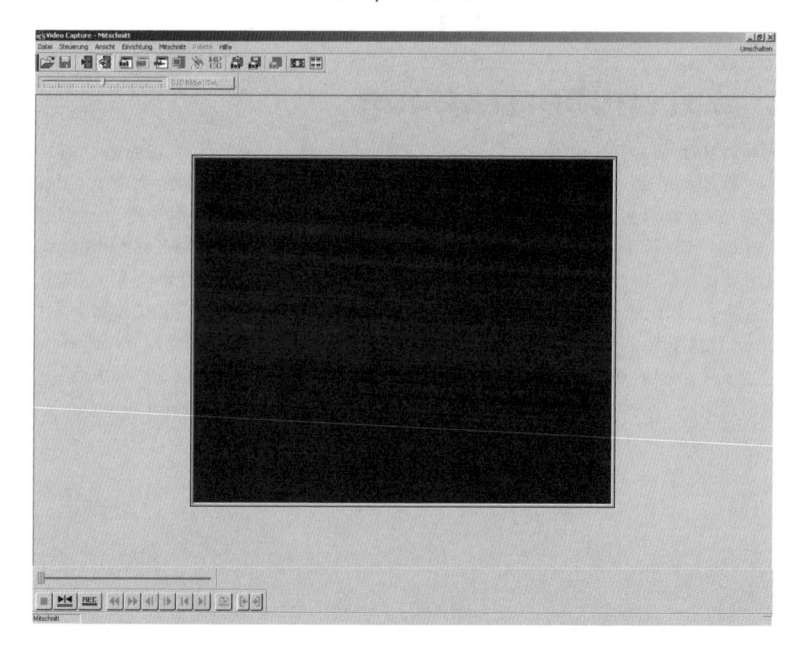

8.3 Wenn der Laptop am Beamer statt Video Grün oder Rosa zeigt

Ein häufig auftretendes Problem bei Präsentationen stellt sich so dar: Ist an einem Laptop ein Beamer angeschlossen und soll die Präsentation parallel auf dem Laptop-Bildschirm und auf dem Beamer ablaufen, zeigt der Beamer an der Stelle, wo das Video laufen sollte, ein rosafarbenes oder grünes Feld. Auf dem Laptop-Bildschirm ist das Video aber zu sehen.

Das ist ein klassischer Software-Fehler des Grafikkartentreibers im Zusammenhang mit *DirectX*. DirectX ist von Microsoft entwickelt worden, um die Wiedergabemöglichkeiten von Multimedia auf Computern zu verbessern. DirectX ist inzwischen fester Bestandteil der Microsoft-Betriebssysteme und schleust Videosignale direkt zur Grafikkarte durch. Wenn der Grafikkartentreiber dabei Schwierigkeiten macht, zwei Bildschirme gleichzeitig auf diese Art und Weise zu beschicken, kommt es zu dem beschriebenen Phänomen. Um es deutlich auszudrücken: Weder der Videofilm noch das Videoformat sind beschädigt oder falsch, es ist ein Fehler in der Kombination Grafikkarte, Grafikkartentreiber, DirectX und Betriebssystem.

> **Tipp**
> DirectX abschalten, wenn das Video auf dem Beamer nicht zu sehen ist: Grafikbeschleunigung im Betriebssystem auf Null (keine) setzen

Lösung

Je nachdem, ob der Beamer bereits angeschaltet war, als der Laptop oder der Rechner gebootet wurde, wird dessen Priorität vom Grafikkartentreiber festgelegt. In der Regel läuft der Videofilm auf dem Wiedergabebildschirm mit höherer Priorität und wird dort dargestellt. Auf dem Bildschirm mit niedrigerer Priorität kommt es zum Fehler. Booten Sie den Laptop also erneut und achten Sie darauf, dass der Beamer angeschlossen und angeschaltet ist. Dadurch kann die Grafikkarte dem Beamer die höchste Priorität zuordnen. (Der Fehler bleibt zwar erhalten, ist aber nur auf dem Laptop-Bildschirm zu sehen.)

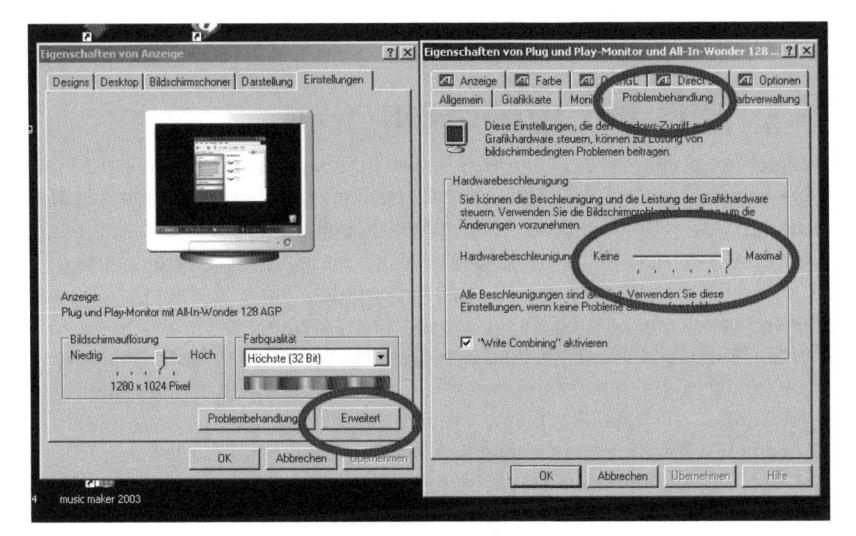

Abbildung 8.3
Einstellungsänderung Hardwarebeschleunigung

Alternativ überprüfen Sie die Einstellungen der Grafikkarte. Wenn es im Treibermenü (ANZEIGENEIGENSCHAFTEN, ERWEITERTE EIGENSCHAFTEN) die Möglichkeit gibt, den Treiber so einzustellen, dass Bildschirmanzeige und Präsentationsanzeige geklont werden, wählen Sie diese Funktion.

Ein hundertprozentiger Weg, das Problem zu lösen, ist, DirectX zu deaktivieren. Das funktioniert sehr einfach. Unter den EIGENSCHAFTEN bei ANZEIGE wählen sie unter ERWEITERTE EINSTELLUNGEN LEISTUNGSMERKMALE und dort HARDWARE GRAFIKKARTENBESCHLEUNIGUNG. Ziehen Sie den Regler auf KEINE HARDWAREBESCHLEUNIGUNG. Dann ist das Problem behoben. Nachteil dieser Einstellung ist, dass das dargestellte Video unter Umständen etwas mehr flackert. Der Grafikkartentreiber ist dann ebenfalls mehr oder weniger deaktiviert und automatische Einstellungen und die Identifikation angeschlossener Monitore findet nicht mehr automatisch statt.

8.4 Einbindung von Videofilmen in Präsentationen

> **Tipp**
> MPEG1 läuft auf allen Rechnern.

Zur Einbindung in Präsentationen eignen sich Filme in Indeo- und MPEG1-Kodierung. Eine MPEG2-Kodierung setzt immer einen installierten DVD-Software-Player voraus – was nicht immer gegeben ist. Bei Indeo ist wesentlich, dass der Codec in der entsprechenden Version installiert ist. MPEG1 ist die sicherste Methode, da MPEG von allen Windows-Versionen ab Windows NT4 wiedergegeben werden kann, sofern mindestens Internet Explorer 5.01 installiert ist und keine Unverträglichkeiten mit einer veralteten DivX-Software vorliegen. Die erreichbaren Qualitäten sind unter Indeo und MPEG1 besser als bei VHS-Videowiedergabe. Man sollte sich allerdings an die üblichen Videobildgrößen halten (also 720 x 576 Pixel). MPEG1 unterstützt – obwohl nicht standardisiert für diese Größe – auch dieses Format.

8.5 Das Farbproblem

Computerbildschirme, TFT- und LCD-Bildschirme stellen Farben anders dar als Fernsehmonitore. Der *RGB-Farbraum* (Bildschirme) ist nicht identisch mit dem *YUV-Farbraum* (TV-Monitore). TV-Monitore haben einen kleineren Farbraum. Geht es also darum, für einen Kunden ein Logo farbecht umzusetzen, muss das, je nach Zielgerät, unterschiedlich realisiert werden. Für TV-Videoproduktionen müssen Logos vor dem Einsatz in Videoschnittprogrammen an PAL angepasst werden. Entsprechende Filter sind in professionellen Bildbearbeitungsprogrammen verfügbar. Im Videoschnittprogramm müssen ebenfalls die PAL-Filter aktiviert werden. Sie garantieren eine saubere Umsetzung der Farbsignale und ein festgelegtes Rot wird dann tatsächlich auf dem TV-Monitor so gezeigt, wie es definiert wurde. Ein für die TV-Wiedergabe optimierter Film wirkt auf dem Computermonitor nicht farbecht. Allgemein sind die Rottöne dann deutlich zu dunkel. Ist ein Film gemastert, kann im Nachhinein der Farbraum nicht wieder ohne weiteres von YUV auf RGB erweitert werden.

8.6 Wie viel Bilder pro Sekunde braucht der Mensch?

Historisch gesehen spricht man von Film, sobald mehr als zwölf Bilder pro Sekunde gezeigt werden. Ab zwölf Bilder pro Sekunde beginnt eine gefilmte Bewegung, flüssig zu wirken. Erste Versuche in Richtung Film um 1900 belegen das. Allerdings wurde damals der Film noch bei Aufnahme und Wiedergabe per Hand gekurbelt. Erst mit der Erfindung eines handlichen kleineren Elektromotors und der Batterietechnik wurde die Bildrate stabil. Kinofilm wird letztlich seit rund 1940 mit 24 Bildern pro Sekunde gedreht. Um das Flackern durch den Bildwechsel zu verringern, werden die 24 Bilder pro Sekunde 48 Mal gezeigt. Um das zu realisieren, rotiert vor dem Bildstand eine Art Andreaskreuz (Flügelblende). Dennoch gibt es Zuschauer, die auf das Flackern unbewusst mit Kopfschmerzen reagieren. Fernsehmonitore und PAL sind auf 50 Halbbilder/sec ausgelegt. Computermonitore wiederum haben heute Bildwiederholraten von bis zu 120 Bildern/sec. Dadurch wird das Bild ruhig und auch empfindliche Menschen bekommen keine Kopfschmerzen durch Flackern. Manches Computerspiel erreicht höhere Bildraten als Videofilme. Grundsätzlich sollte man (vor allem bei Großprojektionen) nicht unter 24 Bilder pro Sekunde gehen, bei Bildwiederholraten von 48.

8.7 Klassisch: Der Ton ist nicht synchron

Abgesehen von den DVD-Problemen, die bereits im Kapitel *DVD* behandelt wurden, kann es bei Computervideoprojekten schnell zu Synchronisationsproblemen kommen. Die Ursache ist relativ einfach: Werden Filme mit unterschiedlichen Bildraten ohne Anpassung in einem neuen Videoprojekt zu einer gemeinsamen Bildrate gezwungen, kommt es zum Verlust der Synchronisation. Ein Beispiel aus der Praxis wäre, wenn Filme mit 12 Bildern/sec, Szenen mit 24 Bildern/sec und Sequenzen mit 25 Bildern/sec in einem Projekt mit 25 Bildern/sec zusammengeführt werden. Beim Einfügen von Videosequenzen mit falschen Bildraten in ein Projekt passen die meisten Videoschnittprogramme den Film so an, dass Bilder einfach verdoppelt werden, rein rechnerisch geht das aber nicht immer auf, so dass Bilder manchmal dann doch ausgelassen werden. In der Konsequenz bedeutet das, dass Filme mit unterschiedlichen Bildraten nur dann kombiniert werden können, wenn vorher mit einem speziellen Programm (z.B. Motion Perfect, Dynapel) tatsächlich die Bildraten angepasst wurden. Die Wandlung entspricht etwa dem Vorgehen bei einer Wandlung von NTSC zu PAL (vgl. entsprechendes Kapitel).

Ein inzwischen seltenes Problem betrifft mangelhafte Datenraten des Rechners und zu langsame Prozessoren. Je nachdem, welcher Codec genutzt wurde, kann ein Prozessor bei der Darstellung von Videofilmen überlastet werden. Bei den gängigen Bildgrößen passiert das an sich nicht mehr, bei MPEG4- und HDTV-Auflösungen kann dieser Fall auftreten. Dann hat die Tonwiedergabe die höhere Priorität. Das heißt, der Ton läuft ungestört, während bei der Bildwiedergabe Bilder übersprungen bzw. ausgelassen werden oder aber die Bildwiedergabe deutlich zu langsam ist. Der Ton rennt dann davon. Das passiert auch, wenn der Rechner bei der Nachlieferung der Daten (von der Festplatte) nicht hinterherkommt und die Datenrate zu hoch für ihn wird. Wie erwähnt, diese Fälle sind heute sehr selten und betreffen nur Rechner, die vor 2004 gebaut wurden.

8.8 Problemlösungen

Eine Reihe von Schwierigkeiten tritt allgemein häufiger auf und ist zum Teil relativ einfach zu lösen:

- Bei der Bearbeitung eines großen Videoprojektes kommt es zu Wartezeiten, der Rechner reagiert plötzlich kurz nicht mehr, scheint abgestürzt oder beschäftigt. **Ursache 1:** Ein Virenscanner ist im Hintergrund aktiv. **Lösung:** Während Videoschnitt den Virenscanner deaktivieren. **Ursache 2:** Videoschnittprogramme bieten oft die Möglichkeit, Videofilme als Bildstreifen und Wellenformstreifen anzuzeigen, das raubt Arbeitsspeicher. **Lösung:** Im Videoschnittprogramm diese Funktion deaktivieren. **Ursache 3:** Es sind Filmsequenzen in einem Codec eingebaut, die aufwändig »ausgepackt« werden müssen (z.B. QuickTime Sorensen). **Lösung:** Filmsequenzen vorher in einen einfacheren Codec wandeln (unkomprimiert oder Zielcodec). **Ursache 4:** Netzwerkprobleme. Wenn in einem Computernetzwerk gearbeitet wird und Dateien über das Netz genutzt werden, kann hoher Netzwerkdatenverkehr oder ein ausgefallener Server oder Rechner die Ursache sein. Hier sollte zur **Lösung** der Netzwerkadministrator hinzugezogen werden.

- Das Videoprogramm stürzt ohne Fehlermeldung ab bzw. wird geschlossen. **Ursache** sind oft PlugIns (kleine Zusatzprogramme, wie Videofilter), die zu einem Speicherüberlauf führen und nicht 100 Prozent kompatibel sind. **Lösung:** Fraglichen Videofilter entfernen.

- In der Videovorschau tauchen Fehler und Klötzchenbildung auf. **Ursache 1:** Kaskadierung, besonders häufig bei MPEG2 zu beobachten. **Lösung:** Vor dem Schnitt das Ausgangsmaterial in eine unkomprimierte oder verlustfreie Form bringen (z.B. Huffyuv Codec), dann erst schneiden. Dadurch werden Fehler durch abgeschnittene Schlüsselbilder (i-Frames) vermieden. **Ursache 2:** Schlechtes Ausgangsmaterial in zu geringer Auflösung. **Lösung:** keine.

- Eingebaute Videos wirken verzerrt. **Ursache:** Das Ausgangsmaterial wurde vom Videoschnittsystem automatisch in die Bildgröße des Videoprojektes gezwungen. Dadurch werden die Bilder verzerrt. **Lösung:** Je nach Video-

8.8 Problemlösungen

schnittsystem Bildgröße anpassen (z.B. Ulead Media Studio Pro über einen Bewegungsverlauf).

Abbildung 8.4
Verzerrtes Bild, automatisch ins Videoformat gezwungen

Abbildung 8.5
Entzerrtes Bild im richtigen Format, Übergröße

- Ton kracht oder ist verzerrt. **Ursache:** Übersteuerung durch mehrere Tonspuren, die sich addieren. **Lösung:** Pegel der einzelnen Spuren reduzieren.

- Bei der Erstellung eines Videofilms aus einem abgeschlossenen Projekt stürzt der Rechner immer an derselben Stelle ab. **Ursache:** Speicherüberlauf durch zu viele Videofilter oder durch zu große eingefügte Standbilder (Fotos/Grafiken). **Lösung:** Filter überprüfen oder Bildergrößen reduzieren. (Beispiel: Bilder können im Ulead Media Studio Pro nicht unendlich vergrößert werden. Ab 3000 x 2000 Pixel Ausgangsgröße und einer Vergrößerung des Bildes durch einen Bewegungsverlauf auf 4000 x 3000 Pixel kann es zu Problemen kommen.)

Kapitel 9

9 LICHT

- 9.1 Strahler & Co. – Grundlagen 244
- 9.2 Wie viel Scheinwerfer müssen sein? . . . 249
- 9.3 Mischlicht gibt Mischhaut 251
- 9.4 Farbtemperaturen und Farbfilter für die Scheinwerfer 252
- 9.5 Lichtstative oder Traversen? 252
- 9.6 Ersatzbirnen 253
- 9.7 Bluescreen und Greenscreen 253
- 9.8 Typische Fehlerquellen: Tonstörungen durch Licht 256

9.1 Strahler & Co. – Grundlagen

Künstliches Licht, und darum geht es hier vor allem, ist nicht gleich künstliches Licht. Licht wird maßgeblich von den eingesetzten Lampen bestimmt. Jede Lampenart hat ein bestimmtes Lichtspektrum. Dieses Spektrum ist abhängig von der eingesetzten *Glühwendel* und dem Gas, das in der Lampe benutzt wird. Grundsätzlich wird zwischen *Glühlampen* und *Entladungslampen* unterschieden.

Lampentypen (grobe Unterteilung)

- Glühlampen (Überbegriff)
- Halogen-Glühlampen
- Entladungslampen (Überbegriff)
- Halogen-Metalldampflampen
- Reflektorlampen
- Xenon-Lampen
- UV-Lampen
- Leuchtstofflampen
- Kompakt-Leuchtstofflampen

Für den Einsatz im Videobereich kommen vor allem Halogen-Glühlampen in Frage. Die Anforderungen in Studios und auch Theatern sind speziell. Allgemeine Beleuchtung hat damit nichts zu tun. Professionelle Lampen benötigen:

- Hohen und konstanten Lichtstrom, um beim Film hohe Beleuchtungsstärken zu erreichen, da aufgrund kurzer Belichtungszeiten oft weit abgeblendet werden muss
- Hohe Lichtausbeute, um bei gleicher Leistungsaufnahme eine höhere Lichtleistung zu erhalten und den Anteil des sichtbaren Lichts im Verhältnis zur infraroten Wärmestrahlung zu vergrößern (höhere Farbtemperatur, geringere Wärmestrahlung)
- Hohe Leuchtdichte, um das abgegebene Licht mit Hilfe von Reflektoren oder Linsen besser in die gewünschte Richtung lenken zu können
- Konstante Farbtemperatur, da besonders bei der Studiobeleuchtung auf eine einheitliche Farbtemperatur aller Lichtquellen geachtet werden muss
- Exakter Sitz der Birne, um auch nach einem Lampenwechsel keine Justierung der Lampenstellung vornehmen zu müssen

Auf der anderen Seite sind Halogen-Glühlampen für Außenaufnahmen ungeeignet. Ihre Farbtemperatur liegt mit rund 3.200 bis 3.400 Kelvin zu niedrig, um für Tageslicht geeignet zu sein. Bei Außenaufnahmen kommen Entladungslampen zum Einsatz. Diese bieten eine Farbtemperatur von ungefähr 5.600 Kelvin.

9.1 Strahler & Co. – Grundlagen

Scheinwerfer mit Halogenlampen könnten nur eingesetzt werden, wenn ihr Licht durch einen Korrekturfilter auf diese Farbtemperatur angeglichen würde. Dabei geht aber bis zu 50% der Lichtausbeute verloren und das würde für Aufnahmen nicht mehr ausreichen.

Eine Reihe von Herstellern hat sich auf die Herstellung von Film- und Videolampen spezialisiert. Zu nennen sind Kaiser und Hedler, sie bieten Sets für den mobilen Einsatz, aber auch Studiolampen. In Studios werden aber meist *Lichttraversen* eingesetzt (Gestänge). Auch hier gibt es eine ganze Reihe von Anbietern. Relativ häufig eingesetzt werden Strahler von Ultralite. Während es nicht unbedingt üblich ist, beim mobilen Einsatz mit Lichtmischpulten zu arbeiten, ist es im stationären Studiobetrieb eine Grundvoraussetzung, dass Lichtmischpult und *Dimmer* verfügbar sind.

Verschiedene Strahlertypen sind für spezielle Aufgaben entwickelt worden

- **Fluter:** Er erzeugt eine gleichmäßige Lichtfront (Studio).
- **Halogenstrahler:** Er erzeugt einen Lichtkegel in einem Abstrahlwinkel von 12 bis 40 Grad. Die Ausleuchtung ist nicht ganz gleichmäßig, zum Rand hin lässt die Helligkeit der beleuchteten Fläche nach (Mobileinsatz).

Abbildung 9.1
Halogenstrahler 1000 Watt

Kapitel 9

LICHT

Abbildung 9.2
Halogenstrahler mit Reflektorschirm (wirkt als Diffusor zur Lichtstreuung)

Abbildung 9.3
Halogenstrahler 2 x 2000 Watt mit Dimmer

> **Linsenscheinwerfer:** Durch ein Linsensystem ist der Abstrahlwinkel einstellbar, in der Regel von 10 bis 60 Grad. Der erzeugte Lichtfleck ist rund und verläuft weich. Der Einsatz von Farbfiltern und Blenden ist vorgesehen (Studio/Theater).

9.1 Strahler & Co. – Grundlagen

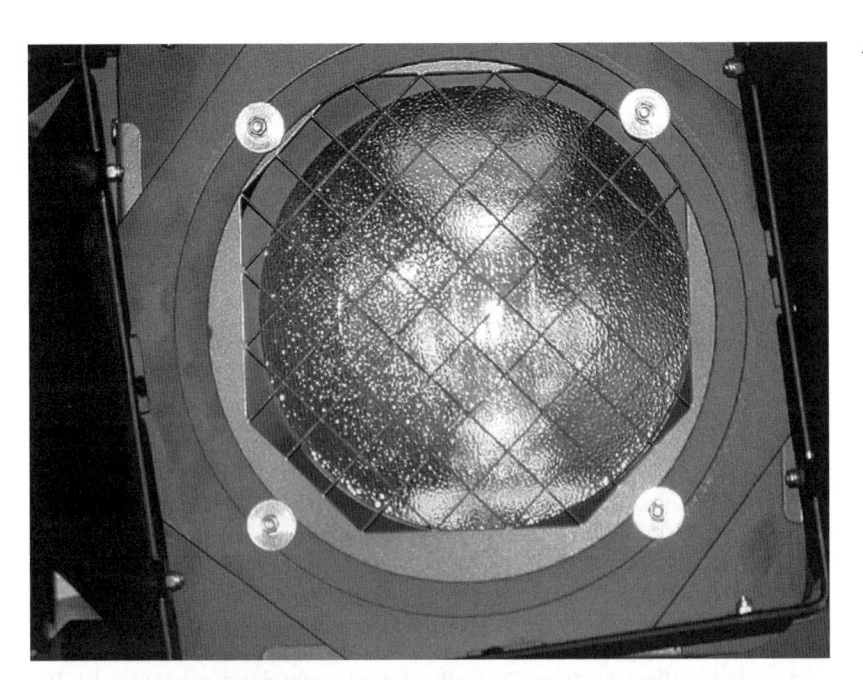

Abbildung 9.4
Linsenscheinwerfer Detail
2000 Watt

Abbildung 9.5
Linsenscheinwerfer an Traverse

Kapitel 9   LICHT

Abbildung 9.6
Einzelner
Linsenscheinwerfer

- **Profilscheinwerfer/Verfolger:** Diese Strahler erzeugen hart und scharf abgegrenzte Lichtflecken, deren Größe durch ein Linsensystem einstellbar ist. Der Lichtausfall ist annähernd parallel. Blendenschieber erlauben, den Lichtfleck rechteckig zu gestalten. (Studio/Theater/Zirkus).

Abbildung 9.7
Profiler mit
Blendenschieber

- **Multifunktionsscheinwerfer, Scanner, Moving-Head:** Vor allem in Discotheken und bei Konzerten als Effektlicht im Einsatz.

Glühlampen, Baustrahler oder Neonlampen sind grundsätzlich nicht für Videoaufnahmen geeignet, es sei denn, die Farbstichigkeit der Aufnahmen (auch trotz Weißabgleich) soll als Effekt genutzt werden.

Neben den Strahlern werden weitere Hilfsmittel benötigt, um Licht einzurichten

- Studiostative oder Traversen
- mobile Stative (Höhe in der Regel bis 2,35 Meter)
- Schirmreflektoren zur Lichtstreuung
- Milchfolien (matte Folien), die ebenfalls Licht streuen
- Kabeltrommeln (Achtung: Immer ganz abrollen!)
- für Außendrehs: Spiegel und weiße Styroporflächen zum Aufhellen (Sonnenreflektoren)

Viel Kunstlicht bedeutet viel Stromverbrauch. Absolut wichtig is, zu klären, ob die Stromversorgung und Absicherung für die Lichtanlage ausreicht. Unter Umständen besteht Bedarf an einem so genannten Drehstromanschluss mit 380 Volt (3 Phasen à 220 Volt), diese können mit 16 oder 32 Ampere gesichert sein. Entsprechende Umstecker und Verteiler sollte man dann bereithalten. Eine Drehstromleitung mit 32 Ampere liefert 3 x 220 Volt à 32 Ampere.

Strombedarf Licht

Standard-Halogenscheinwerfer für Videoproduktionen sind erhältlich als 1.000- oder 2.000-Watt-Strahler. Daraus lässt sich unmittelbar der Strombedarf eines Strahlers errechnen: Watt = Volt mal Ampere. Hier lässt sich schnell folgern, dass bereits ein 2.000-Watt-Strahler eine Absicherung von 9,1 Ampere benötigt. In älteren Gebäuden sind Stromkreise noch teilweise mit 16 Ampere abgesichert. Zwei dieser Strahler reichen also, um solch eine Sicherung auszulösen. Kabeltrommeln sind in der Regel nur mit 16 Ampere belastbar. Besonders heikel bei Kabeltrommeln ist die *Induktion* (elektromagnetischer Effekt im aufgerollten Zustand). Fließt viel Strom durch eine aufgerollte Kabeltrommel, verhält sie sich wie ein Wechselstromwiderstand, genauer eine Spule. Die Kabeltrommel wird heiß. Im schlimmsten Fall schmelzen die Kabel durch, es kommt zum Kurzschluss. Kabeltrommeln müssen immer vollständig ausgerollt bzw. abgerollt werden.

> **Tipp**
> Kabeltrommeln immer komplett abwickeln, es besteht Schmorgefahr.

Ein Problemfall stellt immer die Kombination von Tageslicht und Kunstlicht dar. Ohne Kompromisse geht es dort häufig nicht. Details dazu finden Sie im Unterkapitel *Farbtemperatur*.

9.2 Wie viel Scheinwerfer müssen sein?

Für mobile Einsätze werden in der Regel mindestens drei Scheinwerfer benötigt: Zwei Scheinwerfer werden zur Erzeugung der Grundhelligkeit genutzt, der dritte Scheinwerfer als so genanntes Spitzlicht. Das Spitzlicht ist eine Art Gegenlicht, das von oben die Schauspieler oder Interviewten von hinten beleuchtet, um ihre Konturen zu betonen. Früher wurde das Spitzlicht immer eingesetzt, weil es subjektiv den Schärfeeindruck und die Plastizität des Bildes erhöht. In den letzten

Kapitel 9 — LICHT

Jahren wird dieses Mittel immer weniger eingesetzt, weil es leicht unnatürlich wirkt. Die Grundhelligkeit sollte durch Reflektorschirme oder indirekte Beleuchtung erzielt werden (Strahler zum Beispiel auf gegenüberliegende Wände hinter der Kamera richten oder zur Decke), um harte Schlagschatten auf den Gesichtern zu vermeiden. Ist die Kamera empfindlich genug und fällt genug Tageslicht ein, verzichten immer mehr Kameraleute auf künstliches Licht, um die Stimmung eines Raumes möglichst natürlich einzufangen.

Grundpaket für ein mobiles Beleuchtungsset

- 3 x 2.000-Watt-Strahler Halogen (dimmbar)
- 3 Leichtstative (2,35 Meter max. Höhe)
- 2 Reflektorschirme und passende Stativgewinde
- 3 Kabeltrommeln
- Ersatzbirnen

Beachten Sie, dass das Paket eine Absicherung von insgesamt rund 29 Ampere verlangt und die genutzten Steckdosen diese Leistung bereitstellen müssen. Scheinwerfer müssen einen Mindestabstand von einem Meter zu brennbaren Materialien einhalten. Solche Strahler erreichen Oberflächentemperaturen von mehreren hundert Grad, je nach Bauart. Beachten Sie, dass Verletzungsgefahr besteht, das gilt vor allem auch bei einem Birnendefekt. Halogen-Glühlampen können explodieren, deshalb dürfen diese Geräte nur mit den eingebauten Schutzgläsern betrieben werden.

Eine Reihe von Videoscheinwerfern wird mit Ventilatoren angeboten. Solche Scheinwerfer machen unter Umständen zu viel Krach, um eine vernünftige Tonaufnahme zu machen. Vor allem für den Reportageeinsatz sind Strahler ohne Ventilatoren zu empfehlen. So genannte Klemmleuchten (werden direkt auf der Kamera befestigt) mit Akkubetrieb sind nur als absoluter Notbehelf zu sehen. Eine vernünftige Lichtstimmung ist damit nicht zu erzeugen. Abgesehen davon ist der Einsatz solcher Klemmleuchten durch die Akkukapazität stark beschränkt.

Abbildung 9.8
Lichtmischpult für Studioeinsatz

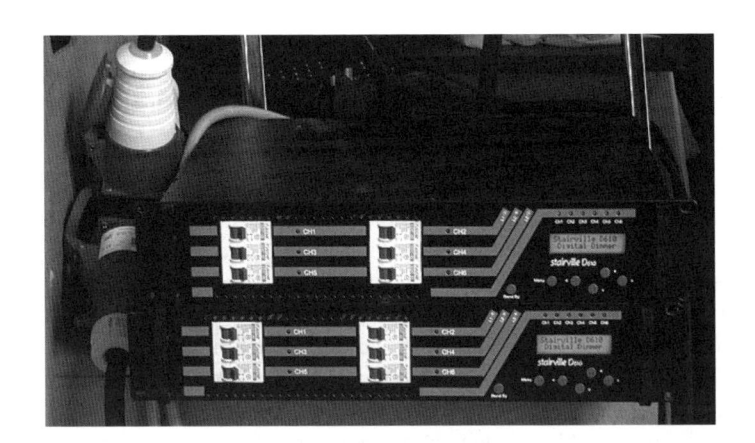

Abbildung 9.9
Notwendige Dimmereinheiten für Lichtpult

9.3 Mischlicht gibt Mischhaut

Werden Lichtquellen verschiedener Farbtemperaturen gemischt eingesetzt, führt das zu nicht mehr kalkulierbaren Farbergebnissen. Ein Beispiel aus der Praxis: In einer Wohnung soll ein Interview gedreht werden. Es ist 13 Uhr mittags, es ist ein sonniger Tag und obwohl viel Tageslicht vorhanden ist, fällt wenig davon in die Wohnung. Das Filmteam hat Strahler mit Halogen-Glühlampen dabei (3.200 Kelvin) und will die Wohnung damit aufhellen. Wird nun die Kamera so ausgerichtet, dass im Hintergrund des Aufnahmebildes ein Fenster zu sehen ist, wird die Außenwelt dahinter blau dargestellt, sobald ein Weißabgleich auf das vorherrschende Kunstlicht im Vordergrund erfolgt ist. Im Vordergrund stimmen die Farben, aber die Außenwelt wirkt künstlich. Wird der Weißabgleich auf das Tageslicht draußen durchgeführt, wird der Vordergrund rotstichig. Automatische Weißabgleiche bewegen sich irgendwo zwischen beiden Extremen, je nach Bildanteil der unterschiedlichen Farbstimmungen, und garantieren weder eine Farbechtheit der Außen- noch der Innensituation. Dreht man nun die Aufnahmeperspektive kurzerhand um 180 Grad, so dass kein Fenster mehr im Aufnahmebild zu sehen ist, wird das Problem nicht geringer, denn nun kommen Tageslicht und Kunstlicht aus derselben Richtung (vom Fenster). Auf die Haut des Hauptdarstellers fällt Mischlicht. Im schlimmsten Fall wird der Farbeindruck fleckig, denn je nachdem, auf welche Hautpartie mehr Tageslicht oder Kunstlicht fällt, entstehen bläuliche oder rötliche Flecken. Die vernünftigste Lösung besteht darin, das Tageslicht komplett zu eliminieren (Rollläden runter), um dadurch eine einheitliche Lichtsituation und Farbtemperatur zu erzielen. Alternativ sind Tageslichtfolien einzusetzen, sie passen die Lichttemperatur der Strahler dem Tageslicht an. Mischlichtsituationen sind grundsätzlich nicht einfach und entstehen schon durch die Kombination von gewöhnlichen Glühlampen und Halogen-Glühlampen oder wenn Neonlampen und Halogen-Glühlampen gemeinsam eingesetzt werden.

9.4 Farbtemperaturen und Farbfilter für die Scheinwerfer

Farbtemperaturen sind bereits im Kapitel *Kamera* unter *Weißabgleich* aufgelistet. Entscheidend ist hier, dass Kunstlichtstrahler mit Hilfe von Farbfiltern Farbtemperaturen angeglichen werden können. Das bedeutet, mit Hilfe von Filtern kann ein Kunstlichtstrahler als Aufheller für Tageslichtsituationen benutzt werden, er verliert dabei zwar an Helligkeit, kann aber farbecht eingesetzt werden. An Farbfilter werden hohe Anforderungen gestellt: An sich handelt es sich um eine durchsichtige gefärbte Plastikfolie. Diese wird vor dem Strahler angebracht. Dort entstehen Temperaturen von mehreren hundert Grad. Die Folie muss dem standhalten, ohne zu verfärben oder zu schmoren. Als wirklich etablierter Farbfilterhersteller ist Lee (Großbritannien) zu nennen. Lee-Folien gelten als besonders stabil und farbecht. Unter `http://www.leefilters.com` finden Sie detaillierte Informationen. Die Firma bietet hunderte von Farbfolien in verschiedenen Größen für Strahler an. Für die Praxis am wichtigsten sind die *Tageslichtkonverterfolien*. Auch sie gibt es in verschiedenen Varianten, um die Strahler verschiedenen Situationen anzupassen. Besonders ans Herz zu legen ist das Magazin »Art of Light«, das unter der Webadresse kostenlos zum Download angeboten wird (PDF-Datei, dazu benötigen sie den ebenfalls kostenlos erhältlichen Adobe Acrobat Reader). Im Magazin finden sich ausführliche Filterbeschreibungen und Kelvin-Vergleichslisten und Diagramme, die die Wirkung jedes Farbfilters beschreiben.

9.5 Lichtstative oder Traversen?

Im Prinzip gibt es hier kein Entweder-oder. Traversen sind recht aufwändig aufzubauen und finden sich in Studios oder studioähnlichen Umgebungen. Sie bestehen aus Aluminium, sind relativ leicht, aber stabil und in einer Art Baukastensystem steckbar und zu erweitern. Traversen sind vor allem über den Musikalienhandel erhältlich und gehören zum *stage equipment* (Bühnenausrüstung). Sie werden als *2-Punkt-, 3-Punkt- und 4-Punkt-Traversen* angeboten. Der Unterschied besteht in der Belastbarkeit und Stabilität. Für Studioeinrichtungen sollte mindestens eine 3-Punkt-Traverse eingesetzt werden. 2-Punkt-Traversen mit nur zwei Aluminium-Tragerohren eignen sich eher für Disko und Messestände mit leichten Strahlern. Ganz wesentlich bei der Montage ist die Sicherheit. Traversen werden entweder an Decken befestigt oder mit Traversenliften über der Studioeinrichtung fixiert. Meist hängen sie in Höhen von rund vier bis sechs Metern und an ihnen werden wiederum die Strahler befestigt. In jedem Fall sind maximale Stecklängen (Aneinanderreihung mehrer Traversenstücke) und maximale Belastbarkeit in Kilo zu beachten. Alle Sicherungsstecker (verhindern das Auseinanderrutschen oder Abrutschen der Traverse) sind zu arretieren und zu prüfen und sämtliche Strahler müssen zusätzlich durch ein Sicherungsstahlseil befestigt werden (Fallsicherung). Traversen sind in der Regel nicht dafür vorgesehen, sie zu besteigen oder zu begehen. Der große Vorteil der Traversen ist, dass eine ganze Reihe von verschiedenen Strahlertypen sehr nah beieinander installiert werden kann und die Kameraperspektive nicht durch Stativfüße behindert wird.

In der Praxis werden Traversen selten bei Industriefilmproduktionen eingesetzt, Transportaufwand und Aufbau sprengen meistens das Budget. Außerdem finden sich selten Situationen bei Interviews oder Reportagen, bei denen wirklich ein Bedarf einer Traverse bestehen würde. Der große Nachteil einer Traverse besteht in der Eindimensionalität: Alle Strahler befinden sich auf einer räumlichen Linie. Stative können räumlich gestaffelt werden, dadurch entsteht mehr Gestaltungsspielraum. *Gegenlicht und Vordergrundlicht* (Aufheller von vorn) lassen sich schon mit zwei Strahlern auf Stativen realisieren, mit einer Traverse ist das schlicht unmöglich, dazu wären mindestens zwei Traversen nötig (in Studios üblich). Für den mobilen Einsatz sind Traversen letztlich nicht besonders sinnvoll, außer man produziert Musikvideospots und Ähnliches.

9.6 Ersatzbirnen

So banal es klingt, so wichtig ist es doch in der Praxis. Halten Sie immer Ersatzbirnen für Ihre Strahler bereit. Die durchschnittliche Lebensdauer von Halogen-Glühlampen liegt zwischen 25 und 75 Brennstunden. Das kann je nach Fabrikat unterschiedlich ausfallen, liegt aber mehr als deutlich unter der Lebensdauer gewöhnlicher Glühlampen. Halogen-Glühbirnen für Videostrahler gibt es weder im Elektrogroßhandel noch in Fotofachgeschäften. Meist ist es sinnvoll, direkt beim Hersteller der Strahler einen Vorrat an Birnen zu bestellen. Um die Lebensdauer der Birnen nicht zu verkürzen, sollte Folgendes beachtet werden:

- Strahler im heißen Zustand nicht bewegen, erst abkühlen lassen
- Strahler, wenn sie angeschaltet sind, nicht Schlägen oder Stößen aussetzen
- Birnen nie mit den Fingern anfassen. Beim Wechseln entweder mit Tuch oder Handschuhen arbeiten, um Fingerabdrücke zu vermeiden. Fingerabdrücke brennen sich ein und verkürzen die Brennlebensdauer drastisch.
- Sicherheitshinweis: Schutzgläser der Strahler immer einsetzen, um bei Birnenexplosion Schaden zu begrenzen

9.7 Bluescreen und Greenscreen

Die *Bluescreen-Technik* basiert auf der Überlegung, mit Hilfe eines eindeutigen Farbwertes (in diesem Fall Blau) Teile des Bildes transparent zu machen. Praktisch bedeutet das, dass alle Pixel, die einen bestimmten Blauwert besitzen, durchsichtig werden und dadurch ein bewegtes Bild über einen neuen Hintergrund gesetzt werden kann. Die heute längst übliche Praxis war in den siebziger Jahren im Fernsehen noch revolutionär. Nachrichtenstudios großer Fernsehsender bestehen heute fast immer nur noch aus einer blauen Wand, vor der ein

Kapitel 9   LICHT

Sprecher an einem Tisch sitzt. Der Hintergrund wird ausgestanzt und mit beliebigen Bildern elektronisch gefüllt. Blau hat den Nachteil, dass es sowohl eine beliebte Kleidungsfarbe ist und auch am menschlichen Körper vorkommt (blaue Augen). Je nachdem, wie groß die Toleranz der Blauwerte beim Bluescreen-Verfahren eingestellt ist, bedeutet das, dass auch Körperteile durchsichtig werden können. Grün ist dagegen eine Farbe, die relativ selten als Modefarbe getragen wird und noch seltener als Augenfarbe auftritt. Bluescreen und *Greenscreen* basieren auf derselben Technik und unterscheiden sich nur durch den Farbwert. Vorgaben für einen Green- bzw. Bluescreen:

- Die Screenfläche muss das gesamte Bild bzw. den gesamten Hintergrund, der später ausgestanzt werden soll, abdecken.

- Als Screenoberfläche eignet sich Stoff mit einem klaren Blau- oder Grünwert. Es sollte möglichst ein reiner Farbwert sein, ohne Zumischung irgendwelcher anderer Farben oder Tönungen. Die Oberfläche muss glatt, nicht glänzend und möglichst reflexarm sein.

- Der Screen muss absolut gleichmäßig ausgeleuchtet werden. Auf ihn dürfen keine Schatten fallen und es dürfen keine Abschattungen sichtbar sein.

- Zwischen Screen und Akteuren sollte ein Abstand von ca. drei bis vier Metern liegen. Die Beleuchtungsebene für den Screen (Strahler, die ihn beleuchten) sollte, von der Kamera aus gesehen, hinter den Akteuren liegen, das verhindert Schattenwurf.

- Die Beleuchtungsebene der Akteure liegt wiederum vor diesen.

- In der Gesamtabstimmung der Helligkeit ist darauf zu achten, dass das Akteurlicht in der Helligkeit unter dem Wert des Screens liegt.

- Der Screen darf keine Falten werfen oder verdreckt sein. Auch Nähte dürfen nicht sichtbar sein.

- Der Abstand zwischen Akteuren und Kamera sollte möglichst groß gewählt werden, um Unschärfeeffekte im Telebereich durch das Objektiv zu nutzen. Je weiter die Kamera entfernt ist, umso unschärfer wird der Screenhintergrund und Unregelmäßigkeiten werden kaschiert.

- Führen Sie einen manuellen Weißabgleich durch und verändern Sie weder Licht noch Blendenwerte während der Aufzeichnung.

- Farbwerte des Hintergrundes (Screens) dürfen nicht in der Bekleidung oder am Körper der Akteure vorhanden sein.

Zur Ausleuchtung einer solchen Situation benötigen Sie mindestens fünf Strahler, wobei drei für den Screen vorgesehen sind und zwei mit Reflektorschirmen für die Akteure.

9.7 Bluescreen und Greenscreen

Abbildung 9.10
Greenscreen

Abbildung 9.11
Zum Bild gehörende Abdeckmaske zur Freistellung

Abbildung 9.12
Greenscreen deutlich gleichmäßiger ausgeleuchtet

Abbildung 9.13
Zum Bild gehörende
Maske

9.8 Typische Fehlerquellen: Tonstörungen durch Licht

Abgesehen vom bereits erwähnten *Mischlicht* ist eines der häufigsten Probleme eine Tonstörung durch Licht. Sollten Kamera und Licht am selben Stromkreis hängen, kann es zu Britzeln oder Brummen kommen. Vor allem Dimmer machen Schwierigkeiten: Sie erzeugen im Stromnetz Schwingungen, die sich als Summen bemerkbar machen können. Als mögliche Lösungen kommen in Frage:

- Kamera und Tongeräte an einen anderen Stromkreis anschließen.
- Auf Akkubetrieb der Geräte umschalten und Kamera und Tongeräte vom Netz lösen.

Kapitel 10

10 ZUBEHÖR

10.1 Gaffertape 258

10.2 Batterien und Akkus 258

10.3 Stromgenerator 259

10.4 Kabel & Umstecker 259

10.5 Kopfhörer 260

10.6 Funkübertragung Bild und Ton 261

10.7 Kontrollmonitore 261

10.8 Der mobile Schnittplatz 261

10.9 DAT-Rekorder oder Minidisc? 262

10.10 DI-Boxen 264

10.11 Farbfolien woher? 264

10.12 Standfotos mit digitalem Fotoapparat . 265

10.1 Gaffertape

Gaffertape ist ein sehr haltbares leinenverstärktes Klebeband. Gaffertape hat bereits Kultstatus erreicht, es klebt fast überall (gelegentlich hinterlässt es auch nervende Spuren) und ist fast unverwüstlich. Ursprünglich wurde das Klebeband vor allem in der Musikbranche bei Livekonzerten eingesetzt, um Vorhänge zu drapieren, Kabel abzukleben oder zu bündeln. Wer einmal mit dem Klebeband gearbeitet hat, will es nicht mehr missen, auch wenn es nicht gerade preiswert ist. *Gaffa*, wie es auch genannt wird, lässt sich problemlos abreißen (ohne Schere leicht zu verarbeiten) und einsetzen. Selbst auf Teppichboden klebt das ca. fünf Zentimeter breite Klebeband. Es wird in Weiß, Silber und Schwarz im Musikalienhandel angeboten. Andere Klebebänder wie Krepp oder Ähnliches sind absolut nicht zu vergleichen.

Abbildung 10.1
Gaffa

10.2 Batterien und Akkus

Zumindest *NiCd-Akkus* (Nickel Cadmium) sollten regelmäßig gewartet (kontrollierte Entladung vor dem Wiederaufladen) und erst kurz vor dem Einsatz wieder aufgeladen werden. Akkus neigen zur Selbstentladung. Ein Aufladen eines NiCd-Akkus im halbvollen Zustand führt zum Memory-Effekt und reduziert die nutzbare Kapazität. Akkus haben grundsätzlich bei gleicher Baugröße eine geringere Leistungsfähigkeit als Batterien. Auch die Spannung von Akkus und Batterien ist unterschiedlich. Haben zum Beispiel *AA-Size-Batterien* eine Nennspannung von 1,5 Volt, so liegt sie bei entsprechenden Akkus meist bei 1,2 Volt. Eine Reihe von Geräten reagiert darauf allergisch, zum Beispiel Kondensatormikrofone. Überprüfen Sie im Einzelfall immer, ob ein Ersatz von Batterien durch Akkus überhaupt möglich und praxisnah ist. Akkunachbauten für Camcorder (häufig billiger) können sich drastisch in ihrer Leistungsfähigkeit von den Originalen unterscheiden und sind nur bedingt zu empfehlen. Zum Vergleich achten Sie bitte auf die angegebenen *mAh (Milliamperestunden)*. Sie sagen aus, wie viel Energie ein Akku speichern kann. Daneben spielt bei *Lithium-Ionen-Akkus* noch der Sicherheitsaspekt eine Rolle: Diese können bei Kurzschluss explodieren und Nachbauten haben gelegentlich mangelhafte Sicherungswiderstände.

10.3 Stromgenerator

Stromgeneratoren sind zwar praktisch, aber nicht problemlos. Erstens sollte ein Stromgenerator mindestens einmal im Jahr angeworfen werden, um die Lager und Zündung in Stand zu halten, und zweitens muss peinlich darauf geachtet werden, dass das Gerät beim Betrieb nicht überlastet wird. Gerade beim Einsatz von Licht und Strahlern passiert das schnell. Ebenfalls wichtig ist, dass eine Erdung sichergestellt ist. Überlastschutz und Erdung sind die wichtigsten Aspekte, denn die Folgen reichen von Brand bis Stromschlag und gefährden unter Umständen Menschenleben.

10.4 Kabel & Umstecker

Ergänzend zu den bereits im Kapitel *Ton* aufgeführten Audioumsteckern (Musikaufnahme) und Kabeln eine Auflistung von Kabeln und Umsteckern (Adaptern) für Video:

Kabel

- RF-Kabel (Antennenkabel) sind im Profibereich zur Verbindung von Videogeräten nicht üblich.
- 3fach-BNC-Kabel zum Anschluss von Komponentensignal YUV 600 Zeilen
- BNC einfach überträgt Videosignal bis max. 400 Zeilen Auflösung.
- Cinch-Kabel überträgt Videosignal bis max. 400 Zeilen Auflösung (Kabellänge bis fünf Meter).
- S-VHS-Kabel (Y/C-Kabel) überträgt Farbsignal und Schwarz-Weiß-Signal getrennt bis max. 500 Zeilen Auflösung (Kabellänge bis fünf Meter).
- Scart-Kabel in verschiedensten Belegungen als VHS-Kabel, S-VHS-Kabel, reines Aufnahme- oder reines Wiedergabe-Kabel; je nach Belegung max. Auflösung 400 bis 500 Zeilen; im Profibereich nicht üblich.

Sowohl Cinch- als auch S-VHS-(Y/C)Kabel gibt es in besonders hochwertigen Versionen auch bis 15 Meter Länge. Darüber hinaus ist eine Verlängerung nicht zu empfehlen. Die Qualität lässt deutlich nach.

Adapter (Umstecker)

- S-VHS (Y/C) auf Cinch, führt getrenntes Y/C-Signal zusammen
- S-VHS-Scart
- BNC auf Cinch (dringend zu empfehlen)
- Cinch auf BNC (dringend zu empfehlen)

10.5 Kopfhörer

Für den Einsatz als Kontrollkopfhörer kommen an sich nur *geschlossene Kopfhörer* in Frage. Geschlossene Kopfhörer dämpfen die Umgebungsgeräusche. Im Vergleich zu *offenen Kopfhörern* ist zwar der Tragekomfort geringer (auf Dauer führen geschlossene Kopfhörer zu »heißen Ohren« wegen der geringen Luftzirkulation), aber es ist wesentlich leichter zu überprüfen, ob der Ton stimmt. Empfehlenswerte Geräte mit einigermaßen neutralem Klangbild gibt es zum Beispiel von der Herstellern Sennheiser, AKG und Bayer Dynamics.

Walkmankopfhörer sind weniger geeignet. Im Klang unterscheiden sich Kopfhörer beträchtlich und man sollte darauf achten, dass die Bässe nicht zu stark angehoben sind. Dies gaukelt eine Fülle des Klangbildes vor, die auf neutralen Abhörgeräten nicht gegeben ist.

Abbildung 10.2
Offener Studiokopfhörer

Abbildung 10.3
Geschlossener Studiokopfhörer

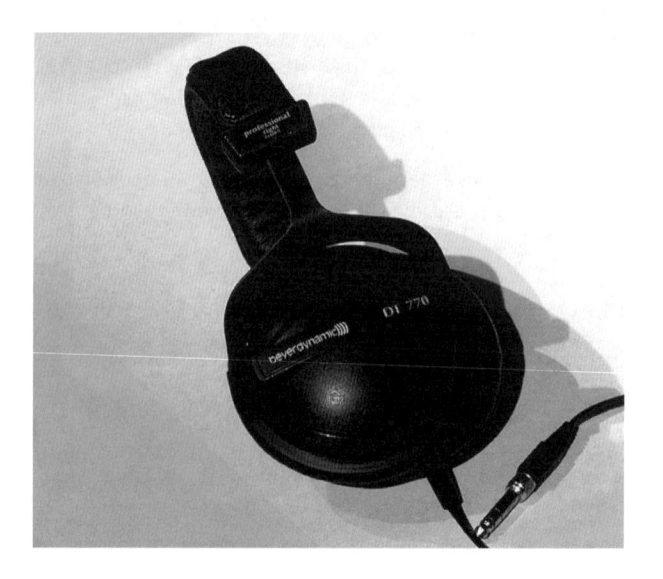

10.6 Funkübertragung Bild und Ton

Funkübertragung bedingt Sende- und Empfangsgeräte. Abgesehen vom Anschaffungspreis der Geräte und der nicht immer gegebenen Störungssicherheit ist unbedingt die rechtliche Situation zu berücksichtigen. Funkübertragungen sind in Deutschland genehmigungspflichtig. Zuständig für die Erteilung von Sendelizenzen ist die Deutsche Post bzw. die Telekom. Zwar werden Sender und Empfänger angeboten, die auf freien offen zugänglichen Frequenzen senden, diese bieten allerdings keine Garantie, auch verfügbar zu sein. Dabei handelt es sich um ein beschränktes Kontingent von Frequenzen, die maximal mit bis zu fünf Kanälen belegt werden können, ohne eine rechtliche Garantie auf ihre Verfüg- und Nutzbarkeit. Für den professionellen Einsatz sollten feste Frequenzen bei der Telekom beantragt und lizenziert werden, nur das garantiert einen reibungslosen Einsatz. Spezielle Sendeanlagen zur Bildübertragung sind teuer und nicht ungefährlich: Sender erzeugen Strahlung im Mikrowellenbereich und können Verbrennungen (auch innerlich) verursachen. Beachten Sie die den Geräten beiliegenden Sicherheitsvorschriften. Billigstgeräte zur Bild- und Tonübertragung, wie sie von Supermarktketten angeboten werden, erreichen qualitativ kein professionelles Niveau, sowohl Schärfe als auch Rauschabstand sind meist mangelhaft, ebenso wie die Störsicherheit. Meist reicht bei diesen Geräten schon ein Haushaltsgerät in der Nachbarschaft, um die Bildübertragung zu unterbrechen. Durch Funkenbildung in Mixern etc. treten Schnee und Grieseln im Bild auf.

10.7 Kontrollmonitore

Monitore zur Kontrolle der Kameraaufzeichnung für Kameramann und Regie sind dringend zu empfehlen. Dabei sollten so genannte *Underscan-Monitore* eingesetzt werden, sie zeigen das Bild fast vollständig im Gegensatz zu handelsüblichen Fernsehern. Fernseher beschneiden das Bild an den Rändern um bis zu 16 Prozent. Diese Beschneidung findet auch in Kamerasuchern statt. Bei Videokabelverbindungen zwischen Kamera und Monitor muss ab fünf Metern mit Qualitätseinbußen gerechnet werden.

10.8 Der mobile Schnittplatz

Abgesehen von Schnittlösungen mit zwei DV-Rekordern (teilweise von Sony und Panasonic als Komplettlösung angeboten) bietet es sich an, einen Laptop als mobiles Schnittstudio zu nutzen. Auch hier ist der Anschluss eines Kontrollmonitors zu empfehlen, um Farbkorrekturen, Helligkeit und Kontrast zu überprüfen (Differenz zur Laptop-Bildschirmdarstellung). Um einen Laptop oder ein Notebook für den Schnittbetrieb einsetzen zu können, muss das Gerät folgende Eigenschaften besitzen:

- Firewire-Anschluss
- Mindestens 512 MB Arbeitsspeicher
- Bildschirmauflösung mindestens 1024 x 768 Pixel
- Grafikkarte mit eigenem Arbeitsspeicher (mind. 32 MB) und kein shared memory
- Soundkarte
- Festplattenkapazität größer als 40 Gigabyte
- Prozessor schneller als 1,8 GHz
- Betriebssystem Windows 2000 oder Windows XP
- Kopfhöreranschluss
- Videoschnittsoftware

Sinnvoll ist der Anschluss einer Maus; Filme mit Touchpads zu schneiden, ist mühsam.

Rechnen Sie bei Akkubetrieb mit einer verkürzten Betriebsdauer, da Videoschnitt relativ hohe Anforderungen an Festplatten und Prozessor stellt. Die Leistungsaufnahme liegt deutlich höher als bei der Textverarbeitung.

10.9 DAT-Rekorder oder Minidisc?

Zur Tonaufzeichnung kann ein separates Gerät sinnvoll sein. DV-Video liefert eine sehr gute Tonqualität, die sogar besser als die eines *Minidisc-Rekorders* (MD) ist, dennoch kann es günstiger sein, ein extra Tonaufzeichnungsgerät direkt am Set einzusetzen und das Video nachzuvertonen. *DAT(Digital Audio Tape)-Geräte* sind inzwischen rar geworden und auch DAT-Kassetten sind nicht mehr in allen Elektrogroßmärkten zu bekommen. Das sollte berücksichtigt werden. Abgesehen von den relativ hohen Anschaffungskosten und der reduzierten Verfügbarkeit spricht auch die beschränkte Handlichkeit (Umspulen etc.) eher gegen den Einsatz von tragbaren DAT-Rekordern. Die Minidisc ist klanglich nicht so überzeugend wie DAT, dafür wesentlich handlicher (kleinere Geräte, schnellerer Zugriff) und preislich günstiger. Eine besondere Empfehlung gilt den relativ neuen *MP3- und WAVE-Rekordern* wie Edirol R-1. Diese speichern auf Speicherkarten und der große Vorteil ist, dass die Tondaten direkt in den Rechner übernommen werden können (Kopieren über USB), dadurch entfällt das lästige Zuspielen über die Soundkarte wie bei Minidisc oder DAT. Die Tonqualität des Edirol R-1 erreicht und übertrifft DAT-Qualität. Noch ein Hinweis zu DAT-Rekordern aus dem amerikanischen Raum: Sie sind nicht kompatibel mit europäischen Rekordern, das heißt, Aufnahmen dieser Geräte sind nicht auf europäischen DAT-Spielern wiederzugeben.

10.9 DAT-Rekorder oder Minidisc?

Abbildung 10.4
DAT-Aufnahmegerät

Vergleich der Tonaufzeichnung verschiedener Rekorder

Tabelle 10.1

DAT	Samplingrate 44,1 oder 48 kHz/16 Bit Stereo	20–24 000 Hz
Minidisc	Samplingrate 32 kHz/12 Bit Stereo	20–15 000 Hz
MP3-Rekorder	Samplingrate 22, 44,1 oder 48 kHz 16 oder 24 Bit Stereo	20–24 kHz

Auch in der Dynamik bieten MP3-Rekorder mittlerweile mehr als DAT. Das lässt sich an der *Quantisierungstiefe* (Bit) ablesen. Reportagegeräte wie etwa Kassettenrekorder oder Bandmaschinen sind nicht mehr zu empfehlen.

Abbildung 10.5
MD-Rekorder

Abbildung 10.6
MP3-Rekorder
Bild: Edirol, Power Road
114 London

10.10 DI-Boxen

DI-Boxen bzw. *Trennübertrager* sind dringend zu empfehlen. Wie bereits im Kapitel *Ton* erläutert, kommen sie immer zum Einsatz, wenn symmetrische und asymmetrische Geräte verbunden werden und so genannte Brummschleifen auftreten. DI-Boxen (sprich di-ei) sind im professionellen Musikalienhandel erhältlich und meist mono ausgelegt, für Stereoaufzeichnung werden zwei DI-Boxen benötigt.

10.11 Farbfolien woher?

Zur Anpassung von Farbtemperaturen am Set (Drehort) werden häufig Farbfolien benötigt. Empfehlenswert sind Lee-Folien für Strahler. Sie sind entweder direkt aus Großbritannien über das Internet beziehbar oder über deutsche Vertragshändler:

Lee Filters

Central Way

Walworth Industrial Estate

Andover

Hampshire SP10 5AN

England

Telefon: (+44) 12 64 36 62 45

Fax: (+44) 12 64 35 50 58

www.leefilters.com

Vertragshändler, Auswahl

Soundlight
Glashüttenstr. 11

D-30165 Hannover-Vahrenwald

Telefon: +49 (511) 3 73 02 67

Fax: +49 (511) 3 73 04 23

info@soundlight.de

Huss Licht & Ton
Dieselstr. 2

D-89129 Langenau

Telefon: +49 (7345) 9 19 22 0

Fax: +49 (7345) 9 19 22 22

info@huss-licht-ton.de

www.huss-licht-ton.de

Pro Lighting e.K.
Gollierstr. 70C/4

D-80339 München

Telefon: +49 (89) 41 90 20 60 / 54 03 46 54

Fax: +49 (89) 41 90 20 61 / 54 03 46 58

info@prolighting.de

www.prolighting.de

10.12 Standfotos mit digitalem Fotoapparat

Für Plakate und Programmhefte werden häufig Standbilder benötigt. Solche Standbilder müssen dabei stark vergrößert werden und für einen Druck reicht die Qualität und die Auflösung von Videobildern nicht aus. Ein Bild mit einer Auflösung von 720 x 576 Pixel kann bei 300 dpi (*dots per inch*, 300 dpi = gängige Druckauflösung) meist nicht größer als 8 auf 6 cm dargestellt werden. Bereits für ein DIN-A3-Plakat benötigt man Bilder von etwa 4000 auf 3000 Pixel. Hinzu kommt, dass Videobilder auf Grund der Bewegungsunschärfe als Einzelbilder oft unbrauchbar sind. Um vernünftige Standbilder in einer ausreichenden Qualität zu bekommen, empfiehlt sich der Einsatz einer *digitalen Fotokamera*. Sie sollte mindestens eine Auflösung von 5 Megapixel bieten, was etwa 2500 x 2000 Pixel entspricht. Druckvorlagen und Fotos sollten immer im *CMYK-Farbmodell* (32 Bit Farbtiefe) erstellt oder in dieses Format gewandelt werden. Der Unterschied der Farbmodelle:

- YUV-Video-Farbmodell (PAL), optische Mischung

- RGB-Computerbildschirm-Farbmodell, optische additive Mischung: voller Rot-, Grün- und Blauanteil ergeben zusammen im Auge Weiß. 24 Bit Farbtiefe.

- CMYK-Druckfarbmodell, subtraktive Farbmischung aus Cyan, Magenta, Yellow und Kontur. Werden alle Farbanteile maximal aufgetragen, entsteht Schwarz. 32 Bit Farbtiefe.

Kapitel 11

SCHNITT UND POSTPRODUKTION

11.1	Videoschnittsoftware NLE	268
11.2	Einspielung	274
11.3	Schnittlisten	277
11.4	Wunschliste für die Schnittsoftware	280
11.5	Sicherung und Platzbedarf von Videoprojekten	286
11.6	Der Schnitt als solches	287
11.7	Kontrollmonitor oder Kontrolle am Rechnerbildschirm	287
11.8	Audiounterstützung und Tonpegelfehler	288
11.9	Gescannte Bilder in das Video einbauen	289
11.10	Animationen und Untertitelung	290
11.11	Titel, Vor- und Abspann	293
11.12	Farbraum PAL	294
11.13	Viele verschiedene Videoformate verderben den Brei	295
11.14	Möglichkeiten der Farbkorrektur	295
11.15	Helligkeits- und Kontrastanpassungen	296
11.16	Tonkorrekturen und -produktionen	296
11.17	Toneffekte und Geräusche	297
11.18	Sprechertexte, wie sehen die aus?	298
11.19	Special Effects, was ist sinnvoll?	301
11.20	3D-Animation und Video	304
11.21	Entflechten von Halbbildern	306
11.22	Zeitlupe und Zeitraffer	307

11.1 Videoschnittsoftware NLE

Der große Vorteil so genannter *NLE(Non Linear Editing)-Videoschnittprogramme* ist, dass sie im Gegensatz zu analogem oder computergestütztem (Rechner steuern Videorekorder, der Schnitt findet aber auf den Rekordern statt, Bildmaterial wird nicht digitalisiert) Schnitt jederzeit einen Zugriff auf beliebige Filmsequenzen im Videorohmaterial erlauben, ohne dass Bänder gespult oder gewechselt werden müssen. Daneben wird bei NLE-Schnittprogrammen die Originaldatei (das Rohmaterial) durch den Schnitt nicht gekürzt oder zerstückelt, das bedeutet in der Praxis, dass solche Videoschnittprogramme nicht wirklich das Rohmaterial schneiden, sondern eine Art *Schnittkopierliste* anlegen. Möglichst einfach ausgedrückt, legt man beim Schnitt nur fest, welche Bereiche (Sequenzen, Szenen) des Rohmaterials zur Erstellung eines neuen Films genutzt werden sollen. Dieses Verfahren hat Vorteile: Stellt man zum Beispiel kurz vor Fertigstellung des Films in der Nachbearbeitung fest, dass eine Szene doch länger sein sollte und im Rohmaterial ist genügend Überhang, kann das in wenigen Sekunden korrigiert werden. Beim *analogen oder klassischen Videoschnitt* von Rekorder zu Rekorder war und ist das nicht möglich, hier muss der gesamte Film in solch einer Situation ab der Korrekturstelle erneut geschnitten werden und die gesamte Arbeit fällt erneut an.

Auf dem Markt gibt es unzählige Videoschnittprogramme, die allesamt inzwischen einen sehr hohen Standard erreicht haben. In diesem Buch soll kein spezielles Videoschnittprogramm empfohlen werden, ich möchte mich lediglich auf ein paar Kommentare in der Übersicht beschränken und dann allgemeingültige Hinweise geben. Grundsätzlich arbeiten Videoschnittprogramme nach dem oben erläuterten Prinzip und in der Regel finden sich in jedem dieser Programme dieselben Funktionen, wenn auch teilweise unter unterschiedlichen Namen. Da auch Videoschnittsoftware einer rasanten Entwicklung unterliegt und alle sechs bis zwölf Monate neue Software-Versionen auftauchen, beschränke ich mich auf Grundlagen, die inzwischen zum Standard gehören und nicht irgendwelche Versionsnummern einer bestimmten Software voraussetzen.

Übersicht (Auswahl) verfügbarer Videoschnittsoftware ohne Versionsnummern

- **Adobe Premiere Pro.** Adobe hat sich über Jahrzehnte einen sehr guten Namen mit dem Bildbearbeitungsprogramm Photoshop gemacht. Premiere ist als entsprechendes Videoschnittprogramm eingeführt worden und wird von vielen kleineren Videoproduktionsfirmen eingesetzt. Der Vorteil von Premiere ist, dass das Programm sowohl auf Mac- wie auch Windows-Rechnern eingesetzt werden kann und bereits mit Photoshop arbeitende Grafikdesigner sich relativ schnell zurechtfinden. Für Premiere gibt es zahlreiche PlugIns (Zusatzprogramme, die Effektfilter und Ähnliches anbieten) und Erweiterungen. Nachteile des Programms: Relativ hoher Preis auf Grund der Firmenpolitik von Adobe, für Neueinsteiger relativ unübersichtlich, in früheren Versionen Fehler in der MPEG2-Kodierung, Export und Erstellung von DVDs teilweise problematisch.

11.1 Videoschnittsoftware NLE

- **Ulead Mediastudio Pro.** Das Programm ist ein Konkurrenzprodukt zu Premiere von Adobe und bietet deutlich größere Möglichkeiten. Im Programmpaket enthalten sind mehrere Module: Video Editor (Videoschnitt), Audio Editor (Audioschnitt), CG Infinity (Vektorengrafikprogramm für Video zur Logo- und Textanimation in 2D), Video paint (Rotoscoping, Einzelbildbearbeitung mit Malfunktionen, zur Erstellung von Effekten, Retusche und Trickfilmproduktion) und Movie Factory (zur Produktion von DVDs). Das Paket überzeugt in Qualität und Preis-Leistungs-Verhältnis. Die Bedienung ist gegenüber Premiere deutlich einfacher und in Ulead erzeugte MPEG2-Videos sind qualitativ überzeugend. DVD-Erstellung und Import- wie Exportmöglichkeiten sind ausgesprochen umfassend, so werden auch Windows MPEG4, QuickTime, DivX und Realvideoformate unterstützt. Lediglich die Möglichkeiten der DVD-Menüerstellung in Movie Factory sind etwas beschränkt. Ulead unterstützte als erster Hersteller HDV (High Definition Digital Video). Nachteil: PlugIns von Fremdanbietern können im Zusammenspiel zum Speicherüberlauf führen und das Programm wird unvermittelt geschlossen.

- **Avid ExpressPro oder Avid Xpress DV.** Avid gilt als die Profischnittsoftware schlechthin. Avid wird häufig bei Fernsehsendern und in der Nachbearbeitung von Kinofilmen eingesetzt. In der Regel setzt die Software ein eigenes Dateiformat und eigene Codecs ein und ist sehr auf den reinen Videoschnitt spezialisiert, weder der Export in andere Dateiformate wie MPEG1, MPEG2 oder Realvideo noch der Import solcher Dateien wird besonders gut unterstützt. Wer ein All-in-one-Paket sucht, wird mit Avid nicht besonders glücklich. Der Preis ist deutlich über dem Niveau von Premiere oder Mediastudio.

- **Sony Vegas.** Vegas verfolgt eine etwas andere Bedienungsstrategie als andere Videoschnittprogramme und bietet umfangreiche Möglichkeiten. Das Programm ist noch relativ neu auf dem Markt und dennoch gibt es bereits eine recht große begeisterte Fangemeinde.

- **Final Cut Pro.** Das Videoschnittprogramm von Apple wird gerne von kleineren Fernsehredaktionen genutzt. Das Programm läuft nur auf Mac-Rechnern.

- **Pinnacle Liquid Broadcast.** Professionelle Videoschnittsoftware von Pinnacle.

- **Canopus Edius.** Ursprünglich war Canopus hardwareabhängig und nur lauffähig auf Rechnern, die auch eine Canopus-Videoschnittkarte hatten. Inzwischen gibt es die Videoschnittsoftware auch ohne diese Einschränkung.

- **Media 100.** Das Videoschnittsystem ist in kleineren regionalen Fernsehsendern zu finden und ist ein schnelles stabiles und professionelles Werkzeug. Nachteil: Weder DVD-Produktion noch VCD-Produktion werden unterstützt.

- **MainConcept MainActor.** Videoschnittprogramm der Firma MainConcept. Der Hersteller gilt vor allem als Hersteller exzellenter Codecs und Encoder. Vor allem im Bereich der MPEG2-Kodierung hat die Firma einen sehr guten Ruf. Das Videoschnittprogramm ist auf DV zugeschnitten. DVD-Produktion benötigt ein separates DVD-Autorenprogramm.

Kapitel 11

SCHNITT UND POSTPRODUKTION

> **Magix Video Deluxe.** Eher für den Amateur gedachtes Videoschnittprogramm mit Unterstützung des DVD-Authorings (Erstellung).

Videoschnittsoftware besteht aus mindestens drei Modulen: einem Modul zur Übertragung der Videodateien vom Camcorder/Rekorder in den Rechner, meist Capture genannt, einem Schnittmodul, dem Editor, und einem Ausspielmodul, Export, das den fertigen Film wieder auf DV-Band/Rekorder/Camcorder ausgibt. Professionelle Software unterstützt häufig keine Amateurcamcorder im Sinne der Steuerung, das bedeutet, dass der Camcorder nicht vom Rechner aus vor- und zurückgespult werden kann, sondern dieses am Videogerät getan werden muss. In jedem Fall sollte man vor dem Kauf darauf achten, dass die entsprechenden Geräte unterstützt werden.

Abbildung 11.1
Videocapture-Modul

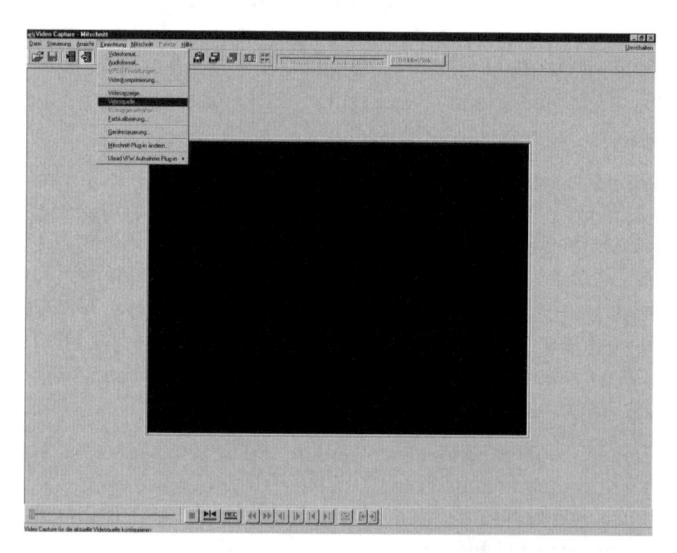

Abbildung 11.2
Videoeditor-Modul

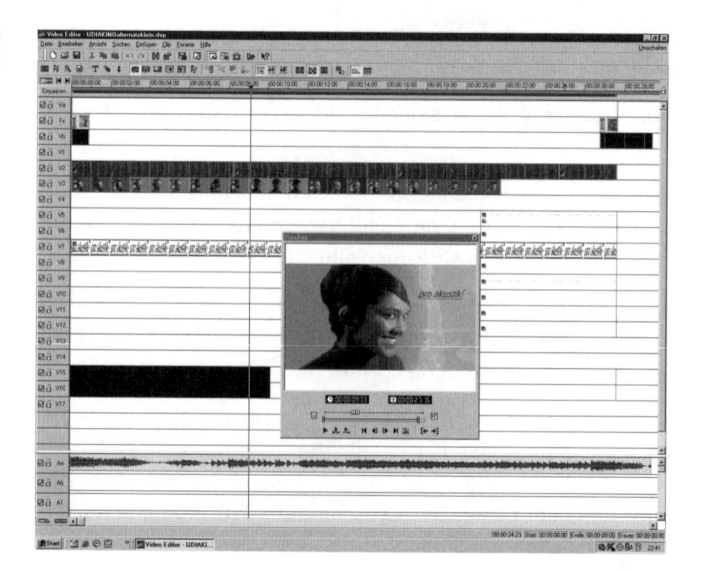

11.1 Videoschnittsoftware NLE

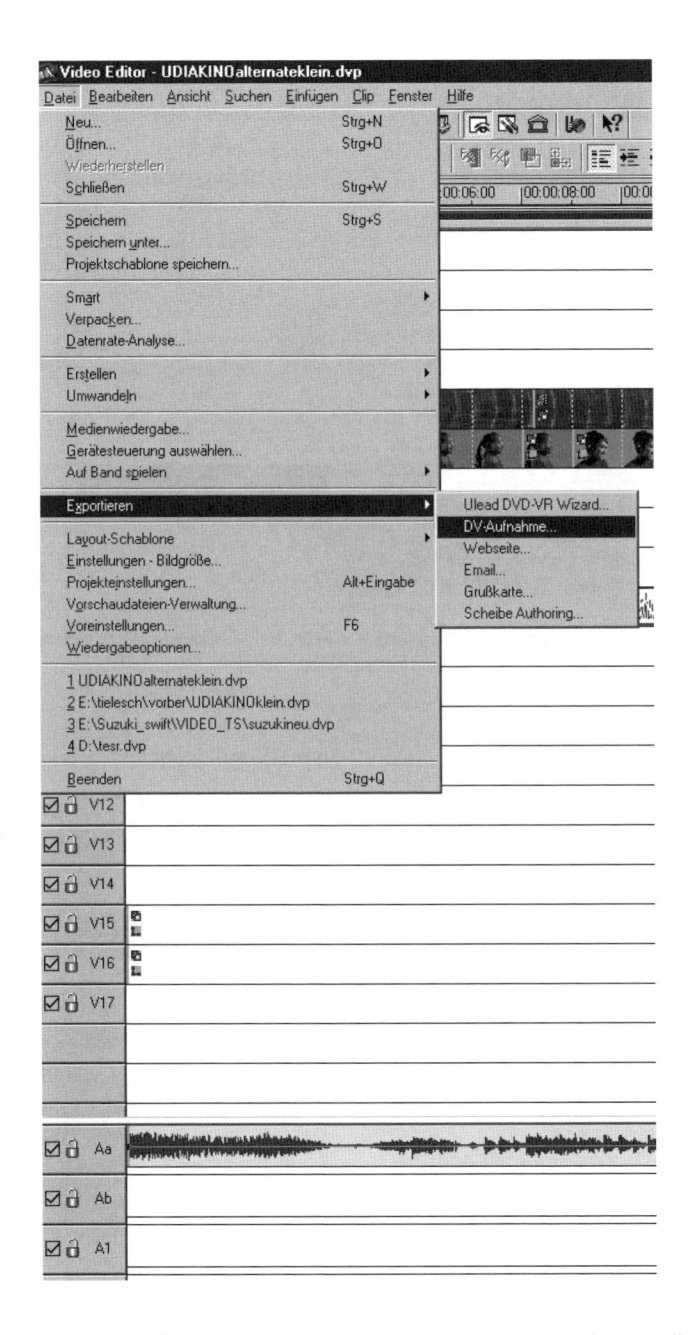

Abbildung 11.3
DV-Export-Ausspielmodul

Die wesentlichen Merkmale, ob ein Programm professionellen Ansprüchen genügt oder genügen kann:

- Unterstützung unkomprimierten Videos, um Kaskadierung zu vermeiden

Kapitel 11 SCHNITT UND POSTPRODUKTION

Abbildung 11.4
Unterstützung HDTV
unkomprimiert

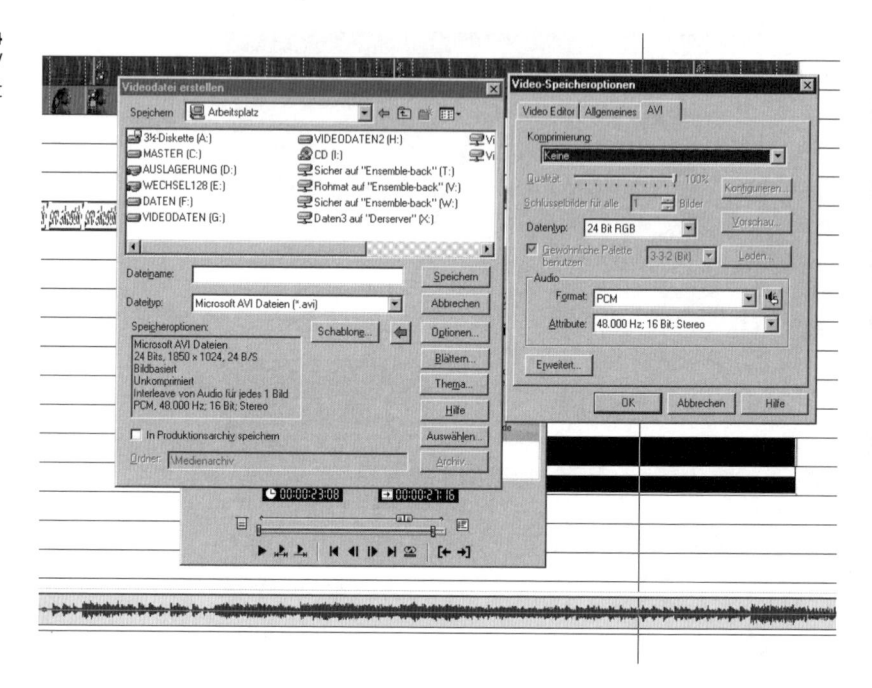

- Unterstützung aller Standardbildformate und von HDTV-Auflösungen
- Unterstützung einer Einzelbildausgabe. Videos werden als Einzelbildfolge automatisch nummeriert und abgespeichert.

Abbildung 11.5
Unterstützung Einzelbildausgabe

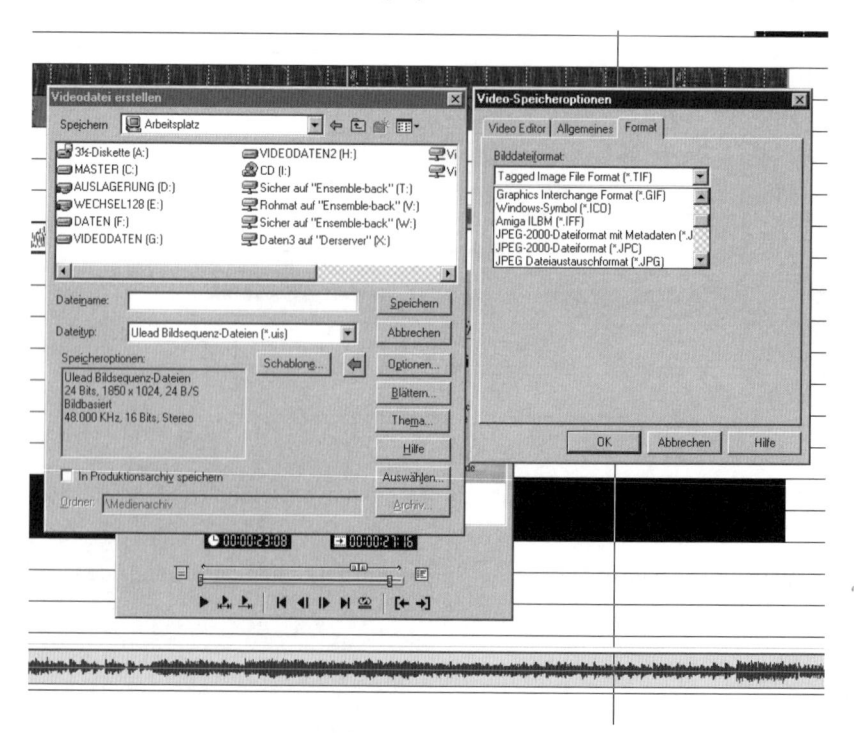

11.1 Videoschnittsoftware NLE

- *Vektorskop*. Das ursprünglich analoge Gerät wird in einem Videoschnittprogramm als Software simuliert und zeigt Farbsättigung, Kontrast und Helligkeit, um zu garantieren, dass das Video den PAL-Normen entspricht.

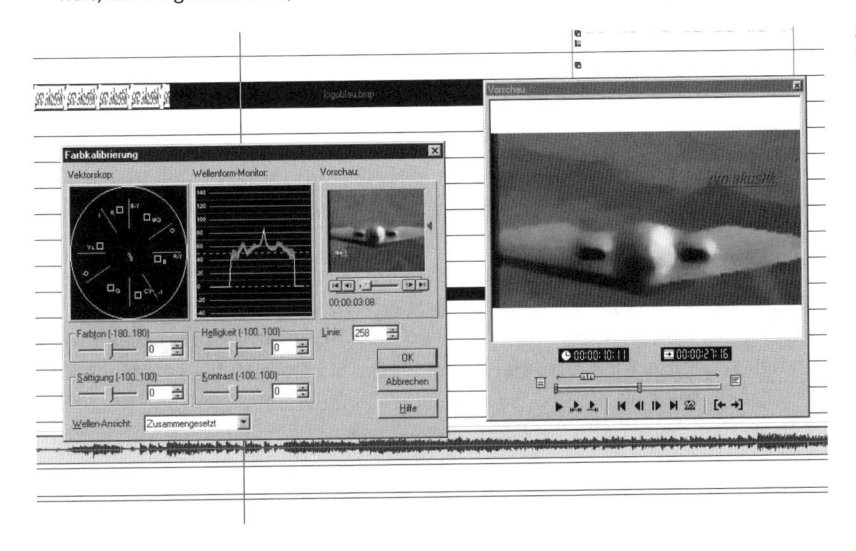

Abbildung 11.6
Vektorskop

- Skalierbarkeit der Bildgröße von eingefügten Videos in Videoprojekten (Vergrößerung, Verkleinerung)
- Misch- und Schnittmöglichkeit von Audiospuren
- Exportmöglichkeit von EDL (Editlisten)
- Automatische Szenenerkennung bei der Digitalisierung (Zuspielung von Videomaterial)

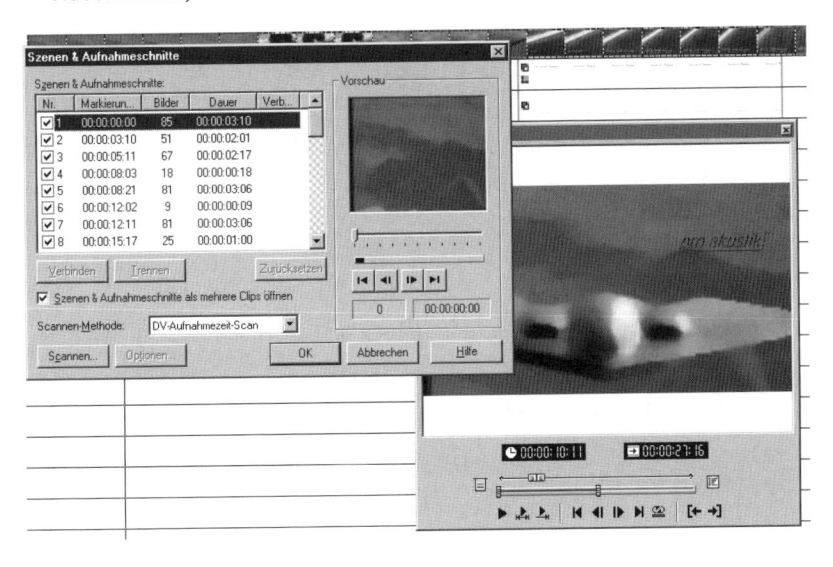

Abbildung 11.7
Szenenerkennung

- Unterstützung von Halbbild- und Vollbildmodus
- Einstellbare Datenraten bei der MPEG-Kodierung
- Two Pass encoding bei variablen Datenraten bei MPEG

11.2 Einspielung

Soweit möglich, sollte das Einspielen von Rohmaterial nativ erfolgen, das heißt, der DV-Film wird beim Speichern im Rechner nicht ausgepackt und wieder eingepackt, sondern 1:1 übernommen. Die Einspielung erfolgt über einen Firewire-Anschluss am Rechner (auch 1394 genannt). Firewire-Eingänge an stationären Computern sind oft große Eingänge (große Firewire-Stecker), im Gegensatz zu den Anschlüssen an Camcordern (kleine Firewire-Stecker). Entsprechende Verbindungskabel sind im Computerfachhandel zu bekommen. Die Länge von Firewire-Kabeln sollte vier Meter nicht überschreiten. Geräte mit Firewire-Unterstützung werden vom Betriebssystem des Rechners normalerweise automatisch entdeckt und installiert, sobald sie eingeschaltet bzw. angeschlossen werden. Zumindest seit Windows XP funktioniert die Sache relativ sicher und komfortabel. Ältere Windows-Versionen sind deutlich unzuverlässiger. Sollte der Camcorder vom Betriebssystem nicht gefunden werden (deutlich daran zu erkennen, dass unter ARBEITSPLATZ kein Camcorder aufgelistet wird), gehen Sie bitte folgendermaßen vor:

Abbildung 11.8
DV-Camcorder als Wechsellaufwerk unter ARBEITSPLATZ

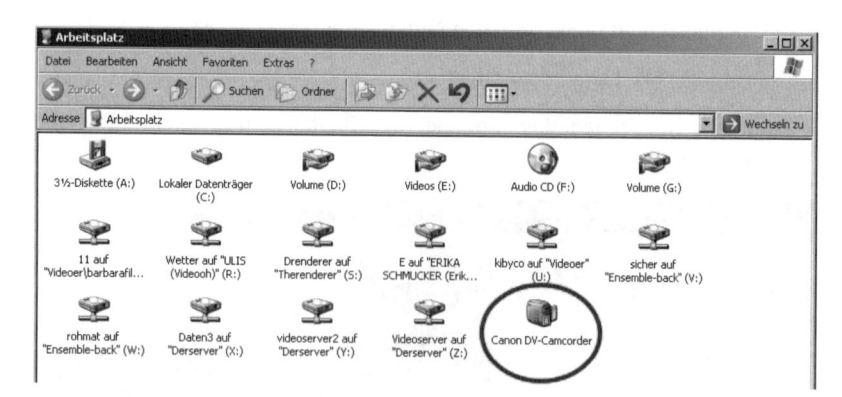

- Verkabelung prüfen. Firewire-Kabel eingesteckt? Camcorder an?
- Camcorder anlassen, Rechner runterfahren und ausschalten, zehn Sekunden warten
- Rechner hochfahren – spätestens jetzt muss der Camcorder gefunden werden
- Falls dennoch der Camcorder nicht als neues Gerät bzw. Laufwerk gefunden wird, Firewire-Kabel austauschen

Ist der Camcorder als Laufwerk im Arbeitsplatz vorhanden, kann die Filmübertragung in den Rechner beginnen. Dazu wird das *Capture- oder Aufnahmemodul* der Videosoftware gestartet. In der Regel finden diese Module automatisch das angeschlossene Videogerät. Meist findet sich im Capturemodul eine Art virtueller Monitor mit Steuerungstasten für den angeschlossenen Camcorder (Play, Stop, Pausentaste usw.). Sind diese Tasten nicht ausgegraut und somit aktiv, kann das Videogerät damit gesteuert werden. Gelegentlich kann es hier beim häufigen Wechsel von Zuspielgeräten zu Schwierigkeiten kommen: Dann ist zwar der Camcorder unter ARBEITSPLATZ gelistet, die Bedienungselemente im Capture-Programm sind aber inaktiv. Überprüfen Sie bitte die so genannte GERÄTE-STEUERUNG im Capture-Programm, bei manchen Programmen finden Sie die GERÄTESTEUERUNG unter EINRICHTUNG oder aber als Treiber unter OPTIONEN oder VOREINSTELLUNGEN. Hier müsste zur Gerätesteuerung *MS 1394* ausgewählt sein (steht für Firewire-Steuerung), dann erkennt die Capture-Software den Rekorder bzw. Camcorder.

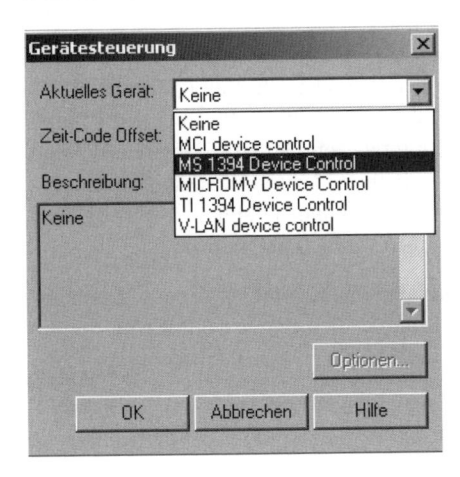

Abbildung 11.9
Gerätesteuerung Firewire im Capturemodul

In der Gerätesteuerung lässt sich der Zeitversatz zwischen Laufwerksreaktion des Rekorders und des Computers einstellen: Zwischen dem Befehl PLAY oder RECORD und der tatsächlichen Wiedergabe bzw. Aufnahme können bis zu zwei Sekunden (2000 Millisekunden) vergehen. Dieser Zeitversatz kann in der Gerätesteuerung justiert werden, so dass eine absolut exakte Steuerung bzw. Aufnahme und Wiedergabe möglich ist.

Viele Aufnahmen und Capturemodule gestatten die direkte Aufnahme im MPEG-Codec und damit eine Sofortumwandlung von DV-Material in ein DVD-taugliches Format. Die Technik ist an sich ausgereift und läuft störungsfrei auf Rechnern mit Prozessoren, die schneller als 1,4 GHz getaktet sind, dennoch rate ich davon ab, die Wandlung sofort durchzuführen. Ich empfehle hier zwei getrennte Arbeitsschritte, denn kleine Fehler haben eine große Auswirkung: Stimmen zum Beispiel die eingestellte Tondatenrate und das Tonformat nicht ganz, kann die aufgenommene MPEG2-Datei eine asynchrone Tonspur erhalten. Bild und Ton laufen auseinander.

Checkboard Zuspielung

- Firewire-Verbindung zwischen Camcorder und Rechner herstellen
- Camcorder anschalten
- Video Capture (Aufnahmemodul) starten
- Gerätesteuerung überprüfen und Zeitversatz gegebenenfalls kontrollieren und einstellen
- Videoaufnahmeformat unter VOREINSTELLUNGEN oder EINSTELLUNGEN überprüfen und gegebenenfalls einstellen (DV-1 PAL 720 x 576 Pixel 25 Bilder/sec Field A (unteres oder erstes Halbbild zuerst)
- Zur gewünschten Stelle auf dem Videoband spulen, Aufnahmetaste im Capture-Programm drücken – Übernahme der Filmdaten in den Rechner beginnt
- Zum Beenden `Esc`-Taste auf der Tastatur drücken (je nach Videoschnittprogramm)
- Je nach Betriebssystem kann es notwendig sein, die Dateigröße beim Mitschneiden zu begrenzen. So unterstützen Windows-98-Rechner keine Videodateien, die größer als zwei Gigabyte (etwa zehn Minuten lang bei DV) sind. Entsprechende Einstellmöglichkeiten finden Sie unter AUFNAHMEEINSTELLUNGEN. Moderne Aufnahmemodule zeichnen dann dennoch nahtlos längere Zeit auf, indem sie nach zwei Gigabyte einfach eine neue Datei anlegen.
- Sehr vorteilhaft ist es, wenn das Aufnahmemodul eine eingebaute Szenenerkennung hat und automatisch jede Szene in eine eigene Datei abspeichert.
- Unterstützt ein Aufnahmemodul das Scannen von DV-Kassetten, vereinfacht das die Arbeit weiter: In der Regel können DV-Kassetten mit vierfacher Geschwindigkeit gescannt werden. Das Capturemodul bietet dann entweder *Thumbnails* (kleine Bildchen) oder Szenennummern zur Auswahl, und es kann festgelegt werden, ob die entsprechende Szene eingespielt werden soll oder nicht. Scanfunktionen reagieren auf Timecode-Sprünge oder Bildinhaltswechsel.

Das Einspielen von DV-Kassetten funktioniert meist nur mit einem durchgehenden Timecode auf einer Kassette. Es dürfen keine unbespielten Lücken auf einer Kassette sein, ansonsten kann es zu Fehlfunktionen kommen.

Manche Capturemodule bieten während der Sichtung (Anschauen des Rohmaterials, um zu entscheiden, was eingespielt werden soll und was nicht) eine so genannte Schnittlistenerstellung *on the fly*. Während der Film läuft, reicht es, spezielle Tasten zu drücken, um Start und Endpunkt einer Szene zu markieren, im Hintergrund speichert das Capturemodul diese Schnittliste anhand des *Bandtimecodes* und kann sie nachher abarbeiten.

11.3 Schnittlisten

Schnittlisten dienen dazu, Videoarbeiten zwischen Studios zu koordinieren oder zu definieren. So wird ein Videoprojekt und das Arrangement zwischen verschiedenen Arbeitsplattformen und Videoschnittsystemen austauschbar. Benötigt wird das Rohmaterial und die Schnittliste mit Timecode. Ein Beispiel einer generischen Schnittliste (EDL-Datei):

```
GENERIC EDL CREATED BY MEDIASTUDIO 7.0
SMPTE FRAME CODE
NON-DROP FRAME
TITLE: Kinospot
0001 100001 V C     0022 00:00:00:00 00:00:00:22 00:00:00:00 00:00:00:22

0001 100002 V W     0022 00:00:00:00 00:00:00:22 00:00:00:00 00:00:00:22

0001 200007 V K     0022 00:00:00:00 00:00:00:11 00:00:00:00 00:00:00:22

0001 900001 V K  GT 0022 00:00:00:00 00:00:00:22 00:00:00:00 00:00:00:22

0001 100003 V K  A  0022 00:00:00:00 00:00:00:22 00:00:00:00 00:00:00:22

0001 900008 V K  R  0022 00:00:00:00 00:00:00:22 00:00:00:00 00:00:00:22

0001 100004 V K  A  0022 00:00:00:00 00:00:00:22 00:00:00:00 00:00:00:22

0001 900010 V K  R  0022 00:00:00:00 00:00:00:22 00:00:00:00 00:00:00:22

0001 100005 V K     0022 00:00:00:00 00:00:00:22 00:00:00:00 00:00:00:22

0001 100006 V K     0022 00:00:00:00 00:00:00:22 00:00:00:00 00:00:00:22

0001 400001 A C     0022 00:00:00:00 00:00:00:22 00:00:00:00 00:00:00:22

* 100001 IS AUX
* 100002 IS AUX
* 200007 IS WASSERBLAU2.AVI
* THE SPEED OF CLIP 200007 IS 50%
* 900001 IS AUX
* 100003 IS AUX
* 900008 IS AUX
* 100004 IS AUX
* 900010 IS AUX
* 100005 IS AUX
* 100006 IS AUX
* 400001 IS * THE EFFECT NAME IS ÜBERBLENDEN-F/X
0002 100001 V C     0028 00:00:00:22 00:00:02:00 00:00:00:22 00:00:02:00

0002 200007 V K     0028 00:00:00:11 00:00:01:00 00:00:00:22 00:00:02:00
```

```
0002 900001 V K    GT  0028 00:00:00:22 00:00:02:00 00:00:00:22 00:00:02:00

0002 100003 V K    A   0028 00:00:00:22 00:00:02:00 00:00:00:22 00:00:02:00

0002 900008 V K    R   0028 00:00:00:22 00:00:02:00 00:00:00:22 00:00:02:00

0002 100004 V K    A   0028 00:00:00:22 00:00:02:00 00:00:00:22 00:00:02:00

0002 900010 V K    R   0028 00:00:00:22 00:00:02:00 00:00:00:22 00:00:02:00

0002 100005 V K        0028 00:00:00:22 00:00:02:00 00:00:00:22 00:00:02:00

0002 100006 V K        0028 00:00:00:22 00:00:02:00 00:00:00:22 00:00:02:00

0002 400001 A C        0028 00:00:00:22 00:00:02:00 00:00:00:22 00:00:02:00

* 100001 IS AUX
* 200007 IS WASSERBLAU2.AVI
* THE SPEED OF CLIP 200007 IS 50%
* 900001 IS AUX
* 100003 IS AUX
* 900008 IS AUX
* 100004 IS AUX
* 900010 IS AUX
* 100005 IS AUX
* 100006 IS AUX
* 400001 IS
* TRANSITION SUBFIELD: B- BORDER, S- SOFTEDGE, R- REVERSE
* KEY TYPE: R- COLOR KEY, L- LUMA KEY, C- CHROMA KEY, A- ALPHA KEY, G-GRAY KEY
* KEY SUBFIELD: T- SOFTEDGE, I- INVERT
* BLANK VIDEO IS WHITE VIDEO FRAMES
```

Schnittlisten werden auch benötigt, um *Footage-Material* (Roh- und Schnittmaterial) für Fernsehanstalten zu definieren. Diese Schnittlisten sehen anders aus. Beispiel einer Footage-Schnittliste für Fernsehredakteure (einfache Variante ohne Timecode):

Footage Editliste Gesamtlänge ca. 19 min

1. Verena Weishaupt (2x) zum Produkt »Die Insel«

   Halbtotale »Neues Gesellschaftsspielgenre«

   ▸ Halbnahe

     a Verena Weishaupt (2x) zur Erfahrung mit King Arthur
     b Halbtotale »ausverkauft«
     Halbnahe

   ▸ Verena Weishaupt zu Brettspiele (2x) zum Thema Brettspiel

     Halbtotale »Weiterentwicklung des Brettspiels«

     Halbnahe

11.3 Schnittlisten

2. Kinder-Statements nach Testspiel
   a Testspielerin 11 Jahre Nah »Vulkan redet«
   b Testspielerin 11 Jahre Nah »spannend«
   c Testspieler 11 Jahre Nah »Sachen sammeln«
   d Testspieler 11 Jahre Halbnah »Der Stein weiß alles«
3. Reiner Knizia Spieleautor zur Spielidee

   »intelligente Elektronik«
   »Familienspiel«
4. Reiner Knizia zum Spielinhalt

   »Entdecken und die Insel retten«
5. Reiner Knizia Spieldetails

   »Punktekonzept«
6. Reiner Knizia zur Auslieferung

   »Frühjahr 2005«
7. Footage Spiel und Geräusche closeup

   O-Töne des Spiels
8. Footage Familie/Kinder Testspiel

   mit aktuellen Spielerfiguren
   closeups/Halbtotalen/Halbnahen
9. Reiner Knizia zur innovativen Technik

   »Das Besondere: leitende Farben«
   »Die Elektronik weiß, wer und wo ich auf dem Feld bin«
   »Touch and Play«
10. Reiner Knizia zur Entwicklungszeit

    »zweieinhalb Jahre«
11. Reiner Knizia über das Inselprinzip

    »abgeschlossene mystische Welt«
12. Reiner Knizia über die Entwicklungsarbeit

    »Prototypen gebastelt«
13. Footage Entwicklungsstadien des Spiels

    Prototypen im Bild
14. Footage Testspiel Ravensburger Redaktion mit Reiner Knizia

    mit drei Redakteuren und Redakteurinnen von Ravensburger

15. Footage Druck und Produktion »Die Insel«

   Druckerei Qualitätsprüfung leitende Farben O-Ton Knizia

16. Karsten Schmidt Vorstand Ravensburger Unternehmensentwicklung

   Halbnah »9 Prozent Umsatzsteigerung«

17. Karsten Schmidt Vorstand Ravensburger zum Puzzleball

   Halbnah »Hipe Produkt Puzzleball«

18. Karsten Schmidt Vorstand Ravensburger zum Puzzletrend

   Halbnah

Ton: Stereo 48 kHz/16 Bit/Schwarzbild zwischen den O-Ton und Footageblöcken mit Name und Thema à 10 sec.

Beispiel Editliste für Sat1-Frühstücksfernsehen Footage, Timecode

Inhalt:

```
Timecode Bild
00:00:00:00 - 00:01:05:00 Technischer Vorspann    1 kHz
00:01:05:00 - 00:01:08:21 2 Taucher Beckenrand springen ins Wasser
00:01:08:21 - 00:01:13:07 Puzzle »Deutscher Puzzletag« unter Wasser
fertig zoom out Totale
00:01:13:07 - 00:01:22:09 3 Taucher arbeiten an Puzzle unter Wasser
00:01:22:09 - 00:01:25:22 3 Taucher an Puzzle unter Wasser zoom out
Totale
00:01:25:22 - 00:01:30:04 1 Taucher taucht auf
00:01:30:04 - 00:01:42:03 Taucher nimmt Maske ab
00:01:42:03 - 00:05:37:16 Interview   Michael Happernagel technischer
Leiter Kreiswacht Augsburg Land BRK
00:05:37:16 - 00:05:51:23 Schwenk Schlechtwetterraum Puzzlespieler (...)
00:22:20:11 - 00:22:32:12 Kinderpuzzlezelt mit einfachen Puzzles
00:22:32:12 - 00:22:38:15 Einzelnes Kind im Kinderpuzzlezelt
00:22:38:15 - 00:22:45:14 Das Rieseneinfachpuzzle
00:22:45:14 - 00:22:56:15 Kinderpuzzle mit Betreuung
00:22:56:15 - 00:23:17:06 Totale aus 30 Meter Höhe zum Start 11 Uhr
```

11.4 Wunschliste für die Schnittsoftware

Welche Funktionen sollte eine Schnittsoftware und speziell das Schnittmodul bieten? Eine Übersicht:

▸ Es sollten mehrere Video- und Überlagerungsspuren verfügbar sein, um Videos mischen zu können. Das Überlagern sollte durch *Keyframes* (Schlüsselbilder) oder *Effektverlaufslinien* steuerbar sein, zum Beispiel in Hinsicht auf Transparenz und Farben oder Masken.

11.4 Wunschliste für die Schnittsoftware

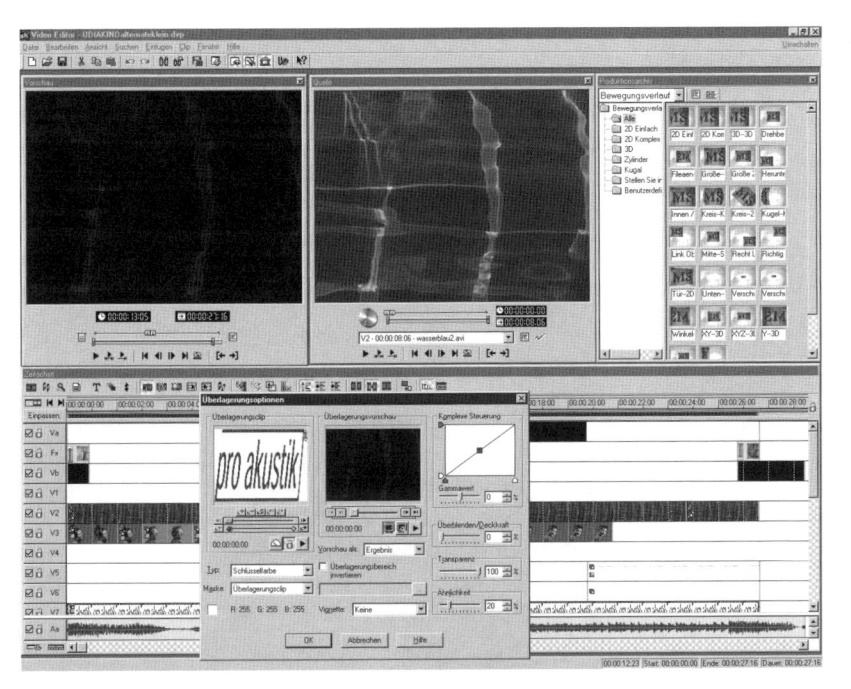

Abbildung 11.10
Keyframes-Steuerung der Transparenz etc.

- Timecode und Zeitlinie bzw. Zeitverlauf sollten möglichst stufenlos skalierbar sein zwischen einer Ansicht von Einzelbild bis zu Minutenübersicht.
- Filme sollten sowohl in Einzelbildansicht als auch in Dateinamenansicht darstellbar sein.

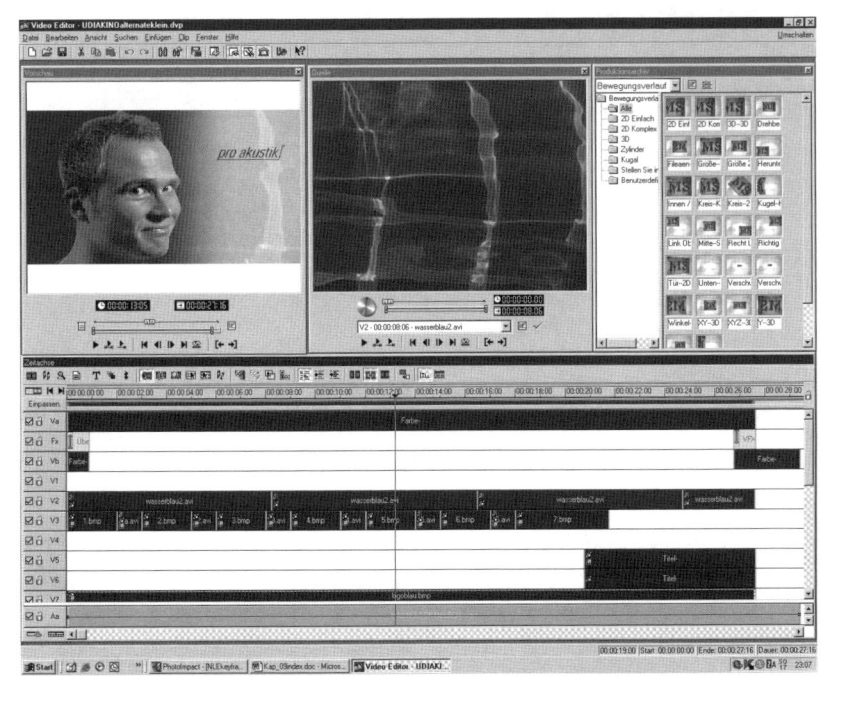

Abbildung 11.11
Dateinamenansicht

Kapitel 11   SCHNITT UND POSTPRODUKTION

- Die Vorschau eines Schnittprojektes sollte in unterschiedlichen Bildgrößen möglich sein.

- Sequenzen oder Szenen, die gegenüber dem Rohmaterial nicht korrigiert wurden (z.B. in Helligkeit oder Kontrast), sollten ohne erneute DV-Komprimierung in Originalqualität (nativ) in das Endprodukt eingebaut werden *(smart rendering)*.

- Übergänge zwischen zwei Szenen sollten durch Übergangseffekte gestaltbar sein, wie zum Beispiel Überblenden oder Klappe, Kreuz etc.

- Es sollte ein *Titelgenerator* enthalten sein, um Bilder untertiteln zu können sowie Vor- und Abspann zu realisieren.

Abbildung 11.12
Titelgenerator

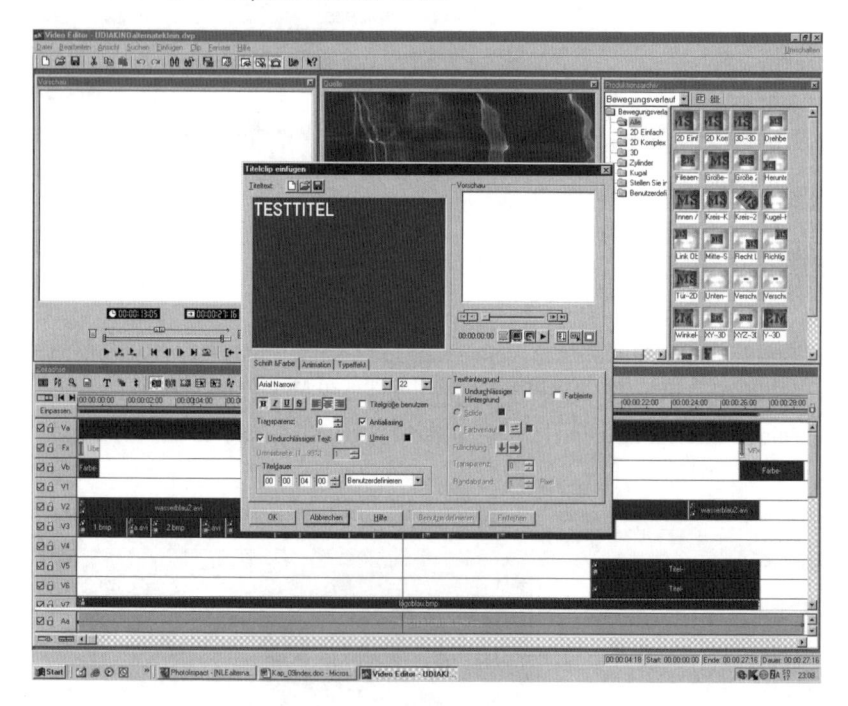

- Hintergrundfarben und Farbverläufe sollten frei gestaltbar sein.

- Es sollten Korrekturfilter für Farbe, Helligkeit, Kontrast und Gamma in Szenen vorhanden sein.

- Korrektur, Effektfilter und sonstige Einstellungen sollten sich problemlos von einzelnen Clips oder Segmenten auf andere übertragen lassen.

- Projekteinstellungen und Codierung sollten als benutzerdefinierte Einstellungen zu hinterlegen sein.

- Projekte sollten in andere Projekte importierbar sein.

- Datenraten und Formate sollten kontrollierbar und justierbar sein.

11.4 Wunschliste für die Schnittsoftware

- Vorschauen von Filmsequenzen sollten auch in MPEG2 möglich sein.
- Das Schnittmodul sollte ein *Oversampling* bei Effekten und Grafiken durchführen, um Kanten und Übergänge zu glätten (gängig: bis zu vierfach Oversampling). Dabei wird der Effekt intern in größeren Bildgrößen berechnet und Treppchen geglättet (*Anti Aliasing*), anschließend werden die Bilder wieder zum normalen Format verkleinert.
- Tastaturshortcuts sollten frei wählbar sein.
- Pal/NTSC Formate sollten wählbar sein.
- Zeitlupe und Zeitraffer
- Bild im Bild (Video im Video) sollte unterstützt werden.
- Farbkeying (Farbe ausblenden oder transparent setzen) sollte möglich sein.
- Projekte sollten verschiebbar und zusammenfassbar mit allen verwendeten Elementen sein.
- Zum Schnitt sollten Quellfenster oder Trimmfenster zur Verfügung stehen.
- Es sollten Elemente eines Filmes auch über eine Zeitauswahl markierbar, verschiebbar und bearbeitbar sein.

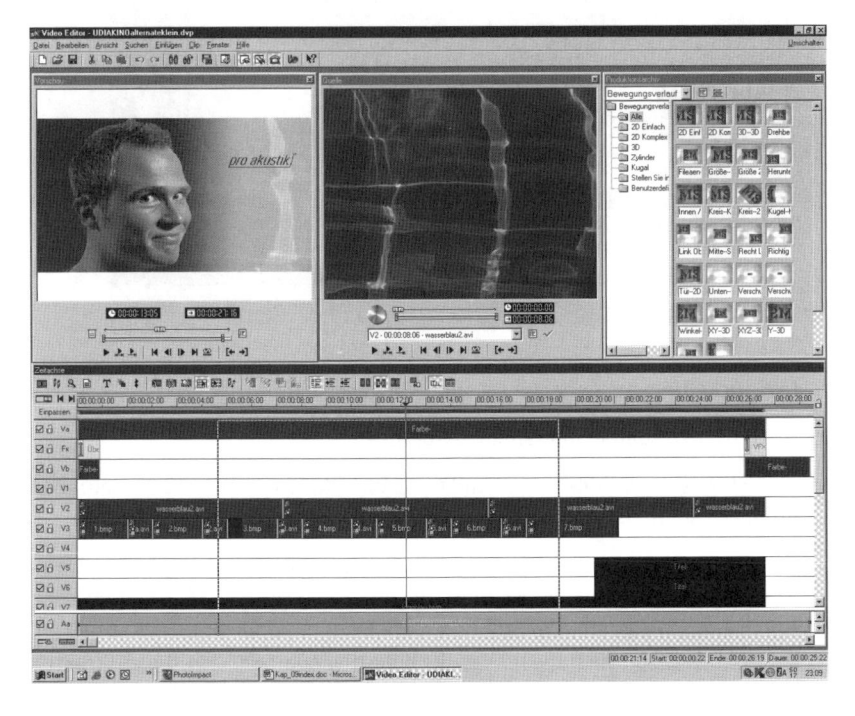

Abbildung 11.13
Zeitauswahl

- Bild und Ton müssen trennbar sein, so dass bei der Nachvertonung auch ein anderer Ton als der Originalton verwendet werden kann.

Kapitel 11 — SCHNITT UND POSTPRODUKTION

- Videostellen sollten markierbar sein.

- Das Schnittprogramm sollte unbenutzte Stellen des Rohmaterials nach der Projektfertigstellung endgültig löschen lassen können, um Festplattenkapazität optimal zu nutzen (smart trim).

Abbildung 11.14
Smart trim

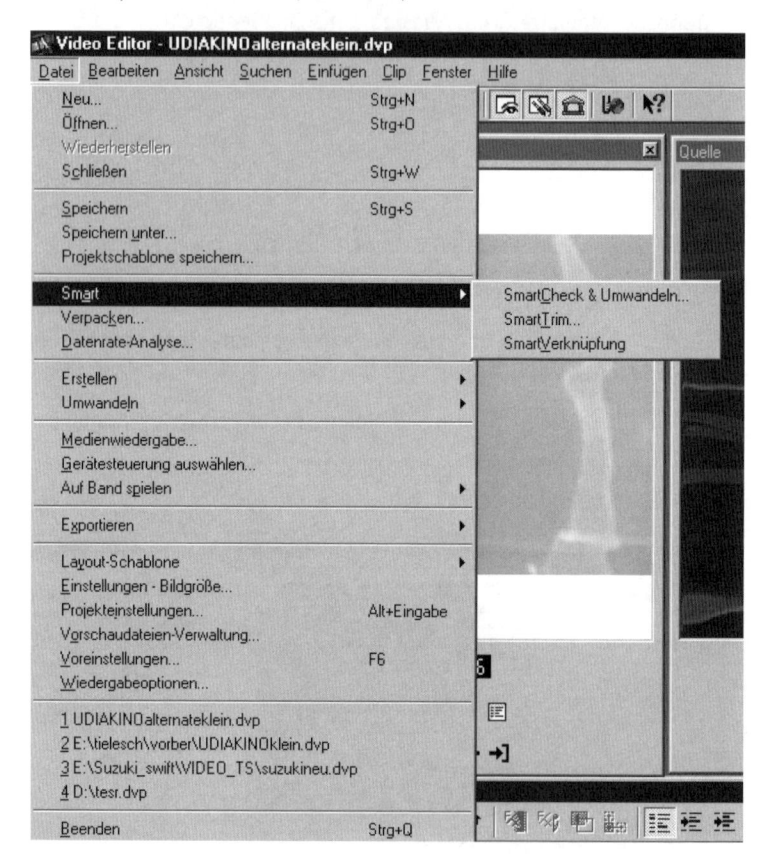

- Eine ruckelfreie Ausgabe auf DV sollte möglich sein.

- HDV-Formate sollten unterstützt werden.

- Verlustarmer und fehlerarmer MPEG-Schnitt (Korrektur bei abgeschnittenen I-Bildern) sollte möglich sein.

- GOP-Strukturen in MPEG2- und MPEG1-Dateien sollten veränderbar und kontrollierbar sein. Group of Pictures, bestehen aus *I(ntra)-, P(redicted)- und B(idirectional)-Bildern*. Die Standard-GOP-Struktur einer DVD(MPEG2)-Datei: IBBBPBBBPBBB. Nach diesen zwölf Bildern wiederholt sich diese Struktur. Unabhängig von dieser festen Struktur einer GOP gibt es bei Filmschnitten (Wechsel des gesamten Bildinhaltes) fast immer ein i-Frame. Ein MPEG-Encoder muss also Filmschnitte erkennen, um die außerhalb der Standardreihen-

11.4 Wunschliste für die Schnittsoftware

folge nötigen i-Frames zu erzwingen. Das ist leider nicht immer der Fall. Die Abspielreihenfolge (Betrachtungsreihenfolge) der Bilder (Frames) eines Videos unterscheidet sich übrigens von der Übertragungsreihenfolge. Übertragen werden die B-Frames erst nach den I- oder P-Frames, zu denen sie gehören. Für den MPEG2 Schnitt ist es sinnvoll GOP-Strukturen einzusetzen, die ausschließlich aus i-Frames bestehen.

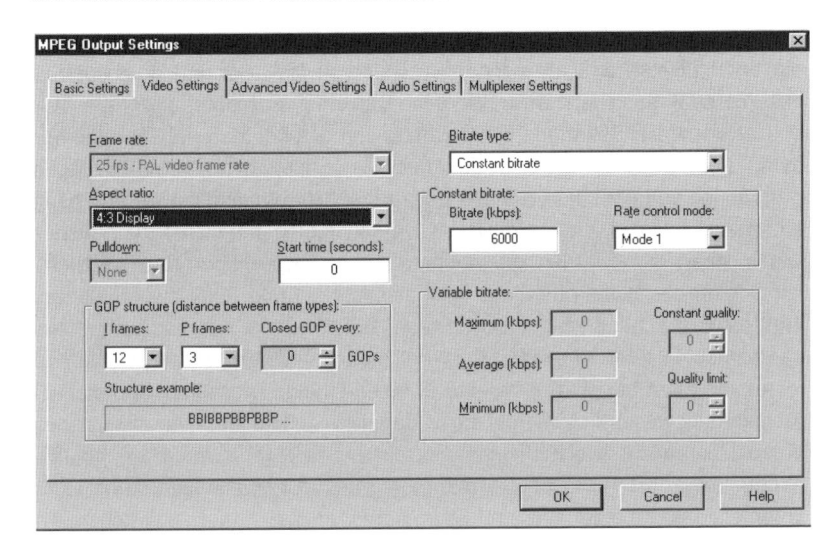

Abbildung 11.15
GOP-Struktur

▸ Storyboardfunktion, um Schnitte grob vorsortieren zu können

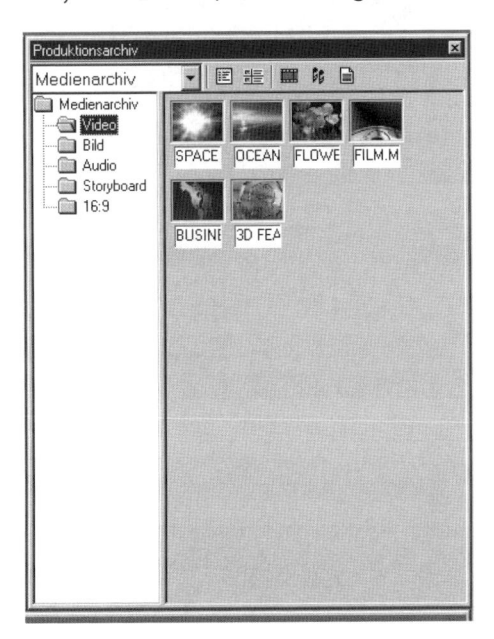

Abbildung 11.16
Storyboardfunktion

11.5 Sicherung und Platzbedarf von Videoprojekten

Der Platzbedarf eines 30-Minuten-Filmprojektes inklusive des Rohmaterials, der Bilder und Tondateien kann sehr schnell 40 Gigabyte oder mehr erreichen. Ein großes Problem ist oft, dass Dateien aus verschiedensten Ordnern und von verschiedenen Ablageorten in einem Projekt eingesetzt wurden, so dass es manchmal unmöglich scheint, alles geordnet zu sichern. Hinzu kommt, dass überflüssiges Material gesichert wird: Werden aus einer Rohmaterialszene von vier Minuten nur zwei Sekunden gebraucht, belegt das Rohmaterial über 700 Megabyte, benötigt würden für den Film aber nur 7,2 Megabyte. Wenn Videoschnittprogramme nun das *smart trim* unterstützen, ist es möglich, diesen Überhang zu entfernen und das Videoprojekt im Datenvolumen möglichst zu reduzieren. Durch smart trim werden die Rohmaterialsequenzen überprüft, welcher Teil wirklich für das Projekt benötigt wird, dieser wird ohne Qualitätsverlust kopiert und der Rest schließlich gelöscht. Diese Funktion kann ausgesprochen vorteilhaft sein. Ein weiterer Punkt ist das Verschieben und Verpacken eines Videoprojektes mit allen beteiligten Dateien in einen Ordner. Diese Funktion macht die Archivierung wesentlich leichter. Es ist dabei nur zu beachten, dass im gesamten Videoprojekt nicht zwei gleichnamige Dateien mit unterschiedlichem Inhalt vorhanden sein dürfen: Da beide letztlich in einem Ordner landen, kann es dazu kommen, dass eine der beiden Dateien dabei zerstört und überschrieben wird.

Abbildung 11.17
Verpackungsfunktion

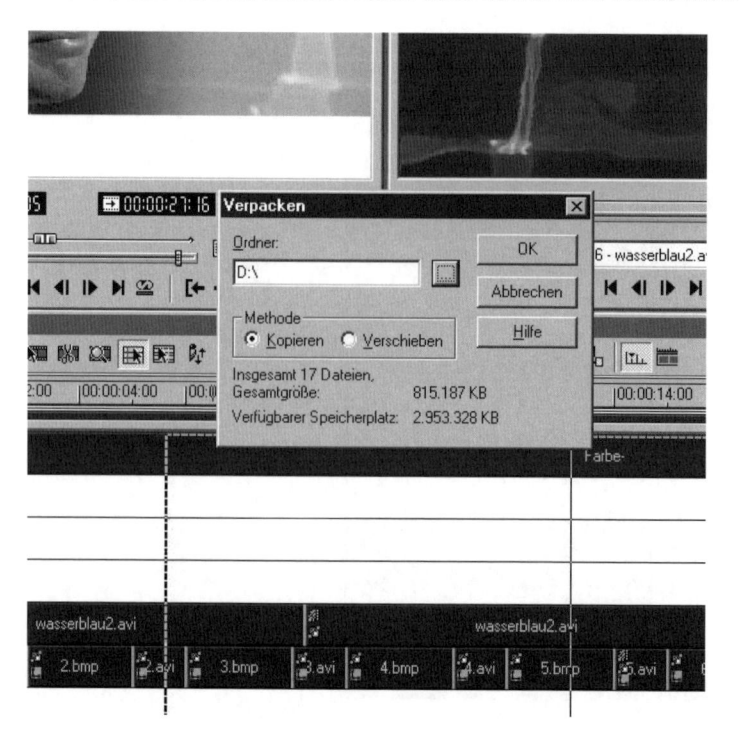

11.6 Der Schnitt als solches

Hier soll es zunächst um den technischen Ablauf bei Videoschnittsoftware gehen, weniger um formale Aspekte. Diese werden im künstlerischen Teil des Buches behandelt. Im Zusammenhang mit dem Schnitt wird bei Videos oft von *Trimmen* gesprochen. Trimmen bedeutet, die Länge einer Szene oder Sequenz anzupassen, überflüssige Teile zu entfernen, wegzuschneiden (was bei Videoschnittsoftware nicht geschieht, die überflüssigen Teile werden nur ausgeblendet). Das Trimmen findet entweder in so genannten *Quell- oder Trimmfenstern* statt; durch Play, Pause, Bild vor oder zurück werden Start- und Endbild des gewünschten Bereiches bestimmt und diese werden gespeichert. Alternativ können bei Videoschnittprogrammen oft auch Clips auf der *Timeline* (dem Arbeitsbereich) mit der Maus an den Enden aufgezogen oder verkürzt werden. Daneben werden auch Werkzeuge wie Scheren angeboten, um in der Einzelbilddarstellung einzelne Bilder auszuschneiden. Hier muss man beachten, die entstandenen Löcher in der Timeline zu schließen, die Lücken erscheinen sonst als Schwarzbild im fertigen Film. Eine Suchfunktion für leere Zeitschlitze, wie es manche Programme anbieten, ist hier sehr praktisch. Die Funktion schließt automatisch solche Lücken und rückt alle folgenden Clips nach, so dass das Loch verschwindet.

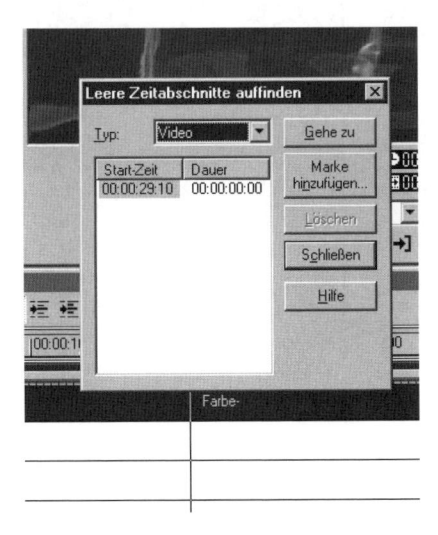

Abbildung 11.18
Leere Zeitabschnitte

11.7 Kontrollmonitor oder Kontrolle am Rechnerbildschirm

Jedes Videoschnittprogramm unterstützt über Firewire und angeschlossene Rekorder eine Ausgabe von Vorschaubildern auf einen TV-Monitor. Dies ist dringend zu empfehlen, da der Bildeindruck je nach Wiedergabemedium völlig anders sein kann. Digitalisierte Videofilme wirken auf einem Computermonitor oft stumpf und kontrastarm, dasselbe Bild auf dem TV-Monitor wirkt brillant und durchaus ausreichend kontrastiert. Verlässt man sich allein auf den Computermonitor, gerät man schnell in Versuchung, hier Kontraste zu verstärken, dort die Helligkeit zu erhöhen oder Farben nachzusättigen. In der Konsequenz kann dadurch das Videomaterial unbrauchbar werden, weil die Videogeräte durch übersteuerte Videosignale angesprochen werden. Nur ein TV-Kontrollmonitor kann einem letztlich die Sicherheit geben, dass das Videoprojekt auf dem Fernseher wirklich so wirkt wie vorgesehen.

11.8 Audiounterstützung und Tonpegelfehler

Sehr praktisch und empfehlenswert ist es, wenn Videoschnittprogramme möglichst viele Audioformate unterstützen.

Tabelle 11.1
Eine Übersicht der gängigen Audioformate

Format	Qualität	Datenraten	Samplingbereich	max. Frequenzgang
MP3	befriedigend – sehr gut	50 kBit/sec bis 320 kBit/sec	8–48 kHz	20–24.000 Hz
MP2	befriedigend – sehr gut	32 kBit/sec bis 384 kBit/sec	8–48 kHz	20–24.000 Hz
MP1	befriedigend – sehr gut	32 kBit/sec bis 448 kBit/sec	8–48 kHz	20–24.000 Hz
aif (Mac)	schlecht – sehr gut	unkomprimiert	8–48 kHz	20–24.000 Hz
rm (Real Audio)	schlecht bis befriedigend	20 kBit/sec bis 96 kBit/sec	11–44,1 kHz	20–20.000 Hz
wav (Windows und AUDIO-CD) PCM = Pulse Code Modulation	schlecht – sehr gut	unkomprimiert (bei Audio CD 256 kBit/sec)	8–96 kHz	20–48.000 Hz
AC3 (Dolby Digital)	befriedigend – sehr gut	192 kBit/sec bis 448 kBit/sec	48 kHz	20–24.000 Hz

Midi sind keine Audiodateien, sondern Dateien, die den Rechner zum Musikinstrument machen und ihn dazu bringen, Musikinstrumente nachzuspielen. Midi-Dateien können naturgemäß nicht ohne weiteres in Videoschnittprogrammen genutzt werden.

Nun gibt es tatsächlich eine ganze Reihe von Programmen, die alle diese Formate zur Videovertonung akzeptieren. Ja, selbst der wildeste Formatmix in einem Projekt wird akzeptiert: Da wechseln sich MP3-Musikdateien mit wav-Geräuschdateien ab und irgendwo geistert noch ein Originalton herum. Hiervon ist dringend abzuraten. Am günstigsten ist es, sämtliche vorgesehenen Geräusche und Musikdateien vor Produktionsbeginn in ein einheitliches Tonformat zu bringen, Empfehlung: wav (PCM) 48 kHz/16 Bit Stereo. Nur das garantiert auch eine störungs- und überraschungsfreie Tonnachbearbeitung.

Mögliche Folgen eines wilden Formatwuchers im Audiobereich beim Videoschnitt:

- Ton nicht synchron
- Pegelfehler (starke Lautstärkeschwankungen)
- Tonspur wird ignoriert, ausgelassen
- Krachen und Klickgeräusche

Beim Gesamtmix der Audiospuren immer an die Addition der Pegel denken: Lautstärkepegel der einzelnen Spuren reduzieren, bis die Summe nicht über −6 dB liegt.

11.9 Gescannte Bilder in das Video einbauen

Vor allem angesichts der überhaupt möglichen Videoauflösung sollte man bereits beim Scannen auf zu große Auflösungen verzichten. Scans mit 300 dpi reichen völlig aus. Je nach Vorlagengröße reichen auch 150 dpi oder 96 dpi. Das letztlich eingebaute Bild wird nie mehr als 720 x 576 Pixel in der Präsentation haben. Größere Bilder bzw. Bildauflösungen (z.B. 2000 x 1600 Pixel) machen nur dann Sinn, wenn geplant ist, die Bilder über Bewegungsverläufe zu animieren. Ein Bewegungsverlauf schiebt praktisch das Bild über den TV-Monitor, zoomt oder verkleinert. Es ist sinnvoll, die gescannten Bilder in einem Bildbearbeitungsprogramm für die Videointegration vorzubereiten: Zum einen sollten die Abmessungen des Bildes nicht unnötig groß sein. Bilder in Übergrößen von 3000 x 2000 Pixel führen eher zu Problemen: Beugungseffekte und Moirémuster treten leichter auf. Zum anderen muss das Bild im RGB-Farbmodus vorliegen, Videoschnittprogramme unterstützen in der Regel keine Bilder im CMYK(Druck-

> **Tipp**
> Gescannte Bilder nicht zu groß hinterlegen. Video unterstützt nur 720 x 576 Pixel.

vorstufe)-Modus. Sollte es bei der Animation von Bildern zu Flimmereffekten kommen, bieten Videoschnittprogramme oft eine Entflechtung der Bilder an, dabei werden Halbbildanteile entfernt, das Bild wird unschärfer, das Flimmern wird weniger. Alternativ kann auch mit Gaußscher Unschärfe oder Weichzeichner gearbeitet werden oder einer Veränderung der Bildgröße.

Bildbearbeitungsprogramme zur Vorbereitung von Bilddateien für Videofilme (Auswahl)

- Adobe Photoshop (teuer)
- Ulead Photo Impact (gutes Preis-Leistungs-Verhältnis)
- Irfanview für private Nutzung kostenlos

11.10 Animationen und Untertitelung

Bei Untertitelung und Animationen ist immer zu berücksichtigen, dass es Bildbereiche gibt, die auf einem gewöhnlichen Fernseher nicht sichtbar sind. Effektiv zeigen viele TV-Geräte nur einen mittleren Ausschnitt des 720-x-576-Pixel-Bildes in einer Größe von rund 640 x 480 Pixel. Bis zu 16% des eigentlichen Bildes werden von TV-Monitoren unterschlagen. Auch Beamer beschneiden das Bild um ca. 5%. Nur Computerbildschirme zeigen tatsächlich das gesamte Bild. Sitzt der Untertitel zu tief, wird er vom Fernsehzuschauer nicht gesehen oder er ist angeschnitten. Videoschnittprogramme zeigen deshalb teilweise *justierbare Orientierungslinien*, um den titelsicheren Bereich zu bestimmen. In die Software integrierte Titelgeneratoren berücksichtigen den titelsicheren Bereich oft automatisch. Je nach Software können Schriften und Titel animiert werden, aber auch dabei sollte der Bildrand beachtet werden. Animationen können durch Bewegungsverläufe erstellt werden und sind unter anderem auch von der Bildrate abhängig. Besonders saubere 2D-Animationen erhält man von Spezialprogrammen wie CG Infinity (Modul des Ulead Media Studios), das vektororientierte Programm kann zur Logoerstellung und Animation genutzt werden. Vor allem Linien oder Kanten werden dabei deutlich sauberer als bei der Animation von Bildern und es treten keine Moiré-Effekte auf.

11.10 Animationen und Untertitelung

Abbildung 11.19
Automatische Platzierung im titelsicheren Bereich

Abbildung 11.20
Justierung des titelsicheren Bereiches

Abbildung 11.21
CG Infinity: Vektorgrafik-Programm für 2D-Animation

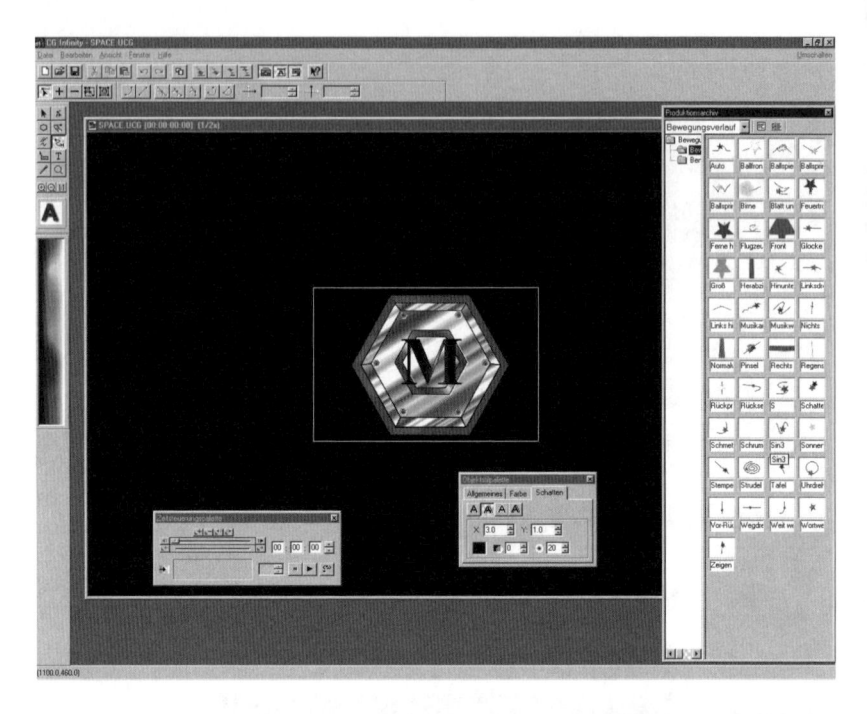

Abbildung 11.22
CG Infinity mit Videohintergrund

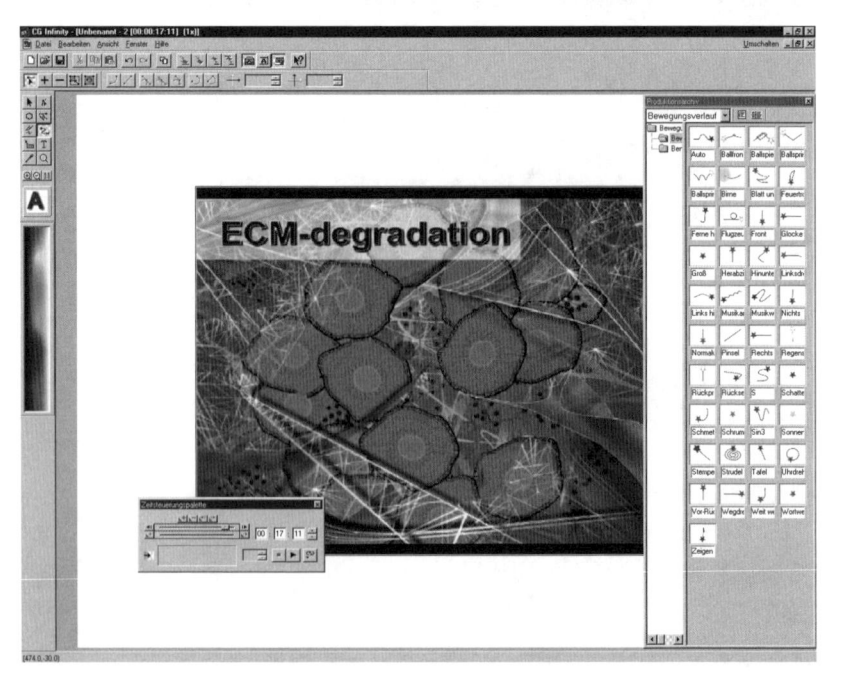

11.11 Titel, Vor- und Abspann

Videoschnittprogramme nutzen, sofern sie einen Titelgenerator besitzen, die im Betriebssystem verankerten und installierten Schrifttypen. So kann theoretisch jede Schriftart für die Gestaltung genutzt werden. Allerdings muss die Schrift in der Regel als *ttf-Datei* vorliegen. TTF steht für True Type Font. PostScript(PS)-Schriften können nicht genutzt werden. Es muss immer wieder betont werden, dass Schriften nicht zu klein gewählt werden sollten, denn Schriften unter 12 Punkt (auch abhängig von der Schriftart) Größe sind auf Fernsehern kaum mehr lesbar. Wesentlich sind auch die Standzeiten (wie lange wird der Text eingeblendet). Erfahrungsgemäß neigen die *Cutter* (Schnitttechniker) und Regisseure zu zu kurzen Standzeiten, da sie den Text bereits kennen und den Inhalt deshalb nicht mehr erfassen müssen. Eine unabhängige Testperson lohnt sich, um die Standzeiten zu prüfen. Titel und Vorspann sind dramaturgisch gesehen eine Art Visitenkarte des Films. Schon nach wenigen Sekunden entscheidet der Zuschauer über Gnade oder Ungnade. Nicht umsonst hat Blake Edwards in den sechziger Jahren für die Klamottenspielfilmreihe »Der rosarote Panther« mit Peter Sellers ganze Trickfilmsequenzen für die Titelszenen produzieren lassen. Die Titel und Vorspänne waren so erfolgreich, dass kurze Zeit später eine ganze Zeichentrickfilmserie unter dem Titel »Der rosarote Panther« entstand. Während bis heute der Vorspann oder das *Intro* eines Filmes wichtig sind, sind Abspänne dagegen immer mehr aus der Mode gekommen. Vor allem Fernsehsender verzichten mittlerweile fast völlig auf die Ausstrahlung eines Filmabspanns oder beschleunigen den Durchlauf so, dass Lesen unmöglich wird. Wie schnell ein Abspann laufen kann und lesbar bleibt, hängt von den Schriftgrößen und dem Textumfang ab. Je größer die Schrift, desto schneller kann der Text durchs Bild laufen (in der Regel von unten nach oben).

Standardinhalte Vorspann

- Hauptdarsteller
- Regie
- Produzent
- Titel

Standardinhalte Abspann

- Titel
- Darsteller (alle)
- Regie
- Regieassistenz
- Kamera
- Techniker (Ton, Licht etc.)

- Schnitt
- Autor
- Musiker
- Komponist
- Locationscout
- Danksagungen
- Produktionsfirma
- Produktionszeit/-jahr
- Copyrights

11.12 Farbraum PAL

Der *PAL-Farbraum* ist nicht so groß wie auf *RGB-Computerbildschirmen*. Die Folge: Was auf dem Computer gut aussieht, verwandelt sich auf dem Fernseher zu einem übersättigten und zu kontrastreichen Bild. Die Gefahr besteht vor allem bei künstlichen Bildern wie etwa Grafiken und Schaubildern. Grundsätzlich besteht die Möglichkeit, im Videoschnittprogramm die Sättigung und die Helligkeit um je 20% zu senken, doch dieser Eingriff reicht nicht immer aus. Deshalb: Möglichst keine stark gesättigten Rottöne (Farbsäume) und kein reines Weiß verwenden (Überstrahlungsgefahr).

Der PAL-Farbraum entspricht dem *YUV-Farbraum*. Bei diesem Format werden die roten, grünen und blauen Farbanteile zu einer Mischfarbe kombiniert. Das Bildformat YUV enthält im Gegensatz zum *RGB-Format* nicht drei verschiedene Farbanteile, sondern einen Anteil Helligkeit und zwei Farbanteile. Das menschliche Auge ist für Helligkeitsunterschiede deutlich empfindlicher als für Farbunterschiede. Es müssen also beim *YUV-Format* nicht alle Farbwerte gespeichert werden, sondern nur jeder zweite oder vierte. Zum Beispiel hat jedes Pixel einen eigenen *Helligkeitswert (Luminanz) Y*, die *Farbwerte (Chrominanz) U und V* dagegen ermittelt man zusammen mit den vier benachbarten Pixel.

Die *CCIR 601* (Fernsehnorm) definiert für PAL eine Bildfrequenz von 25 Bildern pro Sekunde. Jedes Bild wird im Zeilensprungverfahren übertragen, das heißt, ein Bild besteht aus zwei Halbbildern, die jeweils aus den geraden bzw. ungeraden Zeilen des Gesamtbildes bestehen. Die in der CCIR 601 vorgeschriebene Bildauflösung für PAL liegt bei 625 Zeilen à 720 Pixel. Von diesen tragen jedoch nur 576 Zeilen à 702 Pixel Bildinformation.

Bei der Produktion von Fernsehspots oder Videofilmen müssen in den Videoschnittprogrammen die PAL-Filter aktiviert werden, sie setzen Farbhintergründe oder Titelfarben automatisch in den PAL-Farbraum um. Sind die Filter nicht aktiviert, arbeiten Videoschnittprogramme im RGB-Farbraum und es entstehen automatisch bei farbigen Titeln oder Untertiteln farb- und kontrastübersättigte Produktionen. TV-Sender lehnen die Ausstrahlung solcher Produktionen ab.

11.13 Viele verschiedene Videoformate verderben den Brei

So praktisch es auch sein mag, dass Videoschnittsysteme zunehmend auch unterschiedlichstes Rohmaterial akzeptieren – in gemischter Form in einem Videoprojekt –, es ist dringend davon abzuraten, unterschiedliche Codecs und Bildraten zu kombinieren. Vor allem die Bildraten müssen in einem Videoprojekt einheitlich sein. Sobald Szenen mit 24 Bildern pro Sekunde und Szenen mit 25 Bildern pro Sekunde kombiniert werden, kommt es sehr häufig zu Klötzchenbildung und Tonsynchronisationsstörungen. Hier gilt, wie schon im Unterkapitel *Audiounterstützung* erwähnt, Videorohmaterial mit einheitlichem Codec in das Projekt mit einheitlichen Bildraten zu integrieren.

Farbkorrekturen

Lange Jahre waren Filmemacher vom typischen Videolook enttäuscht. Allgemein hieß es »zu bunt, zu knallig«. Zwar gab es bereits früh Farbkorrekturgeräte auf analoger Basis, die hatten allerdings den Nachteil, dass sie häufig das Bildrauschen kräftig verstärkten oder aber Einstellungen nicht richtig abspeicherbar waren. Mit Videoschnittprogrammen ist das heute kalter Kaffee. Meistens bieten die Programme mehrfache Möglichkeiten, die Farben eines Films an den persönlichen Geschmack anzupassen. Ein wichtiger Punkt ist allerdings, dass man dabei einen TV-Kontrollmonitor anschließen sollte, um die Sache nicht zu übertreiben und den Fernseher zu übersteuern. Das Signal muss weiterhin den PAL-Standards entsprechen und darf nicht übersättigt werden.

11.14 Möglichkeiten der Farbkorrektur

- Regelung der einzelnen Farbanteile Rot, Grün und Blau. Möglicher Einsatz: Nachträglicher Weißabgleich, bewusste Tönung.

- Regelung von Tonwertverschiebung und Sättigung. Möglicher Einsatz: Anpassen des Bildes an Kinofilmtönung. Fujifilm (eher kühl und blaugrünlastig): Leichte Verschiebung der Tonwerte in Richtung Blau und dabei Reduzierung der Sättigung. Kodakfilm (eher rot und warm, kräftig): Leichte Verschiebung in Richtung Rot, keine Reduzierung der Sättigung.

- Regelung der Lichter, Mitteltöne und Schattenfarbgebung. Möglicher Einsatz: Korrektur bei Mischlichtverhältnissen.

Besonders zu beachten ist, dass Farbkorrekturen und Helligkeits- und Kontrastkorrekturen sich gegenseitig beeinflussen und nicht getrennt gesehen werden dürfen.

11.15 Helligkeits- und Kontrastanpassungen

Im Rahmen der Helligkeits- und Kontrastanpassungen ist besonders die Gammaanpassung erwähnenswert. Was die Helligkeit und den Kontrast betrifft: Beides darf, wie bereits schon erwähnt, nicht übertrieben werden, da Fernsehsignale über den PAL-Standard Einschränkungen unterliegen. Der Gammawert bezeichnet die Helligkeit der Mitteltöne und Grauwerte. Ein erhöhter Gammawert hellt dunkle Schattenbereiche auf. Das im Kapitel angesprochene Kneeing beim Camcorder entspricht einer Gammawertkorrektur. Moderne DV-Aufzeichnungen vertragen relativ große Gammaanhebungen, ohne dass Rauschen im Bild sichtbar wird (das ist bei analogem Material schwieriger). Durch eine Erhöhung des Gammawertes bekommt Videomaterial einen weicheren Bildcharakter und ähnelt eher Filmmaterial. Je nach Videoschnittprogramm lässt sich die Gammakurve sehr detailliert einstellen. Ein Absenken des Gammawertes führt zu einem dunkleren und härteren Bildeindruck.

11.16 Tonkorrekturen und -produktionen

Eine der wichtigsten und absolut notwendigen Korrekturen ist die Lautstärkepegelanpassung einzelner Szenen. Naturgemäß treten hier gravierende Unterschiede auf. Oft sind allerdings die Möglichkeiten der Tonbearbeitung in Videoschnittprogrammen nicht so umfangreich, wie man es sich wünscht, und Audiofilter sind dort nicht unbedingt qualitativ hochwertig. Grundsätzlich empfehle ich den zusätzlichen Einsatz von professioneller Audioschnittsoftware wie *Audition von Adobe*. *Pegelanpassungen* und *Kompression der Audiodynamik* gehen dort schneller und leichter von der Hand. Nach dem Rohschnitt im Videoschnittsystem exportiert man die Tonspur, bearbeitet den Ton im Audioschnittprogramm und anschließend importiert man den Ton wieder in das Videoprojekt. Der bearbeitete Ton ersetzt den Originalton.

Die eigene Musikproduktion ist in einem Videoschnittprogramm nicht besonders erfolgversprechend, hier bieten sich Midi-Programme oder der *Magix Music Maker* an.

Musikproduktionssoftware Midi (Auswahl)

- Sonar von Cakewalk
- Cubase von Steinberg
- LogicPro (Mac)
- ProTools (Mac)

Musikproduktionen

Absolute Favoriten in der Audioproduktion sind *Logic und ProTools*. Apple- bzw. Macintosh -Rechner haben eine lange Tradition in der digitalen Audiobearbeitung und fast jedes professionelle Tonstudio setzt auf eines der zwei Mac-Systeme. Details zur Musikproduktion finden Sie im Kapitel *Ton*, ebenso finden Sie dort ausführlichere Informationen zum Thema *GEMA*. Hier sei noch einmal deutlich darauf hingewiesen, dass die GEMA die Veröffentlichungsrechte und Aufführungsrechte von Musikern und Komponisten vertritt. Aufführungs- und Nutzungsrechte von Musikstücken im Film müssen erworben oder abgegolten sein. GEMA-frei sind nur klassische Musik oder traditionelle Volksweisen oder ausdrücklich als GEMA-frei deklarierte Stücke. In der Regel sind Musikstücke GEMA-frei, wenn der Komponist vor mehr als 75 Jahren verstorben ist.

Je nach Ausstattung der Videoschnittsoftware ist auch die Tonmischung in speziellen Audioprogrammen, wie Audition (früher Cool Edit pro) von Adobe, leichter und besser zu handhaben. Grundsätzlich darf der Maximalpegel -6 dB in der Summe nicht überschreiten.

Auch hier weitere Details im Kapitel *Ton*.

Allgemein lautet die Empfehlung: Synchronisation im Videoschnittprogramm, Bearbeitung, Effekte, Pegel und Mischung in einem professionellen Audioschnittprogramm.

11.17 Toneffekte und Geräusche

Toneffekte (Hall etc.) und Geräusche haben zunächst einmal eine entscheidende dramaturgische Bedeutung. Sie dienen dazu, Spannung aufzubauen, Überraschungsmomente zu erzeugen und Atmosphäre zu schaffen. Ein Film ohne Geräusche ist fast nicht mehr denkbar; umgekehrt, ein Film nur mit Geräuschen, aber ohne Dialoge, ist das durchaus und wurde bereits realisiert. Jacques Tati gilt als französischer Kultfilmer der sechziger Jahre, seine Filme »Mon oncle« oder »Die Ferien des Monsieur Hulot« beinhalten fast gar keine Dialoge, dafür aber überdeutliche Geräusche. Beide Filme sind ein wunderbares Beispiel für den cleveren Einsatz dieses Gestaltungsmittels. Dabei ist es völlig unwichtig, ob Geräusche wirklich echt sind oder nur echt klingen. Ein Beispiel: Jeder weiß, dass sich in einem Vakuum keine Schallwellen ausbreiten können und es demzufolge keine Geräusche geben kann. Im Weltraum gibt es zumindest keine Luft, die Schallwellen übertragen könnte. Was wäre aber »Star Wars« mit seinen Raumschiffen und Weltraumschlachten ohne Ton? Die Spielfilmreihe würde unglaublich viel an Spannung verlieren, wenn die Raumschiffe in völliger Stille vorbeifliegen würden, und dennoch wäre es in der Realität so. Ein Raumschiffgeräusch ist also ein völlig abstruses erfundenes Geräusch und dennoch wird es akzeptiert.

Wer Filme produziert, braucht ein Geräuscharchiv. Geräuscharchive gibt es auf CD oder im Internet. Dort werden Geräuschpakete gegen Entgelt zum Download angeboten. Eine der günstigsten und umfangreichsten Geräuscharchive bietet das Programm Magix Music Maker auf DVD. Rund 10.000 Geräuschsamples von überraschend guter Qualität stehen auf einer preiswerten Filmvertonungs-DVD zur Verfügung.

11.18 Sprechertexte, wie sehen die aus?

Zunächst ist eine wichtige Frage: Um welche Art von Sprecher handelt es sich? Ist es ein Nachrichtensprecher, ein Off-Text-Sprecher, ein Moderator, ein Reporter? Jede dieser Rollen hat ihre Eigenheiten:

Nachrichtensprecher

- sachlich
- eher kühl
- gefasst
- analytisch
- kurz
- das Wichtigste zuerst
- formal
- Perfekt, Imperfekt und Plusquamperfekt (Zeiten)
- neutral
- einordnend

Off-Text-Sprecher

- erläuternd
- erklärend
- Bild kommentierend
- Präsens, Perfekt und Plusquamperfekt (Zeiten)
- gibt Hintergründe

Moderator

- einleitend
- hinführend
- Interesse weckend

11.18 Sprechertexte, wie sehen die aus?

- nachfragend
- kommentierend
- emotional
- lebendig
- kompetent
- Präsens und Perfekt (Zeiten)

Reporter

- beschreibend
- im Geschehen
- fragend
- stellvertretend für den Zuschauer
- emotional
- neugierig
- nicht allwissend
- Präsens (Zeit)

Die Zeitformangaben beziehen sich auf die Grundform der Texte. Zum Beispiel berichtet der Reporter in der Gegenwartsform (Präsens): »Ich stehe hier auf dem höchsten Gebäude der Schweiz ...« Die Gegenwartsform ist unmittelbar und löst Betroffenheit aus. Soweit wie möglich wird auf Imperfekt (vollendete Vergangenheit) verzichtet (Ausnahme: abgeschlossene Veranstaltungen, Nachberichte, Beispiel Puzzletag).

Ein Beispieltext für eine Anmoderation (Moderator)

»Weltrekord und damit Eintrag ins Guiness Buch der Rekorde gestern in Königsbrunn bei Augsburg: 18.000 Puzzler waren zum ersten deutschen Puzzletag gekommen und deutlich über einen Kilometer Puzzle wurden aneinander gelegt. Das schafft niemand allein: 800.000 Teile wurden insgesamt zusammengelegt. Und trotz Erfolg gab's einen Wermutstropfen: Das Wetter.

Beispieltext für den folgenden Beitrag (Off-Text) mit Schnittangaben und Bildbeschreibungen

(Bilder Logo Unterwasser mit Tauchern, Taucher)

Wasser überall Wasser. Während in der Königstherme von Königsbrunn sich Taucher im Unterwasserpuzzlen üben, übt Petrus draußen den Dauerniesel.

(Bild Tele Regenwetter)

Kapitel 11 SCHNITT UND POSTPRODUKTION

Die Aufgabe für den Weltrekord war, eine Strecke von 2 mal 800 Metern mit fertigen aneinander gelegten Puzzeln zu bestücken, die so genannte Puzzlemeile sollte eigentlich nicht nass, sondern gefüllt werden. Die Veranstalter hatten vorgesorgt: Schlechtwetterräume sorgten für trockene Füße, warme Puzzleatmosphäre und retteten den Spaß für Groß und Klein.

(Bild Schwenk Schlechtwetterraum und Close ups Spieler)

(Taucher taucht auf)

O-Ton Happernagel »Uns ging's um die Gaudi« (ab 00:02:23:10). Unterstützung für den Weltrekordversuch gab's von den regionalen Feuerwehren, allen voran von der Feuerwehr Neusäß, (00:16:43:07 – 00:16:49:06): Sie bauten ein 18.000-Teile-Großpuzzle zusammen. (Stimmungsbilder Puzzles) Die Idee zum Puzzletag hatte die Stadt Königsbrunn: Ausschnitt Bürgermeister Ludwig Fröhlich

(00:08:14:21 – 00:09:19:13, soziale Komponente.)

Auch für die Kleinsten hatte ein großer deutscher Puzzlehersteller gesorgt. Generationenübergreifend waren alle auf der Jagd nach dem Eintrag ins Guiness-Buch der Rekorde (00:22:20:11 – 00:22:32:12)

Kinderpuzzlezelt mit einfachen Puzzles, 00:22:04:07 – 00:22:14:08 Halbnahe

(Rentnerin mit Teens).

An den Puzzleausgabestellen fiel so manchem die Entscheidung nicht leicht, welches Puzzle er nun zusammensetzen sollte.

(00:17:10:11 – 00:17:19:24 Ausgabe Puzzle, wie viel Teile?) weitere Ausgabebilder ...

Jeder der Teilnehmer konnte zum Schluss sein gesetztes Puzzle mit nach Hause nehmen ...

(OPTIONAL Ausschnitt Interview Karsten Schmidt Vorstandsvorsitzender

zu »Was geben die Bundesbürger für Puzzle pro Jahr aus?«

00:06:36:02 – 00:08:14:21)

Auch wenn das hochgesteckte Ziel, die Puzzlemeile voll zu legen, nicht ganz erreicht wurde, und statt 1600 Metern nur 1234,08 Meter Puzzle Königsbrunn schmückten, (00:15:48:06 – 00:16:23:14 Close Puzzleband wächst weiter) der Weltrekord ist damit trotzdem geschafft. O-Ton Frau zu Puzzletag

»schwierig war's ...«

(00:13:23:12 – 00:13:30:04 O-Ton Frau zu Puzzletag Halbnah)

Für die Königsbrunner Jugend dagegen war es von Anfang klar, dass der Eintrag ins Rekordbuch selbstverständlich geschafft wird:

O-Ton »locker ...«

(00:18:13:04 – 00:19:13:08 Interview mit 4 Teens zu Puzzletag)

Beispiel Off-Text aus einem Imagefilm (Ausschnitt)

Die Südwürttembergischen Zentren für Psychiatrie sind ein Verbund der ZfP Bad Schussenried, Weißenau und Zwiefalten. Die Aufgabe dieses modernen Gesundheitsunternehmens beschränkt sich nicht nur auf die Krankenhausbehandlung: Dazu gehört auch der Auftrag, für die Pflege, die Suchtentwöhnung und den Maßregelvollzug zu sorgen. Als so genannte »Anstalt öffentlichen Rechts« werden die ZfP durch einen Aufsichtsrat kontrolliert. Die gemeinsame Geschäftsführung sorgt für wirtschaftliche und effiziente Umsetzung der Aufgaben. Vom Bodensee bis Stuttgart übernehmen die Südwürttembergischen Zentren für Psychiatrie Versorgungsverantwortung in einer Region, in der fast drei Millionen Menschen leben. Psychotisch Erkrankte oder in ihrer Persönlichkeit gestörte Menschen behandeln wir so, dass die Verbindung der Patienten zu ihrer Herkunftsregion erhalten bleibt.

Beispiel Anmoderation

Unglaublich, was sich da bald in deutschen Wohnzimmern tut: Monsterkreaturen greifen an, Vulkane bedrohen den Frieden einer romantischen Südseeinsel und Familien versuchen verzweifelt, die Insel zu retten. Grund für die spannende Aktion im Wohnzimmer ist ein neues interaktives Spiel, »Die Insel«. Das Familienspiel denkt mit, weiß, wo ein Spieler gerade was auf dem Spielfeld macht, und setzt die Reihe der so genannten Touch-and-Play-Spiele fort:

Beitrag

Festzuhalten ist, dass Texte immer die vier Ws beantworten müssen: Was, wie, wo und warum?

11.19 Special Effects, was ist sinnvoll?

Zunächst etwas Grundlegendes: Effekte wirken dann am besten, wenn mehrere Tricktechniken kombiniert werden. Ein einzelner *Special Effect* (vor allem, wenn er nicht hundertprozentig gut ist) wirkt in einer Szene schnell billig oder banal. Kombiniert man aber mehrere Tricks miteinander, fallen kleine Patzer oder Unstimmigkeiten nicht auf. Ein praktisches Beispiel aus der »Terminator«-Spielfilmreihe: In einer Szene kommt es zu einer wilden Verfolgungsjagd und Arnold Schwarzenegger verfolgt die Guten mit einem Tanklastzug. Schließlich explodiert der Tanklaster und ein ganzer Straßenzug steht in Flammen. Weiß man, wie die Szene gedreht wurde und achtet ausdrücklich auf Details des Tanklasters (ohne sich von den Explosionen und dem Feuer ablenken zu lassen) sieht man sofort, dass es sich um einen sehr billigen Trick handelt: Ein Spielzeugmodell

> **Tipp**
> Special Effects immer in unkomprimierten Dateien einsetzen, um Qualitätsverluste zu vermeiden.

wurde hier animiert und das kleine Modell sieht alles andere als groß aus. Wäre die Szene nicht so schnell geschnitten und würde man nicht durch die Explosionen immer wieder abgelenkt, wäre der Special Effect albern. Die Feststellung, dass mehrere Tricks kombiniert besser wirken als ein Trick allein, stammt von den *Gebrüdern Lumiere* (Erfinder der Filmkamera 1896). Bereits in Frühzeiten des Films wurden Tricktechniken erprobt und um 1910 experimentierte man bereits mit den Grundformen der Special Effects:

- **Stop Trick:** Die Kamera wird angehalten, die Perspektive, Brennweite und Kameraposition bleibt unverändert, der Hauptdarsteller verlässt die Szene, es wird weitergedreht. Effekt: Der Hauptdarsteller wird plötzlich unsichtbar und verschwindet.

- **Stop motion:** Es wird von der Kamera immer nur ein Bild aufgenommen, klassische Grundlage für Trickfilme. Nach jeder Einzelbildaufnahme wird zum Beispiel ein Knetmännchen ein bisschen verändert, dadurch entsteht eine Bewegung.

- **Doppelbelichtung:** Bei klassischen Filmkameras wird die Hälfte des Objektivs zugeklebt, nur eine Bildhälfte wird belichtet. Der Film wird zurückgespult und erneut belichtet (die andere Hälfte wird zugeklebt – sie ist schon belichtet). Ein Hauptdarsteller kann sich dadurch als Doppelgänger begegnen.

- **Bildmaskierung:** Ein Spiegel wird vor dem Kameraobjektiv angebracht und manche Stellen davon werden freigekratzt (Spiegelung geht verloren, an diesen Stellen wird der Spiegel durchsichtig). Über den Spiegel wird zum Beispiel ein Gemälde einer futuristischen Stadt eingespiegelt (so genannte Matte-Zeichnung), durch die freigekratzten Stellen sind die Darsteller sichtbar. Es scheint, als würden sie sich in der futuristischen Stadt bewegen.

- **Rückprojektion:** Darsteller spielen vor einer Filmleinwand im Studio. Während die Schauspieler in einem stehenden Auto im Studio sitzen, wird hinter ihnen eine Filmaufnahme aus einem fahrenden Auto abgespielt. Techniker wackeln am Fahrzeug, um Straßenunebenheiten zu simulieren. Die Kamera zeichnet die Darsteller mit Rückprojektion gemeinsam auf.

Letztlich basieren alle modernen Special Effects auf diesen fünf Grundformen des Filmtricks. Hinzu kommen noch echte, also physische Tricks während der Dreharbeiten, um die es hier allerdings im Moment weniger geht:

- Pyrotechnik (Feuer und Explosionstricks)
- Bühnenbau (Häuserfassaden, Modellbau, künstlicher Schnee etc.)
- Stunts (Stuntman stürzt vom Häuserdach etc.)

Heutige Videoschnittprogramme sind in der Regel mit einigen grundsätzlichen Effektmöglichkeiten ausgestattet, wobei zu betonen ist, dass es spezielle Software gibt, die ausschließlich für Special Effects entwickelt wurde (z.B. After Effects von Adobe). Solche spezialisierten Programme bieten weit größere Mög-

11.19 Special Effects, was ist sinnvoll?

lichkeiten und qualitativ höherwertige Ergebnisse. Zunächst zu den grundlegenden Trickmöglichkeiten, die ein Videoschnittprogramm bieten sollte:

- Zeitlupe und Zeitraffer im Sinne von schnellem oder langsamem Abspielen des Videos, nicht im Sinne der echten Zeitlupe. Sie ist nur mit Hochgeschwindigkeitskameras möglich (es werden mehr Bilder pro Sekunde aufgezeichnet und dann normal abgespielt) oder mit spezieller Software (Motion Perfect), die künstlich Bilder erzeugt.
- Harte und bildgenaue Schnitte an beliebigen Stellen einer Szene (trivial und eigentlich Grundvoraussetzung). Damit lassen sich bei geeignetem Rohmaterial (gleiche Perspektive und Einstellung der Kamera) Stop Trick oder Stop Motion (Anreihung von Einzelbildern) realisieren.
- Möglichkeit, Bildteile eines Videos transparent zu setzen, gesteuert über Farbe, Grauwert, Helligkeit oder Maskierung. Erste Grundvoraussetzung für die Doppelbelichtung, Maskierung und Rückprojektion.
- Überlagerung verschiedener Videos auf verschiedenen Ebenen. Zweite Grundvoraussetzung für die Doppelbelichtung, Maskierung und Rückprojektion.

Bietet ein Videoschnittprogramm diese Möglichkeiten, ist das bereits ausreichend. Entscheidend ist, in welcher Qualität die aufgezählten Funktionen zur Verfügung stehen. Ein praktisches Beispiel: Wird der Vordergrund eines Videos mit einem Graustufen-Bild maskiert und festgelegt, dass Weiß als Transparentfarbe (= durchsichtig) gilt, ist es wesentlich, wie das Videoschnittprogramm dies intern umsetzt: Wird die Matte (Fachausdruck für das maskierende Bild) in der Originalgröße, also zum Beispiel 720 x 576 Pixel im Programm verrechnet, kann es zu Treppchenbildung kommen. Schräge Linien wirken nicht glatt, sondern stufig zwischen Matte und Hintergrund. Wird die Matte bei der Verrechnung aufgeblasen, also vergrößert, dabei zum Beispiel mit 1280 x 1024 Pixel transparent gesetzt und mit einer leichten Unschärfe versehen, wieder kleingerechnet auf 720 x 576 Pixel, werden die Übergänge zwischen Matte und Hintergrund weich und glatt. Dieses zweite Verfahren nennt sich »oversampling« und führt zu drastisch besseren Ergebnissen.

Jenseits dieser klassischen und nicht nur sinnvollen, sondern eigentlich notwendigen Effekte gibt es eine Reihe brauchbarer Tricks, die ein Videoschnittprogramm anbieten sollte:

- künstliche Unschärfe (Gaußsche Unschärfe und Weichzeichner)
- Nachbelichtung getrennt in Schatten, Mittelton und Lichter, um Bilder gezielt aufzuhellen oder abzudunkeln
- Rauschfilter (Denoise), um analoge Videoaufnahmen (VHS) zu restaurieren und das Bildrauschen zu entfernen
- Vignette, blendet Bildränder weich über oder aus

- Zuschneiden, Vergrößern oder Verkleinern, um Videofilme zurechtzustutzen usw.
- Künstliche Beleuchtung, um Lichtstimmungen zu verfremden
- Erzeugung künstlich animierter Hintergründe auf der Basis von Farbflächen mit Mustern oder Farbverläufen

Darüber hinaus ist es Mode geworden, eine Reihe von Schnickschnack-Effekten anzubieten, die meist sehr zweifelhafte Ergebnisse liefern und die ich persönlich eher unter die Kategorie überflüssig einstufe:

- künstlicher Regen und Schnee
- Kaleidoskope
- Ölmalerei
- Wasserfarbe
- Fischauge
- Feuer
- Spiegelung
- Seifenblasen
- Wind
- Glas
- Konturen suchen
- Kohlezeichnung

Echt wirkende Effekte für Naturgewalten (Feuer, Wasser etc) setzen in der Regel ein 3D-Programm voraus, um sie perspektivisch den Videoaufnahmen anzupassen, sonst wirken die Effekte aufgesetzt. Die Mittel der Wahl sind hier After Effects von Adobe (3D-Simulation), Maya oder Cinema 4D.

11.20 3D-Animation und Video

Das größte Problem bei der Integration von 3D-Animationen in Videofilme besteht in der Farbanpassung. 3D-Animationsprogramme wie 3D Studio MAX, Cinema 4D oder auch Bryce liefern häufig RGB(Farbraum)-basierte Filme und bieten nicht immer PAL-Filter. Das bedeutet, entsprechende Clips sind häufig für Fernseher farbübersättigt, zu kontraststark und zu hell. Eine Korrektur kann nur über ein Vektorskop (analysiert Farbsättigung) durchgeführt werden. Weitere Probleme treten dadurch auf, dass Animationsfilme fast immer aus Vollbildern und nicht aus Halbbildern bestehen, dadurch neigt ein Fernseher bei der Wiedergabe zu erhöhtem Flimmern. Hinzu kommt, dass Animationsfilme häufig zu

11.20 3D-Animation und Video

scharf für die Videowiedergabe sind, Videobilder sind im Vergleich zu Animationsbildern sehr unscharf und weich.

Abbildung 11.23
Deutlich übersättigtes 3D-Videomaterial

Sofern verfügbar und je nach 3D-Programm sollten folgende Einstellungen für den Export bzw. Erstellung von Videos gewählt werden:

- Bildgröße 768 x 576 Pixel (bei quadratischer Pixelausgabe – die Regel)
- Bildgröße 720 x 576 Pixel (falls das 3D-Programm rechteckige Pixel unterstützt – selten)
- Bildrate: 25 Bilder/sec
- Ausgabe als Halbbildreihenfolge, unteres oder erstes Halbbild zuerst (Field A)
- PAL-Filter aktivieren (Farbanpassung)
- unkomprimierte Filmausgabe oder huffyuv-Codec (verlustfrei)
- Bewegungsunschärfe aktivieren (sofern verfügbar), glättet Bewegungen
- Anti Aliasing aktivieren, Kanten werden weicher, keine Treppenbildung
- Texturen nicht zu fein (zu detailliert) wählen, sonst kommt es zu Moirémustern und *Texturflirring*.

Sollten nicht alle dieser Einstellungen verfügbar sein und das Ergebnis in der Videovorschau auf einem TV-Monitor die erwähnten Schwächen zeigen, versuchen Sie die Korrektur im Videoschnittprogramm:

- Kontrast und Farbsättigung um rund 20% reduzieren
- Weichzeichner oder Gaußsche Unschärfe hinzufügen
- Flimmerreduzierung (Kammfilter aktivieren)

11.21 Entflechten von Halbbildern

Beim Entflechten von Halbbildern wird aus zwei Halbbildern in der Nachbearbeitung ein Vollbild erzeugt. Das Verfahren wird auch *deinterlacing* genannt. Sinnvoll ist Deinterlacing nur, wenn der fertige Film vor allem auf Computermonitoren oder im Kino gezeigt werden soll (Fazen). Je nach Videoschnittprogramm unterscheiden sich die Ergebnisse qualitativ. Einen der besten (und dabei kostenlosen) Deinterlacer bietet das Programm Virtual Dub. Sehr schnelle Bewegungen im Bild führen beim Deinterlacing zu einer Verdoppelung von Objekten, das heißt, nicht alle Videoaufnahmen lassen sich wirklich entflechten. Im schlimmsten Fall muss in dieser Situation das zweite Halbbild entfernt werden, dies wiederum bedeutet, dass die Bildauflösung sich auf die Hälfte reduziert, was beim Fazen zu deutlichen Qualitätseinbußen führt.

Abbildung 11.24
Virtual Dub freeware

11.22 Zeitlupe und Zeitraffer

Die meisten Videoschnittprogramme nicht in der Lage, echte Zeitlupe oder echten Zeitraffer zu bieten.

Echte Zeitlupe setzt voraus, dass mehr Bilder pro Sekunde aufgezeichnet werden, als für die normale Wiedergabe nötig sind. Dazu sind nur Hochgeschwindigkeitskameras in der Lage. Solche Kameras zeichnen bis zu 1000 Bilder pro Sekunde auf. Im digitalen Aufzeichnungssektor wird zum Beispiel unter dem Namen *speedcam* ein solches Produkt angeboten. Spielt man nun die Aufzeichnung mit 25 Bildern pro Sekunde ab, entsteht eine echte Zeitlupe ohne Ruckeln. Eine Sekunde Aufzeichnung wird auf 40 Sekunden gestreckt.

Allgemein kann man sagen, dass Videoschnittprogramme im Sinne der Zeitlupe nur bedingt brauchbare Ergebnisse liefern, da sie lediglich die Geschwindigkeit der Wiedergabe reduzieren. Statt 25 Bildern pro Sekunde (Aufnahmegeschwindigkeit) werden zum Beispiel nur vier gezeigt (20% Geschwindigkeit), da aber 25 Bilder pro Sekunde nötig sind, wiederholt das Schnittprogramm einfach die vier Bilder, das führt zu rassingen Ergebnissen. Wird die Geschwindigkeit um die Hälfte reduziert, kann das noch brauchbare Ergebnisse liefern, weil manche Schnittprogramme dazu die Halbbilder nutzen (Nachteil: Auflösung wird halbiert, Vorteil: Bewegung bleibt flüssig). Wird jedoch die Geschwindigkeit weiter reduziert, kommt es immer zum beschriebenen Effekt.

Echter *Zeitraffer* sollte nicht einfach nur Bilder auslassen. Ein Praxisbeispiel: Die Bewegung einer Schnecke über einen Stein soll im Video beschleunigt werden. Der Vorgang dauert real etwa zehn Minuten, im Film soll das Ganze etwa eine Minute dauern. Gewöhnlich arbeiten nun Schnittprogramme so, dass einfach nur jedes zehnte Bild des Rohmaterials genutzt wird. Genau betrachtet springt oder hüpft die Schnecke dadurch im Bild, weil Zwischenbewegungen fehlen. Die fehlenden Bilder führen zu einer hakeligen Darstellung. Sinnvoll wäre es, wenn ein Videoschnittprogramm hier jeweils aus zehn Bildern durch *Interpolation* (Hochrechnung und Verschmelzung der Bilder) ein neues Bild erzeugen würde. Diese Funktion erfordert relativ viel Rechenzeit und wird nur von speziellen Programmen wie Motion Perfect (auch für Zeitlupeninterpolation geeignet) von Dynapel angeboten.

Der Zeitraffer (Geschwindigkeitserhöhung) in Videoschnittprogrammen ist dennoch im Großen und Ganzen brauchbar, auch wenn hier einfach nur Bilder ausgelassen (übersprungen) werden. Letztendlich entspricht eine Geschwindigkeitserhöhung im Schnittprogramm der Intervallaufnahme, wie sie manche Camcorder bieten.

Kapitel 12

PRODUKTIONS-VORBEREITUNG

12.1	Das Exposé, Genre und Stil	310
12.2	Das Treatment	314
12.3	Das Drehbuch und/oder das Storyboard	319
12.4	Dramaturgie und Geschichte	327
12.5	Drehorte und Drehgenehmigungen	335
12.6	Rechtliche Absicherung	335
12.7	Logistik	339
12.8	Drehplan	340
12.9	Continuity	341
12.10	Equipment-Checkliste	341
12.11	Das Team	342
12.12	Filmförderung der Bundesländer	344
12.13	Den Ausfall planen	348
12.14	Gerätezustand	349

12.1 Das Exposé, Genre und Stil

Zu jedem Film oder Videoprojekt gehört eine Idee. Das *Exposé* ist ein niedergeschriebener Filmentwurf, eine Ideenskizze. In ihm muss die Handlung, Ablauf und *Genre* des geplanten Films kurz, einprägsam und möglichst auch spannend erläutert werden. Auch die Grundzüge der Charaktere, das Ziel des Filmes und die Konflikte, die Spannung erzeugen sollen, sollten erkennbar sein. Grundsätzlich gilt das für alle Filmexposés, ob Spielfilm, Dokumentarfilm, Musikvideoclip oder Werbespot. Entscheidend ist, dass ein Exposé möglichst kurz gehalten wird und keine unnötigen Details geschildert werden. In der Regel sollte ein Exposé für einen abendfüllenden oder programmfüllenden Spielfilm (etwa 90 Minuten Länge) zum Beispiel nicht länger als eine DIN-A4-Seite sein (Zeilenabstand 1,5, Schriftgröße etwa 10 Punkt).

Formale Kriterien

- Möglichst Gegenwart (Präsens) als Zeitform wählen. Also »Das Flugzeug fliegt« statt anderer Zeitformen wie »Das Flugzeug wird fliegen« (Zukunft), »Das Flugzeug flog« (Vergangenheit) etc.

- Beschreibender Fließtext; keine Aufzählung oder tabellarische Auflistung

- Länge max. 40 bis 50 Zeilen auf DIN-A4-Blatt

- Filmidee, Handlung und Grundkonflikte (Spannungsmomente) müssen deutlich werden

- Charaktere (Verhaltensmuster der Hauptdarsteller und Motivation, also Antrieb der Personen, warum sie sich wie verhalten) müssen skizziert werden

- Das Genre des Films sollte erkennbar werden (also z.B. Thriller, Dokumentation etc.)

- Außergewöhnliche Gestaltungsformen müssen benannt werden

- nicht zu analytisch

- möglichst spannend

- sprachlich sauber formuliert

Warum sollte ein Exposé nicht zu analytisch und eher spannend sein? Ein Exposé erfüllt eine bestimmte Funktion, es dient dazu, Produzenten oder Geldgeber davon zu überzeugen; einen Filmstoff detailliert entwickeln zu lassen (*Drehbuch*) und letztlich einen Film zu finanzieren. Exposés sind also nichts anderes als Appetithäppchen; oder noch härter ausgedrückt: Werbung für einen Film, der bislang nur im Kopf des Autors vorhanden ist. Produzenten und Geldgeber sind zunächst weniger daran interessiert, wie der Film nachher tatsächlich aussieht, es geht darum, dass diese Exposéleser abschätzen wollen, ob sie mit einem Film Erfolg haben werden und mit dem Projekt Geld verdient werden kann. Die Erfolgschancen werden häufig mit Marktinteresse definiert, das heißt, ob der Produzent glaubt, dass sich Zuschauer für die Handlung interessieren könnten. Oft werden zur Beurteilung Trends und Zuschauerverhalten durch Marktforschungsinstitute für Verleihfirmen und Produzenten analysiert. In der Praxis kann das zu interessanten Phänomenen führen. Nicht jedes abgelehnte Exposé ist ein schlechtes Exposé und umgekehrt, eine Produktionszusage bedeutet nicht unbedingt, dass eine wirklich gute Filmidee dahinter steckt.

Das *Genre* bezeichnet eine Unterteilung in Filmgruppen. Dabei werden Filme, deren Art und Weise ähnlich ist, unter einem Oberbegriff zusammengefasst.

Übersicht der Filmgenres

- Actionfilm
- Abenteuerfilm
- Agentenfilm (auch Spionagefilm)
- Anti-Kriegsfilm
- Dokumentarfilm
    - Industriefilm
    - *Mockumentary* (gefakte, gefälschte Dokumentation)
    - Naturfilm
- Drama und Melodram
- Epos (Biographien)
- Experimentalfilm (auch Stilrichtung)
- Fantasyfilm
- Gangsterfilm
- Heimatfilm
- Historienfilm
- Horrorfilm
- Jugendfilm
- Katastrophenfilm
- Komödie, Comedy
- Kriminalfilm, Krimi
- Kriegsfilm
- Kurzfilm
- Liebesfilm
- Literaturverfilmung
- Martial-Arts-Film – (auch Eastern)

- Pornofilm, Porno
- Road Movie
- Science-Fiction
- Sportfilm
- Thriller
  - Actionthriller
  - Agententhriller
  - Erotikthriller
  - Politthriller
  - Psychothriller
- Trickfilm/Animationsfilm
- Werbefilm
- Western
- Italo-Western

Übersicht der Filmstilrichtungen

- Arthouse
- Bollywood (indisch)
- Chinesisches Kino
- Dogma-Film
- Episodenfilm
- Experimentalfilm
- Fiktiver Dokumentarfilm
- Film Noir
- Free Cinema (British Cinema)
- Nouvelle Vague
- Propagandafilm

Beispiele für Exposés

Werbespotexposé Hörakustiker (Werbung für Gehörschutz)

Zu Beginn ist ein Presslufthammer in Naheinstellung zu sehen, gefolgt von einer Detailaufnahme des Gesichts des Arbeiters. Das gegerbte Gesicht ist angesichts des Rüttelns nur verzerrt zu erkennen. Beim Umschnitt auf die Gehörschutzmuscheln wird das Geräusch deutlich leiser. Zu sehen ist nun eine Detailaufnahme der Saiten einer E-Gitarre, die Hand schlägt einen Akkord (Metal-ähnlich), gefolgt von einer Halbtotalen eines ca. 20-Jährigen, der Luftgitarre spielt (Gitarrensound leiser). Leise ist bereits das Stampfgeräusch einer Stanzmaschine zu hören. Umschnitt auf ein Detail der Stanzmaschine. Schnitt, Blick von Autobahnbrücke, Autos rasen in Zeitraffer. Verkehrslärm. Schwarzblende mit Text: »Lärm macht krank«.

Detail: Hände spielen auf Klaviertasten ein angenehmes Pianoriff. Überblendung auf angenehm plätschernden Bach, Überblende auf Sitar/Dschembe spielenden Musiker, sehr leises Musikinstrument.

Schwarzblende mit Text: »Klänge beleben«

Totale Landschaft im Sonnenuntergang, sehr leise Naturgeräusche (Vögel/Wind)

Schwarzblende mit Text: »Stille beruhigt«

Allonge (auswechselbarer Abspann) mit Logo, Adresse und Text

Spielfilmexposé »Stille«

Ein Mann wacht morgens in Berlin auf und stellt fest, dass er allein ist. Die Stadt ist menschenleer. Es gibt keinerlei Anzeichen von anderen Menschen. Auch im Radio und Fernsehen ist nur Rauschen zu hören bzw. zu sehen.

Auf der Suche nach anderen genießt der Mann die plötzliche Freiheit, sich das nehmen zu können, was er will.

Er versorgt sich in Supermärkten und Geschäften mit all dem, was er immer schon haben wollte. Nirgends findet er Anzeichen für eine Katastrophe oder irgendwelche Leichen. Alles scheint intakt, nur die Stromversorgung fällt aus.

Nach Tagen des Suchens und des materiellen Überflusses beschließt der Mann, Berlin zu verlassen und aufs Land zu fahren. Unmittelbar nach Verlassen der Stadt beginnt eine Art Dauernebel die Landschaft zu verhüllen. In einer verlassenen Gegend stößt er auf einen Wasserkanal und beschließt, mit einem Stocherkahn den Kanal entlangzufahren.

Im Nebel entdeckt er am Fluss ein altes herrschaftliches Gebäude. Er beschließt, sich dort niederzulassen. Er organisiert Stromgeneratoren und beginnt, sein Leben in Einsamkeit zu bestreiten. Nach wenigen Wochen hat sich aus der herrschaftlichen Villa ein Zentrum für Bücher, Filme, Videos und HiFi-Anlagen entwickelt. Der Mann vertreibt sich seine Zeit mit dem Konsum der Konservenmedien. Regelmäßig füttert er die Stromgeneratoren mit Benzin aus einer nahe gelegenen Tankstelle.

Allmählich droht er den Verstand zu verlieren und entwickelt eigensinnige Gewohnheiten. Fast täglich hält er gegen Mitternacht eine Ansprache an sein nicht vorhandenes Volk, in der er sich an Adolf Hitler orientiert. Historische Videos hatten ihn auf diese Idee gebracht.

Eines Tages durchpeitscht eine Maschinengewehrsalve seine Ansprache. Der Mann wird von einer anderen Person beschossen. Diese ist mit einer Frau unterwegs und bis an die Zähne bewaffnet. Es handelt sich um einen Wahnsinnigen, der sich darauf spezialisiert hat, sein Waffenarsenal einzusetzen.

Es kommt zur Belagerung der herrschaftlichen Villa durch das Pärchen und zum Kampf zwischen dem Wahnsinnigen und dem durchgeknallten Bewohner des Hauses. Der Wahnsinnige stirbt und der Bewohner der Villa nimmt die Frau in seinen Gewahrsam.

Der Tote erscheint aber in regelmäßigen Abständen wieder und bedroht den vermeintlichen Gewinner. Inzwischen reihen sich drei Gräber, die jeweils die Leiche des Wahnsinnigen enthalten, aneinander. Ein Ende scheint nicht abzusehen.

Bei der vierten Auseinandersetzung begeht der Villenbewohner einen entscheidenden Fehler und wird selbst erschossen. Seine Leiche verschwindet vor der Kamera im Nebel.

Der Nebel lichtet sich und der Mann liegt auf einem OP-Tisch. Krankenschwestern und Ärzte werden durch einen anhaltenden Pfeifton aufgeschreckt. Einer der Assistenten sagt zum Arzt: »Es ist vorbei.«

Die Kamera fährt zur Decke des Operationssaales und durch die Wand in den Wartesaal der Angehörigen. Dort sitzt offensichtlich die Ehefrau des Operierten. Es ist dieselbe Frau, die den Wahnsinnigen begleitet hat.

12.2 Das Treatment

> **Hinweis**
>
> Auf Treatments wird in der Industriefilm-Branche oft verzichtet.

Das *Treatment* ist weniger beschreibend und mehr erzählend als das Exposé. Man könnte es auch als ausführliches Exposé über mehrere Seiten bezeichnen, das bereits Einzelheiten der Filmidee und Umsetzung erkennen lässt. Charaktere sind herausgearbeitet und Motivationen (Gründe) werden erklärt. Ort und Atmosphäre des geplanten Filmes werden beschrieben. Ein Treatment kann bereits *Skribbles* (gezeichnete Szenenskizzen) enthalten. Es ist eine Vorstufe zum Drehbuch oder Storyboard, wobei keine Dialoge enthalten sind oder sein müssen. Sinn und Zweck eines Treatments ist es, das Ausmaß einer Produktion und die entstehenden Kosten durch Bauten, Drehorte und Schauspieler abschätzen zu können und gleichzeitig Spannungsbögen und Dramaturgie des Filmstoffes grob zu entwickeln. Ein Treatment ist ein Gerüst für das zu entwickelnde Drehbuch. Bei kleineren (kurzen) Produktionen wie Werbespots wird häufig auf ein Treatment verzichtet, oder aber beim vorgelegten Exposé handelt es sich eigentlich bereits um ein Treatment (vgl. Beispiele *Exposé*).

Beispiel für ein Spielfilmtreatment »Die Zone«

Tag 1:
Jan Schneider macht Urlaub auf einer kleinen Mittelmeerinsel in einer historischen Stadt aus dem 19. Jahrhundert. Der Journalist bemerkt beim Einkaufen in

einer kleinen Seitenstraße der Kleinstadt, dass sämtliche Passanten, ob absichtlich oder nicht, die Straße nicht komplett hinabschlendern. Selbst Tiere scheinen nach knapp 300 Metern die Lust zu verlieren, die Straße weiter entlangzulaufen. Autos werden auf den ersten 300 Metern abgestellt und verlassen den Straßenzug grundsätzlich in der Richtung, aus der sie gekommen sind.

Schneider ist irritiert und entschließt sich, den unteren Teil der Stadt zu erforschen und nachzuprüfen, ob ihm seine Wahrnehmung einen Streich spielt.

Er schlendert die Straße hinab mit dem beklemmenden Gefühl, sich vor sich selbst lächerlich zu machen.

Mit wachsender Unruhe nähert er sich der Grenze zwischen Hier und Dort. Plötzlich stößt er auf etwas leicht Nachgiebiges, Unsichtbares, ähnlich einer fest gespannten Zellophanfolie. Ein Weiterkommen ist unmöglich. Je fester er dagegen drückt, desto stärker wird der Widerstand.

Jenseits der Grenze herrscht Alltag. Auf der anderen Seite gehen die Menschen ihren Geschäften und Erledigungen nach.

Obwohl er mitten auf der Straße steht, bemerken und beachten ihn die Leute weder auf seiner noch auf der anderen Seite.

Mit der Hand versucht Jan, die Größe der Grenze abzutasten. Auf seiner rechten Seite endet die Grenze an einer Hauswand eines bewohnten Hauses, auf der linken Seite ist es die Mauer eines Spielplatzes, dessen Zugang auf der nicht zugänglichen Seite der Straße liegt.

Schneider, ein eher introvertierter Zeitungsjournalist, zweifelt an seinem Verstand.

Erst nachdem er beschließt, die Straße wieder hinaufzulaufen, wird er von den Passanten wahrgenommen. In einem Anflug von Panik versucht er, die Einheimischen anzusprechen und zu überzeugen, mit ihm an die Grenze zu gehen, um seine Beobachtungen zu bestätigen.

Keiner der Angesprochenen, wenn sie ihn denn auch verstehen, ist bereit, diesen Versuch durchzuführen. Jeder gibt vor, gerade jetzt einen guten Grund zu haben, der Aufforderung nicht zu folgen.

Auf die Frage, was hier los sei, erhält Schneider immer die lapidare Antwort, es sei alles in Ordnung, man sehe ja, dass die Straße da hinten belebt sei und von einer Grenze habe man noch nie etwas gehört.

Ende Tag 1

Tag 2:
Schneider steht an seinem Hotelzimmerfenster mit Blick auf das Meer und grübelt. Das Gebäude aus dem Jahr 1876 in der Altstadt vermittelt Gelassenheit und Ruhe. Jan beschließt, das städtische Archiv aufzusuchen, um Landkarten und alte Stadtpläne einzusehen. Er entdeckt nichts Außergewöhnliches, Pläne und Karten weisen jenseits der Grenze sehr wohl Einträge auf und beschreiben die

Gegend vollständig. Er besorgt sich einen aktuellen Stadtplan, um die konkreten Ausmessungen der unsichtbaren Mauer abzuklären. Dabei stellt er fest, dass diese Grenze die komplette Stadt in einen begehbaren und einen nicht erreichbaren Teil trennt. Wie durch Zufall führen alle Hauptverkehrsadern und auch die Zufahrt zum Flughafen nur durch den begehbaren Teil der Stadt. Von hohen Gebäuden aus ist der verschlossene Teil gut einsehbar und wirkt völlig normal.

Schneider mietet sich einen Wagen, um festzustellen, ob die Grenze auch außerhalb der Stadt vorhanden ist oder ob sie dort vielleicht umgehbar ist.

Bei der Fahrt aufs Land nimmt er eine Rucksacktouristin mit, die am Straßenrand per Anhalter unterwegs ist.

Es gestaltet sich ausgesprochen schwierig, der Grenze nahe zu kommen, da fast keine Wege in ihre Richtung führen.

Schneider entscheidet sich, die Anhalterin, die eine Rundreise um die Insel machen möchte, zu ihrem gewünschten Ziel zu fahren. Auf der Fahrt berichtet er von seiner Beobachtung. Die Anhalterin hält es zunächst für ein Hirngespinst und besteht auf ihr Reiseziel, eine abgelegene Klippe mit einem, wie der Reiseprospekt verspricht, wunderschön gelegenen Hotel mit phantastischer Aussicht auf das Meer.

Als das Fahrzeug kurz vor dem Ziel um eine scharfe Kurve biegt, stottert der Motor, das Auto rollt aus und auf den letzten Metern stößt es gegen die unsichtbare Mauer. Schneider steigt aus und stellt fest, dass es sich um die Grenze handelt. Die Anhalterin ist verblüfft und erkennt, dass das vermeintliche Hirngespinst eine Tatsache – auch für sie – darstellt.

Die Kurve an einem steilen Berg direkt am Meer, knapp 70 Meter über dem Meeresspiegel, bietet eine Aussicht auf das Wasser und das Reiseziel in knapp ein Kilometer Entfernung auf der Steilklippe.

Beide beginnen mit der Untersuchung des Grenzverlaufes und bemerken, dass die unsichtbare Mauer auch auf das Meer hinaus weiter feststellbar ist und auch in Richtung des Berggipfels nachweisbar bleibt.

Ende Tag 2

Tag 3:
Der dritte Tag beginnt mit einem Arbeitsgespräch zwischen der Anhalterin und dem Journalisten, in dem sie ihr weiteres Vorgehen besprechen. Die beiden beschließen, ein Motorboot zu chartern, um auf dem offenen Meer einen Versuch zu unternehmen, die unsichtbare Mauer zu umschiffen. Wenige Stunden später steht fest, dass es keine Möglichkeit gibt, in nördlicher Richtung die Grenze zu umgehen. Beide versuchen, die Insel in südlicher Richtung mit dem Boot zu umfahren. Hier zeigt sich, dass die Ausmaße der Insel zu groß sind, um an einem Tag die nicht zugängliche Zone, möglicherweise auf der anderen Seite, auszumachen.

Der Tag endet mit einem philosophischen Gespräch voll wilder Spekulationen von Schneider und der Anhalterin über Sinn und Zweck der Grenze.

Ende Tag 3

Tag 4:
Jan und die Rucksacktouristin erwachen mit den ersten Sonnenstrahlen in einer kargen Berglandschaft unweit der unsichtbaren Grenze. Sie fassen den Entschluss, sich mit Fluglinien, Schiffsrouten, Eisenbahn- und Straßenverbindungen auseinander zu setzen.

Zurückgekehrt in der Stadt, sitzen sie im Besprechungsraum des alten Hotels vor ausgebreiteten Landkarten, Flugrouten und Schifffahrtsplänen. Nach mehreren Stunden und nach dem Übereinanderlegen verschiedener Verkehrsverbindungen stellen die beiden fest, dass eine riesige Fläche von mehreren Tausend Quadratkilometern bis ins Innere des Festlandes offensichtlich weder überflogen noch befahren wird und auch nicht erreichbar zu sein scheint.

In Geschichtsbüchern und Reisebroschüren sind allerdings massenhaft Hinweise auf die betroffene Gegend zu finden und selbst aus jüngster Zeit scheinen Berichte aus dem Gebiet veröffentlicht worden zu sein.

Jan und die Anhalterin versuchen, über die Lokalredaktion einer Zeitung weitere Beweise für die Grenze zu erhalten. Sie stoßen auf völliges Unverständnis bis hin zu wachsender Aggressivität ihrer Gesprächspartner.

Auch offizielle Stellen dementieren das Vorhandensein einer unsichtbaren Mauer und lehnen eine Vorortbegehung grundsätzlich ab.

Die Rucksacktouristin schlägt vor, am kommenden Tag einen Versuch zu unternehmen, die Mauer unter Wasser zu durchtauchen.

Auch dieser Tag endet mit einem intensiven Gespräch, in dem sich die zwei zunehmend fragen, ob sie die Einzigen sind, die die Grenze wahrnehmen und erfahren.

Ende Tag 4

Tag 5:
Schon am frühen Morgen ankern Schneider und seine Begleiterin 400 Meter vor der Küste direkt am Verlauf der unsichtbaren Grenze.

Mit Tauchgerät ausgestattet versuchen sie, unter Wasser unter der Grenze durchzutauchen – erfolglos.

Auch Fische und Schwebeteilchen können die Grenze nicht überwinden, meiden sie sogar.

Zurück in der Stadt sitzen beide in einem Café mit Blick auf die Grenze und beobachten.

Kapitel 12 PRODUKTIONSVORBEREITUNG

Auch Vögel und Rauch machen Halt und es findet kein Austausch statt. Beide zeigen zunehmend Depressionen und Machtlosigkeit. Tag 5 endet ohne nennenswertes Ergebnis.

Ende Tag 5

Tag 6:

Mit neuem Elan versucht Schneider, seine Gefährtin davon zu überzeugen, dass es doch möglich sein müsste, Kontakt zu den Menschen auf der anderen Seite aufzunehmen. Möglicherweise seien diese ja eingesperrt oder würden, wie auch immer, gefangen gehalten.

In einem ersten Anlauf versuchen die beiden anhand eines Stadtplanes und des Telefonbuches Menschen zu erreichen, die in der Zone wohnen. Die Telefonaktion führt nach längeren Anstrengungen endlich zu einem Ergebnis. Nachdem viele nicht erreichbar waren, ist plötzlich ein Kontakt zu einem Bewohner hinter der Grenze hergestellt. Dieser bestreitet, irgendetwas von einer Grenze zu wissen, und beschreibt sein Leben als völlig normal, wird schließlich ärgerlich und legt auf.

Nach dem Telefonat beginnt die Rucksacktouristin einen Streit darüber, ob man sich denn überhaupt sicher sein könne, dass der Mensch, den man angerufen habe, wirklich von der anderen Seite sei, denn letztlich gäbe es dafür keine Beweise.

Schneider beschließt, am Abend unmittelbar an der Grenze ein großes Feuer zu entfachen, um die Leute auf der anderen Seite auf sich aufmerksam zu machen. Zusammen mit seiner Gefährtin, die inzwischen eine Leuchtkugelpistole besorgt hat, beginnt er kurz vor Eintritt der Dunkelheit, aus mitgebrachten Holzsteigen eine Art Scheiterhaufen mitten auf der Straße zu errichten. Schließlich zünden die beiden den Holzhaufen an und feuern mehrere Leuchtraketen ab. Weder auf der einen noch auf der anderen Seite führt das Verhalten zu einer Reaktion.

Ende Tag 6

Tag 7:

Schneider und seine Begleiterin mieten sich auf dem Flughafen einen Touristenhubschrauber für einen Rundflug über die Insel.

In der Luft erklärt Schneider dem einheimischen Piloten, er wolle keinen Standardrundflug, sondern gezielt in Richtung des berühmten Klippenhotels fliegen. Der Pilot weigert sich mit dem Hinweis, das sei im Preis nicht inbegriffen. Schneider legt ihm im Hubschrauber Bargeld vor und fragt, ob das reichen würde, woraufhin der Pilot meint, es sei ja nicht nur das Geld, um das es hier gehe. Es kommt zum Eklat.

Die Rucksacktouristin auf dem Hintersitz zückt plötzlich die Signalpistole und bedroht den Piloten. Dieser fügt sich und nimmt Kurs auf das Ziel. In einer Flughöhe von knapp 200 Metern prallt der Hubschrauber gegen die Grenze und stürzt ab.

Im Wasser taucht Schneider auf, neben ihm treiben die Leichen der Rucksacktouristin und des Piloten. Der Journalist schwimmt entlang der Grenze zur Insel zurück. In einer letzten Einstellung sieht man ihn in einem kargen langen Tal direkt vor einer unsichtbaren Wand, die er abzutasten versucht.

12.3 Das Drehbuch und/oder das Storyboard

Ein Drehbuch enthält Dialoge und Hinweise für die bildnerische Umsetzung sowie Regieanweisungen. Ursprünglich wurden in Europa Drehbücher in zwei Spalten geschrieben: linke Spalte: Handlung, rechte Spalte: Dialog. Dieses Format ist zunehmend durch das *amerikanische Drehbuchformat* ersetzt worden. Dialoge werden heute eingerückt, Szenen ausgewiesen. Dennoch gibt es keine »absolute« Form. Grundsätzlich ist es auch möglich, Drehbücher in Spalten zu gestalten, in einer Art Tabellenform. Das kann vor allem für kleine Filmproduktionsfirmen im Industriefilmbereich Vorteile bringen, da die Tabellenform, sortiert nach Einstellungen, auch als Schnittplan genutzt werden kann.

Der Unterschied zwischen Storyboard und Drehbuch besteht vor allem darin, dass das Storyboard Zeichnungen enthält, die die Kameraeinstellungen bereits vorwegnehmen. So genannte Scribbles zeigen im Storyboard den Bildaufbau, wie er auf der Leinwand oder dem Bildschirm aussehen soll. Gerade in der Werbespotproduktion wird lieber ein Storyboard als ein Drehbuch genutzt, um dem Kunden bereits vor Drehbeginn den Spot näher zu bringen. Trotzdem besteht keine absolute Notwendigkeit, das Storyboard einem Drehbuch vorzuziehen. Im Grunde kommt es maßgeblich auf die Arbeitsweise eines Regisseurs an, ob er ein Drehbuch oder Storyboard bevorzugt.

Was ein Drehbuch/Storyboard enthalten sollte

- Klare und schlüssige Charakterisierung der Haupt- und Nebenfiguren
- Beschreibung jeder Kameraeinstellung oder Kamerabewegung
- Szenenanweisungen (Handlung)
- Lichtanweisungen
- Anweisungen für Requisite und Ausstattung
- Dialoge
- Tonanweisungen
- Atmosphärische Angaben (Nebel/Regen etc.)
- Angaben zu Ort und Zeit

Speziell die Szenenanweisungen und Dialoge verdienen eine genauere Betrachtung. Unter Szenenanweisungen ist zunächst bei Spielfilmen zu verstehen:

»Was passiert wie während einer Kameraeinstellung?« Also zum Beispiel: Der Killer springt vom Bett auf und stürzt hasserfüllt zur Tür ... oder: Die Tür wird von zwei Polizeibeamten mit roher Gewalt eingetreten ... Je nach Regisseur sind die Handlungsbeschreibungen detaillierter oder weniger detailliert. Es gibt eine ganze Reihe namhafter Regisseure, die zu detaillierte Drehbücher als Handicap oder Zwangsjacke empfinden. Das gilt auch bei Dialogen: Es gibt Schauspieler, die eine Rolle so verinnerlicht haben, dass sie das Verhalten und die Antworten ihrer Figur besser darstellen können, wenn sie in einem gewissen Rahmen improvisieren.

Wichtig bei ausformulierten Dialogen ist die *Dialogregie*, damit wird beschrieben, wie ein Gespräch verläuft. Dialoge müssen natürlich und motiviert (begründet) sein. Wesentlich ist aber unter formalen Gesichtspunkten auch, dass Dialoge nicht in Schriftdeutsch geführt werden. Gesprochene Sprache entspricht weder in der Grammatik noch in der Form dem geschriebenen Wort.

Der Regisseur ist dafür zuständig, ein Drehbuch zu realisieren, also zu interpretieren. Jeder Regisseur hat seine eigene Art, Drehbücher umzusetzen, so dass aus ein und demselben Drehbuch unterschiedliche Filme resultieren können, je nachdem, wer den Film macht.

Beispiele unterschiedlicher Drehbuchansätze

Dr. Seltsam, oder wie ich lernte die Bombe zu lieben – Stanley Kubrick, 1964 (Ausschnitt/gekürzt/originalformatiert)

(...)

CAST

AT BURPELSON AIR FORCE BASE

General Jack D. Ripper....................Base Commander

Major Mandrake............................Executive Officer to General Ripper

Colonel »Bat« Guano ....Battalion Commander

Private Charlie..............................Base Security Team

Private Tung ....Base Security Team

Sergeant ....Base Security Team

(...)

GENERAL NOTES:

1. The story will be played for realistic comedy -

which means the essentially truthful moods and attitudes

will be portrayed accurately, with an occasional bizarre

or super-realistic crescendo. The acting will never be

so-called "comedy" acting.

12.3 Das Drehbuch und/oder das Storyboard

2. The sets and technical details will be done realistically and carefully. We will strive for the maximum atmosphere and sense of visual reality from the sets and locations.

3. The Flying sequences will especially be presented in as vivid a manner as possible. Exciting backgrounds and special effects will be obtained.

1 MAIN TITLE CARD - A WEIRD, HYDRA-HEADED, FURRY
   CREATURE SNARLS AT CAMERA

ROLL-UP TITLE

"NARDAC BLEFESCU PRESENTS"

Dr. Strangelove:

or How I Learned to Stop Worrying and Love the BOMB

MACRO - GALAXY - METEOR PICTURE

1a MOVING SHOT - THROUGH BLACK, STARRY, PERPETUAL

NIGHT OF THE UNIVERSE

The motion is straight ahead; passing at varying distances are stars, planets, asteroids, moons, aerolites and meteors. At great distances we see fantastic whirls of light indicating a vast nebula, or we see the incredible, dazzling billion-star clusters of another galaxy.

MUSIC - WEIRD, EXTRA-TERRESTRIAL, ELECTRONIC SOUNDS

NARRATOR

The bizarre and often amusing pages which make up this odd story were discovered at the bottom of a deep crevice in the Great Northern Desert by membersof our Earth Probe, Nimbus-II.

NARRATOR

Our story begins sometime during the latter half of Earth's so-called Twentieth Century. Simple nuclear weapons had been invented, but used only twice to finish the so-called Second World War.

The Earth appears ahead of us, continually growing to reveal theshape of its continents and oceans.

Kapitel 12

PRODUKTIONSVORBEREITUNG

NARRATOR

We deal with the period following this, which was chiefly marked by the fact thatthough every nation feared surprise attack, the full consequences of nuclear weapons seemed to escape all governments and their people.

The Earth is quite close now, its circumference almost filling the screen.

NARRATOR

The quirkish author of this ancient comedy seems intentionally to have omitted the names of specific countries, possibly in the hope it would land a certain Universality to his theme. Geographic details fill the screen.

CUT TO

2   DAY - AIR SHOTS - B-90 STING RAY BOMBERS

Magnificent, swept-wing, eight-jet, Mach 2 aircraft.

NARRATOR

In order to guard against surprise attack, the nation in question kept seventy-five B-90 Sting Ray bombers air-borne, twenty-four hours a day. They were armed with a full load of nuclear weapons.

2a   DAY - B-90's TAKING OFF

NARRATOR

As part of this air-borne alert, thirty-five B-90 Sting Ray bombers of the Air Command's 843rd Bomb Wing left the Burpelson Air Force Base, fourteen hours before.

2   DAY - AIR SHOTS - B-90 STING RAY BOMBERS

Magnificent, swept-wing, eight-jet, Mach 2 aircraft.

NARRATOR

In order to guard against surprise attack, the nation in question kept seventy-five B-90 Sting Ray bombers air-borne, twenty four hours a day. They were armed with a full load of nuclear weapons.

2a   DAY - B-90's TAKING OFF

NARRATOR

As part of this air-borne alert, thirty-five B-90 Sting Ray bombers of the Air Command's843rd Bomb Wing left the Burpelson Air Force Base, fourteen hours before. (...)

Wer den Film kennt, weiß, dass der Anfang heute anders aussieht: Keine Weltraumbilder, stattdessen B-52-Bomber im Flug über Amerika. Drehbuch und fertiger Film können sehr unterschiedlich sein. Stanley Kubrick ist ein gutes Beispiel für bis ins Letzte vorbereitete Drehs und detaillierte Drehbücher: Schnitt, Texttafeln sind bereits fixiert. Dagegen sind die Kameraeinstellungen nicht unbedingt

12.3 Das Drehbuch und/oder das Storyboard

definiert, das liegt daran, dass Kubrick selbst Fotograf (und Kameramann) war und am Drehort genau wusste, welche Einstellung wie aussehen sollte. Viele seiner Kameramänner trieb er deshalb schier in den Wahnsinn.

Für viele gilt »Citizen Kane« von Orson Welles als bester Spielfilm des vergangenen Jahrhunderts. Ein weiteres Beispiel für ein detailliertes Drehbuch, hier allerdings mit ausführlichen Beschreibungen der Kamerafahrten:

»Citizen Kane« – Orson Welles 1941
(Ausschnitt/gekürzt):

CITIZEN KANE
by Herman J. Mankiewicz & Orson Welles

PROLOGUE

FADE IN:

EXT. XANADU – FAINT DAWN – 1940 (MINIATURE)

Window, very small in the distance, illuminated.

All around this is an almost totally black screen. Now, as the camera moves slowly towards the window which is almost a postage stamp in the frame, other forms appear; barbed wire, cyclone fencing, and now, looming up against an early morning sky, enormous iron grille work. Camera travels up what is now shown to be a gateway of gigantic proportions and holds on the top of it - a huge initial »K« showing darker and darker against the dawn sky. Through this and beyond we see the fairy-tale mountaintop of Xanadu, the great castle a sillhouette as its summit, the little window a distant accent in the darkness.

DISSOLVE:

(A SERIES OF SET-UPS, EACH CLOSER TO THE GREAT WINDOW, ALL TELLING SOMETHING OF:)

The literally incredible domain of CHARLES FOSTER KANE.

Its right flank resting for nearly forty miles on the Gulf Coast, it truly extends in all directions farther than the eye can see. Designed by nature to be almostcompletely bare and flat – it was, as will develop, practically all marshland when Kane acquired and changed its face – it is now pleasantly uneven, with its fair share of rolling hills and one very good-sized mountain, all man-made. Almost all the land is improved, either through cultivation for farming purposes of through careful landscaping, in the shape of parks and lakes. The castle dominates itself, an enormous pile, compounded of several genuine castles, of European origin, of varying architecture – dominates the scene, from the very peak of the mountain.

DISSOLVE:

GOLF LINKS (MINIATURE)

Past which we move. The greens are straggly and overgrown, the fairways wild with tropical weeds, the links unused and not seriously tended for a long time.

DISSOLVE OUT:

DISSOLVE IN:

WHAT WAS ONCE A GOOD-SIZED ZOO (MINIATURE)

Of the Hagenbeck type. All that now remains, with one exception, are the individual plots, surrounded by moats, on which the animals are kept, free and yet safe from each other and the landscape at large. (Signs on several of the plots indicate that here there were once tigers, lions, girrafes.)

DISSOLVE:

THE MONKEY TERRACE (MINIATURE)

In the foreground, a great obscene ape is outlined against the dawn murk. He is scratching himself slowly, thoughtfully, looking out across the estates of Charles Foster Kane, to the distant light glowing in the castle on the hill.

DISSOLVE:

THE ALLIGATOR PIT (MINIATURE)

The idiot pile of sleepy dragons. Reflected in the muddy water – the lighted window.

THE LAGOON (MINIATURE)

The boat landing sags. An old newspaper floats on the surface of the water – a copy of the »New York Enquirer«. As it moves across the frame, it discloses again the reflection of the window in the castle, closer than before.

THE GREAT SWIMMING POOL (MINIATURE)

It is empty. A newspaper blows across the cracked floor of the tank.

DISSOLVE:

THE COTTAGES (MINIATURE)

In the shadows, literally the shadows, of the castle. As we move by, we see thattheir doors and windows are boarded up and locked, with heavy bars as further protection and sealing.

DISSOLVE OUT:

DISSOLVE IN:

A DRAWBRIDGE (MINIATURE)

Over a wide moat, now stagnant and choked with weeds. We move across it and through a huge solid gateway into a formal garden, perhaps thirty yards wide and one hundred yards deep, which extends right up to the very wall of the castle. The landscaping surrounding it has been sloppy and casual for a long time, but this particular garden has been kept up in perfect shape. As the camera makes its way through it, towards the lighted window of the castle, there are revealed rare and exotic blooms of all kinds. The dominating note is one of almost exaggerated tropical lushness, hanging limp and despairing. Moss, moss, moss. Ankor Wat, the night the last King died.

DISSOLVE:

THE WINDOW (MINIATURE)

Camera moves in until the frame of the window fills the frame of the screen. Suddenly, the light within goes out. This stops the action of the camera and cuts the music which has been accompanying the sequence. In the glass panes of the window, we see reflected the ripe, dreary landscape of Mr. Kane's estate behind and the dawn sky.

DISSOLVE:

INT. KANE'S BEDROOM – FAINT DAWN – 1940

A very long shot of Kane's enormous bed, silhouetted against the enormous window.

DISSOLVE:

INT. KANE'S BEDROOM – FAINT DAWN – 1940

A snow scene. An incredible one. Big, impossible flakes of snow, a too picturesque farmhouse and a snow man. The jingling of sleigh bells in the musical score now makes an ironic reference to Indian Temple bells – the music freezes –

KANE'S OLD OLD VOICE Rosebud ...

(...)

»News von der Basis« – Dokumentarfilm 1997, Albert Gratz, Uli Stöckle (Ausschnitt)

Drehbuch: Arbeitstitel "Nachrichten (News) von der Basis" — Seite: 1

Abbildung 12.1

Szenen Länge	Gesamtlänge	Bild	Ton	Text/O-Ton
8′	–	Schwarzbild Titel "Basisnews" wird eingeblendet	Unterlegmusik	
12′	20′	Überblendung Kamerafahrt von der Redaktions-Totalen (Weitwinkel) in die Nähe eines Arbeitsplatzes, Computerbildschirm. Nachrichten laufen über den Bildschirm. Texte sind lesbar. Kamera von unter der Decke auf Hüfthöhe	Totale zu Nah Unterlegmusik Atmo Fahrt Kran	Atmo aus der Redaktion. Nachrichtensprecher/in bearbeitet die auf dem Monitor sichtbaren Nachrichten. Spricht dabei vor sich hin.
14′	34′	Nachrichtensprecher/in im Sendestudio Einstellungen: Studio mit Sprecher / Sprecher groß Fade ....definiert über (......)	Halbtotale / Groß	On/Atmo / Outfade -40db	Nachrichtensprecher/in spricht:"Bonn. Die Krisensitzung der Bundesregierung mit Industrievertretern ist ergebnislos vertagt worden. Bundeskanzler Kohl erklärte, man habe sich nicht auf ein neues Paket zur Senkung der Arbeitslosigkeit einigen können. Auch die angedachte Erhöhung der Mehrwertsteuer sei auf Seiten der Arbeitgeber auf Ablehnung gestoßen. Die Bundesregierung hatte vorgeschlagen die Mehrwertsteuer von 15 auf 17 beziehungsweise von 7,5 auf 9 Prozent anzuheben um die Staatsschulden abzubauen. Arbeitgeber bezeichneten das am Rande der Krisensitzung als unverantwortlich. Der Industriestandort Deutschland werde dadurch noch unattraktiver.
6′	40′	Überblendung Redaktion. Totale. Schwenk auf den Nachrichtenchef im Vordergrund Halbnah . Im Hintergrund ist weiterhin das geschäftige Treiben in der Redaktion zu sehen. Untertitel: "Andreas Panthöfer Leiter der Nachrichtenredaktion"	Totale auf Halb-nah	Atmo/On	Nachrichtenchef :"Jeden Tag erreichen uns über Satellit etwa 1800 Nachrichtenmeldungen. Aus diesen Meldungen stellen wir unsere Nachrichtensendungen zusammen und legen damit fest, was letztlich für uns wichtig ist. Oder anders gesagt, wir überlegen uns natürlich dabei, was für den Hörer am interessantesten ist.

Kapitel 12

PRODUKTIONSVORBEREITUNG

Abbildung 12.2

Drehbuch: Arbeitstitel "Nachrichten (News) von der Basis" Seite: 2

Szenen Länge	Gesamt-länge	Bild	Ton	Text/O-Ton
35′	1′15′′	Redakteure am Arbeitsplatz, nah, von unten, Weitwinkeleinstellung, ungewöhnliche Perspektive. Kamerafahrt an den einzlnen Arbeitsplätzen vorbei. Ende der Fahrt am Nachrichtenticker. Fahrt, überblendet mit Bildern der Nachrichteneingangsrechner (Rechnerzentrale, Meldungen laufen als Fragmente ein..) und Großaufnahme Meldung (Text wird gelöscht). Drucker... Andreas Panthöfer	Nah Weit-winkel Fahrt Groß Halb-totale		"Alltägliches hat in den Nachrichten keinen Platz. Wenn in Südamerika ein Baum umfällt mag das dort eine Nachricht wert sein, hier interessiert das niemand. Wenn man sich das anschaut 1800 Meldungen pro Tag, die hier reinkommen, dann denkt man das ist viel. Tatsächlich laufen aber bei Nachrichtenagenturen wie bei der dpa bis zu 100 000 Meldungen rein. Dadurch wird schon klar, immer wieder wird etwas weg gelassen, etwas fällt unter den Tisch weil es niemanden interessiert. Und wenn dann tatsächlich etwas völlig außergewöhnliches geschehen ist bleibt dann die Frage, wie mache ich das dem Hörer in der Kürze der Zeit verständlich: Oft wird dann wieder zu einem Klischee gegriffen, damit es verständlich oder vorstellbar bleibt. Nachrichten bestehen aus der Kunst des Weglassens."
8′	1′23′′	Moderator im Sendestudio, nimmt Sprudelglas um zu trinken Großaufnahme Glas	Halb-nah Groß	Off Text Atmo	Kommentar: " Die Nachrichtenwelt hat mit dem Alltag oft wenig zu tun. Gerade das was vielleicht ganz persönlich wichtig für Otto Normal Verbraucher ist, fällt unter den Tisch: Lebensumstände, lokales Lebensumfeld und vielleicht auch kleine, "menschliche", Nachrichten aus der Umgebung.
4′	1′27′′	Überblendung Funkhaus von außen Schwenk auf Satellitenantenne	Totale	Atmo	Außengeräusche
5′	1′32′′	Satellitenschüssel Langsamer Schwenk von der Satellitenschüssel auf dem Dach des Funkhauses in den wolkenlosen, blauen Himmel.	Halb-nah	Atmo ruhige Musik	Außengeräusche

Abbildung 12.3

Drehbuch „Siehst Du mich?" (Arbeitstitel). Dokumentar – Akquisefilm Heggbacher Einrichtungen

Szene	Länge	Inhalt	Einstellung	Off-Text	Ton	Anmerkungen
1	8′′	Aufblende in Weiß, Logo der Heggbacher Einrichtungen in Orginalfarben Titel: „Siehst Du mich?"	Animation Text Logo	-	Musik	Musik ist emotional aber nicht „kitschig" leicht motivierend. Aber nicht treibend.
2	2′′	Zapping Motiv: Bildrauschen mit Bildwechsel kein „echtes Bild" erkennbar.	Animation	-	Geräusch Rauschen leise aber erkennbar	Musik s.o.
3	15′′	Ein Bewohner des Wohnheims Laupheim erklärt in seiner Wohnung wie er zu seinen Pflegern /Pflegerinnen steht.	Nahe Untertitel Name.	Orginalton : (sinngemäß) „Nadine kocht für mich. Sie ist immer da wenn ich sie brauche. Wenn wir in die Disco gehen haben wir viel Spaß."	Leise Fortführung der Musik / Nebengeräusche	Musik an Wahrnehmungsgrenze.
4	18′′	Bewohner erläutert weiter. Im Bild ist auch die Wohnung zu erkennen.	Halbnahe	O-Ton: „Morgens hilft sie beim Anziehen. Wenn ich dann zur Werkstatt gehe bleibt sie hier und macht alles daß es so schön bleibt. Wenn Nadine nicht da ist bin ich traurig."	Leise Fortführung der Musik / Nebengeräusche ▼	Musik wird ausgeblendet ART Rotis und Farbton in RGB
	10′′	TAFEL 1 Freude schenkt Leben	TEXT			
5	10′′	Nadine Neuer erklärt warum sie Heilerziehungspflegerin lernt	Nahe Untertitel „Nadine Neuer Heilerziehungspflegerin in Ausb."	O-Ton: (sinngemäß) „Für mich sind die Bewohner des Wohnheims schon sowas wie Freunde. Das hätte ich nie gedacht, daß das so wird. Es macht Spaß mit ihnen. Man merkt daß man wichtig ist und auch die Kollegen nehmen einen Ernst."	Athmo	
6	15′′	Nadine Neuer zu Beweggründen	Nahe leicht seitlich	O-Ton: „Es ist ein tolles Gefühl wenn man gebraucht wird und es ist Klasse mit Menschen zu arbeiten. Es ist fast wie in einer großen Familie."	Athmo	

»Siehst du mich« – Image/Werbefilm Medienwerkstatt Biberach 1998, Ralf Klein-Jung (Ausschnitt)

Zur Erstellung von Drehbüchern gibt es eine ganze Reihe von spezialisierter Software. Genau betrachtet ist das nicht unbedingt notwendig. Im Internet bieten eine Reihe von Filmenthusiasten kostenlose Formatvorlagen für Word für Drehbücher nach amerikanischer Vorlage an. Tabellarische Vorlagen können relativ einfach gestaltet werden. Sie finden eine Vorlage auf beigefügter DVD.

Übliche Abkürzungen

- *O-Ton* steht für Originalton
- *Atmo* steht für Atmosphäre
- *off* Sprechertext – Kommentar
- ´ steht für Minuten
- ´´ steht für Sekunden

Abschließend sei noch bemerkt, dass der berühmte russische Filmemacher Andreij Tarkowskij (»Das Opfer«, »Stalker«) über Drehbücher treffend sinngemäß sagte: »Sie sind etwas für Geldgeber und Produzenten, damit sie etwas in der Hand halten können. Sie glauben, sie haben damit den Film in der Hand. Regisseure dagegen wissen, dass auch Drehbücher nur Entwürfe sind und man vor Ort, je nach Gunst der Stunde, reagieren und Abläufe ändern muss, wenn man einen wirklich guten Film machen will.«

12.4 Dramaturgie und Geschichte

Statt *Dramaturgie* und Geschichte könnte man auch Handlungsführung und Gliederung sagen. Regeln für die Art und Weise, wie ein Film den Inhalt erzählt, werden unter dem Begriff Dramaturgie zusammengefasst.

Dahinter stecken Erfahrungswerte aus der Theater- und Filmgeschichte. Es geht vor allem darum, wie der Zuschauer für eine Geschichte, einen Sachverhalt oder ein Thema interessiert werden kann. Allgemein hat jeder Zuschauer möglicherweise von selbst ein Interesse an einem bestimmten Thema, ausgelöst durch Neugier, persönliche Vorlieben oder Notwendigkeit (Essen und Trinken) und Trieb (Lustgewinn).

Unabhängig davon gilt, dass Inhalte auf eine Art und Weise präsentiert werden müssen, die es dem Zuschauer ermöglicht, sie aufzunehmen und zu verstehen. In der Wahrnehmungspsychologie ist es unstrittig, dass Menschen Umwelt, Situationen und Sachverhalte vor allem als eine Folge von Ursachen wahrnehmen (Kausalkette). Ein Betrachter stellt grundsätzlich Bezüge her. Wahrnehmung ist eine Summe von einzelnen Eindrücken, die im Gehirn in einen logischen Zusammenhang gestellt werden.

So werden Mimik und Gestik eines Darstellers in einem Film automatisch Szenen, Situationen und Bildern zugeordnet, die unmittelbar vorher oder nachher zu sehen waren.

Die Dramaturgie ist letztlich dafür verantwortlich, dass ein Zuschauer sich im Film zurechtfindet und logische, also folgerichtige Schlüsse gezogen werden können. Zur Dramaturgie gehören:

- Bildeinstellung
- Beleuchtung

- Handlungen der Personen
- Bewegungsabläufe
- Dialoge
- Geräusche
- Musik

> **Tipp**
> Dramaturgie beantwortet immer die Frage: Warum?

Motivation

Einer der wichtigsten Faktoren in der Dramaturgie ist die Motivation: Warum tut eine Person in einem Film etwas? Warum geschieht etwas in einem Film? Die Motivation beschreibt die Gründe oder die Ursache für etwas. Ein Zuschauer muss klar erkennen können, warum etwas passiert. Bei Spielfilmen ist es deshalb notwendig, die Charaktere im Film vorzustellen, sie zu erklären. Der Zuschauer muss die Figuren beurteilen können. Ist zum Beispiel die gewalttätig, cholerisch und gefährlich, weil sie in der Bronx aufgewachsen ist? Oder ist sie aus diesem Grund, ganz im Gegenteil, besonders empfindsam? Wenn der Zuschauer eine Vorstellung von dem Charakter der Hauptfigur hat, versteht er ihr Verhalten. Oft werden Klischees bemüht, um Figuren zu erklären, das ist einfach und sicher, aber oft auch langweilig und platt. Wenn der Mörder in einem Kriminalfilm ausgerechnet der Mann mit dem fiesen Blick aus einem verarmten Elendsviertel ist, wundert das nicht. Es gibt eine ganze Reihe von Klischees, oder besser ausgedrückt von Vorurteilen, die in einem Film sehr schnell im Zuschauer abgerufen werden können: Das blonde Dummchen aus reichem Haus, der edle Ritter aus armen Verhältnissen, der sich durchbeißt ... um nur zwei zu nennen.

Charakterisierung

Es ist nicht einfach, einen Charakter darzustellen und im Film zu präsentieren, der gängigen Vorurteilen widerspricht und wirkliche Eigenheiten besitzt. So etwas benötigt Zeit. Vor allem muss es dem Darsteller gelingen, den Zuschauer davon zu überzeugen, dass seine Figur wirklich so ist und Aussehen und Verhalten zueinander passen. Wirkt etwas aufgesetzt oder merkwürdig, bricht die gesamte Dramaturgie zusammen, der Zuschauer schaut nicht mehr Film, er beobachtet Fehler.

Die Charakterisierung im Film findet oft durch gezeigte Reaktionsweisen einer Figur statt. Der Zuschauer beobachtet, wie sich die Figur verhält, und schließt daraus, wie die Person gestrickt ist. Der wichtigste Faktor dabei ist der Konflikt zwischen der Figur und der Umwelt. Wie jemand allein einen Kaffee trinkt, ist zum Beispiel wenig aussagekräftig (Fragen im Zuschauer vielleicht: Einzelgänger? depressiv?). Ganz anders ist das, wenn die Person in einem Café allein am Tisch gezeigt wird und jemand sich ungefragt dazusetzt. Diese Szene kann eine Menge aussagen und sie beinhaltet eine Konfliktsituation: Reagiert die Hauptfigur abweisend oder vielleicht angewidert? Verlässt sie sofort den Tisch? Wird sie nervös, aggressiv oder wird sie laut? Spricht sie überhaupt und wenn, wie? Solch eine Szene kann eine erste Charakterisierung sein.

Der Konflikt

Ohne einen Konflikt zwischen Person und Umwelt kann nichts in Gang kommen, findet kein Leben und keine Geschichte statt. Es ist absolut notwendig, bei der dramaturgischen Bearbeitung eines Filmstoffes einen zugrunde liegenden Konflikt herauszuarbeiten. Auch bei Dokumentarfilmen muss nach der Motivation und dem Konflikt gesucht werden, die den Sachverhalt verursachen. Als Beispiel für einen zugrunde liegenden Konflikt in einem Spielfilm könnte man bei »Citizen Kane« (Orson Welles, 1941) festhalten: »Ein reicher Mensch will von allen geliebt werden, aber wegen seiner Ideale stirbt er verlassen und allein.« In einem Dokumentarfilm wie Michael Moores »Bowling for Columbine« (2002) findet man den Grundkonflikt: »Selbstverteidigung und Bewaffnung, die vor Gewalt schützen soll, führt zu noch mehr Gewalt.« Sind solche Grundkonflikte für ein Filmprojekt gefunden und festgelegt, kann man mit der dramaturgischen Gestaltung des Filmes beginnen. Dabei ist immer wieder zu prüfen, ob Szenen und Einstellungen etwas über den Grundkonflikt (also zur Filmbasis) aussagen oder nicht. Falls nicht, könnte es sein, dass die betroffenen Szenen und Einstellungen für den Film absolut überflüssig sind.

Nimmt man als Ausgangssituation für ein Spielfilmprojekt einen einfachen Konflikt zwischen zwei Präsidenten oder Ländern, so könnte dieser in wenigen Minuten gelöst werden. Nehmen wir an, der Konflikt lässt sich so beschreiben: Reiches Land will armes Land überfallen, besetzen und vereinnahmen. Dieser *Plot* (diese Filmgeschichte) könnte in fünf bis zehn Minuten Film dargestellt werden. Der Konflikt an sich reicht nicht aus, um ein komplettes Drehbuch für einen abendfüllenden Spielfilm zu gestalten oder die gesamte Dramaturgie zu beschreiben. Er ist nur die Keimzelle. Würde der Film nur die Kriegsvorbereitungen der Präsidenten und den Krieg zeigen, würden die Zuschauer auch bei einem 10-Minuten-Film sehr schnell das Interesse verlieren. Das Ende wäre absehbar. Wichtig für das Interesse des Zuschauers sind überraschende Änderungen im Verlauf einer Geschichte. Das können Hindernisse sein (Liebschaften, Berater) oder äußere Einflüsse (Naturkatastrophen, Energieknappheit). Die Austragung des Konfliktes wird verzögert und in eine andere Richtung gelenkt, dadurch entsteht Spannung beim Zuschauer. Leider wird, vor allem in billigen Spielfilmproduktionen, dazu häufig der Zufall bemüht. Zufällig, bleiben wir beim Beispiel, stirbt wenige Minuten vor Kriegsausbruch der Präsident des reichen Landes. Dadurch wird der vom Zuschauer erwartete Verlauf der Geschichte unterbrochen. Tauchen mehrerer solcher Zufälle in einem Film auf, haken die Zuschauer meist solche Filme als blödsinnig oder absurd ab.

Um Hindernisse glaubhaft werden zu lassen und die Auflösung des Konfliktes zu verzögern, benötigt man eine Nebenhandlung, die mit der Haupthandlung verknüpft ist. Für die Nebenhandlung benötigt man Nebenfiguren. Wenn wir beim Beispiel bleiben, könnte zum Beispiel der Sohn des reichen Präsidenten heimlich einen Putsch planen und gerade, als das reiche Land den Nachbarstaat überfallen will, kommt es zur Revolution. Da der Zuschauer mit den Planungen des Sohnes vertraut ist, wirkt dieser Putsch nicht unmotiviert oder zufällig aus der Luft gegriffen.

Nebenhandlungen oder Nebenlinien

Bei der Drehbuchentwicklung muss man allerdings darauf achten, nicht zu viele *Nebenhandlungen oder Nebenlinien* einzuführen. Jede Nebenfigur muss dem Zuschauer vorgestellt (Fachausdruck: *exponiert*) werden, und das benötigt Zeit und unterbricht den Fluss der Haupthandlung. Eine Nebenfigur erlaubt, den Hauptkonflikt von einer zusätzlichen Warte aus zu beschreiben und die Gesamthandlung wird realitätsnaher. In der Regel sind solche Nebenfiguren einer der beiden Konfliktseiten zugeordnet. Sie können allerdings auch »über dem Konflikt stehen«. Im Beispiel wäre das ein Bauer auf dem Land, der an sich mit der Politik nichts zu tun hat. Gerade solche Nebenfiguren, die viele Handlungsmöglichkeiten haben, verleiten dazu, sie auszuschmücken. Aus der Nebenfigur wird dann plötzlich ungewollt eine Hauptfigur und die Gewichtung der Geschichte wird empfindlich gestört.

Identifikation des Zuschauers

Damit ein Film den Zuschauer packt und mitreißt, muss er sich mit mindestens einer der dargestellten Figuren identifizieren können. Identifikation funktioniert nur, wenn die Rollenfiguren in allen Nuancen ihrer Charakterisierung, ihrer Umwelt und ihrer Handlungsmotivation logisch und folgerichtig angelegt und durchgeführt werden. Die dargestellte Figur muss ganzheitlich – auch emotional – auf ihre Umgebung reagieren, damit der Zuschauer dies nachvollziehen kann. Der Zuschauer sollte sich auch in Dokumentarfilmen wiederfinden können. Geht es zum Beispiel um das Für und Wider des Sozialstaates, sollte dem Zuschauer die Gelegenheit gegeben werden, sich sowohl mit Gegnern als auch Befürwortern identifizieren zu können. Beleuchtet eine Doku (Dokumentation) einen Sachverhalt nur einseitig und wird nur eine Seite zur Identifikation angeboten, verliert der Film jede Überzeugungskraft. Der Zuschauer soll, will und kann selbst entscheiden, auf welche Seite eines Konfliktes er sich schlägt.

Die Exposition

Jeder Film beginnt mit einer *Exposition* (Einleitung, Vorstellung der Situation, der Darsteller und des Sachverhaltes). Ein Mensch, der zum ersten Mal in einer neuen Umgebung ist, wird zunächst eine Bestandsaufnahme der Gegebenheiten machen. Ohne sie wäre er vollkommen handlungsunfähig. Auch beim Film fragt sich der Zuschauer zunächst: »Wo ist das?«, »Was sind das für Leute?« Dem Zuschauer muss Gelegenheit gegeben werden, sich zurechtzufinden. Passiert das nicht, wird sich der Zuschauer ausklinken und fragen, welchen Sinn und welchen Zweck der Film eigentlich verfolgt, die Aufmerksamkeit ist dahin. Eine Exposition findet nicht nur zu Beginn des Filmes statt, sondern jedes Mal, wenn eine Person oder ein Ort zum ersten Mal im Film auftritt. Dabei gilt es, alle für das Verständnis der Handlung wesentlichen Merkmale dem Zuschauer bekannt zu machen. Das gelingt besser durch Bilder und Handlungen (*hohe Informationsdichte*) als durch Dialoge oder Monologe (*geringe Informationsdichte*). Expositionen sind wichtig, aber sie sind auch lästige Notwendigkeiten, die den Handlungsfluss unterbrechen.

12.4 Dramaturgie und Geschichte

Es gibt Tricks, um Expositionen kürzer zu machen. Dazu gehört das *Leitmotiv*. Ein Leitmotiv kann ein Musikelement oder Geräusch, ein besonders auffälliges Requisit oder auch ein auffälliger Baum, ein auffälliges Haus sein. Auch ein bestimmter Ausspruch oder Satz kann zum Leitmotiv gemacht werden. Bei »Psycho« von Alfred Hitchcock ist es zum Beispiel das Haus auf dem Hügel, nimmt man die Fernsehserie »Columbo«, findet man eine ganze Reihe von Leitmotiven, die mit dem Inspektor verknüpft sind: Das Auto, ein alter Peugeot, der Hund usw. Leitmotive *konditionieren* (prägen) den Zuschauer und muss eine Person, ein Ort in einem Film wiederholt vorgestellt werden, reicht das Leitmotiv, um beim Zuschauer sofort alle Assoziationen wieder wachzurufen. Eine erneute Exposition muss nicht stattfinden.

Manche Filme wirken kitschig, andere anrührend. Der Unterschied in der Wirkung ist enorm. Im Großen und Ganzen liegt der Unterschied zwischen kitschig und nicht kitschig darin, dass dem Zuschauer Gelegenheit gegeben wurde, sich mit den Motivationen der Figuren in emotional starken Szenen in allen Details zu identifizieren. Es kommt dabei auf eine logisch entwickelte, sehr detaillierte Darstellung an. Man muss nur einmal Klassiker wie »Hamlet« oder »Faust« stark verkürzen und sich als Exposé vorstellen. Plötzlich wirken die Klassiker in dieser Form simpel und unglaubwürdig.

Die Zeit im Film

Die Zeit spielt im Film eine wesentliche Rolle. Dadurch, dass Wiederholungen (Redundanzen) im Film weggelassen werden, kann ein Film die Zeit gerafft darstellen und der Zuschauer empfindet dennoch einen normalen Zeitverlauf. Zum Beispiel wird in einem Spielfilm in der Regel nicht gezeigt, dass die Figuren morgens aufstehen, sich die Zähne putzen usw. Auch wenn eine Figur mit einem Auto von einem Ort zum anderen fährt, wird dies normalerweise verkürzt. Zum einen rafft also Film Zeit, zum anderen kann ein Film aber auch die Zeit dehnen: Situationen, die im wahren Leben Sekunden dauern, können plötzlich Minuten eines Filmes füllen, auch ohne Zeitlupe. Durch geschickte Schnitte und verschiedene Perspektiven können solche Situationen mehrfach hintereinander gezeigt werden, ohne dass Langweile entsteht. Ganz im Gegenteil kann dadurch auch eine besondere Spannung entstehen. Zwei Filme basieren komplett auf der Idee, eine Situation in Varianten zu wiederholen: »Lola rennt« von Tom Tykwer und »Und täglich grüßt das Murmeltier« von Harold Ramis.

Gerade durch Hollywoodproduktionen ist die Zeitwahrnehmung des Zuschauers im Film in den letzten Jahren stark geprägt worden. Insgesamt sind Filme schneller geworden. In der Tradition amerikanischer kommerzieller Kinofilme wird die Handlung sehr stark gerafft, atmosphärische Momente gibt es selten, und wenn, dann sind sie sehr plakativ und klischeehaft. Betrachtet man die historische Entwicklung des europäischen und osteuropäischen Spielfilms, fällt auf, dass dort deutlich mehr Gewicht auf atmosphärische Situationen gelegt wurde. Überspitzt kann man behaupten, dass moderne Unterhaltungsfilme amerikanischer Machart dem Zuschauer eher Zeit klauen im Sinne des Zeitempfindens und alles sehr verdichten. Andrej Tarkowskij (»Solaris«) hat als Vertreter des russischen Films

> **Tipp**
>
> Das Buch »Die versiegelte Zeit« von Andreij Tarkowskij

dagegen für sich festgestellt, dass Film konservierte (versiegelte) Zeit sei. Für ihn war es wichtig, dass Zuschauer in seinen Filmen Gelegenheit bekamen, die gezeigten Situationen wirklich mitzuerleben und dabei auch Längen zu fühlen, ohne zu starke Verdichtung.

Zeitsprünge werden im Film oft durch Schnitte vertuscht. Zum Beispiel sieht man Inspektor Columbo in einer Szene ins Auto steigen und in der nächsten steht er bereits am Tatort. Wesentlich für die Umsetzung ist, wann geschnitten wird. Würde Columbo zum Beispiel auch noch während der Fahrt gezeigt, fiele der Schnitt unter Umständen extrem auf, dem Zuschauer würde bewusst, dass da Zeit unterschlagen wird.

Ein beliebtes dramaturgisches Mittel ist die Parallelmontage. Im Film finden zwei Handlungen zur gleichen Zeit statt und der Film springt zwischen den beiden hin und her. Der Zuschauer wird sofort assoziieren, dass das Geschehen parallel läuft, dabei ist es unwesentlich, ob es exakt zur gleichen Zeit spielt oder leicht versetzt. Gibt es einen groben Bezugspunkt in der Handlung, der dem Zuschauer bereits bekannt ist und wo sich beide Handlungsstränge treffen, wird der Zusammenhang automatisch hergestellt. Ein Beispiel: Wenn in einer Polizeistation eine Bombendrohung für ein Baseballspiel eingeht und die Hauptfigur gerade mit anderen Beamten darüber diskutiert, ob das ernst zu nehmen ist, und nun ein Umschnitt auf eine Garage mit einem bastelnden Hobbyelektriker gezeigt wird, ist für den Zuschauer völlig klar, was Sache ist. Für Sie jetzt sicher auch: Natürlich ist der Typ in der Garage der Bombenleger.

Zeitverläufe darzustellen, ist dagegen schon schwieriger. Soll ein Zeitsprung von morgens nach abends dargestellt werden, muss das dem Zuschauer sehr deutlich vor Augen geführt werden, indem für die Tageszeit typische Merkmale klar herausgearbeitet werden. Schwierig ist es, dem Zuschauer klarzumachen, dass mehrere Jahre vergehen. Die Methode, das Datum einzublenden (Untertitel), Kalender oder Zeitungen zu zeigen, ist nicht besonders elegant. Solche Mittel sind fremde Stilelemente, sie unterbrechen den Handlungsfluss. Es ist besser, den Schauplatz zu wechseln und die Handlung fortzusetzen. Ein Hinweis im Dialog kann als Andeutung auf die verflossene Zeit reichen, wenn sich das Erscheinungsbild der Figuren entsprechend verändert hat.

Rahmenhandlungen

Eine Erweiterung der Parallelmontage zu einer zweiten Erzählebene (also eine Geschichte in der Geschichte) führt zum Begriff Rahmenhandlung. Bei »Citizen Kane« (Orson Welles) begründet zum Beispiel zu Beginn des Filmes der Tod des alten Kane die Rahmenhandlung: Ein Reporter bekommt den Auftrag, für eine Zeitung herauszubekommen, was das letzte Wort Kanes bedeutet: »Rosebud«. Der Reporter beginnt zu recherchieren und im Verlauf des Filmes zieht das gesamte Leben Kanes am Zuschauer vorbei. Dabei weiß der Zuschauer bereits, dass Kane zum Schluss sterben wird. Viele glauben, dass diese Erzählform Langeweile auslöst, da der Zuschauer ja schon gewissermaßen den Schluss des Filmes kennt (Kane stirbt). Tatsächlich kann diese Erzählform aber sehr spannend sein, der Zuschauer fiebert mit, um zu erfahren, warum Kane dieses merkwürdige Wort sagte. Situationen und Dinge, die ohne diese Vorinformation tatsächlich langweilig oder bedeutungslos wären, bekommen ein neues Gewicht.

Wann immer mit mehr als einer Erzählebene gearbeitet wird, ist es wichtig, dass der Zuschauer den Übergang von einer in eine andere Ebene unzweifelhaft erkennt. Dazu gibt es eine Reihe von Methoden: Ein Dialog erzählt die Geschichte, die dann – deutlich erkennbar als die erzählte Geschichte – gezeigt wird. Oder die Kamera fährt bis zur Großaufnahme auf das Gesicht eines Toten zu und blendet das Bild dann über zum selben Menschen, als er noch lebte.

Ein recht beliebtes, weil einfaches Mittel, ist die Einführung eines Erzählers im Spielfilm oder eines Kommentators im Dokumentar- und Industriefilm. Beides kann ein Armutszeugnis für den Drehbuchautor sein: Wenn Erzähler oder Kommentatoren Schwächen der Handlung oder Bilder überbrücken müssen, steht das gesamte Projekt in Frage. Kommentatoren sollten nur dann eingesetzt werden, wenn es tatsächlich nicht anders geht und Informationen nicht auf einem anderen Weg (Interview, Bilder) transportiert werden können.

Verschiedene dramaturgische Formen

Um eine Geschichte oder ein Drehbuch zu entwickeln, ist es sinnvoll, sich vorher klar zu machen, warum Menschen Filme anschauen. Hier sind mehrere Gründe zu nennen:

- Neugier
- um Wissen auf einem Gebiet zu vertiefen
- um einen Mehrwert zu erhalten: Zum Beispiel um über etwas informiert zu werden und anschließend das eigene Verhalten zu ändern (Babynahrungsskandal etc.)
- um mitreden zu können, also mit anderen Menschen über den Film sprechen zu können
- um sich von Alltagsproblemen abzulenken und sich stattdessen mit einem künstlichen Problem zu befassen. Beispiel: »Wer war der Mörder?«
- um etwas über andere Menschen zu erfahren, was im Alltag nicht möglich wäre (Beispiel: Randgruppen oder andere Länder)
- um etwas zu sehen, was im Alltag nicht sichtbar ist (Beispiel: Naturfilme)

Es gibt verschiedene dramaturgische Formen, die im TV entweder einzeln oder auch in einer Mischung vorkommen können:

- **Monolog:** Monologe sind durch Nachrichtensendungen bekannt und besitzen keine eigentliche Handlung (es passiert letztlich nichts, es redet nur einer). Die Aufmerksamkeit des Zuschauers lässt meistens spätestens nach zehn Minuten drastisch nach. Entscheidend ist, wie professionell, natürlich und locker jemand vor der Kamera wirkt. Statements (z.B.: Politiker steht vor der Kamera und stellt etwas fest) können als kurzes Element, wenn sie nicht aufgesetzt wirken, Informationsfilme oder Dokumentationen auflockern.

- **Dialog:** Talksendungen sind ein typisches Beispiel für Fernsehdialoge. Häufig geht es mehr um Selbstdarstellung der Beteiligten als um Information. Natürliche Dialoge, die nicht gestellt sind und mit Wissen der Beteiligten aufgenommen wurden, können sehr gut Atmosphäre und Umgangsformen dokumentieren.

- **Informationsfilm:** Dazu gehören Nachrichtenfilme (Features) oder Lehrfilme. Sie bestehen eigentlich nur aus einer Exposition. Ein Sachverhalt oder Zustand wird vorgestellt. Oft sind diese Filme nicht dramaturgisch bearbeitet worden. Ist das der Fall, darf ein solcher Film nicht länger als 15 Minuten dauern. Auch hochinteressierte Spezialisten, die sich ausdrücklich für das Thema des Filmes interessieren, verlieren nach dem Ablauf dieser Zeit meist die Aufnahmefähigkeit. Sinnvoll ist, solche Filme tatsächlich dramaturgisch zu bearbeiten und zum Beispiel mit der Vorstellung eines Problems zu beginnen (Konflikt). In der Dramaturgie kann dann der Konflikt gelöst werden. Kommentartexte (Sprechertexte) bleiben in der Regel beim Zuschauer nicht haften. Vor allem Zahlenarien im Sprechertext bleiben Schall und Rauch.

- **Magazin:** Ein Fernsehmagazin ist letztlich eine Kombination aus Monolog (Moderator) und Informationsfilmen. Dramaturgisch kann der Monolog als eine Art Rahmenhandlung betrachtet werden und entsprechend ausgestaltet sein.

- **Dokumentation:** Eine gute Dokumentation ist nach den gleichen dramaturgischen Gesichtspunkten gestaltet wie ein Spielfilm. Der Unterschied besteht nur darin, dass das Material des Dokumentarfilmes nicht gestellt oder inszeniert ist, wobei in letzter Zeit immer häufiger auch Mischformen wie *Dokudrama* oder *Dokusoap* auftreten, in denen *Spielsequenzen* gezeigt werden. Drehbücher und Dramaturgie können bei Dokumentationen naturgemäß nur bedingt vor den Dreharbeiten festgelegt werden. Man kann zwar in solch ein Drehbuch schreiben, was man in einer Situation erwartet und wie man sie filmen möchte, die Realität kann aber völlig anders aussehen. Zu den Schwierigkeiten gehört auch, dass Dokumentarfilmer Entwicklungen im Voraus abschätzen können müssen. Es hat keinen Sinn, die Kamera erst dann einzuschalten, wenn ein dramaturgischer Höhepunkt stattgefunden hat. Man muss eine dramatische Situation schon in den frühesten Entstehungsmomenten erkennen und sie von da an mit der Kamera unter Beobachtung halten. Dokus werden selten eine perfekte Bild- und Handlungsdramaturgie haben, ebenso wenig wie eine perfekte Lichtführung oder Tongestaltung. Dennoch wird das in der Regel vom Zuschauer akzeptiert, da die Unmittelbarkeit der Filme das überdecken kann.

12.5 Drehorte und Drehgenehmigungen

Drehorte (*locations*) sollten unbedingt vor den Dreharbeiten besichtigt werden. Einerseits, um Lichtsituation und Stromversorgung abzuschätzen, andererseits, um den Aufwand zu kalkulieren. Nicht zu vergessen ist in jedem Fall, eine Drehgenehmigung einzuholen oder eine schriftliche Bestätigung des Drehorteigentümers, drehen zu dürfen. Je nach Location kann das teuer werden. Drehgenehmigungen können zwischen 5 und 2.000 Euro kosten.

Kostenübersicht (beispielhaft) für Drehgenehmigungen

Kleine Provinzmuseen	ab 5 Euro
Ausstellungen	ab 5 Euro
Gedenkstätten	etwa 10 bis 50 Euro
besondere Räume (wie Bibliotheken)	ab 250 Euro
Tanzstudios	ab 50 Euro/h
Bahnhof	ab 500 Euro zzgl. Versicherungen
Lokomotive innen	etwa 2.000 Euro inkl. Versicherungen

Grundsätzlich müssen bei nicht öffentlichen und damit privaten Gebäuden oder Einrichtungen Drehgenehmigungen eingeholt werden. Auch Bahnhöfe sind mittlerweile Privatgelände der Deutschen Bahn AG. Lediglich auf öffentlichen Straßen und Plätzen darf »einfach so« gedreht werden, solange dadurch niemand behindert oder gefährdet wird. Sind die Dreharbeiten aufwändiger, sollte in jedem Fall das Amt für öffentliche Ordnung darüber informiert werden. Auch beim Drehen auf Firmengeländen im Auftrag der Firmenleitung ist dringend zu empfehlen, eine Drehgenehmigung vorzuhalten, um Missverständnisse zu vermeiden. Schulen und Universitäten sind im Sinne privaten Geländes zu betrachten. Drehgenehmigungen stellt die Schulleitung oder der Schulträger (Stadt oder Land) aus.

12.6 Rechtliche Absicherung

Um Ärger und nachträgliche Probleme zu vermeiden, sollten ein paar rechtliche Dinge geklärt werden:

- Autorenrechte
- Veröffentlichungsrechte

- Drehrechte
- Auswertungsrechte
- Datenschutz

Autorenrechte

Zunächst müssen für die Verfilmung eines Stoffes die Rechte erworben werden. Bei Romanen oder Biographien sind diese Rechte in der Regel beim Verlag zu erwerben, um ein Drehbuch schreiben zu dürfen bzw. einen Film zu machen. Wird ein Drehbuch vom Produzenten selbst geschrieben (ohne literarische Vorlage), liegen automatisch sämtliche Urheberrechte, Nutzungsrechte, Vervielfältigungsrechte und Aufführungsrechte beim Produzenten selbst. In allen anderen Fällen sind die Nutzungsrechte und Aufführungsrechte vom Autor oder dessen Verlag zu erwerben und abzugelten. Ein entsprechender Vertrag muss die Nutzungsrechte beschränkt (zeitlich oder räumlich, z.B. nur Deutschland) oder unbeschränkt übertragen und die Aufführungsrechte des fertigen Werkes und weitere Ansprüche des Autors umfassend festlegen (z.B.: Nennung des Autors etc.). In jedem Fall ist in solch einem Vertrag festzuhalten, dass der Autor dem Produzenten gegenüber versichert, ausschließlicher Autor und Schöpfer der ursprünglichen Vorlage zu sein, um Ansprüche Dritter auszuschließen. Ebenfalls zu klären ist, ob der Autor ein Mitspracherecht bei der Drehbucherstellung hat oder nicht.

Sind die Nutzungsrechte am Stoff erworben, kann ein Drehbuchautor vom Produzenten beauftragt werden, ein Drehbuch zu entwickeln. Dieser wird in der Regel dafür entlohnt und kann auch über eine Erfolgsbeteiligung (selten) an den Einspielergebnissen eines Films beteiligt werden. Schließlich wird der Regisseur vom Produzenten beauftragt, den Film für ein bestimmtes Budget zu realisieren. In den Arbeitsverträgen (meist so genannte Honorar- oder Werksverträge) ist unbedingt darauf zu achten, dass mit den Honoraren sämtliche Nutzungsrechte für das Filmwerk an den Produzenten übertragen werden. In der Regel nimmt der Produzent letztlich den Film ab und er entscheidet, in welcher Form er schließlich veröffentlicht wird. Der Regisseur hat zwar ein Mitspracherecht, muss sich aber klar den Wünschen des Produzenten unterordnen.

Veröffentlichungsrechte

Die Veröffentlichungsrechte sind in der Regel im Besitz des Produzenten oder eines Filmverleihs. Ähnlich wie die *GEMA* vertritt die *GVL, die Gesellschaft zur Verwertung von Leistungsschutzrechten,* häufig die so genannten Zweitauswertungsrechte, zum Beispiel sorgt sie dafür, dass die *Kopierabgabe* (bei jedem Kopiervorgang fällig, unabhängig davon, was kopiert wird) an die Künstler ausgeschüttet wird. Im Rahmen der Veröffentlichungsrechte sind räumliche und zeitliche Begrenzungen wesentlich: Darf ein Film auch in der Schweiz gezeigt werden? etc.

12.6 Rechtliche Absicherung

Drehrechte

Drehrechte kann nur der Eigentümer einer Location vergeben. Auf öffentlichen Plätzen und Straßen darf in der Regel so lange ungefragt gefilmt werden, wie niemand dadurch geschädigt oder behindert wird.

Auswertungsrechte oder Verwertungsrechte

Auswertungsrechte oder Verwertungsrechte beziehen sich auf die Vermarktung des Films. Darf er zum Beispiel von TV-Stationen ausgestrahlt werden und wenn ja, wie lange nach einer Kinoauswertung? Der zeitliche Abstand wird normalerweise festgelegt. Eine weitere Frage ist, ob der Film nur einmal oder mehrfach ausgestrahlt werden darf, ob er als DVD in den Handel kommt oder in den Videoverleih. Auch das *Merchandising* (Werbeartikelvermarktung zum Film) sollte vertraglich geregelt werden.

Recht am eigenen Bild

Der Datenschutz spielt in mehrfacher Hinsicht eine große Rolle und ist vor allem bei Dokumentationen und Industriefilmen ein wesentlicher Punkt.

Zunächst ist festzuhalten, dass jeder ein *Recht am eigenen Bild* hat und damit bestimmen kann, ob er gefilmt werden möchte oder nicht. Dadurch kann eine gefilmte Person, die sich in einem Film wiederfindet, die Auswertung bzw. Vermarktung des Werkes zumindest verzögern, wenn nicht verhindern, wenn sie nicht damit einverstanden ist, gefilmt worden zu sein. Es wird dringend empfohlen, sich von allen im Bild auftauchenden Personen eine schriftliche Bestätigung geben zu lassen, dass sie damit einverstanden sind, im Rahmen des Filmprojektes gefilmt zu werden und nichts gegen eine Veröffentlichung einzuwenden haben. Nun könnte man berechtigt einwenden, in einem Fußballstadion und bei einer Totalen (Panoramaeinstellung der Kamera) eines Wochenmarktes ist dies absolut unmöglich umzusetzen, ebenso wenig bei Parteitagen, Messen usw. Hier muss klar unterschieden werden, welchen Schwerpunkt der Bildaufbau hat. Eine Totale eines Wochenmarktes hat eindeutig den Schwerpunkt Wochenmarkt und nicht die Einzelperson. Sind mehr als fünf Personen auf einem Bild zu sehen, kann man davon ausgehen, dass beim Dreh nicht die Einzelperson im Mittelpunkt steht, sondern die Gesamtsituation, hier ist es nicht nötig, unbedingt eine Genehmigung aller Beteiligten einzuholen. Dennoch kann das Probleme bereiten und ein Einzelner kann fordern, die Dreharbeiten zu stoppen oder ihn nicht ins Bild zu nehmen. Diese Schwierigkeiten können auch bei Produkten oder Produktionsverfahren auftreten: Es muss immer geklärt sein – am besten schriftlich – ob z.B. in einem Forschungslabor alles zum Dreh freigegeben ist oder nicht.

Auch nach der Filmproduktion und der Fertigstellung des Werkes muss der Produzent dafür Sorge tragen, dass das Filmrohmaterial nicht in falsche Hände gerät oder aber für andere Produktionen ohne Rückfrage genutzt wird.

Beispiel für Allgemeine Geschäftsbedingungen einer Filmproduktion (Industriefilm)

- Nach Abnahme des Drehbuchs gilt das Konzept des Gesamtfilmes als abgenommen und akzeptiert.

- Änderungen des Gesamtkonzepts und des Drehbuchs sind im Lauf der Produktion nach Genehmigung durch den Auftraggeber möglich, wenn sich geplante Dreharbeiten als undurchführbar herausstellen.

- Eine Verzögerung der Produktion ist durch die Produktionsfirma rechtzeitig und mindestens eine Woche vor angekündigtem Abgabetermin anzuzeigen. Eine Verzögerung, die sich durch den Auftraggeber ergibt, ist von der Produktionsfirma nicht gesondert anzuzeigen und wird auf die Gesamtproduktionszeit angerechnet bzw. verlängert diese automatisch.

- Der Auftraggeber sorgt für erforderliche Drehgenehmigungen, sofern sie seinen Hoheitsbereich betreffen. Der Auftraggeber stellt sicher, dass gegebenenfalls seine Exponate für Dreharbeiten zur Verfügung stehen und Dreharbeiten ohne Behinderung möglich sind.

- Vor der Endfertigung des Films nimmt der Auftraggeber die Rohschnittfassung des Films ab. Sollten Änderungen nötig sein, akzeptiert der Auftraggeber, dass sich die Produktionszeit um die Änderungszeit verlängert. Nach Abnahme des Rohschnitts gilt die Umsetzung des Drehbuchs als gelungen.

- Der fertige Film wird in Gegenwart der Produzenten vom Auftraggeber abgenommen. Der Auftraggeber kann bei begründeten Mängeln Nachbesserung verlangen. Die Produktionsfirma erhält in diesem Fall die Möglichkeit, zwei Nachbesserungsversuche durchzuführen.

- Honorare: 30% der Gesamtproduktionssumme sind unmittelbar nach Auftragsvergabe fällig. Bei Abnahme des Drehbuchs/Drehbeginn sind weitere 30% der Gesamtproduktionssumme fällig, weitere 40% unmittelbar nach Übergabe des fertigen Films und dessen Abnahme. Abzüge sind nicht statthaft. Der fertige Film und das Drehbuch bleiben bis zur vollständigen Bezahlung des Films im Eigentum der Produktionsfirma.

- Die Produktionsfirma behält die Urheberrechte am Film und die Genehmigung, den Film zum Zwecke der Demonstration und im Rahmen von Wettbewerben aufzuführen. Die Produktionsfirma kann den Film national als auch international bei Wettbewerben einreichen. Der Auftraggeber wird in diesem Fall genannt.

- Dem Auftraggeber werden im Rahmen der Produktion sämtliche Aufführungs-, Nutzungs- und Vervielfältigungsrechte auf unbegrenzte Zeit übertragen und, sofern nicht anders geregelt, diese Rechte sind räumlich nicht beschränkt.

- Gerichtsstand ist Musterstadt.

Beispiel für eine Datenschutzerklärung

Datenschutzerklärung

zum Filmprojekt *XYZ*

Wegen der besonderen Schutzwürdigkeit aller zur Kenntnis gelangten personenbezogenen Daten der Betroffenen, einschließlich der Daten über deren Kontaktpersonen, wird *Frau Mustermann* wie folgt auf die Schweigepflicht entsprechend § 203 des Strafgesetzbuches und auf das Datengeheimnis nach § 5 des Bundesdatenschutzgesetzes (BDSG 2001) sowie auf die Konsequenzen von Verstößen hingewiesen:

Es ist Ihnen untersagt, geschützte personenbezogene Daten und interne Informationen der *Firma Musterfirma* unbefugt zu einem anderen als dem zur jeweiligen rechtmäßigen Aufgabenerfüllung gehörenden Zweck zu erheben, zu verarbeiten, bekannt zu geben, zugänglich zu machen oder sonst zu nutzen.

Ihre Verpflichtung auf das Datengeheimnis und die Schweigepflicht bestehen auch nach Beendigung Ihres Auftrags fort.

Eine Offenbarungsbefugnis besteht nur bei Einwilligung der Betroffenen bzw. wenn Gesetze oder andere Rechtsvorschriften dies vorschreiben.

Verstöße können nach dem § 203 StGB, dem § 823 BGB, den § 43 und 44 BDSG 2001 und anderer einschlägiger Rechtsvorschriften (s. Anlage Strafvorschriften) geahndet werden sowie arbeitsrechtliche Konsequenzen nach sich ziehen.

Die Erklärung wurde im Rahmen mit einer Belehrung zum Datenschutz als verbindlich anerkannt. Über die Vorschriften der oben genannten Gesetze bin ich, so weit sie meine Tätigkeit betreffen, vom Auftraggeber ausreichend unterrichtet worden und ich habe die Möglichkeit, beim Datenschutzbeauftragten nachzufragen.

....

Datum/Unterschrift des Auftragnehmers

....

Datum/Unterschrift des Datenschutzbeauftragten

12.7 Logistik

Je nach Größe eines Filmprojektes kann die Logistik eine oder zehn Personen beschäftigen. Zur Logistik zählen Transport von Material und Mitarbeitern, Unterkunft, Catering (Versorgung) und Fuhrpark. Vor allem auch beim Dreh im europäischen Ausland gilt unbedingt zu berücksichtigen, dass es an Flughäfen durch das Filmequipment zu Verzögerungen kommen kann und sich Kameraakkus durch die Kälte im Flugzeugladeraum entladen können. Unbedingt zu bedenken sind auch unterschiedliche Stromanschlüsse und gelegentlich andere Stromspannungen. Unter Umständen kann es günstiger sein, Equipment vor Ort auszuleihen.

Die Logistik am Set (Drehort) ist in der Regel Aufgabe des Produktionsassistenten, der Planung und Umsetzung unter sich hat, z.B.: Wann wird Licht aufgebaut? etc. Der Produktionsassistent ist oft auch für die Einhaltung des Budgets verantwortlich.

12.8 Drehplan

Im Gegensatz zum Drehbuch ist der Drehplan chronologisch strukturiert. Im Drehplan sind aus wirtschaftlichen Gründen alle Einstellungen und Szenen zusammengefasst, die an einem Ort und zu einem bestimmten Termin gedreht werden. Es ist wesentlich kostengünstiger, alle Szenen, die zum Beispiel in einem Hotel spielen, in einem »Aufwasch« zu drehen, als immer wieder die Location aufsuchen zu müssen und immer wieder erneut Licht und Technik aufzubauen. Der Drehplan ist also eine Art Drehbuch in kosten- und produktionsoptimierter Reihenfolge. Im Zweifelsfall kann ein Drehplan auch nur Szenennummern oder Einstellungsnummern beinhalten, also Verweise auf das Drehbuch.

Beispiel eines Drehplanes für einen Imagefilm

Drehtermin am Freitag, den 15. Oktober 2004

Tag	Datum	Ort	Art	Platz	Uhrzeit
			Abfahrt	Biberach	6.00 Uhr
			Treffen Herr Hölzer	Sonnenberg Klinik	8.00 Uhr
Fr.	15. Oktober	Stuttgart	Interview Herr Dr. Hölzer Psychotherapeutische Medizin / Schnittstelle Psychiatrie Welche Bedeutung haben psychotherapeutische Angebote? Wenn Sie das geschichtlich betrachten was hat sich verändert? Warum nehmen Ängste zu? Gibt es eine Entwicklung in der Gesellschaft zur Psychose? – Erklärung?		
Fr.	15. Oktober	Stuttgart	Interview Patient Sonnenberg Klinik (132)Wie fühlen Sie sich hier? Welche Erfahrungen haben sie gemacht? Welche Rolle spielt der räumliche Abstand zu Ihrer Heimat, Ihrer Wohnung?		
Fr.	15. Oktober	Stuttgart	Sonnenbergklinik außen (130)		
Fr.	15. Oktober	Stuttgart	Schwenk über Stuttgart mit Fernsehturm (129)		
Fr.	15. Oktober	Stuttgart	Angstsituation subjektive U-BAHNHOF (Fortsetzung Sequenz Anfang des Films, aber statisch) (131)		(10 Uhr)
Fr.	15. Oktober	Stuttgart	U-Bahnfahrt Handkamera psychedelisch (9)		
			Fahrt nach Reutlingen		10.30 – 11.30

Abbildung 12.4
Die Ziffern in Klammern verweisen auf die entsprechenden Szenennummern im Drehbuch

12.9 Continuity

Gerade weil Filme oft aus wirtschaftlichen Gründen nicht *chronologisch* (also in der zeitlichen Reihenfolge des geschilderten Geschehens) gedreht werden, kommt es häufig zu kleineren Patzern. *Continuity* bezieht sich auf so genannte Anschlussfehler. Ein Beispiel aus der Praxis: In einem Imagefilm geht es um die Krankenversorgung auf dem Land. Ein Arzt verlässt seine Praxis, um einen Patienten aufzusuchen. Diese Szene wird in der Praxis des Arztes gedreht. Die Szene beim Patienten wird erst drei Tage später aufgezeichnet. Im Film wird es durch den Schnitt nachher so aussehen, als ob der Arzt sofort zu seinem Patienten fährt. Damit sind die möglichen Fehlerquellen bereits klar:

Der Arzt muss nach den drei Tagen dieselbe Frisur und dieselbe Kleidung tragen.

Der Arzt muss genauso rasiert/unrasiert sein wie beim Dreh in der Praxis.

Brille und Utensilien müssen stimmen.

Manchmal sind es nur Kleinigkeiten, die danebengehen: Da vergisst der Schauspieler den Ehering oder die Krawatte ist die falsche ... Und beim Schnitt drehen dann *Cutter* (Schneidetechniker) durch.

Es ist immer sicherer, eine Person mit der Continuity zu beauftragen, um solche Fehler zu verhindern. In der Regel sind Kameramann und Regisseur mit anderen Dingen so beschäftigt, dass kleine Continuity-Fehler nicht bemerkt werden.

12.10 Equipment-Checkliste

Gerade bei Dreharbeiten an weiter entfernten Orten ist es praktisch, vorher eine Equipment-Checkliste anzulegen, um sicherzugehen, dass alle benötigten Sachen mitgenommen werden.

Gerät/Produkt	Anzahl	vorhanden
Lichtkoffer (3 x 2000 Watt)	1	
Lichtstative	3	
Kabeltrommeln 25 Meter	4	
Kamera Canon XL2	1	
Kamerastativ	1	
Rolluntersatz	1	
Schirmreflektoren	2	
Farbfilterfolie Tageslicht	3	
Gaffertape	1	
Mikrofone Sennheiser	2	
Mikrofonkabel XLR je 10 Meter	3	
Umstecker Cinch/XLR	2	

Tabelle 12.1
Beispiel für eine Checkliste

Kapitel 12 — PRODUKTIONSVORBEREITUNG

Gerät/Produkt	Anzahl	vorhanden
Umstecker Klinke groß/XLR	2	
Kontrollmonitor	1	
Cinchvideokabel (Monitor)	2	
Schnittlaptop	1	
Firewire-Kabel	1	
Kopfhörer	2	
Ersatzbirnen	3	
Ersatzmikrofonbatterien/Akkus	2	
Kameranetzteil	1	
Kameraakku	3	
Akkuladegerät	1	
Euronetzstecker-Umstecker	3	
Leerkassetten Video	10	
Mikrofonangel	1	
Windkorb	1	
Mikrofonstative	2	
Digitale Fotokamera	1	
Akkus für Fotokamera	1	
Ladegerät und Netzteil Fotokamera	1	
Drehgenehmigungen		
Vordrucke zur Einverständniserklärung		
Drehbuch	1	
Drehplan	1	

Sinnvoll ist auch, zu vermerken, in welchem Zustand sich Akkus und Batterien befinden, also geladen oder ungeladen.

12.11 Das Team

Oft wird aus Kostengründen auf Personal verzichtet. Schließlich hat das so weit geführt, dass selbst öffentlich-rechtliche Fernsehanstalten gelegentlich das Einmannteam einsetzen. Reporter sind Redakteur, Kameramann und Tontechniker in einer Person. Die Ergebnisse sind entsprechend. Hier mehrere heute gängige Teamzusammenstellungen:

Das Zwei-Mann-Team

- Kameramann/Kamerafrau (auch Redakteur)
- Tonmann/Tonfrau (auch für Licht zuständig)

Das klassische Drei-Mann-Team

- Kameramann/Kamerafrau
- Redakteur/Redakteurin
- Tonassistenz (auch Licht)

Das Spielfilmteam

- Regie
- Regieassistenz
- Kamera
- Kameraassistenz
- Ton
- Licht
- Continuity
- Produktionsassistenz (Organisation)
- Ausstattung (Requisite)
- Maskenbild
- Catering
- Fahrer

Nachbearbeitung

- Schnitt
- Musiker
- Toningenieur
- Special Effects
- Titelsatz

12.12 Filmförderung der Bundesländer

Sowohl die Finanzierung als auch die Realisierung eines Filmes kostet Zeit. Nur noch wenige Filmemacher (vor allem im Spielfilmbereich) kümmern sich tatsächlich selbst darum, ihren Film zu finanzieren. Meist ist das Sache des Produzenten oder der Produktionsfirma. Bei Auftragsarbeiten, und davon ist im Moment nicht die Rede, ist die Sache klar, es gibt ein Budget und ein Kunde will einen Film haben. Will man selbst einen Film machen und sucht dafür einen Markt, wird es schwierig: Die viel gepriesene Filmförderung der Bundesländer hat ihre Eigenheiten. Je nach Bundesland sind die Kassen entweder leer, man wird als Filmemacher genötigt, eine Drehbuchzwangsberatung durchzumachen, oder aber man gehört nicht zum erlauchten Kreis der Dauergeförderten. Anträge auf Drehbuch- oder Filmförderung liegen schon mal ein halbes Jahr in bis zu neunfacher Ausfertigung auf irgendwelchen Schreibtischen der Fördergremien und warten auf bessere Zeiten. Abgesehen davon erwarten die Förderstellen, dass Filme nicht nur über die Fördergelder finanziert werden. Die größten Chancen auf Fördermittel hat man, wenn der Film bzw. das Drehbuch bereits von einem Fernsehsender oder Filmverleiher angekauft wurde oder Vorverträge über eine Ausstrahlung des fertigen Werkes vorliegen. Ohnehin spielen die öffentlich-rechtlichen Fernsehanstalten eine wichtige Rolle bei der Filmförderung. In Baden-Württemberg wird die Filmförderung über den so genannten Kabelgroschen finanziert und die Gelder stammen sozusagen aus einem Fernsehtopf. Dementsprechend sitzen im Entscheidungsgremium vor allem Fernsehleute. Kein Wunder, dass die Auswahl der zu fördernden Projekte entsprechend ausfällt. Vor allem Neulinge haben es extrem schwer, Fördermittel zu bekommen. Zu berücksichtigen ist auch, dass die Filmförderung eigentlich ein Darlehen ist: In der Regel ist es zinslos mit einer Laufzeit von zehn Jahren.

Das heißt, wird ein Drehbuch oder Film innerhalb von zehn Jahren verkauft und kommerziell ausgewertet, ist die Filmförderung zurückzuzahlen. Passiert dies nicht oder ist der Film nicht erfolgreich, gehen sämtliche Rechte am Werk nach zehn Jahren in den Besitz der Filmförderung über. Realistisch betrachtet sollte man allein für die Finanzierung eines abendfüllenden oder programmfüllenden Spiel- oder Dokumentarfilms einen Zeitraum von mindestens einem Jahr kalkulieren. Bis zur Fertigstellung des Films vergeht dann meist noch mal ein Jahr. Wohlgemerkt, die Rede ist hier von einem programmfüllenden Film von rund 90 Minuten Länge. Industrie- und Imagefilme sind als Auftragsarbeiten in wesentlich kürzerer Produktionszeit realisierbar.

12.12 Filmförderung der Bundesländer

MFG Filmförderung Baden-Württemberg

Eingangsstempel

_____
Projekt - Nummer

Medien- und Filmgesellschaft
Baden-Württemberg mbH

Filmförderung

Breitscheidstrasse 4
(Bosch-Areal)
70174 Stuttgart

Telefon: +49(0)711-907 15-400
Telefax: +49(0)711-907 15-450
E-mail: filmfoerderung@mfg.de

www.film.mfg.de

Abbildung 12.5
Produktionsförderungs-
antrag.
Quelle: www.MFG.de

Antrag auf Fördermittel zur Herstellung von Kino-, Fernseh- und Videoproduktionen, auch Postproduktion,
Ziff. 4 der Vergabeordnung vom 01.04.2004

Anträge für Produktionsförderung bitte **9**-fach, für Postproduktionsförderung bitte 2-fach einreichen.
Unvollständige Anträge können nicht berücksichtigt werden.
Für die Einreichfrist ist das Eingangsdatum ausschlaggebend.

Angaben zum/zur Antragsteller/in

Firma	Rechtsform
Name	Vorname
Straße	
PLZ, Ort	
Telefon-Nr. mit Vorwahl	Fax
E-Mail	Homepage

aktueller Handelsregisterauszug oder Gewerbeanmeldung   ☐ liegt bei   Anlage Nr. _____
oder
Nachweis über den ersten Wohnsitz   ☐ liegt bei   Anlage Nr. _____

Titel des Filmvorhabens (Arbeitstitel)

Spielfilm ☐   Dokumentarfilm ☐   Animationsfilm ☐   Kurzfilm ☐   _____ ☐

Geplantes Format: Kino ☐   TV ☐   Video ☐   Länge: _____ Min.

Aufnahmeformat: _____   Endformat: _____

Genre

Synopsis

Gesamtherstellungskosten: _____ €

beantragt werden Fördermittel in Höhe von   _____ ?

der kalkulierte Baden-Württemberg-Effekt beträgt

_____ €   = _____ % der beantragten Fördersumme

Abbildung 12.6
Produktionsförderung
Seite 2

Folgende Unterlagen liegen in **9**/2 Exemplaren bei:

- Beschreibung oder Inhaltsangabe des Filmvorhabens   Anlage Nr. _____
  (möglichst nicht länger als 1 DIN A4-Seite)
  mit
  1. Charakterisierung der Hauptfiguren
  2. Bei Animationen zusätzlich Visualisierung
  3. Angaben zur Zielgruppe

- Drehbuch/bei Dokumentarfilmen: Treatment   Anlage Nr. _____

- Filmographie des/der Antragsteller/in,
  des/der Produzent/Koproduzentin,
  Regie,
  Kamera,
  Hauptdarsteller,
  weitere   Anlage Nr. _____

Name, Wohnsitz- und Staatsangehörigkeitsnachweis folgender Mitwirkender

Autor(in)	Wohnsitz	Staatsangehörigkeit
Regisseur(in)		
Kamerafrau/ -mann		
Hauptdarsteller(in)		
Darsteller(in)		
Darsteller(in)		
Darsteller(in)		
Ergänzenswertes		

- nach Möglichkeit Einverständniserklärung bezüglich
  der Übernahme oder Aufgabe
  (grundsätzlich und zur vorgesehenen Drehzeit)   Anlage Nr. _____

- Stabliste   Anlage Nr. _____

- Besetzungsliste   Anlage Nr. _____

- Nachweis der Rechte/Option an Stoff, Buch, Titel   Anlage Nr. _____

- detaillierte Begründung des Baden-Württemberg-Bezugs
  und Erläuterungen des Effektes (z.B. Kostenvoranschläge)   Anlage Nr. _____

  Anzahl der geplanten Drehtage: _____   davon in Baden-Württemberg: _____

  Drehorte: _____

  vorgesehener Drehbeginn: _____   vorgesehene Fertigstellung: _____

- Drehplan   Anlage Nr. _____

- Kalkulation in branchenüblicher Form eines Vor-
  und Nachkalkulationsschemas mit Darstellung
  des Baden-Württemberg-Effekts   Anlage Nr. _____

12.12 Filmförderung der Bundesländer

Abbildung 12.7
Produktionsförderung
Seite 3

- Finanzierungsplan inklusive Ausweis des Eigenanteils/
  Eigenmittel mit Nachweisen und Verträgen   Anlage Nr. _____

- Auswertungskonzept   Anlage Nr. _____

- Verleih-/Vertriebsvertrag oder eine konkrete Darlegung über
  die Auswertungspläne des Antragstellers   Anlage Nr. _____

- Recoupmentplan (Erlösvorschau unter Darstellung der Verteilung
  der Erlöse)   Anlage Nr. _____

- Erklärung, ob bzw. welchen Institutionen das Film-
  vorhaben schon vorlag (unter Angabe des Sachstands)   Anlage Nr. _____

Nur auszufüllen bei Antrag auf Fördermittel für eine Postproduktionsmaßnahme,
Ziff. 4.6 der Vergabeordnung vom 01.01.2002

Folgende Unterlagen liegen in 2 Exemplaren bei:

- Erklärung, weshalb die beantragte Maßnahme die Ergebnisse des
  Produktes (insbesondere die Verwertung des Films) verbessert   Anlage Nr. _____

- Ansichtsmaterial des Films   Anlage Nr. _____

- Gesonderte Kalkulation der Postproduktion   Anlage Nr. _____

- Gesonderter Finanzierungsplan der Postproduktionskosten   Anlage Nr. _____

- Erklärung, in welcher Höhe die beantragte Fördersumme
  in Baden-Württemberg ausgegeben wird   Anlage Nr. _____

- Nachweis des Abschlusses der Dreharbeiten   Anlage Nr. _____

Erklärungen

Der/die Antragsteller(in) erklärt, dass

- mit den Dreharbeiten vor Antragstellung nicht begonnen wurde;

- die Angaben in diesem Antrag vollständig und richtig sind;

- er/sie davon Kenntnis genommen hat, dass alle Angaben dieses Antrags (einschließlich Anlagen),
  von denen die Bewilligung, Gewichtung, Weitergewährung oder das Belassen der Zuwendung
  abhängig sind, subventionserheblich im Sinne des § 264 Strafgesetzbuch i.V.m. § 1
  Landessubventionsgesetz sind. Diese Tatsachen und die Strafbarkeit eines Subventionsbetruges
  sind bekannt;

- er/sie damit einverstanden ist, dass Sachverständige zur Beurteilung des Projektes angehört
  werden;

- er/sie damit einverstanden ist, dass alle sich aus den Antragsunterlagen ergebenden persönlichen
  und sachlichen Daten in automatisierten Verfahren, Dateien und Akten oder sonstigen amtlichen
  Zwecken dienenden Unterlagen gespeichert und allen am Verfahren Beteiligten zur Kenntnis
  gegeben werden;

- ihm/ihr bekannt ist, dass die Antragsunterlagen Eigentum der Medien- und Filmgesellschaft Baden-
  Württemberg mbH werden.

_____   _____
Ort/Datum   Rechtsverbindliche Unterschrift(en)
                                         und Firmenstempel

347

Abbildung 12.8
Produktionsförderung
Seite 4

Erklärung zum Datenschutz

Ich/wir bestätigen, daß ich/wir die für die weitere Bearbeitung des Förderungsantrags notwendigen Daten, insbesondere auch personenbezogene Daten, laut Antrag nebst allen Anlagen und Ergänzungen freiwillig zur Verfügung stelle(n).

Dies gilt auch hinsichtlich aller weiteren Daten, die ich/wir in diesem Zusammenhang künftig (z.B. Ergänzungen, Aktualisierungen oder sonstige Nachreichungen zum Förderungsantrag) übermitteln werde(n).

Ich/wir willige(n) ein, dass diese Daten ganz oder zum Teil von der MFG gespeichert werden.

Weiterhin willige/n ich/wir ein, dass oben genannte personen- und/oder firmenbezogenen Daten im Rahmen der satzungsmäßigen Aufgaben der Filmförderung und/oder der Medienentwicklung der MFG verwendet und/oder publiziert (z.B. in Branchenverzeichnissen) und in diesem Rahmen gegebenenfalls an Dritte (z.B. potentielle Auftraggeber, Partner o.ä.) weitergegeben werden.

Insbesondere erkläre(n) ich/wir uns damit einverstanden, dass Daten wie Name, Anschrift, Titel und Kurzinhalt des Films, kalkulierte Herstellungskosten, Antragssumme ggf. bewilligte Fördersumme, Finanzierungsplan etc. an andere filmfördernde Stellen und/oder die Gesellschafter der MFG weitergegeben werden können.

Die MFG behält sich ferner vor, die Förderung des Vorhabens durch eine Presseerklärung bekanntzugeben, in der Name des geförderten Antragstellers, Titel und Kurzinhalt des Vorhabens, die Namen des Regisseurs, des Produzenten, des Autors und der Darsteller sowie die Höhe der Förderungssumme und ggf. mögliche Finanzierungspartner genannt sind, es sei denn, der Antragsteller widerspricht dem ausdrücklich.

_____   _____
Ort/Datum   Rechtsverbindliche Unterschrift(en)
                                                     und Firmenstempel

---

Einschaltung der L-Bank Baden-Württemberg - Prüfgebühren

Die MFG beauftragt im Falle der positiven Entscheidung über die Förderung im Namen, im Auftrag und auf Rechnung des Förderungsempfängers zur Wahrnehmung ihrer Aufgaben, insbesondere der Prüfung von Kalkulationen, Effekten, Finanzierungen und den nach dem noch abzuschließenden Förderungsvertrag vorzunehmenden Prüfungen die L-Bank Baden-Württemberg. Die hierdurch entstehende Bearbeitungsgebühr hat der Förderungsempfänger zu tragen. Er stimmt zu, dass die MFG bei der Auszahlung der Darlehensmittel einen Betrag in Höhe bis zu 3 % der Darlehenssumme, mindestens 500,-- € zuzüglich gesetzlicher MwSt. einbehält und im Namen und auf Rechnung des Förderungsempfängers an die L-Bank Baden-Württemberg überweist. Die Bearbeitungsgebühr ist Teil der Herstellungskosten. Der Förderungsempfänger erhält hierüber eine Rechnung der L-Bank Baden-Württemberg.

Der Förderungsempfänger erkennt die Verpflichtungen, die sich für ihn aus der Grundvereinbarung zwischen der MFG und der L-Bank Baden-Württemberg ergeben, insbesondere die Verpflichtungen zur Vorlage von Unterlagen, Erteilung von Einsicht und Information gegenüber der L-Bank Baden-Württemberg, hiermit ausdrücklich an. Er erkennt außerdem an, dass er gegenüber der L-Bank Baden-Württemberg keine eigenständigen Auskunfts- oder Weisungsrechte besitzt.

Einverständniserklärung:

_____   _____
Ort/Datum   Rechtsverbindliche Unterschrift(en)
                                                     und Firmenstempel

12.13 Den Ausfall planen

Bei der Zeitplanung eines Filmprojektes sollte man immer von Unwägbarkeiten ausgehen. Es ist absolut unrealistisch zu glauben, dass alles so läuft wie geplant. Deshalb ist es sinnvoll, so verrückt es klingt, genau das in der Zeitplanung zu berücksichtigen. Ein Beispiel: Es soll eine Industrieanlage gedreht werden und es ist klar, dass das innerhalb eines Drehtages realisierbar wäre. Bei dieser Zeitkalkulation geht man davon aus, dass alles funktioniert, was aber, wenn ausgerechnet an diesem Tag in der Industrieanlage etwas schief geht, die Kamera den Dienst verweigert oder es vor Ort zum Stromausfall kommt? Beim Film ist der Ausnahmezustand die Regel, es ist außergewöhnlich, wenn alles wie geplant klappt. Improvisation ist das A und O. Es ist zu empfehlen, die Dreharbeiten in der Industrieanlage auf zwei Tage zu kalkulieren, auch wenn es an einem Tag zu schaffen wäre. Läuft wider Erwarten alles glatt und nichts geht schief: Wunderbar, dann freut sich der Auftraggeber vielleicht darüber, dass der Film günstiger oder schneller fertig wird. Kalkuliert man nur einen Tag und es geht etwas schief, hat man nicht nur Ärger mit dem Kunden, es kann auch passieren, dass das Budget überzogen wird.

12.14 Gerätezustand

Camcorder müssen regelmäßig gewartet werden. Im Rahmen der Wartung werden Bild- und Tonköpfe der Videokopftrommel gereinigt und gegebenenfalls wird die Bandführung nachjustiert. Entgegen der allgemeinen Ansicht, man müsse Geräte schonen, ist es besser, Geräte regelmäßig zu nutzen. Viele mechanische Elemente eines Camcorders sind auf geschmierten Lagern montiert oder funktionieren als so genannte Rutschkopplung. Rutschkopplungen bestehen aus zwei Plastikscheiben, zwischen denen sich zwei Filzplättchen befinden. Die Reibung der Filzplättchen gegeneinander überträgt die Kraft. Solche Rutschkopplungen sind in einem Camcorder unter den Spuldornen zu finden, die Kassetten vor- und zurückspulen. Selbstschmierende Lager und Rutschkopplungen sollten mindestens einmal im Jahr bewegt werden, sonst kann es zu bösen Überraschungen kommen. Rutschkopplungen können verkleben, Lager können durch mangelnde Schmierung kaputtgehen. In jedem Fall ist dringend zu raten, vor Dreharbeiten sämtliche Geräte einem Funktionstest zu unterziehen. Das gilt insbesondere auch für Leihgeräte. Es kann nicht oft genug darauf hingewiesen werden, dass nicht der äußere Zustand von Camcordern entscheidend ist, sondern der Zustand von Videoköpfen und Bandlaufwerk sowie der Optik. Ob ein Gehäuse verkratzt ist oder nicht, ist für den Profi sekundär, solange keine Funktionen beeinträchtigt werden. Eine der häufigsten Fehlerquellen überhaupt sind defekte Kabel, hier die dringende Empfehlung, immer mindestens ein Ersatzkabel jeder Sorte vorzuhalten.

Kapitel 13

DIE PRODUKTION ODER DER KÜNSTLERISCHE TEIL

13.1	Das Drehbuch	352
13.2	Sprache	353
13.3	Dramaturgie und Spannung	354
13.4	Schauspieler und Acting	356
13.5	Kameraeinstellungen und Wirkung	357
13.6	Licht und Ausdruck	362
13.7	Schnittart und Schnittgeschwindigkeit	367
13.8	Form und Inhalt	369
13.9	Kiss, keep it simple (and) stupid	373
13.10	Tabus und wie man sie bricht und was ist Trash?	377
13.11	Infotainment und Edutainment	378
13.12	Welche Rolle spielen Geräusche und Musik?	378
13.13	Schminken für die Kamera	379
13.14	Sprecher und ihre Art zu sprechen	379
13.15	Die andere Idee	380
13.16	Jeder kocht mit Wasser	380

Kapitel 13

DIE PRODUKTION

13.1 Das Drehbuch

Drehbücher enthalten alle notwendigen Informationen, um einen Film realisieren zu können. Ein Regisseur interpretiert ein Drehbuch, legt es also aus. Naturgemäß muss das nicht immer so sein, wie es sich der Drehbuchautor gedacht hat. Über die rein formalen Dinge wurde bereits im Kapitel *Produktionsvorbereitung* berichtet, hier soll es nun eher um *Stilfragen* gehen. Ursprünglich war es verpönt, Drehbuchautor und Regisseur in einer Person zu sein. Die Ursache dafür war auch, dass Filmemachen schon immer mit ausgesprochen viel Aufwand verbunden war und sehr früh in diesem Metier eine extreme Arbeitsteilung und Spezialisierung stattgefunden hat. Dabei wurde das Filmemachen selbst zunächst als reine Technik empfunden, Vorlagen und Stoffe kamen in der Frühzeit häufig aus dem Theater oder von Romanen.

Erst seit den siebziger Jahren wurde in Deutschland der *Autorenfilm* etabliert. Der Autorenfilm ist ein Film, bei dem Drehbuchautor und Regisseur in einer Person vereint sind. Das hat auch Auswirkungen auf das Drehbuch, denn der Drehbuchautor muss einem Regisseur keine Hinweise geben, wie etwas zu inszenieren ist, wenn er selbst dieser Regisseur sein wird.

Nimmt man zum Beispiel das Drehbuch von »Aguirre der Zorn Gottes« von Werner Herzog (1972), wird das besonders deutlich. Nüchtern betrachtet, handelt es sich in der Form eher um eine Art Roman. Es werden Situationen und Handlungen beschrieben, allerdings tauchen keine ausformulierten Dialoge auf und rein technische Angaben sucht man fast vergebens. Das Buch liest sich schnell und leicht und verwirrt manchmal etwas durch seine willkürlichen Attribute. Sinngemäß finden sich Stellen wie »das unglaublich schöne Panorama tut sich vor ihm und der Kamera auf«. Nun ist der Begriff »unglaublich schön« wirklich sehr relativ und würde einem anderen Regisseur die Haare zu Berge stehen lassen, in diesem Fall wusste Herzog aber, welches Panorama er meinte. Auch in Hinsicht auf die *Schauspielerführung* gibt das Drehbuch zu »Aguirre« nicht besonders viel her. Werner Herzog wollte Klaus Kinski als Hauptdarsteller und vertraute darauf, dass Kinski sich selbst in der Rolle eines wahnsinnigen Eroberers spielen würde.

Kinski nahm diese Herausforderung an und zwischen ihm und Herzog entwickelte sich eine Art Hassliebe. Kinski sagte über Herzog: »Herzog ist ein miserabler, gehässiger, missgünstiger, vor Geiz und Geldgier stinkender, bösartiger, sadistischer, verräterischer, erpresserischer, feiger und durch und durch verlogener Mensch.« Das Drehbuch zu »Aguirre« bezeichnete Kinski als »analphabetisch primitiv«.

Wie genau oder präzise ein Drehbuch bis in die Details ist, hängt also auch davon ab, in welcher Besetzung und mit welchem Stab (Team) gedreht werden soll. Festzuhalten ist, dass Drehbücher immer in der Gegenwartsform (Präsens) formuliert sind und jede Szene eine Funktion (z.B. Vorstellung der Hauptfiguren) erfüllen muss. Je weniger detailliert Sprechtexte oder Dialoge vorgegeben sind, desto besser sollte man die entsprechenden Schauspieler kennen bzw. desto sicherer sollte man sich sein, dass der Schauspieler von seinem Wesen her der Figur entspricht.

13.2 Sprache

Sprechtexte sind Sprechtexte und das bedeutet, sie sind nicht als Lesetexte anzulegen. Es besteht ein gravierender Unterschied zwischen Lesetext und Sprechtext. Ein Drehbuchautor muss mit den Eigenheiten der gesprochenen Sprache vertraut sein, um glaubwürdige Dialoge schreiben zu können.

Gesprochene Sprache kann im Gegensatz zu geschriebenen Texten

- grammatikalisch unvollständig sein, abgerissen
- verkürzt sein und Sonderformen bieten (okidoki statt okay)
- regional gefärbt sein (z.B.: Scotty bei Raumschiff Enterprise hat in der amerikanischen Originalserie einen schottischen Akzent)
- Bezugsfehler enthalten
- unverständlich sein
- Versprecher enthalten
- falsch oder richtig betont sein
- durch die Sprachmelodie das komplette Gegenteil vom eigentlich gesprochenen Text signalisieren (Ironie)
- rein phatische (lediglich der Kontaktaufnahme dienende) Funktionen erfüllen, ohne dass dabei der Inhalt der Rede eine wirkliche Rolle spielen würde (übers Wetter reden)
- Füllwörter und Redewendungen enthalten

In der gesprochenen Sprache sind die am häufigsten genutzten Zeitformen Gegenwart (Präsens) und Vergangenheit (Perfekt). Die vollendete Vergangenheit (Imperfekt) findet nur in wenigen Ausnahmefällen statt, z.B. »Dabei ging's ums Prinzip«. Ein Hauptaugenmerk sollte immer sein, WIE etwas gesprochen wird, weniger was gesprochen wird. Einer der häufigsten Anfängerfehler von Regisseuren ist, bereits zufrieden zu sein, wenn der Schauspieler seinen Text fehlerfrei gesprochen hat. Die eigentliche Arbeit beginnt aber erst hier. Der Schauspieler soll etwas darstellen, nicht etwas nachsprechen. Die Darstellung erfolgt über Betonung und Ausdruck (also Gestik und Mimik). Ein Satz wie »Ich liebe dich« kann, je nachdem, wie er gesprochen wird, alles zwischen einer Liebeserklärung bis hin zur Morddrohung bedeuten.

Dialoge haben eine geringere *Faktendichte* als Monologe, das liegt in der Natur der Sache. In einem Monolog können Sachverhalte verdichtet und beschrieben werden, in einem Dialog geschieht etwas (mindestens zwei Menschen unterhalten sich). Dieses Geschehen benötigt Zeit, damit es glaubhaft wird. Ein guter

Film wird durch Handlung und Bilder erzählt und nicht durch sprechende Köpfe. Dadurch, dass mehrere Menschen an einem Dialog beteiligt sind, spielt die emotionale Komponente eine wesentliche Rolle. Wenn sich zwei Menschen unterhalten, geht es nie nur um Fakten, in einem Gespräch spielen immer auch Machtverhältnisse und Gefühle der Beteiligten mit. Dies kann sich in Körperhaltung, Verhalten, Wortwahl, Sprechtempo und Betonung ausdrücken.

Will man zum Beispiel eine Figur im Film charakterisieren, die besonders ängstlich und unterwürfig ist, wäre es denkbar, diese Figur in einem Dialog mit einer Politesse zu zeigen, nachdem ein Strafzettel wegen Falschparkens ausgestellt wurde. Wird der Dialog entsprechend gestaltet, kann der Zuschauer aus der Art und Weise des Gesprächsverlaufes herauslesen, wie die Figur auf Obrigkeiten reagiert und mit ihnen umgeht.

Oft wird der Fehler gemacht, Dialoge zu sehr aufzublasen. Vermeintlich soll das Gespräch durch eine Aneinanderreihung von *Füllwörtern* und Floskeln lockerer wirken. Das kann dazu führen, dass der Zuschauer vor lauter Plattitüden das Interesse verliert. Die goldene Regel lautet: So viel wie nötig, so wenig wie möglich. Dialoge ohne Füllwörter wie »also«, »nämlich«, »sozusagen«, »auch«, »ja« oder »und« gibt es nicht, zu viel davon zerstören den Dialog. Besonders heikel sind so genannte *Stopwords*. Das sind Wörter, die aus Gewohnheit von einem Sprecher immer wieder benutzt werden. In der Schweiz wird zum Beispiel das Wort »oder« häufig in Form einer Bestätigungsaufforderung genutzt, im Sinne von »ist doch so, oder nicht?«, im schwäbischen Raum verhält es sich mit dem Wort »gell?« genauso, es wird im Sinne von »nicht wahr?« gebraucht. Solche Wörter werden als Stopwords bezeichnet, weil sie den Dialogverlauf unnötig unterbrechen und verzichtbar sind.

Um Dialoge zu entwickeln, ist es wichtig, zunächst festzulegen, in welcher Verfassung sich die Figuren an diesem Punkt der Geschichte befinden sollen. Was sprechen sie aus? Was denken sie sich nur, was fühlen sie? Wichtig ist, dass der Dialog die Funktion der Szene erfüllt. Sollen zwei Dialogpartner sich in einer Szene zerstreiten, so ist das Thema nicht unbedingt von Bedeutung. Lediglich das Ergebnis (also der Streit) und die Gefühle zählen.

13.3 Dramaturgie und Spannung

Spannung hat etwas mit Erwartungen und Überraschung zu tun. Ist etwas absehbar, ist es nicht mehr spannend. Kaum jemand wird etwas Alltägliches spannend oder interessant finden. Untersucht man Filme, warum sie Spannung erzeugen, findet man eine Reihe von Motiven oder Ansätzen, die sich wiederholen:

- außergewöhnliche Perspektive inhaltlich und/oder optisch
- überraschende Wendungen in der Geschichte
- Gezeigtes betrifft den Zuschauer persönlich

13.3 Dramaturgie und Spannung

- Zuschauer wissen mehr als die Filmfiguren und hoffen, dass die Figuren sich richtig verhalten (Suspense)
- Erwartungen werden vom Film bewusst geweckt, um sie gezielt anders aufzulösen als gewohnt
- Filme enthalten häufig mehrere kleinere dramaturgische Höhepunkte, die jeder für sich Spannung erzeugen
- Spannung ist ohne Entspannung nicht möglich

Gerade der letzte Punkt ist bedenkenswert. Spannung kann nur aus einer entspannten Situation entwickelt werden. Wird Spannung – ohne Aussicht auf Auflösung – zu lange gehalten, verliert sie sich von selbst. Man kann sich die Situation sehr leicht an einem Beispiel klar machen: Dem Zuschauer wird praktisch ein Würstchen am Faden über den Kopf gehalten und jedes Mal, wenn er glaubt, jetzt hätte er es, wird es wieder weggezogen. Das Spiel funktioniert und kann für alle Beteiligten ein Heidenspaß sein, wenn der ein oder andere sein Würstchen endlich hat. Stellt sich aber heraus, dass es schlichtweg unmöglich ist, ein Würstchen zu schnappen, verlieren die Würstchenfänger das Interesse. Ein durchgängiger einzelner Spannungsverlauf von 90 Minuten ist fast nicht aufzubauen. Deshalb spricht man von einzelnen *Spannungsbögen* im Film. Sie sind oft miteinander verzahnt, einzeln nicht länger als zehn Minuten und führen zum großen Finale am Schluss des Films. Ein Film ist in der Regel ein so genannter Dreiakter. Der Begriff kommt aus dem Theater und beschreibt den Aufbau eines Films:

- Exposition, Einleitung – Vorstellung der Figuren
- Konfliktdarstellung, Hauptteil des Filmes – um was es eigentlich geht
- Auflösung, Ende des Filmes

Der Begriff »Suspense« stammt von Alfred Hitchcock (»Die Vögel«) und beschreibt eine Erwartungshaltung des Zuschauers, der mehr weiß als die Hauptfiguren im Film. Angenommen, in der Exposition eines Filmes wird deutlich gezeigt, dass bei der Wartung einer Linienmaschine geschlampt wurde. Eine Schraube an einem Triebwerk des Flugzeugs wird nicht angezogen oder vergessen. Sieht nun der Zuschauer, wie eine Hauptfigur des Filmes ausgerechnet mit diesem Flugzeug fliegt, erwartet er einen Unfall. Die Hauptfigur im Film ahnt nichts, der Zuschauer rechnet mit dem Schlimmsten. Das erzeugt Spannung. Selbst wenn nichts passiert und das Flugzeug nicht abstürzt, wird der Zuschauer jedes Mal mit Spannung darauf warten, dass das Flugzeug verunglückt, sobald es im Film auftaucht.

Die Parallelmontage zeigt zwei gleichzeitig ablaufende Handlungsstränge in einem Film, die sich irgendwann begegnen können oder aber sich gegenseitig beeinflussen. Besonders spannend wird es, wenn der Zuschauer bereits weiß, dass es beim Zusammentreffen der beiden Handlungen zu einer Entscheidung kommen muss, die für den Fortgang der Geschichte von größter Bedeutung ist. So könnte es um zwei Menschen gehen, die – völlig getrennt voneinander – am selben Projekt arbeiten und sich eines Tages begegnen und feststellen, dass einer von beiden einen tragischen Fehler begangen hat.

Grundsätzlich schöpft eine Filmgeschichte Spannung aus den beim Zuschauer ausgelösten Erwartungen, wie eine Geschichte sich auflöst. Ob zum Beispiel tatsächlich ein Sachverhalt so ist, wie es der Zuschauer vermutet.

13.4 Schauspieler und Acting

Wer auf der Bühne super spielt kommt auch im TV an. Nein.

Schauspieler sind es gewohnt, »groß« zu agieren, sofern sie Theaterschauspieler sind. Das ist für den Film eher ungeeignet. Große Gesten wirken im Film überzogen und eher komödiantisch. Da beim Film der Blick durch den Kameraausschnitt geführt wird, können kleinste Gesten oder Veränderungen in der Mimik groß gezeigt werden. Theaterschauspieler müssen sich darauf einstellen können, wenn sie vor der Kamera stehen. Auf der Theaterbühne ist der Abstand zum Zuschauer wesentlich größer, und um auch in der letzten Reihe wahrgenommen zu werden, muss der Schauspieler seine Gesten und Verhaltensweisen überziehen und unterstreichen. Auch in der Sprache sind beide Metiers völlig unterschiedlich. Theater ist an sich schon eine künstliche Umgebung und lange Zeit wurde im Theater auch eine künstliche Hochsprache gepflegt, ganz abgesehen von der Lautstärke. Denn auch hier muss ein Schauspieler bis in die letzte Reihe verständlich bleiben. Beim Film ging und geht es mehr darum, Realität vorzugaukeln. Gerade in Sprache und Lautstärke der Sprache entspricht Film eher unserer täglichen Wahrnehmung: Die Kamera ist nah bei Sprechern und Figuren, selbst Flüstern oder das Zucken von Augenlidern ist wahrnehmbar. Untypisch für Bühnenschauspieler ist auch, dass Dialoge beim Film zerstückelt aufgezeichnet werden und nicht im Fluss. Oft werden kurze Einstellungen mit nur wenig Text mehrmals hintereinander gedreht, ohne dass ein Gegenüber im Dialog anwesend sein muss. Das hat mit Theaterspiel nichts zu tun und kann Bühnenprofis zum Wahnsinn treiben. Film funktioniert hier eher wie ein Puzzlespiel, das sich nur im Kopf des Kameramannes und Regisseurs am Set erschließt, das kann klassische Theaterschauspieler völlig verunsichern.

Beim Fernsehen hat sich in letzter Zeit aus Kostengründen der Trend entwickelt, eher Laiendarsteller für Produktionen einzusetzen (Billigserien bei privaten TV-Stationen). Teilweise wirkt das katastrophal, in einigen wenigen Fällen – meist dann, wenn die Darsteller sich selbst spielen, also einen Charakter, der ihnen wirklich entspricht – können die Ergebnisse aber wirklich überzeugen. Je weniger professionell die eingesetzten Schauspieler sind, umso aufwändiger und härter ist die Aufgabe des Regisseurs, sie entsprechend anzuleiten.

13.5 Kameraeinstellungen und Wirkung

Kameraeinstellungen werden in Einstellungsgrößen unterschieden. Einstellungsgrößen beschreiben den Bildausschnitt und sie sind abhängig von:

- Abstand von Camcorder zu Motiv
- Brennweite des Objektivs
- Aufnahmewinkel

Über Jahrzehnte haben sich feste Begriffe für Einstellungen entwickelt. Einstellungen sind immer relativ zum Szenenbild. Das heißt, Einstellungsgrößen geben nur ein Verhältnis an.

Totale

Die Totale zeigt eine Komplettansicht des Szenenbildes. Zwei konkrete Beispiele: Soll zu Beginn ein verlassenes Bergdorf in Szene gesetzt werden, wäre eine Totale eine Aufnahme, die das komplette Dorf in der Landschaft zeigt. Ginge es um eine Aufnahme eines Wohnzimmers, würde die Totale den Raum aus einer Richtung komplett zeigen. Die Totale einer Gesprächsrunde bildet sie komplett ab, typisch ist, dass die Umgebung wahrgenommen werden kann. Eine Totale verschafft dem Zuschauer einen Überblick und kann ins Geschehen einführen. Sie dient oft der Orientierung und Einordnung. Totalen sind oft deutlich länger als Naheinstellungen, weil sie häufig eine Fülle von Einzelinformationen zeigen. Bei Video- und TV-Produktionen werden Totalen in der Regel nicht eingesetzt. Die Wirkung ist auf dem kleinen Bildschirm beschränkt und die Auflösung ist zu gering (gilt nicht für HDTV).

Halbtotale

Die Halbtotale zeigt nur noch einen Szenenbildausschnitt und ist eher objektorientiert. Dadurch setzt sie bereits eine Gewichtung. Eine Halbtotale zeigt zum Beispiel nur noch das oben erwähnte Bergdorf ohne die Umgebung, im Wohnzimmerbeispiel würde der Raum nur noch halb abgebildet. Typisch für Halbtotalen ist, dass Personen noch in voller Größe abgebildet werden. Man könnte auch sagen, die Halbtotale zeigt Menschen und ihre direkte Umgebung. Statt der Totalen werden bei Standard-TV-Produktionen Halbtotalen genutzt.

Halbnah

Eine Halbnahe bezieht sich immer auf eine Person oder ein konkretes Objekt. Hier ist das Szenenbild nicht mehr der Maßstab. Es wird nur ein Teilausschnitt des Szenenbildes aufgenommen und durch die Halbnahe wird ein Hauptbildmotiv festgelegt. Bei Menschen zeigt die Halbnahe die Figur von den Knien an aufwärts bis zu den Haaren. Der Bildausschnitt lässt nur noch die unmittelbare Umgebung des Hauptmotivs sehen. Halbnahe Einstellungen sind von ihrer Wirkung her relativ bescheiden. Oft wirken sie beliebig und nicht besonders spannungsreich im Bild. Die Halbnahe ist im Prinzip identisch mit der amerikanischen Einstellung.

Die Amerikanische

In der Einstellungsbeschreibung ist die Amerikanische praktisch identisch zur Halbnahen, der Unterschied besteht lediglich darin, dass die Amerikanische sich immer auf Personen bezieht und im Zusammenhang mit Dingen nicht benutzt wird. Der Begriff hat zwei Ursprünge. Zum einen ist er auf Westernfilme zurückzuführen, dabei wurden die Cowboys vom Knie an aufwärts formatfüllend gefilmt, damit der Colt immer im Bild blieb, auch wenn er nicht gezogen wurde. Zum anderen war die Einstellung zur Einführung des amerikanischen Fernsehens beliebt, da Fernsehsprecher und Reporter erst ab dieser Einstellungsgröße genügend scharf abgebildet werden konnten. Halbtotalen und Totalen waren zu unscharf bzw. in ihrer Auflösung zu beschränkt, um Mimik und Gesichter scharf auf dem Bildschirm abzubilden.

Nahaufnahme

Eine Nahaufnahme zeigt etwa ein Drittel eines Objektes oder einer Figur. Die Nahaufnahme lenkt den Blick des Zuschauers deutlich auf eine bestimmte Stelle. Reporter oder Interviewpartner werden häufig in Nahaufnahmen gezeigt, dabei sind die Personen etwa ab Bauch oder Brusthöhe im Bild. Bei Gebäuden zeigt eine Nahaufnahme zum Beispiel nur den Eingangsbereich.

Großaufnahme oder Close-up

Die Großaufnahme zeigt einen kleinen Ausschnitt eines Szenenbildes oder Menschen. Bei Personen wird der Kopf bildfüllend abgebildet. Diese Einstellungen vermitteln eine extreme Gewichtung und Intimität. Großaufnahmen können enttarnend sein, weil sie ein Gesicht charakterisierend zeigen. Sie sind für TV-Produktionen sehr geeignet, weil sie auch bei geringer Bildauflösung Einzelheiten vermitteln. Im Bereich des Kinofilms gibt es eine Reihe von klassischen Beispielen, wie über die Kombination von Totalen einer Szene und Großaufnahmen von Gegenständen diesen eine ganz besondere Bedeutung zugeordnet wird: Sei es ein Messer, das in der Totalen der Szene kaum auffällt und durch eine Großaufnahme plötzlich unglaubliches Gewicht bekommt, oder ein Telefon. Auf Gegenstände bezogen, vermittelt ein Close-up eine besondere Erwartungshaltung: »Mit diesem Gegenstand passiert noch etwas ...«

Detail- oder Ganzgroß-Aufnahme

Spätestens seit dem Film »Spiel mir das Lied vom Tod« von Sergio Leone (1969) ist diese extreme Form der Großaufnahme etabliert. Sie zeigt bei Personen nur Teile eines Gesichts wie den Mund oder die Augen. Da die extreme Nähe in der täglichen Wahrnehmung kaum stattfindet, hat solch eine Einstellung immer

13.5 Kameraeinstellungen und Wirkung

etwas Besonderes und gelegentlich auch Künstliches. Eine Detailaufnahme kann intimste Regungen vermitteln.

Makro

Die Makroeinstellung wird vor allem im Natur- oder Industriefilm genutzt. Dabei kann bis auf wenige Millimeter mit dem Camcorder-Objektiv an das zu filmende Objekt herangegangen werden. Das größte Problem bei Makroaufnahmen ist die Ausleuchtung, denn Kamera und Objektiv blockieren oft den Lichtweg. Die Einstellung bietet meist nur eine geringe Tiefenschärfe. Objekte werden bis zum Faktor 1:1 abgebildet, bei einer Projektion wirkt das wie eine Videoaufzeichnung durch ein Vergrößerungsglas oder ein kleines Mikroskop.

Perspektive

Die Perspektive und damit der Blickwinkel legt fest, wie etwas wirkt. Allein der Standort der Kamera und nicht die Brennweite bestimmt die Art der Perspektive. Deshalb wird beim Zoomen auch nie eine perspektivische Änderung erreicht. Die Veränderung der Perspektive ist eines der wichtigsten Gestaltungsmittel des Films, deshalb ist es dringend zu empfehlen, so oft wie möglich den Kamerastandort zu wechseln. Eine goldene Regel lautet: Wer einen optisch ansprechenden und guten Film drehen will, muss sich viel mit der Kamera bewegen.

In der Psychologie der Wahrnehmung assoziieren Perspektiven auch Gefühle:

- Perspektive von unten, schräg nach oben: aufschauend. Das gezeigte Objekt oder die Person wird als übermächtig, groß, beeindruckend oder bedrohlich empfunden – abhängig auch vom Licht.
- Perspektive auf gleicher Höhe: eben. Gezeigte Objekte oder Personen werden als gleichwertig empfunden.
- Perspektive von oben: herabschauend. Personen oder Objekte können einen mickrigen, kleinen, unscheinbaren, ohnmächtigen und unscheinbaren Charakter bekommen.

Ungewöhnliche Perspektiven können neben ihrer ästhetischer Wirkung auch störende Faktoren sein. Werden zum Beispiel Dialoge in extremen Perspektiven gedreht, kann die II

Inhalte karikieren (ins Lächerliche oder Absurde führen).

Kamerafahrten

Kamerafahrten verändern beständig den Blickwinkel auf das Geschehen und sind ein sehr schönes Mittel, um ein räumliches Gefühl für die Szene zu vermitteln. Ganz anders als Schnittfolgen erlauben sie dem Zuschauer, den Raum zu erfühlen und Größenverhältnisse wahrzunehmen.

Achs(en)sprung

Der Achssprung gilt häufig immer noch als übelster Schnittfehler und ganze Generationen von Filmemachern halten daran fest. Zunächst, was ist eigentlich ein Achssprung? Nimmt man eine Einbahnstraße, ist das Phänomen relativ einfach zu erklären: In der Szene soll ein Auto die Einbahnstraße entlangfahren. Das ist schon alles. Durch dieses Auto wird eine Handlungsachse bestimmt. Eine Handlungsachse beschreibt eine unsichtbare, gedachte Linie am Drehort, auf der sich die Handlung abspielt. In diesem Fall entspricht die Handlungsachse der Einbahnstraße. Wenn man nun diese Szene mit einer Kamera aufzeichnen will und das Drehbuch sieht vor, dass das Auto seitlich zu sehen sein soll, kann man sich zunächst aus der Sicht des Autos gesehen für die linke oder rechte Straßenseite frei entscheiden. Diese Entscheidung hat eine große Tragweite für die Wirkung im Bild. Entscheidet sich der Regisseur für die rechte Straßenseite (vom Fahrzeug aus gesehen), wird das Auto auf dem Bildschirm später vom linken Bildschirmrand zum rechten Bildschirmrand fahren. Entscheidet sich der Regisseur für die linke Straßenseite (wieder vom Fahrzeug aus), wird das Fahrzeug später auf dem Bildschirm vom rechten Bildschirmrand zum linken fahren. Schneidet man beide Aufnahmen später zusammen, liegt ein typischer Achssprung vor. Der Eindruck einer Einbahnstraße ist verloren, denn der Zuschauer sieht das Auto einmal in die eine Richtung und das andere Mal in die andere Richtung fahren.

Abbildung 13.1
Achssprung

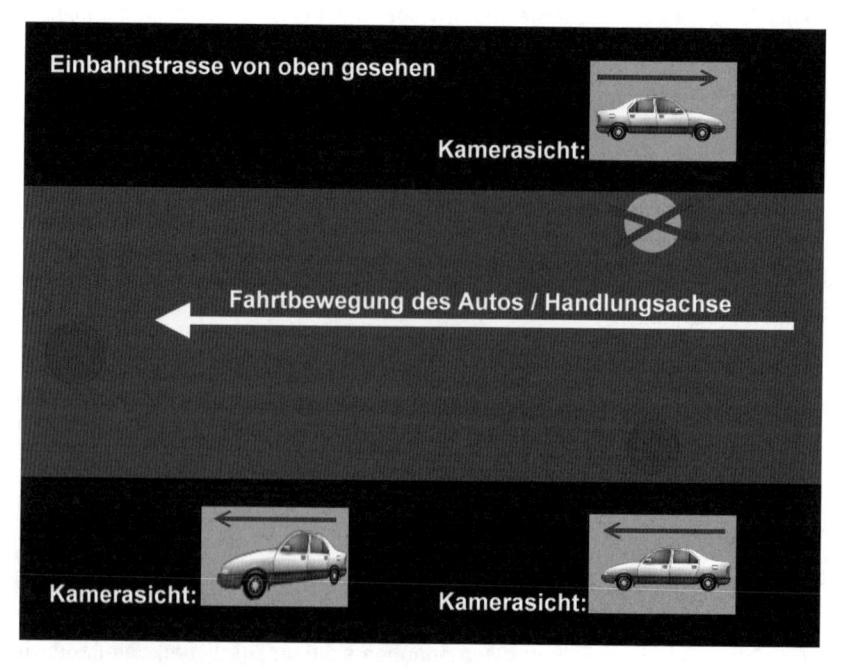

Die Grundregel lautet: Handlungsachsen dürfen beim Drehen von der Kamera nicht gekreuzt oder überschritten werden. Wenn das geschieht, verliert der Zuschauer die räumliche Orientierung. Das gilt übrigens auch für Talkshows

(Handlungsachse hier die Reihe der Gesprächspartner bzw. eine gedachte Linie zwischen ihnen) oder Dialoge. Bei Dialogen ist die Wirkung eines Achssprungs extrem fatal, denn auf dem Bildschirm erscheinen die angeblich miteinander sprechenden Personen jeweils an der gleichen Stelle. Der Zuschauer ist es aber gewohnt, bei Dialogen hin- und herzuschauen, also einen Gesprächspartner eher leicht links und den anderen leicht rechts auf dem Bildschirm zu sehen. Jede Regel hat natürlich ihre Ausnahme. Wenn ein Achsensprung aus irgendwelchen Gründen doch einmal stattfinden muss, kann der Zwischenschnitt einer länger stehenden Totalen helfen, dem Zuschauer die Chance zur Orientierung zu geben. Ganz abgesehen davon haben amerikanische Avantgardefilmemacher wie Jim Jarmusch den Zuschauer für mündig und reif genug erklärt, den Achssprung auch als künstlerisches Mittel zu sehen: Dadurch, dass gerade beim Dialog der oben erwähnte Effekt auftritt, kann auch ein besonderer Reiz entstehen.

Länge der Einstellungen

Einstellungen sollten immer lieber zu lang als zu kurz aufgezeichnet werden. Kürzen kann man bei der Nachbearbeitung immer noch. Oft wird erst beim Schnitt deutlich, dass ein etwas längerer Stand auf ein Motiv gut in die Schnittfolge und zum Kommentar passen würde. Grundsätzlich muss sich die Länge einer Einstellung nach dem Bildinhalt richten, das kann auch durch die Dauer der vor der Kamera ablaufenden Bewegung bestimmt werden: also zum Beispiel durch das vorbeifahrende Fahrzeug in einer Straße. Die Einstellung sollte möglichst so lange gedreht werden, bis das Bild keine Bewegung mehr zeigt. Auch Schwenks sollten – natürlich – komplett gedreht werden. Angeschnittene Schwenks sind meist unbrauchbar. Ein Schwenk wird normalerweise komplett eingeschnitten, das heißt von Beginn bis Ende und die Schwenkdauer bestimmt den späteren Schnittrhythmus. In der Praxis kann das heißen:

Ein Autobahnstück mit vorbeirauschenden LKWs soll gefilmt werden. Das kann mit einer festen Einstellung im Weitwinkelbereich gedreht werden oder auch mit einem Schwenk. Wenn der fertig geschnittene Film nicht zu lange dauern soll, wäre die feste Einstellung die bessere, weil die LKWs schnell durchs Bild gefahren sind und im nächsten Schnitt schon an einem Rasthof stehen könnten. Dadurch kann also eine längere Zeitspanne in der Realität durch diese Drehtechnik überbrückt werden, ohne dass für den Betrachter eine Ungereimtheit entsteht. Bei einem Schwenk müsste der Cutter warten, bis die LKWs ebenfalls aus dem Bild verschwunden sind – und das kann dauern.

Zoom

Der Zoom (das Verändern des Bildausschnittes durch die Brennweite bei laufender Kamera) ist im Ursprung kein echtes Stilmittel und kam erst mit den 60er Jahren auf. Genervte Kameramänner hatten schon seit Beginn der Filmära bemängelt, dass das Wechseln von Objektiven zeit- und nervtötend sein kann. Teilweise musste für jede Einstellung das Kameraobjektiv gewechselt werden. Erst mit Erfindung der Gummilinse, auch Vario- oder Zoomobjektiv genannt, änderte sich die Situation. Etwa seit Mitte der 50er Jahre konnten Zoomobjektive in akzeptabler Qualität hergestellt werden. Als die neue Technik schließlich die Kinoproduktionen in den 60ern erreichte, experimentierten eine ganze Reihe von Regisseuren und Kameraleuten damit. Der Zoom wurde bedingt als neues Stilmittel akzeptiert. Durch ein Heranziehen (Vergrößern) eines Objektes oder einer Person wird die Wichtigkeit erhöht. Vor allem im TV-Bereich ist der Zoom gängig. Er ist allerdings mit großer Vorsicht zu genießen. Ein Zoom gibt an sich keine zusätzlichen Bildinformationen, es werden zwar in der Zoombewegung mehr Details des Bildausschnittes sichtbar, aber meist gehen diese durch die Bewegung selbst wieder verloren bzw. werden dadurch nicht wahrgenommen. Ein Zoom ändert nicht die Perspektive, sondern entzieht dem Bild Räumlichkeit durch geringere Tiefenschärfe. Im professionellen Bereich werden Zooms nur sparsam und wohlüberlegt eingesetzt, oft ist ein Schnitt mit Kamerastandortwechsel die bessere Alternative.

13.6 Licht und Ausdruck

Eine der häufigsten Lichtsituationen ist das so genannte *Drei-Punkt-Licht*. Zunächst sollte der Kamerastandort und die Perspektive mit Bildausschnitt klar sein. Um das Licht einzurichten, ist es häufig sinnvoll, so genannte *Stand-ins* einzusetzen, das sind *Lichtdoubles*, die einfach in der Szene als Laien die Positionen der späteren Darsteller oder Interviewgäste besetzen, um dem Beleuchter die Arbeit zu erleichtern und Anhaltspunkte zu geben.

Das Drei-Punkt-Licht bezieht sich auf Personen oder Objekte und den Raum. Dabei kann ein einzelner Scheinwerfer mehrere Funktionen gleichzeitig erfüllen. Das *Führungslicht* kann zum Beispiel nicht nur den Schauspieler, sondern auch den Raum ausleuchten.

Führungslicht

Das Führungslicht (auch *Keylight* genannt) kommt in der Regel aus der Richtung oder zumindest der Nähe der Kamera. Der Zuschauer wird später dieses Licht als Hauptlichtquelle wahrnehmen und assoziieren. Nur das Führungslicht darf tatsächlich sichtbare Schatten werfen, um für den Zuschauer später eine Orientierung zur Lichtquelle zu ermöglichen. Je nach Lichtstimmung kann es diffus oder auch gerichtet sein. Zum Beispiel werfen klare Glühlampen Schlagschatten, und soll ein Raum mit Glühlampenbeleuchtung nachgestellt werden, ist das zu berücksichtigen. Das Führungslicht muss nicht unbedingt das hellste Licht sein, sollte aber heller als das Grundlicht sein.

Grundlicht und Aufhellung

Das *Grundlicht (Background Light)* ist zunächst praktisch ein immer diffuses Licht, das die Szene ohne Schattenwurf beleuchtet. In der Regel wird das Licht über milchige Folien oder über Reflektoren, – auch indirekt – gesetzt. Die Aufhel-

13.6 Licht und Ausdruck

lung (*Fill*) sorgt dann dafür, dass Schattenpartien des Führungslichtes, also zum Beispiel die im Schatten liegende Gesichtshälfte des Schauspielers aufgehellt wird. Bei Tagesszenen sollte diese etwa zwei Blenden dunkler sein als die vom Führungslicht beleuchtete Gesichtshälfte. Je nach Verhältnis zwischen Führungslicht und Aufhellung entsteht ein eigener Filmstil in der Lichtführung.

Spitzlicht, Kantenlicht oder Effektlicht

Das *Spitzlicht*, auch *Effektlicht*, *Kantenlicht* oder *Haarlicht* genannt, soll den Darsteller plastisch vom Hintergrund abheben. Vor allem bei Videoproduktionen mit geringer Auflösung wurde dadurch mehr Bildschärfe suggeriert. Dieses Licht ist fast immer ein hartes Licht und wird im Sinne eines *Fast-Gegenlichts* gesetzt und ist heller als das Führungslicht. Teilweise wird heute auf dieses Effektlicht verzichtet, weil es nicht immer natürlich wirkt.

Wenn sich Personen in einer Szene bewegen, kann man nicht für alle Bewegungspositionen ein optimales Licht erzeugen. In der Praxis werden deshalb Lichtinseln gesetzt. Sie sind für Dialoge und Handlungsstopps vorgesehen. Zwischen den Lichtinseln wird die Szene durch Grundlicht beleuchtet. Lichtkontraste zwischen Lichtinseln und Grundlicht sollten weich sein, damit an keiner Stelle des Bewegungsverlaufes plötzlich harte Schatten auftreten.

Typische Stilrichtungen in der Beleuchtung von Szenen

- **High Key**: Hier kommen nur sehr geringe Kontraste zwischen Grundlicht, Führung und Aufhellung vor. High Key kann auch leicht überbelichtet wirken und wird oft im Sinne von positiv belegt – weil hell – bei Werbung eingesetzt. Das Blendenverhältnis zwischen Führungslicht und Aufhellung liegt etwa bei 2:1. Wobei 2:1 bedeutet, dass im Schattenbereich durch die Aufhellung die Helligkeit eine Blendenstufe unter dem Führungslicht liegt.

Abbildung 13.2
Künstlicher High Key in der Nachbearbeitung erzeugt

Abbildung 13.3
Originalmaterial

- **Low Key**, stammt vor allem aus den 60er Jahren und das Blendenverhältnis liegt etwa bei 4:1.

Abbildung 13.4
Darsteller in Low Key gehalten

- Blendenverhältnisse in Gesichtshälften von 5:1 wirken schon dramatisch. Der Schattenbereich wird wenig durchgezeichnet, diese Bildbereiche saufen ab. Bei höheren Werten kommt es zum Schlagschatten. Das entspricht Nachtsituationen bei Scheinwerferbeleuchtung im Freien. Das Fill ist dann praktisch nicht vorhanden.

Grundsätzlich werden die meisten Filme möglichst farbneutral gedreht und ein Weißabgleich vorgenommen. Es kann allerdings gewünscht sein, durch leichte Farbverschiebungen subtil Gefühle zu vermitteln.

Wirkungen durch Farbverschiebungen

- **Leicht rötliche Bildtönung:** wirkt wärmer, steht für Glühlampen und Kerzenlicht, auch Gaslampen

Abbildung 13.5 auf DVD
Originalmaterial

- **Leicht bläuliche Bildtönung:** wirkt kälter, steht oft für Science-Fiction, Industrie und Fortschritt

13.6 Licht und Ausdruck

- **Leicht grünliche Bildtönung:** assoziiert Leuchtstoffröhren, Supermarkt- und Hallenbeleuchtung, eher abstoßend

- **Starke rote Bildtönung:** Sonnenuntergang

- **Starke blaue Bildtönung:** amerikanische Nacht

Abbildung 13.6 auf DVD
Rot angereichert, um Kneipenszene zu betonen

Die *amerikanische Nacht* ist gekennzeichnet durch eine extreme Verschiebung ins Bläuliche. Vor allem weil Filmmaterial sehr viel Licht benötigte, war es lange Zeit beinah unmöglich, Nachtszenen zu drehen. Um sich zu behelfen, wurde bei strahlendem Sonnenschein gedreht und der Rotanteil des Tageslichtes herausgefiltert, dadurch entsteht eine eigene Ästhetik, die einer extremen Mondnacht nicht unähnlich ist.

Licht ist eines der stärksten Gestaltungsmittel. Schatten und Dunkelheit regen die Phantasie des Zuschauers an. Entscheidend kann sein, was man als Zuschauer *nicht* sieht, aber ahnt, weniger, was wirklich zu sehen ist. Insofern gilt es, darauf Rücksicht zu nehmen. Schatten können Bilder unterschwellig wirken lassen:

- Kein Schatten: Bilder wirken flach, ohne Raum, spannungslos und künstlich

- Harte, eventuell lange Schlagschatten: Bilder können bedrohlich wirken, Bilder vermitteln viel Raum und extreme Tiefe – im expressionistischen Film gern genutzt

- Weiche helle Schatten: positive Stimmung, übersichtlich, erhellend, fröhlich, aber oft steril

- Weiche dunkle Schatten: bedeckte bedrückte Stimmung

- Weiche mittlere Schatten und klare kleine begrenzte Schlagschatten: natürliche Wirkung

Vor allem britische und deutsche Videoproduktionen der frühen achtziger Jahre sind Extrembeispiele für unnatürliche Lichtführung. Selbst unerfahrene Zuschauer stellten sofort fest, dass manche Serien dieser Zeit in Produktionsstudios gedreht wurden. Die Bilder waren völlig flach und ohne jegliche Tiefe.

Abbildung 13.7
Originalszene

Kapitel 13

DIE PRODUKTION

Abbildung 13.8
Bearbeitete Szene mit Raumschiff

Abbildung 13.9
Künstlicher Schatten erzeugt in Nachbearbeitung

Abbildung 13.10
Künstliches Licht und künstlicher Schatten mit 3D-Modell in realer Aufnahme

Abbildung 13.11
Tageslicht als klares Führungslicht

Abbildung 13.12
Gegenlicht als Gestaltungsmittel

Abbildung 13.13
Gegenlicht mit Aufheller

13.7 Schnittart und Schnittgeschwindigkeit

Filme haben ihren eigenen Rhythmus, der durch *Schnittgeschwindigkeit* und *Schnittart* bestimmt wird. In der Wahrnehmung des Zuschauers wird das meist nur unterbewusst registriert. Dabei ist es ein wesentliches Element der Spannung und der Art und Weise, wie ein Film Informationen transportiert. Die Geschwindigkeit des Schnittes bestimmt unter anderem, wie schnell Informationen transportiert werden. Seit der Einführung von Musikvideosendern wie Viva oder MTV in den achtziger Jahren haben sich die Sehgewohnheiten massiv verändert. Unscharfe Bilder und schnelle Schnitte unterhalb einer Standzeit von einer Sekunde sind seitdem akzeptiert, ja, haben eine eigene Ästhetik begründet. Im klassischen Sinn wurde in der Zeit vor 1985 selten eine Schnittgeschwindigkeit von einer Sekunde unterschritten – auch bei Musikvideoclips. Nicht unüblich sind seitdem auch Schnitte in der Bewegung und Schnittkombinationen von Stativaufnahmen und bewegter, zum Teil auch verwackelter Handkameras. Verwackelte Aufnahmen werden oft als authentisches, ungestelltes und dokumentarisches Originalmaterial präsentiert, obwohl die Szenen in Wirklichkeit gestellt sind. Zusammenfassend lässt sich sagen, dass jegliche Tabus im Zusammenhang von Schnitt und Kombination von Kameraperspektiven gefallen sind.

Klassische Einschränkungen beim Schnitt im Sinne der bis etwa 1985 geltenden TV- Ästhetik

- Schnitte unter zwei Sekunden waren die Ausnahme.

- Kombinationen von Handkamera und Stativaufnahmen wurden nur bei begründeten dramaturgischen Übergängen zugelassen (Beispiel: subjektive Kamera, also Kamera zeigt plötzlich das Geschehen aus der Sicht einer Hauptfigur).

- Schwenks und Bewegungen waren komplett darzustellen, bevor ein Schnitt folgte.

- Verwackeltes Material wurde als unprofessionell deklariert und nicht zum Schnitt zugelassen.

- Qualitativ minderwertiges Originalmaterial (VHS) wurde nicht zur Ausstrahlung zugelassen (heute als Stilelement teilweise begehrt).

- Eine Reihe dieser Einschränkungen gilt auch heute noch in vielen Redaktionen öffentlich-rechtlicher TV-Stationen. Wie so oft bestätigen Ausnahmen die Regel: Besonders fortschrittlich im Sinne der geänderten Ästhetik sind die Fernsehredaktionen von Polylux oder der Sendung ohne Namen im Österreichischen Fernsehen. Grundsätzlich sollte der Einsatz außergewöhnlicher ästhetischer Mittel bei TV-Produktionen mit der zuständigen Redaktion vorher abgeklärt werden. Nicht alles, was bei Musikvideoclips möglich ist, wird in normalen Beiträgen oder Dokus akzeptiert.

Grobe Richtlinien zur Schnittästhetik

- Schnitte von Bildern, die den gleichen Bildaufbau oder die gleiche Bildstruktur haben, wirken langweilig.

- In der Wahrnehmung des Zuschauers werden aufeinander folgende Schnittbilder zu einem Gesamtbild vereint.

- Bewegungen können über einen Schnitt fortgeführt oder gebrochen werden. Beispiel: Fährt ein Zug von links nach rechts im Bild, kann es ästhetisch sein, auf einen LKW umzuschneiden, der ebenfalls von links nach rechts durchs Bild fährt etc.

- Linkslastige Bildaufbauten sollten im Schnitt durch rechtslastige Bildaufbauten aufgelöst werden. Beispiel: Dialog (*Shot und Gegenshot*).

- Überblendungen können als Hilfsmittel eingesetzt werden, um unpassende Schnittfolgen zu »soften«.

- Zu gleichförmige Standzeiten (Schnittlängen) wirken oft langweilig.

- Gleiche Einstellungen hintereinander vermeiden. Also nicht Totale auf Totale etc.
- Lichtstimmungen beachten.
- Auch bei einem Perspektiv- und Einstellungswechsel dürfen Haltungen einer Figur oder eines Darstellers innerhalb einer Szene nicht zu sehr auseinander klaffen, wenn eine Handlung fortgeführt wird. Beispiel: Figur hält im Gespräch Zigarette am Mund, nach dem Einstellungswechsel sollte die Zigarette nicht plötzlich im Aschenbecher liegen.

13.8 Form und Inhalt

Wer eine Tafel Schokolade im Supermarkt kauft, erwartet Schokolade als Inhalt und keine Salami. Das ist völlig klar. Beim Film wiederum scheint das nicht so zu sein, hier werden allerlei Mogelpackungen angeboten, mit mehr oder minder Erfolg. Das beginnt bereits bei einzelnen Einstellungen und endet bei ganzen Filmen. Nun kann man den Standpunkt vertreten, dass Film ohnehin oft nichts anderes als nachgespielte (*gefakte*) oder inszenierte Realität (Spielfilm) sei und dass das nichts Verwerfliches sei. Das gilt mit Sicherheit, solange der Zuschauer weiß, was er vorgesetzt bekommt. Wird aber eine Erwartungshaltung bewusst missbraucht oder aber ignoriert, kann das ernsthafte Probleme aufwerfen. Zunächst ein sehr krasses Beispiel: Würde in einer Nachrichtensendung urplötzlich ein Westernheld das Nachrichtenstudio betreten und den Nachrichtensprecher erschießen, würde kaum jemand einen Gag oder eine Inszenierung vermuten. Der TV-Sender müsste mit besorgten Anrufern, wenn nicht gar mit einem Polizeieinsatz rechnen, weil Zuschauer vermuten würden, ein Schauspieler sei durchgedreht, habe das Studio gestürmt und den Nachrichtensprecher wirklich erschossen. Der Westernheld wirkt also in einer Nachrichtensendung – völlig unabhängig davon, wie gut das Kostüm ist – nicht als Figur, sondern er wird zurückgeführt auf das, was er ist: ein Schauspieler. Dieses im ersten Moment wirklich absurde Beispiel einer inszenierten Nachrichtensendung findet allerdings seine Entsprechungen im wirklichen Fernsehleben. Immer häufiger werden Fiktion (Geschichte, Vorstellung) und Realität so vermischt, dass selbst der geübte Beobachter Schwierigkeiten hat, festzustellen, was nun wirklich noch real ist und was Erfindung. Vor allem unter den Begriffen Dokusoap, Dokushow oder Talkshow ist fast alles möglich. Manches entbehrt dabei nicht einer gewissen unbeabsichtigten Komik.

Ein Ausflug in die Vergangenheit

Zunächst möchte ich ein paar Klassiker vorstellen, die als Ausgangspunkt der Entwicklung zu sehen sind.

Am 30. Oktober 1938 kam es in den USA zu einer Massenpanik. Der Auslöser war eine Radiosendung mit Orson Welles. Es handelte sich um eine fiktive Reportage über gelandete Marsmenschen, die die Erde beherrschen wollen. Das

Ganze basierte auf dem Buch »Krieg der Welten« von H. G. Wells. Die Radiosendung wirkte so überzeugend, dass Tausende von Zuhörern glaubten, dass tatsächlich Marsmenschen in diesem Augenblick die Erde überfallen würden. Die Tumulte und die Massenflucht der amerikanischen Radiohörer hätte man eigentlich voraussehen können, hätten die Programmverantwortlichen bei CBS nur kurz über die Situation eines Radiohörers nachgedacht: Nur wenige Hörer lesen Programmzeitschriften und schalten Radio gezielt ein, um ein Hörspiel zu hören, das war auch damals so. 1938 war Radio primär ein Informationsmedium, Fernsehen gab es noch nicht, Zeitungen waren langsam. Viele Zuhörer schalteten mitten in der Sendung ihre Radiogeräte ein, dadurch fehlte jeglicher Hinweis darauf, was denn da zu hören war: Fiktion oder Wirklichkeit? Für die meisten Zuhörer war klar, dass es sich um eine reale Situation handeln musste. Ein typisches Beispiel dafür, wie die Form den Inhalt bestimmt: Aus einer Geschichte wurde Realität. Hätte Orson Welles nur das Buch »Krieg der Welten« vorgelesen, wäre es mit Sicherheit gelassener aufgenommen worden als die vermeintliche Reportage.

Ähnliche – wenn auch deutlich bescheidenere – Auswirkungen hatte ein Aprilscherz im deutschen Fernsehen Anfang der 80er Jahre (noch vor der Einführung der privaten Fernsehsender). Literaturfachleute und Politiker (Lothar Späth, damals Ministerpräsident von Baden-Württemberg) diskutierten über den verschollenen Dichter Beck-Dülmen, der angeblich über Jahrzehnte ignoriert und nun wiederentdeckt worden sei. Beck-Dülmen wurde in einem Atemzug mit Goethe und Schiller genannt und eine gefakte Reportage stellte den Dichter und sein Leben vor. Die Folge war ein Run auf Buchläden, um Werke des vermeintlichen Dichters zu bekommen. Obwohl der Aprilscherz eigentlich offensichtlich sein sollte, verstand der Zuschauer ihn nicht. Tatsächlich führte die Sendung zu Protesten, beleidigten Zuschauerreaktionen und einer Diskussion über Rechte und Pflichten des öffentlich-rechtlichen Fernsehens.

Ein weiterer Schritt in die Richtung der Vermischung von Realität und Fiktion war der Kinofilm »The Blair Witch Project«. Der mit minimalem Budget produzierte Film kam 1994 ins Kino. Auf der Basis von Videoaufnahmen, die angeblich in einem Wald gefunden wurden, zeigte der Streifen ein vermeintliches Forschungsprojekt mehrerer Studenten, die versuchten, eine Hexe ausfindig zu machen. Die Videoaufnahmen (und damit der ganze Film) waren bewusst im Amateurstil gehalten und großteils verwackelt und unscharf. Über das Internet war suggeriert worden, die Studenten seien wirklich verschwunden und das Ganze habe real stattgefunden. Der Film wurde ein Riesenerfolg und diese »neue« Filmform (*Dokufake*) wurde teilweise von Kritikern als neues Genre gefeiert.

In der Fortsetzung kann man Fernsehserien wie »Big Brother« sehen, die dem Zuschauer eine inszenierte wirkliche Realität zeigen: Eine Gruppe von Personen wird eingeschlossen und mit der Kamera begleitet. In diesem Fall ist die Situation für den Zuschauer noch nachvollziehbar und gewissermaßen offensichtlich. Bei Talkshows, Dokusoaps und ähnlichen Formaten ist das nicht mehr der Fall.

Praktisch 90 Prozent aller Talkgäste oder gezeigten Opfer und Täter sind gefakt. Für Sendungen wie »Das Geständnis« oder »Zwei bei Kalwass« werden Drehbücher geschrieben und sämtliche Fragen und Antworten sind festgelegt. Die Darsteller sind Laiendarsteller, die je nach Bedarf vorgeben, Probleme zu haben oder gewalttätig zu sein. Selbst das Publikum wird, je nach Sendung oder Talkshow, für die Mitwirkung bezahlt.

Die Gegenwart

Dieser Ausflug in die Geschichte zeigt, dass auch Film- oder Fernsehformen sich ändern und heutzutage die Toleranz gegenüber Formaten größer geworden ist. Und dennoch gibt es Einschränkungen. Soll ein Thema wirklich ernsthaft und seriös präsentiert werden und hat es eher nachrichtlichen Charakter, sollte berücksichtigt werden:

- Extravagante Perspektiven können das Thema lächerlich darstellen oder Distanz schaffen.
- Aussagen (Statements) sind nur glaubwürdig, wenn sie spontan und nicht abgelesen wirken.
- Inszenierungen (Spielszenen) sollten als Inszenierung erkennbar sein und gekennzeichnet werden, um nicht Gefahr zu laufen, dass der gesamte Film als Fake abgetan wird.
- Übertreibungen vermeiden.

Viele Kunden verlangen heute außergewöhnliche Image- oder Informationsfilme. Oft heißt es in Vorbesprechungen: Da könnte man doch nachspielen, wie dies und das in unserer Firma passiert, so wie im Spielfilm. Dagegen ist grundsätzlich nichts einzuwenden, nur bleibt die Frage, wie gut dieses Nachspielen funktioniert bzw. warum muss man es spielen, wenn es offensichtlich auch wirklich passiert. Für reine Informationen ist eine Spielfilmform sicher nicht passend. Das heißt nicht, dass nicht eine spielfilmähnliche Dramaturgie eingesetzt werden sollte, aber Spielhandlungen können nur begrenzt harte Fakten transportieren. Wie das Wort Spiel schon andeutet, wird Spielfilm eher mit etwas weniger Ernst verbunden und wahrgenommen.

Die Bildsprache

Neben der Dramaturgie, die bereits in diesem Kapitel behandelt wurde, spielt die Bildsprache und der Bildaufbau eine wichtige Rolle dabei, wie ein Film wirkt: Gute Bilder sind oft einfach aufgebaut, klar strukturiert und angeordnet. Die Größe einer Figur oder eines Gegenstandes im Verhältnis zu anderen im Bild sichtbaren Objekten wird nur durch die Entfernung zur Kamera bestimmt und hat damit Einfluss auf die Gewichtung. Ein überdimensional groß wirkendes Telefon im Bildvordergrund wird vom Zuschauer in einem Spielfilm als unglaublich wichtig eingestuft, kann aber in einem Dokumentarfilm völlig übertrieben und lächerlich wirken.

Der goldene Schnitt

Der Bildaufbau, also die Aufteilung des Bildes, wird auch heute noch gern im Sinne des *goldenen Schnitts* vorgenommen. Der goldene Schnitt ist eine Regel aus dem Altertum, um Flächen auf einem Bild in einem ästhetischen Verhältnis anzuordnen. Letztlich überträgt der goldene Schnitt, salopp ausgedrückt, menschliche Körperproportionen (das Verhältnis von Armen und Beinen zum Gesamtkörper etc.) auf ein Bild. Bereits bei einem Bild einer Wiese und blauem Himmel kann der goldene Schnitt angewandt werden: Bei einem Bildaufbau, bei dem das Verhältnis von Wiese zu Himmel rund 3:5 entspricht, ist der goldene Schnitt realisiert worden. Exakt lautet die Formel für den goldenen Schnitt:

a verhält sich zu b wie a+b zu a. Wobei a und b zusammen eine Strecke bilden.

Abbildung 13.14
AS verhält sich zu SB wie AB zu AS

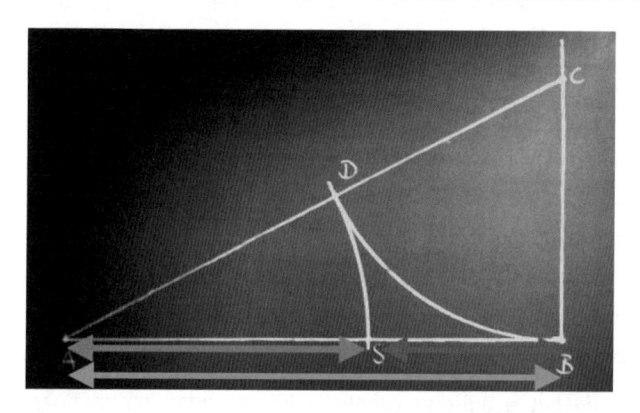

Je nach Bildformat bzw. Videoformat (4:3 oder 16:9) kann es sich schwierig gestalten, im Sinne des goldenen Schnittes zu arbeiten. Grundsätzlich ist die Regel eine Möglichkeit, Bilder zu strukturieren, aber kein Muss. Es kann beispielsweise eine Landschaftstotale, entweder mit einem oder mit zwei Drittel Himmel, bezogen auf die Bildfläche, aufgenommen werden. Die Horizontlinie im oberen Bilddrittel bringt einen Spannungsgewinn, legt den Schwerpunkt der Bildaussage auf den Vordergrund und betont ihn. Wird das Verhältnis umgedreht, also bei zwei Drittel Himmel, werden Weite und Offenheit hervorgehoben. Bilder sind immer in ihrer Höhe und auch in ihrer Breite begrenzt. Der Abstand von Objekten zum Bildrand ist ein wichtiges Gestaltungsmerkmal. So sollte sich bei der bildfüllenden Aufnahme eines Kopfes das Augenpaar über einer vorzustellenden Mittellinie des Bildschirmes befinden. Wenn die Augen tiefer rutschen, entsteht im Bild oberhalb des Kopfes zu viel Freiraum. Häufig rutscht das Kinn dann auch auf den unteren Bildrand. Gerade bei Köpfen und Figuren ist es wichtig, in deren Blickrichtung Platz zum Bildrand zu schaffen und zu halten, um dem Zuschauer das Gefühl zu geben, auch in diese Richtung schauen zu können. Wird kein Platz gehalten, um dem Blick der Figur zu folgen, hat man als Zuschauer das Gefühl, die Figur würde aus dem Bild sehen.

Die subjektive Kamera

Alle Kameraaufnahmen werden immer subjektiv sein, schließlich entscheiden Personen, was in einem Film gezeigt wird und was nicht. Dennoch ist der Begriff *subjektive Kamera* ein Fachbegriff und bezeichnet die Situation, wenn die Kamera aus der Perspektive einer Filmfigur das Geschehen aufzeichnet. In der Regel wird die subjektive Kamera als Schulterkamera oder Steadycam geführt. Die leicht unruhige Kameraführung unterstützt dabei das Gefühl, das Geschehen durch die Augen einer anderen Person zu sehen. In der Natur der Sache liegt es, dass der Blickwinkel und die Eindrücke der Kamera sehr einseitig sind und keinen neutralen Standpunkt erlauben. Aus diesem Grund kann die subjektive Kamera als Stilmittel nicht neutral eingesetzt werden. Sie wird die Perspektive des Zuschauers immer ganz eindeutig in eine Richtung verändern und dabei auch emotionale Wirkung zeigen. Ein Beispiel: In einer Nachrichtensendung wird eine Massendemonstration gezeigt, bei der es zu einer Schlägerei zwischen Polizisten und Demonstranten kommt. Normalerweise wird das in einer solchen Sendung aus einer dritten Perspektive (von außerhalb der Schlägerei) gezeigt. Der Zuschauer erhält zwar nicht unbedingt einen objektiven (der Bildausschnitt beeinflusst bereits), aber neutraleren Eindruck, als wenn die Kamera subjektiv die Schlägerei aus der Perspektive eines Polizisten oder eines Demonstranten zeigen würde, auf die jeweils eingeprügelt wird.

13.9 Kiss, keep it simple (and) stupid

Ursprünglich stammt das Kürzel *Kiss* für *keep it simple and stupid* aus der amerikanischen Radiomacherszene und dort aus dem Bereich Werbung. Grob übersetzt steht der Satz für: Erklär's und mach's so einfach, dass es auch der Dämlichste noch versteht. Der Anlass für die Aussage ist genauso einfach und dämlich wie der Spruch selbst: Private Radiostationen in den USA finanzieren sich vor allem durch und über Werbung, und diese Werbung soll natürlich möglichst von allen verstanden werden. Auch das restliche Radioprogramm jenseits der Werbung soll natürlich von möglichst vielen Leuten gehört und verstanden werden. Das Ergebnis dieses Ansatzes ist, dass tatsächlich im Kopf der Programmverantwortlichen der dümmste und einfachste Zuhörer den Maßstab bildet. Was im Einzelfall vielleicht noch eine gewisse Berechtigung hat, nämlich dass Werbung ja nur dann funktionieren kann, wenn sie auch verstanden wird, erreicht in einer unzulässigen Verallgemeinerung unglaubliche Dimensionen. Inzwischen wird »Kiss« als Gebetsformel zur Gestaltung von Magazinfernsehbeiträgen, Radiobeiträgen und ganzen Programmschienen sowohl bei privaten als auch öffentlich-rechtlichen Sendeanstalten gepredigt. In Deutschland haben, im Gegensatz zu den USA, viele TV-Sender den Anspruch eines Vollprogramms, das bedeutet, dass sie alle Bevölkerungsschichten ansprechen möchten. Dreh- und Angelpunkt ist immer der *DAU* (aus der Computersprache: dümmster anzunehmender User, also hier: Zuschauer) des Programmes. Leider kennt niemand diese Personen tatsächlich und selbst Marktforschungsinstitute können wenig über diesen programmentscheidenden Personenkreis aussagen. Wenn über-

Kapitel 13 — DIE PRODUKTION

haupt, dann heißt es, diese Bevölkerungsschicht würde eine schlechte Schul- und Allgemeinbildung besitzen und wenig Geld verdienen. Im Sinne einer Zielgruppe ist vor allem der angebliche Geldmangel eigentlich abschreckend. Noch spannender wird es, wenn man sich die tatsächlichen Auswirkungen auf Filmproduktionen, Magazinbeiträge und TV-Programme betrachtet:

- Magazinbeiträge dürfen vom Trend her Längen von zwei Minuten nicht überschreiten.
- Filme müssen allgemeine Themen von allgemeinem Interesse behandeln.
- Inszenierte Gesprächsrunden werden echten Gesprächsrunden vorgezogen, weil sie planbar sind.
- Interviews werden immer vorher aufgezeichnet, Live-Gespräche könnten vom Thema abweichen.
- Trailer weisen permanent darauf hin, wann welche Sendungen laufen, auf welchem Sender man sich befindet und was als Nächstes folgt.
- Komplexe Themen werden nicht behandelt, weil sie nicht in einer Sendezeit von maximal fünf Minuten abgehandelt werden können.
- Bereits bekannte Sendeformate und Serien werden gern wiederholt, weil sie Mindesteinschaltquoten garantieren.
- Senderslogans versprechen dem Zuschauer alles Mögliche, haben allerdings mit der Realität nichts zu tun oder verbreiten nur sprachlichen Blödsinn.
- Sendungsverpackungen sind wichtiger als der Inhalt.
- Programmverantwortliche entscheiden, was dem Zuschauer getrost erspart werden kann (Vor- und Abspann eines Filmes zum Beispiel).
- Zugunsten gleicher Produktionsstandards werden individuelle Sendekonzepte gecancelt (abgeschafft).
- Laienschauspieler ersetzen Profidarsteller.
- Echte Locations (Authentizität) werden Studioaufnahmen (teuer) vorgezogen.

Nimmt man diese, beileibe nicht vollständige, Liste und entwickelt daraus das Bild des eigentlichen Zuschauers, wie ihn offensichtlich Redaktionen sehen müssen und Programmverantwortliche und deren Programmberater sehen wollen, könnte man feststellen:

- Der Zuschauer ist dumm – das war bereits klar.
- Der Zuschauer kann keinem Thema länger als zwei Minuten folgen.
- Der Zuschauer interessiert sich nur für das, was alle interessiert.
- Der Zuschauer hasst Überraschungen und liebt es, gespielte Gespräche zu sehen, weil man da weiß, was kommt.

13.9 Kiss, keep it simple (and) stupid

- Der Zuschauer ist völlig planlos und weiß nie, welchen Fernsehsender er eingestellt hat, deshalb muss er dauernd daran erinnert werden.
- Der Zuschauer besitzt keine Tageszeitung oder Programmzeitschrift und muss sich deshalb darauf verlassen können, mindestens drei bis vier Mal in einer laufenden Sendung auf die danach folgende hingewiesen zu werden.
- Ein Zuschauer verlässt offenbar spätestens nach fünf Minuten seinen Platz und ist nicht mehr ansprechbar, deshalb kann er komplexe Themen gar nicht aufnehmen.
- Wenn Zuschauer Serien bereits auswendig können, macht es ihnen noch mehr Spaß, solche Serien wieder anzuschauen.
- Zuschauer sind vor allem durch hübsche Wortkombinationen zu locken, denn Begrifflichkeiten wie ein »Film Film« sind auch den Erfindern inhaltlich eher unklar – klingen aber gut.
- Der Zuschauer ist treudoof. Behauptet ein Sender, er sei aktuell, dann können auch alte Kamellen laufen, der Zuschauer bemerkt das nicht.
- Ein Zuschauer interessiert sich nicht wirklich für ein Filmprodukt, deshalb kann das überflüssige Zeug im Abspann ruhig entfallen.
- Zuschauer lieben Langeweile und Gleichförmigkeit, deshalb sorgen einheitliche Produktionsstandards für Kontinuität.
- Wie ein Schauspieler spielt, interessiert einen Zuschauer nicht. Hauptsache, er sieht so aus, wie man sich so eine Type vorstellt.
- Wenn es im Film so aussieht wie beim Zuschauer daheim, fühlt er sich gut aufgehoben.

Nun wird sich wirklich niemand ernsthaft vorstellen können, dass irgendein Zuschauer diesem Bild entsprechen könnte. So vorurteilsbeladen können Programmplanungen oder Filmkonzepte nicht auf Dauer erfolgreich sein. Bei näherer Betrachtung entpuppt sich so manches Vorurteil zumindest wahrnehmungspsychologisch als reine Seifenblase. Einige allgemein anerkannte Grundsätze:

- Die Konzentration und Aufnahmefähigkeit des Zuschauers lässt bei reinen Informationsfilmen (bebilderte Tonschau) ab 15 Minuten drastisch nach.
- Menschen interessieren sich als soziale Wesen vor allem für menschliche Schicksale (*human interest*).
- Zuschauer empfinden sehr schnell eine Ungereimtheit, wenn das Auftreten einer Person zu gespielt wirkt.
- Zuschauer planen zu einem großen Teil sehr bewusst, was, wo und wie sie etwas sehen (vgl. Absatz von Video- und DVD-Rekordern).
- Auch Filme mit deutlicher Überlänge, die vor Jahren noch als nicht programmtauglich deklariert wurden, werden vom Publikum akzeptiert, wenn sie dramaturgisch mitreißen (»Herr der Ringe«, »Der mit dem Wolf tanzt« etc.).

- Wiederholungen führen bei zu kleinen Intervallen zu Protesten.

- Slogans und Eigenwerbung von Sendern werden genauso betrachtet wie Produktwerbung und werten das Produkt nicht wirklich auf. Versprochene Eigenschaften werden überprüft und gewertet.

- Stellt der Zuschauer fest, dass keinerlei Rücksicht auf seine tatsächlichen Interessen genommen wird und fühlt er sich entmündigt oder gedemütigt, wechselt er das Programm.

Fasst man nun beides zusammen, das Bildnis des Zuschauers, wie es von Verantwortlichen in Programmen gezeichnet wird, und die allgemeinen Erkenntnisse, kann man – wenn man überhaupt von einem allgemeinen Standardzuschauer sprechen will – festhalten:

- Entscheidend ist die Dramaturgie eines Filmes oder Stoffes. Länge ist ein relativ empfundener Faktor, außer bei reinen Informationssendungen, bei denen Aufmerksamkeitsgrenzen erreicht werden (15 Minuten). Zwei Minuten können also bereits schon zu lang sein, wenn sie dramaturgisch schlecht sind.

- Eine verständliche Darstellung kann auch komplexe Themen für Zuschauer interessant machen, vor allem, wenn es um Themen geht, die wiederum Menschen betreffen.

- Zuschauer sind eine Gruppe von einzelnen Individuen mit Einzelinteressen, die manchmal auch überraschend etwas bevorzugen, was von Marktforschern kurz vorher als unmöglich abgekanzelt wurde (Beispiel: Filmlängen über 120 Minuten).

Sämtliche namhaften Regisseure des vergangenen Jahrhunderts zollten ihren Zuschauern Hochachtung, ob nun Stanley Kubrick (»2001 – Odyssee im Weltraum«), Andreij Tarkowskij (»Der Spiegel«) oder Ridley Scott (»Blade Runner«, »1492«) und Terry Gilliams (»Brazil«, »12 Monkeys«). Und oft waren ausgerechnet die Filme, von denen die Studiobosse überhaupt keinen Erfolg erwarteten, die so genannten Blockbuster. Trotz Marktanalysen, trotz Testvorführungen und so weiter konnten auch die Studiobosse nie im Vorfeld hundertprozentig voraussagen, was der Zuschauer wirklich will und wollte. Die Filmproduktionsgesellschaft Paramount verdiente ausgerechnet mit dem größten Serienflop der sechziger Jahre (»Star Trek«) über dreißig Jahre lang so viel wie mit keinem anderen Produkt. Ausgehend von der Schnapsidee, einen spitzohrigen Teufel (Zitat aus der Paramount-Studiodebatte über Mr. Spock) als Ersten Offizier in einem Raumschiff durchs Weltall fliegen zu lassen, entwickelte sich ein Milliardengeschäft ausgerechnet ab dem Zeitpunkt, als alle Beteiligten dachten, die Zuschauer hätten kein Interesse an der Serie.

13.10 Tabus und wie man sie bricht und was ist Trash?

Regeln sind grundsätzlich nur so lange wichtig, wie man sie nicht beherrscht. Ein Beispiel: Setzt ein Filmemacher aus Versehen beim Schnitt eines Filmes einen Achssprung, ist das ein Fehler. Das Ergebnis irritiert möglicherweise den Zuschauer beim Anschauen des Films. Diese Reaktion des Zuschauers war nicht erwünscht. Setzt ein Filmemacher aber bewusst einen Achssprung in eine Produktion, um den Zuschauer bewusst zu irritieren, ist das kein Fehler, sondern Absicht. Das bedeutet, wer die Regeln kennt und sie bewusst bricht, hat die Lizenz, Tabus zu brechen. Tabus gibt es beim Film in allen Bereichen: Bei der technischen Umsetzung, der Dramaturgie, bei der Drehbuchentwicklung und bei der Besetzung. Ein Film, der zu seiner Zeit (1941) sämtliche Tabus gebrochen hat (dramaturgisch und schnitttechnisch), »Citizen Kane«, gilt heute als einer der fortschrittlichsten Filme seiner Zeit und war ihr damals rund 40 Jahre voraus. Der Zuschauer verstand das Werk damals nicht, der Film wurde zum Flop. Allein der Bruch von Tabus garantiert keinen erfolgreichen oder guten Film. Entscheidend ist immer, ob der Regisseur oder Produzent weiß, warum ein Tabu gebrochen werden soll, zu welchem Zweck und welches Ziel dadurch erreicht werden soll.

Trash kommt vom englischen Wort für Müll bzw. Mülleimer und bezeichnet zu gut Deutsch Schrottfilme. Dabei schwingt aber auch eine Art Bewunderung mit: Trash ist als Kunstform durchaus anerkannt und hier spielt es keine Rolle, ob der Regisseur wirklich nur schlecht war und es nicht besser konnte oder ob er bewusst Schrott produzieren wollte. Zum Trash zählen unter anderem

- »Angriff der Killertomaten« von John de Bello 1978
- »Plan 9 from Outer Space« von Ed Wood (Edward D. Wood jr.) 1959
- »Supervixens« von Russ Meyer (1975)

Alle drei Beispiele haben gemeinsam, dass das jeweilige Drehbuch weder glaubhaft noch irgendwie dramaturgisch interessant gestaltet war und dass die Umsetzung teilweise noch katastrophaler ist. Ist schon die Idee von den tötenden Killertomaten mit etwa zwei Meter Durchmesser tödlich, ist die Umsetzung noch katastrophaler: Rollende Gummibälle (Tomaten) morden US-Bürger auf der Straße (rollen sie tot!). Bei »Plan 9« tauchen ein Ex-Dracula-Darsteller, fliegende Untertassen an Fäden und eine Riesenkrake auf, daraus entsteht eine wirre und lachhafte Filmmischung. Ed Wood gilt als schlechtester Regisseur aller Zeiten. »Supervixens« von Russ Meyer zählt eigentlich zum Pornogenre, hat aber auch darüber hinaus Kultstatus errungen. Ohne vernünftige Handlung zeigt Meyer im Brustbereich überaus großzügig ausgestattete Damen, um wieder lose darauf hinzuweisen, dass alles eigentlich dokumentarischen Charakter habe. Grundsätzlich kann man sagen, dass *Trashkult* da beginnt, wo man feststellen kann, dass der gezeigte Film so schlecht ist, dass es schon wieder beginnt, Spaß zu machen, solchen Blödsinn anzuschauen. Und tatsächlich entbehrt es nicht einer gewissen tragischen Komik, wenn man weiß, dass der tatsächlich talentlose Ed

Wood 1978 völlig verarmt starb, Zeit seines Lebens einen echten Film mit einem vernünftigen Budget machen wollte und seine Filme letztlich Mitte der neunziger Jahre plötzlich als Trashkultfilme tausendfach verkauft wurden. Auch bei Russ Meyer, nüchtern betrachtet ein Fetischist, spielt die (von Außenstehenden glorifizierte) Persönlichkeit des Regisseurs eine Rolle. Meyer, dessen Filme immer einen Hauch des Dokumentarischen, Aufdeckenden und dabei Amateurhaften hatten, wurden teilweise als Aufklärungsfilme des prüden Amerika gefeiert. Oft spielt ein Mysterium oder eine Legende um einen Film oder Filmemacher eine große Rolle, wenn es darum geht, Kultstatus zu erreichen.

13.11 Infotainment und Edutainment

Was früher ganz einfach Unterhaltung hieß, wird heute gerne im Fernsehen weiter unterschieden. Da gibt es:

- **Infotainment**: unterhaltsame Vermittlung von Bildungsinhalten und von Scheinwissen, das den Anspruch erhebt, Bildungsbestandteil zu sein.

- **Infopinion**: bezieht sich auf die Verbindung von Information und Meinung. Findet sich vor allem in den Nachrichten von Privatfernsehsendern und ist eine parallele Erscheinung zum Infotainment. Steht im Konflikt mit den Grundsätzen des »klassischen und neutralen« Journalismus.

- **Edutainment**: verbindet Unterhaltung mit Lernen.

- **Politainment**: politische Unterhaltung. Beispiel: Die ARD-Serie »Lindenstraße«. Immer wieder werden in der Serie Bezüge zur aktuellen Politik hergestellt oder gesellschaftlich umstrittene Themen wie Homosexualität oder AIDS aufgegriffen.

- **Doku-Soaps** (abgeleitet von Dokumentation und Soap Opera) oder auch Reality Soaps: Dokumentationen, die fast immer inszeniert und mit Laiendarstellern besetzt sind. Reale Situationen werden dabei überhöht und überzogen dargestellt.

- **Reality-TV**: Personen werden vor der Kamera in künstlich geschaffene Situationen gebracht und dabei beobachtet, wie sie reagieren. Beispiel: »Big Brother«.

13.12 Welche Rolle spielen Geräusche und Musik?

Geräusche und Musik dienen vor allem der Dramaturgie des Filmes. Geräusche und Musik können Szenen verbinden oder akustisch trennen, Zeitsprünge oder räumliche Sprünge signalisieren und Spannung erzeugen. Beginnen zum Beispiel Geräusche vor einem Schnitt (Tonspur vorgezogen), kann der Zuschauer sich auf den Bildwechsel einstellen. Konkret könnte eine Figur über eine anstehende Zugreise reden, während bereits Lokomotivgeräusche eingeblendet werden. Dann erst erfolgt der Schnitt in den Zug, in dem die Person jetzt sitzt. Für den Zuschauer ist klar: Es handelt sich um einen Sprung in die Zukunft und einen Ortswechsel. Geräusche sind in Filmen oft künstlich verstärkt, um das Bildgeschehen zu unterstützen. Knarren und Knarzen von Holzböden betont zum Beispiel das Alter der Böden. Das Summen von Insekten assoziiert bei Landschaftsaufnahmen Sommer und Hitze. Unpassende oder absolut überhöhte Geräusche karikieren einen Film und geben Szenen Comiccharakter.

13.13 Schminken für die Kamera

Ähnlich wie beim Acting (Schauspielen) gibt es zwischen Theater und Film beim Maskenbild große Unterschiede. Während auf der Bühne der Abstand zum Zuschauer mehrere Meter beträgt, zeigt die Kamera Figuren oft aus der Nähe. Das bedeutet für das Schminken und das Maskenbild, dass es auch aus der Nähe gut aussehen und unauffällig sein muss. Es sei denn, man will, dass der Zuschauer die Schminke bemerkt. In der Regel reichen schon kleinere Korrekturen, um Figuren gut ins Bild zu setzen: Am häufigsten besteht Bedarf an Theaterpuder, der das Glänzen (Lichtreflex) im Gesicht reduziert. Er gehört praktisch zusammen mit einer Puderquaste zu jeder Film-Grundausstattung. Daneben gibt es eine ganze Reihe praktischer Accessoires: künstliches Blut, künstliche Bärte usw. Eine ausgesprochen gute Adresse (allerdings auch nicht billig) für den Film- und Theaterbedarf:

> **Tipp**
> Weniger schminken ist oft mehr.

Fischbach und Miller, süddeutsche Haarveredelung

Poststr. 1

D-88461 Laupheim

Telefon: 07392 - 97 73 - 0

Fax: 07392 - 97 73 - 50

Die Firma beliefert Filmproduzenten in Hollywood und ist auch auf Perücken und Haarteile spezialisiert.

13.14 Sprecher und ihre Art zu sprechen

Gute Sprecher zeichnen sich dadurch aus, dass sie nicht nur eine saubere Hochlautung und Betonung haben, sondern auch im Sprechrhythmus abwechslungsreich wirken. Monotone Sprechrhythmen sind tödlich für so genannte Off-Texte. Neben einer Gegenwarts(Präsens)- oder Vergangenheits(Perfekt)-Form sollte darauf geachtet werden, dass keine unnötigen Fremdwörter benutzt werden und die Satzkonstruktionen einfach, verständlich und kurz sind. Off-Texte sollten immer Zusatzinformationen enthalten, die nicht auf den ersten Blick im Bild ersichtlich sind. Dabei darf allerdings keine Text-Bildschere entstehen. Es muss immer einen Bezug zum Bild geben. Es ist zum Beispiel absolut verwirrend, wenn das Bild Autos oder Straßenverkehr zeigt und im Off-Text geht es dabei um den internationalen Flugverkehr. Der Zuschauer versucht immer, einen Bezug zum Bild zu finden. Wird zum Beispiel im Off-Text vom Bundeskanzler gesprochen, wird der Zuschauer eine Person im Bild als Bundeskanzler assoziieren.

13.15 Die andere Idee

Wenn ein Kunde einen Industriefilm oder Werbespot in Auftrag gibt, ist es manchmal hilfreich, nicht der ersten spontanen Idee zu folgen. Zu jeder Umsetzung eines Spots oder Films gibt es mindestens eine Alternative. Manchmal ist diese Alternative nicht sofort ersichtlich oder es dauert, bis sich eine etwas andere Idee herausgebildet hat. Dennoch der Tipp: Einfach noch mal ganz unbedarft und losgelöst darüber nachdenken. Dadurch werden auch klassische Fehlgriffe vermieden. So landete die Zigarettenmarke Camel Ende der achtziger Jahre einen Flop: Eine Kinofilmwerbekampagne mit einem Kamel wurde zwar von der Werbeindustrie bis zum Abwinken gefeiert und die Trickfilme wurde mehrfach ausgezeichnet, der Verbraucher dagegen griff lieber zu anderen Zigarettenmarken. Obwohl das Kamel als »süß« und »knuddelig« wahrgenommen wurde, verkaufte sich das beworbene Produkt dadurch deutlich schlechter.

Welche Ansätze können zu einer etwas anderen Filmidee führen?

- Änderung der Erzählperspektive: Von innen statt von außen. Subjektiv statt objektiv.
- Personifizierung: Statt allgemein zu erklären, wird von einem speziellen einzelnen Fall erzählt, der dann auf die Allgemeinheit umgebrochen wird.
- Fiktion: Was wäre wenn?
- Konflikt statt Harmonie: Aufzeigen von Gegensätzen.
- Lineare Strukturen brechen: Zeitenfolgen müssen nicht chronologisch dargestellt werden.
- Ausschnitte statt Übersichten präsentieren.

13.16 Jeder kocht mit Wasser

Ein Grundproblem oder Konflikt trifft fast alle Filmemacher: die Bewertung des eigenen Schaffens. Fast jeder hadert mit sich selbst und verliert den Bezug zur Wertigkeit seiner Filme, ob sie nun kommerzieller oder auch kultureller Natur sind. Es liegt in der Natur der Sache, dass im Lauf eines Produktionsprozesses der Bezug zur eigenen Arbeit verloren geht. Kaum ein Filmemacher ist bei Fertigstellung seines Filmes in der Lage zu beurteilen, was da jetzt fertig gestellt wurde. Oft fällt der Filmemacher in ein Anschlussloch. Zur Beruhigung kann man sich nur vor Augen halten, dass auch Filmemachergrößen wie Stanley Kubrick (»Eyes Wide Shut«) oder Terry Gilliam (»12 Monkeys«) immer wieder an sich schier verzweifelten oder völlig verunsichert waren. Gilliam erklärte zum (letztlich sehr erfolgreichen) Film »12 Monkeys« nach der Preview durch ein Testpublikum sinngemäß seinem Team: »Es ist bitter, aber wir haben wohl einfach einen totalen Mist zusammengeschustert, da könnten wir jetzt lange dran rumschneiden, das wird nicht besser. Die Zuschauer kapieren den Film nicht, damit müssen wir uns abfinden«. Für den Filmverleih war der Film nach der Testvorführung praktisch durchgefallen, Gilliam brachte ihn dennoch ohne Änderungen ins Kino und das Wunder geschah: Der Film wurde international ein Erfolg. Ähnlich heikel war die Preview von »2001 – Odyssee im Weltraum« von Kubrick. Hier waren die Kritiker hin- und hergerissen zwischen »völligem Schrott« bis hin zum »einzig wahren Weltraumepos«. Auch Kubrick schwitzte Blut und Wasser. »2001« gehört heute zu den Klassikern.

Kapitel 14

GRUNDLAGEN

14.2 Lichtsituationen und Lichtanordnung .. 393

14.1 Kameraeinstellungen bebildert mit
 Erläuterungen 384

14.3 Mikrofoncharakteristika 398

14.4 Mikrofonaufstellung 401

14.5 Belegung von Audiosteckern 404

14.6 Vergleichslisten Codecs 405

14.7 Entwicklung der Videoformate –
 Übersicht 410

14.8 Datenträgervergleichsliste
 Bänder/DVD/Festplatten 417

14.9 Zeitformate........................423

Kapitel 14

GRUNDLAGEN

14.1 Kameraeinstellungen bebildert mit Erläuterungen

Totale

Komplettansicht des Szenenbildes. Objekte werden eingebettet in die Umgebung gezeigt. Totalen dienen der Orientierung.

Abbildung 14.1
Landschaft, Totale

Abbildung 14.2
Ortschaft, Totale

Abbildung 14.3
Gruppe, Totale

14.1 Kameraeinstellungen bebildert mit Erläuterungen

Abbildung 14.4
Sendeturm Stuttgart, Totale

Halbtotale

Die Halbtotale zeigt nur noch einen Szenenbildausschnitt und ist eher objektorientiert. Typisch für Halbtotalen ist, dass Personen, Tiere oder Objekte, je nach Bildgewichtung und Schwerpunkt, noch in voller Größe abgebildet werden.

Abbildung 14.5
Halbtotale Krankenstation

Abbildung 14.6
Halbtotale Fenster

Kapitel 14

GRUNDLAGEN

Abbildung 14.7
Halbtotale Reiten

Abbildung 14.8
Halbtotale Staatssekretär

Halbnahe/Die Amerikanische

Eine Halbnahe bezieht sich immer auf eine Person oder ein konkretes Objekt. Der Bildausschnitt lässt nur noch die unmittelbare Umgebung des Hauptmotivs sehen.

Abbildung 14.9
Halbnahe Bogenschießen

14.1 Kameraeinstellungen bebildert mit Erläuterungen

Abbildung 14.10
Halbnahe Maschinenbau

Abbildung 14.11
Halbnahe Meisterkoch
Marc Haeberlin

Abbildung 14.12
Halbnahe auszubildender Koch

Nahaufnahme

Eine Nahaufnahme zeigt etwa ein Drittel eines Objektes oder einer Figur. Personen sind etwa ab Bauch oder Brusthöhe im Bild. Bei Gebäuden zeigt eine Nahaufnahme zum Beispiel nur den Eingangsbereich.

Kapitel 14

GRUNDLAGEN

Abbildung 14.13
Nahe Haeberlin

Abbildung 14.14
Nahe Haeberlin

Abbildung 14.15
Nahe Staatssekretär Böhmler

14.1 Kameraeinstellungen bebildert mit Erläuterungen

Abbildung 14.16
Nahe Staatssekretär Böhmler

Großaufnahme oder Close-up

Die Großaufnahme zeigt einen kleinen Ausschnitt eines Szenenbildes oder Menschen. Bei Personen wird der Kopf bildfüllend abgebildet.

Abbildung 14.17
Close-up Tontafel

Abbildung 14.18
Close-up Zwiebelschneiden

Kapitel 14

GRUNDLAGEN

Abbildung 14.19
Close-up Steinbearbeitung

Abbildung 14.20
Close-up Zuhörer

Detail- oder Ganzgroß-Aufnahme

Sie zeigt bei Personen nur Teile eines Gesichts wie den Mund oder die Augen, bei Objekten und Tieren entsprechende Ausschnitte.

Abbildung 14.21
Detail Akupunktur

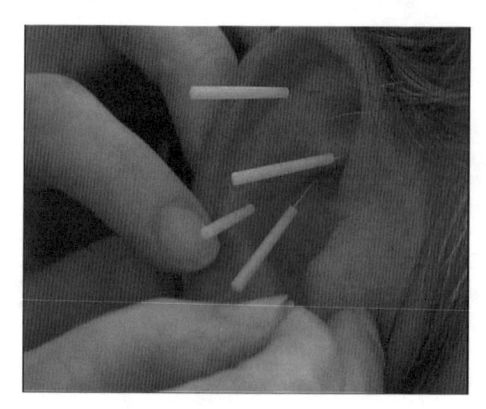

14.1 Kameraeinstellungen bebildert mit Erläuterungen

Abbildung 14.22
Detail Chimes (Musikinstrument)

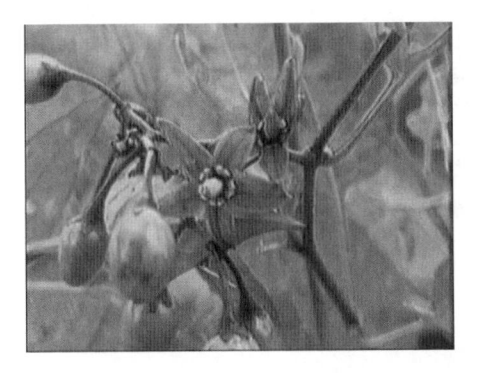

Abbildung 14.23
Detail Pflanze

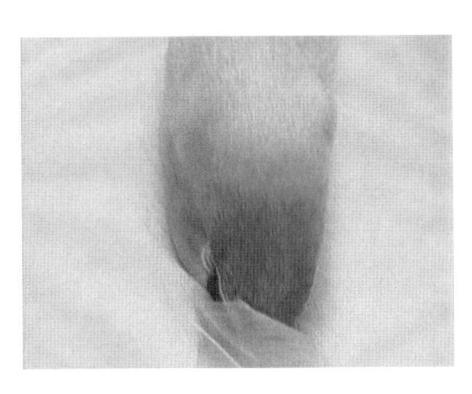

Abbildung 14.24
Detail Schwan

Makro

Die Makroeinstellung wird vor allem im Natur- oder Industriefilm genutzt. Objekte werden bis zum Faktor 1:1 abgebildet, bei einer Projektion wirkt das wie eine Videoaufzeichnung durch ein Vergrößerungsglas oder ein kleines Mikroskop.

Kapitel 14 — GRUNDLAGEN

Abbildung 14.25
Makro Orchidee

Abbildung 14.26
Makro Sonnentau

Abbildung 14.27
Makro Wespennest

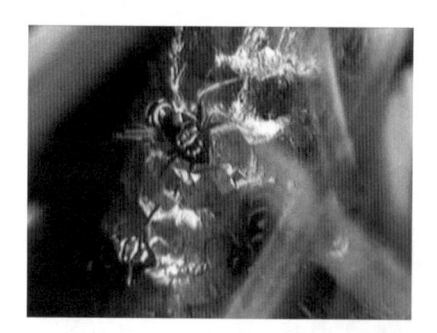

Abbildung 14.28
Makro Spinne

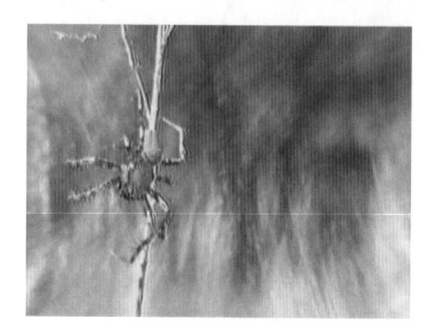

14.2 Lichtsituationen und Lichtanordnung

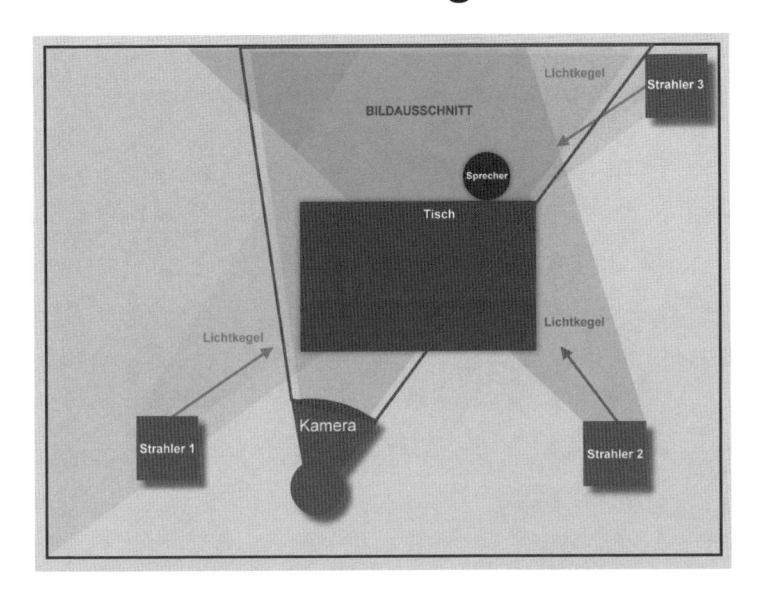

Abbildung 14.29
Aufsicht bzw. Grundriss: klassische 3-Punkt-Lichtanordnung mit Grund-, Führungs- und Kantenlicht.

In der Aufsicht der klassischen 3-Punkt-Lichtanordnung liefern Strahler 1 und Strahler 2 weiches (Milchfolie/Streufolie) direktes Führungslicht und Grundlicht, wobei Strahler 1 oder Strahler 2 zusätzlich als Aufheller dient. Je nachdem, welcher Strahler (1 oder 2) als Führungslicht eingesetzt wird, kann auf Folie (den Diffusor) verzichtet werden. Strahler 3 liefert Spitz- bzw. Kantenlicht. Es ist auf Reflexe im Objektiv durch das Gegenlicht von Strahler 3 zu achten.

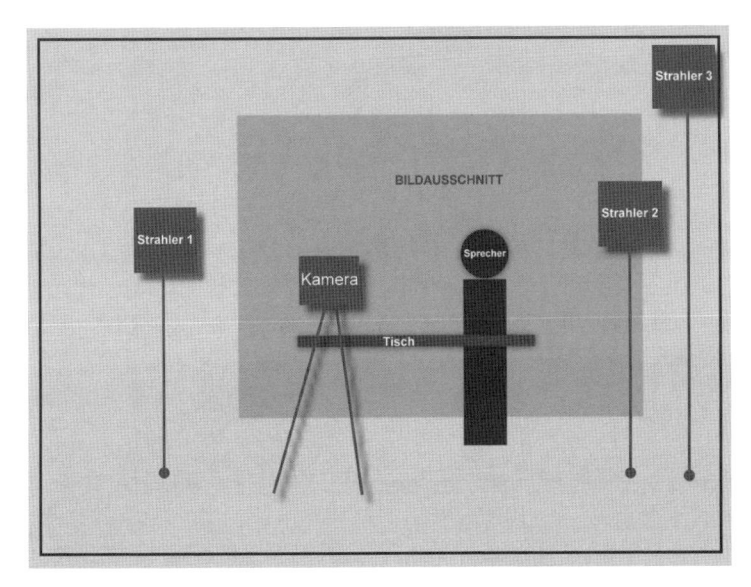

Abbildung 14.30
Aufriss der klassischen 3-Punkt-Lichtanordnung (wie oben aus Perspektive von hinter der Kamera)

Kapitel 14　　GRUNDLAGEN

Im Aufriss der klassischen 3-Punkt-Lichtanordnung sieht man, dass Strahler 1 und Strahler 2 leicht oberhalb der Figuren angeordnet sind. Das vermittelt einen natürlicheren Lichteindruck (Sonne und Licht wird normalerweise von oben assoziiert). Spitz- bzw. Kantenlicht wird oft deutlich über oder unterhalb der Sehlinie platziert.

Abbildung 14.31
Aufsicht bzw. Grundriss: Statt der klassischen 3-Punkt-Lichtanordnung nur mit zwei Strahlern, ohne Kantenlicht. Oft bei Reportagen eingesetzt.

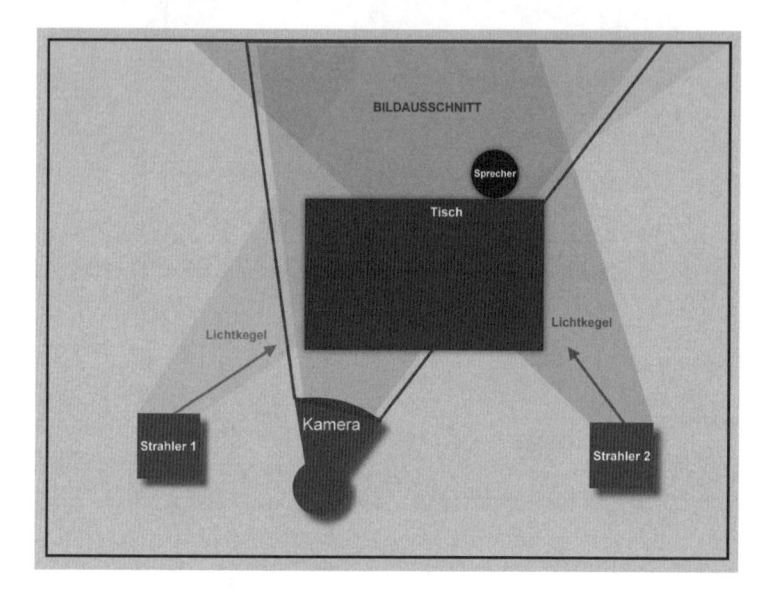

Bei Reportagen wird häufig eine Variante der klassischen 3-Punkt-Lichtanordnung eingesetzt: ohne Spitz- bzw. Kantenlicht.

Abbildung 14.32
Aufsicht bzw. Grundriss mit Führungslicht, Grundlicht und Aufheller. Erweiterung der Reportagelichtsituation.

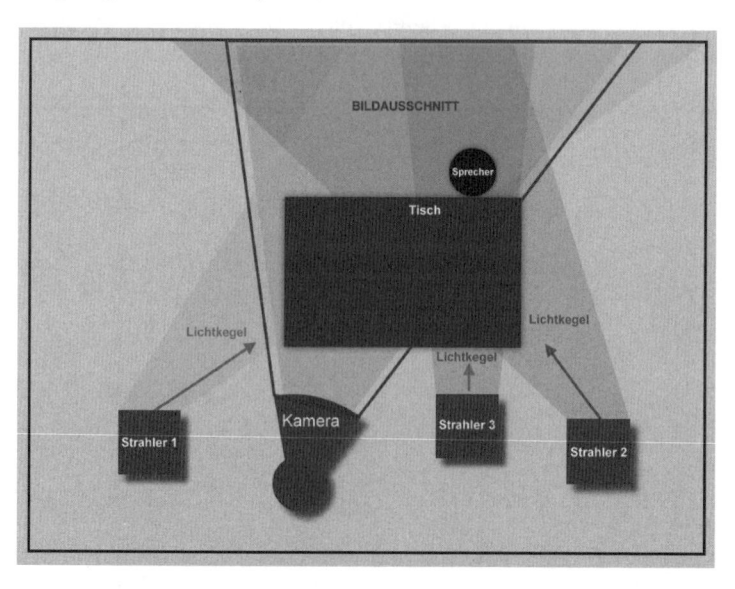

14.2 Lichtsituationen und Lichtanordnung

Eine erweiterte Variante der Lichtanordnung bei Reportagen: Während die Strahler 1 und 2 mit Diffusor (Milchfolie/Streufolie) ausgestattet sind und nur wenig Schatten werfen, ist Strahler 3 als Führungslicht vorgesehen, das einen erkennbaren Schatten wirft. Strahler 3 ist ein Strahler ohne Diffusor und kann je nach gewünschter Schattenlänge beliebig leicht oberhalb des Figurenkopfes platziert werden.

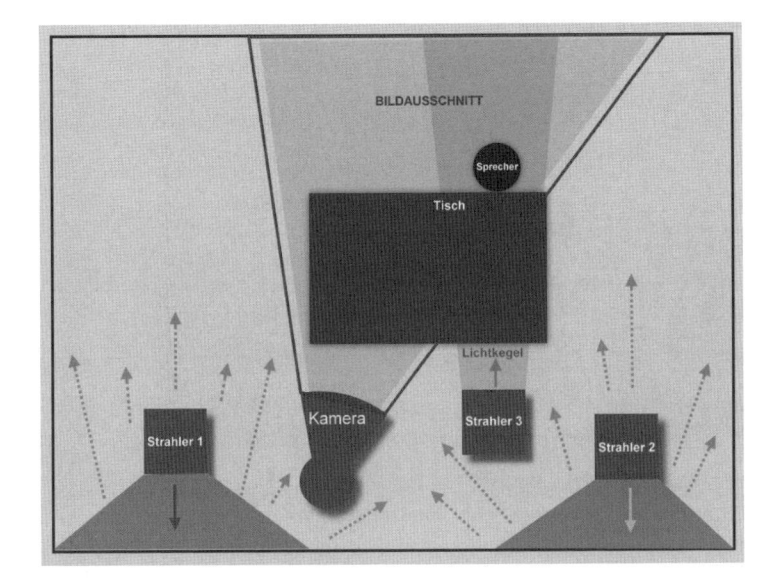

Abbildung 14.33
Aufsicht bzw. Grundriss mit Führungslicht, Grundlicht und Aufheller ohne Diffusoren. Indirekte Beleuchtung.

Bei der indirekten Beleuchtung kann auf Diffusoren verzichtet werden. Strahler 1 und 2 werden auf begrenzende Wände (Bedingung: weiße oder graue Farbe) ausgerichtet und beleuchten die Szene indirekt. Strahler 3 dient als Führungslicht.

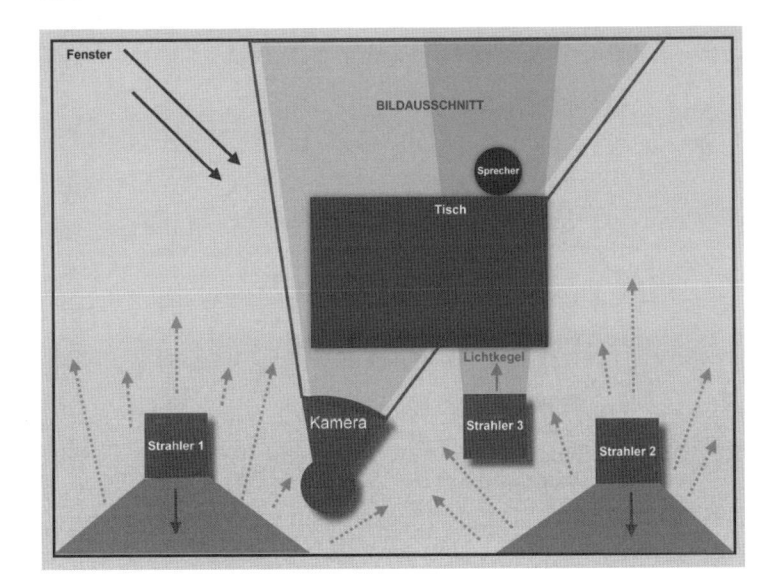

Abbildung 14.34
Aufsicht bzw. Grundriss in Mischlichtsituation. Kann zu Problemen führen.

Kapitel 14

GRUNDLAGEN

Problemfall Mischlicht: Ein Fenster liefert Tageslicht in einer Szene, das Fenster ist allerdings nicht im Bild. Sämtliche eingesetzte Strahler müssen hier mit passender Tageslichtfolie ausgestattet sein, ansonsten treten Farbfehler auf.

Abbildung 14.35
Aufsicht bzw. Grundriss Gegenlichtsituation Mischlicht.

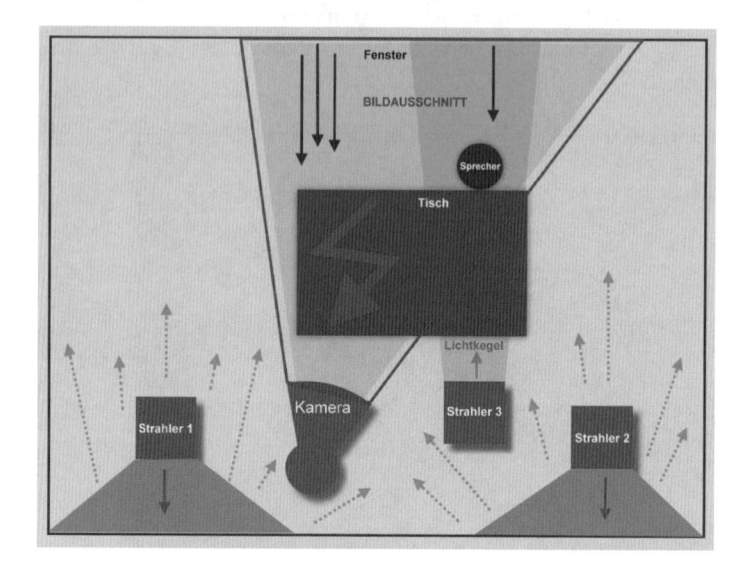

Ist eine Situation mit Tagesgegenlicht im Kamerabildausschnitt gegeben, wird es wirklich schwierig: Im Kamerabildauschnitt ist ein Fenster im Hintergrund zu sehen, das Zimmer wird indirekt mit Strahlern beleuchtet. Selbst mit Tageslichtfolien sind Farbfehler kaum zu vermeiden. Die Farbtemperatur des Tageslichtes kann sich bei wechselhaftem Wetter und wolkigem Himmel beständig verändern. In der Regel ist damit zu rechnen, dass das Fenster im Hintergrund blau oder bläulich wirkt. Die Situation ist für wirklich farbrealistische Aufnahmen unbrauchbar oder nur mit echten Tageslichtstrahlern halbwegs beherrschbar.

Abbildung 14.36
Aufsicht bzw. Grundriss Gegenlichtsituation. Mischlicht.

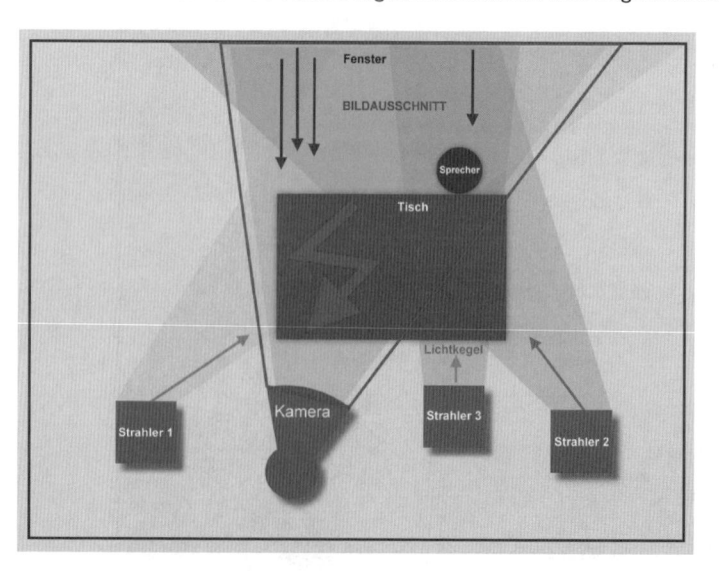

14.2 Lichtsituationen und Lichtanordnung

Auch eine direkte Szenenbeleuchtung mit Strahlern ändert nichts an der unbrauchbaren Situation für farbechte Aufnahmen. Das Tageslicht, das als Gegenlicht in die Kamera fällt sorgt für Farbstiche.

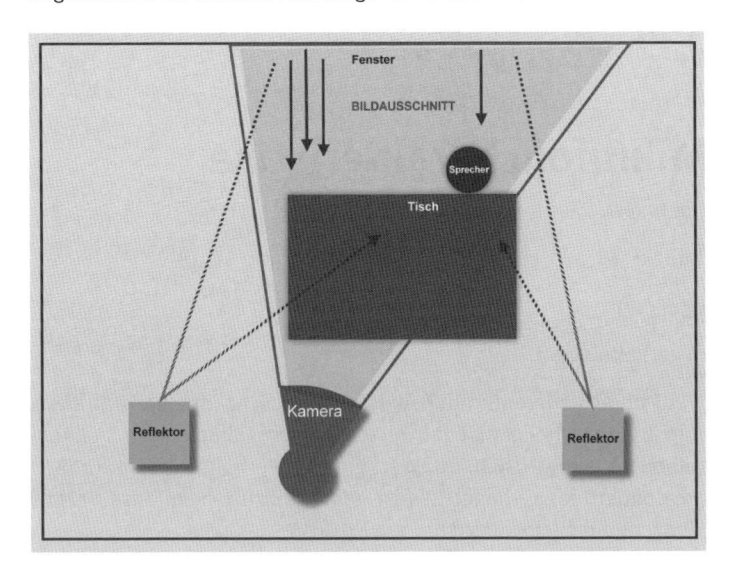

Abbildung 14.37
Aufsicht bzw. Grundriss Gegenlichtsituation mit Reflektoren.

In einer Szenensituation mit Fenster im Hintergrund ist es besser auf Strahler und künstliches Licht zu verzichten. Statt Strahlern werden Reflektoren eingesetzt wie z.B. weiße Styroporplatten oder matte Silberflächen, sie dienen dazu, das Bild aufzuhellen und genügend Grundlicht in der Gegenlichtsituation zu erzeugen. Die Anordnung wird aber nur in den seltensten Fällen wirklich ausreichende Lichtfülle erzeugen, in der Regel wird der Hintergrund überstrahlt dargestellt. Spiegel sind als Reflektoren weniger geeignet, weil sie kein Streulicht erzeugen.

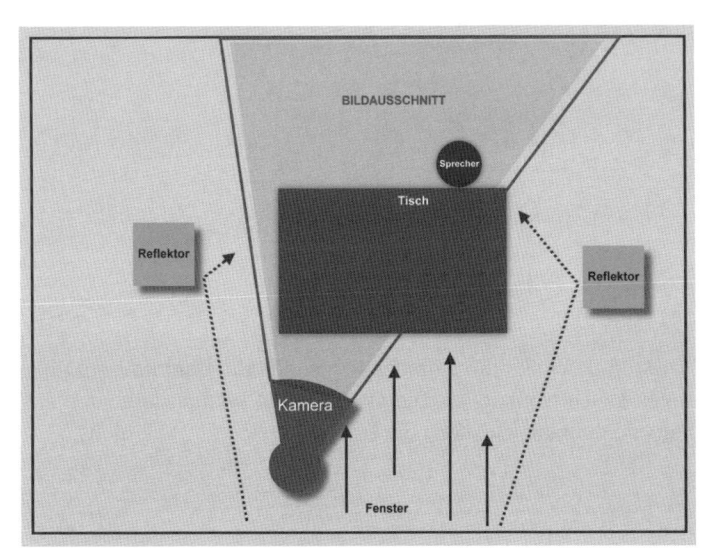

Abbildung 14.38
Aufsicht bzw. Grundriss Tageslichtsituation

Die einfachste Tageslichtsituation ergibt sich, wenn mit dem Licht gedreht wird, also mit der Lichtquelle im Rücken des Kameramannes. In Abbildung 14.38 wird als Führungslicht das durchs Fenster einfallende Tageslicht genutzt. Die Reflektoren dienen nur zur Aufhellung und zur Verteilung der Grundhelligkeit. Die Situation liefert gute bis sehr gute Ergebnisse.

14.3 Mikrofoncharakteristika

Allgemein ist definiert, dass gegenüber 0 dB Folgendes gilt:

halber Schalldruck: -6 dB   0 dB   doppelter Schalldruck: +6 dB

halbe Leistung: -3 dB   0 dB   doppelte Leistung: +3 dB

Dezibel ist ein Verhältnismaß:

Das Dezibel wird unter anderem in der Akustik (z.B.: Schalldruckpegel) angewendet. Mit ihm lassen sich Signalpegel, Verstärkungen, Dämpfungen und Ähnliches beschreiben und vergleichen. Der Wert gibt das Verhältnis zweier Größen nicht direkt an, sondern logarithmiert. Es ist darauf hinzuweisen, dass Dezibel genauso wie Prozent dimensionslos ist.

Abbildung 14.39

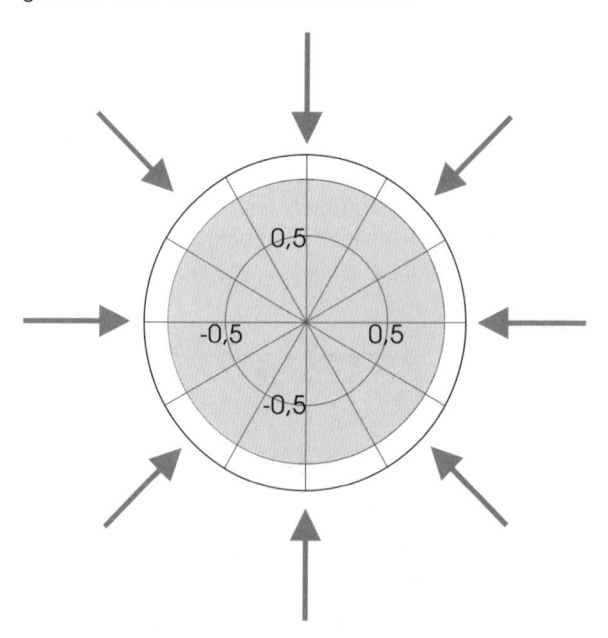

Kugelcharakteristik: Das Mikrofon befindet sich in der Mitte der Kreise und ist in alle Richtungen gleich empfindlich. Die blauen Pfeile symbolisieren den einfallenden Schall und der bläuliche Kreis die Empfindlichkeit des Mikrofons.

14.3 Mikrofoncharakteristika

Abbildung 14.40

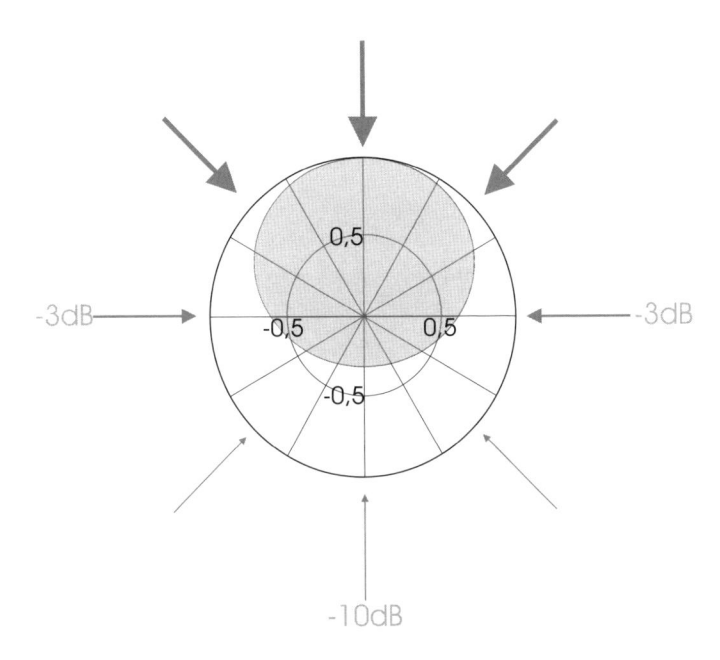

Breite Nierencharakteristik: Die breite Niere nimmt Schall von hinten (im Schaubild unten) 10 dB leiser auf als von vorn. Auch seitliche Nebengeräusche werden reduziert. Die blauen Pfeile symbolisieren den einfallenden Schall und der bläuliche Kreis die Empfindlichkeit des Mikrofons.

Abbildung 14.41

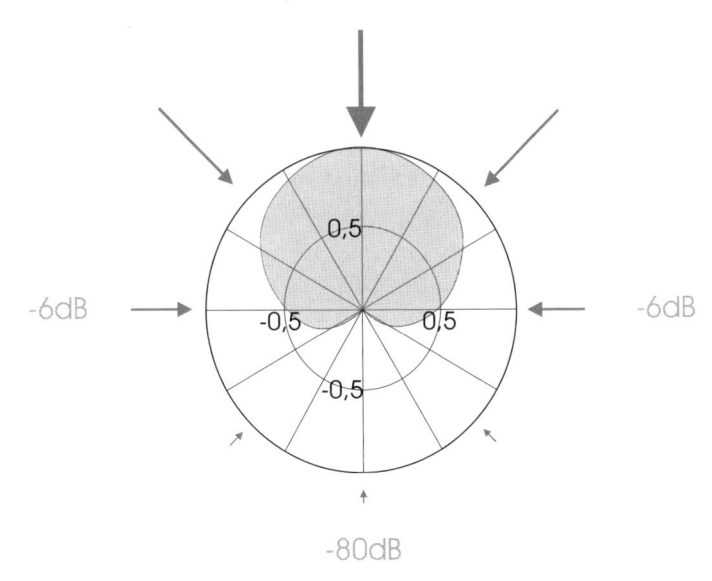

Nierencharakteristik: Die Niere blendet theoretisch Störgeräusche völlig aus, die direkt von hinten kommen. 80 dB stehen für komplette Taubheit, in der Praxis ist das allerdings unwesentlich, weil Geräusche praktisch nie in einem 180-

Grad-Winkel einfallen, sondern einen ganzen Winkelbereich abdecken. Die blauen Pfeile symbolisieren den einfallenden Schall und der bläuliche Kreis die Empfindlichkeit des Mikrofons.

Abbildung 14.42

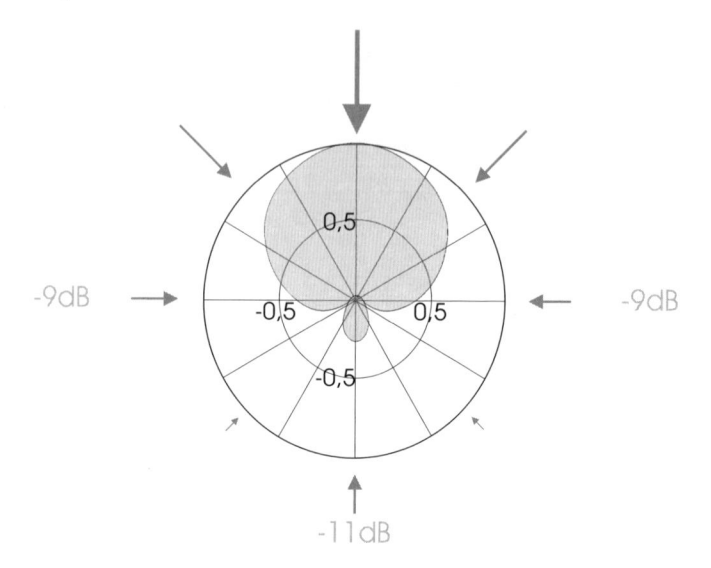

Supernierencharakteristik: Die Superniere wird am häufigsten in der Filmpraxis eingesetzt. Sie ist auch der Hyperniere meist überlegen, obwohl sie rein theoretisch schlechtere Eigenschaften besitzt. Wie man am Schaubild erkennt, ist die Superniere genau auf der Rückseite relativ empfindlich. Signale von hinten werden durch Phasenverschiebungen ausgeblendet. Die blauen Pfeile symbolisieren den einfallenden Schall und der bläuliche Kreis die Empfindlichkeit des Mikrofons.

Abbildung 14.43

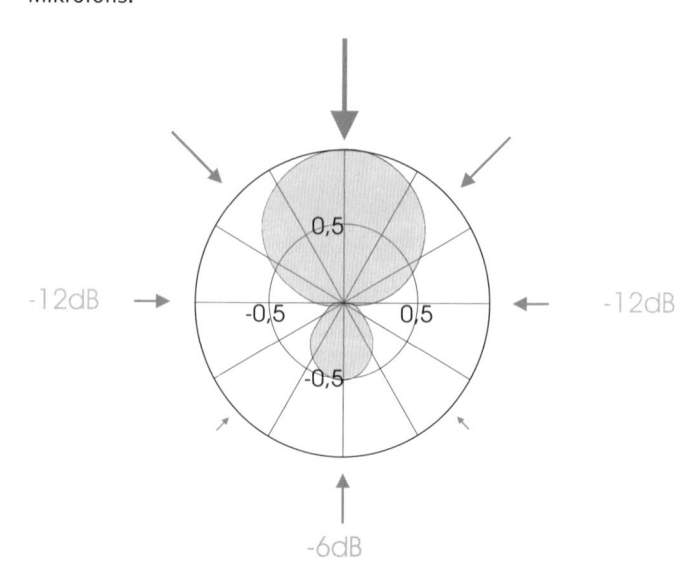

Hypernierencharakteristik: Technisch gesehen wäre die Hyperniere der Superniere vorzuziehen, da sie noch mehr Richtwirkung entfaltet. In der Praxis bestätigt sich das in der Regel nicht. Die Hyperniere ist wegen ihrer Rückschallempfindlichkeit und meist aggressiven Klangfärbung für den Filmton weniger geeignet als die Superniere. Die blauen Pfeile symbolisieren den einfallenden Schall und der bläuliche Kreis die Empfindlichkeit des Mikrofons.

Abbildung 14.44

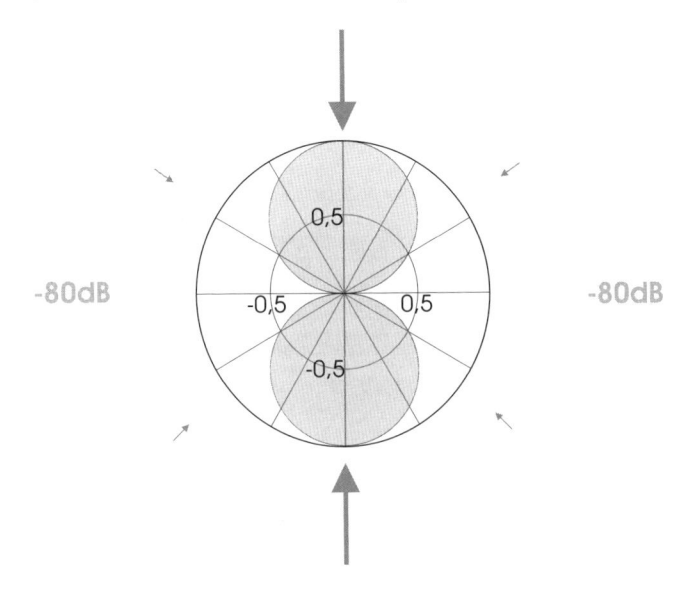

Achtercharakteristik: Die Acht nimmt ausschließlich von vorn und hinten in gleicher Empfindlichkeit auf. Seitliche Geräusche werden praktisch unterdrückt. In der Praxis wird die Acht selten für Filmaufnahmen eingesetzt. Die blauen Pfeile symbolisieren den einfallenden Schall und der bläuliche Kreis die Empfindlichkeit des Mikrofons.

14.4 Mikrofonaufstellung

Zunächst muss zwischen einem Hauptmikrofonsystem und einem Mehrfachmikrofonsystem unterschieden werden:

Hauptmikrofonsystem: Für ein Orchester oder ein Ensemble werden nur ein (Mono) oder zwei (Stereo) Mikrofone benützt. Es gibt keine auf Einzelinstrumente ausgerichteten Mikrofone. Das Klanggeschehen wird als Ganzes aufgezeichnet. Das Hauptmikrofonsystem wird beim (Mono) Angeln von Filmton genutzt.

Mehrfachmikrofonsystem: Für ein Orchester oder Ensemble werden die Mikrofone auf einzelne Instrumente ausgerichtet und über ein Mischpult zusammengeführt. Dabei kann es zu Auslöschungen (Phasenverschiebungen und Laufzeitunterschiede) bzw. so genannten Kammfiltereffekten kommen. Dies verändert

Kapitel 14

GRUNDLAGEN

das Klangbild zum Teil beträchtlich. Sind zwei Mikrofone auf dasselbe Instrument gerichtet, gilt die Abstandsfaustregel 3:1. In der Praxis bedeutet das, dass bei der Aufnahme eines Schlagzeuges mit mehreren Mikrofonen am Beispiel der Snaredrum gelten sollte: Ist das eigentliche Snare-Mikrofon 15 Zentimeter von der Snare entfernt, sollte das nächstgelegene Hi-Hat-Mikrofon oder Tom-Mikrofon möglichst 45 Zentimeter Abstand zur Snare haben: 45:15 = 3:1. Abstände, die größer sind, sind tolerierbar, niedrigere Abstände führen zu Phasendrehern und damit zu Kammfiltereffekten.

Klassische AB(Stereo)-Mikrofonaufnahme (Kugelcharakteristik)

Abbildung 14.45
Schematische Darstellung der AB-Mikrofonaufstellung: Zwei Mikrofone mit Kugelkopfcharakteristik stehen parallel und zeigen in Richtung Klanggeschehen.

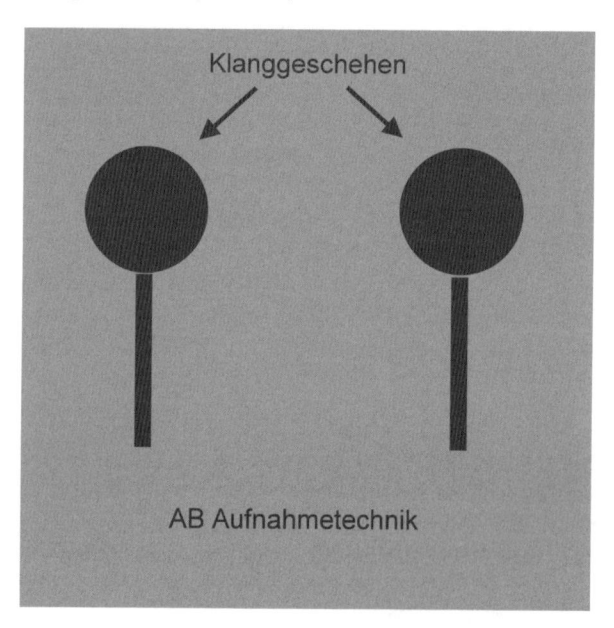

Sitzt man vor einer Stereoanlage und der Schall eines Instrumentes wird nur aus der rechten Box wahrgenommen, bedeutet das, dass der gleiche Schall des Instrumentes (Laufzeitunterschied) aus der linken Box zwischen 1,1 Millisekunden und 1,6 Millisekunden später wiedergegeben wird (gilt bei klassischer AB-Mikrofonaufstellung). Bei der AB-Mikrofonaufstellung werden einfach zwei Mikrofone in das Ensemble gerichtet. Diese AB-Aufstellung muss aber dem gerade erwähnten Phänomen Rechnung tragen. Sind die Mikrofone in AB-Aufstellung zu nah beieinander aufgestellt, kann das Prinzip nicht funktionieren. Ein Mittelwert von 1,2 Millisekunden Laufzeitunterschied entspricht einem Mindestabstand der beiden Mikrofone von 40 Zentimetern. Sollen die parallel ins Ensemble weisenden Mikrofone nur 40 cm voneinander entfernt stehen, müssen sie so nahe aufgestellt werden, dass ihre Verbindungslinie durch die außen liegenden Schallquellen geht. Winkel und Entfernungsschaubild für Orchesteraufnahmen:

14.4 Mikrofonaufstellung

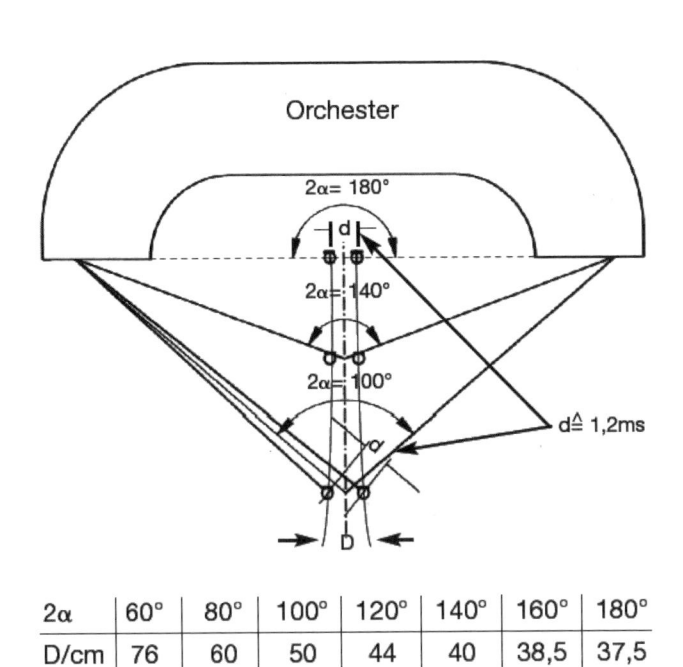

Abbildung 14.46
Quelle: Schoeps Mikrofonbuch (Schoeps, Karlsruhe Durlach). Gilt für Mikrofone mit Kugelcharakteristik

2α	60°	80°	100°	120°	140°	160°	180°
D/cm	76	60	50	44	40	38,5	37,5

XY-Mikrofonaufnahme mit Richtmikrofonen (Niere oder Superniere)

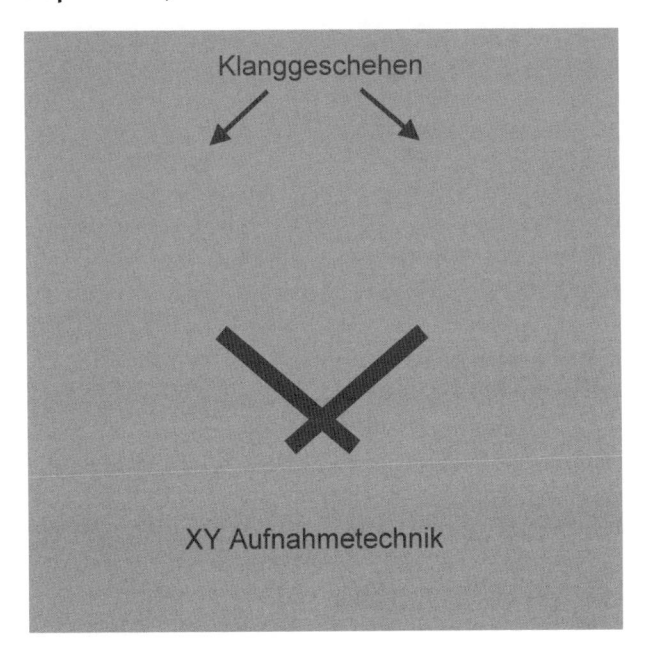

Abbildung 14.47
Schematische Darstellung der XY-Mikrofonaufstellung: Zwei Mikrofone mit Richtcharakteristik werden „über Kreuz" in X-Aufstellung montiert.

Kapitel 14

GRUNDLAGEN

Im Gegensatz zur AB-Aufnahmetechnik werden bei der XY-Technik vor allem Lautstärkeunterschiede und keine Laufzeitunterschiede zwischen den Kanälen aufgezeichnet. Das wiederum funktioniert nur mit Richtmikrofonen wie Niere und Superniere. In der Praxis sind Stereoaufnahmen in XY-Technik gängig, der Nachteil gegenüber der AB-Technik besteht allerdings darin, dass die räumliche Darstellung (Tiefe) leidet. Aufgestellt werden die Mikrofone, wie schematisch dargestellt, über Kreuz. Dazu kann auch ein einzelnes Stativ genutzt werden, auf dem beide Mikros montiert werden.

Welche der beiden Techniken letztlich angewendet wird, hängt vom eigentlichen Einsatzort, der technischen Ausrüstung und vom Klangempfinden ab. Es gibt hier weder richtig noch falsch. Allgemein wird die AB-Technik gern bei Chören und klassischem Orchester eingesetzt, XY häufiger im Bereich der Unterhaltungsmusik.

Sowohl AB als auch XY eignen sich nur beschränkt für die Tonangel beim Film, da sich Stereoperspektive und Bild entsprechen müssen. Eine kleine Bewegung einer Stereoangel führt zur kompletten Stereoperspektivverschiebung, die möglicherweise im Bild keine Entsprechung findet.

14.5 Belegung von Audiosteckern

Abbildung 14.48
XLR Stecker Belegung
Bild: Behringer

Symmetrischer Betrieb mit XLR-Verbindungen

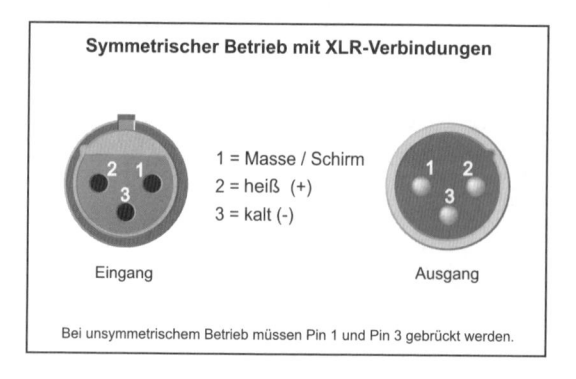

1 = Masse / Schirm
2 = heiß (+)
3 = kalt (-)

Eingang   Ausgang

Bei unsymmetrischem Betrieb müssen Pin 1 und Pin 3 gebrückt werden.

Abbildung 14.49
Monoklinke Belegung
Bild: Behringer

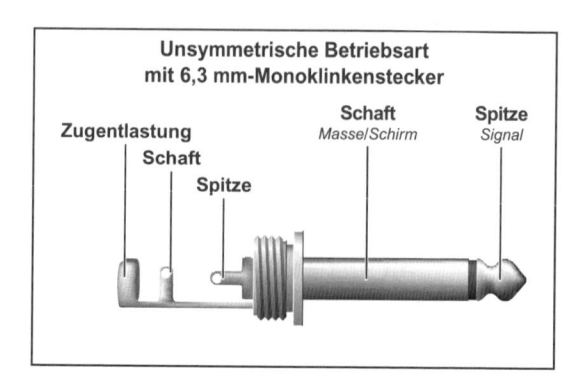

Unsymmetrische Betriebsart mit 6,3 mm-Monoklinkenstecker

Zugentlastung
Schaft
Spitze
Schaft – Masse/Schirm
Spitze – Signal

14.6 Vergleichslisten Codecs

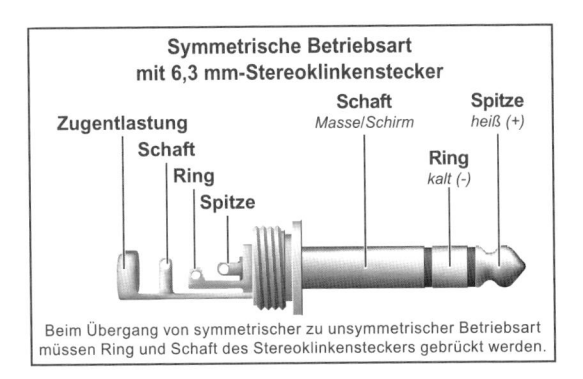

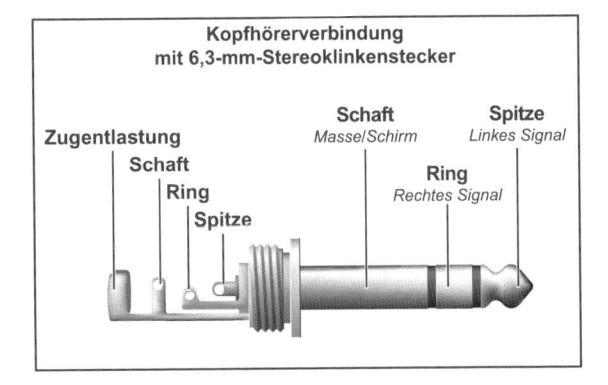

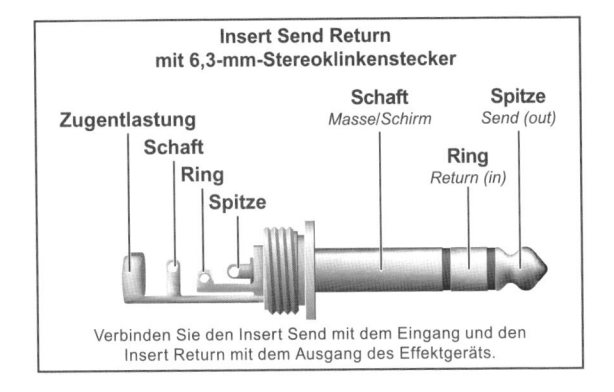

Abbildung 14.50
Stereoklinke als symmetrischer Anschluß ausgelegt.
Bild: Behringer

Abbildung 14.51
Stereoklinke als Kopfköreranschluß
Bild: Behringer

Abbildung 14.52
Stereoklinke als Insert für den Mischpultbetrieb
Bild: Behringer

14.6 Vergleichslisten Codecs

Übersicht der in der Regel mit Windows ausgelieferten und vorinstallierten Codecs (Kodierungs- und Dekodierungssoftware für Video und Audio), teilweise als so genannte dll-Dateien (dynamic link library) oder acm-Dateien aufgeführt:

Windows-XP-Audiocodecs:

- imaadp32.acm
- msdap32.acm
- msg711.acm
- tssoft32.acm
- msg723.acm
- Windows Media Audio Codec
- Sipro Lab Telecom Audio Codec
- Fraunhofer IIS MPEG3 Layer 3 Codec
- Microsoft PCM-Konvertierung Audio

Windows-XP-Videocodecs

- iccvid.dll
- ir32_32.dll
- lyuv_32.dll
- msh261.dll
- msh263.dll
- msrle32.dll
- msvidc32.dll
- msyuv.dll
- tsbyuv.dll

QuickTime/RealPlayer/Flash

Standardmäßig ist QuickTime von Apple (Dateiendung *.mov) nicht auf Windows-Rechnern installiert. QuickTime ist als Player kostenlos unter www.apple.com erhältlich. Umgekehrt können *.avi-Dateien auf Mac-Rechnern nicht abgespielt werden, ohne dass der Windows Mediaplayer für Mac installiert wurde. Auch Realvideo und Realaudio (Dateiendung *.rm) erwarten einen eigenen RealPlayer, der Realmedia abspielen kann. Flash-Filme (Dateiendung *.swf) sind im eigentlichen Sinne keine Filme. Der Flashplayer von Macromedia zeigt eine Mischung aus Film, Animation und Vektorenanimation.

14.6 Vergleichslisten Codecs

Allgemein (häufig kostenfrei) im Internet verfügbare Videocodecs (Auswahl), teilweise kommentiert

- Adaptec DV Codec
- ASUS ASV1 Decoder v1.0 beta
- Avid 2.0 d2
- Brooktree 411 Video Codec 32 Bit
- CamStudio Lossless Codec 1.0.0
- Canopus DV Software Codec Version 1.00
- Cinepak Codec 1.10.0.11 – 16 Bit
- Cinepak Codec 1.10.0.11 – 32 Bit – bessere Qualität als beim Standard-Codec von Cinepak, der bei Windows XP mitgeliefert wird
- Cyberlink 3.5.1303 MPEG2 Decoder
- DivX 6 Create – alle Tools, die Sie für die Erstellung und das Abspielen von DivX-Videos mit erweiterten DivX-Media-Format-Leistungsmerkmalen benötigen. MPEG4-Abwandlung, qualitativ hochwertig.
- DivX Helium – erweiterte Testversion von DivX 6 für DualCore- und SMP-Systeme sowie Rechnern mit HyperThreading im »Insane«-Modus
- Huffyuv 1.2.3 – verlustfrei arbeitender Video-Codec
- Huffyuv 1.3.1 – verlustfrei arbeitender Video-Codec
- Huffyuv 2.1.1 – verlustfrei arbeitender, absolut empfehlenswerter Codec
- Huffyuv Codec 0.2.2 – verlustfrei
- Indeo Video Interactive 4.3 für Windows NT und 95
- Intel i263 Codec – hoch komprimierender Video-Codec von Intel. Zum Abspielen von Sound muss allerdings der IMC Audiocodec installiert sein.
- Intel Indeo 3.2
- Intel Indeo 4.1
- Intel Indeo 4.51
- Intel Indeo 5 Video Codec + Indeo Audiocodec 2.5
- Intel Indeo 5.11 – sehr guter Codec für Video auf Multimedia-CDs
- Intel Indeo Video Interactive 4.2

407

Kapitel 14   GRUNDLAGEN

- Intel IR 21
- Lagarith 1.36
- LCL Lossless Codec Libriary 2.23
- Matrox Software DV and DVCPRO and DVCPRO50 Video Filter 4.0.0.92
- M-JPEG Videocodec, empfehlenswerter Codec ersetzt teilweise AVMaster (Fast) Codec
- Morgan M-JPEG Codec V1
- MPEG4 – Originalcodec von Microsoft
- Ogg Theora 0.13
- Panasonic VFW DV Codec, empfehlenswerter hochqualitativer Codec
- PIC MJPEG
- Pinnacle Codec Pim 1 Pinnacle DC1000 Codec v.2.0
- PIXL Codec – Codec für Pinnacle-PCTV-Karten
- Stinky's MPEG2 Codec 1.2.0.79
- TechSmith Screen Capture Codec TSCC
- VAFPI Reader Codec 1.05
- Videocodec Asus ASV2
- Voxware MetaSound Codec 2.5
- Win TV Videocodec für Win-TV-Karten
- Windows Media Video 9 VCM Codec
- Windows WMV Codec 7 zum Abspielen von Videoclips mit der Dateiendung *.wmv. Um diese Clips abspielen zu können, benötigt der Windows Media Player diesen Codec.
- WM9-Codec für Media Player 7.1 bis 10 Videocodec Windows Media 9 für alle Media Player von Version 7.1 bis 10
- WM9-Codec für Windows 98, Me, 2000 – Die Windows-Media-9-Codecs bieten höhere Kompressionsraten und schnellere Ladezeiten für Streaming-Media. Enthalten sind Audio- und Video-Codecs für Windows Media 9. Damit kann der Media Player ab 7.0 um diese Funktionen erweitert werden.
- WM9-Codec für Windows XP – Die Windows-Media-9-Codecs bieten höhere Kompressionsraten und schnellere Ladezeiten für Streaming-Media. Enthalten sind Audio- und Video-Codecs für Windows Media 9. Erweiterung für den Media Player ab 7.0.

- WMA-Codec-8-Paket enthält 14 Windows-Media-Codecs für den Windows Media Player wie bspw. MPEG4 Video Codec, Media 8 Video Codec, DirectShow Codecs und Windows Media Audio Codecs.
- X2Real 0.5.4 – zur Installation wird Avisynth benötigt.
- XviD 1.0 – Variante und anderer Entwicklungszweig von DivX
- XviD 1.0.1 – Variante und anderer Entwicklungszweig von DivX
- XviD 1.0.2 – Variante und anderer Entwicklungszweig von DivX
- XviD 1.0.3 – Variante und anderer Entwicklungszweig von DivX
- XviD Koepi's Build 1.1.0. – Beta-2-Variante und anderer Entwicklungszweig von DivX
- YUV 9, 12 422
- ZygoVideo 2

Allgemein (häufig kostenfrei) im Internet verfügbare Audiocodecs (Auswahl), teilweise kommentiert

- MP3 Surround Evaluierungssoftware 1.0 – kostenfreie Evaluierungsversion des Fraunhofer IIS MP3 Surround Players und des Fraunhofer IIS MP3 Surround Encoders
- MPEG1 Layer-3 – MP3, das Original, teilweise in der Qualität bewusst eingeschränkt.
- Radium MP3 1.263 Full Audiocodec Fraunhofer MP3 1.263 – erlaubt höhere Datenraten

Hochauflösende DV Lösungen (mit und ohne spezielle Codecs)

HDV (MPEG2) Codec – Lösungen für Schnittprogramme mit Zwischenwandlung in andere Codecs bzw. unkomprimierte Stadien: Es gibt eine Reihe von Codec-Lösungen, die auf Zwischenwandlungen beruhen, so z.B. der Codec von CineForm (angewendet in Adobe Premiere Pro und Sony Vegas) oder DVCPRO HD (angewendet von Apple Final Cut Pro HD). Das Problem mit Zwischenwandlungen besteht darin, dass dieses HD-Schnittverfahren grundsätzlich eine zweifache Wandlung des Videosignals verlangt. Zunächst wird beim HDV-Capturing in den so genannten Transport-Stream gewandelt und anschließend wird dieses Format in der Schnittapplikation bearbeitet. Für die Ausgabe muss das geschnittene Video wieder in den Programm-Stream zurückgewandelt werden. Ein Qualitätsverlust ist die unausweichliche Folge dieses Vorgangs (Kaskadierung).

HDV-Codec-Lösungen ohne Zwischenwandlung führen zu keinem Qualitätsverlust bei der Postproduktion, unterstützen allerdings teilweise nur Videoschnitt an i-Frames (ca. alle zwölf Bilder).

Kapitel 14

GRUNDLAGEN

14.7 Entwicklung der Videoformate – Übersicht

Tabelle 14.1
(grau: Amateursysteme)

Name	Band	Jahr	Hersteller	Prinzip	Bemerkung
Quadruplex	2 Zoll	1956	Ampex	analog	Farbe
VR8000	2 Zoll	1961	Ampex	analog	Schrägspur s/w
Typ A	1 Zoll	1965	Ampex	analog	
IVC 9000	2 Zoll	1970	IVC	analog	Farbe
LDL	1/2 Zoll	1970	Grundig/Philips	analog	Heimvideosystem mit Spulen s/w
U-Matic	3/4 Zoll U-Matic	1971	Sony/JVC/ Matsushita	analog	professionell Farbe
VCR	1/2 Zoll VCR	1972	Grundig/Philips	analog	1 Stunde Laufzeit Gerätepreis ca. 10.000 DM
VCR Longplay	1/2 Zoll VCR	1975	Grundig/Philips	analog	2 Stunden Laufzeit
Betamax	1/2 Zoll Beta	1975	Sony	analog	Vorläufer Beta SP
Supervideo	1/2 Zoll VCR	1978	Grundig/Philips	analog	4 Stunden Laufzeit
VHS (später auch VHS-C)	1/2 Zoll VHS	1976	JVC	analog	am weitesten verbreitetes Heimvideosystem
Video 2000	1/2 Zoll Video 2000	1979	Grundig/Philips	analog	2 • 4 Stunden Laufzeit, Kassetten drehbar – gilt als Mutter von Video 8
Betacam	1/2 Zoll Beta	1982	Sony	analog	Profisystem
M	1/2 Zoll VHS	1982	RCA/Panasonic	analog	Profisystem Konkurrenz zu Betacam
Betacam SP	1/2 Zoll Beta	1986	Sony	analog	Profisystem

14.7 Entwicklung der Videoformate – Übersicht

Name	Band	Jahr	Hersteller	Prinzip	Bemerkung
MII	1/2 Zoll VHS	1986	Panasonic	analog	Profisystem Konkurrenz zu BetaSP, hat sich vor allem in Österreich durchgesetzt
Video 8	8mm Video 8	1986	Sony	analog	digitaler Ton möglich
S-VHS	1/2 Zoll S-VHS	1987	JVC	analog	semiprofessionelles VHS, auch als S-VHS C (Kleinformat)
Hi8	8mm Hi 8	1990	Sony	analog	semiprofessionell
D3	1/2 Zoll	1991	Panasonic	digital	professionell
Digital Betacam	1/2 Zoll Beta	1993	Sony	digital	professionell
Betacam SX	1/2 Zoll Beta	1996	Sony	digital	MPEG2 18 MBit/sec
D9 Digital S	1/2 Zoll VHS	1996	JVC	digital	
DVCPRO (25/50/HD)	DVC Pro basierend auf DV	1996	Panasonic	digital	25 MBit/sec und 50 MBit/sec und 100 MBit/sec (HD), Panasonics Alleingang, um den Profimarkt zu erobern
DV	DV Cassetten und DV Mini	1996	Sony Panasonic JVC u.a.	digital	DV wurde als Homeuser-Standard festgelegt, erreicht aber professionelles Niveau
DVCAM	DV Cassetten und DV Mini	1996	Sony	digital	DVCAM wurde nur von Sony entwickelt
MPEG-IMX		etwa 1997	Sony	digital	

Kapitel 14

GRUNDLAGEN

Name	Band	Jahr	Hersteller	Prinzip	Bemerkung
D-VHS	1/2 Zoll VHS	1997	JVC	digital	wurde sowohl von Matsushita (Panasonic) als auch Sony mit ihren Beteiligungen an Filmproduktionsfirmen mehr oder weniger boykottiert, da Bildqualität zu gut (Filmpiraterie)
Digital 8	8mm Video 8	1999	Sony	digital	Aufgebohrtes, auf Hi 8 und Video 8 basierendes Videosystem mit DV Codec.

Bilder ausgewählter Geräte aus der Geschichte der Videoformatentwicklung

Abbildung 14.53
Videorekorder Quadruplex VR 1200 von Ampex, offene Spulen
Photo: Tim Stoffel

Abbildung 14.54
Mobiler Videorekorder VR 3000 Ampex
Photo: Tim Stoffel

14.7 Entwicklung der Videoformate – Übersicht

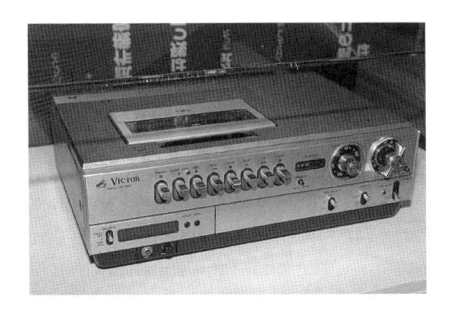

Abbildung 14.55
Erster in Serie gebauter VHS-Rekorder von JVC, HR 3000 von 1976
Photo JVC

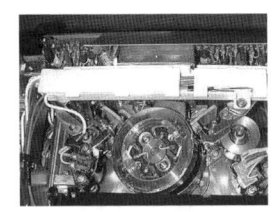

Abbildung 14.56
Kopftrommel HR 3300

Abbildung 14.57
M Videorekorder von Ampex, produziert von Matsushita, Panasonic
Photo: Tim Stoffel

Der Formatkrieg

Die Geschichte der Videoformate ist eine Geschichte der Kriege, in dessen Verlauf der Amateurfilmemacher, aber auch der Profi, immer wieder die eigentlichen Verlierer waren. Nüchtern betrachtet begann alles 1972, als Philips (Niederlande) zum ersten Mal ein halbwegs erschwingliches Videosystem für Otto Normalverbraucher mit wirklich sehr großem Geldbeutel auf den Markt brachte. Die VCR-Videorekorder glänzten mit Preisen um die 10.000 DM (rund 5.000 Euro) und konnten mal gerade 60 Minuten Fernsehprogramm aufzeichnen. Weder war vernünftiges Spulen möglich noch war eine Pausentaste zu finden. Das System verendete letztlich etwa ab 1976. Sony hatte mit Betamax 1975 endlich ein vernünftiges Videosystem auf den Markt gebracht und JVC (Victor Company of Japan) präsentierte 1976 VHS (Video Home System). Ohne Zweifel war Betamax qualitativ VHS überlegen. Dennoch setzte sich auf dem Markt weltweit VHS durch. Das hatte sehr klar eher wirtschaftspolitische Gründe: Sony war zu dieser Zeit mehr als Luxusfirma eingeführt und hatte den Ruf, sehr feine, aber auch nicht gerade billige Geräte der oberen und obersten Qualitätsstufe zu produzieren. Die Firma wuchs zwar kräftig, dennoch war ihr Einfluss in der Elektronikbranche eher gering. Sony wurde als pfiffig, aber teuer bewertet. Währendessen gehörte JVC bereits zum Matsushita-Konzern.

Matsushita ist heute vor allem unter dem Markennamen Panasonic bekannt. Schon Mitte der siebziger Jahre baute der Elektronikriese nicht nur Videorekorder, sondern auch Schaltzentralen für Kraftwerke, Elektronikbauteile, Fahrräder, Batterien und Haushaltsgeräte wie Staubsauger. Matsushita verkaufte Produkte unter den Namen Matsushita, Quasar, National, National Panasonic und Technics und produzierte für Firmen wie Telefunken, Schneider und viele andere. Daneben war Matsushita bei Philips (Niederlande) beteiligt, hatte praktisch in allen Ländern der Welt Niederlassungen und beschäftigte weltweit über 100.000 Mitarbeiter. Betrachtet man die Situation, wundert es wenig, dass sich das Matsushita-Videosystem durchsetzte. Der Elektronikriese hatte gegenüber Sony deutliche Marktvorteile.

Auch Philips schien damals hin- und hergerissen und bot zeitweise zusätzlich zum VCR-System und Supervideosystem VHS-Videorekorder an. Daneben wurden Produkte aus der Matsushita-Familie vom Verbraucher weltweit als bodenständig und dabei aber zuverlässig empfunden. Verbraucher, die sich in dieser Zeit, nach VCR, für Betamax entschieden hatten, hatten auf das falsche Videosystem gesetzt und waren bereits vier Jahre später wieder in der Situation, dass es kaum mehr Leerkassetten zu kaufen gab und Leihkassetten in Videotheken nicht mehr angeboten wurden.

Während sich Matsushita bis etwa 1982 langsam, aber sicher mit VHS die Vormacht sicherte, erlebte der Philips-Konzern zusammen mit Grundig (Deutschland) einen besonders üblen Flop. Tatsächlich galt Video 2000 im Jahr 1979 als das absolut beste Videosystem, das es bis dahin gegeben hatte. Selbst Profis waren von dem Amateursystem überrascht. Erstmals hieß es, dass Stereoton möglich sei, die Videokassette konnte umgedreht werden wie eine Audiokassette, die Spielzeit war lang und die Bildqualität sehr gut. Ja, selbst der Videoschnitt schien plötzlich möglich. Bis dahin hatten Amateurgeräte hässliche Bildstörungen zwischen zwei hintereinander aufgenommenen Sendungen produziert. Aber auch dieses System konnte den Siegeszug von VHS nicht stoppen. Philips musste sich angeblich gegenüber Matsushita als Anteilseigner verpflichten, gleichzeitig zu Video 2000 VHS-Rekorder zu vermarkten und in der Produktpalette vorzuhalten.

Der Amateurvideorekordermarkt war zu dieser Zeit praktisch von Sony verlassen worden. Doch Totgesagte leben bekanntlich länger und während sich der Riese Matsushita auf den VHS-Erfolgen etwas ausruhte, revolutionierte Sony den Profi-Markt ab 1982. Bei den Fernsehstationen war man zu dieser Zeit auf der Suche nach einem einigermaßen preiswerten und vor allem handlichen professionellen Videosystem. Die bis dahin eingesetzten U-Matic-Rekorder mit angeschlossener Kamera waren unhandlich, die Bildqualität nicht überzeugend und die Bearbeitung nicht besonders komfortabel. Sony besetzte mit Betacam ab 1982 den Markt der deutschen Fernsehstationen, der Siegeszug von Beta ging

14.7 Entwicklung der Videoformate – Übersicht

fast durch ganz Westeuropa. Nur in Österreich zögerte das öffentlich-rechtliche Fernsehen.

Mit Betacam SP schließlich war ab 1986 der Kuchen verteilt: Sony war zum Cheflieferanten im Bereich des professionellen europäischen Fernsehens geworden. Matsushita belieferte den Amateur mit VHS. Versuche von Panasonic (Matsushita), den Profimarkt mit dem Videosystem M oder MII zu bedienen, gingen schief, nur das österreichische Fernsehen setzte auf MII. Was dem Amateur passiert war, passierte dem Profi ähnlich: Wer auf MII gesetzt hatte, hatte verloren und auf das falsche Pferd gesetzt.

Aber das Chaos für den Amateurfilmer, der sich langsam von Super 8 trennen wollte, wurde noch größer als je zuvor. Angeregt durch den Erfolg auf dem Profimarkt, versuchte Sony ab 1983 einen weiteren Vorstoß auf dem Amateurmarkt. Nachdem Video 2000 von Philips beerdigt worden war, übernahmen Sony-Ingenieure die Grundzüge der Technik und entwickelten Video 8. Kleinere Kassetten, besserer Ton und vor allem kleine Camcorder sollten die Amateurfilmer dazu bringen, ihre Super-8-Kameras durch Videocamcorder zu ersetzen. VHS-Camcorder hatten sich wegen ihrer Größe nie richtig durchsetzen können. Der nächste Formatkrieg stand ins Haus, wie gehabt: Auf der einen Seite Matsushita, auf der anderen Sony. Allerdings hatte Sony als Konzern inzwischen zugelegt und einige Mitstreiter gefunden, die ebenfalls das Video-8- System zumindest zusätzlich anbieten wollten. In der Tat ging das Erfolgsrezept teilweise auf: Der Amateurfilmer und vor allem seine Familie konnten den deutlich kleineren Video-8-Camcordern wirklich mehr abgewinnen als den klobigen VHS-Camcordern. So mancher Familienpapa bekam plötzlich von der Ehefrau grünes Licht, den schnuckeligen Camcorder zu kaufen, weil der ja urlaubsgepäckfähig war.

Der Versuch des Matsushita-Konzerns, mit einer kleinen Urlaubs-VHS-Kassette (VHS-C) den Markt umzustimmen, scheiterte. Man hatte in der Panasonic-Hauptzentrale in Osaka offensichtlich etwas verschlafen. Die VHS-C-Kassette hatte eine maximale Aufnahmedauer von 45 Minuten und der Camcorder erreichte trotz der kleinen Kassette, die nur mit Adapter im Heimrekorder abgespielt werden konnte, größere Ausmaße als das vergleichbare Video-8-Gerät. Kein Wunder, die kleine VHS-Kassette war immer noch größer als die Video-8-Kassette und die Spieldauer der Video-8-Kassetten lag bei 90 Minuten. Der Ton des Winzlings war dabei um Klassen besser, denn Sony hatte die Tonspurentechnik gegenüber VHS deutlich verbessert. Bei der Bildqualität gab es zwischen VHS und Video 8 kaum Unterschiede: Sony hatte zwar den Kontrastbereich bei Video 8 etwas vergrößert, das wirkte leicht schärfer als VHS, war es aber nicht.

In der Praxis hatte der Semiprofi oder Amateur in dieser Zeit zwei Videosysteme zu Hause: Den Video-8-Camcorder für die Urlaubs- und Familienfilme und den VHS-Rekorder fürs Fernsehprogramm. Ganz luxuriös ausgestatte Zeitgenossen schnitten ihre Urlaubsfilme mit einer Schnittsteuerung auf VHS zusammen, zugespielt vom Video-8-Camcorder – bei massivem Qualitätsverlust. Und genau hier, glaubten die Ingenieure von JVC (Matsushita), könnte man auf dem Verbrauchermarkt noch etwas holen: S-VHS (Super VHS) wurde aus dem Schrank geholt.

Schon Jahre hatten sich Gerüchte gehalten, dass die Bildqualität von VHS deutlich zu steigern sei, wenn die Hersteller es nur wollen würden. 1987 wurde das bestätigt: S-VHS war plötzlich fast doppelt so scharf im Bild und lieferte fast Sendequalität. Industriefilmer dachten das erste Mal ernsthaft über die wachsende Konkurrenz des Videomarktes und der neuen Technik nach. Plötzlich wurden auch professionelle S-VHS-Studiorekorder angeboten. Während die Profis noch skeptisch waren, griffen immer mehr Videoamateure zum rettenden Strohhalm: Zu groß waren die Qualitätsverluste beim Videoschnitt. Das neue System versprach gerade da deutliche Verbesserungen: durch weniger Kopierverlust.

Natürlich war und ist S-VHS nicht mit VHS kompatibel. Umgekehrt schon, so dass sich der Amateurfilmer letztlich noch ein drittes Videosystem zulegte: Den S-VHS-Masterekorder. Drei Jahre später präsentierte Sony dann das Gegenstück: Hi 8, ein verbessertes Video-8-System mit der gleichen Bildqualität wie S-VHS. Damit war dann endlich die erste Stufe des Videoformatkrieges vorbei. Der analoge Krieg war zu Ende, es folgte der digitale.

Wer das Formatwirrwarr der achtziger Jahre erlebt hatte, freute sich 1996, als es hieß, es gebe nun ein einheitliches digitales Videokassettenformat namens DV, kurz Digital Video. Selbst die alten Rivalen Panasonic und Sony hätten sich geeinigt, es sei ein Weltstandard und dabei auf höchstem qualitativen Niveau: fernsehtauglich. Die Freude währte nur kurz, denn während DV vorgestellt wurde, verkündete Panasonic plötzlich, es gebe nichts, was man nicht besser machen könnte, und das habe man getan: DVCPRO sei deutlich besser als DV. Ja, es sei so gut und so preiswert, dass man gerne deutsche Fernsehsender für mehrere Monate mal kurz kostenlos damit ausstatten möchte, um zu beweisen, wie robust die neue Technik sei. Das passierte bei den Olympischen Winterspielen in Nagano 1998 in Japan.

Der Schachzug funktionierte. Das ZDF entschied sich für die Einführung von DVCPRO von Panasonic als Ersatz für die Betacam-SP-Camcorder von Sony. Natürlich gilt auch hier wieder: DVCPRO läuft nicht auf DV. Allenfalls DV auf DVCPRO. Sony-Profigeräte (DVCAM) mögen Panasonic (DVCPRO) nicht und umgekehrt, obwohl beide Systeme auf DV basieren. Unterschiedliche Farbsignalspeicherformate und Bandgeschwindigkeiten machen es möglich. Wenigstens ist allerdings dieses Mal der Krieg weniger im Lager der Verbraucher zu spüren, die Profis sind mehr betroffen. Dass Sony dann noch 1999 das alte Video-8-System aufmotzte und kurzerhand mit Digital 8 noch einmal ein wenig Verwirrung stiftete, ist fast schon vergessen. Genauso wie der kurze Versuch, mit Digital VHS (besser als DV in Sachen Bildqualität) – von JVC, von wem sonst? – alles durcheinander zu bringen. Der Formatkrieg geht weiter, das ist sicher und wenn nicht mehr auf Band, dann eben auf DVD.

14.8 Datenträgervergleichsliste Bänder/DVD/Festplatten

Videobänder professionell Fuji

D321 Digital Betacam

Klein: 6, 12, 22, 32 und 40 min

Groß: 34, 64, 94 und 124 min

HD331 HDCAM High Definition

Klein: 22, 32 und 40 min

Groß: 64, 94 und 124 min

MX321 MPEG-IMX Videokassetten

Klein: 6, 12, 22, 32 und 60 min

Groß: 64, 94, 124 und 184 min

DP121 DVCPRO Digital Videokassetten

Mittelgroß: 12, 24, 33, 46 und 66 min

Groß: 34, 66, 94 und 126 min

DP151 DVCPRO Digital Videokassetten

Groß: 92 min LP: (Longplay) 184 min

D2001 D2 Digital Videokassetten

Klein: 12 und 32 min

Mittelgroß: 6, 12, 22, 34, 64 und 94 min

Groß: 126, 156, 188 und 208 min

DVCAM DV131 (DV-kompatibel, auch DVC genannt)

Klein (Mini DV): 12, 22, 32 und 40 min

Groß: 34, 64, 94, 124 und 184 min

D5001 D5 Digital Videokassetten

Klein: 23 min

Mittelgroß: 12, 33, 48 und 63 min

Groß: 94 und 124 min

D421 Digital-S D9 Digital Videokassetten

10, 34, 64 und 104 min

M321 Betacam SP Videokassetten
Klein: 5, 10, 20 und 30 min

Groß: 60 und 90 min

H471 Professional S-VHS Videokassetten
30, 60, 90 und 180 min

Hi8 M221E Hi8 Masterband
30, 60 und 90 min

Fuji Magnetics Germany GmbH
Benzstr. 2

D-47533 Kleve

Telefon: +49 (2821) 97 70 0

info@fuji-magnetics.de

Videobänder professionell Maxell

DVM 80SE Mini DV
80 Minuten

DVM 60SE Mini DV
60 Minuten

außerdem erhältlich bei Maxell als Masterbänder (Längen wie bei Fuji)

- Digital Betacam
- BetacamSX
- D2
- D3
- D5
- DVC PRO
- HDCAM

www.maxell.de

Videobänder professionell Panasonic

AY-DVCLB
Große DV/DVCAM Videoreinigungskassette

AY-DVM83PQ
Mini-DV/DVCAM Professional-Kassette 83/55 min (DV/DVCAM)

14.8 Datenträgervergleichsliste

AY-DVMCLA
Reinigungskassette Mini-DV

AY-DVM63PQ
Mini-DV/DVCAM Professional-Kassette 63/42 min (DV/DVCAM)

AY-DVM33PQ
Mini-DV/DVCAM Professional-Kassette 33/22 min (DV/DVCAM)

AY-DV276AMQ
Große DV/DVCAM-Master-Kassette 276/184 min (DV/DVCAM)

AY-DV186AMQ
Große DV/DVCAM-Master-Kassette 186/124 min (DV/DVCAM)

AJ-CS455
Mini-DV/DVCAM-kompatibler Adapter für ausgesuchte DVCPRO-Rekorder

AY-DV124AMQ
Große DV/DVCAM-Master-Kassette 124/82 min (DV/DVCAM)

AY-DV96AMQ
Große DV/DVCAM-Master-Kassette 96/64 min (DV/DVCAM)

AY-DVM63AMQ
Mini-DV/DVCAM-Master-Kassette 63/42 min (DV/DVCAM)

AY-DVM48AMQ
Mini-DV/DVCAM-Master-Kassette 48/32 min (DV/DVCAM)

AY-DVM33AMQ
Mini-DV/DVCAM-Master-Kassette 33/22 min (DV/DVCAM)

AY-DVM83MQ
Mini-DV/DVCAM-Master -Kassette 83/55 min (DV/DVCAM)

AY-DVM63MQ
Mini-DV/DVCAM-Master-Kassette 63/42 min (DV/DVCAM)

außerdem erhältlich bei Panasonic broadcast

- DVCPPRO
- MII
- D5 HD
- D5
- S-VHS

- VHS

Panasonic Deutschland
Professional AV Media

Hagenauer Str. 43

D-65203 Wiesbaden

Telefon: +49 (611) 23 54 01

Fax: + 49 (611) 23 54 11

Videobänder professionell Sony

PDVM40N
Mini DVCAM 40 min/60 min (DV)

PDVM32N
Mini DVCAM 32 min

PDVM22N
Mini DVCAM

PDVM12N
Mini DVCAM

PDV34N
Groß DVCAM

bis

PDV184N
Groß DVCAM

DVM63HDV
High Definition Mini-DV

PHDVM63DM
High Definition Master

außerdem erhältlich bei Sony

- BETACAM-SP
- BETACAM-SX
- DIGITAL-BETACAM
- IMX
- DVCAM Professional ohne Chip

14.8 Datenträgervergleichsliste

- DVCAM Professional mit Chip
- VHS Professional
- HI-8-Video-Kassetten
- Reinigungskassetten

24-Stunden-Sony-professional-Videoband-Service im Internet unter: www.tape-store.de

Dieter Schirm
FERNSEH STUDIO TECHNIK

Am Scheidssiefen 3

D-53773 Hennef

Telefon: +49 (2242) 92 78 0

Fax: +49 (2242) 92 78 70

DVD-Datenträger

DVD-ROM

Digital Versatile Disc Read Only Memory. DVD-ROMs können nur industriell gepresst (gespritzt) werden, nicht gebrannt.

DVD-ROM-Formate

- DVD-10 doppelseitig beschreibbar
- DVD-5 mit 4,7 Milliarden Byte Speicherplatz
- DVD-9 Dual-Layer-Format mit 9,4 Milliarden Bytes
- DVD-18 Dual-Layer und beidseitig 17 Milliarden Bytes
- DVD-R

Die Digital Versatile Disc Recordable entspricht der DVD-ROM und ist vom Anwender mit Brenner einmal beschreibbar. Es gibt unterschiedliche Typen von DVD-R-Rohlingen und -Brennern für Authoring und General. Das Authoring-Format ist für Master-Medien der professionellen Produktion von DVD-ROMs.

Formate

DVD-R einseitig und doppelseitig brennbar mit 4,7 beziehungsweise 9,4 GByte.

Aufnahmedauer Video bei 9,4 GByte max. 4 h

GRUNDLAGEN

DVD-RW

Digital Versatile Disc Rewritable. Bis zu 1000 Mal wiederbeschreibbares Format. Die Medien werden auf einer Seite bespielt und fassen 4,7 GByte.

Aufnahmedauer Video bei 4,7 GByte max. 2 h

DVD-RAM

Wiederbeschreibbare DVD in Größen zwischen 2,6 und 4,6 GByte, oder doppelseitig mit 5,2 bis 9,4 GByte. Benötigt immer ein spezielles DVD-RAM-kompatibles Laufwerk.

DVD+R

Entwickelt von Dell, Hewlett-Packard, Mitsubishi/Verbatim, Philips, Ricoh, Sony, Thomson/RCA und Yamaha. Die DVD+R ist einmal beschreibbar, fasst 4,7 GByte. Im Unterschied zur DVD-R gibt es keine beidseitig brennbaren Medien.

Aufnahmedauer Video bei 4,7 GByte max. 2 h

DVD+RW

Bietet 4,7 GByte Kapazität. Im Gegensatz zu allen anderen DVD-Formaten ist keine Finalisierung mit Erstellen des Inhaltsverzeichnisses (TOC) der DVD nötig. Die DVD+RW wird nur einseitig beschrieben. Wie bei der DVD+R gibt es auch eine Dual-Layer-Variante.

Aufnahmedauer Video bei 4,7 GByte max. 2 h

Empfehlenswerte Rohlinge

Verbatim, Plextor, Maxell, TDK

Verbatim GmbH
Frankfurter Str. 63–69

D-65760 Eschborn

Telefon: +49 (6196) 900 10

Fax: +49 (6196) 900 120

info.germany@verbatim-europe.com

Plextor Europe
Excelsiorlaan 9

B-1930 Zaventem, Belgium

Telefon: +32 (2) 725 55 22

Fax: +32 (2) 725 94 95

TDK Marketing Europe GmbH
Halskestr. 38

D-40880 Ratingen

Telefon: +49 (2102) 48 70

Fax: +49 (2102) 47 15 31

Festplatten

Festplatten sind insofern ein etwas heikles Thema, weil es immer wieder vorkommt, dass Hersteller auf Grund von Preisdruck die Produktionen und/oder Produktionsorte verlagern und bislang qualitativ hochwertige Produkte plötzlich abstürzen. Ein Beispiel dafür war IBM, die Platten hatten jahrelang einen ausgesprochen guten Ruf. Nachdem die Produktion eine Zeit lang in den Ostblock verlagert worden war, galten die Festplatten als unsicher und riskant. Letztlich verkaufte IBM die Festplattenproduktion an Hitachi. In der Regel kann man jedoch davon ausgehen, dass Festplatten der Firmen Siemens/Fujitsu, Western Digital, Seagate oder Samsung recht zuverlässig ihren Dienst tun. Einen etwas weniger guten Ruf haben in der Branche Maxtor und immer noch Hitachi.

Für eine Firewire-Festplatte, die direkt an eine Videokamera angeschlossen wird (zum Beispiel Canon XL1s oder Canon XL2), ist auf die Stromversorgung der Festplatte zu achten.

Videoaufnahmekapazität in Minuten nach Speicherkapazität (ungefährer Wert): bei DV-Video

40 GByte = 180 Minuten

80 GByte = 360 Minuten

160 GByte = 720 Minuten

256 GByte = 1152 Minuten

Bei MPEG2-Aufzeichnung ist die Aufnahmekapazität deutlich höher.

14.9 Zeitformate

Das Fernsehfeature bezeichnet je nach Sprache und Redaktion unterschiedliche Programmelemente. Im amerikanischen und englischen Sprachgebrauch bezeichnet das Wort *Feature Film* einen abendfüllenden Kino- oder Fernsehfilm von mindestens 70 Minuten Länge. In der Regel handelt es sich um einen Spielfilm. In Fernsehmagazinredaktionen in Deutschland kann ein Feature aber auch ein Fernsehbeitrag innerhalb einer Magazinsendung sein, der mit Interviews und Statements angereichert ist. Ein Feature innerhalb einer Magazinsendung kann zwischen zwei Minuten und 15 Minuten Länge aufweisen, je nach Redaktion.

Spot	Sendungsintro/Werbespot etc., max. Länge etwa 30 sec
Trailer	In der Regel Programmankündigung. Maximale Länge etwa eine Minute

Tabelle 14.2
Die verschiedenen Zeitformate im deutschen Sprachgebrauch

GRUNDLAGEN

Kurzfilm	Film bis zu einer maximalen Länge von 60 Minuten
Langfilm	Film ab 60 Minuten
abendfüllend	ab mindestens 70 Minuten, in der Regel ab 90 Minuten
programmfüllend	siehe abendfüllend
Sonderformen:	
Magazinbeiträge	zwischen zwei und 15 Minuten
kurze Serie	23 Minuten
lange Serie	46 Minuten
Dokumentationen	30, 45, 60, max. 90 Minuten
Imagefilme	vier bis max. zwölf Minuten
Industriefilme	max. 15 Minuten
Footagematerial	für zwei Minuten Sendung ca. 20 Minuten Footage

Anhang A

GLOSSAR

+- oder −-Kategorisierung Unterscheidung verschiedener DVD-Rohlingssorten. Es gibt +- und −-Brennrohlinge, die unterschiedliche Eigenschaften haben.

16:9-Aufzeichnung Bilder werden gestaucht oder beschnitten auf einem Videoband gespeichert, um das entsprechende Bildformat zu erreichen.

16:9-Format Beschreibt das Format des Bildes, also das Verhältnis von Breite zu Höhe.

1-Chip-Kamerakopf Die Kamera nutzt nur einen elektronischen Chip, um das Licht bzw. die Farben in elektronische Signale umzuwandeln. Darunter leiden Rottöne. 1-Chip-Kameras gelten als nicht professionell in ihrer Farbwiedergabe.

2-Punkt-, 3-Punkt- und 4-Punkt-Traversen Traversen sind Gerüststangen, die entweder aus zwei, drei oder vier Aluminiumrohren zusammengeschweißt wurden und für Licht und Tonanlagen zur Aufhängung genutzt werden.

3-Chip-Kamerakopf Die Kamera nutzt drei Chips, um die Farben und das Licht in elektronische Signale umzuwandeln. 3-Chip-Kameras gelten als farbecht.

4:3-Bild Beschreibt das Verhältnis des klassischen Fernsehbildes von Breite zu Höhe.

A/D(Analog/Digital)-Wandler Elektronisches Bauteil, setzt Videosignale von einem herkömmlichen analogen Videorekorder in digitale Signale um.

AA-Size-Batterien Bezeichnung für die Größe von Batterien. AA entspricht Mignon-Batterien.

AB-Stellung Beschreibt die Mikrofonaufstellung bei einer Stereoaufnahme mit zwei Kugelcharakteristikmikrofonen. Die Mikrofone stehen im Mindestabstand von 40 cm zueinander parallel in Richtung Schallquelle.

AC3 (Dolby Digital) Beschreibt ein Tonformat, also die Art und Weise, wie der Ton aufgenommen wurde. Dolby Digital kann Stereo, 5.1 oder 7.1 bedeuten. Die Dolby Laboratories haben den Standard entwickelt.

Academy-Format Beschreibt ein Bildformat im Kino. Wurde ursprünglich von Filmstudenten in Hollywood genutzt und war günstiger in der Produktion. Das Bild entspricht in den Verhältnissen dem Format eines Fernsehbildes.

Achs(en)sprung Drehfehler: Die Kamera überspringt die Handlungsachse in der Szene. Kann zu räumlicher Desorientierung des Zuschauers im Film führen.

Adobe Premiere Pro Videoschnittprogramm des Herstellers Adobe.

AKG Renommierter Hersteller von Mikrofonen und Kopfhörern.

Anhang A

GLOSSAR

aktive Lautsprecherboxen Lautsprecher, die einen Verstärker eingebaut haben und direkt an ein Mischpult angeschlossen werden können.

Allonge Ende eines Werbespots, bei dem der Händlername eingeblendet wird. In der Regel werden dieselben Werbespot svon mehreren Händlern eingesetzt, dann wird je nach Stadt nur die Allonge des Kinowerbespots ausgewechselt.

Alterssperre (Parental Lock) Mögliche Alterssperre, die bei der DVD-Produktion angelegt werden kann, um zu verhindern, dass Jugendliche Inhalte sehen können, die nicht altersgemäß sind.

Amerikanische Bezeichnung für eine Kameraeinstellung, in der Personen von den Knien an aufwärts bis einschließlich Kopf und Haar zu sehen sind.

amerikanisches Drehbuchformat Im amerikanischen Drehbuchformat gibt es keine Spaltentrennung wie im europäischen Drehbuch. In den USA ist es üblich, Sprechtexte und Handlungsanweisungen untereinander zu schreiben, im europäischen nebeneinander.

analoger oder klassischer Videoschnitt Dazu werden zwei Videorekorder miteinander verbunden. Durch Zuspielen von Szenen von einem Player auf einen so genannten Masterrekorder und das Schneiden durch Aufnahmepausen entsteht der Film.

anamorph Beschreibt den Vorgang, wenn ein 16:9-Bild im Verhältnis 4:3 gestaucht wird. Wird ein Bild anamorph aufgezeichnet, muss es auch wieder anamorph wiedergegeben werden, sonst ist das Bild verzerrt.

anflanschbar anschraubbar, zu befestigen an

Anti Aliasing Glättet die Kanten von künstlichen 2D- oder 3D-Objekten in Videofilmen, verhindert Treppchenbildung bei Buchstaben, die Diagonalen enthalten, wie der Buchstabe A.

Arri-Laser Belichtungsgerät auf Laserbasis von der Münchner Firma Arri. Es gestattet, Videofilme auf Filmmaterial zu übertragen.

Artefakt Fehler, der in digitalen Bildern auftritt, meist Klötzchen. Ursache können zu geringe Datenraten oder schlechte Encoder, aber auch Fehler auf dem Datenträger sein.

Assigntasten Zuordnungstasten an einem Mischpult.

atmosphärischer-O-Ton Originalton der Geräuschkulisse einer Szene ohne Gespräche. Wird oft zur Nachvertonung benötigt, um eine einheitliche Stimmung zu erzeugen.

Audio Dubbing Funktion eines Videorekorders. Ermöglicht die Nachvertonung einzelner Tonspuren, ohne andere zu löschen.

AUDIO_TS Vorgegebener Ordner auf einer Video- oder Audio-DVD. Der Ordner ist bei Video-DVDs immer leer.

Audition Audiobearbeitungsprogramm der Firma Adobe. Basiert auf der Software Cool Edit Pro von Syntryllium.

Aufführungs- und Nutzungsrechte Sind ursprünglich im Besitz des Künstlers, der ein Werk geschaffen hat. Sie müssen erworben werden. Die GEMA vertritt bei Musikern diese Rechte. Die GVL ist zuständig für Autoren.

Auslesezeit des Chips Entspricht der Belichtungszeit aus der klassischen Fotografie. Zeit, die die Elektronik wartet, um Licht auf dem Bildchip zu sammeln, um daraus elektronisch ein Bild zu machen. Entspricht der Shutter-Zeit.

außenfokussiert Bezeichnet die Art und Weise, wie ein Objektiv aufgebaut ist. In einem Linsensystem, das gemeinsam ein Objektiv bildet, kann die Linse zum Scharfstellen des Bildes außerhalb der beiden Lichtsammellinsen liegen oder zwischen den beiden, also innerhalb (innenfokussiert).

Autofocus Scharfstellautomatik von Camcordern und Kameras,

Autorenfilm Bezeichnet einen Film, bei dem Regisseur und Autor identisch sind. Wurde Anfang der 70er Jahre in Deutschland wieder populär durch Filmemacher wie Werner Herzog und Wim Wenders.

AUX- und Monitorkanäle Mischpultschaltkreise, die es erlauben, Tonsignale unabhängig von der Haupttonmischung an andere Geräte zu leiten.

Avi Dateibezeichnung im Windows-Betriebssystem, steht als Abkürzung für: Audio Video interleave, eine Datei, die Ton und bewegtes Bild enthält. Sagt nichts darüber aus, welcher Codec benutzt wird oder ob die Datei in sich komprimiert ist oder nicht.

Avid ExpressPro oder Avid Xpress DV Videoschnittsysteme der Firma Avid. Avid ist im professionellen Bereich meist Standard.

Bajonett-Anschluss Drehanschluss, der einrastet und sich nicht von selbst lösen kann. Wird bei Objektiven zur Befestigung an Kameraköpfen benutzt, ebenso bei so genannten BNC-Kabeln.

Bandtimecode Die Elektronik eines Camcorders ordnet jedem Bild einer Aufzeichnung eine Zahl zu. In der Regel wird der Timecode in der Form Stunde:Minute:Sekunde:Bild angegeben: 00:00:00:00. Erlaubt die eindeutige Zuordnung von Schnittbildern auf einer Video-Kassette.

Beamer Projektor für elektronische Medien wie Computer, DVD oder Videorekorder. Gängig sind LCD- oder DLP-Beamer. DLP-Beamer erlauben größere Helligkeiten.

Beschränkungen für die Größe von AVI-Dateien Die Betriebssysteme Windows 98 und Me erlauben unter dem Dateisystem FAT32 nur Größen bis 4 GByte. Bei Windows XP und Windows 2000 mit NTFS-Dateisystem sind theoretisch bis rund 2 Terabyte keine Schwierigkeiten zu erwarten. Ursprünglich lag die Maximalgröße von AVI-Dateien bei 2 GByte (ursprüngliche AVI-Vorgabe). 2 GByte entsprechen rund neun Minuten DV-Video.

Anhang A

GLOSSAR

Betacam Professionelles analoges Videosystem, das als Betacam SP (SP = Superior Performance) in den meisten Fernsehanstalten weiterhin vorhanden ist. Wurde seit 1982 kontinuierlich weiterentwickelt.

Betacam IMX (D10) Digitales Videoformat von Sony auf MPEG2-Basis. Weiterentwicklung von Betacam. IMX-Beta-Video-Kassetten sind grün.

Betacam SX Digitales Videoformat von Sony auf MPEG2-Basis. Bis zur achten Generation ohne sichtbare Kopierverluste. Weiterentwicklung von Betacam. SX-Video-Kassetten sind gelb.

Betacam-Schnittplätze Anordnung von mindestens zwei Betacam-Videorekordern mit Schnittsteuerung. Besteht aus einem Zuspieler und einem Rekorder (Masterrekorder). Oft noch ergänzt durch einen zweiten Zuspieler und einen Videomischer. Wird benötigt, um aus Rohmaterial einen Film zu gestalten. Wird heute zunehmend durch digitale (Computer-)Schnittplätze ersetzt.

Bildstabilisatoren Versuche, auf elektronischem oder mechanisch-optischem Weg, Kamerawackeln im Bild zu verhindern. Optische Stabilisatoren sind elektronischen meist überlegen.

Bild-Text- oder Text-Bildschere Bezeichnet die Situation, dass Bilder und gesprochener Off-Text nicht zueinander passen. Im Off-Text ist die Rede von Dingen, die sich im Bild nicht wiederfinden.

Bildwiederholrate Entscheidet darüber, ob ein elektronisch projiziertes Bild flimmert oder nicht. Vor allem für Computermonitore (nicht LCD) auf Röhrenbasis wesentlich. Zu geringe Bildwiederholraten können bei empfindlichen Leuten zu Kopfschmerzen führen. Die Bildwiederholrate ist nicht mit der Bildrate (wieviel Bilder in einem Film pro Sekunde gezeigt werden) zu verwechseln, beides muss nicht identisch sein. Übliche Bildwiederholraten von Computermonitoren liegen heute bei rund 100 Hz, das bedeutet, dass ein Bild auf einem Computerbildschirm 100 Mal pro Sekunde neu aufgebaut wird.

Bleiakku Leistungsfähiger, aber schwerer Akku (wiederaufladbare Batterie), der vor allem aus dem Schwermetall Blei aufgebaut ist (giftig).

Blendenautomatik Automatik eines Kamerakopfes, um die Belichtung der Bilder zu regulieren. Vergrößert oder verkleinert die Blende, um das einfallende Licht auf den Bildchip zu regulieren. Ist häufig nur beschränkt brauchbar, da die Elektronik nur nach Mittelwerten oder Maximalwerten reguliert.

Blockbuster Bezeichnung für einen Film, der sehr erfolgreich war und von einem breiten Publikum begeistert aufgenommen wurde.

Bluebox-Verfahren oder Bluescreen-Technik Aufnahmeverfahren, das häufig in Filmstudios oder Fernsehstudios angewendet wird, um Bildteile unsichtbar zu machen oder um Bildteile durch künstliche, oft computererstellte Landschaften oder Bauten zu ersetzen. Im Studio werden Flächen in Blau gestaltet, die Farbe wird in der Nachbearbeitung des Filmmaterials entfernt und als Transparenzfarbe definiert. Siehe auch Greenscreen.

B-Movies Bezeichnung aus dem Amerikanischen für Filme mit kleinem Budget, die ursprünglich nicht unbedingt fürs Kino produziert wurden. Im Gegensatz zu A-Movies, die von vorneherein mit großem Aufwand und viel Geldeinsatz durch die Produktionsfirmen in die Kinos kommen. B-Movies gelten gemeinhin als eher hemdsärmlige Produktionen mit eher weniger guten Tricks und billigeren Schauspielern. Dennoch gibt es eine Reihe von Kultregisseuren, die sich über die B-Movies einen Namen machten, wie zum Beispiel auch James Cameron, dessen »Terminator« (mit Arnold Schwarzenegger) ursprünglich als B-Movie eingeordnet war.

BNC-Anschlüsse mit Bajonettarretierung BNC steht für Bayonet Navy Connectory und bezeichnet die Art der Stecker des Kabelanschlusses. BNC wird für so genannte Koaxialkabel in der Nachrichtentechnik benutzt. Daneben finden die Kabel Anwendung in der Fernseh- und Computertechnik. Vorteil der Verbindungsart ist, dass sich die Stecker wegen einer Raststufe nicht selbstständig lösen können.

Bodenspinne Gehört zu einem Kamerastativ und stabilisiert das Stativ von unten gegen Verdrehung. Das Stativ wird auf eine Spinne aufgesetzt und vergrößert dabei die Standfläche.

Brummschleife Bezeichnet ein auftretendes Störgeräusch von etwa 50 Hertz (Brummton) in der Audiotechnik. Ursache sind Geräte, die unterschiedlich geerdet sind. Als Hilfsmittel zur Beseitigung dient ein Trennübertrager, auch DI-Box genannt.

Camcorder Bezeichnet die Kombination von Kamera und Aufzeichnungsgerät, stammt ursprünglich von Camera und Rekorder.

Canopus Edius Videoschnittsystem der Firma Canopus.

Capture- oder Aufnahmemodul Bestandteil einer Videoschnittsoftware, das dafür zuständig ist, digitale oder analoge Daten von einem Videorekorder oder Camcorder zu empfangen und auf einem Computer abzuspeichern.

CCD-Chip Abkürzung für charge coupled device. Ein elektronisches Bauteil, das Licht in elektrische Signale umwandelt und dabei ein Bild erzeugt.

CCIR 601 Bezeichnet einen internationalen Standard des International Radio Consultative Committee (CCIR) zur Umwandlung analoger Halbbildsignale in digitale Daten. Die Norm heißt ITU-R BT.601, seit sich das Komitee in International Telecommunication Union relating to radio communication umbenannt hat.

CCZ-A-Multicore-Anschluss Ein Kabelanschluss, der es erlaubt, mehrere Kameras über ein spezielles Kabel an einem Steuergerät anzuschließen. Ein Multicore ist ein dickes Kabel, das aus mehreren zusammengefassten Kabeln besteht.

Chorus Effekt aus dem Audiobereich, erzeugt den Eindruck, statt einer Person oder eines Instrumentes seien mehrere vorhanden.

chronologisch Bedeutet dem Zeitverlauf folgend, in der Reihenfolge des Geschehens. Dreharbeiten werden fast immer nicht in chronologischer Reihenfolge durchgeführt. Chronologisch bedeutet hier im Sinne des Zeitverlaufes der Drehbuchhandlung. Was also im Drehbuch später passiert, kann durchaus als Erstes gedreht werden.

Cinch-Anschluss Benennt eine amerikanische Anschlussart und Steckerform für Verbindungskabel, die ursprünglich aus dem Tonbereich stammt, heute aber auch im Amateurvideobereich für Videosignale sehr verbreitet ist. Auch als RCA-Anschluss bekannt.

Cinemascope Bezeichnet ein Kinobildformat im Verhältnis von 1:2,35. Das Bild ist extrem breit und nicht besonders hoch. Wurde ab den sechziger Jahren vor allem für Historien- und Actionfilme eingesetzt.

Cinepak Ein Codec, der Filmdaten komprimiert und dekomprimiert. Gehört zur Windows-Standardinstallation. Qualitativ wenig überzeugend, wird gelegentlich zur Produktion von Multimedia-CDs eingesetzt.

CMYK-Farbmodell Steht abkürzend für Cyan, Magenta, Yellow und Key. Key steht dabei für Schwarz. Alle Farben werden beim Vierfarbdruck genutzt. Das Farbmodell ist für Druckvorlagen notwendig im Gegensatz zum RGB- oder YUV-Farbmodell, die beide für elektronische Darstellung genutzt werden.

Codec Bezeichnet ein Hilfsprogramm, das Video- oder Audiodaten codiert und decodiert, dabei werden die zu verarbeitenden Datenmengen verkleinert. Codecs sind oft verlustbehaftet, dies bedeutet, dass die ursprüngliche Qualität von Videoaufnahmen bei der Speicherung leiden kann.

Continuity Stammt aus der Filmemachersprache und bezeichnet die Vermeidung von Anschlussfehlern beim Einstellungs- und Szenenwechsel. Wer für die Continuity zuständig ist, muss darauf achten, dass Schauspieler und Requisiten nach einem Schnitt am richtigen Platz stehen und passend aussehen.

Cutter oder Cutterin Eine Person, die aus dem Rohmaterial einen fertigen Film schneidet (cut von englisch: schneiden).

D9-Digital-S Digitales Videoaufzeichnungsformat auf Kassette, von JVC entwickelt.

Datenraten Beschreibt die Menge der notwendigen Daten, die pro Sekunde nötig sind, um ein Bild auf einem Wiedergabegerät anzeigen zu können. Werden mögliche Datenraten überschritten, kommt es zu Aussetzern oder Sprüngen bei der Filmwiedergabe. Werden notwendige Datenraten unterschritten, kommt es zu Qualitätsverlusten.

DAT-Kassette DAT steht für Digital Audio Tape. Digitales Tonkassettenformat, das im professionellen Tontechnikbereich eingesetzt wird. Auf dem Amateurmarkt konnten sich DAT-Rekorder nicht durchsetzen.

DAU Scherzhafte Abkürzung aus der Software- und Computerbranche für den Dümmsten anzunehmenden User (Benutzer).

Deinterlacing Beschreibt den Vorgang, aus zwei TV-Halbbildern ein Vollbild zu erstellen, entweder durch Verschmelzen zweier Halbbilder oder durch Entfernung eines der beiden Halbbilder.

Demultiplexen (Demuxen) Bezeichnet das Auftrennen eines MPEG-Filmes in eine Ton- und eine Bilddatei. Beide Dateien liegen anschließend als unabhängige Einzeldateien vor.

Denoiser Bezeichnet ein Zusatzmodul für Videoschnittsoftware oder ein Einzelgerät, das Bildrauschen entfernt (noise aus dem Englischen für Rauschen). Auch NR (Noise Reduction) oder DNR (Digital Noise Reduction) genannt. Unterschieden wird zwischen Helligkeitsrauschen und Farbrauschen.

Detail- oder Ganzgroß-Aufnahme Bezeichnung für eine Kameraeinstellung, die einen kleinen Ausschnitt eines großen Gegenstandes oder einer Figur zeigt.

Dezibel Eine dimensionslose Maßeinheit, die Verhältnisse beschreibt. Wird für Lautstärkepegel, Schalldruck und Signalstärken benutzt.

Dialogregie Legt fest, was, aus welchen Gründen, wie und warum in einer Szene gesprochen wird. Ist im Rahmen der Übersetzung amerikanischer Kinofilme und Serien ein eigenes Berufsfeld.

Diashow Hier im Sinne einer möglichen Präsentationsform auf Video-DVD zu verstehen.

DI-Box Steht für direct input, direct injection oder direct interface. Selbst Fachleute sind sich über den Sinn der Abkürzung uneins. Technisch ist die DI-Box eindeutig: Es handelt sich um einen so genannten Trennübertrager für Tonsignale, der zwei Stromkreise gegeneinander vor Störgeräuschen schützt und nur ein Nutzsignal von einem Stromkreis in den anderen überträgt. Die DI-Box ist notwendig, um symmetrische und asymmetrische Geräte oder aber Geräte mit verschiedenen Erdungen miteinander zu verbinden. Die DI- Box verhindert Brummschleifen.

Differenzsignale entstehen bzw. können ermittelt werden, indem man zwei oder drei Signale miteinander technisch vergleicht oder voneinander abzieht. Hat man zum Beispiel einen Gesamtwert für das Farbsignal Weiß (Helligkeitswert) und daneben zwei Farbsignalwerte wie Rot und Grün, kann man das Differenzsignal (hier Farbwert Blau) ermitteln, da R + G + B = Weiß ist. Im Sinne der MPEG Kodierung hier auch vereinfacht eingesetzt, um zu beschreiben, dass nur Bildunterschiede in einem Filmabschnitt gespeichert werden und die Bilder daraus rechnerisch wieder hergestellt werden.

Digital8 Digitales Videoformat von Sony, eine Weiterentwicklung des Video-8- und Hi8-Standards für den Amateurbereich. Der genutzte Codec zur Aufzeichnung ist der DV-Codec.

Digital Betacam Videoformat von Sony, eine digitale Weiterentwicklung des analogen Betacam-Formats. Die Video-Kasetten sind blau.

Anhang A

GLOSSAR

Digitale Fotokamera Ersetzt zunehmend den klassischen Fotoapparat. Erst ab Auflösungen von rund zwölf Megapixel erreicht die Qualität annähernd die Auflösung von belichtbarem Kleinbildfotomaterial.

Digitale Zoomfunktion Statt teure Objektive einzusetzen, um dem Amateur ein Zoom (Heranholen entfernter Objekte durch Brennweitenverschiebung) zu ermöglichen, setzen Hersteller die Elektronik eines Camcorders ein, um nur einen kleinen Ausschnitt des Bildsensors (CCD-Chip) zu vergrößern. Die Folge ist oft, dass die lichtempfindlichen Pixel des Bildsensors sichtbar werden.

Dimmer Gestattet das stufenlose Regeln der Helligkeit von Strahlern oder Lampen. Verändert dabei allerdings auch die Farbtemperatur.

DirectX Software-Modul des Windows-Betriebssystems, das zusammen mit der Grafikkarte für die Anzeige von bewegten Bildern auf dem Computerbildschirm zuständig ist. Wird beständig weiterentwickelt.

Director's Cut Version eines Filmes, die von einem Regisseur neu geschnitten wurde. Normalerweise bestimmen Produzenten und Filmstudios, in welcher Form ein Film ins Kino kommt; ist er besonders erfolgreich, wird der Regisseur häufig angehalten, eine ganz persönliche Schnittversion des Filmes zu erstellen: den Director's Cut.

DivX-Versionen DivX steht für Digital video express und bezeichnet eine Software, die basierend auf MPEG4 codiert und decodiert. Ursprünglich von Studenten entwickelt, wird ständig erneuert und inzwischen kommerziell vermarktet. Leider sind neuere und ältere Versionen des Codecs nicht immer kompatibel.

Dockinggeräte Bezeichnet Geräte, die an andere Geräte durch Steckverbindungen angeschlossen werden. Oft handelt es sich um Videorekorder, die an Kameraköpfe angeschlossen werden, eine Art Baukastensystem mit Komponenten, die auswechselbar sind.

Dokudrama Nachgespielte und inszenierte Dokumentation im Fernsehen. Oft mit Laiendarstellern besetzt, gelegentlich auch durch Laien, die sich selbst spielen. Handelt meist von Unfällen und Schicksalsschlägen.

Dokufake Spielfilm in Form einer Dokumentation, der nicht als Spielfilm erkannt wird. Obwohl die Geschichte frei erfunden ist, wird der Anschein erweckt, es handle sich um abgebildete reale Vorgänge.

Doku Soap Schauspieler oder Laienschauspieler bewegen sich in vermeintlichen Alltagssituationen, die künstlich (inszeniert) hergestellt werden. Fernsehserienformat.

Dolly Großer Rollwagen auf Reifen oder Schienen, um Kamerafahrten zu realisieren. Die Kamera wird auf den Dolly montiert.

Dramaturgie Handlungsablauf einer Geschichte im Sinne von Spannung und Inhalt. Beschäftigt sich mit Form und Mitteln des Films, um eine gewisse Wirkung zu erzielen.

Drehbuch Beschreibt die Umsetzung der Geschichte oder des Inhaltes eines Filmes in dramaturgischer und technischer Hinsicht. Handlung und Charaktere sowie Dialoge und Kameraeinstellungen werden aufgeführt.

Drei-Punkt-Licht Bezeichnung für die Aufstellung von drei Strahlern, um eine Lichtstimmung zu erzeugen.

Dropout Fehler auf Videobändern bzw. Videoaufzeichnungen, verursacht durch Dreck oder durch Produktionsfehler in der Magnetbandbeschichtung. Dropouts verursachen Bild- oder Tonstörungen.

Dual-layer-Rohlinge Brennbare DVDs, die zwei Schichten (dual layer) zur Verfügung stellen, um Daten abzuspeichern. Sie bieten knapp die doppelte Kapazität einfacher DVD-Rohlinge.

Durchschleifen des Materials Daten oder Bilder werden ohne elektronische Veränderung durch ein Gerät geschleust, um es zum Beispiel auf einem TV-Monitor oder Vektorskop beurteilen zu können.

DV Abkürzung für Digital Video. Videostandard. Samplingform: 4:2:0.

DVCAM Professionelle Sony-Abwandlung von DV mit leicht geänderten technischen Daten: Samplingform: 4:2:0 größere Spurbreite und höhere Bandgeschwindigkeit als DV.

DVCPRO (25) Professionelle Panasonic-Abwandlung von DV. Der Codec wurde deutlich stärker verändert als bei DVCAM. Samplingform: 4:1:1

DVCPRO 50 Professionelle Panasonic-Abwandlung von DV mit verbesserten Eigenschaften gegenüber DVCPro.

DVCPRO (100) HD Hochauflösendes digitales Panasonic-Videoformat.

DVD-Autorenprogramm Software zur Erstellung von Video-DVDs mit Menü und Sonderfunktionen (Kapitel etc.).

DVD-Presswerk Unternehmen, das DVDs in großer Auflage herstellt und durch so genannte (Glas-)Master oder Matrizen erzeugt.

DVDs der Kategorie 5 und 9 Digital Versatile Discs unterschiedlicher Art: Kategorie 5 beschreibt DVDs mit einer Schicht, Kategorie-9-DVDs mit zwei Schichten. Bei der Wiedergabe von DVD 9 kann es beim Umschalten zwischen den beiden Schichten zu einem Hänger kommen: Der Laser von DVD-Spielern braucht bis zu einer Sekunde, um umzuschalten. In dieser Zeit bleibt ein Film kurzfristig stehen.

DVD-Video-Mastering Beschreibt den Vorgang der Erstellung einer endgültigen Film- bzw. DVD-Version, die zur Veröffentlichung vorgesehen ist. Von einem Master werden später Kopien hergestellt, die verkauft oder verteilt werden.

dynamische Kompressoren Geräte oder Software-Zusatzmodule aus dem Audiobereich, die je nach Gesamtlautstärke Tonsignale verstärken oder abschwächen.

Dynamische Mikrofone Bezeichnung für Mikrofone, die nach dem Prinzip einer bewegten Membran mit Spule in einem Magnetfeld funktionieren. Sie benötigen keine Speise- oder Phantomspannung.

Echo- und Hallgeräte Geräte aus der Tontechnik, die künstlich Hall oder Echo erzeugen.

Edutainment Kunstwort aus Education und Entertainment. Bezeichnet eine unterhaltsame Art der Wissensvermittlung.

Effektgerät Oberbegriff für Geräte aus der Tontechnik, die Tonsignale künstlich verändern, um zum Beispiel Hall oder Echo zu erzeugen.

Effektverlaufslinie Bezeichnet im Videobild die Grenzlinie oder den Übergangsbereich zwischen unveränderten Bildteilen und bearbeiteten Bildteilen.

Einbrenneffekt Tritt vor allem bei veralteten Röhrenvideokameras auf, wenn einzelne Bereiche einer Bildwandlerröhre durch zu viel Sonnenlicht zerstört wurden. Kameras wurden an den Stellen blind und zeigten schwarze Bildpunkte. Tritt heute bei CCD-Bildchips bei Sonnenaufnahmen auf, allerdings deutlich verzögert im Vergleich zu Röhrenkameras.

Elektret-Kondensatormikrofon Mikrofon, das im Gegensatz zum dynamischen Mikrofon nach dem Kondensatorprinzip arbeitet. Benötigt eine Speise- bzw. Phantomspannung. Billigstversionen ohne Speisespannung sind fast immer minderwertig.

Elektronische Stabilisierung Soll Kamerawackeln ausgleichen und das Bild stabilisieren. Dazu werden Pixel des Bildchips zum Bewegungsausgleich genutzt, die Folge ist oft eine Verschlechterung der Bildqualität (Auflösung). Die Elektronik versucht, Wackelbewegungen zu kompensieren. Qualitativ schlechter als die optische Stabilisierung.

Encoder-Baustein Elektronisches Bauteil, das Videobilder und Ton codiert und dabei meist komprimiert. Encoder-Bausteine werden speziell für einen Codec entwickelt und können nur für diesen genutzt werden.

ENG (Elektronic News Gathering) Bezeichnet die Reportagetätigkeit von Nachrichtenfernsehteams, die vor Ort bei besonderen Anlässen Aufnahmen machen. In der Regel besteht ein Nachrichtenreporterteam aus zwei bis drei Personen. Der Einsatz geschieht meist unter extremen Zeitdruck und setzt robuste Geräte voraus.

Entladungslampen Besondere Art von Lampen, in denen ein Gas gezündet wird. Sehr lichtstark.

Entropiekodierung Bezeichnet das Verfahren einer Kodierung und Kompression ohne Daten- oder Qualitätsverlust.

Equalizer Ein Gerät oder Software-Modul im Tontechnikbereich, das eine umfassende Klangregelung ermöglicht.

exponiert Bedeutet herausgestellt oder herausgehoben. Im weitesten Sinne auch: besonders auffällig.

Exposé Kurzes Papier, das eine Filmidee in wenigen Sätzen zusammenfasst und dabei Grundkonflikt und groben Handlungsverlauf beschreibt.

Exposition Im Film: Vorstellung der Situation, Figuren und Orte. Die Exposition dient der Einführung der Zuschauer in das Filmgeschehen.

Fader Schieberegler an Video- und Tonmischpulten, um Pegel einzustellen.

Fake, gefakt (engl.) Übersetzt: Fälschung, gefälscht. Es wird etwas vorgegaukelt, was nicht den Tatsachen entspricht.

Faktendichte oder auch Informationsdichte Der Begriff umfasst den Informationsfluss in einem Film, der sich sowohl aus Bild, Musik, Geräuschen und gesprochenem Wort zusammensetzt. Werden Informationen zu schnell hintereinander übermittelt, bleiben Teile davon auf der Strecke und werden vom Zuschauer nicht mehr wahrgenommen.

Farbanpassung Beschreibt den Vorgang, Bilder unterschiedlicher Lichtstimmung (Morgen, Mittag, Abend) anzupassen, damit beim Schnitt ein einheitlicher Eindruck entsteht.

Farbdifferenzsignale siehe Differenzsignale

Farbkeying Eine Farbe wird technisch definiert und aus einem Bild entfernt. Ist Grundlage für das Bluebox- oder Greenscreen-Verfahren.

Farbtemperatur Beschreibt technisch die Farbwirkung bei unterschiedlichen Helligkeiten und Beleuchtungen.

Farbwerte (Chrominanz) beschreiben Farben über ihren jeweiligen Anteil von Rot, Grün und Blau (RGB).

Fazen Die technische Übertragung (Ausbelichtung) von Videomaterial auf Filmmaterial.

Feature Ursprünglich ein Begriff von Radioredakteuren. Bezeichnet einen Radiobeitrag, der aus Originaltönen und Zwischentexten eines Redakteurs besteht. In Fernsehredaktionen ein Begriff für kommentierte Fernsehbeiträge (Off-Text) mit Interviewausschnitten und/oder Statements (Stellungnahmen).

Feature film Englischer Ausdruck für einen abend- oder programmfüllenden Film mit einer Mindestlänge von 70 Minuten.

Fill Fülllicht, um dunkle Partien eines Sets zu erhellen.

Final Cut Pro Videoschnittprogramm für Mac-Rechner.

Firewire, auch IEEE 1394 Bezeichnung für eine Datenverbindung, die eine sehr hohe Geschwindigkeit der Datenübertragung erlaubt. Benötigt werden so genannte Firewire-Karten (Controller) und Firewire-Kabel. Wird zur Verbindung von Videorekordern und Camcordern mit Computern und Festplatten genutzt. Je nach Baujahr, Karte und Betriebssystem der jeweiligen Geräte ist eine Datenübertragung von bis zu 400 MBit/sec möglich (Standard IEEE 1394a). Erlaubt auch eine Stromversorgung angeschlossener Geräte über das Verbindungskabel.

Flanger Effektgerät zur Erzeugung von Tonverschiebungen.

Flirren Unruhiges Schimmern oder Flackern von Oberflächen bei 3D-Animationen. Grund ist meist eine zu feine Textur, die zu Beugungsmustern führt.

Flugaufnahmen Kameraaufnahmen aus einem Flugzeug, Helikopter, Zeppelin oder Ballon.

Footage-Material Ungeschnittenes Rohmaterial, das TV-Sendern oder Filmproduktionen zur Weiterverarbeitung zur Verfügung gestellt wird.

Frame Mode oder Frame Modus Von der Firma Canon eingeführter Begriff, der für die Aufzeichnung eines Vollbildes im Halbbildverfahren steht. Die Kamera gibt zwar zwei Halbbilder aus, beide gehören aber zu einem gemeinsamen Vollbild. Entspricht fast dem progressive Mode

Frequenzgang Beschreibt technisch die Empfindlichkeit von Geräten (Mikrofone, Lautsprecher, Aufzeichnungsgeräte) auf unterschiedliche Tonhöhen (Frequenzen).

Führungslicht oder Keylight Strahler, der in einer Szene auf Figuren und Objekten Schatten auslöst und dem Zuschauer andeutet, wo die eigentliche Lichtquelle steht.

Füllsel Elemente, die nur zum Füllen dienen und dabei keine weitere Bedeutung haben.

Füllwörter Wörter, die den Sprach- und Erzählfluss unterstützen, dabei aber keine zusätzlichen Informationen liefern. Das Wort »nämlich« wird häufig als Füllwort genutzt. Füllwörter sind in der gesprochenen Sprache häufig. Sie können dem Zuschauer Gelegenheit geben, etwas aufzunehmen, weil sie den Informationsfluss verlangsamen. Der übertriebene Einsatz führt schnell dazu, dass sich Zuschauer genervt fühlen.

Funkstrecken Bezeichnet Funkverbindungen, beim Film häufig Funkverbindungen auf mehreren Funkfrequenzen zwischen Mikrofonen und Kamera.

Gaffertape oder Gaffa Spezielles Klebeband aus Textil.

Gain (englisch) Steht für Empfindlichkeit oder Eingangsverstärkung. Bei Tonmischpulten kann über die Gainregler eingestellt werden, dass unterschiedliche Klangquellen, die durch unterschiedlich empfindliche Mikrofone aufgenommen werden, trotzdem gleichmäßig gemischt werden können.

Galvanische Trennung Technischer Ausdruck für die Trennung von Stromkreisen in Hinsicht auf Masse (Erdung) und Nutzsignal. Wird durch eine DI-Box realisiert und verhindert Brummschleifen.

Gammakurve Beschreibt die Helligkeit der mittleren Grauwerte in einem Bild. Durch Veränderung der Kurve können bislang unsichtbare Schattenpartien sichtbar gemacht werden.

Gebrüder Lumiere Zwei französische Brüder, die als Erfinder des Kinos und des Films gelten.

GEMA Abkürzung für die Gesellschaft für Musikalische Aufführungs- und mechanische Vervielfältigungsrechte. Hauptsitz Berlin.

Generationenverlust Beschreibt den Qualitätsverlust, der vor allem bei analogen Videosystemen durch den reinen Kopiervorgang stattfindet. Bei digitalen Videosystemen nur dann gegeben, wenn keine digitale Kopie stattfindet, sondern das Bildmaterial verändert oder bearbeitet wird.

Genre Begriff für die Einteilung von Filmen in Filmgruppen, wie zum Beispiel Horrorfilme usw.

Geräuschspannungsabstand Technischer Begriff, der den Abstand (in Dezibel) zwischen den Störgeräuschen, die ein Gerät selbst erzeugt, und dem Nutzsignal beschreibt.

Geringe Informationsdichte siehe Faktendichte

Geschlossene Kopfhörer Zeichnen sich dadurch aus, dass die Hörmuscheln dicht schließen und Außengeräusche abschirmen.

Glasmaster Wird zur Massenproduktion von CDs und DVDs benötigt, wird in einem Presswerk erstellt.

Goldener Schnitt Gestaltungsprinzip aus der klassischen Malerei, das Flächenverhältnisse im Bildaufbau beschreibt, die allgemein als ästhetisch empfunden werden.

GOP-Struktur Beschreibt den Aufbau einer MPEG-Videodatei und steht für Group of Pictures. GOP legt fest, wann welche Art von Bildern in einer MPEG-Datei geschrieben werden (I-, P- und B-Bilder).

Greenscreen Aufnahmeverfahren, das häufig in Filmstudios oder Fernsehstudios angewendet wird, um Bildteile unsichtbar zu machen oder um Bildteile durch künstliche, oft computererstellte Landschaften oder Bauten zu ersetzen. Im Studio werden Flächen in Grün gestaltet, die Farbe wird in der Nachbearbeitung des Filmmaterials entfernt und als Transparenzfarbe definiert. Siehe auch Bluescreen.

Großaufnahme oder Close-up Beschreibt eine Kameraeinstellung, die ein Gesicht oder einen Gegenstand bildfüllend zeigt.

Grundlicht (Background Light) Die Helligkeit in einem Raum, die überall für Filmaufnahmen zur Verfügung steht, häufig ein indirektes Licht, durch Diffusoren erzeugt.

Gummilinse oder Zoomobjektiv Ein Objektiv mit einstellbarer Brennweite, das sowohl als Teleobjektiv als auch als Weitwinkelobjektiv eingesetzt werden kann.

GVL Die Gesellschaft zur Verwertung von Leistungsschutzrechten ist die urheberrechtliche Vertretung der ausübenden Künstler und der Tonträgerhersteller. Sie vertritt auch Autoren.

Halbnah Beschreibt eine Kameraeinstellung, die, wie die Amerikanische, einen Körper etwa zu Dreiviertel zeigt.

Halbtotale Beschreibt eine Kameraeinstellung, die Figuren noch ganz in ihrer Umgebung zeigt, dabei aber nicht die gesamte Szene.

HDTV (High Definition Television) Hochauflösendes Fernsehen mit einer deutlich größeren Schärfe und mehr Bildpunkten (Pixel).

High Key und Low Key Beschreiben die Art der Ausleuchtung und Lichtsituation von Filmaufnahmen. High Key steht für helle Bilder, deren Schattenpartien so hell sind, dass Details zu erkennen sind. Low Key steht für dunkle Schattenpartien.

Hohe Informationsdichte siehe Faktendichte

Hotspot Lichtfleck bei einer Projektion, der durch eine ungleichmäßige Beleuchtung der Projektionsfläche durch den Projektor entsteht. Man kann auch von Abschattungen sprechen, die in der Regel am Rand der Leinwand auftreten.

Huffyuv v2.1.1 Empfehlenswerter Codec, der Videodaten verlustfrei komprimiert.

Hüllkurve Technisch optische Darstellung von Tondateien in Wellenform.

Human Interest Bezeichnet das Interesse von Menschen an Menschen oder sozialen Themen, das sehr ausgeprägt ist.

I(Intra)-, P(Predicted)- und B(Bidirectional)-Bilder Bilden zusammen eine MPEG-Videodatei und ihre GOP-Struktur. Jede Art von Bildern hat ihre eigene Funktion und enthält mehr oder weniger Informationen. Nur I-Bilder sind vollständige Bilder.

Idiome Feststehende, allgemein bekannte Redewendungen.

i-Frames Englischer Begriff für Intrabilder in MPEG-Videodateien.

Images Hier: Abbilder einer Festplatte, DVD oder CD auf einer Festplatte. Images enthalten alle Dateien und die gesamte Dateistruktur (die physische Reihenfolge der Dateien auf dem Datenträger).

Induktion Zusammenspiel von Magnetfeldern und Strom z.B. in Spulen. Fließender Strom erzeugt Magnetfelder, diese wiederum erzeugen Strom.

Infopinion Kunstbegriff aus Information und Opinion (Meinung). Bezeichnet die Vermischung von Information und Meinung in Nachrichtensendungen oder Magazinsendungen im Fernsehen.

Informationsüberflutung Bezeichnet den Zustand, dass viele Menschen nicht mehr in der Lage sind, alle Informationen, die sie täglich erhalten, zu verarbeiten und einzuordnen.

Infotainment Kunstbegriff aus Information und Entertainment. Wird in Fernsehredaktionen benutzt, um Sendungen zu beschreiben, die Information mit Unterhaltungselementen präsentieren.

Innenfokussiert Bezeichnet die Art und Weise, wie ein Objektiv aufgebaut ist. In einem Linsensystem, das gemeinsam ein Objektiv bildet, kann die Linse zum Scharfstellen des Bildes außerhalb (außenfokussiert) der beiden Lichtsammellinsen liegen oder zwischen den beiden, also innerhalb, was ein innenfokussiertes Objektiv auszeichnet.

Intel Indeo Video R3.2 Etwas überholter Codec, zur Videoproduktion ungeeignet.

Interlaced Beschreibt, dass ein Film mit Halbbildern für TV aufgenommen wurde.

Interpolation Bedeutet Hochrechnung oder rechnerische Annäherung.

Intro Start einer Magazinsendung oder Beginn einer Sendung meist mit Erkennungsmelodie und Bildfolgen.

Jitter Unruhe in Videobildern (Kantenzittern), verursacht durch kleine Videokopftrommeln, typisch für VHS-C.

Jog/Shuttle Bedienungselement (meist Drehregler) an professionellen Videorekordern und Schnittsteuerungen, um Bilder einzeln durch Hin- und Herdrehen für den Schnitt festzulegen. Gestattet nahtlosen Übergang von Spulen, Play und Zeitlupe in beide Laufrichtungen: rückwärts und vorwärts.

JPEG-Kompression Datenreduzierung bei der Bildspeicherung. Bis 1:3 praktisch verlustfrei.

jpg Dateiendung für JPEG-Bildateien.

Kamerafahrt Die Kamera bewegt sich auf einem Dolly, während gedreht wird.

Kamerakran Kran, um die Kamera darauf zu montieren, entweder ist der Kameramann mit auf dem Kran (Sesselkran) oder die Kamera wird fernbedient.

Kameraschaukel mit Drahtseilzug Element eines Kamerakrans, um die Kamera im richtigen Aufnahmewinkel zu halten.

Kammfilter Elektronische Schaltung. Beseitigt Moirémuster, die durch zu feine Strukturen auf dem Bildschirm entstehen können.

Kantenflimmern Kann durch zu hohe Auflösungen und Kontraste ausgelöst werden. Kanten wirken unruhig.

Kaskadierung Effekt, der durch wiederholte Codierung und Decodierung durch einen verlustbehafteten Codec verursacht wird. Führt zu Qualitätseinbußen. Entspricht einem Generationenverlust.

Kelvin Maßeinheit für die Farbtemperatur.

Keyframes Schlüsselbilder, an denen Veränderungen festgelegt werden. Bereiche zwischen zwei Schlüsselbildern werden entweder linear oder logarithmisch verändert.

Kinonullkopie Erste Filmkopie nach dem Fazen, das Original. Von der Nullkopie werden weitere Kopien erstellt.

Kiss für »keep it simple and stupid« Motto vieler Redaktionen für die Beitragsgestaltung. Frei übersetzt: Mach's so simpel und einfach, wie es möglich ist.

Klangfärbung Klangveränderung

Klemmmikrofon Mikrofon zum Anstecken an oder unter die Kleidung, auch Lavaliermikrofon genannt.

Kneeing Beeinflusst die Gammakurve bereits bei der Aufzeichnung durch die Kamera. Kamerafunktion, um dunkle Bildbereiche aufzuhellen.

Kompression Reduzierung der Datenmenge und Detailinformationen, oft mit Qualitätseinbußen verbunden, um Speicherplatz zu sparen.

Kompression der Audiodynamik Verringerung der Lautstärkeunterschiede in Tondateien.

Kondensatormikrofon Heute meist ein Elektret-Kondensatormikrofon, echte Kondensatormikrofone benötigen hohe Speisespannungen.

Konditionieren Jemand auf bestimmte Schlüsselreize oder Schlüsselsituationen dressieren, um gewünschte Reaktionen auszulösen.

Kopierabgabe Eine Art Steuer für Autoren, die diesen zugute kommt. Wird von der GVL erhoben.

Körnungseffekt Simuliert in Videoschnittsoftware Filmkörnung im Video.

Kugelmikrofon Vereinfachter Ausdruck für ein Mikrofon mit Kugelcharakteristik, das auf Grund seines Prinzips Schallereignisse aus allen Richtungen mit gleicher Empfindlichkeit aufnimmt.

Längsaufzeichnung oder auch Längsspuraufzeichnung Beschreibt, dass die Tonspuren eines Videosystems oder auch der Timecode nicht wie das Bild diagonal mit der Kopftrommel aufgezeichnet werden, sondern wie beim Tonbandgerät in Längsrichtung des Videobandes. Üblich bei frühen VHS- und S-VHS-Rekordern ohne HiFi-Ton und mehreren professionellen Videosystemen. Nachteil ist eine deutlich schlechtere Tonqualität.

Lavaliermikrofone siehe Klemmmikrofone

Leitmotiv Ein Begriff aus der Dramaturgie, der sich auf ein immer wiederkehrendes Motiv bezieht. Das Motiv kann eine Handlung, ein Geräusch, ein Text oder auch ein Musikelement sein. Es soll den Zuschauer an bereits Gesehenes erinnern.

Lichtdouble Eine Hilfskraft, die dem Beleuchter dazu dient, das Licht einzurichten. Die Person stellt sich in die Szene und verhält sich wie der Schauspieler bei der Aufnahme.

Lichttraversen siehe 2-Punkt-, 3-Punkt- und 4-Punkt-Traversen

Limiting Technischer Begriff aus dem Englischen für »begrenzen«. Zu hohe (Ton-)Pegel werden durch Limiting sanft begrenzt.

Line-Eingang Eingang an Mischpulten oder Geräten für hochpegelige Signale wie CD-Spieler, Kassettenrekorder usw. Nicht geeignet für niederpegelige Quellen wie Mikrofone.

Lithium-Ionen-Akku Besonders leistungsfähige Akkus auf Lithium-Basis, die unter ungünstigen Umständen explodieren können.

locations Englisches Wort für Drehorte.

Logic Professionelle Audioschnittsoftware.

Low-Budget-Filme Filme, die für wenig Geld gedreht werden, siehe auch B-Movies.

Low-pass-Filter Begrenzt hohe Tonfrequenzen und lässt nur tiefe Töne durch, Low-cut-Filter schneiden tiefe Störgeräusche ab. Finden sich an Tonmischpulten.

Low Key siehe high key

LPCM (unkomprimiert) Eine von drei möglichen Toncodierungen für DVDs.

Lux Maßeinheit für Helligkeit.

M(Motion)-JPEG-Codec Kompressionsverfahren für Filme, Erweiterung des JPEG-Verfahrens für Einzelbilder.

Magix Music Maker Semiprofessionelle Software zur Musikproduktion.

Magix Video Deluxe Semiprofessionelle Software zur Videoproduktion.

mAh (Milliamperestunden) Maßeinheit für die gespeicherte Energie in Akkus und Batterien.

MainConcept MainActor Videoschnittsoftware.

Makro Beschreibung einer Kameraeinstellung, die einen Gegenstand extrem nah zeigt. Vergleichbar mit dem Blick durch ein Vergrößerungsglas. Zweite Bedeutung: Automatisierter Prozess in einer Software, eine Art automatisierter Durchführung immer gleicher Vorgänge, die der Benutzer selbst definieren kann.

Manfrotto Italienischer Hersteller von Stativen.

Anhang A

GLOSSAR

Master-DVD Endgültige Version einer DVD, die als Kopiervorlage dient und von der wiederum ein Glasmaster oder eine Pressvorlage erstellt wird.

Mastering Beschreibt den Vorgang, eine endgültige kopierfähige Version eines Filmes oder einer Tonaufzeichnung zu erstellen.

Masterkassetten Besonders geprüfte und qualitativ hochwertige Kassetten, um kopierfähige Vorlagen zu erstellen.

Mastermix Endgültige kopierfähige Tonmischung.

Masterregler Hauptregler an einem Video oder Tonmischpult.

MD- oder ME-Bänder Verschiedene Videokassettenbandsorten. MD-Bänder sind mittlerweile weniger verbreitet.

Media 100 Professionelles Videoschnittsystem.

Memory-Effekt Akkufehler, der auftritt, wenn Nickel-Cadmium-Akkus aufgeladen werden, obwohl sie noch nicht entleert sind. Beschreibt einen Kapazitätsverlust.

Merchandising Verkauf und Vertrieb von Werbeartikeln, die einen Film unterstützen, wie T-Shirts, Puppen etc.

Mickey-Mouse-Effekt Beschreibt den Effekt, wenn Tondateien zu schnell abgespielt werden.

Microsoft RLE Video Codec Für die professionelle Videoproduktion unbrauchbar.

Microsoft Video 1 Video Codec Für die professionelle Videoproduktion unbrauchbar.

Midi Abkürzung für musical instrument digital interface. Steuert Musikinstrumente und ermöglicht, mit Computerprogrammen zu komponieren und Musik zu produzieren.

Millivolt Maßeinheit für Spannung.

Minidisc (MD) Tonträger für digitale Tonaufzeichnung.

MiniDV Kleine Kassette für Digital-Video, auch Mini-DVC.

Mini-Klinke Häufig als Anschluss für Computersoundkarten oder als Kopfhöreranschluss an tragbaren Geräten zu finden.

Minutenpreise Einheit von Radio- und Fernsehstationen, um Sendezeit abzurechnen.

Mischlicht Beleuchtungssituation mit gemischten Lichtquellen natürlicher und künstlicher Herkunft.

Mockumentary siehe Dokufake

Moirémuster/Beugungsmuster Darstellungsfehler, die durch Überlagerungen feiner Strukturen entstehen.

Monitoring Beschreibt die Überprüfung eines Ton- oder Videosignals.

Motion Perfect von Dynapel Software zur künstlichen Erstellung von Zeitraffer und Zeitlupe.

Mouse over Beschreibt einen Effekt, der auftritt, wenn der Mauszeiger über ein Bildelement fährt.

mov Dateiendung von QuickTime-Videodateien (Mac).

Moving-Head Freibeweglicher Scheinwerfer aus der Veranstaltungstechnik.

MP3- und WAVE-Rekorder Gerät zur digitalen Tonaufzeichnung, meist mit Speicherkarte.

MPEG Abkürzung für Motion Pictures Expert Group, Bezeichnung für das gleichnamige Codierungsverfahren für Ton und Videodateien.

MPEG layer 2 Codierungsverfahren, das für DVDs und Tondateien Anwendung findet, auch MPEG2 genannt.

MS 1394 Treiberbezeichnung für Firewire-Karten nach dem Microsoft-Standard.

Multicore Kabel, das eigentlich aus einem Kabelstrang mehrerer Kabel besteht, in der Ton- und Videotechnik häufig eingesetzt.

Mute-Taste Stummschalttaste an Tonmischpulten, um Kanäle auszuschalten.

Muxen/Multiplexen Vereinigen von Ton- und Filmdateien in einer einzigen MPEG-Videodatei.

Nachsynchronisation Beschreibt den Vorgang, dass Schauspieler oder Sprecher im Studio Dialoge eines Filmes nachsprechen und dies den Filmoriginalton ersetzt.

Nachvertonung Bei der Filmproduktion werden Teile des Filmes zusätzlich mit künstlichen Geräuschen und mit Musik versehen. Teilweise werden auch Sprechertexte hinzugefügt.

Nachzieheffekt Tritt bei (veralteten) Röhrenkameras infolge der elektronischen Trägheit der Aufnahmeröhre auf: Helle Lichter ziehen bei Schwenks Leuchtfahnen hinter sich her. Bei CCD-Kameras nicht zu finden.

Nahaufnahme Bezeichnung einer Kameraeinstellung, in der nur der Oberkörper (etwa ab Brust) einer Figur zu sehen ist.

Nativ Englisch für ursprünglich. Bezeichnet im Videoschnitt Software, die die Originalqualität der Videoaufzeichnungen bewahrt.

Nebenhandlungen oder Nebenlinien Dramaturgische Bezeichnung für kleinere Episoden im Rahmen der Hauptgeschichte.

Anhang A

GLOSSAR

Neumann Renommierter Mikrofonhersteller.

Neutral-Density-Filter auch Graufilter Reduziert die Helligkeit, die durch das Objektiv in die Kamera fällt.

Nickel-Cadmium-Akku oder Ni-Cd-Akkus Gängige Akkuart, nicht besonders leistungsstark, neigt zum Memory-Effekt.

Nickel-Metall-Hydrid-Akku Akkuart.

Nierenmikrofon Verkürzte Bezeichnung für Mikrofone mit leichter Richtwirkung und Nierencharakteristik.

NLE (Non Linear Editing) nonlinearer Schnitt Bezeichnet Videoschnittsoftware, die im Hintergrund trotz Schnitten den Rest des Rohmaterials vorhält und sofortige Sprünge zu beliebigen Stellen im Rohmaterial erlaubt.

Normvorspann Von TV-Stationen gewünschter Vorspann auf Videobändern, die zur Ausstrahlung vorgesehen sind.

NTSC Amerikanisches Fernsehsystem, bezeichnet die Technik bzw. das eingesetzte Verfahren. Abkürzung für National Television Standards Committee.

Nutzungsrechte Gestatten die Nutzung von geistigem Eigentum, also Texten oder Werken. Sie sind vom Autor oder Verlag zu erwerben.

Offene Kopfhörer Im Gegensatz zu geschlossenen Kopfhörern sind die Hörmuscheln offen. Nebengeräusche können beim Abhören oder der Kontrolle von Tonsignalen stören.

On the fly sinngemäß übersetzt: nebenbei. Während der Film beim Einspielen in den Computer abgespielt wird, werden nebenbei Schnittmarkierungen gesetzt.

Off-Text Sprechertext, der Zusammenhänge erläutert, meist bei Fernsehbeiträgen oder Dokumentationen.

One pass encoding Verfahren zur Codierung von MPEG-Dateien. Für konstante Bitraten ausreichend (CBR).

Optical stabilizer Bezeichnung für optische Bildstabilisatoren.

Optische Brennweite Gibt an, wie groß ein Objekt in der Kamera abgebildet wird.

Originalton Ton, der während der Dreharbeiten vor Ort aufgezeichnet wurde.

Overheadmikrofon Mikrofon, das über einem Schlagzeug angebracht wurde, um das Instrument aufzunehmen. Es hängt in der Regel etwa einen Meter über dem Schlagzeuger.

Oversampling Bezeichnet den Vorgang, dass ein Videoschnittprogramm intern mit einer höheren Bildauflösung bei Spezialeffekten arbeitet, um feinere Übergänge zu erzielen.

PAL-Farbraum Beschreibt technisch die Farbenvielfalt des europäischen Fernsehsystems. Der Farbraum ist gegenüber dem RGB-Farbraum eingeschränkt.

PAL-TV-System Technische europäische Fernsehnorm. PAL steht für Phase Alternating Line.

Pan-Regler Balanceregler an Tonmischpulten, um Monosignale im Stereoklangbild anzuordnen.

Parallelmontage Dramaturgisches Gestaltungsmittel im Film, das vermittelt, dass zwei Handlungen gleichzeitig stattfinden.

Pegelanpassungen Sind notwendig, wenn an ein Tonmischpult Geräte mit unterschiedlichen Ausgangsspannungen und Empfindlichkeiten angeschlossen werden, aber auch bei der Produktion für das Kino, damit der fertige Film im Kinosaal nicht zu laut oder zu leise wirkt.

Perspektive Blickwinkel.

Phantomspeisung Für Kondensatormikrofone notwendig. Auch als Speisespannung oder Phantomspannung bekannt. Eine geringe Spannung, die für die Mikrofone vom Mischpult oder Camcorder zur Verfügung gestellt wird.

Phasendreher Töne bestehen aus Wellen. Werden zwei Wellen (zwei Kanäle, z.B. Stereo) zusammengefasst (in Mono), können sich durch Phasenverschiebung (zeitlicher Unterschied der beiden Wellen) zwei gleiche Wellen, die leicht verzögert auf beiden Kanälen zu hören sind, komplett auslöschen. Ein Phasendreher beschreibt diesen Vorgang.

Piezoresonanzmikrofon Besonderes Mikrofon, das auf der Oberfläche des Instrumentes die Schwingungen aufzeichnet.

Pinnacle Liquid Broadcast Videoschnittsoftware

Pitch shift Veränderung der Geschwindigkeit einer Tondatei mit Veränderung der Tonhöhe, siehe auch Mickey-Mouse-Effekt.

Plopp-Effekt Sprecher, die zu nah am Mikrofon stehen und b- und p-Laute sprechen, können ein Plopp-Geräusch im Mikrofon auslösen.

Plot Umgangssprachliche Bezeichnung im Filmgeschäft für Drehbuch, Gesamtgeschichte.

PlugIns Kleine Zusatzsoftware für Video- oder Audioschnittprogramme, die das jeweilige Programm um Zusatzfunktionen erweitert.

Politainment Kunstwort aus Politics und Entertainment. Bezeichnet die Vermischung von politischer Berichterstattung oder politischen Gesprächen mit Unterhaltung.

Postproduktion Nachbearbeitung.

Preset Voreinstellung.

GLOSSAR

Primetime Hauptwerbezeit in TV und Radio mit den höchsten Einschaltquoten bzw. Zuhörern oder Zuschauern.

Progressive Mode Vollbildaufzeichnung bei Video, z.B. in Vorbereitung für Kinoproduktion.

ProTools Professionelle Tonproduktionssoftware (Mac).

Pumpen Bezeichnet bei Tondateien das plötzliche Lauter- und Leiser-Werden von Hintergrundgeräuschen, oft verursacht durch zu hohe Kompression der Audiodynamik oder Limiting.

Quantisierung Rasterung von Tondateien durch Zeiteinheiten. Wichtig für die erzielbare Tonqualität von WAV-Dateien, aber auch bei Kompositionen in Midi für die Genauigkeit des Timings.

Quantisierungstiefe Beschreibt die Datenmenge innerhalb eines Zeitfensters und bestimmt in der Praxis die Tonqualität entscheidend mit.

Quell- oder Trimmfenster Kleine Fenster, in denen in Videoschnittprogrammen das Rohmaterial gezeigt wird und in denen der Schnitt festgelegt wird.

Reality-TV Fernsehshows, die den Anspruch haben, die Realität abzubilden, in Wirklichkeit oft inszenierte TV-Produktionen.

Recht am eigenen Bild Grundrecht aller Menschen in Deutschland, darüber zu entscheiden, ob sie abgebildet werden wollen oder nicht, verankert im Grundgesetz.

Redundanzen Wiederholungen (oft bewusst, um Informationen zu vertiefen).

Reißzoom Plötzliche Brennweitenänderung am Objektiv, ausgelöst durch Reißen am Zoomhebel.

RGB-Farbraum Technische Angabe, die beinhaltet, wie viele Farben auf einem Computerbildschirm dargestellt werden können. RGB = Rot Grün Blau.

Röhrenkamera Veraltete Kamera, die statt eines Bildsensors eine Bildröhre enthielt.

Rollwagenuntersatz Untersatz für Stative, um einfache Kamerafahrten auf glattem und ebenem Untergrund durchzuführen.

Routing Beschreibt den Weg eines Tonsignals durch Mischpulte und angeschlossene Zusatzgeräte, gegebenenfalls auch die dadurch entstehenden Veränderungen am Signal.

RW Bei Rohlingen Abkürzung für Rewritable, wiederbeschreibbar.

Sachtler Renommierter Hersteller für Stative.

Sampler Musikinstrument, das durch das Abspeichern einzelner Töne (Samples) in der Lage ist, andere Instrumente zu imitieren.

Samplingfrequenz Beschreibt, wie oft pro Sekunde ein Tonsignal bei der Digitalisierung abgetastet wird. Je höher die Samplingfrequenz, umso besser die Tonqualität, umso größer aber auch die Datenmenge.

Scart-Anschluss Im Consumerbereich üblicher Videoanschluss für Videorekorder. Im Profibereich unüblich.

Schärfeanschlag Linker oder rechter Anschlag (Drehbewegungsende) des Drehrings oder Schärferings am Objektiv. Bei Innenfokussierung nicht vorhanden.

Schärfeautomatik per Ultraschall Automatische Scharfeinstellung des Objektivs durch die Elektronik, nicht mehr üblich, siehe auch Autofocus.

Schärfentiefe oder Tiefenschärfe Beschreibt einen Effekt bei Teleaufnahmen: Nur ein relativ geringer Abstandsbereich wird scharf abgebildet, Dinge davor oder dahinter werden unscharf. Nur bei großen Brennweiten erzielbar.

Schärfereißen Plötzliche Änderung der Schärfeebene im Bild durch den Kameramann.

Schärfeziehung Gleichmäßiges Nachregeln der Bildschärfe bei Bewegungen, vor allem im Telebereich (bei großen Brennweiten).

Schlagschatten Harte Schatten, ausgelöst durch starke, eher punktförmige Lichtquellen.

Schlüsselbilder siehe Keyframes

Schnittliste, auch Editliste Enthält eine Auflistung aller Rohmaterialszenen für einen Film inklusive der Schnittpunkte und Timecodes.

Schwarzwertanpassung Ähnlich wie der Weißabgleich zur Definition des reinen Schwarz, ohne Tönung ins Rötliche, Grüne oder Blaue. Vor allem in der analogen Videotechnik noch in der Nachbearbeitung üblich.

Sennheiser Namhafter Mikrofonhersteller.

Shot und Gegenshot Beschreibt Kameraaufnahmeverfahren und Perspektive bei Dialogen.

Shutter Funktion an einem Kamerakopf, bestimmt die Auslesezeit des Bildsensors (CCD-Chip).

Sinuston Technisch erzeugter einfacher Ton zu Messzwecken und Tests.

Skribbles Zeichnungen, die die Kameraeinstellungen und den Szenenaufbau darstellen.

Smart rendering beschreibt den Vorgang, dass Rohmaterial, das bildtechnisch nicht verändert wurde, von einem Videoschnittprogramm eins zu eins in den fertigen Film übernommen wird, ohne dass ein Qualitätsverlust auftritt.

Smart trim Funktion mancher Videoschnittprogramme, überflüssiges Rohmaterial, das nicht zur Filmproduktion genutzt wird, zu entfernen und damit Speicherplatz freizugeben.

Anhang A

GLOSSAR

Smear-Effekt Übersteuerung von Bildsensoren durch kleine Bereiche höchster Helligkeit, es entsteht ein Bildfehler in Sternform.

Solo- und PFL-Taste Bedienungselement an einem Tonmischpult, um Eingangsempfindlichkeit und Tonqualität einzelner Kanäle zu testen und einzustellen.

Sony Vegas Videoschnittprogramm der Firma Sony.

Sorenson Videocodec für QuickTime, vor allem Internetvideos.

Spannungsbögen Bereiche innerhalb eines Drehbuches, in denen Spannungen aufgebaut und abgebaut werden.

Special Effect Filmtechnische Tricks von künstlichem Regen bis zu virtuellen Landschaften.

Speedcam Hochgeschwindigkeitskamera, um wirkliche Zeitlupe aufzunehmen.

Speisespannung siehe Phantomspeisung

Spitzlicht, auch Effektlicht, Kantenlicht oder Haarlicht Strahler, der ein Gegenlicht zur Kamera erzeugt, um die Plastizität einer Figur zu erhöhen.

Splitbox Verteiler um (Ton-)Signale an mehrere Geräte (Mischpulte) weiterzugeben.

Spurbreite Bereich, der auf einem Magnetband (Videoband) von einem (Video-) Kopf magnetisiert wird. Zwischen den Spuren gibt es so genannten Rasen, der nicht magnetisiert ist.

Stabilizer siehe Bildstabilisatoren

Stage equipment Technische Bühnenausrüstung, Licht, Tonanlage etc.

Stand-alone-DVD-Spieler Einzelner DVD-Spieler, wie er in Wohnzimmern zu finden ist.

Stand-ins Hilfskräfte, die für Schauspieler beim Szenenaufbau ersatzweise Haltungen und Abläufe proben.

Standfotos Fotografien, die für Werbezwecke am Set gemacht werden.

Steady shot Eine weitere Bezeichnung für Bildstabilisator.

Steadycam Spezielles Stativ, das am Körper des Kameramannes befestigt wird und die Kamera frei beweglich vor ihm schweben lässt.

Stimmcasting Testleseprobe, um Stimmen auszuwählen.

Stopwords Wörter, die andauernd wiederholt werden. Manche Sprecher sagen in der freien Rede zu Beginn jedes Satzes »Ja«.

Storyboard Bebildertes Drehbuch mit Skribbles.

Streaming-Dateien Video- oder Tondateien, die abgespielt werden können, ohne dass die ganze Datei bereits auf einem Rechner gespeichert wurde.

Subjektive Kamera Beschreibt die Kameraperspektive, in der die Kamera das Geschehen aus der Sicht eines Schauspielers oder Betroffenen zeigt.

Supernierenmikrofon Vereinfachte Bezeichnung für ein Mikrofon mit Supernierencharakteristik, sehr starke Richtwirkung.

Surround-Effekte Tonwiedergabe über mindestens fünf Lautsprecher mit einer Ortung von vorne, hinten, links und rechts.

Suspense Spannungselement in der Dramaturgie, der Zuschauer weiß mehr als die Figuren im Film.

SVCD (Super Video Compact Disc) Nicht genormte Video-CD, die im asiatischen Raum sehr verbreitet ist. Bessere Bildqualität als VCD (Video Compact Disc), allerdings auch geringere Spielzeit. MPEG2-codiert.

Tageslichtkonverterfolien Filterfolien für Strahler, die die Lichttemperatur dem Tageslicht angleichen.

Tastaturshortcuts Tastaturkombinationen, Tasten, die gleichzeitig zu drücken sind und spezielle Funktionen auslösen.

Testbild Genormte Bilder, um die Qualität von Videoaufnahmen einschätzen zu können.

Testton Genormte Töne, um die Qualität von Audioaufnahmen einschätzen und Geräte einstellen zu können

Texturflirring siehe Flirren

Thumbnails Daumennagelgroße Bilder, die stellvertretend den Inhalt von Dateien zeigen.

Time Base Corrector Gerät, das Unregelmäßigkeiten und instabile Videobilder beseitigt.

Time stretching Geschwindigkeitsänderung einer Tondatei ohne Veränderung von Tonhöhe.

Timeline Zeitlinie oder Zeitfenster. Stellt den Zeitverlauf optisch dar. Meist der Arbeitsbereich von Videoschnittprogrammen.

Titelgenerator Software-Modul oder Gerät, das Buchstaben in Videofilme einfügt (früher »stanzt«).

TOC (Table of Content = Inhaltsverzeichnis) Bereich auf einer CD oder DVD, der dem Abspielgerät Hinweise gibt, wo auf der Oberfläche des Mediums welche Dateien liegen.

Tonhüllkurve siehe Hüllkurve

Totale Kameraeinstellung. Zeigt die gesamte Szene in ihrer Umgebung.

Tracking Bandspurlage eines Videorekorders. Fehler führen bei analoger Technik zu unruhigen Bildrändern.

Anhang A

GLOSSAR

Trash englisch: Müll

Treatment Kurze Abhandlung über einen Film in schriftlicher Form, gilt als Vorstufe zum Drehbuch: Charaktere und Handlung werden klar herausgearbeitet. Es fehlen allerdings noch Dialoge.

Trennübertrager siehe DI-Box, technisch im Prinzip ein Transformator.

Triggern über Impulse steuern. Impulse können Geräusche oder Licht sein.

Trimmen schneiden

TTF-Schriften (TrueType Fonts) in TTF-Datei Bezeichnung für Schriftarten, die unter Windows benutzt werden (nicht Mac).

Two pass encoding Art der MPEG-Codierung. Ein Film wird in zwei Durchgängen analysiert. Für variable Bitraten (VBR) absolut notwendig.

Ulead Mediastudio Pro Videoschnittsoftware mit DVD-Erstellung von Ulead.

Umstecker Ermöglicht, unterschiedliche Kabelarten zusammenzustecken.

Underscan-Monitor TV-Monitor, der das gesamte aufgezeichnete Bild zeigt und nicht die Bildränder beschneidet.

Unsichtbare Verzweigung (Seamless Branching) Sollen verschiedene Fassungen eines Films auf einer DVD enthalten sein, z.B. die Kinofassung und der Director's Cut, wird nicht jeweils der ganze Film, sondern nur die unterschiedlichen Szenen zweimal auf der DVD gespeichert. Durch die Seamless-Branching-Technik können die jeweiligen Szenen dann, unbemerkt vom Zuschauer, aufgerufen oder übersprungen werden.

Unterwassergehäuse Gehäuse für Kameras, um bis zu 20 Meter tief zu tauchen (je nach Typ).

Urheberrechte Die Rechte eines Künstlers an seinem eigenen Werk.

USB-Digitalisierungskarten Alternative zu Firewire-Karten, oft mit der Möglichkeit verbunden, analoge Videorekorder ebenfalls anzuschließen.

Variable Bitrate VBR (variable bit rate) MPEG-Codierungsverfahren, bei dem die Datenrate dem Bildinhalt angeglichen wird.

Vektorskop Software-Modul oder Gerät, das die Farben im Videobild und ihre Sättigung analysiert.

Video Manager (VMG) Datei auf einer Video-DVD im Ordner VIDEO_TS. Organisiert die DVD-Menüstruktur.

Video Objects (VOB) Datei auf einer Video-DVD im Ordner VIDEO_TS. Enthält die MPEG-Videofilme.

Video Titel Sets (VTS) Datei auf einer Video-DVD im Ordner VIDEO_TS. Gehört zur Menüstruktur und Untertitelung.

Video to Film-Transfer siehe Fazen

VIDEO_TS Pflichtordner auf einer Video-DVD

Videocapture-Programme siehe Capture- oder Aufnahmemodul

Video-DVD-Image (iso-Datei) siehe Images

Vidicon-Röhre Lichtempfindliche Röhre, die zur Herstellung von Röhrenkameras benutzt wurde, war leicht grünstichig in der Bildaufzeichnung.

Vignettierungen Abschattungen am Rand eines Bildes, verursacht durch schlechte Objektive, Projektoren oder absichtlich herbeigeführt, um Bildränder zu soften.

VOB-Dateien siehe Video Objects

Vollbild-Modus Videobilder werden wie beim Film als Vollbilder aufgezeichnet, nicht als Halbbilder.

Vorverstärker Dient zur Pegelanpassung in Mischpulten und verstärkt die Signale eines Mikrofons. Wird über den Gainregler gesteuert.

Weißabgleich Technischer Vorgang, um die Kamera auf die Lichtverhältnisse einzustellen, garantiert möglichst hohe Farbtreue.

Weitwinkelkonverter Vorsatz für Objektive, um die Brennweite zu verkleinern (Fischaugeneffekt), meist qualitativ nicht zu empfehlen.

XLR- oder Canon-Anschluss Professioneller Kabelanschluss (symmetrisch), meist für Mikrofonkabel.

XY-Stellung Mikrofonaufstellung für Richtmikrofone, im Gegensatz zu AB-Aufstellung.

YUV-Farbraum Eingeschränkter TV-Farbbereich.

Zebrafunktion Bieten professionelle Videocamcorder, um einzelne Bildbereiche auf ihre Belichtung hin zu überprüfen.

Zeitraffer Der Film wird in höherer Geschwindigkeit als die Aufnahmegeschwindigkeit gezeigt.

Zoom Ermöglicht die stufenlose Veränderung der Objektivbrennweite und damit, einen beliebigen Bildausschnitt zu wählen oder zu vergrößern.

Adressenliste

Anhang B

Kopierwerke und Fazdienstleistungen

Deutschland

CineByte GmbH
August-Bebel-Str. 26–53
14482 Potsdam
Telefon: +49 (331) 72 124 69
Ffax: +49 (331) 72 124 70
http://www.cinebyte.de

ARRI
Türkenstr. 89
80799 München
Telefon: +49 (89) 38 09-0
http://www.arri.com

CinePix GmbH - München
Seeholzenstr. 7a
82166 München-Gräfelfing
Telefon: +49 (89) 52 31 46 60
Fax: +49 (89) 52 31 46 61
http://www.cinepix.de

Studioguth
Dürrbeundstr. 20
73734 Esslingen/Berkheim
Telefon: +49 (711) 3 45 03 21
Fax: +49 (711) 3 45 00 54
h.guth@studioguth.de

Schweiz

SWISS EFFECTS
Thurgauerstr. 40
CH-8050 Zürich
Telefon: +41 (1) 307 10 10
Fax: +41 (1) 307 10 19
http://www.swisseffects.ch

Polen

Digital Lab
Cybernetyki 7
02-677 Warszawa (Warschau)
Telefon: +48 (22) 3 21 05 21
mobil: +48 (0) 5 02 68 3710
http://www.dlab.pl

Farbfolien und Filter

Lee Filters
Central Way
Walworth Industrial Estate
Andover
Hampshire SP10 5AN
England
Telefon: +44 (1264) 36 62 45
Fax: +44 (1264) 35 50 58
www.leefilters.com

Vertragshändler Lee Filter, Auswahl

Soundlight
Glashüttenstr. 11
D-30165 Hannover-Vahrenwald
Telefon: +49 (511) 3 73 02 67
Fax: +49 (511) 3 73 04 23
info@soundlight.de

Huss Licht & Ton
Dieselstr. 2
D-89129 Langenau
Telefon: +49 (7345) 91 922 0
Fax: +49 (7345) 91 922 22
info@huss-licht-ton.de
www.huss-licht-ton.de

Anhang B — ADRESSENLISTE

Pro Lighting e.K.
Gollierstr. 70C/4
D-80339 München
Telefon: +49 (89) 41 90 20 60
+49 (89) 54 03 46 54
Fax: +49 (89) 41 90 20 61
+49 (89) 54 03 46 58
www.prolighting.de
info@prolighting.de

Film- und Theaterbedarf Maskenbild

Fischbach und Miller, süddeutsche Haarveredelung
Poststr. 1
D-88461 Laupheim
Telefon: +49 (7392) 97 73 0
Fax: +49 (07392) 97 73 50

Videobänder professionell Fuji

Fuji Magnetics Germany GmbH
Benzstr. 2
D-47533 Kleve
Telefon: +49 (2821) 97 70 0
info@fuji-magnetics.de

Videobänder professionell Maxell

www.maxell.de

Videobänder professionell Panasonic

Panasonic Deutschland,
Professional AV Media
Hagenauer Str. 43
D-65203 Wiesbaden
Telefon: +49 (611) 23 54 01
Fax: +49 (611) 23 54 11

Videobänder professionell Sony

24-Stunden-Sony-professional-Videoband-Service im Internet unter:
www.tape-store.de

Dieter Schirm
FERNSEH STUDIO TECHNIK
Am Scheidssiefen 3
D-53773 Hennef
Telefon: +49 (2242) 92 78 0
Fax: +49 (2242) 92 78 70

DVD-Datenträger

Empfehlenswerte Rohlinge

Verbatim GmbH
Frankfurter Str. 63–69
D-65760 Eschborn
Telefon: +49 (6196) 900 10
Fax: +49)(6196) 900 120
info.germany@verbatim-europe.com

Plextor Europe
Excelsiorlaan 9
B-1930 Zaventem, Belgium
Telefon: +32 (2) 7 25 55 22
Fax: +32 (2) 7 25 94 95

TDK Marketing Europe GmbH
Halskestr. 38
D-40880 Ratingen
Telefon: +49 (2102) 48 70
Fax: +49 (2102) 47 15 31

Licht und Ton Einkauf

Hedler Systemlicht GmbH
Heerstr. 112
D-65594 Runkel
Telefon: +49 (6482) 91 81 00
Fax: +49 (6482) 91 81 11
info@hedler.com
www.hedler.de

**Ultralite Deutschland,
Haerle Lichttechnik GmbH**
Röntgenstr. 5
D-89584 Ehingen
Telefon: +49 (7391) 77 47 0
Fax: +49 (7391) 77 47 77, analog 55 21
www.ultralite.de

Sennheiser electronic GmbH & Co. KG
Am Labor 1
D-30900 Wedemark
Telefon: +49 (5130) 600 0
Fax: +49 (5130) 600 300
www.sennheiser.com

Schalltechnik Dr.-Ing. Schoeps GmbH
Spitalstr. 20
D-76227 Karlsruhe (Durlach)
Telefon: +49 (721) 94 32 00
Fax: +49 (721) 49 57 50
www.schoeps.de

Georg Neumann GmbH, Berlin
Ollenhauerstr. 98
D-13403 Berlin
Telefon: +49 (30) 41 77 24 0
Fax: +49 (30) 41 77 24 50
headoffice@neumann.com
www.neumann.com

Musikhaus Thomann
Treppendorf 30
D-96138 Burgebrach
Telefon: +49 (9546) 92 23 0
Fax: +49 (9546) 67 74
info@thomann.de
www.thomann.de

Kamerastative

**Manfrotto:
Bogen Imaging GmbH**
Ferdinand-Porsche-Str. 19
D-51149 Köln
Telefon: +49 (2203) 93 96 0
Fax: +49 (2203) 93 96 33
info@de.bogenimaging.com
www.bogenimaging.de

Sachtler GmbH & Co. KG
Erfurterstr. 16
D-85386 Eching
Telefon: +49 (89) 32 15 82 00
Fax: +49 (89) 32 15 82 27
contact@sachtler.de
www.sachtler.de

Schauspieler

Zentrale Bühnen-, Fernseh- und Filmvermittlung Köln
Innere Kanalstr. 69
D-50823 Köln
Telefon: +49 (221) 55 403 0
Fax: +49 (221) 55 403 555

Zentrale Bühnen-, Fernseh- und Filmvermittlung Hamburg
Gotenstr. 11
D-20097 Hamburg
Telefon: +49 (40) 28 40 15 0
Fax: +49 (40) 28 40 15 99

Zentrale Bühnen-, Fernseh- und Filmvermittlung München
Leopoldstr. 19
D-80802 München
Telefon: +49 (89) 38 17 07 0
Fax: +49 (89) 38 17 07 38

Zentrale Bühnen-, Fernseh- und Filmvermittlung Berlin
Friedrichstr. 39
D-10969 Berlin
Telefon: +49 (30) 55 55 99 68 10
Fax: +49 (30) 55 55 99 68 39 oder 49

Anhang B
ADRESSENLISTE

Zentrale Bühnen-, Fernseh- und Filmvermittlung Leipzig
Georg-Schumann-Str. 173
D-04159 Leipzig
Telefon: +49 (341) 58 08 80
Fax: +49 (341) 58 08 850

Verband deutscher Schauspieleragenturen
Isabellastr. 20
D-80798 München
Telefon: +49 (89) 27 29 35 13
Fax: +49 (89) 27 29 36 36

Anhang C

DVD-Inhalt

Die beiliegende DVD enthält eine Reihe von Produktionshilfen und Beispielen. So finden Sie im Ordner TONBSP Kinospotmusiken und Abmischungen, unter GREENSCREEN Beispiele für die Arbeitsschritte: Orginaldatei, Maskendatei und Ergebnisdatei und unter FORMATVERGLEICH ein Beispiel für die unterschiedliche Wirkung der Kinoformate (beschnitten) 1:1,85 und 1:2,35. Der Ordner FOOTAGE enthält kleinere 2D und 3D Animationen, aber auch Footage für Fernsehsender gedreht im Elsass und auf der Spielwarenmesse Nürnberg. Unter FAZENBSP ist eine Sequenz der auszubelichtenden Einzelbilder für einen Kinospot zu finden, eine Tondatei die bereits auf 24 Bilder/sec angepasst ist und ein Produktionsinfosheet. Daneben den Komplettspot im MPEG1 Format. Daneben enthält die DVD unter Vorlagen, eine Reihe von Vorlagen für Produktionsplanung (allgemein, auch Softwareplanung) und Drehbuch. Einen großen Teil der in diesem Buch erwähnten Codecs finden Sie im Ordner CODECS zur Ansicht und zum Test. Obwohl es sich um GNU-Software (für den persönlichen Gebrauch kostenlos nutzbare) oder Testversionen handelt, beachten Sie bitte, dass der kommerzielle Einsatz eigenen Richtlinien unterliegt. Das gilt auch für die hier mitgelieferte Software im Ordner SOFTWARE. Weitere Informationen über die jeweiligen Produkte finden Sie auf den Herstellerseiten, nach der Installation der jeweiligen Software. Enthalten ist Virtual Dub, der freie Videoeditor ist durch eine Reihe von PlugIns erweiterbar. Einige davon sind in einem separaten Unterordner enthalten. Kopieren Sie dessen Inhalt einfach in den PLUGIN-Ordner von Virtual Dub, der automatisch angelegt wird. Ebenfalls enthalten ist TmpEnc, ein MPEG1 und MPEG2 Editing und Encodermodul. Winmorph 3.01 ist ein freies Morphing Tool zur Erstellung von Warp und Morphingavis zwischen zwei Einzelbildern. Terragen ist ein sogenannter 3D-Landschaftsgenerator, der für den privaten Gebrauch lizenzfrei ist. Kommerzielle Nutzung bedarf einer Lizenz. Unter PDF INFOSHEETS finden sich eine Reihe von Infformationsblättern spezieller Hersteller, die ein hohes Maß an Allgemeingültigkeit haben. Beachten Sie bitte, dass diese Informationen von den jeweiligen Herstellern stammen und dementsprechend rein informativen Zwecken dienen. Hier finden Sie unter anderem weitergehende Informationen zum Main Concept MPEG Encoder (sehr empfehlenswert) und zu den internationalen Vorgaben der BBC für Zuliefererfirmen in der Videoproduktion. Die Informationsblätter sind zum größten Teil auf Englisch und Sie benötigen einen Acrobat Reader (erhältlich bei www.adobe.de), um die Dateien begutachten zu können.

Anhang C

DVD-INHALT

Testtöne finden Sie im gleichnamigen Ordner, um das Produktionsumfeld zu justieren und Geräte abzugleichen. Alle Dateien sind im Format STEREO, 48 khz Samplingfrequenz mit 16 Bit Quantisierungstiefe abgelegt. Als Beispiel für einen Phasendreher von 180 Grad beachten Sie bitte die Datei mit dem entsprechenden Namen. Wird diese Datei MONO wiedergegeben, löscht sich das Signal praktisch komplett aus. Alle anderen Dateien enthalten eine Phasendifferenz von 90 Grad.

Der Ordner Normvorspänne enthält eine Reihe von vorbereiteten Tests und Normvorspännen in verschiedenen Formaten. Im Unterordner Aufloesung500 finden Sie Dateien, die es gestatten, die Auflösung von TV Monitoren und Videorekordern zu prüfen. Realistisch betrachtet erreichen die meisten professionellen Geräte knapp 500 Linien. Terrestrische analoge Fernsehausstrahlungen erreichen meist nur knapp 400 Linien Auflösung. Eine Reihe von Fernsehstationen fordern Countdowns mit Tonsignalen (hier Pieps mit 1khz -3dB) und auch bei Kinofilmen ist es üblich, einen Countdown zu setzen. Der Kinocountdown ist bereits auf 24 Bilder/sec gesetzt. Alle anderen Signale sind mit Halbbildreihenfolge A PAL produziert. Im Unterordner Farbbalken finden Sie eine Videosequenz, die in Kombination mit einer Tonspur die saubere Justierung von Wiedergaberekordern ermöglicht. Sämtliche Dateien sind auf 60 sec Länge ausgelegt

Die vorliegenden Masken und Matten im gleichnamigen Ordner enthalten im png-Format jeweils einen Alphakanal (Transparenzkanal) und können frei verwendet werden.

Index

Symbole

+- oder --Kategorisierung 194

Numerisch

12 Monkeys 376, 381
12-Bit-Modus 41
1492 376
16:9-Aufzeichnung 64
16:9-Format 218
16-Bit-Modus 41
1-Chip-Kamerakopf 19
2001 – Odyssee im Weltraum 376, 381
2D-Animationen 290
3200 Kelvin 34
35 mm 84
3-Chip-Kamerakopf 19
3D Studio MAX 304
3D-Animation 304
    Filmexport 305
3D-Programm 304
4:3-Bild 218
5,5 Megahertz 20
50er Jahre 77
5600 Kelvin 34
576 Linien 20
625 Zeilen 20

A

A/D(Analog/Digital)-Wandler 181
A/D-Bildwandler 182
A/D-Tonwandler 182
AA-Size-Batterie 258, 425
abendfüllend 310, 344, 424
    Dramaturgie 329
Abgabetermin 338
Abhörraum 139
Abhörsituation 154
AB-Mikrofonaufnahme
    Schaubild 402
Abnutzung 59
Abschattungen 26
Abschirmung 114
Abspann 293
    Standard 293
Abspielgeräte, Anforderungen 165
Abstand zum Geschehen 145
Abstandsfaustregel 402
Abstellkammer 153
AB-Stellung 130
    Mindestabstand 402
Abtasttiefe 119
AC3 202, 213, 425
Academy 70
Academy-Format 71, 425
Achs(en)sprung 360, 361, 377, 425
Achtercharakteristik 401
Acting 356
Adapter 259
Adapterkabel 126
Adapterübersicht 127
Adhäsion 89
Adobe 139, 268, 290, 302
Adressenliste 453
After Effects 302, 304
Aguirre der Zorn Gottes 352
AKG 104, 260
Akku 258
    Einsatztemperatur 62
    Energie 258
    Explosionsgefahr 63
    Kapazität 61
    Lebensdauer 61
    Leistung 61
    Leistungsfähigkeit 61
    NiCd-Akkus 258
    Polarität 62
    Probleme 61
    Refresh 63
    Sicherheit 63
    Technologie 62
    Temperaturen 63
    tief entladen 62
    Wartung 63
    Winter 62
Aktive Lautsprecherbox 149
Akustikgitarren 134
Alesis 135
Alfred Hitchcock 331, 355
Alien 85
Allgemeine Geschäftsbedingungen 338
Allonge 426
Alterssperre 211, 426
Amadeus 78
Amateurfilmemacher 413
Amateurstil 370
Amerikanische 358, 386, 426
amerikanische Nacht 365
amerikanisches Drehbuchformat 319
A-Movie 77
Ampere 249
Analog/Digital-Wandlung 181
analoge Fernsehnorm 171
analoger Videoschnitt 268
analoges Videomaterial
    Digitalisierung 180
anamorph 21, 55, 202, 218, 426
anamorphe Aufzeichnung 64
Andreij Tarkowskij 327, 331, 376
anflanschbar 24, 426
Anforderungen, Licht 244
Angel 118
Angriff der Killertomaten 377
Animationen 290
    3D 185
Animationsbilder 305
Animationsfilm 304
Ankora 232
Anmoderation 299, 301
Anschlussfehler 341
Ansprüche Dritter 336
Ansteckmikrofon 105
Antennentechnik 114
Anti Aliasing 283, 305, 426
Antiverwacklungseinstellungen
    Kombination 78
Antiverwacklungsoptik 78
Antiverwacklungstechniken 30
Antrieb 310
Applausmikrofon 132
Apple 163, 166, 175, 269
Aprilscherz 370
Arbeitsspeicher 197
Arbeitsvertrag 336
Archivierung 286
ARD 188
ARKONA 230
Arnold Schwarzenegger 301
ARRI 228
Arri-Laser 225, 426
Artefakt 173, 193, 426
Arthaus 232
Arthouse 312
Assigntaste 108, 426

459

Index

Ästhetik 367
ästhetische Grundprinzipien 72
Atmo 327
Atmosphäre 297
Atmosphären-O-Ton 128
atmosphärische Angaben 319
AUDIO DUB 167
Audio Dubbing 167, 426
AUDIO_TS 208, 426
Audioanschluss
   Antenne 43
   Kopfhöreranschluss 43
   Monitormöglichkeiten 43
   symmetrisch 42
Audioaufnahmegerät 128
Audio-DVD 208
Audiokassette 169
Audiokompression 153
Audiomischer 43
Audiomixer 43
Audiopegel
   DVD Master 209
   Voreinstellung 110
Audioproduktion 297
Audioschnitt, Genauigkeit 168
Audioschnittprogramm 296
Audiosoftware 168
Audiostecker, Beschaltung 404
Audition 139, 296, 297
Aufführung 230
Aufführungs- und Nutzungsrechte 148, 231, 297, 336, 427
Aufhellung 362
Aufklärungsfilm 378
Auflösung 20, 172, 355
   16:9 Letterbox 64
   2k (2000) 193
   4k (4000) 193
   anamorph 64, 65
Aufmerksamkeitsgrenzen 376
Aufnahmebildfeld 91
Aufnahmefähigkeit 334
Aufnahmekopf
   bewegt 169
   verankert 169
Aufnahmen, verwackelte 367
Aufnahmepegel 41, 117, 135
   Kinowerbespot 229
Aufnahmerekorder 172
Aufnahmeset 131
Aufnahmetonleiter 132
Aufnahmewinkel 357
Aufzählung 310
Aufzeichnung
   anamorph 64
   Festplatte 61
   Speicherkarte 61
   zeitversetzt 220
Aufzeichnungschip 18

Aufzeichnungsfehler 59
Aufzeichnungsformat
   analog 52
   digital 52
   Digital Video 53
   MPEG 53
Aufzeichnungspegel, justieren 101
Ausdruck 353, 362
Auseinandersetzung
   Redaktionen 187
Ausgangsmaterial
   MPEG2 205
   schlecht 240
Ausgangsmodul
   Mischpult 109
Ausgangspegel 125
Ausgangsspannung
   symmetrisch 118
   unsymmetrisch 118
Auslesezeit des Chips 35, 88, 427
Ausleuchtung 245
Ausnahmezustand 349
außenfokussiert 22, 427
Aussetzer 171
Ausspielmodul 270
Aussteuerung 129
Aussteuerungsanzeige 42
Aussteuerungspegel 117
Aussteuerungsrichtwert, Dolby 5.1 213
Ausstrahlung, Filmförderung 344
Ausstrahlungskopie 188
Auswertungsrecht 336, 337
Autofocus 24, 427
Autokran 91
Automatiken, Reportage 84
Automatikfunktionen 83
Autoplay 220, 221
Autor 148, 336
   Nennung 336
Autorenfilm 352, 427
Autorenprogramm 208, 210
   DVD 202
   Minimalanforderungen 211
   Texte 212
Autorenrechte 335, 336
Autostart 221
AUX 149, 427
Aux-Kanal 107, 149
Avantgardefilmemacher 361
Avid 269
AVI-Datei 163, 427
   Größenbeschränkung 196

B

B-52-Bomber 322
Badezimmer 153
Bahnhof, Dreharbeiten 115

Bajonett-Anschluss 32, 427
Ballungsräume 232
Band- und Kopfschäden 170
Bandabrieb 59
Bandaufzeichnung 44, 59
Bandbeschichtung 171
Bandbeschichtungsfehler 59
Banddurchlauf 171
Bänder
   geklebt 171
   Lagerung 59
Bandführung 44
   bei VHS und U-Matic-Videosystemen 170
   defekt 193
   Unregelmäßigkeiten 74
Bandgeschwindigkeit 169
   Hitzeentwicklung 170
   PAL und NTSC 178
   relativ 170
Bandlauf, Vorsichtsmaßnahme 171
Bandlaufwerk 168
Bandmaschine 263
Bandmaterial
   spröde 194
Bandqualität 171
Bandrauschen 75
Bandsalat 171
Bandtimecode 276, 427
Bandtyp 171
Bandvorschub 170
Bandzug 44
Bassdrum 133
Bässe 134
Batterien 258
   Vergleich Akkus 258
Baustrahler 248
Bayer Dynamics 260
BBC-Qualitätsbestimmungen 189
Beamer 20, 427
   Video fehlt 237
Beanspruchung der Bandoberfläche 170
Beck-Dülmen 370
Begrenzungen, rechtliche 336
Behringer 135
Beleuchter 362
Beleuchtung 244
   Stil 363
Beleuchtungsebene 254
Beleuchtungsset, mobiles 250
Beleuchtungssituationen 31
Beleuchtungsstärke 244
Beleuchtungsverhältnisse 24
Belichtung 28
   Fünfzigstel 88
Belichtungsanzeige siehe Zebrafunktion
Belichtungsspielraum 33

Index

Belichtungszeitsteuerung 87
Bergwerke 33
Bericht, kommentierter 145
Beschichtung 44
　einfach 166
　zweifach 166
Beschränkungen, Dateigröße 427
Bestandsaufnahme siehe Exposition
Bestätigungsaufforderung 354
Betacam 52, 414, 428
Betacam IMX (D10) 186, 428
Betacam SP 415
　Digitalisierung 180
　Vergleich zu DV 75
Betacam SX 186, 428
　Subsampling 187
Betacam-Schnittplatz 172, 428
Betamax 413
Betitelung 220
Betonung 141, 354, 379
Betriebssystem 197
Betroffenheit 299
Beugungseffekt 289
Beugungsmuster 185
Bevölkerungsschicht 373
Bewegungsunschärfe 88, 185
Bewegungsverlauf 241, 242, 289
Bezugsfehler 353
Bezugspunkt 332
Big Brother 370
Bild flimmert 213
Bild im Bild 283
Bildaufbau 371
Bildausfall 172
Bildaussage 372
Bildausschnitt 357
　BBC Infosheet 225
　Kino 71
Bildbalken 89
Bildbearbeitungsprogramm 289
　Auswahl 290
Bildbereiche, titelsicher 290
Bildbühne 86
Bildcharakter, weicher 296
Bildebene 84
Bilder
　ausgelassene 239
　flache 365
　in Video 289
　Struktur 372
　überspringen 240
　untertiteln 282
　Verschmelzung 307
　verzerrt 213
Bildergrößen, Video 242
Bildfehler, NTSC zu PAL 180
Bildfeldgröße 25
　Auflösung 30
Bildfolgen, Kompression 173

Bildformat, Kino 71
bildfüllend, Kopf 358
bildgenau 171
bildgenaue Synchronisation 168
Bildgeschwindigkeit 71
Bildgestaltung 87
Bildgestaltungselement
　Schärfentiefe 86
Bildgröße
　NTSC 180
　Videografiken 185
Bildinformation 144
Bildinhaltsänderungen, VBR 204
Bildkopftrommel 169
Bildkorrektur 30
Bildkorrekturmöglichkeiten 36
　Postproduktion 36
Bildmaskierung 302
bildnerische Umsetzung 319
Bildperspektive 211
Bildpunkt 158
Bildqualität 33
Bildrand 290, 372
　Platz in Blickrichtung 372
Bildrate 239
　50 Hz 65
　Anpassung 239
　Film 184
　Flackern 239
　Flügelblende 239
　NTSC 179
　Übersicht 184
　unterschiedliche 239
Bildrauschen 19, 295
　MPEG2 205
Bildrauschunterdrückung 205
Bildschärfe 44
Bildschirme Videodarstellungsproblem 237
Bildseitenverhältnis
　Bildformat 71
　DV anamorph 65
Bildsensor Fingerabdrücke 168
Bildsignal stabilisieren 181
Bildsprache 371
Bildsprünge, NTSC 179
Bildstabilisator 30, 428
　Schwenk 30
Bildstand 227
Bildstörung 183, 414
Bildstreifendarstellung 240
Bild-Textschere 142
Bildtönung 364
Bildverhältnis 229
Bildwandler 22
Bildwechsel 239
Bildwiederholrate 88, 239, 428
　100 Hz 65

Bildwiederholung
　Kino Flügelblende 239
Bildzeilen 158
Billigrohling 60
Billigserie 356
Bit 198
Bitrate 51
Blade Runner 376
Blake Edwards 293
Blasinstrumente 133, 134
Bleiakku 62, 428
Blendenautomatik 84, 428
Blendenöffnung 27
Blendenschieber 248
Blendensteuerung 27, 28
Blendenverhältnis
　Lichtstile 363
　Low Key 364
Blendenverschlusszeit 58
Blendenwert 27
Blickwinkel
　der Kamera 359
　einseitig 373
　Kamerafahrt 359
blinder Punkt 18
Blockbuster 231, 376, 428
Blockdiagramm 150
Blockschaltbild 150, 151
Bluebox-Verfahren 75, 428
Bluescreen, Geschichte 254
Bluescreen-Technik 253
B-Movie 77, 429
BNC-Anschluss 429
　mit Bajonettarretierung 39
BNC-Kabel 259
Bodenspinne 89, 429
Bollywood 312
Bowling for Columbine 329
Brazil 376
Breitwand Europa 70
Breitwand USA 70
Brennprogramme
　DVD-Produktion 208
Brennstunden 253
Brennweite 21, 22, 77, 359
　Foto-Kleinbildformat 25
　Vergleichstabelle 25
　Verlängerung 26
　Weitwinkelbereich 26
　Zoom 361
British Cinema 312
Britzeln 105, 256
brüchig 59
Brummen 139, 256
Brummschleife 43, 116, 264, 429
　Videoschnittkarte 117
Brummton 111
Bryce 304
Buchsenvariante 127

461

Index

Budget 253, 336
Buena Vista International 231
Bühnenausrüstung 252
Bühnenbau 302
Bühnenprofi 356
Bühnenschauspieler 356
Bundesdatenschutzgesetz 339
Bundesländer, Filmförderung 344
Byte 198

C

Cakewalk 296
Camcorder 18
    Entwicklungsgeschichte 169
    Laufwerk 74
    Mechanik 168
    nicht gefunden 275
Camel 380
Canon 42, 423
Canopus 269
Capture 270
Capture-Modul 236, 275, 429
Catering 339
CBR 165, 204
CBS 370
CCD-Chip 18, 31, 429
    Auslesegeschwindigkeit 32
    Lichtempfindlichkeit 31
CCIR 601 294, 429
CCZ-A-Multicore-Anschluss 39, 429
CD
    Kinofilm 175
    Längskratzer 193
CD-R 175
Charaktere 310, 328
Charakterisierung 328
    Reaktionsweisen 328
Checkbox
    Bluebox 254
    Computer 234
    Computerbildschirmwiedergabe 159
    DVD-Mastering 209
    DVD-Probleme 212
    Fernsehproduktion 187
    Filmmusikproduktion 145
    Haltbarkeit Bandmaterial 194
    Off-Texte formal 142
    Tonmischung 138
    Video zu Film 224
    Videoschnitt
        Minimalanforderungen 196
        Programme 271
        Tonproblem 289
    Zuspielung 276

Checkliste
    Equipment 341
    Fazen 224
    Originalton 128
    Videodreh 71
Chinesisches Kino 312
Chorus 134, 153, 429
Chromabandbreite 186
Cinch-Anschluss 39, 430
Cinch-Kabel 259
CineByte GmbH 228
Cinema 4D 304
Cinemascope 64, 70, 229, 232, 430
Cinepak 161, 430
CinePix GmbH 228
Citizen Kane 323, 329, 332, 377
Close-up 358, 389, 437
CMYK-Farbmodell 266, 430
Codec 46, 161, 234, 430
    Auswirkungen 162
    Cinepak 174
    DivX 175
    DV-Codec 176
    Huffyuv v2.1.1 175
    INTEL Indeo Video R3.2 174
    Liste 405
    Microsoft RLE 174
    Microsoft Video 1 173
    M-JPEG 175
    MPEG 174
    MPEG1 174
    MPEG2 175
    MPEG4 175
    Sorenson 175
    Übersicht 161, 173
    Video für Computer 234
    Videoprojekt einheitlich 295
Codierungsverfahren 72
Columbo 331, 332
Comiccharakter 379
Computer, Voraussetzungen 234
Computeranwendungen
    Videoformate 233
Computerbildschirm
    abfilmen 88
    Balken 88
    Bildwiederholrate 88
    Wiedergabe 158
Computercodecs zur Videobearbeitung 161
Computernetzwerk 240
Computerschnittprogramm
    DV Tonspurkompatibilität 119
Computerspiel, Bildrate 239
Computervoraussetzungen zur Videowiedergabe 165
Constant bit rate 204
Continuity 341, 430

Cool Edit 139, 297
Countdown 183
Cubase 296
Cutter 293, 341, 430
Cyan 266

D

D9-Digital-S 186, 430
Daheim sterben die Leut 231
Dämpfungsfaktor 97
Darlehen 344
Darsteller
    Gestik 327
    Mimik 327
Das Geständnis 371
Das Opfer 327
DAT 224, 430
    Qualität 262
DAT(Digital Audio Tape)-Gerät 262
Dateigröße
    avi 163, 196
    beschränken 276
Dateinamenendung 163
Datenabbild 209
Datenband 209
Daten-CD, Videokompression 174
Datengeheimnis 339
Datenkomprimierung *siehe* Komprimierung
Datenmenge 46, 161, 196
    Kompression 173
Datenrate 56, 430
    DVD 165, 202
    zu hoch 165, 212
Datenratenangabe 54
Datenreduktion 161
Datenschutz 336, 337
Datenschutzerklärung 339
Datenstrom 54
Datenträgervergleichsliste 417
Datenübertragung 235
Datenverlust 195
    DVD-Rohling 221
Datenvolumen 196
DAT-Rekorder 262
DAU 373, 430
Definition von Sprungfunktionen 211
Deinterlacing 208, 306, 431
Dekompression 176
demultiplexen 214, 431
demuxen 214, 431
Denoiser 205, 431
Der rosarote Panther 293
Der Spiegel 376
Detail 390
    Verlust 173

Index

Detailaufname 358
Detektivfilm 139
Dezibel 102, 398, 431
Dialekt 140
Dialog 297, 319, 334
   Achssprung 361
   ausformuliert 352
   Besonderheiten 353
   Betonung 353
   emotionaler 354
   fehlendes Gegenüber 356
   Füllwörter 354
   Gefühle 354
   Gesprächsverlauf 320, 354
   Machtverhältnisse 354
   Motivation 320
   Schauspieler 320
   Sehgewohnheiten 361
   Stückelung 356
   Treatment 314
   Verfassung der Figuren 354
   Zeitformen 353
Dialogpartner 354
Dialogregie 320, 431
Dialogverlauf 354
Diashow 210
DI-Box 43, 117, 264, 431
   aktiv 117
   passiv 43
Die Ferien des Monsieur Hulot 297
Die Vögel 355
Differenzbilder 174
Differenzsignal 50, 431
Diffusor 246
Digi-Beta, Vergleich zu DV 75
Digital 8 52, 416
Digital Audio Tape 224
Digital Betacam 187, 431
   Subsampling 187
Digital Lab 229
Digital linear tape 209
Digital VHS 416
Digital8 186, 431
digitale Fotokamera 266
digitale Projektion 232
digitale Speicherungsfehler 193
digitale Zoomfunktion 25
Digitalisierung
   analoges Material 180
   Filmmaterial 182
   Karte 181
Digital-S 186
Dimmer 245, 432
   Tonstörungen durch 256
Director's Cut 211, 432
DirectX 237, 432
Direktschall 131
Discjockey 111

DivX 164, 217, 269, 432
   Kompatibilität 175
   Variante 166
   Version 164
DJ-Pulte 111
DLT 166, 209
Dockinggerät 38, 432
Dogma-Film 312
Doku 330
Doku Soap 432
Dokudrama 334, 432
Dokufake 370, 432
Dokumentarfilm 310
   Dramaturgie 329
   Vergütung 230
Dokumentation 310, 334
   Handlungsdramaturgie 334
Dokushow 369
Dokusoap 334, 369, 370, 378
Dolby Digital 5.1 202
   Pegel 213
Dolby SR 227
Dolby-Surround 213
Dolly 91, 92, 432
Doppelbelichtung 302, 303
Doppelkante 33
Doppellinie 37
Dots per inch 266
double layer 194
dpi 266, 289
Dr. Seltsam, oder wie ich lernte die Bombe zu lieben 320
Dramaturgie 314, 327, 376, 432
   Bestandteile 327
   Bezüge 327
   Dokumentation 334
   Figuren 328
   Geräusche 378
   Hindernisse 329
   Musik 378
   Risiken 328
   Spannung 354
   spielfilmähnlich 371
   Ursache 329
   Vorurteile 328
dramaturgische Bearbeitung 329
dramaturgische Form 333
dramaturgische Gestaltung Vorrausetzung 329
dramaturgischer Fluss 138
dramaturgischer Höhepunkt
   Dokumentation 334
Dreharbeiten bei Sendeanlagen 115
Drehbuch 14, 310, 319, 340, 352, 433
   Abkürzungen 327
   Ansätze 320
   Autor 333, 352
   Bestandteile 319

Beurteilung durch Schauspieler 352
   Detailreichtum 352
   Dialogtext 353
   Dokufakes 371
   Dokumentation 334
   Dramaturgie 330
   Drehplan 340
   Entwicklung 330
   Erstellung 336
   Förderung 344
   formale Kriterien 319
   Format, amerikanisch 426
   Gerüst 314
   Interpretation 320
   Produzenten 327
   Regisseur 320
   Schauspieler 320
   Software 326
   Stil 352
   Tabellenform 319
   Trash 377
   Unterschied zu Storyboard 319
   Vorstufe 314
Drehgenehmigung 335, 338
   Kosten 335
Drehort 131
Drehplan 340
   Terminplanung 340
Drehrecht 336, 337
Drehstromanschluss 249
Drehstromleitung 249
Drehtechnik 73, 361
Drehverhältnis 196
Dreiakter 355
Drei-Mann-Team 343
Drei-Punkt-Licht 362, 433
Dropout 44, 59, 74, 183, 433
Dropout-Gefahr 59
dropoutsicher 44
Druckauflösung 266
Druckfarbmodell 266
Druckvorlage, Farbtiefe 266
Druckvorstufe 290
Dual-layer 433
Dual-layer-Rohling 195
Durchschleifen 181, 433
Durchschmelzen 170
DV 186, 433
   ausfransen und Treppchenbildung 75
   Farbinformationen 75
   Farbschwäche 75
   Generationenverhalten 75
   Komprimierungsschwäche 74
   Kontrastkante 75
   Kontrastproblem 75
   Subsampleformat 74
DV Komprimierungsproblem 74

Index

DV-2 *234*
DVCAM *52*, *53*, *186*, *188*, *433*
   Subsampling *187*
DV-Codec *46*, *162*, *173*
   Speicherplatzbedarf *61*
DVCPRO *52*, *53*, *186*, *187*, *416*, *433*
   Kompatibilität *53*, *186*
   Subsampling *186*
DVCPRO (100) HD *165*, *186*, *433*
DVCPRO 50 *186*, *433*
DVD *197*
   Aufzeichnungskapazität *60*
   Beschädigung *60*
   Camcorder *60*
   Datenrate *54*
      maximal *55*
      Richtwerte *216*
   Endlosschleife *220*
   Fernsehsender *188*
   Formate *194*
   Halbbild *207*
   hängt *213*
   Kapitel *210*
   Kategorie 5 und 9 *166*
   Menüsystem *209*, *210*
   Rohlinge *221*
   Vergleich MPEG2 *218*
   verschiedene Formate auf einer DVD *209*
   Vollbild *207*
DVD– *166*
DVD+ *166*
DVD-Aufzeichnung *60*
DVD-Autorenprogramm *202*, *433*
DVD-Brenner *166*, *195*
DVD-Camcorder
   Weiterbearbeitung *61*
DVD-Datenträger *421*
DVD-Formate, Kompatibilität *217*
DVD-Master *166*
DVD-Mastering *208*
DVD-Menü
   bewegte Hintergründe *210*
   Bildvorlagen *210*
   Erstellung *210*
   Richtlinien *210*
   unsichtbar *221*
   Zusammenstellung *210*
DVD-Player
   Auflösung Diashow *210*
DVD-Presswerk *148*, *433*
DVD-Produktion *201*
   Bildformate Kompatibilität *218*
DVD-RAM *195*
DVD-Rekorder, Einzelgeräte *220*
DVD-Rohlinge *60*, *194*
DVD-ROM-Formate *421*
DVD-Spieler *216*
DVD-Video-Mastering *208*, *433*

DVD-Vorgaben *202*
D-VHS *216*
DV-Kassetten scannen *276*
Dynamic Contrast Control *71*
dynamic link library *405*
Dynamik *119*
dynamische Mikrofone *96*, *434*
dynamischer Kompressor *141*, *433*
   Kompressionsfaktor *141*
Dynapel *239*

E

Eastern *311*
Echo *434*
Echo- und Hallgerät *153*
Echtzeit *235*
Ed Wood *377*
Edirol R-1 *128*, *262*
Editliste *273*, *447*
Edius *269*
EDL *273*
EDL-Datei *277*
Edutainment *378*, *434*
Effekte, Naturgewalten *304*
Effektfilter, Premiere *268*
Effektgerät *111*, *134*, *153*, *434*
Effektlicht *248*, *363*
Effektmodul *111*
Effektverlaufslinie *280*, *434*
Effektweg *149*
E-Gitarre *134*
Eigenklang *102*
Eigenproduktion *148*
Eigenwerbung *376*
Einbrenneffekt *18*, *434*
eindimensionales Medium *138*
Eingangssignalverstärkung *33*
Eingangsverstärker *149*
Eingangswahlschalter *108*
eingestrichenes a, 440 Hz *101*
Einmannteam *342*
einmessen und justieren *183*
einschleifen *150*
Einschub *143*
Einspielergebnis *336*
Einspielung *59*
Einstellung
   Dauer *361*
   Drehplan *340*
   Kamera *357*
   Länge *361*
Einstellungsgröße *357*, *358*
Einstellungsnummern *340*
Einstrahlungssignale *115*
Eintrittspreise, Kino *231*
Einzelbildausgabe *272*
Einzelbilddarstellung *287*

Einzelbilder *158*, *171*
Einzelbildfolge *272*
Einzelperson *337*
ELECTROVOICE EV RE20 *104*
Elektret-Kondensatormikrofon *96*, *434*
Elektronic News Gathering *434*
elektronische Stabilisierung *434*
Element erstellen *212*
emotionslos *140*
Encoder *204*, *214*
Encoder-Baustein *52*, *434*
Endlosbetrieb *61*
Endlosschleife *220*
Endloswiedergabe *221*
Endmischung *139*
Endstufe *149*
ENG (Elektronik News Gathering) *33*
Entflechtung *185*, *290*, *306*
   Einschränkungen *306*
Entladung, kontrollierte *258*
Entladungslampe *244*, *434*
Entropiekodierung *176*, *434*
Entsättigung der Farben *75*
Epos *311*
Equalizer *107*, *153*, *434*
Equipment *341*
   Checkliste *341*
Erdung *116*
   Stromgenerator *259*
Erdungskontakt *116*
Erfolg
   finanziell *231*
   Vorführkopien *232*
Erfolgsbeteiligung *336*
Erfolgschancen *310*
Ersatzbirnen *253*
Ersatzkabel *349*
Ersatzkran *91*
Erstkontakte *188*
Erstwiedergabeelemente *211*
Erwartungshaltung *355*
   Kameraeinstellung *358*
Erzählebene *332*
Erzähler *333*
Erzählform *333*
Erzählperspektive *380*
Europa *171*
Eurostecker *116*
Expander *33*
Expertengruppe *174*
Explosionen *301*
exponieren *330*
exponiert *435*
Exposé *310*, *435*
   Formale Kriterien *310*
   Länge *310*
   Treatment Vergleich *314*
   Werbung für den Film *310*

Index

Exposition 330, 334, 435
    Dialoge 330
    Handlungsfluss 330
    wiederholte 330
ExpressPro 269
Eyes Wide Shut 381

F

Fachbegriffe 144
Fachkenntnisse 144
Fader 108, 149, 435
Fahrtaufnahmen 92
Fake 369, 371, 435
Faktendichte 353, 435
Fallsicherung 252
falscher Weißabgleich 78
Farbanpassung 36, 435
    Maximalsättigung 37
Farbdarstellung
    Computerbildschirm vs. TV-Monitor 238
Farbdifferenzsignale 19, 175, 435
Farbechtheit
    Mischlicht 251
    TV-Monitor 238
Farbeindruck, fleckiger 251
Farbergebnisse, unkontrollierte 251
Farbfilter 252
Farbfilterhersteller 252
Farbfolien 264
Farbkeying 283, 435
Farbkorrektur 295
Farbmischung, subtraktive 266
Farbraum 45, 175
    Computer RGB 164
    PAL 164, 294
    RGB 238
    YUV 238
Farbsättigung 183
Farbsäume 26, 294
Farbstich 34
Farbstimmung 34
    Mischlicht 251
Farbtemperatur 29, 78, 252, 435
    einheitlich 244
    Farbeindruck 78
    Farbfilter 79
    Farbverfälschung 79
    Halogen-Glühlampen 244
    Kelvin 244
    konstant 244
    Tageslicht 244
    vereinheitlichen 251
Farbtemperaturwerttabelle 80
Farbtonfehler 171
Farbtreue 29, 44
    PAL 164

Farbübertragung 171
Farbunterschied
    Empfindlichkeit 294
Farbversatz 183
Farbverschiebung 364
Farbwahrnehmung 78
Farbwerte 183, 253, 435
    YUV 294
Farbwirkung 78
Fast-Gegenlicht 363
Faust 331
Faustregel 143
Fazdienstleistungen 228
Fazen 14, 36, 71, 192, 232, 435
    Auflösung in Pixel 225
    bildgenauer Ton 224
    Datenvolumen 227
    Einzelbildfolgen 225
    Gammakorrektur 224
    Kantenaufsteilung 37
    Kneeing 224
    Komprimierung 225
    Produktionsvorbereitung 192
    Schaltungspreise 230
    skalieren 227
    Transfer 71
    Überbelichtung 224
    Unterbelichtung 224
    Vorbereitungen 223
Fazen-Infosheet 227
Fazkosten vermeiden 230
Faz-Vorlagen 226
Feature 145
Feature Film 145, 423
Federwirkung 92
feedback 132
Fehler, Reproduktion 193
Fehlerkorrektur 193, 213
Fehlerquelle continuity 341
Fehlerquote 193
Fehlertoleranz digitaler Speicherung 193
Fehlerzahl 59
Fehlgriffe 380
Feinstaub 171
Felle 133
Fernbedienung 38
Fernsehanstalten 14, 187
Fernsehdialoge 334
Fernseher 100 Hz 65
Fernsehflimmern 208
Fernsehformen 371
Fernsehmagazin 334
Fernsehnorm 294
Fernsehreportageeinsatz 59
Fernsehreportagen 97
Fernsehsender 183
Fernsehserien 370
Fernsehsignal 172

Fernsehstandards
    DVD Authoring 210
Fernsehwerbung 231
Fernsehzeilen 192
Fertigungsschwankungen 44
Festplatte 61, 423
    Datenrate zu gering 240
    Kondenswasser 61
    Staub 61
    Videoaufnahmekapazität 423
Festplattenaufzeichnung 44
Festplattenbedarf 196
Festplattengeschwindigkeit 197
Festplattenkapazität 196
Feuchtigkeit 59, 60
Feuchtigkeitssensoren 60
Feuer 301, 304
Figur, Charakterisierung 330
Fiktion 369, 370
Fill 363, 435
Film
    elektronische Abtastung 182
    Flügelblende 239
    Geräusche 297
    historische Bildrate 239
    Produktionszeitraum 344
    ruckelt 213
    Unterschied zu Video 184
    Zeitplanung 348
    Zuschauerorientierung 327
Film Noir 312
Filmabspann 293
Filmbasis 329
Filmbühne 25
Filmdatenrate 54
Filmdatenübernahme in PC 276
Filme ohne Verleih 231
Filmemacher 360
    Bewertung 380
    Selbstbildnis 380
Filmequipment, Ausreise 339
Filmexposé 310
Filmfigur, Perspektive der 373
Filmförderung 344
    Darlehen 344
    Rückzahlung 344
Filmgeschichte 329
Filmgruppen 311
Filmidee 310, 311, 314
    alternative 380
Filmkamera-Erfinder 302
Filmkünstler 15
Filmlampen 245
filmlike 32
Filmlook 85, 224
Filmmaterial 72, 192, 296
    Abfilmen 182
Filmmusik 145
    Gesang 146

Index

Filmproduktionsgesellschaft 376
Filmproduktionspreise 230
Filmproduzent 231
Filmrohmaterial 337
Filmsequenzen
    Schnitt 268
    Zugriff 268
Filmsprecher 140
Filmstart, Countdown 184
Filmstoff 314, 329
Filmtricks, Grundformen 302
Filmverleih
    Filmförderung 344
    Rechte 336
Filmvertonung 147
Filmwerkrechte 336
Filter 79
Filterbeschreibungen 252
Filterring 26
Filterübersicht Film 79
Final Cut Pro 269
Finanzierung 344
Firewire 44, 197, 198, 235, 435
    AD-Wandlung 181
    Anschluss 38, 197
    Buchse 198
    Camcorder nicht gefunden 275
    Camcordersteuerung 235
    Eingänge 274
    Geschwindigkeit 198
    Kabel 47
    Karte 198
    Verbindung 274
    Verbindungskabel 198
Firmengelände 335
Fischauge 304
Fischaugeneffekt 21
Fischbach und Miller 379
flackerfrei 185
Flackern 65, 89
Flanger 153, 436
Flash-Filme 406
Fließtext, beschreibender 310
Flimmereffekt 290
Flimmern 31, 65
Flirren 185, 436
Flop 377, 380
Floskel 354
Flugaufnahme 91, 92
Flügel 134
Flügelblende 239
Flugmodell 93
Flugzeugscheiben 92
Fluid 89
Fluter 245
Folien, Grundlicht 362
Fön 105
Footage-Material 188, 278, 436
Footage-Schnittliste 278

Fördergelder 344
Fördergremien 344
Fördermittel 344
Form 369
    Inhalt 370
Format 370
    4:3 218
    genormt 217
    inhaltlich 371
    inoffiziell 217
    Übersichtstabelle 158
    Wandlung 178
Formatkrieg 413
Formatwandlung NTSC zu PAL 179
Formatwirrwarr 416
Forschungsprojekt 370
Fotoapparat 44
Fotomodus 44
Frame Mode 32, 436
framegenau 168
Frame-Modus 58
Frames 171
Free Cinema 312
Freiraum im Bild 372
Freistellung 83
Freizeichen 101
Fremdanbieter 14
Fremdwörter 144
Frequenzbereich 101
Frequenzen 169
Frequenzgang 98, 436
Frequenzumfang 103, 119
Fuhrpark 339
Führungslicht 362, 436
    Blendenwerte 363
    Schattenpartien 363
Fuji 295, 417
Füllsel 144
Füllwort 354
Füllwörter 144, 353, 436
Funkeinstrahlung 42
Funkfrequenzmietvertrag 106
Funkpool 105
Funkstrecke 93, 105
    Bereitstellungsvertrag 106
    Störsicherheit 261
Funktionstest 349
Funkübertragung 261
    Genehmigungspflicht 261

G

Gabelstapler 91
Gaffa 258
Gaffertape 258, 436
Gain 33, 106, 436
    Anhebung 33
    Blendenregelung 33
    Werte 33

Gainregelung 33
galvanische Trennung 117, 436
Gamma 85
Gammaanpassung 296
Gammaentzerrungskurve 85
Gammakurve 85, 437
    Film 185
Gammawert 296
Gammawertkorrektur 296
Ganzgroß-Aufnahme 358, 390, 431
Gebrüder Lumiere 302
Gedächtnis, akustisches 143
Gegenlicht 249, 253
Gegenlichtaufnahme 18, 27, 36
gegenphasig 115
Gegenshot 368
Gegenwart 143
    vollendete 143
Gegenwartsform 143
Gehäusemasse 116
Gehör 101
Geisterkanten 37
Geldgeber 310
GEMA 148, 336, 437
GEMA-freie Musik 149
GEMA-Liste 188
GEMA-pflichtig 148
Genehmigung
    Bildrechte 337
    Filmaufführung 232
Generationenverlust 47, 437
Genre 310, 311, 370, 437
    Übersicht 311
Gerätecheck 129
Gerätesteuerung, Camcorder 275
Gerätezustand 349
Geräusch 297
    Archiv 297
    Dramaturgie 297
    Samples 298
    Spannungsabstand 19, 119, 437
geringe Informationsdichte 330
Gesamtfarbverhältnis 82
Gesamtkonzertklang 132
Gesamtpegel 109
Gesamtproduktionssumme 338
Gesang 133
Gesangsmikros 96
geschlossener Kopfhörer 260
Gesellschaft für musikalische Aufführ-
    rungs- und mechanische Verviel-
    fältigungsrechte 148
Gesellschaft zur Verwertung von Leis-
    tungsschutzrechten 148
Gesprächsrunden, inszenierte 374
Gestaltung 14
Gestaltungsformen 310
Gestaltungsmittel
    Geräusch 297
    Licht 365

Index

Perspektive 359
Unschärfe 87
Gestik 327
Gewichtung
  Bildausschnitt 357, 358
  Bildsprache 371
Gewichtung der Geschichte 330
GIF-Datei 212
Glas 304
Glasmaster 209
Gleichförmigkeit 375
Gliederung 327
Glühlampe 244
  Halogen 244
Glühwendel 244
Goethe 370
Goldener Schnitt 372
GOP-Struktur 165, 174, 212, 284, 437
  Standard 284
Grafikdesigner 268
Grafiken 294
  2D 185
Grafikkarte
  Einstellungen 238
  Video unsichtbar 237
Grafikkartentreiber 237
  deaktivieren 238
Grammatik 142
Graphik Interchange Format 212
Graufilter 28, 444
Grauwertanhebung 85
Grauwerthelligkeit, Film 185
Greenscreen 254, 437
  Abdeckmaske 255
Greenscreen-Verfahren 75
Grenzfrequenzen 98
Grieseln 19, 172, 205, 261
Großaufnahme 358, 389
  Funktionsbeispiel 333
Größenverhältnisse 359
Group of Pictures 165
Grundhelligkeit 249
Grundkonflikte 310, 329
Grundlicht (Background Light) 362, 437
Grundrauschen 33
Grünstich 18
Gummilinse 22, 27, 361
Gummispinne 131
GVL 148, 336, 438

H

H. G. Wells 370
Haarlicht 363
Halbbild 32, 224, 306
  entflechten 69
halbbildorientiert 58
Halbbildreihenfolge, falsche 213
Halbnahe 357, 386, 438
Halbtotale 357, 385, 438
  TV Produktion 357
Hall 134
Hallanteil 134
Hallenbad 60
Hallgerät 434
Halogen-Glühlampen
  Lebensdauer 253
  Verletzungsgefahr 250
Halogenstrahler 245
Haltbarkeit 59
  DVD 195
  Videobänder 194
HAMA 89
Hamlet 331
Handkamera 367
Handlung 310
Handlungsachse 360
Handlungsfluss, Zeitverlauf 332
Handlungsführung 327
Handlungsmotivation 330
Handlungsstränge 332
Handstativlösung 77
Harold Ramis 331
harter Bildeindruck 84
Hauptbildmotiv 357
Hauptdarsteller 352
Hauptfell 133
Hauptfigur 328
  Verhältnis zum Zuschauer 355
Haupthandlung, Unterbrechung 330
Hauptlichtquelle 362
Hauptmikrofonsystem 401
Hausphilosophie 14
HDCAM 54, 165
HDTV 173, 357
HDTV-Bildschirm 20
HDV 52, 53, 54, 56, 65, 173, 269, 409
  MPEG2 65
  Varianten 65
Hedler 245
Heimkinomarkt 231
Heißluftballon 93
Helligkeit und Kontrast 37
Helligkeitsanpassung 296
Helligkeitsunterschied 85
  Empfindlichkeit 294
Helligkeitswert Y 294
Hi 8 52
  Digitalisierung 173, 180
HiFi-Puristen 154
High Definition 186
High Definition Digital Video
  Wiedergabemonitore 165
High Key 27, 363, 438
High-Definition-DVD 55

Hilfskräfte 92
Hintereinanderschaltung 176
Hintergrundbild erstellen 212
Hintergrundmusik 139
Hiroyuki Hori 214
hiss 98
Hitachi 423
hochauflösendes DV 409
Hochgeschwindigkeitskamera 303, 307
Hochlautung 141, 379
hochohmig 118
Hochpegelsignal 108
Hochsommer 29
Hochsprache, Theater 356
hohe Informationsdichte 330
Höhenverluste 118
Höhlen 33
Hohlrohr 118
Hollywood 77
Hollywoodproduktion 331
Honorar 338
Höreindruck 102
Hörempfindlichkeit 100
Hörfunk 143
Hörfunksprecher 140
Hörgewohnheiten 154
Hörkurve 100
  Empfindlichkeit 102
  Wahrnehmungsumfang 100
Hörschwelle, Richtwerte 101
Hörspiel 370
Hörverhalten 100
Hotspot 182
Hubschrauber 92
Huffyuv Codec 240, 438
Hüllkurve 136, 167, 438
Human Interest 375, 438
Huss Licht & Ton 265
Hydraulik 91
Hypernierencharakteristik 401

I

I(ntrabild)-, P(redicted)- und B(idirectional)-Bild 284
IBM 423
Idiom 144, 438
IEC 601 175
IEEE 1394 38, 435
i-Frames 204, 212, 240, 285, 438
Image 209, 438
Imagefilm 14, 424
Imperfekt 142
  Assoziationen 143
  Formen 143
  Vergleich Perfekt 143

Index

Improvisation 349
IMX Subsampling 186
Indeo-Codecs 161
Independent-Szene 14
Induktion 249, 438
Industriefilm 140, 333, 424
Industriefilmer 416
Industriefilmproduktion 91, 253
Infopinion 378, 438
Informationsdichte 144, 435
Informationsfilm 334
Informationsfluss 144
Informationsmedium 370
Informationsmenge, Aufzeichnungsdichte 169
Informationsüberflutung 144
Infotainment 378, 439
Infraschallbereich 100
Inhalt 369
    Präsentation 327
Inhaltsverzeichnis 213
innenfokussiert 22, 439
Innenwiderstand 104
    Eingang 118
Insertbuchsen 149
Instrumentenverstärker 134
inszenierte Realität 369
Inszenierung 369, 371
interaktiver Button 212
Interlace 175
interlaced 58, 208, 439
Internationale Fernsehsysteme, Standards 164
Interpolation 307, 439
Intervallaufnahme 307
Interview 333, 374
Interviewpartner 358
Interviewsituationen 28
Intimität 358
Intro 293
Irfanview 290
Ironie 353
ISO-Datei 209

J

Jack Nicholson 76
Jacketts 185
Jacques Tati 297
Jazz 133
JBL 139
Jim Jarmusch 361
Jitter 172, 439
Jog/Shuttle-Rad 172, 439
John de Bello 377
JPEG-Kompression 46, 47, 439
Jpg-Qualität 225
justierbare Orientierungslinie 290
JVC 186, 413, 415

K

Kabel 259
Kabelgroschen 344
Kabellänge 42
Kabellängenbegrenzung 115
Kabeltrommel
    aufgerollt 249
    Schmelzgefahr 249
    Überlastung 249
Kabelverbindung, falsch gepolt 120
Kaiser 245
Kaleidoskope 304
Kamera
    Audioanschlüsse 42
    Audiofunktionen 41
    Aufzeichnungsformate 44
    Aussteuerungsanzeigen 41
    Blickwinkel 359
    Effekte 37
    Entfernung zum Objekt 371
    Komponentenausgang 39
    Kondensatormikrofon 40
    Laufgeräusch 40
    Menüpunkt Foto 44
    Mikrofon 40
    Standbild 43
    Standort 359
    Tonaussteuerung 41
    Videoanschlüsse 39
Kamera auf dem Brett 77
Kameraakku, Kälte 339
Kameraaufnahmeröhren, Lebensdauer 18
Kameraeinstellung 319, 357
Kameraentwicklung 72
Kamerafahrt 91, 359
    Raumerfahrung 92
Kamerakopf 18
    Rekorderanschluss 38
Kamerakran 89, 91
    Kameramannsitz 91
Kameraschaukel 439
    Drahtseilzug 91
Kamerastandort 359
Kamerasucher, beschnittene Darstellung 261
Kamerateam 14
Kameraton 95
    Übersteuerung 41
Kamerawackeln 76
Kamerawagen 92
Kamerawinkel 91
Kammfilter 186, 439
Kammfiltereffekt 401
Kantenaufstellung 37
Kantenflimmern 227
Kantenlicht 363
Kapazität, nutzbare 258
Kardanaufhängung 77
Karomuster 185

kaschiert 232
Kaskadierung 47, 176, 177, 202, 214, 240, 440
    Firewire Zuspielung 235
    stufenweise Verschlechterung 47
Kassenschlager 231
Kassettenmarken 74
    Rezepturen 74
Kassettenmaße 74
Kassettenrekorder 169, 263
Kategorie 5 433
    Fassungsvermögen 209
Kategorie 9, Fassungsvermögen 209
Kategorisierung 425
Kathedralen 153
Kausalkette 327
Kelvin (K) 29, 78, 244, 440
Kelvin-Vergleichslisten 252
Kerzenlicht 83
Keyboard 116, 134, 146
Keyframe 280, 440
Keyframes-Steuerung 281
Keylight 362, 436
Kino 70
    Flackern 239
    Flügelblende 239
    HDTV 232
    Programmplanung 231
Kinoauswertung 337
Kinobesitzer 231
Kinoeintrittspreise 231
Kinofilm, Fazlänge 224
Kinoformat 58
Kinolandschaft 231
Kinonullkopie 193, 440
Kinopaläste 231
Kinoprogramm, freies 231
Kinoprojektionsformat 229
    Empfehlung 232
Kinospot 230
    HDV 69
Kinowerbeagenturen 230
Kinowerbung 227
Kiss (keep it simple and stupid) 373
Kitsch 331
Klang, Kopfhörer 260
Klangbild 402
    neutral 139
Klangfärbung 118, 124, 135, 440
Klappe 121
Klassiker 381
Klaus Kinski 352
Klavier 134
Klebeband, leinenverstärktes 258
Klemme 171
Klemmleuchte 250
Klemmmikrofon 134, 440
Klickgeräusch 193
Klischee 328, 331
Klötzchen 193

Index

Klötzchenbildung 44, 74, 172, 204, 212, 240
　Kompatibilitätsproblem 74
Kneeing 36, 84, 85, 440
Kodakfilm 295
Kohlezeichnung 304
Kommentarverständlichkeit 138
Kommentator 141, 333
Kompatibilität
　DVD-PLayer 216
　MPEG2 165
　VCD SVCD DVD 220
Kompatibilitätsliste 217
Kompendien 87
Komplettansicht 357
komponieren 147
Komponist 297
Kompression 176
　Audiodynamik 155, 296, 440
　verlustfrei 175
Kompressionsmethoden
　verlustbehaftet 173
Kompressionsrate 58
　fest 46
　variabel 46
Kompressionsverfahren 46
　digitales Video 173
Kompressionsvorgang 46, 176
Komprimierung 45
　Aufzeichnungsqualität 45
　Datenaufkommen 45
　Datenvolumen 45
　DV 45
　PAL 45
　verlustbehaftet 47
　verlustfrei 47
Kondensatormikrofon 96
Kondenswasser 60
konditionieren 331
Konflikt 328, 329
Konsortium 166
konstante Bitrate 51, 165
konstante Datenrate 202
Kontrast 85
Kontrastanpassung 296
Kontrastbasis 25
Kontrastdarstellung 85
Kontrastkanten 24
Kontrastumfang 84
Kontrollkopfhörer 260
Kontrollmonitor 39, 261, 287
Kontur 266
　betonen 249
Konturen suchen 304
Konversionsfilter 79
Konverterkästchen 114
Kopfhörer 260
　Klang 260
　offen 260
　Walkmankopfhörer 260

Kopftrommel 60, 169
　Reinigung 74
　Umdrehungszahl 170
Kopie 47, 209
Kopierabgabe 336, 440
Kopiergerät
　eichen und justieren 137
Kopierverlust 176
Kopiervorgänge 184
Kopierwerk 183, 224, 226, 228, 453
Körnung 224
Körnungseffekt 224
Körperhaltung 354
Körperproportionen 372
Kosinustransformation, diskrete 175
Kostenfaktor 232
Krachen 289
Kran 89, 91
Kranaufsatz für Stativ 91
Kranausleger 91
Kratzer 193
Kratzgeräusche 41, 193
Krieg der Welten 370
Kugelcharakteristik 96, 398
Kugelmikrofon 96
Kultstatus 104, 377
Kunstform Trash 377
künstliche Lichtquelle 78
Kunstlicht 29, 34, 78
Kunstlichtfilm 79
Kunstlichtstrahler anpassen 252
Kurzfilm 424
Kurzschluss 63, 116
　Kabeltrommel 249
Kurzwellen 42
Kurzzeitgedächtnis 144

L

Ladevorgang 61
Ladezyklen 61
Lagerung und Haltbarkeit von Videobändern 194
Laiendarsteller 15, 356, 371, 378
Lampe 244
　Anforderungen professionell 244
　Typen 244
Lampenart 244
Lampenstellung 244
Lampenwechsel 244
Landschaftstotale 372
Langeweile 375
Langfilm 424
Längsaufzeichnung 169, 440
Längsspuraufzeichnung 119, 440
Langwellen 42
Laptop
　Initialisierung der Monitore 237
　Probleme 237

Laserbelichtung 192
Laufgeräusch 96
Lauftexte
　100 Hz 69
　unruhig 213
Laufwerksreaktion 275
Laufzeitunterschied 401
Lautsprecherboxen 149
　aktiv 426
Lautstärkeanpassung 229
Lautstärkedynamik 229
Lautstärkeunterschiede 154, 404
Lautstärkeverhältnisse 139
Lavaliermikrofon 105, 440
Lee-Folien 252
leere Hallen 129
Legalisierungsmikrofon 96
Legende 378
Lehrfilm 334
Leihgerät 349
Leistungsfähigkeit von Akkus 258
Leitmotiv 331, 441
　Assoziationen 331
Lena 231
Leo Hiemer 231
Leseschichten 166
Letterbox 64, 218
Licht 249, 362
　Absicherung 249
　Aufhellung 362
　Belichtungszeit 244
　diffus 362
　Discothek 248
　Entladungslampe 244
　Farbtemperatur 244
　Fluter 245
　Führungslicht 362
　Gestaltungsspielraum 253
　Grundhelligkeit 249
　Grundlicht 362
　Halogenstrahler 245
　Hilfsmittel 249
　Konturen 249
　Korrekturfilter 245
　künstlich 244
　Leuchtdichte 244
　Linsenscheinwerfer 246
　Mischlicht 251
　Moving-Head 248
　Multifunktionsscheinwerfer 248
　Notbehelf 250
　Plastizität 249
　Profilscheinwerfer/Verfolger 248
　Reflektor 244
　Scanner 248
　Scheinwerferanzahl 249
　Schirmreflektor 249
　Sicherung 249
　Spitzlicht 249

Index

Standard-Halogenscheinwerfer 249
Strahler, Linsen 244
Strahler, Mindestabstand 250
Stromverbrauch 249
Studio 252
Tageslicht und Kunstlicht 251
Tonstörung 256
Umgang mit Strahlern 253
Wärmestrahlung 244
Lichtanordnung 393
Lichtanweisungen 319
Lichtausbeute 244
Lichtausfall 248
Lichtdouble 362
Lichtempfindlichkeit 32
Lichtfleck 246
Lichtfront 245
Lichtführung 363
  unnatürlich 365
Lichtinseln 363
Lichtkegel 245
Lichtkoffer 245
Lichtleistung 244
Lichtmischpult 245
Lichtquelle 78, 244
  Orientierung 362
Lichtsituation 362
  Grundrisse 393
  uneinheitlich 251
Lichtspektrum 244
Lichtstativ 252
Lichtstimmung 250, 362
Lichtstreuung 246
Lichtstrom 244
Lichttraverse 245, 441
Lichtübersättigung 31
Lichtverstärker 33, 183
  abschaltbar 33
Lichtweg 359
Lilo 63
Limiting 153, 230, 441
Line-Eingang 125, 441
Linien 172

Linse 22
Linsenscheinwerfer 246
Liquid Broadcast 269
Literatur 143
Lithium-Ionen-Akku 62, 63, 258, 441
Livekonzert 97, 126, 131
Livekonzertmixer 132
Livemischer 131
Location 15, 335, 337, 340, 441
Lochstreifen 147
Logic 296, 297
Logistik 339
Logoerstellung 290
Lola rennt 331

Loudnesstaste 102
Low Key 364, 438
Low Level 25
Low-Budget-Film 91
Low-Cut-Filter 107, 441
Low-Key-Einstellung 27
Low-Light-Situationen siehe Low Level
LPCM 202
Luftfeuchtigkeit 60
Luftpolster 60, 170
Lumiere 437
Lux 31, 441

M

M II 52
M(otion)-JPEG-Codec 46
m1v 214
m2v 214
Macromedia 406
Magazin 334
Magazinbeiträge 373, 424
Magenta 266
Magix 270
  Geräusche 298
Magix Music Maker 147, 296
Magnetbandproduktion 44
Magnetfeld 59, 194, 195
Magnetisierung, Verlust 194
mAh (Milliamperestunden) 258
MainActor 269
MainConcept 204, 269
Makro 359, 391, 441
Makroaufnahmen
  Abbildungsmaßstab 359
  Ausleuchtung 359
Makroeinstellung 359
Makrokonverter 27
Manfrotto 89
Mängel, Nachbesserung 338
mangelhafte Beschichtung 74
Markenhersteller 217
Markenrohling 195
Marktanalyse 376
Marktforscher 376
Marktforschungsinstitut 311, 373
Marktinteresse 310
Martial-Arts-Film 311
Maskenbild 379
Maskierung 303
Massenmarkt 209
Maßstäbe, Fernsehsender 187
Masterbandqualität 44
Master-DVD 208
Mastering 136, 442
Masterkassette 136
Mastermix 139, 442
Masterregler 109

Masterrekorder 167
Mastervideokassette 183
Materialfehler 193
Matrize 209
Matsushita 414, 415
Matte 302, 303
Maxell 418
Maximalaussteuerung 135
Maxtor 423
Maya 304
MAZ-Karte 189
MD 262
MD- oder ME-Band 171, 442
Media 100 269
Media Studio Pro 241, 242
Mediastudio Pro 269
Medienverantwortung 369
mehrfachbeschreibbar 195
Mehrfachmikrofonsystem 401
Mehrspurrekorder 133
Mehrspurverfahren 133
Mehrwert 333
Melodram 311
Memory-Effekt 62, 258, 442
Menü
  Fernbedienung 209
  Sackgasse 209
  Schriftgröße 210
Menüführung 220
Menühintergrund 211
Menüstandzeit 211
Merchandising 337
Messestände 252
Messmethoden 135
Michael Moore 329
Mickey-Mouse-Effekt 179
Microsoft 166, 237
Microsoft-Betriebssysteme 237
Midi 146, 147, 289
  Musikproduktionssoftware 296
Midi-Dateien 147
Midi-Produktion 146
MII 415
Mikrofon 96, 97
  Abnahme 133
  Abstand bei AB-Aufstellung 130
  Abstand zur Schallquelle 97, 128
  Aufstellung 129, 401
  Charakteristika 398
  dynamisch 102
  eingebaut 96
  Einsatzbereiche 103
  entkoppeln 131
  externes 124
  Feuchtigkeit 105
  Frequenzgang 98
  Funkfrequenz 105
  Funkübertragung 105
  gebraucht 105
  klimafest 104

470

Index

Kondensatormikrofone 102
Kugelmikrofon 96
muffeliger Klang 105
Nierenmikrofon 97
Originalsignale 132
overhead 128
Sender 105
Stative 130
Superniere 97
Übersicht 129
Zubehör 104
Mikrofoneingänge 108
Mikrofonkabellänge 125
Mikrofonkanäle 106
Mikrofontyp 124
Mikrowellen 261
Milchfolien 249
Millivolt 125
Milos Forman 78
Mimik 327
Mindesteinschaltquote 374
Mindestflughöhe 93
Mindestgeschwindigkeit 93
Miniaturkamera 93
Minidisc-Rekorder 262, 442
MiniDV 186
Mini-DVD 217, 219
Mini-Klinken-Adapter 39
Minutenpreis 230
Mischlicht 251, 256
Mischpult 106
   :PFL 108
   Assigntaste 108
   Aufbau 106
   Ausgangsanschlüsse 110
   Ausgangsmodul 109
   Aussteuerungsanzeige 111
   Aux-Kanal 107
   Brummschleifen 110
   Eingangsempfindlichkeit 110
   Equalizer 107
   Fader 108
   Justierung der Pegel 110
   Low Cut-Filter 107
   Masterregler 109
   Mindeskanalanzahl für Musikaufzeichnung 134
   Monitorkanal 107
   Mute-Taste 108
   Pan-Regler 108
   Solo 108
   symmetrisch 110
   technischer Aufbau 149
   Vorverstärker 106
Mitspracherecht 336
   Redakteure 188
Mittelwellen 42
MJPEG 46, 47, 173
   dynamisch 50

MJPEG- und MPEG-Verfahren 50
Mockumentary 311, 442
Moderator 140, 298
Moirémuster 185, 289, 305, 443
Mon oncle 297
Monitoranlage 131
Monitoring 43
Monitorkanal 107, 149, 427
Monitorsound 132
Monitorsummen 109
Monoaufzeichnung 120
Monolog 333
Monopole 231
Motion Perfect 179, 239, 307
Motion Pictures Experts Group 161, 174
Motorflugzeug 92
Mouse over 211, 443
mov 163
Moving-Head 248, 443
Mozart 78
MP1 214
MP2 214
MP3 174, 214
   Rekorder 262
MP3- und WAVE-Rekorder 262
MPA 214
MPEG 50, 161, 163
   betriebssystemunabhängig 163
   Datenverlust 51
   Entrauschen VHS 205
   Linux 163
   Nachteil 50
   Qualität 52
   Rechnerleistung 50
   Referenzbild 51
   Schlüsselbild 51
   Synchronität von Bild und Ton 165
   VBR 51
MPEG layer 2 202
MPEG1 53, 162
   DivX-Inkompatibilität 164
   Kompatibilität 164
   niedrige Datenraten 165
   Übergrößen 165
   Video CD 165
MPEG1-Komprimierung 174
MPEG2 14, 53, 162
   Datenrate 56
   DVD konform 202
   HDTV 165
   Probleme 205
   Rauschen 205
   VBR Vergleich CBR 205
   VOB 202
   Zeilensprung 175
MPEG2-PlugIn HDV 165
MPEG2-Stream 202
MPEG2-Wiedergabe
   DVD-Playersoftware 164

MPEG4 72, 162, 166
   HDTV 165
MPEG-Audio 228
MPEG-Codierer 165, 214
MPEG-Codierung 50, 173
MPEG-Dateien, Größenbeschränkung 196
MPEG-Encoder 204
MPEG-Standard 174
mpv 214
MS 1394 275
Multicore 132, 443
Multicore-Anschluss 39
Multicore-Kabeltrommel 125
Multifunktionsscheinwerfer 248
Multiplexen 214, 443
Musikaufzeichnung 131
Musikbox 147
Musiker 297
Musikinstrument 102, 147
Musikkassette 169
Musikproduktion 296
Musikproduktionssoftware 147
Musikschnitt 168
Musikvideo 253, 310, 367
Musikwiedergabe 147
Muster, kariert 185
Mute-Taste 108
Muxel-Rate 165
Muxen 214, 443
   Zeitversatz 214

N

Nachbearbeitung 361
Nachbearbeitungsstufen 175, 196
Nachbelichtung 303
Nachbesserungsversuch 338
Nachhall 129
Nachrichteneinsatz 28
Nachrichtensendung 333
   Erwartung 369
   Inszenierung 369
Nachrichtensprecher 140, 298, 369
Nachrichtenstudio 369
Nachsynchronisation 166
Nachtszene 365
Nachvertonung 166
   mit dem Videorekorder 166
   Tonbearbeitung im Rechner 167
Nachvertonungspegel 135
Nachvertonungsspur 167
Nachzieheffekt 18, 443
Nagano 416
Nagra 121
Nahaufnahme 358, 387, 443
Nahbesprechungsmikrofon 141
Naheinstellung 357

Index

Namensliste 188
National 414
National Panasonic 414
nativ 172, 235, 282, 443
ND-Filter 83
   Belichtungsbereich 28
   Ersatz 88
ND-Verlaufsfilter 29
Nebenfiguren 329
Nebengeräusch 128
Nebengeräuschpegel 154
Nebenhandlung 329, 330, 443
Nebenlinie 330
Nebensätze 143
Nennspannung 258
Neonlampen 248, 251
Netzwerkprobleme 240
Neugier 333
Neumann 104, 444
NEUMANN KM183 104
NEUMANN U87 104
neutral 373
Neutral-Density-Filter 28
Nickel-Cadmium-Akku 62, 258, 444
Nickel-Metall-Hydrid-Akku 62
niederohmig 118
Nierencharakteristik 399
   breite 399
Nierenmikrofon 96
NLE 444
NLE-Videoschnittprogramm 268
Non Linear Editing 268
nonlinearer Schnitt 173
Normal 16 mm 84
Normal 8 mm 84
Normalisierung 139
Normalisierungswert 139
normalize 139
Normvorspann 183, 188
Noten 147
Nouvelle Vague 312
NTFS 163
NTSC 164, 171, 444
   Software 178
   Umwandlung in PAL 164, 178, 179
NTSC-Rekorder 178
NTSC-Wandlervideorekorder 178
Nullkopie 227
   Abnahme 229
Nutzsignal 115, 119
Nutzungsrechte 148, 297, 336

O

Oberfläche, rewritable 195
Oberflächenbeschichtung 195
Oberflächeneigenschaften 74
Oberflächentemperaturen 250
Objektiv 21
   Autofocus 24
   Blende 27
   Brennweite 25
   ND-Filter 28
   Wechsel 361
objektiv 373
Objektivanschluss 32
Objektivgüte 28
Objektivschutzdeckel 82
Objektivwechsel 21
objektorientiert 385
offener Kopfhörer 260
öffentlich-rechtliche Fernsehanstalten 187, 342
Off-Text 139, 140, 301
   Beispiel 299
   inhaltlicher formaler Aspekt 142
   Länge und Menge 145
   Sprecherstimme 140
   technischer Aspekt 140
Off-Text-Sprecher 298
Oktave 101
   Bandbreite Video 169
Ölmalerei 304
On the fly 276
one layer 60, 194
One pass 444
One pass encoding 204
optische Brennweite 25
optische Vorsätzen, anamorph 21
optisches Speichermedium 195
ORF 186
Originalkopie 172
Originalschauplätze 15
Originalsprechtext 146
Originalton 95, 106, 120, 128, 327, 444
Orson Welles 323, 329, 332, 369, 370
Ortung im Stereobild 108
Osaka 415
Österreich 186
Österreichisches Fernsehen 186
O-Ton 120, 327, 426
   Länge 128
Overheadmikrofon 133, 444
Oversampling 283, 303, 444

P

PA-Anlage 132
PAL 20, 158, 238, 294, 445
   B 172
   Farbbalkentafel 183
   Farbumfang 164
   Filter 164, 238
   Kontrastumfang 164

System 32, 171
   Umwandlung in NTSC 164
   Vektorskop 273
Pan 445
Panasonic 186, 195, 235, 261, 414, 416, 418
Panoramaeinstellung
   Recht am eigenen Bild 337
Pan-Regler 108
Parallelmontage 332, 355, 445
Parallelschaltung 120
Paramount 376
Parental Lock 211, 426
Partition 196
PA-System 116
Patent 171
Pausenfunktion 170
PCI-Steckplatz 198
Peaklevel 135
Pegel 117
   Verhältnismäßigkeit 138
Pegelanpassung 108, 296
Pegelüberwachung 129
Pegelunterschied 139
Pegelwertmessung 135
Perfekt 143
Personal 342
Perspektive 92, 359
   Bedeutung 359
   dritte 373
perspektivische Änderung 359
perspektivisches Tonverständnis 131
Peter Sellers 293
Pfeifton 136
PFL 108, 149
Phantomspannung 97, 108, 117
Phantomspeisung 40, 43, 97, 117, 445
Phase 114
Phasendreher 120, 445
Phasenmessgeräte 120
Phasenverschiebung 153, 401
phatisch 353
Philips 413
Photo Impact 290
Photoshop 268, 290
physische Anordnung
   Dateien auf DVD 209
Pieptöne 184
Piezoresonanzmikrofon 134, 445
Pinnacle 269
Pioneer 195
Pitch shift 153
Pixel
   quadratisch 158
   rechteckig 158
Pixelzahl, effektive 20
Plakate 265
Plan 9 from Outer Space 377
Plastikmischung 192

Index

Plattitüde 354
Platzbedarf 196
Plausibilitätsprüfung 211
Plextor 422
Plopp-Effekt 141
Plopplaute 98
Ploppschutz 141
Plot 329, 445
PlugIn 165, 240, 445
    Premiere 268
Politainment 378, 445
Polylux 368
Pop 133
Pornogenre 377
porös 59
Postproduktion 37, 83, 445
PostScript 293
Präsens 143, 310
Präsentation
    Videofilmintegration 238
    Videoformat 207
    Vorführprobleme 237
Premiere Pro 268
Preset 36
Pressform 209
Primetime 446
Primetime-Werbung 230
Privatgelände 335
Pro Lighting e.K 265
Problem
    DVD 212
    Laptop 237
    Ton 111
    Video für Computer 240
Produkthinweise 15
Produktion 14
    Abschätzung 314
    Kosten Kinowerbespot 230
    Verzögerung 338
Produktionsassistent 340
Produktionsdaten 188
Produktionsfirma, Finanzierung 344
Produktionslaufzettel 188
Produktionspapier 136
Produktionszusage 311
Produzent 310, 336
Profidarsteller 374
Profilscheinwerfer/Verfolger 248
Profisprecher 142
Programm 373
Programmberater 374
programmfüllend 310, 344, 424
programmgesteuerte Automatik 84
Programmheft 265
Programmschiene 373
Programmverantwortliche 370, 373, 374
    progressiv 224

Progressive Mode 32, 58
Projektion, digitale 227
Projektionsformat im Kino 226
Projektionsgerät 218
Projektionsgröße 192
Projektionstechnik 72
Projektor 85
    Tonausgang 182
ProTools 296, 297
Prozessor 165, 197
Prozessorlast 197
Psycho 331
Puderquaste 379
Pulse Code Modulation 288
Pumpeffekte 165, 204
Pumpen 84, 165, 446
Pyrotechnik 302

Q

Qualitätseinbußen 21, 47
    Kopierverluste 172
Quantisierung 175, 446
Quantisierungstiefe 263
quarzgesteuertes Laufwerk 121
Quasar 414
Quellfenster 283, 287
Querstreifen im Standbild 158
QuickTime 163, 175, 240, 269, 406

R

Raddolly 92
Radiobeiträge 373
Radioempfangsgeräusch 115
Radiohörer 370
Radiomacherszene 373
Radiomoderator 140
Radioprogramm 373
Radiosender 114
Radiostation 373
Rahmenhandlung 332, 334
Raumatmosphäre 96, 128
Raumgröße 153
räumliche Orientierung 360
Räumlichkeit 359
    Verlust 362
Raumschiff Enterprise 353
Raumschiffgeräusch 297
Rausch- und Störgeräuschpegel 119, 138, 139
Rauschanteil 85
Rauschen 31, 119, 296
Rauschfilter 303
Rauschunterdrückungssystem 119, 227

Realaudio 406
Realität 369
    inszeniert 370
realitätsnah 330
Reality Soaps 378
Reality-TV 378
Realvideo 235, 269, 406
Rechenzeit 307
Rechner
    Absturz 242
    Videoübertragung in 235
Recht 148
    am eigenen Bild 337
    Auswertungsrechte 337
    Autorenrecht 336
    Drehrechte 337
    Fernsehen 370
    Rechtliche Absicherung 335
    Veröffentlichungsrechte 336
    Verwertungsrechte 337
    Vorschriften 339
Redakteur
    Erwartungen 188
    Fernsehsender 187
Redaktion, Zuständigkeit 188
Redewendungen 144, 353
Redundanz 143, 331
Reflektoren 244, 362
Reflektorschirm 246, 250
Regeln 377
Regen 304
Regieanweisung 319
Regionalsender 140
Regisseur 293
    Arbeitsweise 319
    Persönlichkeit 378
Reifendruck 92
Reinigung 74
Reinigungskassette 74, 171
Reißzoom 23
Rekordervergleich Tonaufzeichnung 263
Relativgeschwindigkeit 170
Reparaturen 21
Repeat 221
Reportage, Untertitelung 188
Reportage-Fake 370
Reportagemikrofon 97
Reporter 298, 299, 358
Resonanzfell 133
Resonanzloch 134
Restspannung 63
Retusche 269
ReWriteable Medien 60
RF-Kabel 259
RGB-Computerbildschirm 294
RGB-Farbraum 238
RGB-Format 294

473

Index

RGB-Raster 164
Richtmikrofon 40, 96
richtungsempfindlich 96
Richtwert DVD-Datenrate 165
Richtwirkung 97
Ridley Scott 85, 376
rm 288
Rohling 60, 220, 221
Rohmaterial 59, 196
    Schnitt 268
    ungeschnitten 188
Röhren 18
röhrenbasiert 72
Röhrenkamera 18
Rohschnittfassung, Abnahme 338
Roland 135
Rolle, Dialog 320
Rollenfiguren 330
Rollwagen 92
    Hartgummibereifung 92
    Luftbereifung 92
Rollwagenuntersatz 89
Rotoscoping 269
Rotstich 78
Routing 149, 446
Royal free 149
ruckelfrei 219, 284
Ruckeln 78, 197, 307
Rückkopplung 132
Rückprojektion 302
Rumpelfilter 107
Russ Meyer 377
russischer Film 331
Rutschkopplung 349
RW 195
RW-Rohling 60

S

S100 198
S200 198
S400 198
Saalmix 132
Saalpreis 230
Sachtler 89
Sampler 146
Samplingfrequenz 119, 168, 447
Samsung 423
Satire 231
Sättigung 75
Satzstrukturen 143
Saxophon 134
Scanner 248
Scans 289
Scart-Anschluss 39, 114
Scart-Kabel 259
Schablonen 210
Schalldruckpegel 102, 398
schallisolierter Raum 132

Schallplatte 193
Schallquelle 129
Schallwelle 100, 297
Schaltflächen 210
Schaltung 230
Schaltungsagentur 231
Schärfe 37
    Vergleich Film Video 183
Schärfeanschlag 22
Schärfeautomatik per Ultraschall 25
Schärfeeindruck 33
    Konturen 249
Schärfenebene 87
Schärfentiefe 19, 87, 447
    DV 86
Schärfereißen 22, 23
Schärfeverlust 21
Schärfeziehung 84
Scharfstellung 22
Scharfstellungsring 22
Schatten 365
Schattenbereiche aufhellen 185
Schattenwurf, Führungslicht 362
Schaubild 294
Schauspieler 356
    Dialoge 320
    Führung 352, 356
Scheinwerfer 245
    Farbfilter 252
    Farbtemperatur 252
    Lärm 250
Schere 287
Schienendolly 92
Schießbude 133
Schiller 370
Schirmreflektor 249
Schlagschatten 85, 250, 362, 365, 447
Schlagzeug 133
Schlüsselbild 50, 174, 204, 280, 447
    abgeschnitten 240
Schlüsselnamen 145
Schlüsselwörter 145
Schminken 379
Schmutz 59
Schnee 29, 83, 172, 261, 304
Schneiden 172
Schneider 414
Schnitt 287
    Art 367
    Drehfehler 341
    Geschwindigkeit 367
    in der Bewegung 367
    Länge der Einstellungen 361
    nonlinearer 173
    Rohmaterial 268
Schnittästhetik 368
Schnittfehler 360
Schnittfolgen 359
    soften 287
Schnittgeschwindigkeit 139, 367
Schnittkopierliste 268
Schnittliste 188, 277

Schnittlistenerstellung on the fly 276
Schnittmaterial 278
Schnittmodul 270
Schnittplan 319
Schnittplatz, mobiler 261
Schnittprogramm 268
Schnittpunkt 172
Schnittrhythmus 361
Schnittsoftware 280
Schnittsteuerung 270
Schnitttechniker 293
Schrägspuraufzeichnung 119
Schriftdeutsch 320
Schriften 213, 293
Schriftgröße 293
Schukostecker 110, 116
Schultergeräte 30
Schulterkamera 373
Schutzfunktion 170
Schutzgläser 250
Schwarzbild 184
schwarzer Körper 78
Schwarzwertanpassung 36
schwebende Kamera 76
Schweigepflicht 339
Schwenk
    angeschnitten 361
    Dauer 361
    gleichmäßig 89
Schwingungsdämpfer 92
Scotty 353
Scribbles 319
Seagate 423
Seamless Branching 211
Segelflugzeug 93
Sehgewohnheiten 87, 367
Seifenblasen 304
Selbstdarstellung 334
Selbstentladung 63, 258
Selbstständigkeit 14
selected sound 147
Sendeanlagen
    Bildübertragung 261
    Dreharbeiten in der Nähe von 115
sendefähig 187
Sendeformate 374
Sendekonzepte 374
Sendelizenzen 261
Sendequalität 416
Senderslogans 374
Sendezeit 374
Sendung ohne Namen 368
Sendungslook 188
Sennheiser 260
SENNHEISER MD421 104
SENNHEISER MD441 105
SENNHEISER MZW60-1 105
Sergio Leone 358
Serie 374, 424
Serienflop 376
Server 240

Index

shared memory 196
Shot 368
Shot und Gegenshot 447
Shutter 35, 87
   Belichtungszeit 35
   Bewegungsunschärfe 35
   Computerbildschirme 35
   Lichtempfindlichkeit 88
   Stroboskop 35
Shutterfunktion 32
Shutterspeed 71
Sichern 286
Sicherungswiderstand 63
   Akku 258
Sichtungskopien, Fernsehsender 187
Siemens/Fujitsu 423
Signale, niederpegelige 115
Sinuston 136
Sinuswelle 114
skribble 314
Slogans 376
smart rendering 282, 447
smart trim 284, 286, 447
Smear-Effekt 31, 448
Snaredrum 133
Snare-Mikrofon 105
Soap Opera 378
Sofortumwandlung 275
Software-Fehler 237
Solaris 14, 331
Solo 108, 149
Sonar 296
Sonnenbestrahlung 194
Sonnenreflektor 249
Sonnensymbol 81
Sonnenuntergangsstimmung 81
Sony 53, 186, 261, 269, 413, 415, 416, 420
Sorensen 240
Soundkarte
   Brummen 116
   Tonsynchronfehler 182
   Tonzuspielung 262
Soundlight 265
Soundpool 147
Spalten, Linien 172
Spannung 15, 329
   Erwartungshaltung 354
   Finale 355
   Schnitt 367
   Zufall 329
Spannungsabfall 118
Spannungsbogen 314, 355, 448
Spannungsgewinn 372
Spannungsmoment 310
Spannungsmotive 354
Spannungsverlauf 355
Special Effects 15, 301
Spectral Recording 227

Speedcam 307
Speicherchipaufzeichnung 44
Speicherdatenrate 54
Speicherkarte 61
Speicherplatz 196
Speicherüberlauf 240, 242
Speisemodule 117
Speisespannung 96, 103
Spektrum Tageslicht 79
Spezialmikrofon 96
Spiegelung 304
Spiel mir das Lied vom Tod 358
Spielfilm 231, 310, 319, 331
   historische Entwicklung 331
Spielfilmexposé 313
Spielfilmproduzent 77
Spielfilmteam 343
Spielfilmtreatment 314
Spielhandlung 371
Spielsequenz 334
Spielzeugmodell 301
Spitzenwertmessung 135
Spitzlicht 249, 363
Splitbox 132, 448
Spock 376
Sportaufnahmen 35
Sportevents 24
Spot 423
Sprache 320, 353
Sprachform 142
Sprachfrequenzen 102
Sprachmelodie 353
Sprachtexte
   Klangbild 139
   Verständlichkeit 139
Sprechbeispiele 140
Sprecher 379
   Moderator 298
   Nachrichtensprecher 298
   Off-Text-Sprecher 298
   Reporter 299
   Rollen 298
   Test 141
Sprecheranmutung 140
Sprecherausbildung 141
Sprecherstimme 140
Sprechertext 298, 353
   Aufzeichnungsformate 141
Sprechertypen 298
Sprechrhythmus 379
Sprechtempo 141, 354
Spritzform 209
Spuldorne 349
Spule, Kabeltrommel 249
Spurbreite 169, 448
Spurlage 172
Spurregelungsfehler 193
Stab 352
Stabilisatoren 30

Stabilisierung 30
Stabilisierungsmaßnahmen 78
Stabilität 197
Stabilizer 30
Stadien 153
Stage equipment 252
Stalker 327
Stand 361
Stand-alone-Brenner 220
Stand-alone-DVD-Player 61, 164, 195, 216
Standard
   Mini-DVD 219
   SVCD 218
Standarddatenraten
   Digitale Video und Tonformate 58
Standbild 265
Standby- und Stromsparfunktion 93
Standfoto, digitaler Fotoapparat 265
Stand-in 362, 448
Standleitung 188
standsicher 89
Standzeit 170, 293, 367
Stanley Kubrick 76, 320, 322, 376, 381
   Shining 76
Star Trek 376
Star Wars 297
Startsektor 212
Startzeit 171
Statements 334, 371
Stativ 89
   Steadycam 76
Stativaufnahme 78
Stativkopf 89
   Gegendruck 89
   Reibungswiderstand 90
Staub 59, 171
Steady shot 30
Steadycam 76, 373, 448
   Digitalproduktionen 77
   elektronische Stabilisierung 77
   Korsett 76
   Videoproduktionen 77
Stecker 127
Steckverbindung 114
Steinberg 296
Stereoanlage 116
Stereoklangbild 124
Stereoklinke, Umstecker 113
Stereomitschnitt 120
Stereopanorama 135
Stereoton 72, 119, 120
Stereotonaufzeichnung 119
Sterneffekt 31
Steuerbefehle, Camcorder 235
Steuerungstasten 275
Stil 310
Stilelemente 332
Stilfrage 352

Index

Stille 184
Stilmittel 373
　Zoom 361
Stilrichtung 312
Stimmanmutung 140
Stimmcasting 140, 448
Stimme 140
Stop motion 302
Stop Trick 302
Stoppmodus 170
Stopword 354, 448
Störgeräusche 96, 119
Störsicherheit, Funkstrecken 261
Störsignale 43
Storyboard 314, 319
　Bestandteile 319
Storyboard Zeichnungen 319
Storyboardfunktion 285
Strahler 244
　Strombedarf errechnen 249
Strahlertypen 245
Streaming-Datei 214, 448
Streulicht 182
Streuung 74
Stroboskopeffekt 88
Strombedarf 249
　errechnen 249
　Licht 249
Stromgenerator 259
　Erdung 259
　Überlastschutz 259
　Wartung 259
Stromkreis
　Sicherung 249
　Tonprobleme 256
Stromversorgung 97
Studiobosse 376
Studiolampen 245
Studiolicht 244
Stummfilm 15
Stunts 302
subgroup assign 149
Subgroups 108
subjektive Kamera 373
Sucher 37
　Auflösung 37
Summen 256
Summenpegel 137
Summensignal 118
Super 16 mm 84
Super 8 mm 84
Super Video Compact Disc 218, 449
Supernierencharakteristik 96, 98, 400
Supernierenmikrofon 40, 96
Supervixens 377
Surround-Effekt 120
Suspense 355, 449
SVCD 217, 218
　Vergleich VCD 218

S-VHS 52, 173, 416
　Digitalisierung 180
S-VHS C 172
S-VHS-Kabel 259
S-VHS-Studiorekorder 416
SWISS EFFECTS 228
symmetrische Stecker unsymmetrisch
　belegen 116
symmetrische Tontechnik 115
Synchronisation, Digitalisierung 182
Synchronisationsproblem 239
Szenen
　Drehplan 340
　Markierung 276
Szenenanweisung 319
Szenenbild 357
Szenenbildausschnitt 357
Szenenerkennung 273, 276
Szenenliste 188
Szenenskizze 314
Szenennummer 340

T

Table of Content 213
Tabu 368
　Bruch 377
　Funktion 377
　Zweck 377
Tageslicht 29, 34, 78
　Entladungslampen 244
Tageslichtfilm 79
Tageslichtfolie 251
Tageslichtkonverterfolie 252
Taktsamples 147
Talkgäste 371
Talksendung 334
Talkshow 360, 369, 370
Tarife 230
Tarkowskij 14
Tastaturshortcut 283
TBC 172, 181
TDK 422
Team 342, 352
Technics 414
Technik 15
technisch sendefähig 187
technische Prüfung 187
Teilausschnitt des Szenenbildes 357
Teleaufnahmen 19
Telefunken 414
Temperaturunterschiede 60
Terminator 301
Terminplanung 340
Terry Gilliam 376, 381
Testbild 136, 171
　4:3 55

Testperson 144, 293
Testpublikum 381
Testsignal 171
Testton 101, 136, 183
　Pegel 183
Testtongenerator 110
Testvorführung 376
Text-Bildschere 142, 380, 428
Textinformation 144
Texturflirring 185, 305
The Blair Witch Project 370
Theaterbühne 356
Theaterpuder 379
Theaterschauspieler 356
Theaterspiel 356
Thema, Interesse wecken 327
Thriller 310
Thumbnail 276
Tiefenschärfe 31, 86, 359
Tiefentladung 63
Tiefpassfilter 149, 175
Time Base Corrector 172, 181, 449
time stretching 224
Timecode 171
　Fehler 276
　Format 171
　Startzeit 171
Timeline 287, 449
Titel 293
Titelgenerator 282, 290
Titelset 208
titelsicherer Bereich 211, 290
　Projektion 71
Titelszene 293
TMPGenc 214
TOC 213, 449
Tom Tykwer 331
Ton 15
　1 kHz 183
　Angel 118
　Anschlüsse 111
　Dynamik 154
　Effektgeräte 153
　Formate 119
　Irritationen 138
　Kabellängen unsymmetrisch 111
　Kameraanschlüsse 111
　Kommentar 140
　komödiantisch 139
　Kompression der Dynamik 154
　nicht synchron 239
　Pegeljustierung 137
　Raumhall 129
　Resonanzverhalten von Räumen
　　129
　Spannung 297
　Synchronisation 121
　trocken 139
　unsymmetrischer Anschluss 111

Index

Verlangsamung Fazen 224
verzerrt 242
zeitstabile Aufnahme 120
Zeitversatz 122
Tonabmischung, Richtwerte 139
Tonangel 97, 131
    Hohlrohr Geräuschempfindlichkeit 131
Tonassistent 118
Tonaufzeichnung 75
    klassische Musik 135
    Rekorder Dynamikvergleich 263
    Scheinwerferventilator 250
    szenische Filmgestaltung 106
Tonaussteuerung
    DV 76
Tonbandspule 169
Tonbühne 131
Toneffekt 297
    Dramaturgie 297
Tonformat, einheitliches 289
Tongeschwindigkeit 179
Tonhöhenumfang 98
Tonhüllkurve 154
Tonkanal 119
Tonkontrolle 111
Tonkopf 169
Tonkorrektur 296
Tonmischpult 172
Tonmischung 138
    für Kino 229
Tonnachsynchronisation 166
Tonproblem 111
    Akkubetrieb 256
Tonqualität 40
Tonsignal 102
Tonsignalweg 149
Tonspur
    ignoriert 289
    vorgezogen 378
Tonstörung durch Licht 256
Tonstudio 297
Tonsynchronisation
    MPEG 165
    verloren DVD 212
Tontechniker 116
Tontransformator 117
Tonübersteuerung 75
Tonübertragungsstörung 105
Tonverzerrung 75
Tonverzögerung MPEG 214
topfig 129
Totale 357, 361, 384, 449
    TV Produktion 357
Totalschaden 60, 168
Touchpad 262
Tracking 172, 183, 449
    Fehler 193

Trackingregelmöglichkeit Camcorder 193
Trackingregler 172
Tragekomfort Kopfhörer 260
Trägermaterial 59
Trailer 374, 423
Transfer
    mittige Belichtung 229
    Video zu Film 228
Transformator 117
transponieren 147
Trash 377
Traverse 252
    Belastbarkeit 252
    Nachteile 253
    Sicherheit 252
Traversenlifte 252
Treatment 314, 450
Treibermenü Grafikkarte 238
Trends 311
Trennen Bild und Ton 283
Trennglieder 117
Trenntrafo 43
Trennübertrager 117, 264
Treppchenbildung 303
Trickfilm 380
Trickfilmproduktion 121, 269
Trickfilmsequenz 293
Tricktechniken kombinieren 301
Triggern 103, 450
Trimmen 287
Trimmfenster 283, 287
True Type Font 212, 293
TTF 212, 293
TTF-Datei 293
TTF-Schrift 212
TV- Ästhetik 368
TV-Business 14
TV-Monitor 85
TV-Monitore 238
Two pass encoding 204, 450

U

Überblendungsartefakte 204
Überformat 226
Überlänge 375
Überlastschutz
    Stromgenerator 259
Überraschungserfolg 231
Überraschungsmomente 297
Überspielen 172
Übersteuerung 117, 137
Übersteuerungssymptome 41
Überstrahlungsgefahr 294
Übertragungswagen 132
Überzeugungskraft der Figuren 330

UDIA 230, 232
UIP 231
Ulead 241, 242, 269, 290
Ultralite 245
Ultraschall 25
Ultraschallbad 74
Ultraschallbereich 100
U-Matic 52, 414
Umgebungsgeräusche 104, 260
Umgebungstemperatur 62
Umspulen 194
Umstecker 114, 126, 127
Umwandlung PAL und NTSC 164
Und täglich grüßt das Murmeltier 331
Underscan-Monitor 71, 131, 261, 450
United International Pictures 231
unkomprimiertes Material 196
Unschärfe 31, 303, 370
    Gaußsche 290
Unschärfebereich 87
unsymmetrische Anschlüsse 114, 115
Unterabtastung 175
Unterhaltung 378
Untersatzspinne 92
Untersteuerung 119
Untertitelfassungen 210
Untertitelung 290
    Fernsehsender 188
Unterwassergehäuse 93
Unwägbarkeiten 348
Urheberrecht 148, 336
Urheberschutz Drehbuch 148
Urlaubsfilm 15
USA 172
USB 1.1 198
USB 2.0 198
USB-Anschlüsse 197
USB-Digitalisierungskarte 181
UV-Licht 194, 195

V

variable bit rate 204, 450
variable Bitrate 51, 165
variable Datenrate 202
Varioobjektiv 87, 361
VBR 165, 204
VCD 165, 217
VCD-Standard 164
VCR 413
Vegas 269
Vektorskop 273, 304, 450
Verbatim 422
Verbindungen
    analog 182
    digital 182

Index

Verbrennungen durch Sendeanlagen 261
verdrehungssteif 89
Verfärbungen 102
Verfolger 248
Vergangenheit 142, 310
Vergleichsliste Film Video 70
Vergrößerungsvorgang 227
Verhaltensmuster 310
Verhältnis, ästhetisches 372
Verhältnismaß 398
Verhältnismäßigkeit 102
Verkehrslärm 128
Verlag 336
Verleih 231
Verleiher 231, 311
    Kopieanzahl 232
Verletzungsgefahr
    Halogen-Glühlampen 250
Verluste 202
Vermarktung 337
    verhindern 337
Veröffentlichung 337
Veröffentlichungsrecht 297, 335, 336
Verschlusszeit 87
Versorgung 339
Versprecher 353
Verständlichkeit 138
    Fremdwörter 144
Verstärkeranlage 132
Vervielfältigungsrechte 336
verwackelt 370
verwacklungsfreie Bilder 77
Verwacklungsgefahr 77
Verwertungsrecht 337
Verzeichnung 21
VHS 52, 413
    Digitalisierung 180
VHS-C 415
VHS-Camcorder 415
VHS-Sichtungskopie 188
Vibrationen 92
Victor Company of Japan 413
Video
    abfilmen 192
    Aufzeichnungsformate 158
    ausbelichten 224
    Computeranwendungen 233
    Datenrate, Qualität und Standards 165
    DVD-Formate 166
    Fazen 192
    Fazkosten 193
    Grundlagen 158
    Kopftrommel 169
    technisch-mechanische Grundlagen 168
    Unterschied zu Film 184
Video 2000 52, 414

Video 8 52, 415
Video CD *siehe* VCD
Video Compact Disc 164
Video Computeranwendungen 233
    Bildformate und -raten 235
Video Deluxe 270
Video für Computer
    Codec 234
    Problemlösungen 240
Video Home System 413
Video Manager 209
Video Object 209
Video Object Base 202
Video Titel Sets 209
Video to Film-Transfer 229
VIDEO_TS 209
Videoaufzeichnung 171
    unkomprimiert 45
Videoband, Haltbarkeit 194
Videobildrasterung 185
Videocapture-Programm 236
Videocodecs 407
Video-DVD Speicherplatz 196
Video-DVD-Image 209
Videofilm in Präsentationen 238
Videoformatentwicklung 410
    Geschichte analog 412
Videokassette
    defekt 171
    fabrikneu 171
Videokopf
    Abnutzung 61, 170
    verkleben 60
    Verschmutzung 193
    zuschmieren 171
Videokopftrommel
    Austausch 74
    klein 172
Videolampe 245
Videolook 84, 295
Videomasterrekorder 166
Videoprojekt
    Platzbedarf 286
    Sicherung 286
Videorekorder
    analog 181
    Ersatz 220
Videorohmaterial, Schnitt 268
Videoscheinwerferventilator 250
Videoschnitt 268
    am Rechner 196
    analog 426
    digital 426
    Tonexport 296
Videoschnittkarte
    AD Wandlung 180
Videoschnittprogramm
    Ablageorte 286
    Audio Formatmix 289

Audioformate 288
Aufbau 270
CMYK 289
Codecvielfalt 295
Einspielung 274
Flimmereffekte 290
I-Bilder 284
Korrekturfilter 282
Lautstärkepegelanpassung 296
nativ 274
NTSC 179
PAL 179
PAL Filter 294
Sättigung reduzieren 294
titelsicherer Bereich 290
Tonbearbeitung 296
Trickmöglichkeiten 303
Übersicht 268
Vektorskop 273
Zeitlinie 281
Zeitlupe 283
Zeitraffer 283
Videoschnittrechner 197
Videosignal Grafikkarte 237
Videosysteme 159
Vidicon-Röhre 18
Vier Ws (Was, wie, wo und warum) 301
Vignettierung 26
Virenscanner 240
Virtual Dub 306
Visitenkarte 293
VMG 209
VOB-Datei 61, 164, 202, 209
    Größe 204
Volksweisen 297
Vollbild 32, 58, 185, 304
    aus zwei Halbbildern 70
    Nachteil 158
Vollbildaufnahme 35
Vollbildmodus 71, 224
Vollprogramm 373
Volt 249
Vor- und Zurückspulen mit Bild und Ton 172
Vordergrundlicht 253
Vorführkopie 136, 188
    Lebensdauer 227
Vorführpakete Kino 231
Vorführsaal 227
Vorgaben DVD Mastering 208
Vorlage 336
Vorsatzlinse 64, 229
Vorspann 293
    Standard 293
Vorverstärker 106
VTS 209

Index

W

Wackler 92
Wahrnehmung 327
    Filmsprache 356
    Perspektive 145, 359
Wahrnehmungspsychologie 327
Walkmankopfhörer 260
Walter Bruch 171
Walzen 147
Wandler 425
Wandlerbauteil 50
Wandlung
    NTSC PAL 179
    VOB 202
Wartung 349
Wasserfall 88
Wasserfarbe 304
Wassertiefe 93
Watt 249
Wechselobjektiv 20
Wechselrahmenfestplatte 196
Wechselstromwiderstand 249
Weichzeichner 290
Weißabgleich 29, 34, 78, 451
    Abgleichssymbol 81
    Abgleichstaste 81
    Ausnahmesituation 83
    automatisch 34, 82
    Bluescreen 82
    Digitaltechnik 80
    Extremsituation 83
    Filmleinwand 183
    Greenscreen 82
    Helligkeitsbereich 83
    manuell 34, 81
    Mittelwert 34
    Presets 81
Weitwinkelbereich 361
Weitwinkelkonverter 26
Weitwinkelobjektiv 21
Weitwinkel-Wackeleffekt 77
Wellenform, Hüllkurve 167
Wellenformdarstellung 240
Weltraumepos 381
Weltstandard 416
Werbeartikelvermarktung 337
Werbespot 229, 310
    Kino Ton 229
    vertonen 140
Werbespotexposé 312
Werbespotlänge 230
Werbespotproduktion, Storyboard 319
Werbung 373
Werbung im Kino 230
Werksvertrag 336
Werner Herzog 352
Western Digital 423
Westernfilm 358
Wettbewerbe 338

White Balance *siehe* Weißabgleich
Wickel 171
Wiedergabe
    DVD 16:9 202
    Ruckeln 205, 217
Wiedergabefrequenzgang 102
Wiedergabegeschwindigkeit Tonband 169
Wind 304
Windows 2000 163
Windows XP 163
Windschutz 104
Windschutzkorb 104, 131
Winter 60
wmv 166
Wortwahl 354
Wortwiederholungen 145
Wüste 29

X

XLR 40, 42, 451
    Umstecker 113
Xpress DV 269
XY-Mikrofonaufnahme 403
XY-Stellung 129

Y

Y/C-Kabel 259
Yamaha 135, 139
Yellow 266
YUV-Farbraum 175, 238, 294
YUV-Format 294

Z

Zahlenorgien 144
Zahnradwerk 89
ZDF 187
Zebrafunktion 36
    Sicherheitsreserven 36
    überbelichtete Bereiche 36
    Zebramuster 36
Zeichentrickfilmserie 293
Zeigerinstrumente 135
Zeilen 172
Zeilensprünge 208
    entfernen 208
Zeilensprungverfahren 294
Zeitaufwand 59
Zeitempfinden 331
Zeitform 299
Zeitformate 423
zeitintensiv 204
Zeitlinie 167

Zeitlupe 172, 307
Zeitplanung 348
Zeitraffer 307
Zeitschlitze, leere 287
Zeitschrift 143
Zeitsprung 332, 378
zeitstabil 121
Zeitung 143, 370
Zeitverlauf 331
Zeitversatz Camcordersteuerung 275
Zeitwahrnehmung 331
Zentrale Bühnen-, Fernseh- und Film-
    vermittlung 455
Zeppelin 93
Zielgruppe 144
Zigarettenrauch 171, 194
Zirpen 111, 139
Zischlaute 98
Zoom 359, 361, 451
    Wackelwirkung 77
Zoomfunktion 22
Zoomobjektiv 27, 87, 438
    Geschichte 361
Zuhörer 370, 373
Zukunft 310
Zuordnungstasten 108
Zuschauer 374
    Abstand räumlich 356
    Aufmerksamkeit 330
    Identifikation 330
    Orientierung 330
    wahrnehmungspsychologisch 375
    Wissen 355
Zuschauerreaktion 370
Zuschauerverhalten 311
Zuschauerzahl 230, 232
Zuschneiden 304
Zuspieler 172
Zuspielleitungen 188
Zuspielpunkte 188
Zuspielung 235
Zwangsberatung, Drehbuch 344
Zwei bei Kalwass 371
Zwei-Mann-Team 343
Zweitauswertungsrechte 336
Zwischenschnitt 361

ANIMATION, COMPOSITING, POST UND SCHNITT

3D verführt

Mit vielen Workshops, Interviews un[d] Hintergründe[n] aus der We[lt] des Film[s]

Die neuesten Tipps und Tricks, Workshops und Informationen um das Thema professionelle 3D-Produktion.

WWW.CREATIVE-LIVE.COM